Mathematik für Chemiker

Götz Brunner (*1938) war Studiendirektor im Hochschuldienst am Fachbereich Mathematik der Universität Dortmund. Sein Hauptarbeitsgebiet ist die Algebraische Topologie. Seit 1976 hat er die Vorlesung "Mathematik für Chemiker" gelesen.

Rainer Brück (*1955) ist apl. Professor für Mathematik an der Technischen Universität Dortmund (bis 2007 Universität Dortmund). Sein Hauptarbeitsgebiet ist die Funktionentheorie. Er führte die zweisemestrige Vorlesung "Mathematik für Chemiker" von Herrn Brunner fort.

Götz Brunner • Rainer Brück

Mathematik für Chemiker

3., überarbeitete und korrigierte Auflage

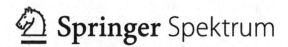 Springer Spektrum

Götz Brunner
Dortmund, Deutschland

Rainer Brück
Fakultät für Mathematik
Technische Universität Dortmund
Dortmund, Deutschland

ISBN 978-3-642-37504-0   ISBN 978-3-642-37505-7 (eBook)
DOI 10.1007/978-3-642-37505-7

Die Deutsche Nationalbibliothek verzeichnet diese Publikation in der Deutschen Nationalbibliografie;
detaillierte bibliografische Daten sind im Internet über http://dnb.d-nb.de abrufbar.

Springer Spektrum
© Springer-Verlag Berlin Heidelberg 1996, 2008, 2013

Planung und Lektorat: Merlet Behncke-Braunbeck, Sabine Bartels
Einbandentwurf: deblik, Berlin

Gedruckt auf säurefreiem und chlorfrei gebleichtem Papier

Springer Spektrum ist eine Marke von Springer DE. Springer DE ist Teil der Fachverlagsgruppe Springer
Science+Business Media.
www.springer-spektrum.de

Vorwort

Während die 1. Auflage des Buches „Mathematik für Chemiker" in zwei Bänden erschienen ist, war unser Ziel bei dieser Neuauflage, die Stoffauswahl in einem einzigen Band auf die mathematischen Inhalte zu beschränken, die üblicherweise auch in einer entsprechenden zweisemestrigen Vorlesung „Mathematik für Chemiker" behandelt werden und das für das Grundstudium der Chemie benötigte mathematische Wissen abdecken. Dazu gehören auch wichtige Gebiete, wie Matrizenrechnung, Taylor- und Potenzreihen, gewöhnliche Differentialgleichungen und lineare Differentialgleichungssysteme, die erst im zweiten Band der 1. Auflage behandelt wurden. Für die Stoffauswahl und die Reihenfolge der Kapitel bestimmend war unter anderem auch die Tatsache, dass die Studierenden im ersten Semester gleichzeitig die Physik-Vorlesung besuchen, in der schon früh komplexe Zahlen, Vektoren und Kenntnisse in Differential- und Integralrechnung für Funktionen einer und mehrerer Variablen benötigt werden.

Vom Leser werden keine speziellen Vorkenntnisse erwartet – es genügen die Kenntnisse und Fertigkeiten, die gewöhnlich im Mathematik-Unterricht der Mittelstufe erworben werden (algebraisches Rechnen, Ungleichungen, elementare Geometrie, Trigonometrie), und eine gewisse Vertrautheit mit Mathematik, wie sie sich in der Oberstufe auch in jedem Grundkurs ausbildet. Um auf den unterschiedlichen Wissensstand bei den Studienanfängern Rücksicht zu nehmen, wurde deshalb insbesondere auch nicht auf Vorkenntnisse in der Vektoralgebra und in der Differentialrechnung zurückgegriffen.

Wir haben uns bemüht, die in einer Darstellung der Mathematik unvermeidliche Strenge ein wenig aufzulockern. Allerdings legen wir Wert auf die mathematisch saubere Formulierung von Begriffen und Ergebnissen. Um die Darstellung gut verständlich zu machen, ist sie bewusst breit und ausführlich gehalten, sind oft erläuternde Bemerkungen eingefügt, wie man sie in einer Vorlesung gibt, werden Ergebnisse und neue Begriffe meist durch Beispiele oder andere Motivationen vorbereitet und werden Funktionen, mathematische Sachverhalte und Überlegungen an Hand von Abbildungen veranschaulicht. Insbesondere sollen längere Einleitungen einiger Kapitel und Abschnitte den Leser vorweg vertraut machen mit den Gedanken, die der anschließend folgenden Mathematik zugrunde liegen.

Es ist ein Hauptanliegen des Buches, das für den Umgang mit mathematischem Stoff erforderliche Verständnis zu wecken und die mathematischen Fertigkeiten zu vermitteln, die im Studium der Chemie benötigt werden. Dazu ist es nicht immer unbedingt erforderlich, Sätze, Folgerungen und andere Aussagen zu beweisen; Beweise werden in der Regel nur dann geführt, wenn sie helfen können, Aussagen verständlich zu machen, oder dazu beitragen, mit den verwendeten Begriffen und Ergebnissen sachgerecht umzugehen. Oft ist ein Beispiel zur Erhellung einer Aussage nützlicher als ein Beweis. Grundsätzlich werden zu allen neu gewonnenen Erkenntnissen, Rechenregeln und Rechenverfahren konkrete Beispiele ausführlich durchgerechnet und werden immer wieder Hinweise gegeben und Vorgehensweisen als „Rezepte" formuliert.

Beispiele aus der Chemie oder Physik ziehen wir heran, wenn sie die Einführung neuer Begriffe motivieren und so für das Verständnis hilfreich sein können, aber auch, wenn es sich in anwendungsorientierten Gebieten wie den gewöhnlichen Differentialgleichungen und linearen Differentialgleichungssystemen anbietet. Um Rechenverfahren und -regeln zu üben, eignen sich solche Beispiele weniger gut, weil sie die Konzentration auf das Erlernen von mathematischen Techniken eher behindern. Statt dessen legen wir Wert darauf, in den Einleitungen zu Kapiteln und Abschnitten sowie in vielen Erläuterungen die Beziehungen zu den Naturwissenschaften aufzuzeigen.

Das Buch kann als Grundlage für Vorlesungen dienen sowie als Begleitlektüre für Studierende der Chemie und auch anderer Naturwissenschaften. Es eignet sich zum Selbststudium und zu Prüfungsvorbereitungen – nicht zuletzt wegen der vielen durchgerechneten Beispiele und der Aufgaben am Ende der einzelnen Abschnitte, die Gelegenheit bieten, den erlernten Stoff selbstständig zu üben. Zur Unterstützung haben wir recht ausführlich die Lösungen der Aufgaben angefertigt, aber aus Platzgründen nicht in das Buch aufgenommen, sondern zum Download im Internet auf www.spektrum-verlag.de als pdf- und ps-Datei zugänglich gemacht.

Unseren Ehefrauen danken wir für ihre Geduld und manchen Verzicht während der Zeit, in der das Buch entstand.

Unser Dank gilt auch dem Spektrum Akademischer Verlag für die Veröffentlichung des Buches, insbesondere Frau Merlet Behncke-Braunbeck, die als verantwortliche Lektorin am Zustandekommen dieser Neuauflage großen Anteil hat, und Frau Jutta Liebau, die als Lektorin die Entstehung des Buches begleitet und unterstützt hat.

Dortmund, Juli 2007 Götz Brunner
Rainer Brück

Vorwort zur 3. Auflage

Gezielter als in dem ursprünglich zweibändigen Buch „Mathematik für Chemiker" wollten wir in der 2. Auflage den Studierenden der Chemie vorrangig die mathematischen Fähigkeiten und Kenntnisse vermitteln, die sie schon im Grundstudium unbedingt benötigen. Das bestimmte maßgeblich die Auswahl des mathematischen Stoffes und die Reihenfolge seiner Darstellung.

Die 2. Auflage wurde von Lehrenden und Studierenden der Chemie recht positiv aufgenommen, aber ebenso von Dozenten, die das Buch in der Mathematikausbildung der Studierenden anderer Naturwissenschaften und der Ingenieurwissenschaften benutzen und empfehlen. Die Mehrzahl der Kollegen, die das Buch rezensiert haben, bewertete Themenauswahl, Textaufbau und Verständlichkeit der Darstellung gut.

Das alles bestärkte uns darin, bei der 3. Auflage nicht erneut wesentliche Änderungen vorzunehmen. Wir beschränken uns darauf, Fehler zu beseitigen und einige Textstellen stilistisch zu überarbeiten. Die ausführlichen Lösungen zu sämtlichen im Buch gestellten Aufgaben sind zum Download im Internet kostenlos zugänglich unter dem Hyperlink

www.springer.com/978-3-642-37504-0

Wir danken allen, die uns auf Fehler oder Ungereimtheiten hingewiesen oder uns Vorschläge gemacht haben, das eine oder andere weitere Thema in unser Buch aufzunehmen – auch wenn wir diese Anregungen in der vorliegenden Auflage noch nicht aufgegriffen haben. Weiter gilt unser Dank dem Springer-Verlag für die Neuauflage unseres Buches und insbesondere Frau Merlet Behncke-Braunbeck, die sich als Programmleiterin des Springer-Verlages für die Neuauflage eingesetzt hat, sowie Frau Sabine Bartels, die uns als Projektmanagerin betreut hat.

Dortmund, März 2013   Götz Brunner
                                                                Rainer Brück

Inhaltsverzeichnis

Kapitel 1

Grundlegendes: Mengen und Aussagen

Wie jedes Fachgebiet hat auch die Mathematik eine eigene Fachsprache. Ohne ihre Kenntnis wird man ein mathematisches Buch, selbst wenn es für Anwender geschrieben ist, nicht ohne weiteres lesen können und wird manche Sachverhalte falsch verstehen. Bevor wir mit der „richtigen" Mathematik beginnen, müssen wir deshalb erst einmal die wichtigsten sprachlichen Hilfsmittel kennen lernen, die zur Formulierung mathematischer Sachverhalte nötig sind. Das geschieht in diesem Kapitel.

Die in der Mathematik und ihren Anwendungen gebräuchliche Fachsprache basiert auf dem Begriff *Menge* und bedient sich dementsprechend der *Mengenlehre*. Diese ist eine auf dem Mengenbegriff aufgebaute axiomatische Theorie, die man als die Grundlage der Mathematik überhaupt verstehen kann. Für uns ist es nun allerdings keineswegs erforderlich, tief in die Mengenlehre einzudringen. Es reicht aus, wenn wir uns die wenigen grundlegenden Begriffsbildungen, Bezeichnungen und Schreib- und Sprechweisen aus der Mengenlehre aneignen, mit deren Hilfe wir mathematische Sachverhalte präzise formulieren können. Das tun wir im ersten Teil dieses Kapitels.

Die einzelnen mathematischen Theorien, die zusammen die Mathematik bilden, sind axiomatisch aufgebaut. Die Axiome sind die einzigen Aussagen, die als wahr hingenommen werden; jede von ihnen verschiedene Behauptung muss bewiesen werden. Durch diese Forderung unterscheidet sich die Mathematik deutlich von den Naturwissenschaften, in denen ja zum Beispiel auch Experimente und Erfahrungen zur Begründung von Aussagen dienen können. Sie bedeutet gleichzeitig, dass man sich in der Mathematik überhaupt nur mit Aussagen beschäftigt, d.h. mit Aussagesätzen unserer Umgangssprache, die entweder wahr oder aber falsch sind. Um eine Behauptung zu beweisen, muss man sie aus schon als wahr erkannten Aussagen herleiten, indem man Schritt für Schritt Aussagen zu neuen Aussagen verknüpft. Da die hierbei benutzten Wörter und Redewendungen der Umgangssprache oft mehrdeutig sind, ist es unumgänglich, für die Formulierung mathematischer Sachverhalte präzise Verabredungen zu treffen. Das geschieht in der *Aussagenlogik*. Wie für die Mengenlehre gilt auch hier: Es ist nicht unbedingt erforderlich, tiefer in die Aussagenlogik einzudringen. Es genügt, wenn wir uns über die Problematik bewusst werden, die in der Benutzung der nicht immer eindeutigen Umgangssprache besteht, und wenn wir aus diesem Grund einige Schreib- und Sprechweisen vereinbaren, die Mehrdeutigkeiten zu vermeiden helfen. Das werden wir im zweiten Teil des Kapitels tun.

1.1   Grundlegendes über Mengen

Unter einer *Menge* verstehen wir eine abgegrenzte Gesamtheit von unterscheidbaren Objekten; diese heißen die *Elemente* der Menge.

Zur Beschreibung von Mengen benutzt man Mengenklammern $\{\ldots\}$, zwischen denen auf eine der beiden folgenden Arten die Elemente der Menge angegeben werden:

(1) Die Elemente werden aufgezählt.

Beispiele: $M = \{1, 2, 3, 4\}$; $M = \{a_1, \ldots, a_n\}$.

(2) Die Elemente werden durch eine Variable repräsentiert, mit deren Hilfe eine genau die Elemente charakterisierende Eigenschaft angegeben wird:
$$M = \{\, x \mid x \text{ hat die Eigenschaft } E \,\}.$$
Das liest und spricht man so: M ist die Menge aller x, welche die Eigenschaft E haben.

Beispiel: $M = \{\, x \mid x \text{ ist eine gerade Zahl zwischen 1 und 5} \,\}$.
Lies: M ist die Menge aller x, für die gilt: x ist eine gerade Zahl zwischen 1 und 5.

Zwei Mengen sind gleich, wenn sie dieselben Elemente haben; auf welche Art die Mengen dargestellt sind, spielt keine Rolle.

Beispiel: $\{\, x \mid x \text{ ist eine gerade Zahl zwischen 1 und 5} \,\} = \{2, 4\}$.

Für Mengen, die häufig auftreten, verwendet man feste Symbole, um sie nicht immer wieder ausführlich beschreiben zu müssen:
$\mathbb{N}$: Menge der natürlichen Zahlen $1, 2, 3, \ldots$;
$\mathbb{N}_0$: Menge, die 0 und die natürlichen Zahlen als Elemente hat;
$\mathbb{Z}$: Menge der ganzen Zahlen $\ldots, -2, -1, 0, 1, 2, \ldots$;
$\mathbb{Q}$: Menge der rationalen Zahlen $\frac{a}{b}$ („ Brüche “);
$\mathbb{R}$: Menge der reellen Zahlen;
$\emptyset$: leere Menge, also die Menge, die kein Element enthält.

Wollen wir angeben, dass ein Objekt a Element oder aber nicht Element einer Menge M ist, so benutzen wir folgende Schreibweise:
$a \in M$ bedeutet: a ist Element von M (gehört zu M);
$a \notin M$ bedeutet: a ist nicht Element von M (gehört nicht zu M).

Beispiele: $2 \notin \{1, 3, 5\}$, $1 \in \mathbb{N}$, $0 \notin \mathbb{N}$, $5 \in \{x \in \mathbb{R} \mid 3 \leq x \leq 7\}$.

Mengen reeller Zahlen von der Art, wie wir sie als letzte in den Beispielen gerade angegeben haben, treten häufig auf; auch für sie werden daher einfache Symbole eingeführt:

Sind $a, b \in \mathbb{R}$ und ist $a < b$, so heißt die Menge

$$[a, b] = \{x \in \mathbb{R} \mid a \leq x \leq b\} \quad \text{ein \textit{abgeschlossenes Intervall}},$$
$$(a, b) = \{x \in \mathbb{R} \mid a < x < b\} \quad \text{ein \textit{offenes Intervall}},$$

und a, b heißen die *Endpunkte des Intervalls*. Beim abgeschlossenen Intervall gehören also die Endpunkte a und b zum Intervall dazu, beim offenen Intervall nicht. Wenn nur einer der beiden Endpunkte zum Intervall gehört, spricht man von einem *halboffenen Intervall*:

$$[a, b) = \{x \in \mathbb{R} \mid a \leq x < b\} \quad \text{und} \quad (a, b] = \{x \in \mathbb{R} \mid a < x \leq b\}.$$

Als *unendliche Intervalle* bezeichnet man schließlich Zahlenmengen der Form

$$[a, \infty) = \{x \in \mathbb{R} \mid x \geq a\} \quad \text{und} \quad (a, \infty) = \{x \in \mathbb{R} \mid x > a\}$$

und die entsprechend definierten Zahlenmengen $(-\infty, a]$ und $(-\infty, a)$.

Zur geometrischen Veranschaulichung der Intervalle benutzen wir die *Zahlengerade*. Das ist eine Gerade, auf der ein Punkt als *Nullpunkt O* und eine der beiden möglichen Richtungen durch einen Pfeil als *positive Richtung* ausgezeichnet sind. Auf ihr können wir die reellen Zahlen als Punkte veranschaulichen und jeden Punkt durch die ihm zugeordnete Zahl markieren. Einem endlichen Intervall $[a, b]$ entspricht dann die Strecke auf der Zahlengeraden mit den Endpunkten a und b, einem unendlichen Intervall $[c, \infty)$ der vom Punkt c ausgehende, in positive Geradenrichtung zeigende Strahl (Abb. 1.1).

Abb. 1.1   Intervalle auf der Zahlengeraden

Ist jedes Element einer Menge N auch Element einer Menge M, so heißt N eine *Teilmenge* von M, und wir schreiben dann: $N \subset M$.

Beispiele: $\{1, 2\} \subset \{1, 2, 3, 4\}$; $\mathbb{N} \subset \mathbb{N}_0 \subset \mathbb{Z} \subset \mathbb{Q} \subset \mathbb{R}$;   für $a < b$ ist $[a, b] \subset \mathbb{R}$; für eine beliebige Menge M ist immer $\emptyset \subset M$ und $M \subset M$.

Beachten Sie: Der Begriff *Teilmenge* lässt auch zu, dass *Gleichheit* vorliegt. Wollen wir ausdrücklich ausschließen, dass Gleichheit vorliegt, so schreiben wir: $N \subsetneq M$.

Mit zwei Mengen L und M kann man wie folgt sinnvoll neue Mengen bilden:

$$L \cap M = \{\, x \mid x \in L \text{ und } x \in M \,\} \text{ heißt } \textit{Durchschnitt} \text{ von } L \text{ und } M;$$
$$L \cup M = \{\, x \mid x \in L \text{ oder } x \in M \,\} \text{ heißt } \textit{Vereinigung} \text{ von } L \text{ und } M;$$
$$L \setminus M = \{\, x \mid x \in L \text{ und } x \notin M \,\} \text{ heißt } \textit{Differenz} \text{ von } L \text{ und } M.$$

Der Durchschnitt zweier Mengen besteht aus genau den Elementen, die zu jeder der beiden Mengen gehören, die Vereinigung aus denen, die zu wenigstens einer der Mengen gehören, die Differenz aus denen, die zur ersten und nicht zur zweiten Menge gehören.

Beispiele:

(1) $[1, 3] \cap [2, 5] = [2, 3]$;

(2) $[1, 3] \cup [2, 5] = [1, 5]$;

(3) $[1, 3] \setminus [2, 5] = [1, 2)$;

(4) $\mathbb{R} \setminus (-1, 1] = (-\infty, -1] \cup (1, \infty) = \{\, x \in \mathbb{R} \mid x^2 \geq 1 \text{ und } x \neq 1 \,\}$.

Machen Sie sich die Definition von Durchschnitt, Vereinigung und Differenz zweier Mengen an Hand dieser Beispiele klar, indem Sie die den Invervallen entsprechenden Punktmengen auf einer Zahlengeraden skizzieren.

Zwei Mengen L und M heißen *disjunkt* (oder *punktfremd*), wenn ihr Durchschnitt leer ist: $L \cap M = \emptyset$.

Beispiel: $[0, 1) \cap [1, 2] = \emptyset$, aber $[0, 1] \cap [1, 2] = \{1\} \neq \emptyset$.

Eine weitere wichtige Möglichkeit, neue Mengen zu konstruieren, ist die Bildung des *kartesischen Produktes* von n Mengen $M_1, \ldots, M_n$

$$M_1 \times \ldots \times M_n = \{\, (x_1, \ldots, x_n) \mid x_k \in M_k \text{ für } 1 \leq k \leq n \,\}$$

oder auch des kartesischen Produktes von n Exemplaren derselben Menge M

$$M^n = M \times \ldots \times M = \{\, (x_1, \ldots, x_n) \mid x_k \in M \text{ für } 1 \leq k \leq n \,\}.$$

Beispiel:

$$\mathbb{R}^2 = \mathbb{R} \times \mathbb{R} = \{\, (x, y) \mid x, y \in \mathbb{R} \,\}$$

heißt *die Menge der geordneten Paare reeller Zahlen*. $\mathbb{R}^2$ lässt sich veranschaulichen als die Menge aller Punkte in einer Ebene, wenn wir in der Ebene ein rechtwinkliges kartesisches Koordinatensystem wählen (Abb. 1.2):

Für $(x, y) \in \mathbb{R}^2$ bestimmt die erste Zahl x einen Punkt auf der ersten Achse, die zweite Zahl y einen Punkt auf der zweiten Achse. Der Schnittpunkt P der Parallelen zur zweiten Achse durch den Punkt x und der Parallelen zur ersten Achse durch den Punkt y veranschaulicht dann das geordnete Paar (x, y), und man bezeichnet (x, y) als die Koordinatendarstellung des Punktes P.

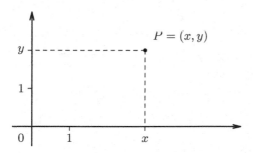

Abb. 1.2   Ein rechtwinkliges kartesisches Koordinatensystem in der Ebene besteht aus zwei Zahlengeraden mit gleicher Längeneinheit, die sich rechtwinklig schneiden. Ihr Schnittpunkt ist der Nullpunkt beider Zahlengeraden und heißt der Nullpunkt des Koordinatensystems. Die Zahlengeraden heißen die Koordinatenachsen.

Entsprechend heißt das kartesische Produkt

$$\mathbb{R}^3 = \{\, (x, y, z) \mid x, y, z \in \mathbb{R} \,\}$$

die *Menge der geordneten Tripel reeller Zahlen*. Wählen wir im Raum ein rechtwinkliges kartesisches Koordinatensystem, so können wir $\mathbb{R}^3$ als die Menge aller Punkte im (dreidimensionalen) Raum veranschaulichen; jedes geordnete Tripel (x, y, z) reeller Zahlen ist dann die Koordinatendarstellung eines Punktes P im Raum.

Schließlich heißt allgemein für $n \in \mathbb{N}$ das kartesische Produkt

$$\mathbb{R}^n = \{\, (x_1, x_2, \ldots, x_n) \mid x_k \in \mathbb{R} \text{ für } 1 \leq k \leq n \,\}$$

von n Exemplaren $\mathbb{R}$ die *Menge der geordneten n-Tupel reeller Zahlen*, und man kann die geordneten n-Tupel reeller Zahlen als die Koordinatendarstellungen der Punkte des *n-dimensionalen Raumes* auffassen.

Wenn wir reelle Zahlen als Punkte auf einer Zahlengeraden und geordnete Paare und Tripel reeller Zahlen als Punkte in der Ebene bzw. im Raum veranschaulichen, so gibt uns das die Möglichkeit, Beziehungen zwischen Zahlengrößen geometrisch an Hand von Punktmengen darzustellen. Ein Beispiel dafür sind reelle Funktionen und ihre graphische Darstellung (Abschnitt 4.2), an die wir kurz erinnern, weil sie aus der Schulmathematik ohnehin bekannt sind:

Ist $\mathbb{I} \subset \mathbb{R}$, so heißt eine Vorschrift, die jeder Zahl $x \in \mathbb{I}$ eindeutig eine reelle Zahl y zuordnet, eine (reelle) *Funktion* von $\mathbb{I}$ nach $\mathbb{R}$. Es ist üblich, die Vorschrift durch ein Symbol f zu kennzeichnen und die Funktion dann anzugeben durch $f\colon \mathbb{I} \to \mathbb{R}$.

Wir kennen eine Funktion $f\colon \mathbb{I} \to \mathbb{R}$ vollständig, wenn wir für jede Zahl $x \in \mathbb{I}$ die zugeordnete Zahl $f(x)$ kennen, wenn wir also die zu allen $x \in \mathbb{I}$ gehörigen geordneten Zahlenpaare $(x, f(x))$ kennen. Die Menge dieser geordneten Zahlenpaare heißt der *Graph* der Funktion:

$$\text{Graph } f = \{\, \big(x, f(x)\big) \mid x \in \mathbb{I} \,\}.$$

Die Veranschaulichung des Graphen von f in der Ebene, in der ein kartesisches Koordinatensystem gewählt ist, nennt man die *graphische Darstellung* der Funktion $f\colon \mathbb{I} \to \mathbb{R}$ oder auch ebenfalls den Graphen von f (Abb. 1.3).

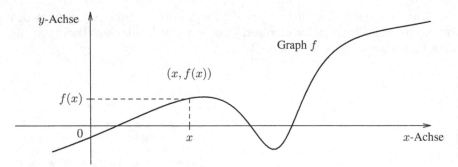

Abb. 1.3   Graphische Darstellung einer Funktion f

1.2   Grundlegendes über Aussagen

Unter einer *Aussage* verstehen wir einen mit Hilfe unserer Umgangssprache formulier-
ten Aussagesatz, der entweder wahr oder falsch ist, dem also genau einer der beiden
Wahrheitswerte *wahr* oder *falsch* zugeordnet ist.

In einer Vorlesung über Mathematik oder in einem entsprechenden einführenden
Lehrbuch werden immer gewisse Grundaussagen als bekannt vorausgesetzt. Solche
Grundaussagen, die wir ohne Beweis als wahr hinnehmen, dürfen wir als *Axiome* verstehen (die Axiome einer mathematischen Theorie sind eigentlich diejenigen Grundaussagen, die ohne Beweis als wahr akzeptiert werden und aus denen alle anderen Aussagen
der Theorie abgeleitet sind). Sie werden feststellen, dass – ausgehend von solchen allgemein als wahr akzeptierten Aussagen – dann Schritt für Schritt neue Aussagen gewonnen
werden, die das mathematische Wissen immer mehr erweitern. Bei diesem Vorgehen ist
es nötig, aus Aussagen neue Aussagen zu bilden oder mehrere Aussagen zu einer neuen
Aussage zusammenzusetzen. Man nutzt dazu im Grunde nur einige wenige Möglichkeiten, zum Beispiel das Verneinen einer Aussage, das Verknüpfen von Aussagen durch
Bindewörter wie „ *und* “ und „ *oder* “ sowie durch die sprachlichen Wendungen „ *wenn*
$\cdots$ *gilt, so gilt* $\cdots$ “ oder „ aus $\cdots$ folgt $\cdots$ “ oder „ $\cdots$ *ist äquivalent zu* $\cdots$ “. Diese
Wörter und Redewendungen werden in der Umgangssprache häufig mehrdeutig verwen-
det. Um ihnen eine eindeutige Bedeutung zu geben, wird in der Aussagenlogik festgelegt, welchen Wahrheitswert eine zusammengesetzte Aussage in Abhängigkeit von den
Wahrheitswerten der dabei benutzten Einzelaussagen besitzt.

Wenn aus Aussagen eine wichtige neue Aussage gewonnen wurde, dokumentiert
man das, indem man einen *Satz* formuliert (der auch als *Folgerung* oder *Ergebnis* oder
nur als *Bemerkung* bezeichnet sein kann – je nachdem, welche Bedeutung der neuen
Erkenntnis zugemessen wird).

Bezeichnen wir zwei Aussagen einmal symbolisch mit **A** und **B**, so hat ein *Satz* in
der Mathematik dann im Prinzip immer die Form: „ Aus **A** folgt **B** “. Man nennt **A**
die *Voraussetzung*, **B** die *Behauptung* und die Verknüpfung „ aus **A** folgt **B** “ der beiden
Aussagen **A** und **B** eine *Implikation*. Symbolisch bezeichnen wir eine solche Implikation
mit **A** $\Longrightarrow$ **B**, und wir benutzen folgende (gleichbedeutenden) Redewendungen, um eine
Implikation in Worten auszudrücken: „ *aus* **A** *folgt* **B** “ oder „ *wenn* **A** *gilt, so gilt* **B** “

oder „ **A** *ist hinreichend für* **B** “.

Die Implikation **A** $\Longrightarrow$ **B** ist eine aus den Aussagen **A** und **B** zusammengesetzte neue Aussage. Ihr Wahrheitswert wird mit Hilfe der möglichen Wahrheitswerte der Aussagen **A** und **B** wie folgt festgelegt: Sie ist nur dann falsch, wenn **A** wahr und **B** falsch ist, in allen anderen Situationen ist sie wahr.

Um sich von der Gültigkeit eines Satzes zu überzeugen, genügt es, die Voraussetzung als wahr anzunehmen und dann die Wahrheit der Behauptung festzustellen. Allerdings ist diese im Allgemeinen nicht unmittelbar einsichtig; daher muss sie *bewiesen* werden. Einen solchen Beweis durchzuführen, bedeutet in der Regel, eine Folge $\mathbf{A} = \mathbf{A_1}, \mathbf{A_2}, \cdots, \mathbf{A_n} = \mathbf{B}$ von Aussagen zu bilden, so dass aus jeder dieser Aussagen die jeweils dahinter stehende Aussage unmittelbar und für alle offensichtlich folgt (wobei man wegen der „ Offensichtlichkeit “ nun darauf verzichten darf, dies an Hand der möglichen Wahrheitswerte nachzuprüfen).

Manchmal gelten gleichzeitig die Implikation **A** $\Longrightarrow$ **B** und die umgekehrte Implikation **B** $\Longrightarrow$ **A** . Es ist dann praktisch, beide zu einer einzigen Aussage zusammenzufassen. Man nennt diese eine *Äquivalenz* und benutzt für sie die Schreibweise **A** $\Longleftrightarrow$ **B**:

A $\Longleftrightarrow$ **B** bedeutet: Aus **A** folgt **B** und aus **B** folgt **A**.

Für „ **A** $\Longleftrightarrow$ **B** “ verwenden wir nach Belieben folgende sprachlichen Formulierungen: „ **A** *ist äquivalent* (*gleichbedeutend*) *zu* **B** “ oder „ **A** *gilt genau dann, wenn* **B** *gilt* “ oder „ **A** *gilt dann und nur dann, wenn* **B** *gilt* “ oder „ **A** *ist hinreichend und notwendig für* **B** “.

Für jemanden, der Mathematik *anwenden* will, ist natürlich der Inhalt eines Satzes interessanter als der Beweis (Mathematiker dagegen haben oft gerade an der Beweisführung ein großes Interesse). Manchmal ist der Beweis aber hilfreich, um die inhaltliche Aussage des Satzes so zu verstehen, wie es für deren Anwendung erforderlich ist. Daher werden wir in diesem Buch häufig auf Beweise verzichten, aber Beweise immer dann führen, wenn wir glauben, dass sie dazu beitragen, das für den Umgang mit dem jeweiligen mathematischen Sachverhalt nötige Verständnis zu entwickeln. Wer auf das Lesen eines Beweises verzichten möchte, kann leicht feststellen, wo der Beweis aufhört, denn das Ende eines Beweises, der im Anschluss an einen Satz geführt wird, ist immer durch ein kleines offenes Quadrat gekennzeichnet, wie jetzt das Ende dieses Kapitels.   □

Kapitel 2

Komplexe Zahlen

Wir erinnern daran, dass die Mengen der natürlichen, der ganzen, der rationalen und der reellen Zahlen eine Kette von Teilmengen bilden: $\mathbb{N} \subset \mathbb{N}_0 \subset \mathbb{Z} \subset \mathbb{Q} \subset \mathbb{R}$. Die Menge der komplexen Zahlen, die mit dem Symbol $\mathbb{C}$ gekennzeichnet wird, setzt diese Kette fort, ist also eine Erweiterung von $\mathbb{R}$, so wie $\mathbb{R}$ eine von $\mathbb{Q}$, wie $\mathbb{Q}$ eine von $\mathbb{Z}$ und $\mathbb{Z}$ eine von $\mathbb{N}$ ist.

Wozu ist es wünschenswert oder sogar nötig, den Bereich der reellen Zahlen noch zu erweitern und mit allgemeineren Zahlen, als es die reellen Zahlen schon sind, zu arbeiten?

Als Antwort muss vorläufig genügen: Gewisse mathematische Theorien lassen sich sehr viel einfacher formulieren, wenn man komplexe Zahlen und Funktionen verwendet, und manche mathematische Überlegungen, Verfahren usw. sind ohne Verwendung komplexer Zahlen gar nicht möglich. Gerade auch bei Anwendung von Mathematik in der Physik und in der Chemie (z. B. in der Quantenchemie) ist die Benutzung komplexer Zahlen unumgänglich und erleichtert zudem viele Rechnungen.

2.1 Einführung der komplexen Zahlen

Um den Zugang zu den komplexen Zahlen zu erleichtern, brauchen wir uns nur bewusst zu machen, dass der Schritt, der uns von den reellen zu den komplexen Zahlen führt, sich qualitativ nicht unterscheidet von Schritten, die wir in der Schulmathematik schon mehrfach getan haben, als wir von den natürlichen zu den ganzen Zahlen, von diesen zu den rationalen und von ihnen zu den reellen Zahlen gelangt sind. Jedesmal wurde der inzwischen bekannte und vertraut gewordene Zahlbereich durch Hinzunahme „neuer" (künstlich eingeführter) Zahlen erweitert, und der langjährige Umgang mit den „neuen" Zahlen ließ diese allmählich so vertraut werden wie die bis dahin bekannten „alten" Zahlen.

Den Anlass, den Bereich der reellen Zahlen zu dem der komplexen Zahlen zu erweitern, gibt eine algebraische Operation, nämlich das Potenzieren. $\mathbb{R}$ ist bezüglich des Potenzierens abgeschlossen, d. h. für jede natürliche Zahl n ist mit jeder Zahl $a \in \mathbb{R}$ auch $a^n \in \mathbb{R}$. Betrachten wir nun Gleichungen der Form

$$x^n = c \quad \text{für feste Zahlen } n \in \mathbb{N} \text{ und } c \in \mathbb{R},$$

so fällt uns ein „unbefriedigend" unterschiedliches Lösungsverhalten auf, zum Beispiel:

(1) $x^2 = -4$ hat keine Lösung in $\mathbb{R}$, denn: $x \in \mathbb{R} \Longrightarrow x^2 \geq 0$;

(2) $x^2 = 4$ hat in $\mathbb{R}$ genau zwei Lösungen, nämlich $+2$ und -2;

(3) $x^3 = 8$ hat in $\mathbb{R}$ nicht etwa drei Lösungen, sondern nur die einzige Lösung $+2$;
ebenso hat $x^3 = -8$ nur eine einzige Lösung in $\mathbb{R}$, nämlich -2.

Wir stellen uns die Aufgabe, $\mathbb{R}$ so zu erweitern, dass alle quadratischen Gleichungen $x^2 = c$ mit $c \neq 0$ genau zwei Lösungen haben, um das unterschiedliche Lösungsverhalten solcher Gleichungen wie in (1) und (2) zu beseitigen. Um diese Aufgabe zu lösen, führen wir die komplexen Zahlen ein. Es sei bemerkt, dass mit der Einführung der komplexen Zahlen sogar mehr als das erreicht wird: In der Menge der komplexen Zahlen hat jede Gleichung $x^n = c$ mit $c \neq 0$ genau n verschiedene Lösungen (damit ist dann auch das unbefriedigende Lösungsverhalten von Gleichungen wie in (3) beseitigt).

Die Tatsache, dass die Gleichung $x^2 = c$ genau dann eine Lösung b in $\mathbb{R}$ besitzt, wenn $c \geq 0$ ist, lässt sich so formulieren: Genau die nicht-negativen Zahlen $c \in \mathbb{R}$ lassen sich als Quadrate reeller Zahlen darstellen: $c = b^2$ ($b \in \mathbb{R}$ positiv, negativ oder 0). Man nutzt dies oft, um nicht-negative Zahlen als solche kenntlich zu machen. Tun wir dies jetzt auch, so liegt mit den quadratischen Gleichungen folgende Situation vor: Für $b \in \mathbb{R} \setminus \{0\}$ haben genau alle Gleichungen

$$x^2 + b^2 = 0 \qquad \text{keine Lösung in } \mathbb{R},$$
$$x^2 - b^2 = 0 \qquad \text{genau zwei Lösungen in } \mathbb{R} \text{ (nämlich } +b \text{ und } -b\text{).}$$

Wir werden für jede Zahl $b \in \mathbb{R} \setminus \{0\}$ zwei neue Zahlen als die beiden Lösungen der Gleichung $x^2 + b^2 = 0$ einführen. Um für sie geeignete Symbole zu finden, führen wir zuerst nur ein Symbol für eine Lösung von $x^2 + 1 = 0$ ein.

2.1.1 Definition *Als eine Lösung der Gleichung $x^2 + 1 = 0$ führen wir eine neue Zahl ein, die wir mit dem Symbol i bezeichnen; sie heißt die imaginäre Einheit und ist als die Lösung der Gleichung $x^2 + 1 = 0$ charakterisiert durch die Eigenschaft: $i^2 = -1$.*

2.1.2 Bemerkung Manchmal wird die definierende Eigenschaft von i nicht in der Form $i^2 = -1$, sondern in der Form $i = \sqrt{-1}$ angegeben. Vor solcher Schreibweise sei jedoch gewarnt, weil sie benutzt, was eben in $\mathbb{R}$ nicht definiert ist, nämlich die Quadratwurzel aus einer negativen Zahl.

Für beliebige $b \in \mathbb{R} \setminus \{0\}$ gilt die Äquivalenz:

$$x^2 + b^2 = 0 \Longleftrightarrow \frac{x^2}{b^2} + 1 = 0 \Longleftrightarrow \left(\frac{x}{\pm b}\right)^2 + 1 = 0.$$

Nach Definition von i folgt aus der letzten Gleichung: $\frac{x}{\pm b} = i$. Dies legt es nahe, für die beiden Zahlen, die wir als Lösungen der Gleichung $x^2 + b^2 = 0$ einführen wollen, die Symbole bi und $-bi$ zu benutzen. Setzen wir $1 \cdot i = i$ und $(-1) \cdot i = -i$, so ist gleichzeitig neben i dann $-i$ die zweite Lösung von $x^2 + 1 = 0$.

Ergebnis: Um zu erreichen, dass jede Gleichung $x^2 + b^2 = 0$ mit $b \in \mathbb{R} \setminus \{0\}$ genau zwei Lösungen hat, müssen wir die Ausdrücke bi als neue Zahlen zu $\mathbb{R}$ hinzufügen. Wir erhalten damit die Menge

$$\mathbb{R} \cup \{\, bi \mid b \in \mathbb{R}, b \neq 0 \,\}.$$

Auf diese Menge werden wir natürlich die auf $\mathbb{R}$ vorhandenen Rechenoperationen Addition und Multiplikation fortsetzen wollen. Wir stoßen jedoch bei der Addition auf Schwierigkeiten:

Da wir ja auf $\mathbb{R}$ eine Addition haben, können wir je zwei Zahlen $a_1, a_2 \in \mathbb{R}$ die Zahl $a_1 + a_2 \in \mathbb{R}$ und ebenso je zwei Zahlen $b_1 i, b_2 i$ die Zahl $b_1 i + b_2 i = (b_1 + b_2)i$ als Summe zuordnen, aber wir können nicht sinnvoll einer Zahl $a \in \mathbb{R}$ und einer Zahl bi als Summe eine Zahl aus $R \cup \{\, bi \mid b \in \mathbb{R},\ b \neq 0 \,\}$ zuordnen. Daher bleibt nur die Möglichkeit, den Erweiterungsprozess fortzusetzen:

Wir führen für je zwei Zahlen $a \in \mathbb{R}$ und $b \in \mathbb{R} \setminus \{0\}$ künstlich als *Summe von a und bi* eine neue Zahl ein und bezeichnen sie mit $a + bi$. Wir erhalten dann die Menge

$$\mathbb{R} \cup \{\, bi \mid b \in \mathbb{R},\ b \neq 0 \,\} \cup \{\, a + bi \mid a \in \mathbb{R},\ b \in \mathbb{R},\ b \neq 0 \,\}.$$

Die zu den ersten beiden Mengen gehörenden Zahlen lassen sich ebenfalls in der Form $a + bi$ darstellen, wenn wir vereinbaren, dass $0i = 0$ und $0 + bi = bi$ gelten soll; denn mit $b = 0$ gilt für $a \in \mathbb{R}$ dann: $a = a + 0 = a + 0i$; und mit $a = 0$ gilt für jede Zahl bi dann: $bi = 0 + bi$. Wir können somit die Vereinigungsmenge kürzer angeben in der Form

$$\{\, a + bi \mid a \in \mathbb{R},\ b \in \mathbb{R} \,\}.$$

2.1.3 Definition $\mathbb{C} = \{\, a + bi \mid a, b \in \mathbb{R} \,\}$ *heißt die Menge der komplexen Zahlen.*

Da $a = a + 0i$ für $a \in \mathbb{R}$ gilt, ist $\mathbb{R} \subset \mathbb{C}$, also $\mathbb{C}$ eine Erweiterung des Zahlbereichs $\mathbb{R}$.

2.1.4 Definition *Für jede komplexe Zahl* $z = a + bi$ *heißt* a *der Realteil von* z, *kurz:* $a = \operatorname{Re} z$, *und* b *der Imaginärteil von* z, *kurz:* $b = \operatorname{Im} z$.
Die komplexen Zahlen der Form bi, *deren Realteil* 0 *ist, heißen rein imaginäre Zahlen.*

Beachten Sie: Real- und Imaginärteil einer komplexen Zahl $z = a + bi$ sind die beiden *reellen* Zahlen a und b, die in der Darstellung von z auftreten. Insbesondere ist also auch der Imaginärteil einer komplexen Zahl $a + bi$ eine *reelle* Zahl und nicht etwa die rein imaginäre Zahl bi, die in der Darstellung von z als zweiter Summand auftritt. Eine einprägsame formelmäßige Darstellung dieses Sachverhaltes ist:

$$z = \operatorname{Re} z + (\operatorname{Im} z) \cdot i.$$

Beispiele: $\operatorname{Re}(3 + 5i) = 3$; $\operatorname{Im}(3 + 5i) = 5$; $\operatorname{Re}(-5 + i) = -5$; $\operatorname{Im}(2 - i) = -1$.

Auf $\mathbb{C}$ definieren wir nun eine Addition und eine Multiplikation so, dass beide auf $\mathbb{R} \subset \mathbb{C}$ mit den dort schon vorhandenen Operationen übereinstimmen:

2.1.5 Definition (Addition, Subtraktion) $(a + bi) \pm (c + di) = (a \pm c) + (b \pm d)i$.

2.1.6 Definition (Multiplikation) $(a + bi) \cdot (c + di) = (ac - bd) + (ad + bc)i$.

Hinweis: Natürlich braucht man sich diese Definitionen nicht als Formeln zu merken, denn sie drücken nur aus, dass man rechnen kann wie mit reellen Zahlen bzw. wie mit reellen Zahlen, die mit einer Dimensionsgröße behaftet sind. Das ist so zu verstehen: Man addiert (subtrahiert) komplexe Zahlen, indem man die Realteile und nach Ausklammern von i die Imaginärteile jeweils für sich addiert (subtrahiert); und man multipliziert komplexe Zahlen, indem man die Klammern ausmultipliziert und dabei ausnutzt, dass $i^2 = -1$ ist, und schließlich die freien reellen Zahlen zum Realteil und ebenso die mit i behafteten reellen Zahlen zum Imaginärteil des Produktes zusammenfasst.

Beispiele:

(1) $(2 - 3i) + (5 + i) = (2 + 5) + (-3 + 1)i = 7 - 2i$;

(2) $(1 + 2i) - (3 - 2i) = -2 + 4i$;

(3) $(2 - 3i) \cdot (5 + 4i) = 2 \cdot 5 + 2 \cdot 4i - 5 \cdot 3i - 3 \cdot 4i^2 = 22 - 7i$;

(4) $i^7 = i^2 \cdot i^2 \cdot i^2 \cdot i = (-1) \cdot (-1) \cdot (-1) \cdot i = -i$;

(5) $(c + di) \cdot (c - di) = c^2 - (di)^2 = c^2 - d^2 i^2 = c^2 + d^2$.

Nachdem wir Addition und Multiplikation von $\mathbb{R}$ auf $\mathbb{C}$ fortgesetzt haben, werden wir uns natürlich jetzt fragen, ob für $w_1, w_2 \in \mathbb{C}$ die Gleichungen

$$w_2 + z = w_1 \quad \text{und} \quad w_2 \cdot z = w_1 \quad (\text{für } w_2 \neq 0)$$

in $\mathbb{C}$ eindeutig lösbar sind.

Für die Gleichungen $w_2 + z = w_1$ ist das klar: Subtraktion von w_2 liefert die eindeutige Lösung $z = w_1 - w_2$.

Da wir noch keine Division für komplexe Zahlen kennen, können wir bei den Gleichungen $w_2 \cdot z = w_1$ ($w_2 \neq 0$) nicht entsprechend argumentieren. Dass sie ebenfalls eindeutig lösbar sind, erkennen wir nach ihrer Umformung; dazu setzen wir $w_1 = a + bi$ und $w_2 = c + di$:

$$(c + di) \cdot z = a + bi \iff (c + di) \cdot (c - di) \cdot z = (a + bi) \cdot (c - di)$$
$$\iff (c^2 + d^2) \cdot z = (ac + bd) + (bc - ad)i.$$

Wegen $w_2 = c + di \neq 0$ ist $c \neq 0$ oder $d \neq 0$ und daher $c^2 + d^2 \neq 0$. Division der letzten Gleichung durch die reelle Zahl $c^2 + d^2 \neq 0$ liefert somit als eindeutige Lösung:

$$z = \frac{ac + bd}{c^2 + d^2} + \frac{bc - ad}{c^2 + d^2}i.$$

Da wir nun wissen, dass die Gleichung $(c + di) \cdot z = a + bi$ eindeutig lösbar ist, vereinbaren wir, ihre eindeutige Lösung mit dem Symbol $\frac{a+bi}{c+di}$ zu bezeichnen. Wenn wir nachvollziehen, wie wir vorher die Lösung bestimmt haben, erhalten wir ein „Verfahren", nach dem wir die komplexe Zahl bestimmen können, die sich hinter dem Quotienten $\frac{a+bi}{c+di}$ verbirgt (also ein Verfahren für die Division komplexer Zahlen):

2.1.7 Definition *Unter $\frac{a+bi}{c+di}$ verstehen wir die komplexe Zahl, die sich ergibt, wenn wir mit $c - di$ erweitern und dann die Produkte in Zähler und Nenner ausmultiplizieren (wobei wir ausnutzen, dass $i^2 = -1$ ist):*

$$\frac{a+bi}{c+di} = \frac{(a+bi)(c-di)}{(c+di)(c-di)} = \frac{(ac+bd)+(bc-ad)i}{c^2+d^2} = \frac{ac+bd}{c^2+d^2} + \frac{bc-ad}{c^2+d^2}i.$$

Hier ist $\dfrac{ac+bd}{c^2+d^2}$ der Realteil und $\dfrac{bc-ad}{c^2+d^2}$ der Imaginärteil der komplexen Zahl $\dfrac{a+bi}{c+di}$.

Auch für die Division hat man sich keine Formel zu merken, sondern nur das in 2.1.7 angegebene „Rezept" dafür, wie man einen Quotienten komplexer Zahlen auf die *Normalform* $x + yi$ einer komplexen Zahl bringt.

Beispiele:

(1) $\frac{2+3i}{1+2i} = \frac{(2+3i)(1-2i)}{1^2+2^2} = \frac{8-i}{5} = \frac{8}{5} - \frac{1}{5}i$;

(2) $\frac{2+3i}{1-2i} = \frac{(2+3i)(1+2i)}{1^2+(-2)^2} = \frac{-4+7i}{5} = -\frac{4}{5} + \frac{7}{5}i$;

(3) $\frac{2+3i}{-1+2i} = \frac{(2+3i)(-1-2i)}{(-1)^2+2^2} = \frac{4-7i}{5} = \frac{4}{5} - \frac{7}{5}i$.

In 2.1.7 haben wir den Bruch mit dem Nenner $c + di$ erweitert mit der Zahl $c - di$. Zwei solche Zahlen heißen konjugiert komplex. Diesen Begriff führen wir jetzt ein:

2.1.8 Definition *Für eine komplexe Zahl $z = c + di$ heißt die komplexe Zahl $\bar{z} = c - di$ (deren Imaginärteil das entgegengesetzte Vorzeichen hat) die zu z konjugiert komplexe Zahl. In den Naturwissenschaften ist es üblich, statt $\bar{z}$ die Bezeichnung z^* zu benutzen.*

Beispiele: (1) Für $z = 2 + 3i$ ist $\bar{z} = 2 - 3i$, oder kürzer: $\overline{2 + 3i} = 2 - 3i$;
(2) $\overline{3 - 5i} = 3 + 5i$;   (3) $\bar{i} = -i$;   (4) $\bar{2} = 2$.

2.1.9 Satz (Rechenregeln für die Operation des Konjugierens)

(1) $\overline{z_1 \pm z_2} = \bar{z}_1 \pm \bar{z}_2,$ $\overline{z_1 \cdot z_2} = \bar{z}_1 \cdot \bar{z}_2,$ $\overline{\left(\frac{z_1}{z_2}\right)} = \frac{\bar{z}_1}{\bar{z}_2}$ $(z_2 \neq 0),$

(2) $\bar{\bar{z}} = z,$

(3) $\operatorname{Re} z = \frac{1}{2}(z + \bar{z}),$ $\operatorname{Im} z = \frac{1}{2i}(z - \bar{z}),$

(4) $\bar{z} = z \Longleftrightarrow z \in \mathbb{R}.$

Mit der Einführung der komplexen Zahlen wollten wir erreichen, dass für $c \in \mathbb{R} \setminus \{0\}$ die Gleichungen $x^2 - c = 0$ einheitlich zwei Lösungen haben. Berücksichtigen wir nun auch $c = 0$, so können wir drei Situationen unterscheiden:

(1) $c = b^2 > 0 : x^2 - b^2 = (x - b) \cdot (x + b) = 0$.

$\Longleftrightarrow$ Die Gleichung hat zwei verschiedene reelle Lösungen $x_1 = b, x_2 = -b$.

(2) $c = -b^2 < 0 : x^2 + b^2 = (x - bi) \cdot (x + bi) = 0$.

$\Longleftrightarrow$ Die Gleichung hat zwei verschiedene zueinander konjugiert komplexe Lösungen $x_1 = bi, x_2 = -bi$.

(3) $c = 0 : x^2 = x \cdot x = 0$. $\Longleftrightarrow$ Die Gleichung hat nur die Lösung 0.

In allen drei Fällen haben wir den quadratischen Ausdruck auf der linken Gleichungsseite als Produkt von zwei Faktoren dargestellt, in denen x linear auftritt und die deshalb *Linearfaktoren* heißen. Die Lösungen sind dann genau die Zahlen, für welche die Gleichung deshalb erfüllt ist, weil bei ihrem Einsetzen ein Linearfaktor 0 wird. Da in (1) und (2) die Linearfaktoren verschieden sind, gibt es zwei verschiedene Lösungen; und es ist konsequent, im Falle (3), in dem die zwei Linearfaktoren gleich sind und deshalb beim Einsetzen von 0 beide 0 werden, 0 als eine zweifache Lösung aufzufassen. Man sagt dementsprechend, die Gleichung $x^2 = 0$ habe die *reelle Doppellösung* $x_1 = x_2 = 0$, oder, die Lösung 0 der Gleichung habe die *Vielfachheit* 2. Entsprechend spricht man in den Fällen (1) und (2) von Lösungen der *Vielfachheit* 1.

2.1.10 Folgerung *Zählt man Lösungen so oft, wie ihre Vielfachheit angibt, so hat in $\mathbb{C}$ jede Gleichung $x^2 - c = 0$ genau zwei Lösungen.*

Dasselbe Ergebnis gilt für die allgemeine quadratische Gleichung $x^2 + ax + b = 0$. Um ihre Lösungen zu bestimmen, formen wir sie äquivalent um in eine Gleichung der Form $(x+d)^2 - c = 0$, die, wie eben diskutiert, zwei verschiedene reelle bzw. komplexe Lösungen der Vielfachheit 1 (für $c \neq 0$) oder eine reelle Lösung der Vielfachheit 2 (für $c = 0$) hat. Die Umformung bezeichnet man als *quadratische Ergänzung*.

Quadratische Ergänzung: Um c und d zu bestimmen, vergleichen wir die quadratischen Ausdrücke
$$(x + d)^2 - c = x^2 + 2dx + d^2 - c \quad \text{und} \quad x^2 + ax + b$$
miteinander. Wir erkennen, dass wir $d = \frac{a}{2}$ und $c = d^2 - b = \frac{a^2}{4} - b$ wählen müssen. Unter *quadratischer Ergänzung* verstehen wir dann folgendes systematische Vorgehen: Ist a (einschließlich des Vorzeichens) der Koeffizient bei x in der Gleichung, so ersetzt man x^2 durch $(x + \frac{a}{2})^2$ und subtrahiert die positive Zahl $\left(\frac{a}{2}\right)^2 = \frac{a^2}{4}$:

$$x^2 + ax + b = 0 \Longleftrightarrow \left(x + \frac{a}{2}\right)^2 - \frac{a^2}{4} + b = 0 \Longleftrightarrow \left(x + \frac{a}{2}\right)^2 - \left(\frac{a^2}{4} - b\right) = 0.$$

Durch Auflösen dieser letzten Gleichung nach x erhalten wir eine allgemeine Formel für die Lösungen der quadratischen Gleichung:

2.1.11 Satz *Setzen wir $D = \frac{a^2}{4} - b$, so können wir die Lösungen der quadratischen Gleichung $x^2 + ax + b = 0$ wie folgt angeben:*

(1) $x_{1,2} = -\frac{a}{2} \pm \sqrt{D} \in \mathbb{R}$ für $D > 0$,

(2) $x_1 = x_2 = -\frac{a}{2} \in \mathbb{R}$ für $D = 0$,

(3) $x_{1,2} = -\frac{a}{2} \pm \sqrt{-D}\, i \in \mathbb{C}$ für $D < 0$.

Anstatt eine solche Formel zu lernen und zu benutzen, ist es ratsamer, sich das Verfahren der quadratischen Ergänzung zu merken und beim Lösen quadratischer Gleichungen anzuwenden.

Beispiele:

(1) $x^2 - 6x - 7 = 0 \iff (x-3)^2 - 9 - 7 = 0 \iff (x-3)^2 - 16 = 0 \iff$
$x_{1/2} = 3 \pm 4$. Lösungen: $x_1 = 7, x_2 = -1$;

(2) $x^2 + 2x + 5 = 0 \iff (x+1)^2 - 1 + 5 = 0 \iff (x+1)^2 + 4 = 0 \iff$
$x_{1/2} = -1 \pm 2i$. Lösungen: $x_1 = -1 + 2i, x_2 = -1 - 2i$;

(3) $x^2 - 6x + 9 = 0 \iff (x-3)^2 - 9 + 9 = 0 \iff (x-3)^2 = 0 \iff x_1 = x_2 = 3$
ist eine Lösung der Vielfachheit 2.

Ein entsprechendes Ergebnis wie für quadratische Gleichungen gilt allgemein für *algebraische Gleichungen vom Grad* n, das sind Gleichungen der Form

$$x^n + a_{n-1}x^{n-1} + \ldots + a_1 x + a_0 = 0 \quad (a_k \in \mathbb{C} \text{ für } 0 \le k \le n).$$

2.1.12 Satz (Fundamentalsatz der Algebra) *Jede algebraische Gleichung vom Grad n hat n Lösungen in $\mathbb{C}$, wenn man jede Lösung so oft zählt, wie ihre Vielfachheit angibt.*

★ **Aufgaben**

(1) Vereinfachen Sie folgende komplexen Zahlen:

$i^2, \quad i^5, \quad i^8, \quad i^{2n} \text{ und } i^{2n+1} \ (n \in \mathbb{N}), \quad i^3 - i^4, \quad i^3 \cdot (i + i^6), \quad i + i^2 + i^3$.

(2) Stellen Sie die folgenden komplexen Zahlen in ihrer *Normalform* $x + yi$ mit $x, y \in \mathbb{R}$ dar:

(a) $(2-3i) \cdot (1+2i)$;   (b) $(2+5i)^2$;   (c) $(2-5i)^2$;   (d) $\dfrac{2+6i}{3-5i}$;

(e) $\dfrac{2-i}{3i}$;   (f) $\dfrac{1}{1-i}$;   (g) $\dfrac{3+2i}{(1-2i)(3+i)}$.

(3) Bestimmen Sie die komplexe Zahl z, die eine Lösung folgender Gleichung ist:

$$\left(\frac{-3+11i}{3-i} + \frac{-11+10i}{1-4i} \right) \cdot z = 24 - 10i.$$

(4) Lösen Sie durch quadratische Ergänzung die Gleichungen:

(a) $x^2 - 4x + 1 = 0$;   (b) $x^2 - 4x + 7 = 0$;   (c) $x^2 - \sqrt{3}\,x + \frac{3}{4} = 0$.

(5) Weisen Sie nach, dass für komplexe Zahlen z_1, z_2, z gilt:

(a) $\overline{z_1 \pm z_2} = \bar{z}_1 \pm \bar{z}_2$;   (b) $\overline{z_1 \cdot z_2} = \bar{z}_1 \cdot \bar{z}_2$;   (c) $\bar{z} = z \iff z \in \mathbb{R}$.

(6) Zeigen Sie mit Hilfe der Rechenregeln in Satz 2.1.9: Mit $z \in \mathbb{C}$ ist auch die konjugiert komplexe Zahl $\bar{z}$ eine Lösung der Gleichung

$$a_n x^n + a_{n-1} x^{n-1} + \ldots + a_1 x + a_0 = 0 \quad (a_k \in \mathbb{R} \text{ für } 0 \le k \le n).$$

2.2   Die komplexe (Gaußsche) Zahlenebene

Definitionsgemäß hat eine komplexe Zahl z immer eine Darstellung $z = x + yi$ mit reellen Zahlen x und y. In dieser ist die eine reelle Zahl der Realteil und die andere reelle Zahl der Imaginärteil von z. Jede komplexe Zahl $z = x + yi$ ist somit eindeutig bestimmt durch ein geordnetes Paar (x, y) reeller Zahlen, wobei die Ordnung festlegt, dass die erste Zahl der Realteil, die zweite der Imaginärteil von z ist. Da bezüglich eines rechtwinkligen kartesischen Koordinatensystems in der Ebene jedes geordnete Paar (x, y) reeller Zahlen die Koordinatendarstellung eines Punktes ist, können wir somit die komplexen Zahlen als Punkte in der Ebene veranschaulichen.

Wir wählen in der Ebene ein rechtwinkliges kartesisches Koordinatensystem; seine erste Achse bezeichnen wir als *reelle Achse*, seine zweite Achse als *imaginäre Achse*.

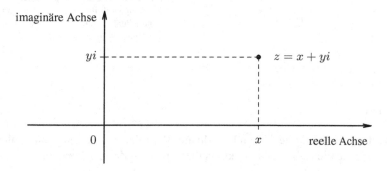

Abb. 2.1   Die komplexe Zahlenebene mit reeller und imaginärer Achse

Jede komplexe Zahl $z = x + yi$ lässt sich dann veranschaulichen als Punkt mit der Koordinatendarstellung (x, y). Die Ebene heißt bei dieser Interpretation die *komplexe* (oder *Gaußsche*) *Zahlenebene*.

Beachten Sie: Um den zu einer Zahl $z = x + yi$ gehörenden Punkt in der komplexen Zahlenebene zu zeichnen, sind die *reellen* Zahlen $x = \operatorname{Re} z$ und $y = \operatorname{Im} z$ auf den Achsen abzutragen. Dabei erhält man auf der reellen Achse den zu der *reellen Zahl x*, auf der imaginären den zu der *imaginären Zahl yi* gehörenden Punkt. Der zu $x + yi$ gehörende Punkt ist der Schnittpunkt der Parallelen zu den Achsen durch die Punkte x und yi.

2.2.1 Definition   *Ist $z = x + yi$ eine komplexe Zahl, so heißen $x = \operatorname{Re} z$ und $y = \operatorname{Im} z$ die kartesischen Koordinaten von z und man bezeichnet $x + yi$ als die Darstellung von z in kartesischen Koordinaten.*

Beispiel: In Abb. 2.2 sind einige komplexe Zahlen als Punkte in der komplexen Zahlenebene veranschaulicht. Beachten Sie: Die rein imaginären Zahlen markieren Punkte auf der imaginären Achse, wie hier die Zahlen i und $2i$. Die reellen Zahlen markieren Punkte auf der reellen Achse, wie hier die Zahlen 2 und -3. Die komplexen Zahlen $2 + 2i$ und $2 - i$ mit gleichem Realteil 2 liegen auf einer Parallelen zur imaginären Achse und die Zahlen $2i$, $2+2i$, $-3+2i$ mit gleichem Imaginärteil 2 liegen auf einer Parallelen zur reellen Achse. Zueinander konjugiert komplexe Zahlen, wie $1+2i$ und $1-2i$, werden durch Punkte veranschaulicht, die spiegelbildlich zur reellen Achse liegen.

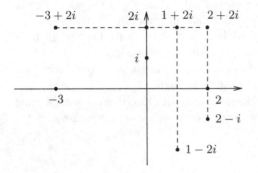

Abb. 2.2 Die Punkte in der komplexen Zahlenebene veranschaulichen die komplexen Zahlen. Man markiert daher Punkte durch die ihnen entsprechende komplexe Zahl z. Auf einer Parallelen zur reellen Achse liegende Zahlen haben denselben Imaginärteil, auf einer Parallelen zur imaginären Achse liegende Zahlen haben denselben Realteil. Spiegelbildlich zur reellen Achse liegende Punkte veranschaulichen zueinander konjugiert komplexe Zahlen.

★ **Aufgaben**

(1) Berechnen Sie die kartesischen Koordinaten der folgenden komplexen Zahlen und zeichnen Sie die Zahlen als Punkte in die komplexe Zahlenebene ein:

(a) $i^3 + i^4$;   (b) $3i$;   (c) $(3+2i)\cdot(2-3i)$;   (d) $(1+2i)\cdot(1-2i)$;

(e) $\dfrac{5-5i}{2+i}$;   (f) $\dfrac{1}{i}$;   (g) $\dfrac{1}{1+i} + \dfrac{1}{1-i}$.

(2) Bestimmen Sie die Lösungsmenge der Gleichung in $\mathbb{C}$ und skizzieren Sie die zugehörige Punktmenge in der komplexen Ebene:

(a) $z + \bar{z} = 6$;   (b) $z - \bar{z} = 6i$;   (c) $z \cdot \bar{z} - z + \bar{z} = 1$;

(d) $z \cdot \bar{z} - z - \bar{z} = 0$;   (e) $(z-i)^2 = (z+i)^2$.

2.3 Die Polardarstellung komplexer Zahlen

Zeichnen wir für einen beliebigen Punkt z in der komplexen Zahlenebene den durch z gehenden Kreis um den Nullpunkt O und den von O ausgehenden Strahl $\overrightarrow{Oz}$, so erkennen wir, dass jeder Punkt z eindeutig bestimmt ist als der Schnittpunkt eines Kreises um O und eines von O ausgehenden Strahles (Abb. 2.3). Da ein Kreis um O durch seinen Radius r und ein von O ausgehender Strahl durch den Winkel α, den er mit der positiven reellen Achse bildet, festgelegt sind, können wir daher jede komplexe Zahl z statt durch ihre kartesischen Koordinaten x und y ebensogut durch diese geometrischen Angaben r und α kennzeichnen. Bevor wir diese beiden Größen als die *Polarkoordinaten* von z einführen, wollen wir festlegen, wie wir sie messen.

Für den Radius r ist das klar, denn der Kreis um O mit dem Radius r beschreibt genau alle Punkte in der komplexen Ebene, die von O den festen Abstand r haben. Wir können also r messen als den Abstand des Punktes z vom Nullpunkt O (Abb. 2.3).

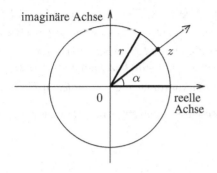

Abb. 2.3 Die komplexe Zahl z ist als Punkt in der komplexen Zahlenebene dargestellt. Durch z geht genau ein Kreis um den Nullpunkt O; er hat den Radius r.
z liegt auf genau einem vom Nullpunkt O ausgehenden Strahl; er bildet mit der positiven reellen Achse den Winkel α.
Als Schnittpunkt dieses Kreises und dieses Strahles ist z eindeutig bestimmt.

Winkel werden in der Mathematik aus praktischen Gründen üblicherweise im Bogenmaß angegeben. Dazu bedarf es einer Erläuterung:

Wir zeichnen in der Ebene in ein rechtwinkliges Koordinatensystem den Einheitskreis um O (also den Kreis um O mit dem Radius $r = 1$) ein (Abb. 2.4). A sei sein Schnittpunkt mit der positiven ersten Achse (in der komplexen Zahlenebene ist das die reelle Achse). Die Länge des Einheitskreises ist 2π, die Länge der beiden Halbkreise in der oberen und der unteren Halbebene also jeweils π. Für jede Zahl $\alpha \in (-\pi, \pi]$

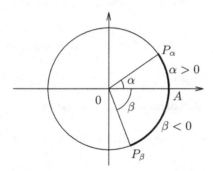

Abb. 2.4 Die Länge α des Einheitskreisbogens zwischen A und dem Punkt P_α in der *oberen* Halbebene ist das Bogenmaß des Winkels zwischen dem Strahl von O nach P_α und der positiven reellen Achse. Die Länge des Bogens zwischen A und dem Punkt P_β in der *unteren* Halbebene ist *bis auf das Vorzeichen* das Bogenmaß des Winkels zwischen dem Strahl durch P_β und der positiven reellen Achse.

tragen wir von A aus auf dem Einheitskreis einen Bogen der Länge $|\alpha|$ ab, und zwar im mathematisch positiven Sinne (entgegengesetzt zum Uhrzeigersinn), wenn $\alpha \geq 0$ ist, und im mathematisch negativen Sinne (im Uhrzeigersinn), wenn $\alpha < 0$ ist. Bezeichnet P_α den Endpunkt des Bogens, so ordnen wir dem Winkel, der als Schenkel den Strahl $\overrightarrow{OP_\alpha}$ und die positive reelle Achse besitzt, die Zahl α als Bogenmaß zu.

Wir vereinbaren: Für jede komplexe Zahl z geben wir den Winkel zwischen $\overrightarrow{Oz}$ und der positiven reellen Achse durch sein Bogenmaß an. Dieses ist, wie gerade erläutert, ein Wert in dem *Grundintervall* $(-\pi, \pi]$ und heißt der *Hauptwert* des Winkels.

Bemerkung: Ebenso gut könnten wir $[0, 2\pi)$ als Grundintervall wählen. Da in der Literatur die eine oder auch die andere Wahl gebräuchlich ist, wollen wir auf diese andere Möglichkeit hinweisen. Den Winkel mit dem Bogenmaß $\alpha \in [0, 2\pi)$ definiert man in entsprechender Weise: Man trägt vom Punkt A aus auf dem Einheitskreis jetzt nur im mathematisch positiven Sinn einen Bogen der Länge $\alpha \in [0, 2\pi[$ ab.

2.3.1 Definition *Sei $z \in \mathbb{C}$ als Punkt in der komplexen Ebene veranschaulicht.*

(1) Der Abstand des Punktes z vom Nullpunkt O heißt der Betrag von z und wird bezeichnet mit $|z|$.

(2) Das Bogenmaß $\alpha \in (-\pi, \pi]$ des von dem Strahl $\overrightarrow{Oz}$ und der positiven reellen Achse eingeschlossenen Winkels heißt das Argument von z und wird bezeichnet mit $\arg z$.

Die Größen $|z| = r$ und $\arg z = \alpha$ heißen die Polarkoordinaten der komplexen Zahl z.

Die Beobachtung, die wir zu Beginn dieses Abschnittes gemacht haben, können wir nun wie folgt ausdrücken:

- Für jede feste Zahl $r \geq 0$ ist
$$|z| = r$$
die Gleichung für alle komplexen Zahlen z mit dem Betrag r, und die zugehörige Punktmenge in der komplexen Ebene ist der Kreis um O mit dem Radius r.

- Für jede feste Zahl $\alpha \in (-\pi, \pi]$ ist
$$\arg z = \alpha$$
die Gleichung für alle komplexen Zahlen z mit dem Argument α, und die zugehörige Punktmenge in der komplexen Ebene ist der Strahl mit Anfangspunkt O, der mit der positiven reellen Achse den Winkel vom Bogenmaß α einschließt.

- Jedes geordnete Paar (r, α) reeller Zahlen $r > 0$ und $\alpha \in (-\pi, \pi]$ bestimmt umkehrbar eindeutig einen Punkt in der komplexen Zahlenebene, nämlich den Schnittpunkt
$$\text{des Kreises } |z| = r \text{ und des Strahles } \arg z = \alpha,$$
und somit eine komplexe Zahl z mit den Polarkoordinaten $|z| = r$ und $\arg z = \alpha$.

2.3.2 Satz *Jede komplexe Zahl z lässt sich durch die Angabe ihrer Polarkoordinaten*
$$|z| = r \geq 0 \quad \text{und} \quad \arg z = \alpha \in (-\pi, \pi].$$
eindeutig festlegen. Dabei hat $z = 0$ kein eindeutig bestimmtes Argument, sondern ist allein durch $|0| = 0$ charakterisiert.

Wenn wir mit komplexen Zahlen rechnen, können wir uns ihrer Darstellung in kartesischen Koordinaten oder ihrer Beschreibung durch Polarkoordinaten bedienen – je nachdem, welche Art der Beschreibung gerade praktischer ist. Um von einer Darstellungsart zu der anderen wechseln zu können, sind *Formeln* erforderlich, die es erlauben, die eine Sorte von Koordinaten aus der anderen zu berechnen. Da wir dazu Cosinus und Sinus von Winkeln benötigen, erinnern wir uns zuvor an deren Definition. Sowohl hierfür als auch, wie wir im nächsten Abschnitt sehen werden, für das Rechnen mit komplexen Zahlen in Polarkoordinaten-Darstellung ist es zweckmäßig, den Winkelbegriff so zu erweitern, dass man nicht nur die Zahlen $\alpha \in (-\pi, \pi]$, sondern jede reelle Zahl x als Bogenmaß eines Winkels auffassen kann. Wir gehen dazu genau wie vorher vor:

Wir tragen wie vorher für $x \in \mathbb{R}$ von A aus auf dem Einheitskreis im mathematisch positiven Sinne (für $x \geq 0$) bzw. im mathematisch negativen Sinne (für $x < 0$) einen Bogen der Länge $|x|$ ab. Der Bogen, der jetzt Punkte des Einheitskreises auch mehrfach überlagern kann, habe den Endpunkt P_x. Dem von der positiven reellen Achse und dem Strahl $\overrightarrow{OP_x}$ gebildeten Winkel ordnen wir das Bogenmaß x zu. Natürlich stimmt P_x mit einem Punkt P_α überein; dieser gehört zu dem Hauptwert $\alpha \in (-\pi, \pi]$, der sich von x nur um ein ganzzahliges Vielfaches $2k\pi$ der Einheitskreislänge 2π unterscheidet:

$$P_x = P_\alpha \Longleftrightarrow x = \alpha + 2k\pi \quad \text{mit } k \in \mathbb{Z}.$$

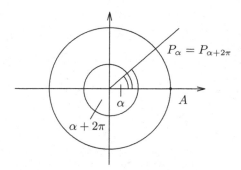

Abb. 2.5 Durchläuft man von A aus auf dem Einheitskreis einen Weg der Länge $|x|$, so gelangt man zu einem Punkt P_x. Dabei läuft man für $x > 0$ entgegengesetzt zum Uhrzeigersinn, für $x < 0$ im Uhrzeigersinn. Ist $x = \alpha \pm 2\pi$, so stimmen die Punkte P_x und P_α überein, weil man dann einmal mehr oder einmal weniger den ganzen Kreis der Länge 2π durchläuft, um von P_α zu P_x zu gelangen.

Die beiden Winkel mit dem Bogenmaß x bzw. α haben dieselben Schenkel; der Unterschied zwischen ihnen besteht darin, dass der Schenkel $\overrightarrow{OP_x}$ erst nach k Umdrehungen um den Nullpunkt O dieselbe Lage wie $\overrightarrow{OP_\alpha}$ hat (Abb. 2.5).

Zur Definition des Cosinus und Sinus eines Winkels wählen wir in der Ebene ein Koordinatensystem mit horizontaler erster Achse und vertikaler zweiter Achse. Der Einheitskreis um den Nullpunkt O schneidet die positive erste Achse in A (Abb. 2.6).

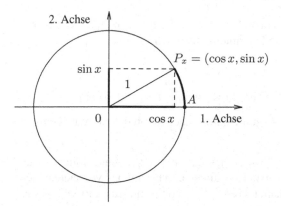

Abb. 2.6 In dieser Abbildung ist der Einheitskreis um O in der reellen (nicht in der komplexen Ebene) gezeichnet. Wie vorher wird ein Bogen der Länge $|x|$ im Uhrzeigersinn ($x < 0$) oder entgegengesetzt dazu ($x \geq 0$) auf dem Einheitskreis abgetragen. Der Endpunkt P_x des Bogens hat die erste Koordinate $\cos x$ und die zweite Koordinate $\sin x$.

Wenn wir in der vorher beschriebenen Weise für $x \in \mathbb{R}$ auf dem Einheitskreis vom Punkt A aus einen Bogen der Länge $|x|$ abtragen, erhalten wir zu x als Endpunkt des Bogens einen durch x eindeutig bestimmten Punkt P_x auf dem Einheitskreis. Dann sind durch $x \in \mathbb{R}$ auch die beiden Koordinaten von P_x eindeutig bestimmt (Abb. 2.6). Diese benutzen wir zur Einführung des Cosinus und Sinus des Winkels vom Bogenmaß x.

2.3.3 Definition *Für jede Zahl x sei P_x der durch x eindeutig bestimmte Punkt auf dem Einheitskreis um den Nullpunkt O des kartesischen Koordinatensystems. Dann heißt*

- *die 1. Koordinate von P_x der Cosinus von x, kurz $\cos x$,*
- *die 2. Koordinate von P_x der Sinus von x, kurz $\sin x$.*

Bemerkung: Ordnen wir jeder Zahl $x \in \mathbb{R}$ die Zahlen $\cos x$ bzw. $\sin x$ zu, so sind durch diese Vorschriften die Cosinus- und die Sinusfunktion definiert, die (zusammen mit Tangens- und Cotangensfunktion) als *trigonometrische Funktionen* bezeichnet werden.

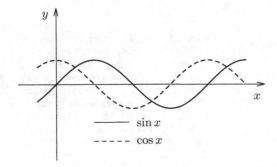

———— $\sin x$

- - - - $\cos x$

Abb. 2.7 Graph der Sinusfunktion und der Cosinusfunktion

2.3.4 Satz *(Eigenschaften von Cosinus und Sinus) Für $x \in \mathbb{R}$ gilt:*

(1) $\cos(-x) = \cos x$ *und* $\sin(-x) = -\sin x$;

(2) $\cos^2 x + \sin^2 x = 1$;

(3) $\cos(x + 2k\pi) = \cos x$ *und* $\sin(x + 2k\pi) = \sin x$ *für $k \in \mathbb{Z}$.*

Bemerkung: Die in 2.3.4, (2) schon benutzte Schreibweise wird nach allgemeiner Vereinbarung verwendet, um das Setzen von Klammern zu sparen:

$$\cos^2 x = (\cos x)^2 \quad \text{und} \quad \sin^2 x = (\sin x)^2.$$

Entsprechend vereinbaren wir: $\cos x^2 = \cos(x^2)$ und $\sin x^2 = \sin(x^2)$.

Beweis von 2.3.4:   Um die folgende Argumentation nachzuvollziehen, brauchen wir uns nur an Abb. 2.6 zu orientieren:

(1) $P_x = (\cos x, \sin x)$ und $P_{-x} = (\cos(-x), \sin(-x))$ liegen spiegelbildlich zur ersten Achse, haben also dieselbe erste Koordinate und bis auf das Vorzeichen dieselbe zweite Koordinate; das bedeutet: $\cos(-x) = \cos x$ und $\sin(-x) = -\sin x$.

(2) Für den Punkt $P_x = (\cos x, \sin x)$ auf dem Einheitskreis um O ist die Summe der Quadrate seiner Koordinaten gleich 1 (Satz des Pythagoras): $\cos^2 x + \sin^2 x = 1$.

(3) Da $2k\pi$ ein ganzzahliges Vielfaches der Einheitskreislänge 2π ist, bestimmen x und $x + 2k\pi$ denselben Punkt $P_{x+2k\pi} = P_x$; daher gilt: $\cos(x + 2k\pi) = \cos x$ und $\sin(x + 2k\pi) = \sin x$. $\square$

Nach dieser Vorbereitung können wir nun den Zusammenhang zwischen den kartesischen Koordinaten x, y und den Polarkoordinaten r, α einer Zahl $z \in \mathbb{C}$ herstellen. Wir werfen dazu einen Blick auf Abb. 2.8. Wir veranschaulichen z als Punkt in der komplexen Ebene und bezeichnen ihn wieder mit z. Er hat die kartesischen Koordinaten x und y. Der Strahl $\overrightarrow{Oz}$ bildet mit der positiven reellen Achse den Winkel α. Er trifft den Einheitskreis um O in dem Punkt P_α, und dieser hat nach Definition 2.3.3 die Koordinaten $\cos \alpha$ und $\sin \alpha$. Nach dem Strahlensatz gelten dann die Beziehungen:

$$\frac{x}{\cos \alpha} = \frac{r}{1} \quad \text{und} \quad \frac{y}{\sin \alpha} = \frac{r}{1}.$$

Lösen wir die beiden Gleichungen nach x bzw. y auf, so erhalten wir Formeln, mit denen wir die kartesischen Koordinaten aus den Polarkoordinaten berechnen können:

$$x = r \cdot \cos \alpha \quad \text{und} \quad y = r \cdot \sin \alpha.$$

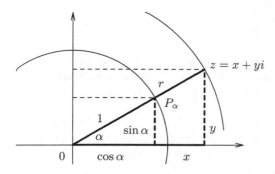

Abb. 2.8 Die positive reelle Achse und der Strahl von O nach z werden von den beiden Parallelen zur imaginären Achse (durch P_α und z) geschnitten, und es entstehen zwei ähnliche Dreiecke. Nach dem Strahlensatz sind die Verhältnisse einander entsprechender Seiten dieser beiden Dreiecke gleich.

Um umgekehrt die Polarkoordinaten r und α aus den kartesischen Koordinaten zu gewinnen, benutzen wir diese Formeln für x und y und berechnen erst einmal den Betrag r und danach dann das Argument α:

$$x^2 + y^2 = (r \cos \alpha)^2 + (r \sin \alpha)^2 = r^2(\cos^2 \alpha + \sin^2 \alpha) = r^2$$
$$\implies r = \sqrt{x^2 + y^2}.$$

Nachdem wir damit r bestimmt haben, können wir wegen $x = r \cos \alpha$ nun auch $\cos \alpha$ angeben: $\cos \alpha = \frac{x}{r}$. Allerdings ist das Argument α durch den Wert von $\cos \alpha$ noch nicht eindeutig bestimmt, denn es gibt für $\cos \alpha \neq \pm 1$ zwei Winkel in $(-\pi, \pi)$, deren Bogenmaße sich um das Vorzeichen unterscheiden und die daher denselben Cosinuswert haben (denken Sie sich in Abb. 2.6 den Punkt P_{-x} eingezeichnet). Hat man mit Hilfe eines Taschenrechners (oder einer Tabelle für Cosinus) das Bogenmaß bis auf das Vorzeichen bestimmt, so zeigt die Koordinate y, welches Vorzeichen das richtige ist:

Für $y > 0$ liegt z in der oberen Halbebene, und es ist daher $\alpha = \arg z > 0$; für $y < 0$ dagegen liegt z in der unteren Halbebene, und es ist $\alpha = \arg z < 0$.

Beispiel: Die kartesischen Koordinaten von $z = -1 - i$ sind: $x = -1$ und $y = -1$. Daraus berechnen wir:

$$r = |z| = \sqrt{(-1)^2 + 1^2} = \sqrt{2} \quad \text{und} \quad \cos \alpha = \frac{x}{r} = \frac{-1}{\sqrt{2}}.$$

Diesen Cosinuswert haben in $(-\pi, \pi)$ die beiden Winkel $\frac{3}{4}\pi$ und $-\frac{3}{4}\pi$. Da $y = -1 < 0$ ist, muss $\alpha = \arg z < 0$ gelten. Also ist $\alpha = -\frac{3}{4}\pi$.

2.3.5 Satz *Ist die komplexe Zahl z gegeben durch die*

kartesischen Koordinaten	Polarkoordinaten
$\mathrm{Re}\, z = x$, $\mathrm{Im}\, z = y$	$|z| = r$, $\arg z = \alpha$,

so bestimmt man aus ihnen wie folgt die

Polarkoordinaten $|z|$ und $\alpha = \arg z$:	kartesischen Koordinaten x und y:
$|z| = \sqrt{x^2 + y^2}$; $\alpha = \arg z$ ist in $(-\pi, \pi]$ eindeutig bestimmt durch $\cos\alpha = \frac{x}{r}$ und $\begin{cases} \alpha \geq 0 & \text{für } y \geq 0 \\ \alpha < 0 & \text{für } y < 0 \end{cases}$.	$x = r\cos\alpha$ und $y = r\sin\alpha$.

Drücken wir in der Darstellung $z = x + yi$ die kartesischen Koordinaten mit Hilfe der Formeln $x = r\cos\alpha$ und $y = r\sin\alpha$ durch die Polarkoordinaten aus, so erhalten wir für z eine *Polarkoordinatendarstellung:* $z = r\cos\alpha + (r\sin\alpha)i = r(\cos\alpha + i\sin\alpha)$.

2.3.6 Definition *Die Darstellung $z = r(\cos\alpha + i\sin\alpha)$ einer komplexen Zahl z mit den Polarkoordinaten $|z| = r$ und $\arg z = \alpha$ heißt Polardarstellung oder trigonometrische Darstellung von z.*

Von Euler (1707–1783) wurde folgende abkürzende Schreibweise eingeführt:

$$e^{\alpha i} = \cos\alpha + i\sin\alpha\,.$$

Damit kann man die Polardarstellung einer komplexen Zahl z in der Kurzform

$$z = re^{\alpha i}$$

schreiben. Zunächst ist $e^{\alpha i}$ nur ein Symbol. Später (Kapitel 9) werden wir feststellen, dass die Exponentialfunktion auch für komplexe Zahlen definiert ist und zwischen den Funktionen e^{xi} und $\cos x$, $\sin x$ ein Zusammenhang besteht, den man nicht vermutet, wenn man nur die reellen Funktionen e^x, $\cos x$, $\sin x$ betrachtet, nämlich die obige Formel, die so genannte *Eulersche Formel.*

Beispiele:

(1) $z = 1 - i$ hat die kartesischen Koordinaten $x = 1$ und $y = -1$. Wir bestimmen ihre Polarkoordinaten $|1 - i|$ und $\alpha = \arg(1 - i)$:

Es ist $|1 - i| = \sqrt{1^2 + (-1)^2} = \sqrt{2}$ und damit $\cos\alpha = \frac{1}{\sqrt{2}}$, also $\alpha = \frac{\pi}{4}$ oder $\alpha = -\frac{\pi}{4}$; da $\mathrm{Im}\,(1 - i) = -1 < 0$ ist, muss $\alpha = -\frac{\pi}{4}$ gelten.

Die Polardarstellung ist: $1 - i = \sqrt{2}\left[\cos\left(-\frac{\pi}{4}\right) + i\sin\left(-\frac{\pi}{4}\right)\right]$.

(2) $z = \frac{3}{2} + \frac{\sqrt{3}}{2}i$ hat die kartesischen Koordinaten $x = \frac{3}{2}$ und $y = \frac{\sqrt{3}}{2}$.

Damit gilt $x^2 + y^2 = \left(\frac{3}{2}\right)^2 + \left(\frac{\sqrt{3}}{2}\right)^2 = 3$, also $\left|\frac{3}{2} + \frac{\sqrt{3}}{2}i\right| = \sqrt{3}$; weiter ist

$\cos\alpha = \frac{x}{r} = \frac{3}{2\sqrt{3}} = \frac{\sqrt{3}}{2}$ und $y = \frac{\sqrt{3}}{2} > 0$; daraus folgt: $\arg z = \alpha = \frac{\pi}{6}$.

Die Polardarstellung ist: $\frac{3}{2} + \frac{\sqrt{3}}{2}i = \sqrt{3}\left(\cos\frac{\pi}{6} + i\sin\frac{\pi}{6}\right).$

(3) $z = 2\left(\cos\frac{\pi}{3} + i\sin\frac{\pi}{3}\right)$ hat die Polarkoordinaten $|z| = 2$ und $\arg z = \alpha = \frac{\pi}{3}$.
Die kartesischen Koordinaten sind:

$$x = 2\cdot\cos\frac{\pi}{3} = 2\cdot\frac{1}{2} = 1 \quad\text{und}\quad y = 2\cdot\sin\frac{\pi}{3} = 2\cdot\frac{1}{2}\sqrt{3} = \sqrt{3}.$$

Die Darstellung von z in kartesischen Koordinaten ist: $z = 1 + \sqrt{3}\,i$.

(4) Welche Punktmenge beschreibt die Gleichung $|z - (1+2i)| = 1$ in der komplexen Ebene?

Um diese Aufgabe rechnerisch zu lösen, müssen wir $|z - (1+2i)|$ mit Hilfe der in Satz 2.3.5 angegebenen Formel für den Betrag durch die kartesischen Koordinaten ausdrücken. Daher setzen wir $z = x + yi$. Die Darstellung von $z - (1 + 2i)$ in kartesischen Koordinaten ist dann

$$z - (1 + 2i) = (x + yi) - (1 + 2i) = (x - 1) + (y - 2)i,$$

und damit folgt, wenn wir die Gleichung der Einfachheit halber quadrieren:

$$|z - (1+2i)| = 1 \iff |z - (1+2i)|^2 = 1 \iff |(x-1) + (y-2)i|^2 = 1$$
$$\iff (x-1)^2 + (y-2)^2 = 1.$$

Diese Gleichung beschreibt in der (x, y)-Ebene einen Kreis mit dem Mittelpunkt $(1, 2)$ und dem Radius 1, in der komplexen Ebene also einen Kreis mit dem Mittelpunkt $1 + 2i$ und dem Radius 1.
Anschaulich ist dieses Ergebnis von vornherein klar, denn $|z - (1 + 2i)|$ ist der Abstand des Punktes z von dem Punkt $1 + 2i$, und $|z - (1 + 2i)| = 1$ beschreibt daher die Menge aller Punkte z, die von $1 + 2i$ den festen Abstand 1 haben, also den Kreis um $1 + 2i$ mit dem Radius 1.

★ Aufgaben

(1) Tragen Sie die Zahlen z als Punkte in die komplexe Ebene ein und geben Sie den Betrag, das Argument und die Polardarstellung an:

    (a) $z = -3$;   (b) $z = -3i$;   (c) $z = 1 - i$;   (d) $z = -1 + i$.

(2) Bestimmen Sie die Polardarstellung der komplexen Zahlen:

    (a) $z = i$;   (b) $z = -i$;   (c) $z = 2 + 2i$;   (d) $z = \dfrac{i}{1 - i}$.

(3) Skizzieren Sie in der komplexen Zahlenebene die Punktmenge, die beschrieben wird durch folgende Gleichung bzw. Ungleichung:

(a) $|z| = 2$; (b) $|z - 2i| = 1$; (c) $|z+2| = 1$; (d) $|z+2| < 1$;

(e) $|z + 1 - i| \geq 1$; (f) $\left| \arg z - \dfrac{\pi}{4} \right| \leq \dfrac{\pi}{2}$; (g) $\left| \arg(z - 1) \right| \leq \dfrac{\pi}{2}$.

Lösen Sie diese Aufgaben rechnerisch und skizzieren Sie die Lösungsmenge, oder bestimmen Sie die Lösungsmenge direkt durch geometrische Argumentation.

(4) Lösen Sie die Ungleichung und skizzieren Sie dann die Lösungsmenge in der komplexen Ebene:

(a) $|z + 1| < |z - 1|$; (b) $\left| z - (1 + i) \right| \leq |z|$.

2.4 Multiplikation und Division komplexer Zahlen in Polardarstellung

Wir werden nun die Polardarstellung einer komplexen Zahl dazu benutzen, die Multiplikation und Division komplexer Zahlen geometrisch zu interpretieren. Dazu benötigen wir die Additionstheoreme für trigonometrische Funktionen.

2.4.1 Satz (Additionstheoreme für Cosinus und Sinus) *Für $\alpha, \beta \in \mathbb{R}$ gilt:*

(1) $\cos(\alpha \pm \beta) = \cos \alpha \cos \beta \mp \sin \alpha \sin \beta$;

(2) $\sin(\alpha \pm \beta) = \sin \alpha \cos \beta \pm \cos \alpha \sin \beta$.

Daraus ergeben sich für $\beta = \alpha$ zwei weitere wichtige trigonometrische Formeln:

2.4.2 Folgerung *Für $\alpha \in \mathbb{R}$ gilt:*

$$\cos 2\alpha = \cos^2 \alpha - \sin^2 \alpha \quad \textit{und} \quad \sin 2\alpha = 2 \sin \alpha \cos \alpha.$$

Hieraus erhalten wir leicht das folgende Ergebnis.

2.4.3 Satz *Für $\alpha, \beta \in \mathbb{R}$ und $n \in \mathbb{N}$ gelten:*

(1) $e^{\alpha i} e^{\beta i} = e^{(\alpha + \beta)i}$,

(2) $(e^{\alpha i})^n = e^{n\alpha i}$,

(3) $\overline{e^{\alpha i}} = e^{-\alpha i} = \dfrac{1}{e^{\alpha i}}$.

Beweis:

(1) Aus den Additionstheoremen der trigonometrischen Funktionen folgt

$$
\begin{aligned}
e^{\alpha i} e^{\beta i} &= (\cos \alpha + i \sin \alpha)(\cos \beta + i \sin \beta) \\
&= (\cos \alpha \cos \beta - \sin \alpha \sin \beta) + i(\cos \alpha \sin \beta + \sin \alpha \cos \beta) \\
&= \cos(\alpha + \beta) + i \sin(\alpha + \beta) = e^{(\alpha + \beta)i}.
\end{aligned}
$$

(2) erhält man durch mehrfache Anwendung von (1) mit $\alpha = \beta$.

(3) Es gilt $\overline{e^{\alpha i}} = \overline{\cos \alpha + i \sin \alpha} = \cos \alpha - i \sin \alpha = \cos (-\alpha) + i \sin (-\alpha) = e^{-\alpha i}$.
Weiter folgt aus (1) $e^{\alpha i} e^{-\alpha i} = e^0 = \cos 0 + i \sin 0 = 1$.

$\square$

Nach 2.4.3 , (2) erhalten wir wegen $e^{\alpha i} = \cos \alpha + i \sin \alpha$ speziell:

2.4.4 Folgerung (Formel von de Moivre, 1667–1754) *Für $\alpha \in \mathbb{R}$ und $n \in \mathbb{N}$ gilt:*

$$(\cos \alpha + i \sin \alpha)^n = \cos n\alpha + i \sin n\alpha \,.$$

Nach diesen Vorbereitungen wenden wir uns nun der Multiplikation und Division komplexer Zahlen in Polardarstellung zu.

2.4.5 Satz *Produkt und Quotient zweier komplexer Zahlen z_1, z_2, die durch ihre Polardarstellungen $z_k = r_k e^{\alpha_k i} = r_k(\cos \alpha_k + i \sin \alpha_k)$ $(k = 1, 2)$ gegeben sind, lassen sich wie folgt berechnen:*

$$z_1 \cdot z_2 = r_1 r_2 e^{(\alpha_1 + \alpha_2)i} = r_1 r_2 \left[\cos(\alpha_1 + \alpha_2) + i \sin(\alpha_1 + \alpha_2)\right];$$

$$\frac{z_1}{z_2} = \frac{r_1}{r_2} e^{(\alpha_1 - \alpha_2)i} = \frac{r_1}{r_2} \left[\cos(\alpha_1 - \alpha_2) + i \sin(\alpha_1 - \alpha_2)\right].$$

Wir entnehmen diesen Berechnungsformeln für das Produkt und den Quotienten zugleich zwei nützliche Regeln für den Betrag und das Argument von $z_1 \cdot z_2$ und $\frac{z_1}{z_2}$:

(1) $|z_1 \cdot z_2| = r_1 \cdot r_2 = |z_1| \cdot |z_2|$ und $\left|\dfrac{z_1}{z_2}\right| = \dfrac{r_1}{r_2} = \dfrac{|z_1|}{|z_2|}$.

Der Betrag eines Produktes (Quotienten) komplexer Zahlen ist also gleich dem Produkt (Quotienten) der Beträge der Faktoren.

(2) $\alpha_1 + \alpha_2$ ist bis auf ein ganzzahliges Vielfaches $2k\pi$ von 2π gleich einem Wert $\alpha \in (-\pi, \pi]$, und dieser von $\alpha_1 + \alpha_2$ bestimmte Hauptwert α ist dann das Argument von $z_1 \cdot z_2$; entsprechend ist der von $\arg z_1 - \arg z_2 = \alpha_1 - \alpha_2$ bestimmte Hauptwert gleich $\arg \left(\frac{z_1}{z_2}\right)$. Wir drücken das kurz aus durch: $\arg (z_1 \cdot z_2)$ und $\arg \left(\frac{z_1}{z_2}\right)$ sind die zu $\arg z_1 + \arg z_2$ bzw. $\arg z_1 - \arg z_2$ gehörenden Hauptwerte.

Multiplizieren wir eine komplexe Zahl z mit $e^{\alpha i}$, so können wir das Ergebnis nach den Regeln (1) und (2) geometrisch deuten als eine Drehung des Strahles $\vec{0z}$ um den Nullpunkt um den Winkel α gegen den Uhrzeigersinn, denn es ist $\left|e^{\alpha i}\right| = 1$ und $\arg(e^{\alpha i}) = \alpha$. Dies ist speziell eine Drehung um $90°$, wenn $\alpha = \frac{\pi}{2}$ ist, wir also das Produkt mit $i = e^{\pi i/2}$ bilden. Allgemein bewirkt die Multiplikation von z mit einer Zahl $w \in \mathbb{C}$ eine Drehstreckung, weil sich dann auch noch $|z|$ um den Faktor $|w|$ ändert.

Aus 2.4.5 folgt insbesondere für das Potenzieren komplexer Zahlen:

2.4.6 Satz *Für $n \in \mathbb{N}$ und $z = r e^{\alpha i} = r(\cos \alpha + i \sin \alpha)$ gilt:*

$$z^n = r^n e^{n\alpha i} = r^n \big(\cos(n\alpha) + i \sin(n\alpha) \big).$$

Zugleich folgt: (1) $|z^n| = |z|^n$ *und*   (2) $\arg(z^n)$ *ist der Hauptwert zu $n \cdot \arg z$.*

Dass die Berechnung von Produkten, Quotienten und Potenzen komplexer Zahlen bei der Benutzung von Polardarstellungen weniger aufwändig ist als bei Verwendung der Darstellungen in kartesischen Koordinaten, zeigen folgende Beispiele.

Beispiele:

(1) Wir berechnen das Produkt und den Quotienten der beiden Zahlen $z_1 = 1 + \sqrt{3}\,i$ und $z_2 = \frac{3}{2} + \frac{\sqrt{3}}{2}i$ und benutzen dazu ihre trigonometrischen Darstellungen

$$z_1 = 2\left(\cos\frac{\pi}{3} + i\sin\frac{\pi}{3}\right), \quad z_2 = \sqrt{3}\left(\cos\frac{\pi}{6} + i\sin\frac{\pi}{6}\right):$$

$$z_1 \cdot z_2 = 2\sqrt{3}\left[\cos\left(\frac{\pi}{3} + \frac{\pi}{6}\right) + i\sin\left(\frac{\pi}{3} + \frac{\pi}{6}\right)\right] = 2\sqrt{3}\left(\cos\frac{\pi}{2} + i\sin\frac{\pi}{2}\right)$$
$$= 2\sqrt{3}(0 + i \cdot 1) = 2\sqrt{3}\,i.$$

$$\frac{z_1}{z_2} = \frac{2}{\sqrt{3}}\left[\cos\left(\frac{\pi}{3} - \frac{\pi}{6}\right) + i\sin\left(\frac{\pi}{3} - \frac{\pi}{6}\right)\right] = \frac{2}{\sqrt{3}}\left(\cos\frac{\pi}{6} + i\sin\frac{\pi}{6}\right)$$
$$= \frac{2}{\sqrt{3}}\left(\frac{\sqrt{3}}{2} + \frac{1}{2}i\right) = 1 + \frac{1}{\sqrt{3}}i = 1 + \frac{\sqrt{3}}{3}i.$$

(2) Wir benutzen die trigonometrische Darstellung $1 + i = \sqrt{2}\left(\cos\frac{\pi}{4} + i\sin\frac{\pi}{4}\right)$, um $(1 + i)^6$ zu berechnen:

$$(1+i)^6 = \sqrt{2}^6\left(\cos\frac{6}{4}\pi + i\sin\frac{6}{4}\pi\right) = 8\left(\cos\frac{3}{2}\pi + i\sin\frac{3}{2}\pi\right) = 8(0 - i) = -8i.$$

Hier gilt: $\arg\left((1+i)^6\right)$ ist der durch $6 \cdot \arg(1+i) = \frac{3}{2}\pi$ in $(-\pi, \pi]$ bestimmte Hauptwert $\frac{3}{2}\pi - 2\pi = -\frac{\pi}{2}$.

★ Aufgaben

(1) Bestimmen Sie die Polardarstellungen von:

(a) $\dfrac{i}{1 - i}$;   (b) $\left(1 + \sqrt{3}\,i\right)^{15}$;   (c) $(1 + i) \cdot (1 - i)$.

(2) Lösen Sie die Ungleichungen und skizzieren Sie die Lösungsmengen:

(a) $\left|\dfrac{z - i}{z + i}\right| \le 1$;   (b) $\left|\arg\left((1 + i)z\right)\right| \le \dfrac{\pi}{4}$;   (c) $\left|\arg\dfrac{z}{i}\right| < \dfrac{\pi}{4}$.

(3) Bestimmen Sie die Polarkoordinaten und die Real- und Imaginärteile folgender komplexen Zahlen:

(a) $2e^{\pm\frac{\pi}{6}i}$;   (b) $\left(1 + \sqrt{3}\,i\right)e^{-\frac{\pi}{6}i}$;   (c) $\cos\dfrac{\pi}{6} - i\sin\dfrac{\pi}{6}$.

2.5 Einheitswurzeln

Gesucht sind alle komplexen Lösungen der Gleichung $z^n = 1$, wobei $n \in \mathbb{N}$ ist. Mit $z = e^{\alpha i}$ folgt nach 2.4.6 wegen $1 = e^{0i} = e^{2k\pi i}$: $n\alpha = 2k\pi$, also $\alpha = \frac{2k\pi}{n}$. Die Lösungen lauten daher

$$z_k = e^{2k\pi i/n} \qquad (k = 0, 1, \dots, n-1)$$
$$= 1,\, e^{2\pi i/n},\, e^{4\pi i/n},\, e^{6\pi i/n},\, \dots,\, e^{2(n-1)\pi i/n}.$$

Die n Zahlen $z_0, z_1, \dots, z_{n-1}$ heißen die *n-ten Einheitswurzeln*. Sie liegen auf dem Einheitskreis und bilden die Ecken eines regelmäßigen n-Ecks.

Beispiele:

(1) Die 4-ten Einheitswurzeln lauten: $z_0 = 1$, $z_1 = e^{\pi i/2} = i$, $z_2 = e^{\pi i} = -1$, $z_3 = e^{3\pi i/2} = -i$;

(2) Die 8-ten Einheitswurzeln lauten: $z_0 = 1$, $z_1 = e^{\pi i/4} = \frac{1}{\sqrt{2}}(1+i)$,
$z_2 = e^{\pi i/2} = i$, $z_3 = e^{3\pi i/4} = \frac{1}{\sqrt{2}}(-1+i)$, $z_4 = e^{\pi i} = -1$,
$z_5 = e^{5\pi i/4} = \frac{1}{\sqrt{2}}(-1-i)$, $z_6 = e^{3\pi i/2} = -i$, $z_7 = e^{7\pi i/4} = \frac{1}{\sqrt{2}}(1-i)$.

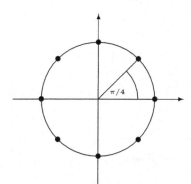

Abb. 2.9 Die 8-ten Einheitswurzeln sind hier als Punkte in der komplexen Zahlenebene veranschaulicht. Sie liegen auf dem Einheitskreis, und ihre Argumente sind die Vielfachen $k \cdot \frac{\pi}{4}$ $(k = 0, 1 \cdots, 7)$ von $\frac{\pi}{4}$.

Allgemeiner suchen wir alle komplexen Lösungen z_k der Gleichung $z^n = a$, wobei $n \in \mathbb{N}$ ist und a die Polardarstellung $a = |a|e^{\alpha i} \in \mathbb{C} \setminus \{0\}$ hat. Wie bei der Bestimmung der n-ten Einheitswurzeln gilt nach 2.4.6:

$$z_k = \sqrt[n]{|a|}\, e^{\alpha i/n + 2k\pi i/n} = \sqrt[n]{|a|}\, e^{(\alpha + 2k\pi)i/n} \qquad (k = 0, 1, \dots, n-1).$$

Beispiel: Die komplexen Lösungen der Gleichung $z^4 = -1$ (mit $-1 = e^{\pi i}$) lauten:
$z_0 = e^{\pi i/4} = \frac{1}{\sqrt{2}}(1+i)$, $z_1 = e^{3\pi i/4} = \frac{1}{\sqrt{2}}(-1+i)$,
$z_2 = e^{5\pi i/4} = \frac{1}{\sqrt{2}}(-1-i)$, $z_3 = e^{7\pi i/4} = \frac{1}{\sqrt{2}}(1-i)$.

★ **Aufgaben**

Bestimmen Sie alle komplexen Lösungen der Gleichungen $z^3 = -8$ und $z^3 = 8$.

Die Lösungen zu sämtlichen Aufgaben dieses Buches können im Internet unter dem Hyperlink

www.springer.com/978-3-642-37504-0

als pdf-Dateien heruntergeladen werden.

Kapitel 3

Vektoralgebra, Lineare Algebra

Da der Vektorbegriff aus Sicht der Physik eine andere Bedeutung als in der Mathematik hat, werden wir uns in diesem Kapitel mit beiden Aspekten beschäftigen.

Entsprechend den Bedürfnissen der Physik werden wir zunächst Vektoren einführen als mathematische Objekte, die dazu dienen, gewisse physikalische Größen zu kennzeichnen. Sie lassen sich geometrisch veranschaulichen als „Pfeile" im Raum oder auch bezüglich eines Koordinatensystems analytisch charakterisieren durch geordnete Tripel reeller Zahlen. Beispiele aus der Physik werden die Motivation liefern, Rechenoperationen für Vektoren zu erklären. Wenn Vektoren physikalische Größen repräsentieren, dann kann die Möglichkeit, mit ihnen zu rechnen, genutzt werden, um physikalische Sachverhalte oder Zusammenhänge mathematisch in Form von Gleichungen darzustellen.

Gleichzeitig hat der Vektorbegriff eine wichtige Anwendung in der analytischen Geometrie: Als Pfeile beschreiben Vektoren die gegenseitige Lage zweier Punkte im Raum, nämlich des Anfangs- und des Endpunktes eines Pfeils, und lassen sich daher verwenden, um Punkte im Raum zu kennzeichnen (*Ortsvektoren* von Punkten). Die Möglichkeit, mit Vektoren zu rechnen, erlaubt es dann, Punktmengen (z. B. Geraden oder Ebenen) in sehr anschaulicher Weise mit Hilfe der Vektorrechnung zu beschreiben.

Wenn wir Funktionen addieren, subtrahieren oder mit Zahlen multiplizieren, so unterscheidet sich dieses Rechnen mit Funktionen in keiner Weise von dem entsprechenden Rechnen mit Vektoren. Das zeigt: Für das Rechnen sind nur die eingeführten Operationen und die für sie geltenden Rechenregeln maßgeblich, nicht aber die Objekte (Vektoren, Funktionen), mit denen man gerade rechnet. Diese Beobachtung führt uns zur mathematischen Definition des Vektorbegriffes, in der statt der Vektoren zuerst abstrakte Vektorräume axiomatisch eingeführt werden; ihre Elemente heißen dann Vektoren. Die Bedeutung für die Anwendung in der Mathematik liegt darin, dass alle Begriffsbildungen, Aussagen und Eigenschaften, die für abstrakte Vektorräume formuliert sind, gleichermaßen für jeden besonderen Modellraum, wie etwa den Vektorraum der Pfeile oder Funktionenräume, Geltung haben und genutzt werden können. Beispiele dafür sind Begriffe wie Linearkombination, lineare Unabhängigkeit, Basis (Abschnitt 3.5) und Skalarprodukt (Abschnitt 3.6).

In der Mathematik trifft man häufig auf Probleme, zu deren Lösung es notwendig ist, ein lineares Gleichungssystem zu untersuchen. Ein Beispiel dafür ist die Frage nach der linearen Unabhängigkeit einer Menge von Vektoren, die uns in Abschnitt 3.5 beschäftigen wird. Auch im Zusammenhang mit der Lösung von linearen Differentialgleichungen (Kapitel 10) und linearen Differentialgleichungssystemen (Kapitel 11) treten lineare Gleichungssysteme auf. Mit der Lösung linearer Gleichungssysteme befasst sich die lineare Algebra. Wichtige Hilfsmittel dabei sind Matrizen. Neben diesen spielen vor allem auch Determinanten und der Rang von Matrizen als numerische Kenngrößen von Matrizen in der linearen Algebra eine wichtige Rolle (Abschnitt 3.7 und 3.8).

3.1 Der Vektorraum $\mathbb{R}^3$

Wenn wir in der Physik *Länge, Zeit, Temperatur, Masse, elektrische Spannung* messen, so benutzen wir dazu Geräte, die ein typisches gemeinsames Merkmal haben: Sie besitzen eine Skala, auf der ein beweglicher Zeiger bei einem Messvorgang einen Zahlenwert anzeigt. Messgrößen, die mit einem solchen Gerät gemessen werden, sind (nach Festlegung einer Maßeinheit) also vollständig bestimmt durch die Angabe einer Zahl auf einer Skala. In der Physik bezeichnet man sie dementsprechend als *skalare Messgrößen*.

  Neben diesen gibt es eine Reihe physikalischer Größen, zu deren vollständiger Beschreibung mehrere Zahlenangaben erforderlich sind, die

  (1) eine Maßzahl (bezüglich einer Maßeinheit) und

  (2) eine Richtung.

kennzeichnen. Sie werden in der Physik als *vektorielle Messgrößen* bezeichnet.

Beispiele: Vektorielle Größen sind zum Beispiel der *Weg*, der durch seine Länge und seine Richtung festgelegt ist, und die *Kraft*, die durch ihre Stärke (die Maßzahl) und ihre Richtung bestimmt ist. Ebenso sind die *elektrische* und die *magnetische Feldstärke*, das *Drehmoment*, die *Geschwindigkeit* und die *Beschleunigung* vektorielle Größen.

Wir werden sehen, dass man bezüglich eines gewählten Koordinatensystems im Raum solche vektoriellen Größen angeben kann durch geordnete Tripel reeller Zahlen.

3.1.1 Definition *Die Menge der geordneten Tripel reeller Zahlen*

$$\mathbb{R}^3 = \left\{ \begin{pmatrix} x_1 \\ x_2 \\ x_3 \end{pmatrix} \middle| \ x_1, x_2, x_3 \in \mathbb{R} \right\}$$

wird als Vektorraum bezeichnet, die Tripel selbst werden Vektoren genannt und die einen Vektor bildenden Zahlen x_1, x_2, x_3 die Koordinaten dieses Vektors.
Zur Unterscheidung von den Vektoren nennt man in der Vektorrechnung Zahlen, die ja skalare Größen kennzeichnen, häufig auch Skalare.

Entsprechend sehen wir Vektoren in der Ebene als geordnete Paare von Zahlen an:

$$\mathbb{R}^2 = \left\{ \begin{pmatrix} x_1 \\ x_2 \end{pmatrix} \middle| \ x_1, x_2 \in \mathbb{R} \right\}.$$

Im Folgenden werden wir im Allgemeinen Vektoren im Raum betrachten und nur manchmal Vektoren in der Ebene, weil das dann zeichnerisch einfacher ist.

3.1.2 Vereinbarung Wir benutzen durchweg in diesem Buch zur Benennung

- von Skalaren kleine Buchstaben: $a, b, c, \ldots, u, v, w, x, \ldots$,

- von Vektoren kleine fett gedruckte Buchstaben: $\mathbf{a}, \mathbf{b}, \mathbf{c}, \ldots, \mathbf{u}, \mathbf{v}, \mathbf{w}, \mathbf{x}, \ldots$.

Jeder Vektor $\mathbf{u} \in \mathbb{R}^3$ lässt sich in einem Koordinatensystem veranschaulichen durch einen Pfeil. Das zeigt dann auch, dass er eine vektorielle Größe repräsentiert: Ein Pfeil kennzeichnet durch seine Länge eine Maßzahl und durch seine Spitze eine Richtung.

Um $\mathbf{u}$ durch einen Pfeil zu veranschaulichen, tragen wir vom Nullpunkt O aus die Koordinaten u_1, u_2, u_3 auf den Achsen ab und erhalten den Punkt U mit den Koordinaten u_1, u_2, u_3 (Abb. 3.1). Den Pfeil mit dem Anfangspunkt O und dem Endpunkt U bezeichnen wir mit $\overrightarrow{OU}$. Dieser Pfeil mit dem Anfangspunkt O ist dann durch $\mathbf{u}$ eindeutig bestimmt, kann also zur Veranschaulichung von $\mathbf{u}$ dienen.

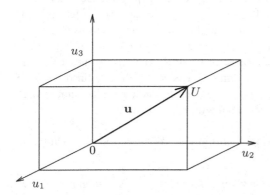

Abb. 3.1 In der Abbildung sind die Koordinaten u_1, u_2, u_3 des Vektors $\mathbf{u}$ auf den Achsen abgetragen. Durch die entsprechenden Abschnitte auf den Achsen ist ein Quader bestimmt. Der Eckpunkt U dieses Quaders hat die Koordinaten u_1, u_2, u_3, und der Vektor $\mathbf{u}$ kann dann durch den Pfeil $\overrightarrow{OU}$ veranschaulicht werden.

Geht ein Pfeil $\overrightarrow{AB}$ durch Parallelverschiebung aus $\overrightarrow{OU}$ hervor, so veranschaulicht er ebenfalls den Vektor $\mathbf{u}$. Denn bei einer solchen geht der Quader mit der Diagonalen $\overrightarrow{OU}$ (Abb. 3.1) über in einen Quader mit der Diagonalen $\overrightarrow{AB}$. Für die Koordinaten der Punkte $A = (a_1, a_2, a_3)$ und $B = (b_1, b_2, b_3)$ gilt daher: $u_1 = b_1 - a_1, u_2 = b_2 - a_2, u_3 = b_3 - a_3$. Wie die Lage von U zu O, so ist also auch die Lage von B zu A eindeutig durch die Koordinaten u_1, u_2, u_3 bestimmt.

Die Tatsache, dass sich jeder Vektor $\mathbf{u} \in \mathbb{R}^3$ durch Pfeile veranschaulichen lässt, die durch Parallelverschiebung ineinander überführt werden können und daher dieselbe Länge und dieselbe Richtung haben, hat eine nützliche Konsequenz: Wir können mit Hilfe der Pfeile die Länge eines Vektors $\mathbf{u}$ und den Winkel zwischen zwei Vektoren $\mathbf{u}$ und $\mathbf{v}$ definieren.

3.1.3 Definition *Für einen Vektor $\mathbf{u} \in \mathbb{R}^3$ heißt die Länge eines $\mathbf{u}$ veranschaulichenden Vektorpfeiles der Betrag oder die Norm von $\mathbf{u}$ und wird mit $\|\mathbf{u}\|$ bezeichnet.*
Ein Vektor $\mathbf{e}$ mit dem Betrag $\|\mathbf{e}\| = 1$ heißt ein Einheitsvektor.
Werden der Vektor $\mathbf{u}$ durch den Pfeil $\overrightarrow{OU}$ und der Vektor $\mathbf{v}$ durch den Pfeil $\overrightarrow{OV}$ veranschaulicht, so heißt der von $\overrightarrow{OU}$ und $\overrightarrow{OV}$ eingeschlossene Winkel der Winkel zwischen $\mathbf{u}$ und $\mathbf{v}$.

Beispiel: Seien $E_1 = (1, 0, 0)$, $E_2 = (0, 1, 0)$, $E_3 = (0, 0, 1)$ die Einheitspunkte auf den Achsen eines rechtwinkligen kartesischen Koordinatensystems. Dann veranschaulichen die Pfeile $\overrightarrow{OE_1}$, $\overrightarrow{OE_2}$ und $\overrightarrow{OE_3}$ auf den Koordinatenachsen die paarweise zueinander senkrechten Einheitsvektoren

$$
\mathbf{e}_1 = \begin{pmatrix} 1 \\ 0 \\ 0 \end{pmatrix}, \quad \mathbf{e}_2 = \begin{pmatrix} 0 \\ 1 \\ 0 \end{pmatrix}, \quad \mathbf{e}_3 = \begin{pmatrix} 0 \\ 0 \\ 1 \end{pmatrix}.
$$

Man bezeichnet daher $\mathbf{e}_1, \mathbf{e}_2, \mathbf{e}_3$ auch als Koordinateneinheitsvektoren.

Die Verwendung von Vektoren zur Beschreibung vektorieller Messgrößen gewinnt in der Physik natürlich erst dann Bedeutung, wenn sich auch physikalische Zusammenhänge zwischen skalaren und vektoriellen oder zwischen vektoriellen Messgrößen mit ihrer Hilfe beschreiben lassen. Um das zu ermöglichen, benötigt man Rechenoperationen für Vektoren bzw. für Skalare und Vektoren, die geeignet sind, physikalische Sachverhalte zu beschreiben. Es zeigt sich, dass für diese Rechenoperationen (die wir anschließend und im Abschnitt 3.2 einführen) ähnliche Rechenregeln wie für die Addition und Multiplikation von Zahlen gelten. Daher werden für sie ebenfalls Namen wie *Addition, Subtraktion, Multiplikation* und Zeichen wie $+$, $-$, $\cdot$ benutzt.

3.1.4 Definition *Auf $\mathbb{R}^3$ sind wie folgt eine Addition von Vektoren und eine Multiplikation von Vektoren mit Skalaren definiert.*

(1) Die Addition ist eine Operation, die je zwei Vektoren $\mathbf{u}, \mathbf{v} \in \mathbb{R}^3$ einen mit $\mathbf{u} + \mathbf{v}$ bezeichneten Vektor als Summe zuordnet. Dieser ist definiert durch:

$$
\mathbf{u} + \mathbf{v} = \begin{pmatrix} u_1 \\ u_2 \\ u_3 \end{pmatrix} + \begin{pmatrix} v_1 \\ v_2 \\ v_3 \end{pmatrix} = \begin{pmatrix} u_1 + v_1 \\ u_2 + v_2 \\ u_3 + v_3 \end{pmatrix}.
$$

(2) Die Multiplikation mit Skalaren ist eine Operation, die jedem Vektor $\mathbf{u} \in \mathbb{R}^3$ und jedem Skalar $a \in \mathbb{R}$ einen mit $a\mathbf{u}$ bezeichneten Vektor zuordnet. Dieser ist definiert durch:

$$
a\mathbf{u} = a \begin{pmatrix} u_1 \\ u_2 \\ u_3 \end{pmatrix} = \begin{pmatrix} au_1 \\ au_2 \\ au_3 \end{pmatrix}.
$$

Wenn wir Vektoren durch Pfeile veranschaulichen, werden wir natürlich auch die beiden in Definition 3.1.4 eingeführten Rechenoperationen für Vektoren an Hand von Pfeilen darstellen wollen.

Beispiel: Greifen an einen Massenpunkt M zwei Kräfte gleicher Stärke und entgegengesetzter Richtung an, so herrscht Gleichgewicht: Der Massenpunkt bleibt in Ruhelage. Stellen wir uns nun vor, dass auf M drei Kräfte $\mathbf{F}_1, \mathbf{F}_2, \mathbf{F}_3$ einwirken und Gleichgewicht herrscht (Abb. 3.2), dann können wir das so interpretieren: $\mathbf{F}_1$ und $\mathbf{F}_2$ haben zusammen dieselbe Wirkung wie eine „gedachte" Kraft $\mathbf{F} = \mathbf{F}_1 + \mathbf{F}_2$, und es herrscht Gleichgewicht, weil $\mathbf{F}_3$ und $\mathbf{F}$ dieselbe Stärke und die entgegengesetzte Richtung haben.

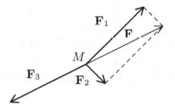

Abb. 3.2 Der Massenpunkt M ist bei Einwirkung der Kräfte $\mathbf{F}_1$, $\mathbf{F}_2$, $\mathbf{F}_3$ in Ruhelage. Das kann man so deuten: $\mathbf{F}_1$ und $\mathbf{F}_2$ haben zusammen die Wirkung wie sie eine (hier dünn eingezeichnete) Kraft $\mathbf{F}$ haben würde, die dieselbe Stärke wie $\mathbf{F}_3$, aber die entgegengesetzte Richtung hat.

Allgemein können wir die Definition der Addition wie folgt veranschaulichen:

3.1.5 Bemerkung Wir veranschaulichen den Vektor $\mathbf{u}$ durch einen Pfeil $\overrightarrow{AB}$ und den Vektor $\mathbf{v}$ durch den Pfeil $\overrightarrow{BC}$, dessen Anfangspunkt B gleich dem Endpunkt von $\overrightarrow{AB}$ ist. Dann veranschaulicht der Pfeil $\overrightarrow{AC}$ die Summe $\mathbf{u} + \mathbf{v}$ (Abb. 3.3).

Abb. 3.3 zeigt zugleich eine weitere Möglichkeit, die Summe von Vektorpfeilen zu erklären. Sie wird in der Physik als *Parallelogramm-Methode* bezeichnet:

Die Vektoren $\mathbf{u}$ und $\mathbf{v}$ werden dazu durch Pfeile $\overrightarrow{AB}$ und $\overrightarrow{AD}$ dargestellt, die denselben Anfangspunkt A haben. Diese spannen ein Parallelogramm auf, und die ebenfalls in A beginnende gerichtete Diagonale $\overrightarrow{AC}$ veranschaulicht dann die Summe $\mathbf{u} + \mathbf{v}$.

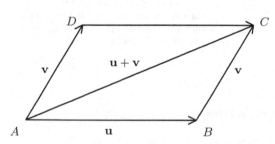

Abb. 3.3 $\mathbf{u}$ und $\mathbf{v}$ sind durch hintereinander gesetzte Pfeile $\overrightarrow{AB}$ und $\overrightarrow{BC}$ dargestellt; der Pfeil $\overrightarrow{AC}$ veranschaulicht dann die Summe $\mathbf{u} + \mathbf{v}$.
Parallelogramm-Methode:
$\mathbf{u} + \mathbf{v} = \overrightarrow{AC}$ ist die gerichtete Diagonale in dem von $\mathbf{u} = \overrightarrow{AB}$ und $\mathbf{v} = \overrightarrow{AD}$ aufgespannten Parallelogramm.

3.1.6 Bemerkung Nach Definition der Addition für Vektorpfeile ist $\overrightarrow{AB} + \overrightarrow{BD} = \overrightarrow{AD}$. Daher veranschaulicht die Diagonale $\overrightarrow{BD}$ in dem Parallelogramm von Abb. 3.3 die Differenz $\mathbf{v} - \mathbf{u}$.

Weiter sehen wir an Hand des Parallelogrammes: Ist $\mathbf{v} = \mathbf{0}$ der Nullvektor, so entartet das Parallelogramm, der Punkt D fällt auf den Punkt A und die Diagonale $\overrightarrow{BD}$ geht über in den Pfeil $\overrightarrow{BA}$. Der zu $\overrightarrow{AB}$ entgegengesetzt gerichtete Pfeil $\overrightarrow{BA}$ veranschaulicht also den Vektor $-\mathbf{u} = \mathbf{0} - \mathbf{u}$.

Die Multiplikation eines Vektorpfeils mit einem Skalar kann man wie folgt veranschaulichen:

3.1.7 Bemerkung Sei $\mathbf{u}$ ein Vektorpfeil, der einen Vektor aus $\mathbb{R}^3$ veranschaulicht, und $a \in \mathbb{R}$ ein Skalar. Dann ist der Vektorpfeil $\mathbf{v} = a\mathbf{u}$ wie folgt durch seine Länge und Richtung bestimmt:

(1) die Länge von $\mathbf{v}$ ist gegeben durch: $\|\mathbf{v}\| = |a|\|\mathbf{u}\|$;

(2) die Richtung von $\mathbf{v}$ ist die Richtung von $\begin{cases} \mathbf{u} \text{ für } a > 0 \\ -\mathbf{u} \text{ für } a < 0 \end{cases}$

3.1.8 Bemerkung Versehen wir in Abb. 3.1 die auf den Koordinatenachsen liegenden Quaderkanten mit Pfeilspitzen, so erhalten wir die Pfeile $\overrightarrow{OU_k} = u_k \overrightarrow{OE_k}$ für $k = 1, 2, 3$. Deren Summe ist der Pfeil $\overrightarrow{OU}$ (Abb. 3.4). Jeder Vektor $\mathbf{u} \in \mathbb{R}^3$ lässt sich also als Summe von Vielfachen der Koordinateneinheitsvektoren darstellen, wobei die Faktoren bei diesen die Koordinaten sind:

$$\mathbf{u} = \begin{pmatrix} u_1 \\ u_2 \\ u_3 \end{pmatrix} \iff \mathbf{u} = u_1\mathbf{e_1} + u_2\mathbf{e_2} + u_3\mathbf{e_3}.$$

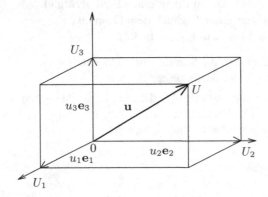

Abb. 3.4 In der Abbildung veranschaulicht der Pfeil $\overrightarrow{OU}$ den Vektor $\mathbf{u}$ mit den Koordinaten u_1, u_2, u_3. Die auf den Koordinatenachsen liegenden Kanten des Quaders sind mit Pfeilspitzen versehen. Sie veranschaulichen dann die Vektoren $u_1\mathbf{e_1}$, $u_2\mathbf{e_2}$, $u_3\mathbf{e_3}$. Ihre Summe ist der Vektor $\mathbf{u}$.

3.1.9 Satz

Rechenregeln für die Addition von Vektoren

(A1) $\mathbf{u} + \mathbf{v} = \mathbf{v} + \mathbf{u}$ *für alle Vektoren* $\mathbf{u}$, $\mathbf{v}$ *(Kommutativgesetz);*

(A2) $(\mathbf{u}+\mathbf{v})+\mathbf{w} = \mathbf{u}+(\mathbf{v}+\mathbf{w})$ *für alle Vektoren* $\mathbf{u}$, $\mathbf{v}$, $\mathbf{w}$ *(Assoziativgesetz);*

(A3) Es gibt einen Vektor $\mathbf{0}$ *mit:* $\mathbf{u} + \mathbf{0} = \mathbf{u}$ *für alle Vektoren* $\mathbf{u}$;

(A4) Zu jedem Vektor $\mathbf{u}$ *gibt es einen Vektor* $-\mathbf{u}$ *mit* $\mathbf{u} + (-\mathbf{u}) = \mathbf{0}$.

Rechenregeln für die Multiplikation von Vektoren mit Zahlen

(M1) $a(b\mathbf{u}) = (ab)\mathbf{u} = b(a\mathbf{u})$ *für* $a, b \in \mathbb{R}$ *und alle Vektoren* $\mathbf{u}$;

(M2) $1\mathbf{u} = \mathbf{u}$ *für alle Vektoren* $\mathbf{u}$.

Distributivgesetze

(D1) $(a + b)\mathbf{u} = a\mathbf{u} + b\mathbf{u}$ *für* $a, b \in \mathbb{R}$ *und alle Vektoren* $\mathbf{u}$;

(D2) $a(\mathbf{u} + \mathbf{v}) = a\mathbf{u} + a\mathbf{v}$ *für* $a \in \mathbb{R}$ *und alle Vektoren* $\mathbf{u}$, $\mathbf{v}$.

Nach 3.1.7 werden Vektoren $\mathbf{u}$ und $\mathbf{v} = a\mathbf{u}$ aus $\mathbb{R}^3$ immer durch Pfeile veranschaulicht, die dieselbe oder die entgegengesetzte Richtung haben, die man also so parallel verschieben kann, dass sie auf einer gemeinsamen Gerade liegen. Eine ähnliche Situation kann bei drei Vektroren aus $\mathbb{R}^3$ auftreten: Möglicherweise kann man sie veranschaulichende Vektorpfeile so parallel verschieben, dass sie in einer gemeinsamen Ebene liegen. Diese beiden Situationen wollen wir mit geeigneten Begriffen kennzeichnen.

3.1.10 Definition *Zwei Vektoren des Vektorraums $\mathbb{R}^3$ heißen kollinear, wenn sie durch Pfeile auf einer gemeinsamen Geraden veranschaulicht werden können.*
Drei Vektoren des Vektorraums $\mathbb{R}^3$ heißen komplanar, wenn sie veranschaulicht werden können durch Pfeile in einer gemeinsamen Ebene.

★ **Aufgaben**

(1) Seien $\mathbf{u}$ und $\mathbf{v}$ zwei Vektorpfeile, die nicht beide den Nullvektor veranschaulichen. Untersuchen Sie, unter welchen Bedingungen gilt:

   (a) $\|\mathbf{u} + \mathbf{v}\| = \|\mathbf{u}\| + \|\mathbf{v}\|$;   (b) $\|\mathbf{u} + \mathbf{v}\| = \|\mathbf{u}\| - \|\mathbf{v}\|$;

   (c) $\|\mathbf{u} + \mathbf{v}\| = \|\mathbf{u}\|$;   (d) $\|\mathbf{u} + \mathbf{v}\| > \|\mathbf{u}\| + \|\mathbf{v}\|$;

   (e) $\|\mathbf{u} + \mathbf{v}\| < \|\mathbf{u}\| + \|\mathbf{v}\|$.

(2) Zeigen Sie mit Hilfe von Vektorpfeilen: Verbindet man die Mittelpunkte der Seiten eines beliebigen Vierecks in der Ebene miteinander, so erhält man ein Parallelogramm.

(3) Sind die Punkte $A = (4, -2, 5), B = (7, 9, -4), C = (9, 12, -2), D = (6, 1, 7)$ die Eckpunkte eines Parallelogramms?

(4) Bestimmen Sie den Vektor mit dem Betrag 2, der dieselbe (die entgegengesetzte) Richtung hat wie:

   (a) $\mathbf{u} = \begin{pmatrix} 4 \\ -2 \\ -4 \end{pmatrix}$;   (b) $\mathbf{v} = \begin{pmatrix} 4 \\ 3 \end{pmatrix}$;   (c) $\mathbf{w} = 2\mathbf{e}_1 + \mathbf{e}_2 - 2\mathbf{e}_3$.

3.2   Skalar-, Vektor- und Spatprodukt im Raum $\mathbb{R}^3$

In Abschnitt 3.1 haben wir Vektoren $\mathbf{u} \in \mathbb{R}^3$ durch Pfeile veranschaulicht. Das gab uns die Möglichkeit, die Länge eines $\mathbf{u}$ darstellenden Pfeils als den Betrag $\|\mathbf{u}\|$ von $\mathbf{u}$ und für zwei Vektoren $\mathbf{u}, \mathbf{v} \in \mathbb{R}^3$ den Winkel zwischen zwei sie darstellenden Pfeilen als den Winkel zwischen $\mathbf{u}$ und $\mathbf{v}$ einzuführen (Definition 3.1.3). Wir werden das jetzt nutzen, um im Vektorraum $\mathbb{R}^3$ mit dem *Skalarprodukt* und dem *Vektorprodukt* zwei weitere Rechenoperationen zu definieren. Sie heißen Produkte, weil für sie ähnliche Rechenregeln gelten wie für das Produkt von Zahlen. Dabei ordnet das Skalarprodukt je zwei Vektoren einen Skalar (eine Zahl) zu, das Vektorprodukt je zwei Vektoren einen Vektor. Beiden kommt eine außerordentlich wichtige Bedeutung zu. Tatsächlich sind sie sehr nützlich bei der Definition und Berechnung physikalischer Größen und ebenso in geometrischen Betrachtungen.

Die Möglichkeit, Skalarprodukte und Vektorprodukte von Vektoren bilden zu können, führt beim Rechnen mit Vektoren natürlich auch dazu, dass in mehrfachen Produkten beide Produktbildungen zugleich auftreten. Mit dem Spatprodukt führen wir ein solches mehrfaches Produkt ein, und wir geben für zwei andere mehrfache Produkte Formeln an, die bei Rechnungen in der Physik manchmal benötigt werden.

Das Skalarprodukt im Raum $\mathbb{R}^3$

Beispiel: Ein Massenpunkt M lasse sich nur längs einer Geraden g bewegen. Eine angreifende Kraft $\mathbf{F}$ bewirkt dann im allgemeinen eine Verschiebung $\mathbf{u}$ auf g. Diese Verschiebung, also die Verschiebungslänge und -richtung auf g, hängt dabei sowohl von dem Betrag $\|\mathbf{F}\|$ der Kraft ab als auch von dem Winkel α, den $\mathbf{F}$ mit g bildet. Insbesondere ist bei konstantem Betrag $\|\mathbf{F}\|$ die Verschiebungslänge $\|\mathbf{u}\|$

$$\begin{cases} \text{maximal} & \text{, wenn } \mathbf{F} \text{ in Richtung von } g \text{ wirkt } (\alpha = 0 \text{ oder } \alpha = \pi), \\ 0 & \text{, wenn } \mathbf{F} \text{ senkrecht zu } g \text{ ist } (\alpha = \tfrac{\pi}{2}). \end{cases}$$

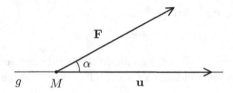

Abb. 3.5 Die Kraft $\mathbf{F}$ bewirkt eine Verschiebung des Massenpunktes M entlang der Geraden g. Der Vektor $\mathbf{u}$ kennzeichnet diese Verschiebung. Bei konstantem Betrag der Kraft $\mathbf{F}$ hängt die Verschiebungslänge $\|\mathbf{u}\|$ ab von dem Winkel, den $\mathbf{F}$ mit g bildet.

Das legt es nahe, eine beliebige Kraft $\mathbf{F}$ in zwei Kraftanteile zerlegt zu denken, die diesen ausgezeichneten Situationen entsprechen, nämlich in eine Kraft $\mathbf{F}_g$, die in Richtung von g weist und die Verschiebung bewirkt, und eine Kraft $\mathbf{F}_s$, die senkrecht zu g wirkt und somit nichts zur Verschiebung beiträgt (Abb. 3.6).

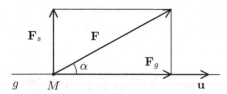

Abb. 3.6 Die Kraft $\mathbf{F}$ kann als Summe zweier Kraftanteile $\mathbf{F}_s$ und $\mathbf{F}_g$ aufgefasst werden; $\mathbf{F}_s$ wirkt senkrecht zu g und trägt nicht zur Verschiebung von M bei, $\mathbf{F}_g$ hat die Richtung von g und bewirkt die Verschiebung.

In der Physik definiert man die durch die Kraft $\mathbf{F}$ bei der Verschiebung von M um $\mathbf{u}$ geleistete Arbeit W als das Produkt

$$W = (\text{Betrag der Kraft in Richtung des Weges}) \cdot \text{Weglänge} = \|\mathbf{F}_g\| \cdot \|\mathbf{u}\|.$$

Wie Abb. 3.6 zeigt, ist $\cos\alpha$ der Quotient der Kraftstärken $\|\mathbf{F}_g\|$ und $\|\mathbf{F}\|$, so dass also gilt: $\|\mathbf{F}_g\| = \|\mathbf{F}\| \cdot \cos\alpha$. Damit ist dann die geleistete Arbeit die skalare Größe $W = \|\mathbf{u}\| \cdot \|\mathbf{F}\| \cdot \cos\alpha$, die bestimmt ist durch die Maßzahlen der beteiligten Vektoren $\mathbf{F}$ und $\mathbf{u}$ und den von ihnen eingeschlossenen Winkel.

In derselben Weise können wir allgemein für Vektoren $\mathbf{u}$ und $\mathbf{v}$, die den Winkel α einschließen, das Produkt $\|\mathbf{u}\| \cdot \|\mathbf{v}\| \cdot \cos\alpha$ bilden und diese Operation als eine Multiplikation von Vektoren auffassen, deren Ergebnis ein Skalar ist.

3.2.1 Definition *Für zwei Vektoren* **u** *und* **v** *im* $\mathbb{R}^3$ *(oder* $\mathbb{R}^2$*) mit dem eingeschlossenen Winkel* $\alpha \in [0, \pi]$ *heißt die Zahl (der Skalar)* $\|\mathbf{u}\| \cdot \|\mathbf{v}\| \cdot \cos\alpha$ *das Skalarprodukt von* **u** *und* **v** *und wird mit* **u** $\cdot$ **v** *bezeichnet, also:*

$$\mathbf{u} \cdot \mathbf{v} = \|\mathbf{u}\| \cdot \|\mathbf{v}\| \cdot \cos\alpha \,.$$

Bemerkung: Eine andere gebräuchliche Schreibweise für das Skalarprodukt zweier Vektoren **u** und **v** ist: $\langle \mathbf{u}, \mathbf{v} \rangle$.

Ist **v** ein beliebiger Vektor und **e** ein Einheitsvektor im $\mathbb{R}^3$, so ist das Skalarprodukt $\mathbf{v} \cdot \mathbf{e} = \|\mathbf{v}\| \cdot \|\mathbf{e}\| \cdot \cos\alpha = \|\mathbf{v}\| \cdot \cos\alpha$ die Länge der Projektion des Vektors **v** auf den Einheitsvektor **e**. Daher ist $(\mathbf{v} \cdot \mathbf{e})\mathbf{e}$ der Vektor, der bei Projektion von **v** auf den Einheitsvektor **e** entsteht. Diese wichtige Erkenntnis ist im Zusammenhang mit dem Skalarprodukt oft nützlich. Wir formulieren sie noch einmal in einer Folgerung:

3.2.2 Folgerung *Sind* **v** *und* **e** *Vektoren im* $\mathbb{R}^3$ *und ist* **e** *ein Einheitsvektor, so ist der Vektor* $(\mathbf{v} \cdot \mathbf{e})\mathbf{e}$ *die Projektion von* **v** *auf* **e**.

3.2.3 Satz (Eigenschaften des Skalarproduktes)

(1) *Kommutativgesetz:* **u** $\cdot$ **v** = **v** $\cdot$ **u**.

   Denn: $\mathbf{u} \cdot \mathbf{v} = \|\mathbf{u}\| \cdot \|\mathbf{v}\| \cdot \cos\alpha = \|\mathbf{v}\| \cdot \|\mathbf{u}\| \cdot \cos\alpha = \mathbf{v} \cdot \mathbf{u}$.

(2) $\mathbf{u} \cdot \mathbf{u} = \|\mathbf{u}\|^2$, *und daraus folgt:* $\mathbf{u} \cdot \mathbf{u} \geq 0$ *und* $\mathbf{u} \cdot \mathbf{u} = 0 \iff \mathbf{u} = \mathbf{0}$.

   Denn: $\mathbf{u} \cdot \mathbf{u} = \|\mathbf{u}\| \cdot \|\mathbf{u}\| \cdot \cos 0 = \|\mathbf{u}\|^2$, und $\|\mathbf{u}\|^2$ ist als Quadrat einer reellen Zahl nicht negativ und genau dann 0, wenn $\mathbf{u} = \mathbf{0}$ ist.

(3) *Distributivgesetze:*
   $(a\mathbf{u}) \cdot \mathbf{v} = a(\mathbf{u} \cdot \mathbf{v})$ *für jeden Skalar* a *und Vektoren* **u**, **v**;
   $\mathbf{u} \cdot (\mathbf{v} + \mathbf{w}) = \mathbf{u} \cdot \mathbf{v} + \mathbf{u} \cdot \mathbf{w}$ *für Vektoren* **u**, **v**, **w**.

(4) *Sind* $\mathbf{u}, \mathbf{v} \in \mathbb{R}^3$ *nicht der Nullvektor* $(\iff \|\mathbf{u}\| \neq 0, \|\mathbf{v}\| \neq 0)$, *so gilt:*

   $$\mathbf{u} \cdot \mathbf{v} = 0 \iff \mathbf{u} \text{ und } \mathbf{v} \text{ sind senkrecht zueinander.}$$

   Denn: $\mathbf{u} \cdot \mathbf{v} = 0 \iff \|\mathbf{u}\| \cdot \|\mathbf{v}\| \cdot \cos\alpha = 0 \iff \cos\alpha = 0 \iff \alpha = \frac{\pi}{2}$.

(5) *Das Skalarprodukt zweier Vektoren* $\mathbf{u}, \mathbf{v} \in \mathbb{R}^3$ *ist die Summe der Produkte ihrer entsprechenden Koordinaten:*

$$\begin{pmatrix} u_1 \\ u_2 \\ u_3 \end{pmatrix} \cdot \begin{pmatrix} v_1 \\ v_2 \\ v_3 \end{pmatrix} = u_1 v_1 + u_2 v_2 + u_3 v_3.$$

Denn: Die durch die Wahl eines kartesischen Koordinatensystems ausgezeichneten Koordinateneinheitsvektoren $\mathbf{e}_1, \mathbf{e}_2, \mathbf{e}_3$ sind paarweise zueinander senkrechte Einheitsvektoren (Beispiel im Anschluss an Definition 3.1.3). Aufgrund der Eigenschaften (2) und (4) des Skalarprodukts gilt daher:

$$\mathbf{e}_i \cdot \mathbf{e}_j = \begin{cases} 0 & \text{für } i \neq j \\ 1 & \text{für } i = j \end{cases} \quad (i, j \in \{1, 2, 3\}).$$

Nach Bemerkung 3.1.8 lassen sich Vektoren $\mathbf{u}, \mathbf{v} \in \mathbb{R}^3$ wie folgt als Summen schreiben:

$$\mathbf{u} = \begin{pmatrix} u_1 \\ u_2 \\ u_3 \end{pmatrix} = u_1\mathbf{e}_1 + u_2\mathbf{e}_2 + u_3\mathbf{e}_3, \quad \mathbf{v} = \begin{pmatrix} v_1 \\ v_2 \\ v_3 \end{pmatrix} = v_1\mathbf{e}_1 + v_2\mathbf{e}_2 + v_3\mathbf{e}_3.$$

Multiplizieren wir das Skalarprodukt unter Anwendung der Distributivgesetze (3) aus und benutzen die oben angegebenen Beziehungen für $\mathbf{e}_i \cdot \mathbf{e}_j$, so erhalten wir:

$$\mathbf{u} \cdot \mathbf{v} = (u_1\mathbf{e}_1 + u_2\mathbf{e}_2 + u_3\mathbf{e}_3) \cdot (v_1\mathbf{e}_1 + v_2\mathbf{e}_2 + v_3\mathbf{e}_3) = u_1v_1 + u_2v_2 + u_3v_3.$$

3.2.4 Folgerung *Sei* $\mathbf{u} = \begin{pmatrix} u_1 \\ u_2 \\ u_3 \end{pmatrix}$ *ein Vektor und* $\mathbf{v} = \begin{pmatrix} v_1 \\ v_2 \\ v_3 \end{pmatrix}$ *ein weiterer Vektor, der mit* $\mathbf{u}$ *den Winkel* α *einschließt. Dann gilt:*

(1) $\|\mathbf{u}\| = \sqrt{u_1{}^2 + u_2{}^2 + u_3{}^2}$.

(2) $\cos\alpha = \dfrac{u_1v_1 + u_2v_2 + u_3v_3}{\sqrt{u_1{}^2 + u_2{}^2 + u_3{}^2}\sqrt{v_1{}^2 + v_2{}^2 + v_3{}^2}}.$

Beweis: Nach 3.2.3, (2) und (5) ist $\|\mathbf{u}\|^2 = \mathbf{u} \cdot \mathbf{u} = \begin{pmatrix} u_1 \\ u_2 \\ u_3 \end{pmatrix} \cdot \begin{pmatrix} u_1 \\ u_2 \\ u_3 \end{pmatrix} = u_1{}^2 + u_2{}^2 + u_3{}^2.$

Daraus folgt Formel (1).

Die Formel (2) ergibt sich, wenn wir die das Skalarprodukt definierende Gleichung $\mathbf{u} \cdot \mathbf{v} = \|\mathbf{u}\|\|\mathbf{v}\| \cdot \cos\alpha$ (in 3.2.1) nach $\cos\alpha$ auflösen und die Beträge nach Formel (1) sowie $\mathbf{u} \cdot \mathbf{v}$ nach 3.2.3, (5) in Koordinaten angeben. $\square$

Beispiel: Die Lage der Vektoren $\mathbf{u} = \begin{pmatrix} 1 \\ -1 \\ 4 \end{pmatrix}, \mathbf{v} = \begin{pmatrix} 2 \\ 1 \\ 2 \end{pmatrix}, \mathbf{w} = \begin{pmatrix} 2 \\ -2 \\ -1 \end{pmatrix}$ zueinander soll bestimmt werden.

(1) $\mathbf{u}$ und $\mathbf{v}$ sind beide senkrecht zu $\mathbf{w}$, denn:

$$\mathbf{u} \cdot \mathbf{w} = \begin{pmatrix} 1 \\ -1 \\ 4 \end{pmatrix} \cdot \begin{pmatrix} 2 \\ -2 \\ -1 \end{pmatrix} = 1 \cdot 2 + (-1)(-2) + 4(-1) = 0;$$

$$\mathbf{v} \cdot \mathbf{w} = \begin{pmatrix} 2 \\ 1 \\ 2 \end{pmatrix} \cdot \begin{pmatrix} 2 \\ -2 \\ -1 \end{pmatrix} = 2 \cdot 2 + 1 \cdot (-2) + 2 \cdot (-1) = 0.$$

(2) $\mathbf{u}$ und $\mathbf{v}$ sind nicht senkrecht zueinander, denn:

$$\mathbf{u} \cdot \mathbf{v} = \begin{pmatrix} 1 \\ -1 \\ 4 \end{pmatrix} \cdot \begin{pmatrix} 2 \\ 1 \\ 2 \end{pmatrix} = 1 \cdot 2 + (-1) \cdot 1 + 4 \cdot 2 = 9 \neq 0.$$

Mit $\|\mathbf{u}\| = \sqrt{1^2 + (-1)^2 + 4^2} = 3\sqrt{2}$ und $\|\mathbf{v}\| = \sqrt{2^2 + 1^2 + 2^2} = 3$
ergibt sich für den Winkel α zwischen $\mathbf{u}$ und $\mathbf{v}$:

$$\cos\alpha = \frac{\mathbf{u} \cdot \mathbf{v}}{\|\mathbf{u}\| \cdot \|\mathbf{v}\|} = \frac{9}{3\sqrt{2} \cdot 3} = \frac{1}{\sqrt{2}} = \frac{1}{2}\sqrt{2} \quad \Longrightarrow \quad \alpha = \frac{\pi}{4} \quad (0 \le \alpha \le \pi).$$

Das Vektorprodukt im $\mathbb{R}^3$

Wir definieren jetzt eine Multiplikation, die je zwei Vektoren $\mathbf{u}, \mathbf{v} \in \mathbb{R}^3$ einen Vektor $\mathbf{u} \times \mathbf{v} \in \mathbb{R}^3$ zuordnet, der das Vektorprodukt von $\mathbf{u}$ und $\mathbf{v}$ heißt. Zur Einführung orientieren wir uns an einem Beispiel aus der Physik.

Beispiel:

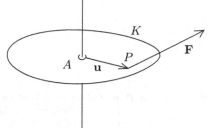

Abb. 3.7 Die Abbildung zeigt einen Körper K, der in einem Punkt A drehbar befestigt ist. Eine Kraft $\mathbf{F}$, die in einem von A verschiedenen Punkt P an K angreift, bewirkt eine Rotation des Körpers um eine Drehachse, die senkrecht zu der von $\mathbf{u}$ und $\mathbf{F}$ aufgespannten Ebene ist und durch den Drehpunkt A geht.

Ist ein Körper K in einem Punkt A frei drehbar befestigt, so bewirkt eine in einem von A verschiedenen Punkt P angreifende Kraft $\mathbf{F}$ eine Rotation von K. Sie ist durch $\mathbf{F}$ und den Vektor $\mathbf{u} = \overrightarrow{AP}$ bestimmt und lässt sich durch das *Drehmoment* $\mathbf{M}$ kennzeichnen. Dieses ist ein Vektor, der durch seine Lage im Raum, seine Richtung und seinen Betrag die Rotation vollständig beschreibt:

(1) Alle Körperpunkte bewegen sich parallel zu der von $\mathbf{u}$ und $\mathbf{F}$ aufgespannten Ebene – es bleiben genau die Punkte fest, die auf einer zu dieser Ebene senkrechten Geraden durch den Drehpunkt A liegen. Die Gerade ist die Drehachse. Durch seine Lage im Raum kennzeichnet $\mathbf{M}$ die Lage der Drehachse.

(2) Die Richtung von $\mathbf{M}$ kennzeichnet den Rotationssinn, wenn man folgende Vereinbarung trifft: $\mathbf{M}$ zeigt in die Richtung, in die eine Rechtsschraube sich bewegt, wenn sie im Rotationssinn gedreht wird.

Denkt man sich die drei Vektoren $\mathbf{u}, \mathbf{F}, \mathbf{M}$ so parallel verschoben, dass sie den gemeinsamen Anfangspunkt O haben (Abb. 3.8), so ist der Drehsinn der Rotation gekennzeichnet durch die Drehung von $\mathbf{u}$ nach $\mathbf{F}$ um den kleineren Winkel. Aufgrund der getroffenen Vereinbarung zeigt $\mathbf{M}$ dann in die Richtung, aus der man die Drehung als eine Drehung im mathematisch positiven Sinn (entgegengesetzt zum Uhrzeigersinn) sieht. Man benutzt dafür die Formulierung: *Die Vektoren* $\mathbf{u}, \mathbf{F}, \mathbf{M}$ *bilden in dieser Reihenfolge ein Rechtssystem.*

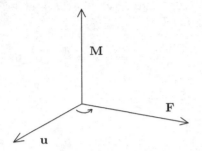

Abb. 3.8 Die Vektoren u, F, M bilden in dieser Reihenfolge ein Rechtssystem, wenn gilt: Eine Rechtsschraube bewegt sich in Richtung von M, wenn sie den durch den Pfeil angedeuteten Drehsinn hat.

(3) Erfahrungsgemäß ist die *Stärke* der Rotation proportional zum Betrag $\|F\|$ der Kraft und zum senkrechten Abstand $\|u\| \sin \alpha$ der Kraft von der Drehachse. Dabei ist α der Winkel zwischen u und F. Bei geeigneter Wahl der Dimension kennzeichnet daher der Betrag $\|M\|$ die *Stärke* der Rotation, wenn wir setzen: $\|M\| = \|u\|\|F\| \sin \alpha$.

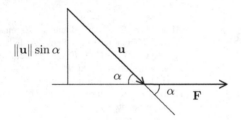

Abb. 3.9 Den senkrechten Abstand der Kraft F von der Drehachse findet man, wenn man die F enthaltende Gerade zeichnet und das Lot vom Punkt A auf diese Gerade fällt.

So wie in dem Beispiel durch die Vektoren u und F aufgrund der in (1), (2), (3) getroffenen Vereinbarungen das Drehmoment M bestimmt ist, können wir allgemein zwei Vektoren in der beschriebenen Weise einen Vektor zuordnen. Diese Zuordnung kann wegen ihrer Eigenschaften als eine Multiplikation verstanden werden.

3.2.5 Definition (Vektorprodukt) *Sind* $u, v \in \mathbb{R}^3$ *und ist* α *mit* $0 \le \alpha \le \pi$ *der Winkel zwischen* u *und* v, *so verstehen wir unter dem Vektorprodukt von* u *und* v *den wie folgt durch Angabe der Richtung und des Betrages definierten Vektor* $u \times v$:

(1) $u \times v$ *steht senkrecht auf* u *und auf* v;

(2) $u, v, u \times v$ *bilden in dieser Reihenfolge ein Rechtssystem*;

(3) $\|u \times v\| = \|u\|\|v\| \sin \alpha$.

Eine geometrische Deutung für den Betrag $\|u \times v\|$ des Vektorprodukts ist:

Die Vektoren u und v spannen ein Parallelogramm auf, dessen eine Seite die Länge $\|u\|$ hat und dessen Höhe die Länge $\|v\| \sin \alpha$ hat (Abb. 3.10). Der Flächeninhalt ist das Produkt $\|u\|\|v\| \sin \alpha = \|u \times v\|$.

3.2.6 Ergebnis $\|u \times v\| = \|u\|\|v\| \sin \alpha$ ist gleich dem Flächeninhalt des von u und v aufgespannten Parallelogramms.

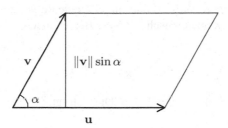

Abb. 3.10 Der Flächeninhalt des von den Vektoren **u** und **v** aufgespannten Parallelogramms ist das Produkt der Grundlinie $\|\mathbf{u}\|$ und der Höhe $\|\mathbf{v}\| \sin \alpha$.

3.2.7 Satz (Eigenschaften des Vektorprodukts)

(1) $\mathbf{u} \times \mathbf{v} = -(\mathbf{v} \times \mathbf{u})$.

Denn: $\mathbf{u} \times \mathbf{v}$ und $\mathbf{v} \times \mathbf{u}$ stehen beide senkrecht auf **u** und **v** und haben denselben Betrag $\|\mathbf{u}\|\|\mathbf{v}\| \sin \alpha$. Da **u**, **v**, $\mathbf{u} \times \mathbf{v}$ und **v**, **u**, $\mathbf{v} \times \mathbf{u}$ jeweils in der angegebenen Reihenfolge Rechtssysteme bilden, sind ihre Richtungen jedoch entgegengesetzt.

(2) *Sind* **u**, **v** *beide nicht der Nullvektor* ($\|\mathbf{u}\| \neq 0$ *und* $\|\mathbf{v}\| \neq 0$), *so gilt:*

$$\mathbf{u} \times \mathbf{v} = \mathbf{0} \iff \mathbf{u} \text{ und } \mathbf{v} \text{ sind kollinear.}$$

Denn wegen $\|\mathbf{u}\| \neq 0$ und $\|\mathbf{v}\| \neq 0$ gilt:

$\mathbf{u} \times \mathbf{v} = \mathbf{0} \iff \|\mathbf{u} \times \mathbf{v}\| = 0 \iff \|\mathbf{u}\|\|\mathbf{v}\| \sin \alpha = 0 \iff \sin \alpha = 0 \iff$
$\alpha = 0$ oder $\alpha = \pi \iff \mathbf{u}$ und **v** sind kollinear.

(3) $\mathbf{u} \times \mathbf{0} = \mathbf{0} = \mathbf{0} \times \mathbf{u}$ *für alle Vektoren* $\mathbf{u} \in \mathbb{R}^3$.

(4) $(a\mathbf{u}) \times \mathbf{v} = a(\mathbf{u} \times \mathbf{v}) = \mathbf{u} \times (a\mathbf{v})$ *für* $a \in \mathbb{R}$ *und* $\mathbf{u}, \mathbf{v} \in \mathbb{R}^3$;

(5) $(\mathbf{u} + \mathbf{v}) \times \mathbf{w} = \mathbf{u} \times \mathbf{w} + \mathbf{v} \times \mathbf{w}$ *und* $\mathbf{u} \times (\mathbf{v} + \mathbf{w}) = \mathbf{u} \times \mathbf{v} + \mathbf{u} \times \mathbf{w}$ *für* $\mathbf{u}, \mathbf{v}, \mathbf{w} \in \mathbb{R}^3$.

(6) *Für das Vektorprodukt von Vektoren* $\mathbf{u}, \mathbf{v} \in \mathbb{R}^3$ *gilt:*

$$\begin{pmatrix} u_1 \\ u_2 \\ u_3 \end{pmatrix} \times \begin{pmatrix} v_1 \\ v_2 \\ v_3 \end{pmatrix} = \begin{pmatrix} u_2 v_3 - u_3 v_2 \\ u_3 v_1 - u_1 v_3 \\ u_1 v_2 - u_2 v_1 \end{pmatrix}.$$

Das zeigt folgende Überlegung: Wir berechnen das Vektorprodukt der Vektoren

$$\mathbf{u} = \begin{pmatrix} u_1 \\ u_2 \\ u_3 \end{pmatrix} = u_1 \mathbf{e}_1 + u_2 \mathbf{e}_2 + u_3 \mathbf{e}_3, \quad \mathbf{v} = \begin{pmatrix} v_1 \\ v_2 \\ v_3 \end{pmatrix} = v_1 \mathbf{e}_1 + v_2 \mathbf{e}_2 + v_3 \mathbf{e}_3,$$

indem wir die Rechenregeln (4) und (5) auf die Darstellungen von **u** und **v** als Summen der Koordinateneinheitsvektoren anwenden. Wir erhalten dann eine Summe von Produkten der Form

$$(u_i \mathbf{e}_i) \times (v_j \mathbf{e}_j) = (u_i v_j)(\mathbf{e}_i \times \mathbf{e}_j).$$

Da e_1, e_2, e_3 paarweise zueinander senkrecht sind und in der Reihenfolge ihrer Nummerierung ein Rechtssystem bilden, gelten nach 3.2.5 die Beziehungen:

$$e_1 \times e_2 = e_3, \qquad e_2 \times e_3 = e_1, \qquad e_3 \times e_1 = e_2,$$
$$e_2 \times e_1 = -e_3, \qquad e_3 \times e_2 = -e_1, \qquad e_1 \times e_3 = -e_2.$$

Nach 3.2.7, (2) ist außerdem $e_i \times e_i = 0$ für $i = 1, 2, 3$. Damit folgt:

$$u \times v = (u_1 e_1 + u_2 e_2 + u_3 e_3) \times (v_1 e_1 + v_2 e_2 + v_3 e_3)$$
$$= (u_2 v_3 - u_3 v_2)e_1 + (u_3 v_1 - u_1 v_3)e_2 + (u_1 v_2 - u_2 v_1)e_3.$$

Beispiel:

$$\begin{pmatrix} 1 \\ -1 \\ 3 \end{pmatrix} \times \begin{pmatrix} 2 \\ -1 \\ -1 \end{pmatrix} = \begin{pmatrix} (-1)(-1) - 3 \cdot (-1) \\ 2 \cdot 3 - 1 \cdot (-1) \\ 1 \cdot (-1) - (-1) \cdot 2 \end{pmatrix} = \begin{pmatrix} 4 \\ 7 \\ 1 \end{pmatrix}.$$

Da man sich die in 3.2.7, (6) angegebene Darstellung des Vektorprodukts in Koordinaten nur schwer merken kann, wollen wir ein einprägsames Verfahren für die Berechnung des Vektorprodukts angeben. Es hängt zusammen mit der Berechnung von *Determinanten*, die wir allerdings erst in Abschnitt 3.7 definieren. Für unsere Zwecke hier reicht es aus, eine zweireihige Determinante als ein durch gerade Striche eingerahmtes Schema aus vier in einem Quadrat angeordneten Zahlen a, b, c, d zu verstehen, dem wie folgt ein Zahlenwert zugeordnet ist:

$$\begin{vmatrix} a & b \\ c & d \end{vmatrix} = a \cdot d - b \cdot c.$$

Sie können sich für die Berechnung des Vektorprodukts das folgende Rezept merken:

Rezept: Stehen die Koordinatendarstellungen von u und v nebeneinander, so erhält man die k-te Koordinate von $u \times v$, die dann als Faktor zu e_k zu setzen ist, indem man sich in den Darstellungen von u und v genau die k-ten Koordinaten weggestrichen denkt und die Determinante des übrigbleibenden Zahlenschemas bildet; nur ist bei der 2. Koordinate vor die Determinante ein „$-$" zu setzen:

$$\begin{pmatrix} u_1 \\ u_2 \\ u_3 \end{pmatrix} \times \begin{pmatrix} v_1 \\ v_2 \\ v_3 \end{pmatrix} = \begin{vmatrix} u_2 & v_2 \\ u_3 & v_3 \end{vmatrix} e_1 - \begin{vmatrix} u_1 & v_1 \\ u_3 & v_3 \end{vmatrix} e_2 + \begin{vmatrix} u_1 & v_1 \\ u_2 & v_2 \end{vmatrix} e_3$$
$$= (u_2 v_3 - u_3 v_2)e_1 - (u_1 v_3 - u_3 v_1)e_2 + (u_1 v_2 - u_2 v_1)e_3$$
$$= \begin{pmatrix} u_2 v_3 - u_3 v_2 \\ u_3 v_1 - u_1 v_3 \\ u_1 v_2 - u_2 v_1 \end{pmatrix}.$$

Beispiel:

$$\begin{pmatrix} 1 \\ 2 \\ 1 \end{pmatrix} \times \begin{pmatrix} 1 \\ -2 \\ 2 \end{pmatrix} = \begin{vmatrix} 2 & -2 \\ 1 & 2 \end{vmatrix} \mathbf{e}_1 - \begin{vmatrix} 1 & 1 \\ 1 & 2 \end{vmatrix} \mathbf{e}_2 + \begin{vmatrix} 1 & 1 \\ 2 & -2 \end{vmatrix} \mathbf{e}_3$$

$$= 6\mathbf{e}_1 - \mathbf{e}_2 - 4\mathbf{e}_3 = \begin{pmatrix} 6 \\ -1 \\ -4 \end{pmatrix}.$$

Das Spatprodukt dreier Vektoren im Raum

Drei nicht-komplanare Vektoren im Raum spannen einen Körper auf (Abb. 3.11), der als *Spat* bezeichnet wird. Die Grundfläche des Spats ist das von den Vektoren $\mathbf{u}$ und $\mathbf{v}$ aufgespannte Parallelogramm, das nach 3.2.6 den Flächeninhalt $\|\mathbf{u} \times \mathbf{v}\|$ hat. Projizieren wir (Abb. 3.11) den dritten Vektor $\mathbf{w}$ auf den senkrecht auf der Grundfläche stehenden Vektor $\mathbf{u} \times \mathbf{v}$, so können wir aus dem rechtwinkligen Dreieck mit Hilfe des Winkels α zwischen $\mathbf{u} \times \mathbf{v}$ und $\mathbf{w}$ die Höhe h des Spats bestimmen:

$$\cos\alpha = \frac{h}{\|\mathbf{w}\|} \quad \Longrightarrow \quad h = \|\mathbf{w}\| \cdot \cos\alpha.$$

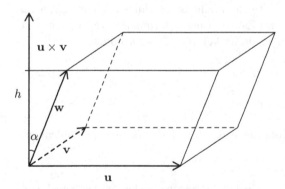

Abb. 3.11 Die Vektoren $\mathbf{u}$, $\mathbf{v}$, $\mathbf{w}$ spannen ein Spat auf. Das Vektorprodukt $\mathbf{u} \times \mathbf{v}$ steht senkrecht auf der von $\mathbf{u}$ und $\mathbf{v}$ bestimmten Grundfläche; die Projektion von $\mathbf{w}$ auf $\mathbf{u} \times \mathbf{v}$ liefert daher die Höhe des Spats. Das Volumen des Spats ist das Produkt der Grundfläche und der Höhe.

Das Volumen V des Spats ist das Produkt des Grundflächeninhalts und der Höhe, und dieses lässt sich nach 3.2.1 als Skalarprodukt von $\mathbf{u} \times \mathbf{v}$ und $\mathbf{w}$ schreiben:

$$V = \|\mathbf{u} \times \mathbf{v}\| \cdot \|\mathbf{w}\| \cos\alpha = (\mathbf{u} \times \mathbf{v}) \cdot \mathbf{w}.$$

3.2.8 Definition *Für drei Vektoren $\mathbf{u}$, $\mathbf{v}$, $\mathbf{w} \in \mathbb{R}^3$ heißt $(\mathbf{u} \times \mathbf{v}) \cdot \mathbf{w}$ das Spatprodukt von $\mathbf{u}$, $\mathbf{v}$, $\mathbf{w}$. Es wird bezeichnet mit $(\mathbf{u}, \mathbf{v}, \mathbf{w})$:*

$$(\mathbf{u}, \mathbf{v}, \mathbf{w}) = (\mathbf{u} \times \mathbf{v}) \cdot \mathbf{w}.$$

3.2.9 Folgerung *Das Spatprodukt $(\mathbf{u}, \mathbf{v}, \mathbf{w})$ ist das Volumen des von $\mathbf{u}$, $\mathbf{v}$, $\mathbf{w}$ aufgespannten Spats, wenn die Vektoren in dieser Reihenfolge ein Rechtssystem bilden.*

Bilden $\mathbf{u}$, $\mathbf{v}$, $\mathbf{w}$ in dieser Reihenfolge ein Rechtssystem, so natürlich auch die zyklischen Vertauschungen $\mathbf{v}$, $\mathbf{w}$, $\mathbf{u}$ und $\mathbf{w}$, $\mathbf{u}$, $\mathbf{v}$. Da die Vektoren bei jeder dieser Reihenfolgen dasselbe Spat aufspannen, hat ihr Spatprodukt immer denselben Wert, nämlich den des Spatvolumens. Die in den Reihenfolgen $\mathbf{v}$, $\mathbf{u}$, $\mathbf{w}$ bzw. $\mathbf{u}$, $\mathbf{w}$, $\mathbf{v}$ bzw. $\mathbf{w}$, $\mathbf{v}$, $\mathbf{u}$ gebildeten Spatprodukte sind ebenfalls gleich und haben wegen $\mathbf{u} \times \mathbf{v} = -(\mathbf{v} \times \mathbf{u})$ bis auf das Vorzeichen den Wert des Spatvolumens.

3.2.10 Folgerung *Für* $\mathbf{u}, \mathbf{v}, \mathbf{w} \in \mathbb{R}^3$ *gilt:*

$$(\mathbf{u}, \mathbf{v}, \mathbf{w}) = (\mathbf{v}, \mathbf{w}, \mathbf{u}) = (\mathbf{w}, \mathbf{u}, \mathbf{v}) = -(\mathbf{v}, \mathbf{u}, \mathbf{w}) = -(\mathbf{u}, \mathbf{w}, \mathbf{v}) = -(\mathbf{w}, \mathbf{v}, \mathbf{u}).$$

Das von $\mathbf{u}$, $\mathbf{v}$, $\mathbf{w}$ aufgespannte Spat ist genau dann entartet und hat das Volumen 0, wenn die Vektoren komplanar sind (Definition 3.1.10). Gleichzeitig bedeutet das: Das Spatprodukt von $\mathbf{u}$, $\mathbf{v}$, $\mathbf{w}$ ist genau dann $\neq 0$, wenn die Vektoren nicht komplanar sind.

3.2.11 Folgerung *Für drei Vektoren* $\mathbf{u}$, $\mathbf{v}$, $\mathbf{w}$ *im Raum gilt:*

(1) $\mathbf{u}$, $\mathbf{v}$, $\mathbf{w}$ *sind komplanar.* $\iff$ $(\mathbf{u}, \mathbf{v}, \mathbf{w}) = 0$.

(2) $\mathbf{u}$, $\mathbf{v}$, $\mathbf{w}$ *sind nicht komplanar.* $\iff$ $(\mathbf{u}, \mathbf{v}, \mathbf{w}) \neq 0$.

Wie für die Berechnung des Vektorprodukts, so gibt es auch für die Berechnung des Spatprodukts ein einfaches Rezept, das auf der Berechnung einer dreireihigen Determinante beruht. Eine solche ist ein durch vertikale Striche eingerahmtes Schema aus neun in Form eines Quadrates aufgeschriebenen Zahlen. Eine Determinante können wir zum Beispiel mit den Koordinatendarstellungen dreier Vektoren $\mathbf{u}$, $\mathbf{v}$, $\mathbf{w}$ bilden:

$$\begin{vmatrix} u_1 & v_1 & w_1 \\ u_2 & v_2 & w_2 \\ u_3 & v_3 & w_3 \end{vmatrix} .$$

Einer solchen Determinante ist wie folgt nach der *Regel von Sarrus* ein Zahlenwert zugeordnet:

3.2.12 Satz (**Regel von Sarrus**) *Wir schreiben rechts neben die Determinante noch einmal die erste und dann die zweite Spalte; dann addieren wir die Produkte der Zahlen, die in den von links oben nach rechts unten verlaufenden Diagonalen stehen, und subtrahieren die Produkte der Zahlen, die in den von links unten nach rechts oben verlaufenden Diagonalen stehen:*

$$\begin{array}{|ccc|cc} u_1 & v_1 & w_1 & u_1 & v_1 \\ u_2 & v_2 & w_2 & u_2 & v_2 \\ u_3 & v_3 & w_3 & u_3 & v_3 \end{array}$$

$$\begin{vmatrix} u_1 & v_1 & w_1 \\ u_2 & v_2 & w_2 \\ u_3 & v_3 & w_3 \end{vmatrix} = u_1 v_2 w_3 + v_1 w_2 u_3 + w_1 u_2 v_3 - u_3 v_2 w_1 - v_3 w_2 u_1 - w_3 u_2 v_1.$$

3.2.13 Satz

$$\mathbf{u} = \begin{pmatrix} u_1 \\ u_2 \\ u_3 \end{pmatrix}, \mathbf{v} = \begin{pmatrix} v_1 \\ v_2 \\ v_3 \end{pmatrix}, \mathbf{w} = \begin{pmatrix} w_1 \\ w_2 \\ w_3 \end{pmatrix} \implies (\mathbf{u}, \mathbf{v}, \mathbf{w}) = \begin{vmatrix} u_1 & v_1 & w_1 \\ u_2 & v_2 & w_2 \\ u_3 & v_3 & w_3 \end{vmatrix}.$$

Beweis: Wir berechnen die Determinante nach der Regel von Sarrus und klammern dann aus jeweils zwei Summanden die Koordinaten w_1, w_2, w_3 aus:

$$\begin{vmatrix} u_1 & v_1 & w_1 \\ u_2 & v_2 & w_2 \\ u_3 & v_3 & w_3 \end{vmatrix} = u_1 v_2 w_3 + v_1 w_2 u_3 + w_1 u_2 v_3 - u_3 v_2 w_1 - v_3 w_2 u_1 - w_3 u_2 v_1$$

$$= (u_2 v_3 - u_3 v_2)w_1 + (u_3 v_1 - u_1 v_3)w_2 + (u_1 v_2 - u_2 v_1)w_3.$$

Wir erhalten also eine Summe von Produkten, in denen die jeweils ersten Faktoren nach 3.2.7 , (6) die Koordinaten von $\mathbf{u} \times \mathbf{v}$ sind und die zweiten Faktoren die Koordinaten von $\mathbf{w}$ sind. Nach 3.2.3, (5) ist diese Summe von Produkten entsprechender Koordinaten das Skalarprodukt von $\mathbf{u} \times \mathbf{v}$ und $\mathbf{w}$, also das Spatprodukt $(\mathbf{u}, \mathbf{v}, \mathbf{w})$.

Beispiel: Wir zeigen, dass die Vektoren

$$\mathbf{w}_1 = \begin{pmatrix} 1 \\ 1 \\ -1 \end{pmatrix}, \quad \mathbf{w}_2 = \begin{pmatrix} 1 \\ 0 \\ 1 \end{pmatrix}, \quad \mathbf{w}_3 = \begin{pmatrix} 3 \\ 1 \\ 1 \end{pmatrix}$$

komplanar sind. Nach Satz 3.2.13 und Folgerung 3.2.11 brauchen wir nur zu zeigen, dass $(\mathbf{u}, \mathbf{v}, \mathbf{w}) = 0$ ist. Dazu berechnen wir die aus den Koordinatendarstellungen der drei Vektoren gebildete Determinante nach der Regel von Sarrus:

$$(\mathbf{w}_1, \mathbf{w}_2, \mathbf{w}_3) = \begin{vmatrix} 1 & 1 & 3 \\ 1 & 0 & 1 \\ -1 & 1 & 1 \end{vmatrix}$$

$$= 1 \cdot 0 \cdot 1 + 1 \cdot 1 \cdot (-1) + 3 \cdot 1 \cdot 1 - 3 \cdot 0 \cdot (-1) - 1 \cdot 1 \cdot 1 - 1 \cdot 1 \cdot 1$$

$$= 0 - 1 + 3 - 0 - 1 - 1 = 0.$$

In der Physik treten beim Rechnen mit Vektoren im Raum manchmal andere mehrfache Produkte auf, wie $\mathbf{u} \times (\mathbf{v} \times \mathbf{w})$ oder $(\mathbf{u} \times \mathbf{v}) \cdot (\mathbf{w} \times \mathbf{x})$. Für die Berechnung dieser Produkte gelten folgende nützlichen Regeln, die wir ohne Beweis angeben:

3.2.14 Satz (Graßmannscher Entwicklungssatz) *Für* $\mathbf{u}$, $\mathbf{v}$, $\mathbf{w} \in \mathbb{R}^3$ *gilt:*

$$\mathbf{u} \times (\mathbf{v} \times \mathbf{w}) = (\mathbf{u} \cdot \mathbf{w})\mathbf{v} - (\mathbf{u} \cdot \mathbf{v})\mathbf{w}.$$

Da der Vektor $\mathbf{u} \times (\mathbf{v} \times \mathbf{w})$ senkrecht zu $\mathbf{v} \times \mathbf{w}$ ist, liegt er in der Ebene, die von $\mathbf{v}$ und $\mathbf{w}$ aufgespannt wird, und ist er daher eine Summe von Vielfachen von $\mathbf{v}$ und $\mathbf{w}$. Nach 3.2.14 sind die Faktoren bei $\mathbf{v}$ und $\mathbf{w}$ die Zahlen $\mathbf{u} \cdot \mathbf{w}$ und $-(\mathbf{u} \cdot \mathbf{v})$.

3.2.15 Satz (Identität von Lagrange) *Für* u, v, w, $x \in \mathbb{R}^3$ *gilt:*

$$(u \times v) \cdot (w \times x) = (u \cdot w)(v \cdot x) - (u \cdot x)(v \cdot w).$$

★ **Aufgaben**

(1) Bestimmen Sie einen zu $u \in \mathbb{R}^n$ senkrechten Einheitsvektor $v \in \mathbb{R}^n$, wenn u gegeben ist durch:

(a) $u = \begin{pmatrix} 3 \\ -4 \end{pmatrix}$,   (b) $u = \begin{pmatrix} 3 \\ -1 \\ 2 \end{pmatrix}$,   (c) $u = \begin{pmatrix} -1 \\ 2 \\ 3 \end{pmatrix}$.

(2) Bestimmen Sie unter den Vektoren Paare zueinander senkrechter Vektoren:

$$u_1 = \begin{pmatrix} 1 \\ -2 \\ 3 \end{pmatrix}, \quad u_2 = \begin{pmatrix} -1 \\ 0 \\ 3 \end{pmatrix}, \quad u_3 = \begin{pmatrix} 3 \\ 3 \\ -1 \end{pmatrix}, \quad u_4 = \begin{pmatrix} 1 \\ -1 \\ 0 \end{pmatrix}.$$

(3) Bestimmen Sie den Winkel zwischen den Vektoren u und v:

(a) $u = \begin{pmatrix} 3 \\ 1 \end{pmatrix}$, $\quad v = \begin{pmatrix} 1 \\ 2 \end{pmatrix}$;

(b) $u = -3e_1 + 5e_2 - 4e_3$, $\quad v = -15e_1 - 20e_3$.

(4) Bestimmen Sie $t \in \mathbb{R}$ für die Vektoren $u = \begin{pmatrix} 2t \\ 2 \\ 1 \end{pmatrix}$ und $v = \begin{pmatrix} t \\ t+3 \\ 2 \end{pmatrix}$ so, dass $u + v$ und $u - v$ senkrecht zueinander sind.

(5) Berechnen Sie das Vektorprodukt von

(a) $u = 2e_1 - e_2 + 3e_3$ und $v = 3e_1 - 2e_2 + 4e_3$;

(b) $u = \begin{pmatrix} 2 \\ -1 \\ 2 \end{pmatrix}$ und $v = \begin{pmatrix} 4 \\ 1 \\ 1 \end{pmatrix}$.

(6) Berechnen Sie mit Hilfe des Vektorprodukts den Flächeninhalt des Dreiecks mit den Eckpunkten $A = (1,1,1)$, $B = (2,-1,7)$, $C = (2,3,-1)$.

(7) Berechnen Sie nach der Regel von Sarrus die Determinante:

(a) $\begin{vmatrix} 1 & 1 & 3 \\ 1 & 0 & 1 \\ -1 & 1 & 1 \end{vmatrix}$;   (b) $\begin{vmatrix} 1 & 1-i & i \\ 1+i & 2 & -1+i \\ i & 1 & -1 \end{vmatrix}$.

(8) Bestimmen Sie $t \in \mathbb{R}$ so, dass die drei Vektoren nicht komplanar sind:

$$\begin{pmatrix} t \\ 1 \\ 2 \end{pmatrix}, \quad \begin{pmatrix} 1 \\ 0 \\ t \end{pmatrix}, \quad \begin{pmatrix} -1 \\ t \\ 0 \end{pmatrix}.$$

(9) Überprüfen Sie den Graßmannschen Entwicklungssatz an Hand der Vektoren

$$\mathbf{u} = \begin{pmatrix} -1 \\ 2 \\ 0 \end{pmatrix}, \quad \mathbf{v} = \begin{pmatrix} 2 \\ 1 \\ -1 \end{pmatrix}, \quad \mathbf{w} = \begin{pmatrix} 1 \\ 2 \\ 2 \end{pmatrix}.$$

(10) Überprüfen Sie die für Vektoren $\mathbf{u}, \mathbf{v}, \mathbf{w} \in \mathbb{R}^3$ gültige Identität

$$(\mathbf{u} \times \mathbf{v}, \mathbf{v} \times \mathbf{w}, \mathbf{w} \times \mathbf{u}) = (\mathbf{u}, \mathbf{v}, \mathbf{w})^2$$

an Hand der Vektoren

$$\mathbf{u} = \begin{pmatrix} 3 \\ 5 \\ 6 \end{pmatrix}, \quad \mathbf{v} = \begin{pmatrix} -1 \\ -3 \\ -6 \end{pmatrix}, \quad \mathbf{w} = \begin{pmatrix} 1 \\ 1 \\ 4 \end{pmatrix}.$$

3.3   Ortsvektoren und vektorielle Darstellung von Punktmengen im Raum

Um die Position eines Punktes X bezüglich des Nullpunktes O des Koordinatensystems anzudeuten, können wir einen Vektorpfeil benutzen, dessen Anfangspunkt der Nullpunkt O und dessen Endpunkt der Punkt X ist, also einen Vektorpfeil, der vom Nullpunkt aus zum Punkt X hinweist. Die Vektorpfeile mit festem Anfangspunkt O kennzeichnen dann genau die Punkte im Raum (als ihre Endpunkte).

3.3.1 Definition *Im Raum sei ein rechtwinkliges kartesisches Koordinatensystem mit Nullpunkt O gewählt. Für jeden Punkt X im Raum heißt der feste (nicht verschiebbare) Vektorpfeil $\overrightarrow{OX} = \mathbf{x}$ mit Anfangspunkt O und Endpunkt X der Ortsvektor von X.*

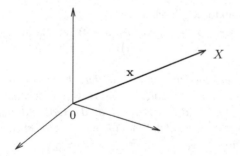

Abb. 3.12 Jeder Punkt im Raum kann durch seinen Ortsvektor eindeutig gekennzeichnet werden. Dieser ist der Vektor mit dem Nullpunkt als Anfangspunkt, der zu dem Punkt hinweist.

Bemerkung: Wie wir bei der Veranschaulichung eines Vektors aus $\mathbb{R}^3$ durch einen Vektorpfeil gesehen haben (Abb. 3.1), haben ein Punkt X und sein Ortsvektor $\overrightarrow{OX} = \mathbf{x}$ dieselben Koordinaten. Die Koordinatendarstellungen beider werden nur durch die Schreibweise unterschieden:

$$X = (x_1, x_2, x_3) \iff \mathbf{x} = \begin{pmatrix} x_1 \\ x_2 \\ x_3 \end{pmatrix}.$$

Indem wir Punkte durch ihre Ortsvektoren kennzeichnen, können wir die Vektor-algebra einsetzen, um Punktmengen vektoriell zu beschreiben. Das ist aus zwei Gründen vorteilhaft: Einerseits ist die geometrische Darstellung von Punktmengen mit Hilfe der Vektorpfeile und der für sie erklärten Operationen sehr anschaulich. Andererseits las-sen sich dann die Punktmengen auch in einfacher Weise analytisch beschreiben, wenn wir die Vektoren durch ihre Koordinatendarstellungen angeben (unter einer analytischen Beschreibung einer Punktmenge verstehen wir eine Gleichung oder Ungleichung in den Koordinaten der Punkte, welche die Punktmenge charakterisiert). Beispiele dafür sind die geometrische und analytische Beschreibung von Geraden und Ebenen mit Hilfe der Vektorrechnung.

Die Parameterdarstellung einer Geraden

Eine Gerade g ist bestimmt durch die Angabe zweier verschiedener auf ihr liegender Punkte A und B. Sind die Punkte A und B durch ihre Ortsvektoren $\mathbf{a}$ und $\mathbf{b}$ gegeben, so ist wegen $A \neq B$ dann $\mathbf{b} - \mathbf{a} \neq \mathbf{0}$ ein vom Nullvektor verschiedener Vektor auf g.

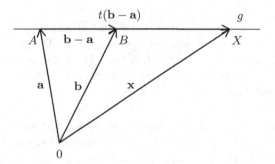

Abb. 3.13   Die Gerade g durch zwei Punkte A und B hat die Differenz $\mathbf{b} - \mathbf{a}$ der Orts-vektoren von A und B als Richtungsvektor. Ihre Parameterdarstellung ist
$$\mathbf{x} = \mathbf{a} + t(\mathbf{b} - \mathbf{a}) \text{ mit } t \in \mathbb{R}.$$

Für einen Punkt X im Raum mit dem Ortsvektor $\mathbf{x}$ gilt dann:

X liegt auf der Geraden g durch A und B $\iff$ $\mathbf{x} - \mathbf{a}$ und $\mathbf{b} - \mathbf{a} \neq \mathbf{0}$ sind kollinear $\iff$ $\mathbf{x} - \mathbf{a} = t(\mathbf{b} - \mathbf{a})$ mit einer Zahl $t \in \mathbb{R}$ $\iff$ $\mathbf{x} = \mathbf{a} + t(\mathbf{b} - \mathbf{a})$ mit $t \in \mathbb{R}$.

3.3.2 Satz und Definition   *Sind A und B verschiedene Punkte mit den Ortsvektoren $\mathbf{a}$ und $\mathbf{b}$, so ist X genau dann ein Punkt auf der Geraden g durch A und B, wenn für seinen Ortsvektor $\mathbf{x}$ gilt: $\mathbf{x} = \mathbf{a} + t(\mathbf{b} - \mathbf{a})$ mit $t \in \mathbb{R}$. In dieser Darstellung der Ortsvektoren der Geradenpunkte wird eine variable Hilfsgröße t benutzt. Eine solche Hilfsgröße nennt man einen Parameter, und entsprechend heißt*

$$\mathbf{x} = \mathbf{a} + t(\mathbf{b} - \mathbf{a}) \quad \text{mit } t \in \mathbb{R}$$

eine Parameterdarstellung der Geraden.

Ein Blick auf Abb. 3.13 und die Erinnerung an die Bemerkung 3.1.5 zur Addition von Vektorpfeilen zeigen uns, dass der Ortsvektor $\mathbf{x}$ des laufenden Punktes X auf der Gera-den die Summe des festen Vektors $\mathbf{a}$ (der zu dem festen Geradenpunkt A hinführt) und des Vektors $\overrightarrow{AX}$ ist, der auf der Geraden liegt und durch Stauchung oder Streckung und gegebenenfalls Richtungsumkehrung aus dem festen Vektor $\mathbf{b} - \mathbf{a}$ entsteht. Genau dies gibt auch die Parameterdarstellung an.

Statt eine Gerade durch zwei Punkte festzulegen, können wir sie auch festlegen durch die Angabe eines Punktes A mit Ortsvektor $\mathbf{a}$ und eines auf ihr liegenden Vektors $\mathbf{u}$, eines *Richtungsvektors* der Geraden. Die Parameterdarstellung lautet dann:

$$\mathbf{x} = \mathbf{a} + t\mathbf{u} \quad \text{mit } t \in \mathbb{R}.$$

Sind $\mathbf{a}$ und $\mathbf{b}$ die Ortsvektoren zweier Geradenpunkte, so erhalten wir mit $\mathbf{u} = \mathbf{b} - \mathbf{a}$ immer einen Richtungsvektor der Geraden.

Die Parameterdarstellung $\mathbf{x} = \mathbf{a} + t(\mathbf{b} - \mathbf{a})$ liefert für die Parameterwerte $t = 0$ und $t = 1$ die beiden Punkte A und B. Durchläuft t das Intervall $[0, 1]$, so liefert die Parameterdarstellung genau alle Geradenpunkte zwischen A und B.

3.3.3 Folgerung *Die Parameterdarstellung der Verbindungsstrecke von zwei Punkten A und B mit den Ortsvektoren* $\mathbf{a}$ *und* $\mathbf{b}$ *ist*

$$\mathbf{x} = \mathbf{a} + t(\mathbf{b} - \mathbf{a}) \quad \text{mit } t \in [0, 1].$$

Beispiele:

(1) Wir bestimmen die Parameterdarstellung der Geraden g durch die beiden Punkte $A = (2, 1, -4)$ und $B = (3, 2, 1)$:

$$\mathbf{a} = \begin{pmatrix} 2 \\ 1 \\ -4 \end{pmatrix}, \quad \mathbf{b} = \begin{pmatrix} 3 \\ 2 \\ 1 \end{pmatrix} \implies \mathbf{b} - \mathbf{a} = \begin{pmatrix} 3 \\ 2 \\ 1 \end{pmatrix} - \begin{pmatrix} 2 \\ 1 \\ -4 \end{pmatrix} = \begin{pmatrix} 1 \\ 1 \\ 5 \end{pmatrix}$$

$$\implies \mathbf{x} = \begin{pmatrix} 2 \\ 1 \\ -4 \end{pmatrix} + t \begin{pmatrix} 1 \\ 1 \\ 5 \end{pmatrix} \quad \text{mit } t \in \mathbb{R} \text{ ist die Parameterdarstellung von } g.$$

(2) Parameterdarstellung der Geraden durch die Punkte $A = (2, 2), B = (4, 6)$:

$$\mathbf{a} = \begin{pmatrix} 2 \\ 2 \end{pmatrix}, \quad \mathbf{b} = \begin{pmatrix} 4 \\ 6 \end{pmatrix} \implies \mathbf{b} - \mathbf{a} = \begin{pmatrix} 4 \\ 6 \end{pmatrix} - \begin{pmatrix} 2 \\ 2 \end{pmatrix} = \begin{pmatrix} 2 \\ 4 \end{pmatrix}$$

$$\implies \mathbf{x} = \begin{pmatrix} 2 \\ 2 \end{pmatrix} + t \begin{pmatrix} 2 \\ 4 \end{pmatrix} \quad \text{mit } t \in \mathbb{R} \text{ ist die Parameterdarstellung von } g.$$

Wenn, wie in diesem Beispiel, A und B Punkte in der Ebene sind, gibt es auch die Möglichkeit, die Gerade analytisch durch ihre Koordinatengleichung $y = mx + b$ zu beschreiben: Die Punkte auf der Geraden sind genau die Punkte $P = (x, y)$, deren Koordinaten x und y die Gleichung $y = mx + b$ erfüllen.

Für die Steigung m ergibt sich hier: $m = \frac{6-2}{4-2} = 2$. Um b zu berechnen, setzen wir $m = 2$ und die Koordinaten von $A = (2, 2)$ in die Gleichung $y = mx + b$ ein. Wir erhalten: $2 = 2 \cdot 2 + b$, also $b = -2$. Damit hat die Gerade durch A und B die Koordinatengleichung $y = 2x - 2$. Man kann diese Koordinatengleichung auch direkt aus der Parameterdarstellung gewinnen, indem man die Parameterdarstellungen der Koordinaten x und y so kombiniert, dass der Parameter herausfällt:

$$\mathbf{x} = \begin{pmatrix} x \\ y \end{pmatrix} = \begin{pmatrix} 2 \\ 2 \end{pmatrix} + t \begin{pmatrix} 2 \\ 4 \end{pmatrix} \iff \begin{pmatrix} x \\ y \end{pmatrix} = \begin{pmatrix} 2 + 2t \\ 2 + 4t \end{pmatrix} \iff \begin{matrix} x = 2 + 2t \\ y = 2 + 4t \end{matrix}.$$

Subtrahieren wir die mit 2 multiplizierte erste Gleichung von der zweiten Gleichung, so erhalten wir die Koordinatengleichung

$$y - 2x = 2 + 4t - 4 - 4t \iff y = 2x - 2.$$

Aus einer Koordinatengleichung kann man leicht eine Parameterdarstellung gewinnen, indem man künstlich einen Parameter t einführt, z. B. wie folgt:

Wir führen t ein, indem wir $x = t$ setzen. Wegen $y = 2x - 2$ ist dann $y = 2t - 2$, und die Parameterdarstellung lautet:

$$\mathbf{x} = \begin{pmatrix} x \\ y \end{pmatrix} = \begin{pmatrix} t \\ 2t - 2 \end{pmatrix} = \begin{pmatrix} 0 \\ -2 \end{pmatrix} + t \begin{pmatrix} 1 \\ 2 \end{pmatrix} \quad \text{mit } t \in \mathbb{R}.$$

Für $t = 2$ liefert sie den Punkt A und für $t = 4$ den Punkt B.

Würden wir einen Parameter t einführen, indem wir $x = 2 + 2t$ setzen, so wäre dann $y = 2(2 + 2t) - 2 = 2 + 4t$, und wir würden wieder die ursprüngliche Parameterdarstellung erhalten:

$$\mathbf{x} = \begin{pmatrix} x \\ y \end{pmatrix} = \begin{pmatrix} 2 + 2t \\ 2 + 4t \end{pmatrix} = \begin{pmatrix} 2 \\ 2 \end{pmatrix} + t \begin{pmatrix} 2 \\ 4 \end{pmatrix}.$$

Wir erkennen: Für dieselbe Gerade kann man verschiedene Parameterdarstellungen finden, indem man den Parameter unterschiedlich wählt.

Die Normalengleichung einer Ebene

Es gibt verschiedene Möglichkeiten, eine Ebene durch geometrische Angaben festzulegen. Eine Ebene ist zum Beispiel durch drei Punkte, die nicht auf einer Geraden liegen, eindeutig bestimmt. Ebenso kann eine Ebene festgelegt sein durch einen Ebenenpunkt A (mit Ortsvektor $\mathbf{a}$) und einen senkrecht auf ihr stehenden Vektor $\mathbf{n}$, der ein *Normalenvektor* der Ebene heißt.

Ist X ein Punkt (mit dem Ortsvektor $\mathbf{x}$) und E die Ebene durch den Punkt A (mit dem Ortsvektor $\mathbf{a}$) und dem Normalenvektor $\mathbf{n}$, so gilt (Abb. 3.14):

X liegt auf E. $\iff$ $\mathbf{x} - \mathbf{a}$ ist ein Vektor in E. $\iff$ $\mathbf{x} - \mathbf{a}$ ist senkrecht zu $\mathbf{n}$. $\iff$ $(\mathbf{x} - \mathbf{a}) \cdot \mathbf{n} = 0$.

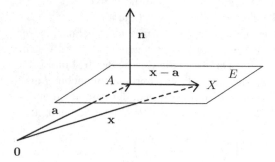

Abb. 3.14 Eine Ebene E ist durch einen Punkt A und einen auf ihr senkrechten Vektor $\mathbf{n}$ (Normalenvektor) festgelegt. Für die Punkte X auf E ist immer $\mathbf{x} - \mathbf{a}$ ein in der Ebene liegender und daher zu $\mathbf{n}$ senkrechter Vektor. Also ist $(\mathbf{x} - \mathbf{a}) \cdot \mathbf{n} = 0$ für alle Punkte X auf E. Diese Gleichung heißt die Normalengleichung der Ebene.

Wir stellen also fest: Auf der Ebene liegen genau die Punkte X, für deren Ortsvektor $\mathbf{x}$ die Gleichung $(\mathbf{x} - \mathbf{a}) \cdot \mathbf{n} = 0$ erfüllt ist. Diese heißt daher die Gleichung der Ebene.

Setzen wir zusätzlich voraus, dass der Normalenvektor ein Einheitsvektor ist, so kann man mit dem Skalarprodukt $(\mathbf{x} - \mathbf{a}) \cdot \mathbf{n}$ für jeden Raumpunkt X den Abstand von X zur Ebene E berechnen.

In Abb. 3.15 bezeichnet X' die Projektion eines Punktes X auf die Gerade, die durch A geht und den Richtungsvektor $\mathbf{n}$ hat.

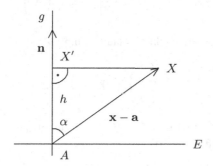

Abb. 3.15 In dieser Abbildung ist die Zeichenebene so gewählt, dass der Normalenvektor der Ebene E und der Punkt X in der Zeichenebene liegen. X' ist die Projektion von X auf die Gerade g durch A mit dem Richtungsvektor $\mathbf{n}$. Die Länge der Seite AX' des Dreiecks $\triangle AXX'$ ist der Abstand h von X zur Ebene.

Die Länge der Dreiecksseite AX' in dem rechtwinkligen Dreieck $\triangle AXX'$ ist der Abstand h des Punktes X von der Ebene. Der Winkel α zwischen $\mathbf{x} - \mathbf{a}$ und $\mathbf{n}$ ist der Dreieckswinkel bei A. Es folgt daher:

$\cos \alpha = \frac{h}{\|\mathbf{x}-\mathbf{a}\|}$, also $h = \|\mathbf{x} - \mathbf{a}\| \cdot \cos \alpha$, und wegen $\|\mathbf{n}\| = 1$ ist dann h das Skalarprodukt

$$h = \|\mathbf{x} - \mathbf{a}\| \cos \alpha = \|\mathbf{x} - \mathbf{a}\| \cdot \|\mathbf{n}\| \cos \alpha = (\mathbf{x} - \mathbf{a}) \cdot \mathbf{n}.$$

Damit $h \geq 0$ gilt, ist die Richtung des Normalenvektors geeignet zu wählen. Nimmt man den Normalenvektor in die entgegengesetzte Richtung, so folgt:

$$h = -(\mathbf{x} - \mathbf{a}) \cdot \mathbf{n}.$$

Also ist $(\mathbf{x} - \mathbf{a}) \cdot \mathbf{n}$ bis auf das Vorzeichen der Abstand eines Punktes X von der Ebene.

3.3.4 Satz *Ein Punkt A mit dem Ortsvektor $\mathbf{a}$ und ein Vektor $\mathbf{n}$ bestimmen eindeutig eine Ebene, die durch A geht und auf der $\mathbf{n}$ senkrecht steht; $\mathbf{n}$ heißt ein Normalenvektor der Ebene. Es gilt:*

(1) Ein Punkt X liegt genau dann auf der Ebene, wenn sein Ortsvektor $\mathbf{x}$ die Gleichung $(\mathbf{x} - \mathbf{a}) \cdot \mathbf{n} = 0$ erfüllt. Diese heißt eine Normalengleichung der Ebene.

(2) Ist $\|\mathbf{n}\| = 1$, so gibt für jeden Punkt X mit dem Ortsvektor $\mathbf{x}$ der Betrag von $(\mathbf{x} - \mathbf{a}) \cdot \mathbf{n}$, also $|(\mathbf{x} - \mathbf{a}) \cdot \mathbf{n}|$, den Abstand von X zur Ebene an.

Beispiele:

(1) Ist $\mathbf{a}$ der Ortsvektor eines Punktes A auf einer Ebene E und $\mathbf{v}$ ein Normalenvektor von E, so können wir eine Normalengleichung von E sofort aufschreiben:

$$\mathbf{a} = \begin{pmatrix} 0 \\ 2 \\ 2 \end{pmatrix}, \quad \mathbf{v} = \begin{pmatrix} 2 \\ 1 \\ 2 \end{pmatrix} \implies \left(\begin{pmatrix} x \\ y \\ z \end{pmatrix} - \begin{pmatrix} 0 \\ 2 \\ 2 \end{pmatrix} \right) \cdot \begin{pmatrix} 2 \\ 1 \\ 2 \end{pmatrix} = 0.$$

Um den Abstand von Punkten zu der Ebene zu bestimmen, müssen wir $\mathbf{v}$ normieren, also $\mathbf{v}$ durch $\|\mathbf{v}\|$ dividieren:

$$\|\mathbf{v}\| = \sqrt{2^2 + 1^2 + 2^2} = \sqrt{9} = 3 \implies \mathbf{n} = \frac{1}{\|\mathbf{v}\|}\mathbf{v} = \frac{1}{3}\begin{pmatrix} 2 \\ 1 \\ 2 \end{pmatrix}.$$

Die Gleichung der Ebene mit dem Normalenvektor $\mathbf{n}$ lautet dann:

$$\left(\begin{pmatrix} x \\ y \\ z \end{pmatrix} - \begin{pmatrix} 0 \\ 2 \\ 2 \end{pmatrix} \right) \cdot \frac{1}{3}\begin{pmatrix} 2 \\ 1 \\ 2 \end{pmatrix} = 0.$$

Um den Abstand der Punkte $O = (0,0,0)$ und $P = (3,3,3)$ zur Ebene zu bestimmen, berechnen wir $(\mathbf{0} - \mathbf{a}) \cdot \mathbf{n}$ und $(\mathbf{p} - \mathbf{a}) \cdot \mathbf{n}$:

$$(\mathbf{0} - \mathbf{a}) \cdot \mathbf{n} = \left(\begin{pmatrix} 0 \\ 0 \\ 0 \end{pmatrix} - \begin{pmatrix} 0 \\ 2 \\ 2 \end{pmatrix} \right) \cdot \frac{1}{3}\begin{pmatrix} 2 \\ 1 \\ 2 \end{pmatrix} = \frac{1}{3}\begin{pmatrix} 0 \\ -2 \\ -2 \end{pmatrix} \cdot \begin{pmatrix} 2 \\ 1 \\ 2 \end{pmatrix}$$

$$= \frac{1}{3}(0 - 2 - 4) = -2.$$

$\implies O$ hat von der Ebene den Abstand 2.

$$(\mathbf{p} - \mathbf{a}) \cdot \mathbf{n} = \left(\begin{pmatrix} 3 \\ 3 \\ 3 \end{pmatrix} - \begin{pmatrix} 0 \\ 2 \\ 2 \end{pmatrix} \right) \cdot \frac{1}{3}\begin{pmatrix} 2 \\ 1 \\ 2 \end{pmatrix} = \frac{1}{3}\begin{pmatrix} 3 \\ 1 \\ 1 \end{pmatrix} \cdot \begin{pmatrix} 2 \\ 1 \\ 2 \end{pmatrix}$$

$$= \frac{1}{3}(6 + 1 + 2) = 3.$$

$\implies P$ hat von der Ebene den Abstand 3.

Interessiert uns nur die Gleichung der Ebene, so können wir auf die Normierung von $\mathbf{v}$ verzichten, denn wegen $\mathbf{v} = \|\mathbf{v}\|\mathbf{n}$ sind die beiden Gleichungen äquivalent:

$$(\mathbf{x} - \mathbf{a}) \cdot \mathbf{v} = 0 \iff (\mathbf{x} - \mathbf{a}) \cdot \mathbf{n} = 0.$$

(2) Wir bestimmen eine Normalengleichung der Ebene E durch die drei (nicht auf einer Geraden liegenden) Punkte $A = (1,2,1)$, $B = (2,2,0)$, $C = (1,4,0)$: Seien $\mathbf{a}$, $\mathbf{b}$, $\mathbf{c}$ die Ortsvektoren der Punkte. Mit A, B bzw. A, C liegen auch die Vektoren $\mathbf{v}_1 = \overrightarrow{AB} = \mathbf{b} - \mathbf{a}$ und $\mathbf{v}_2 = \overrightarrow{AC} = \mathbf{c} - \mathbf{a}$ in der Ebene (Abb. 3.16). Da $\mathbf{v}_1$ und $\mathbf{v}_2$ nicht kollinear sind, ist ihr Vektorprodukt $\mathbf{v} = \mathbf{v}_1 \times \mathbf{v}_2$ nicht der Nullvektor und kann als Normalenvektor der Ebene gewählt werden.

$$\mathbf{v}_1 = \begin{pmatrix} 2 \\ 2 \\ 0 \end{pmatrix} - \begin{pmatrix} 1 \\ 2 \\ 1 \end{pmatrix} = \begin{pmatrix} 1 \\ 0 \\ -1 \end{pmatrix}, \quad \mathbf{v}_2 = \begin{pmatrix} 1 \\ 4 \\ 0 \end{pmatrix} - \begin{pmatrix} 1 \\ 2 \\ 1 \end{pmatrix} = \begin{pmatrix} 0 \\ 2 \\ -1 \end{pmatrix}$$

$$\implies \mathbf{v} = \mathbf{v}_1 \times \mathbf{v}_2 = \begin{pmatrix} 1 \\ 0 \\ -1 \end{pmatrix} \times \begin{pmatrix} 0 \\ 2 \\ -1 \end{pmatrix} = \begin{pmatrix} 2 \\ 1 \\ 2 \end{pmatrix}.$$

Die Ebene hat daher die Gleichung:

$$\left(\begin{pmatrix} x \\ y \\ z \end{pmatrix} - \begin{pmatrix} 1 \\ 2 \\ 1 \end{pmatrix} \right) \cdot \begin{pmatrix} 2 \\ 1 \\ 2 \end{pmatrix} = 0.$$

Sie stimmt mit der Ebene in Beispiel (1) überein.

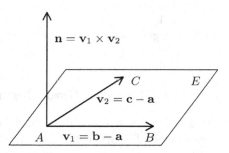

Abb. 3.16 A, B, C sind Punkte in der Ebene; daher liegen die Vektoren $\overrightarrow{AB} = \mathbf{b} - \mathbf{a}$ und $\overrightarrow{AC} = \mathbf{c} - \mathbf{a}$ in der Ebene und ihr Vektorprodukt ist ein Normalenvektor der Ebene.

Rechnen wir das Skalarprodukt in der Normalengleichung einer Ebene aus, so erhalten wir eine lineare Gleichung:

$$\left(\begin{pmatrix} x \\ y \\ z \end{pmatrix} - \begin{pmatrix} a_1 \\ a_2 \\ a_3 \end{pmatrix} \right) \cdot \begin{pmatrix} v_1 \\ v_2 \\ v_3 \end{pmatrix} = 0$$

$$\iff v_1(x - a_1) + v_2(y - a_2) + v_3(z - a_3) = 0$$
$$\iff v_1 x + v_2 y + v_3 z = c \quad \text{mit } c = v_1 a_1 + v_2 a_2 + v_3 a_3.$$

Die Ebenengleichung ist also eine lineare Gleichung in x, y, z, und die als Faktoren bei x, y, z stehenden Zahlen v_1, v_2, v_3, die *Koeffizienten* der linearen Gleichung, sind genau die Koordinaten des senkrecht auf der Ebene stehenden Vektors $\mathbf{v}$. Allgemein ist jede lineare Gleichung

$$c_1 x + c_2 y + c_3 z = c \quad \text{mit } c_1, c_2, c_3 \in \mathbb{R}$$

die Gleichung einer Ebene, wenn nicht alle ihre Koeffizienten c_1, c_2, c_3 gleich 0 sind. Um sie in der Form $(\mathbf{x} - \mathbf{a}) \cdot \mathbf{v} = 0$ darzustellen, brauchen wir nur den Ortsvektor $\mathbf{a}$ eines Punktes und den senkrechten Vektor $\mathbf{v}$ zu bestimmen. Wie wir gerade gesehen haben, ist der Vektor, dessen Koordinaten die Koeffizienten c_1, c_2, c_3 der linearen Gleichung sind, ein Normalenvektor $\mathbf{v}$; einen Punkt der Ebene können wir leicht dadurch finden, dass wir für zwei der Variablen x, y, z beliebige Werte wählen und den Wert der dritten Variablen dann aus der Gleichung errechnen.

Betrachten wir zum Beispiel die lineare Gleichung $2x - y - 2z = 6$:
Für $y = 0$ und $z = 0$ ist $x = 3$. Mit dem Punkt $A = (3, 0, 0)$ und dem Vektor $\mathbf{v}$, der die Koeffizienten 2, -1 und -2 als Koordinaten hat, gilt dann:

$$\left(\begin{pmatrix} x \\ y \\ z \end{pmatrix} - \begin{pmatrix} 3 \\ 0 \\ 0 \end{pmatrix} \right) \cdot \begin{pmatrix} 2 \\ -1 \\ -2 \end{pmatrix} = 0 \iff 2(x-3) - y - 2z = 0 \iff 2x - y - 2z = 6.$$

★ **Aufgaben**

(1) Geben Sie eine Parameterdarstellung der Geraden g an, die gegeben ist durch:
    (a)   zwei Punkte $A = (1, 2)$, $B = (-2, 5)$;
    (b)   zwei Punkte $A = (1, -1, 1)$, $B = (-2, 1, 3)$;
    (c)   den Punkt $A = (1, 1, 1)$ und den Richtungsvektor $\mathbf{u} = 2\mathbf{e}_1 + \mathbf{e}_2 + 3\mathbf{e}_3$;
    (d)   die Gleichung $y = -2x + 3$.

(2) Stellen Sie fest, ob mehr als zwei der Punkte $A_1 = (-2, 1, 2)$, $A_2 = (0, -3, 4)$, $A_3 = (-3, 3, 2)$, $A_4 = (3, -6, 2)$, $A_5 = (-3, 3, 1)$ auf einer Geraden liegen.

(3) Geben Sie eine Parameterdarstellung der Geraden g durch die beiden Punkte $A = (1, 2, -1)$, $B = (3, 4, 1)$ an. Bestimmen Sie den Parameterwert, der zu dem Geradenpunkt $C = (0, 1, -2)$ gehört.

(4) Untersuchen Sie die gegenseitige Lage von je zwei der Ebenen, die bestimmt sind durch:
    (a)   den Punkt $A = (3, 2, 1)$ und Normalenvektor $\mathbf{n} = 3\mathbf{e}_1 - 6\mathbf{e}_2 + 2\mathbf{e}_3$,
    (b)   die Punkte $P_1 = (1, 1, 1)$, $P_2 = (1, 2, 4)$, $P_3 = (5, 1, -5)$,
    (c)   die Gleichung $2x + 3y + 6z = 5$,
    (d)   den Punkt $Q = (2, -1, 2)$ und die zwei in der Ebene liegenden Vektoren $\mathbf{v}_1 = 6\mathbf{e}_1 - 2\mathbf{e}_2 - \mathbf{e}_3$ und $\mathbf{v}_2 = -3\mathbf{e}_1 - 2\mathbf{e}_2 + 2\mathbf{e}_3$.

(5) Eine Gerade g ist durch einen Punkt $P = (4, -1, 4)$ und ihren Richtungsvektor $\mathbf{u} = 2\mathbf{e}_1 - \mathbf{e}_2 + 2\mathbf{e}_3$ gegeben, eine Ebene E durch den Punkt $A = (0, 1, 0)$ und einen senkrecht auf ihr stehenden Vektor $\mathbf{v} = 4\mathbf{e}_1 + 7\mathbf{e}_2 + 4\mathbf{e}_3$. Bestimmen Sie den Schnittpunkt von g mit E und den Winkel zwischen g und dem Normalenvektor von E.

3.4   Der Begriff des Vektorraums

In Abschnitt 3.1 haben wir die geordneten Tripel reeller Zahlen als Vektoren und ihre Menge $\mathbb{R}^3$ als Vektorraum bezeichnet und mit der Addition und der Multiplikation mit Skalaren zwei Rechenoperationen in $\mathbb{R}^3$ eingeführt, für welche die in Satz 3.1.9 angegebenen Rechenregeln gelten.

    In diesem Abschnitt geben wir zunächst einige andere Mengen mathematischer Objekte an, für die ebenfalls solche Rechenoperationen definiert sind, die denselben Rechenregeln genügen. Das wird der Anlass sein, den allgemeineren Begriff eines abstrakten Vektorraumes einzuführen.

Beispiele:

(1) Für $n \in \mathbb{N}$ bezeichnet

$$\mathbb{R}^n = \left\{ \left. \begin{pmatrix} x_1 \\ \vdots \\ x_n \end{pmatrix} \right| x_k \in \mathbb{R} \text{ für } k = 1, \ldots, n \right\}$$

die Menge der geordneten n-Tupel reeller Zahlen. Wir definieren eine *Addition* und eine *Multiplikation mit Zahlen* wie in Abschnitt 3.1 für $\mathbb{R}^3$ durch:

$$\begin{pmatrix} x_1 \\ \vdots \\ x_n \end{pmatrix} + \begin{pmatrix} y_1 \\ \vdots \\ y_n \end{pmatrix} = \begin{pmatrix} x_1 + y_1 \\ \vdots \\ x_n + y_n \end{pmatrix} \quad \text{und} \quad c \begin{pmatrix} x_1 \\ \vdots \\ x_n \end{pmatrix} = \begin{pmatrix} cx_1 \\ \vdots \\ cx_n \end{pmatrix}.$$

Offensichtlich gelten die Rechenregeln in Satz 3.1.9.

(2) Auf der Menge der auf einem Intervall $\mathbb{I}$ definierten Funktionen

$$\mathbf{F}(\mathbb{I}, \mathbb{R}) = \{ f \mid f \colon \mathbb{I} \to \mathbb{R} \text{ ist eine Funktion} \}$$

gibt es die folgenden beiden Rechenoperationen:

(A) (Addition:) Für $f, g \colon \mathbb{I} \to \mathbb{R}$ ist die Summe $f + g \colon \mathbb{I} \to \mathbb{R}$ definiert durch $(f + g)(x) = f(x) + g(x)$ für $x \in \mathbb{I}$;

(M) (Multiplikation mit Skalaren:) Für $f \colon \mathbb{I} \to \mathbb{R}$ und $c \in \mathbb{R}$ ist $cf \colon \mathbb{I} \to \mathbb{R}$ definiert durch: $(cf)(x) = c \cdot f(x)$ für $x \in \mathbb{I}$.

Zum Beispiel ist die durch $h(x) = x^2 + \sin x$ definierte Funktion die Summe der Quadrat- und der Sinusfunktion, und die durch $f(x) = 3\cos x$ definierte Funktion das Produkt der Cosinusfunktion mit $3 \in \mathbb{R}$.

Jeder kann leicht nachrechnen, dass die Rechenoperationen den Rechenregeln in Satz 3.1.9 genügen.

(3) Für $n \in \mathbb{N}$ ist $\mathbb{C}^n$ die Menge aller geordneten n-Tupel komplexer Zahlen:

$$\mathbb{C}^n = \left\{ \left. \begin{pmatrix} z_1 \\ \vdots \\ z_n \end{pmatrix} \right| z_k \in \mathbb{C} \text{ für } k = 1, \ldots, n \right\}.$$

Addition und Multiplikation mit Skalaren sind wie im Beispiel des $\mathbb{R}^n$ definiert, wobei nur der Zahlenbereich jetzt die Menge $\mathbb{C}$ der komplexen Zahlen ist. Auch hier gelten die in Satz 3.1.9 angegebenen Rechenregeln.

Wir erkennen: Wenn wir die Operationen *Addition* und *Multiplikation mit Zahlen* anwenden, ist es ohne Bedeutung, ob wir es mit Vektoren des $\mathbb{R}^3$ oder wie in den Beispielen mit geordneten n-Tupeln reeller Zahlen, mit Funktionen oder mit geordneten n-Tupeln komplexer Zahlen zu tun haben, weil für den Umgang mit den Operationen nur die Rechenregeln maßgeblich sind, und diese sind in allen Beispielen dieselben. Ebenso gut können wir dann aber auch ganz darauf verzichten, den Objekten, mit denen wir rechnen, eine bestimmte Bedeutung (wie n-*Tupel, Funktion*) zuzuordnen. Wir können also zu abstrakten Objekten übergehen. Das geschieht mit der Definition des abstrakten Vektorraums. Für manche Zwecke ist es vorteilhaft, unter Zahlen nicht nur reelle Zahlen zu verstehen, sondern als Zahlbereich die Menge der komplexen Zahlen zuzulassen.

3.4.1 Definition *Sei* $\mathbb{K} = \mathbb{R}$ *oder* $\mathbb{K} = \mathbb{C}$. *Eine nicht-leere Menge* **V** *heißt ein Vektorraum über* $\mathbb{K}$, *kurz ein* $\mathbb{K}$-*Vektorraum, wenn gilt:*

(1) Es gibt eine als Addition bezeichnete Operation auf **V**, *die je zwei Elementen* **u**, **v** $\in$ **V** *eindeutig ein Element aus* **V** *zuordnet. Dieses wir mit* **u** + **v** *bezeichnet und heißt die Summe von* **u** *und* **v**.

(2) Es gibt eine als Multiplikation mit Skalaren bezeichnete Operation, die je zwei Elementen **v** $\in$ **V** *und* $a \in \mathbb{K}$ *eindeutig ein Element in* **V** *zuordnet. Dieses wird mit* a**v** *bezeichnet und heißt das Produkt von* **v** *mit* a.

(3) Die beiden Operationen genügen den Rechengesetzen:

(A1) $\mathbf{u} + \mathbf{v} = \mathbf{v} + \mathbf{u}$ *für* $\mathbf{u}, \mathbf{v} \in \mathbf{V}$;

(A2) $(\mathbf{u} + \mathbf{v}) + \mathbf{w} = \mathbf{u} + (\mathbf{v} + \mathbf{w})$ *für* $\mathbf{u}, \mathbf{v}, \mathbf{w} \in \mathbf{V}$;

(A3) es gibt ein Element $\mathbf{0} \in \mathbf{V}$, *so dass für alle* $\mathbf{v} \in \mathbf{V}$ *gilt:* $\mathbf{0} + \mathbf{v} = \mathbf{v}$;

(A4) zu jedem $\mathbf{v} \in \mathbf{V}$ *gibt es ein Element* $-\mathbf{v} \in \mathbf{V}$ *mit:* $\mathbf{v} + (-\mathbf{v}) = \mathbf{0}$;

(M1) $a(b\mathbf{v}) = (ab)\mathbf{v}$ *für* $a, b \in \mathbb{K}$ *und* $\mathbf{v} \in \mathbf{V}$;

(M2) $1\mathbf{v} = \mathbf{v}$ *für* $\mathbf{v} \in \mathbf{V}$;

(D1) $a(\mathbf{u} + \mathbf{v}) = a\mathbf{u} + a\mathbf{v}$ *für* $a \in \mathbb{K}$ *und* $\mathbf{u}, \mathbf{v} \in \mathbf{V}$;

(D2) $(a + b)\mathbf{v} = a\mathbf{v} + b\mathbf{v}$ *für* $a, b \in \mathbb{K}$ *und* $\mathbf{v} \in \mathbf{V}$.

Die Elemente von **V** *heißen Vektoren, die Elemente von* $\mathbb{K}$ *Skalare.*

Die in Definition 3.4.1 genannten Rechengesetze (3) sind genau die Rechenregeln, die wir für geordnete Tripel reeller Zahlen in Satz 3.1.9 angegeben haben und die auch in den obigen drei Beispielen gültig sind. Die Mengen $\mathbb{R}^n$, $\mathbf{F}(\mathbb{I}, \mathbb{R})$ und $\mathbb{C}^n$ sind also Vektorräume, deren Elemente nur eine bestimmte, jedesmal andere Bedeutung haben und die wir deshalb als Modelle des abstrakten Vektorraumes ansehen können. Welchen Wert die Definition des abstrakten Vektorraumes hat, ist leicht einzusehen: Wichtige Begriffe und grundlegende Eigenschaften können wir ein für alle Mal für den abstrakten Vektorraum formulieren oder beweisen und sie dann in jedem Modell nach Belieben benutzen. Das gilt insbesondere für die Begriffe und Aussagen in den folgenden beiden Abschnitten.

3.5   Linearkombinationen, Basis eines Vektorraums

Es ist immer praktisch, wenn sich mathematische Objekte, mit denen man arbeiten möchte, durch Zahlenangaben charakterisieren lassen. Beim Vektorraum $\mathbb{R}^n$ ist das der Fall, denn die Vektoren des $\mathbb{R}^n$ sind ja geordnete n-Tupel reeller Zahlen. Einen Hinweis, wie dies auch bei einem beliebigen abstrakten Vektorraum möglich sein könnte, liefert uns die Bemerkung 3.1.8. Dort stellten wir fest, dass nach Wahl eines Koordinaten-systems jeder Vektor $\mathbf{u} \in \mathbb{R}^3$ sich eindeutig als die Summe $\mathbf{u} = u_1\mathbf{e}_1 + u_2\mathbf{e}_2 + u_3\mathbf{e}_3$ der mit Skalaren multiplizierten Koordinateneinheitsvektoren darstellen lässt. Kennt man für einen Vektor $\mathbf{u}$ eine solche Darstellung, so liefern die Faktoren bei den $\mathbf{e}_i$ genau die Koordinaten des Vektors. Unser Ziel wird es sein, Bedingungen zu formulieren, die eine Menge von Vektoren eines beliebigen Vektorraums erfüllen muss, um die entsprechende Eigenschaft wie die Koordinateneinheitsvektoren zu haben. Das wird uns zum Begriff der Basis eines Vektorraums führen.

Im Folgenden wird es keine Rolle spielen, ob es sich um Vektorräume über dem Skalarbereich $\mathbb{R}$ oder $\mathbb{C}$ handelt. Der Einfachheit halber werden wir aber immer nur $\mathbb{R}$-Vektorräume betrachten.

3.5.1 Definition *Sei* $\mathbf{V}$ *ein* $\mathbb{R}$*-Vektorraum und* $E = \{\mathbf{v}_1, \ldots, \mathbf{v}_n\}$ *eine Menge von* n *Vektoren aus* $\mathbf{V}$.

(1) Eine mit n *Skalaren* $c_1, \ldots, c_n \in \mathbb{R}$ *gebildete Summe der Form*

$$c_1\mathbf{v}_1 + c_2\mathbf{v}_2 + \ldots + c_n\mathbf{v}_n$$

heißt eine Linearkombination der Vektoren $\mathbf{v}_1, \ldots, \mathbf{v}_n$. *Die Skalare* $c_1, \ldots, c_n$ *heißen die Koeffizienten der Linearkombination.*

(2) Ein Vektor $\mathbf{u} \in \mathbf{V}$ *heißt darstellbar als Linearkombination von* $\mathbf{v}_1, \ldots, \mathbf{v}_n$, *wenn es* n *Skalare* $u_1, \ldots, u_n \in \mathbb{R}$ *gibt, so dass gilt:*

$$\mathbf{u} = u_1\mathbf{v}_1 + u_2\mathbf{v}_2 + \ldots + u_n\mathbf{v}_n.$$

Es ist bequem, für Linearkombinationen eine kürzere Schreibweise zu vereinbaren: In der Linearkombination $c_1\mathbf{v}_1 + c_2\mathbf{v}_2 + \ldots + c_n\mathbf{v}_n$ haben alle Summanden die gleiche Form $c_k\mathbf{v}_k$, wobei k die Zahlen $1, 2, \ldots, n$ durchläuft. Mit Hilfe des *Summenzeichens* $\sum$ schreiben wir für die Summe daher kurz $\sum_{k=1}^{n} c_k\mathbf{v}_k$ (lies: Summe aller $c_k\mathbf{v}_k$ für k gleich 1 bis n). Es ist also die Summe zu bilden, deren Summanden man erhält, indem man für k in $c_k\mathbf{v}_k$ nacheinander die Zahlen von 1 bis n einsetzt:

$$\sum_{k=1}^{n} c_k\mathbf{v}_k = c_1\mathbf{v}_1 + \ldots + c_n\mathbf{v}_n.$$

Für eine feste Menge $E = \{\mathbf{v}_1, \ldots, \mathbf{v}_n\} \subset \mathbf{V}$ ist

$$\mathbf{L}(E) = \left\{ \sum_{k=1}^{n} c_k\mathbf{v}_k \,\middle|\, c_k \in \mathbb{R} \text{ für } k = 1, \ldots, n \right\}$$

die Teilmenge von $\mathbf{V}$ aus genau allen Vektoren, die als Linearkombinationen von $\mathbf{v}_1, \ldots, \mathbf{v}_n$ darstellbar sind. Wir stellen fest, dass die Summe zweier Linearkombinationen aus $\mathbf{L}(E)$ und das Produkt einer Linearkombination aus $\mathbf{L}(E)$ mit einem Skalar wieder zu der Menge $\mathbf{L}(E)$ gehören:

$$\mathbf{u} = \sum_{k=1}^n u_k \mathbf{v}_k \quad \text{und} \quad \mathbf{w} = \sum_{k=1}^n w_k \mathbf{v}_k \quad \Longrightarrow \quad \mathbf{u} + \mathbf{w} = \sum_{k=1}^n (u_k + w_k) \mathbf{v}_k;$$

$$\mathbf{u} = \sum_{k=1}^n u_k \mathbf{v}_k \quad \text{und} \quad a \in \mathbb{R} \quad \Longrightarrow \quad a\mathbf{u} = \sum_{k=1}^n (au_k) \mathbf{v}_k.$$

Die Summen- und Produktbildung führt also nicht aus der Menge $\mathbf{L}(E)$ heraus; man sagt: Die Menge $\mathbf{L}(E)$ ist abgeschlossen unter den beiden in $\mathbf{V}$ erklärten Operationen. Da beide Operationen als Operationen in $\mathbf{V}$ ohnehin den Rechengesetzen (3) in 3.4.1 genügen, haben wir damit bewiesen:

3.5.2 Satz *Ist $\mathbf{V}$ ein $\mathbb{R}$-Vektorraum und $E = \{\mathbf{v}_1, \ldots, \mathbf{v}_n\} \subset \mathbf{V}$, so ist die Menge*

$$\mathbf{L}(E) = \left\{ \sum_{k=1}^n c_k \mathbf{v}_k \;\middle|\; c_k \in \mathbb{R} \text{ für } k = 1, .., n \right\}$$

aller Linearkombinationen von $\mathbf{v}_1, \ldots, \mathbf{v}_n$ mit den in $\mathbf{V}$ erklärten Operationen ein in $\mathbf{V}$ enthaltener $\mathbb{R}$-Vektorraum. Er heißt der von E aufgespannte Vektorraum (oder die lineare Hülle von E).

Es ist praktisch, für einen in einem Vektorraum V enthaltenen Vektorraum einen kurzen Begriff einzuführen.

3.5.3 Definition *Sei V ein $\mathbb{R}$-Vektorraum und $U \subset V$ eine Teilmenge. Dann heißt U ein Untervektorraum oder Unterraum von V, wenn U mit den in V erklärten Rechenoperationen abgeschlossen ist, d.h. für $\mathbf{u}, \mathbf{v} \in U$ und $a \in \mathbb{K}$ gilt $\mathbf{u} + \mathbf{v} \in U$ und $a\mathbf{u} \in U$.*

Nach Satz 3.5.2 ist $\mathbf{L}(E)$ ein Untervektorraum von V. Dabei ist im Allgemeinen $\mathbf{L}(E) \neq \mathbf{V}$. Eine besondere Situation liegt daher vor, wenn sogar $\mathbf{L}(E) = \mathbf{V}$ gilt.

3.5.4 Definition *Eine Teilmenge $E = \{\mathbf{v}_1, \ldots, \mathbf{v}_n\}$ eines $\mathbb{R}$-Vektorraumes $\mathbf{V}$ heißt ein Erzeugendensystem von $\mathbf{V}$, wenn $\mathbf{L}(E) = \mathbf{V}$ ist.*

Ist E ein Erzeugendensystem von $\mathbf{V}$, so können wir jeden Vektor $\mathbf{u} \in \mathbf{V}$ als eine Linearkombination von $\mathbf{v}_1, \ldots, \mathbf{v}_n$ darstellen. Dies wird im Allgemeinen dann auf viele verschiedene Arten, also mit unterschiedlichen Wahlen der Koeffizienten, möglich sein.

Beispiel: Die drei Vektoren

$$\mathbf{v}_1 = \begin{pmatrix} -1 \\ 1 \end{pmatrix}, \quad \mathbf{v}_2 = \begin{pmatrix} -4 \\ 3 \end{pmatrix}, \quad \mathbf{v}_3 = \begin{pmatrix} 2 \\ 1 \end{pmatrix}$$

bilden ein Erzeugendensystem des Vektorraums $\mathbb{R}^2$. Um dies nachzuweisen, wählen wir einen beliebigen Vektor $x \in \mathbb{R}^2$, machen den Ansatz $x = c_1 v_1 + c_2 v_2 + c_3 v_3$ und bestimmen die Koeffizienten c_1, c_2, c_3. Diese werden dann natürlich von den Koordinaten x_1, x_2 des gewählten Vektors x abhängen.

$$c_1 \begin{pmatrix} -1 \\ 1 \end{pmatrix} + c_2 \begin{pmatrix} -4 \\ 3 \end{pmatrix} + c_3 \begin{pmatrix} 2 \\ 1 \end{pmatrix} = \begin{pmatrix} x_1 \\ x_2 \end{pmatrix} \iff \begin{pmatrix} -c_1 - 4c_2 + 2c_3 \\ c_1 + 3c_2 + c_3 \end{pmatrix} = \begin{pmatrix} x_1 \\ x_2 \end{pmatrix}.$$

Aus der letzten Gleichung folgt, dass auch die entsprechenden Koordinaten auf beiden Seiten der Gleichung übereinstimmen müssen. Wir erhalten daher ein *lineares Gleichungssystem* für c_1, c_2, c_3:

$$\begin{aligned} (1) \quad -c_1 - 4c_2 + 2c_3 &= x_1 \\ (2) \quad c_1 + 3c_2 + c_3 &= x_2 \end{aligned}.$$

Die Lösungsmenge des Gleichungssystems ändert sich nicht, wenn wir Gleichung (2) durch die Summe mit Gleichung (1) ersetzen:

$$\iff \quad \begin{aligned} (1) \quad -c_1 - 4c_2 + 2c_3 &= x_1 \\ (2) \quad - c_2 + 3c_3 &= x_1 + x_2 \end{aligned}.$$

Wählen wir $c_3 = a \in \mathbb{R}$ beliebig, so folgt aus Gleichung (2), dass $c_2 = 3a - x_1 - x_2$ ist, und aus Gleichung (1), dass $c_1 = -10a + 3x_1 + 4x_2$ ist. Für jede Wahl von $a \in \mathbb{R}$ gilt daher:

$$\begin{pmatrix} x_1 \\ x_2 \end{pmatrix} = (-10a + 3x_1 + 4x_2) \begin{pmatrix} -1 \\ 1 \end{pmatrix} + (3a - x_1 - x_2) \begin{pmatrix} -4 \\ 3 \end{pmatrix} + a \begin{pmatrix} 2 \\ 1 \end{pmatrix}.$$

Jeder Vektor $x \in \mathbb{R}^2$ kann also als Linearkombination der Vektoren v_1, v_2, v_3 dargestellt werden. Dies ist sogar auf unendlich viele Arten möglich, weil jede Wahl von $a \in \mathbb{R}$ eine andere Darstellung desselben Vektors x liefert.

3.5.5 Definition *Sei $E = \{v_1, \ldots, v_n\}$ eine Teilmenge des $\mathbb{R}$-Vektorraums V und sei $u \in L(E)$. Dann heißt u eindeutig darstellbar als Linearkombination von $v_1, \ldots, v_n$,*

wenn nur eine Wahl von Skalaren $u_1, \ldots, u_n \in \mathbb{R}$ mit $u = \sum_{k=1}^{n} u_k v_k$ möglich ist, wenn

also je zwei Darstellungen von u dieselben Koeffizienten haben:

$$u = \sum_{k=1}^{n} u_k v_k \quad \text{und} \quad u = \sum_{k=1}^{n} u'_k v_k \implies u_k = u'_k \quad \text{für} \quad k = 1, \ldots, n.$$

Wir wollen eine leicht nachprüfbare Bedingung dafür finden, dass jeder Vektor $u \in V$ sich eindeutig als Linearkombination der Vektoren $v_1, \ldots, v_n$ schreiben lässt. Dazu nehmen wir an, dass wir für u zwei Darstellungen haben, und untersuchen, was es bedeutet, dass diese verschieden oder gleich sind:

$$u = \sum_{k=1}^{n} u_k v_k \quad \text{und} \quad u = \sum_{k=1}^{n} u'_k v_k.$$

Ihre Differenz $0 = \mathbf{u} - \mathbf{u} = \sum_{k=1}^{n} (u_k - u'_k)\mathbf{v}_k$ ist eine Darstellung des Nullvektors $\mathbf{0}$ als

Linearkombination von $\mathbf{v}_1, \ldots, \mathbf{v}_n$. Andererseits hat dieser immer die Darstellung

$$\mathbf{0} = 0\mathbf{v}_1 + 0\mathbf{v}_2 + \ldots + 0\mathbf{v}_n,$$

in der alle Koeffizienten 0 sind. Die beiden Darstellungen von $\mathbf{0}$ stimmen genau dann überein, wenn $u_k - u'_k = 0$ und daher $u_k = u'_k$ für $1 \le k \le n$ ist, wenn also die beiden Darstellungen von $\mathbf{u}$ übereinstimmen. Somit gilt:

3.5.6 Ergebnis Genau dann ist jeder Vektor $\mathbf{u} \in \mathbf{L}(E)$ eindeutig als Linearkombination von $\mathbf{v}_1, \ldots, \mathbf{v}_n \in E$ darstellbar, wenn dies für den Nullvektor $\mathbf{0}$ gilt.

Die Frage nach der eindeutigen Darstellbarkeit der Vektoren aus $\mathbf{V}$ ist damit zurückgeführt auf die Frage, ob $\mathbf{0}$ nur die eine Darstellung $\mathbf{0} = 0\mathbf{v}_1 + \ldots + 0\mathbf{v}_n$ hat oder

noch eine andere Darstellung $\mathbf{0} = \sum_{k=1}^{n} c_k\mathbf{v}_k$, deren Koeffizienten c_k nicht alle gleich 0

sind. Die Bedeutung, die diesen beiden Möglichkeiten hinsichtlich der Frage nach der eindeutigen Darstellbarkeit von Vektoren zukommt, gibt Anlass zu folgender Definition.

3.5.7 Definition *Sei* $\mathbf{V}$ *ein* $\mathbb{R}$-*Vektorraum und* $E = \{\mathbf{v}_1, \ldots, \mathbf{v}_n\}$.

(1) E heißt linear unabhängig, wenn der Nullvektor $\mathbf{0}$ *eindeutig darstellbar ist als Linearkombination der Vektoren* $\mathbf{v}_1, \ldots, \mathbf{v}_n$, *wenn also gilt:*

$$\sum_{k=1}^{n} c_k\mathbf{v}_k = \mathbf{0} \implies c_k = 0 \quad \textit{für alle } k = 1, \ldots, n.$$

(2) E heißt linear abhängig, wenn der Nullvektor $\mathbf{0}$ *nicht eindeutig als Linearkombination von* $\mathbf{v}_1, \ldots, \mathbf{v}_n$ *darstellbar ist, wenn es also Skalare* $c_1, \ldots, c_n \in \mathbb{R}$ *gibt, so dass gilt:*

$$\sum_{k=1}^{n} c_k\mathbf{v}_k = \mathbf{0} \quad \textit{und } c_k \ne 0 \quad \textit{für mindestens ein } k \in \{1, \ldots, n\}.$$

Die lineare Unabhängigkeit von $E = \{\mathbf{v}_1, \ldots, \mathbf{v}_n\}$ ist die leicht nachprüfbare Bedingung, nach der wir gefragt haben. Denn ist E ein Erzeugendensystem von $\mathbf{V}$, so gilt nach 3.5.6 und mit Definition 3.5.7:

   Genau dann hat jeder Vektor $\mathbf{u} \in \mathbf{V}$ eine eindeutige Darstellung als Linearkombination von $\mathbf{v}_1, \ldots, \mathbf{v}_n$, wenn E linear unabhängig ist.

   Ein linear unabhängiges Erzeugendensystem des Vektorraums $\mathbf{V}$ ermöglicht es, jeden Vektor $\mathbf{u} \in \mathbf{V}$ durch Zahlenangaben zu charakterisieren (wie wir es zu Beginn dieses Abschnittes als Ziel formuliert haben). Diese Zahlen sind die eindeutig bestimmten Koeffizienten in der $\mathbf{u}$ darstellenden Linearkombination von $\mathbf{v}_1, \ldots, \mathbf{v}_n$. Das gibt Anlass zu der folgenden Definition.

3.5.8 Definition *Sei* $\mathbf{V}$ *ein* $\mathbb{R}$-*Vektorraum. Eine endliche Menge* $B \subset \mathbf{V}$ *heißt eine Basis von* $\mathbf{V}$, *wenn gilt:*

(1) B *ist ein Erzeugendensystem von* $\mathbf{V}$;

(2) B *ist linear unabhängig.*

3.5.9 Bemerkung Nicht jeder Vektorraum besitzt eine endliche Basis (also eine Basis aus endlich vielen Vektoren). Daher erweitert man den Begriff der Basis auch auf unendliche Mengen. Eine unendliche Menge $B \subset \mathbf{V}$ heißt (wie in 3.5.8) eine Basis des Vektorraums $\mathbf{V}$, wenn sie ein linear unabhängiges Erzeugendensystem ist. Dabei heißt B dann ein Erzeugendensystem von $\mathbf{V}$, wenn jeder Vektor $\mathbf{u} \in \mathbf{V}$ als Linearkombination von endlich vielen Vektoren aus B darstellbar ist; und B heißt linear unabhängig, wenn jede endliche Teilmenge von B linear unabhängig ist. Lässt man zu, dass eine Basis auch unendlich sein darf, so kann man zeigen, dass jeder Vektorraum eine Basis besitzt.

Beispiel: Der Vektorraum $\mathbf{F}(\mathbb{R}, \mathbb{R})$ der reellwertigen Funktionen auf $\mathbb{R}$ ist ein Beispiel für einen Vektorraum, der keine endliche Basis hat. Zum Beispiel ist die Menge aller Potenzfunktionen linear unabhängig, aber auch sie ist kein Erzeugendensystem von $\mathbf{F}(\mathbb{R}, \mathbb{R})$.

Man kann in einem Vektorraum verschiedene Basen wählen, so wie man im $\mathbb{R}^3$ verschiedene Koordinatensysteme wählen kann. In diesem Zusammenhang gilt folgender Satz, den wir hier nicht beweisen wollen.

3.5.10 Satz und Definition *Hat ein* $\mathbb{R}$-*Vektorraum* $\mathbf{V}$ *eine Basis* $B = \{\mathbf{v}_1, \ldots, \mathbf{v}_n\}$ *aus* n *Vektoren, so besitzt jede Basis von* $\mathbf{V}$ *genau* n *Vektoren. Die Anzahl* n *der Basisvektoren ist also eine für einen Vektorraum* $\mathbf{V}$ *charakteristische Zahl. Sie heißt die Dimension von* $\mathbf{V}$, *kurz:* $\dim \mathbf{V} = n$.
Hat $\mathbf{V}$ *keine endliche Basis, so besitzt* $\mathbf{V}$ *eine unendliche Basis, und es ist* $\dim \mathbf{V} = \infty$.

Das Standardbeispiel eines Vektorraums der Dimension n ist der $\mathbb{R}^n$. Das zeigen der folgende Satz 3.5.11 und die anschließende Folgerung 3.5.12.

3.5.11 Satz *Der Vektorraum* $\mathbb{R}^n$ *hat die Dimension* n. *Die aus folgenden Vektoren gebildete Basis heißt die kanonische Basis des* $\mathbb{R}^n$:

$$\mathbf{e}_1 = \begin{pmatrix} 1 \\ \vdots \\ \vdots \\ 0 \end{pmatrix}, \ldots, \mathbf{e}_k = \begin{pmatrix} 0 \\ \vdots \\ 1 \\ \vdots \\ 0 \end{pmatrix} \leftarrow k\text{-te Koordinate}, \ldots, \mathbf{e}_n = \begin{pmatrix} 0 \\ \vdots \\ \vdots \\ 1 \end{pmatrix}.$$

Beweis:

(1) $\{\mathbf{e}_1,\dots,\mathbf{e}_n\}$ ist linear unabhängig:

$$\sum_{k=1}^{n} c_k \mathbf{e}_k = \mathbf{0} \implies c_1 \begin{pmatrix} 1 \\ \vdots \\ 0 \end{pmatrix} + \dots + c_n \begin{pmatrix} 0 \\ \vdots \\ 1 \end{pmatrix} = \begin{pmatrix} 0 \\ \vdots \\ 0 \end{pmatrix}$$

$$\implies \begin{pmatrix} c_1 \\ \vdots \\ c_n \end{pmatrix} = \begin{pmatrix} 0 \\ \vdots \\ 0 \end{pmatrix} \implies \begin{array}{c} c_1 = 0 \\ \vdots \\ c_n = 0 \end{array}$$

(2) $\{\mathbf{e}_1,\dots,\mathbf{e}_n\}$ ist ein Erzeugendensystem:

$$\begin{pmatrix} x_1 \\ \vdots \\ x_n \end{pmatrix} \in \mathbb{R}^n \implies \begin{pmatrix} x_1 \\ \vdots \\ x_n \end{pmatrix} = x_1 \begin{pmatrix} 1 \\ \vdots \\ 0 \end{pmatrix} + \dots + x_n \begin{pmatrix} 0 \\ \vdots \\ 1 \end{pmatrix} = \sum_{k=1}^{n} x_k \mathbf{e}_k.$$

Nach Definition 3.5.8 ist also $B = \{\mathbf{e}_1,\dots,\mathbf{e}_n\}$ eine Basis von $\mathbb{R}^n$, und nach Satz 3.5.10 ist $\dim \mathbb{R}^n = n$.   □

3.5.12 Folgerung *Hat der $\mathbb{R}$-Vektorraum $\mathbf{V}$ eine endliche Basis $B = \{\mathbf{v}_1,\dots,\mathbf{v}_n\}$ aus n Vektoren, dann lässt sich jeder Vektor $\mathbf{x} \in \mathbf{V}$ eindeutig darstellen als Linearkombination $\mathbf{x} = \sum_{k=1}^{n} x_k \mathbf{v}_k$ der Basisvektoren $\mathbf{v}_1,\dots,\mathbf{v}_n$. Daher ist $\mathbf{x}$ dann eindeutig gekennzeichnet durch das geordnete n-Tupel der Koeffizienten $x_1,\dots,x_n \in \mathbb{R}$. Die Ordnung ist dabei die durch die Nummerierung der Basisvektoren festgelegte Ordnung. Man gibt das n-Tupel der Koeffizienten als Spalte an, in der die Koeffizienten entsprechend ihrer Ordnung untereinander geschrieben sind, und bezeichnet diese als Koordinatendarstellung von $\mathbf{x}$ bezüglich der Basis B:*

$$\mathbf{x} = \sum_{k=1}^{n} x_k \mathbf{v}_k \iff \mathbf{x} = \begin{pmatrix} x_1 \\ \vdots \\ x_n \end{pmatrix} \ (\text{ bezüglich } B).$$

Die Koeffizienten $x_1,\dots,x_n$ der Linearkombination heißen dann die Koordinaten von $\mathbf{x}$ bezüglich B. Wie die Addition und die Multiplikation mit Skalaren auszuführen sind, wenn man Koordinatendarstellungen benutzt, ist leicht zu erkennen:

Für $a \in \mathbb{R}$ und $\mathbf{x} = \sum_{k=1}^{n} x_k \mathbf{v}_k$ und $\mathbf{y} = \sum_{k=1}^{n} y_k \mathbf{v}_k$ ist:

$$\mathbf{x} + \mathbf{y} = \sum_{k=1}^{n} (x_k + y_k)\mathbf{v}_k \quad \text{und} \quad a\mathbf{x} = a \cdot \sum_{k=1}^{n} x_k \mathbf{v}_k = \sum_{k=1}^{n} (ax_k)\mathbf{v}_k.$$

Daraus folgt:

$$\begin{pmatrix} x_1 \\ \vdots \\ x_n \end{pmatrix} + \begin{pmatrix} y_1 \\ \vdots \\ y_n \end{pmatrix} = \begin{pmatrix} x_1 + y_1 \\ \vdots \\ x_n + y_n \end{pmatrix} \quad \text{und} \quad a \begin{pmatrix} x_1 \\ \vdots \\ x_n \end{pmatrix} = \begin{pmatrix} ax_1 \\ \vdots \\ ax_n \end{pmatrix}.$$

Das bedeutet: *Bezüglich einer Basis $B = \{v_1, \ldots, v_n\}$ aus n Vektoren lassen sich die Vektoren von V durch ihre Koordinatendarstellungen kennzeichnen und daher mit den Vektoren des Vektorraums $\mathbb{R}^n$ identifizieren. Den Rechenoperationen in V entsprechen dann genau die im Vektorraum $\mathbb{R}^n$ erklärten Rechenoperationen.*

Man kann ohne große Mühe nachprüfen, dass in einem Vektorraum der Dimension n jedes Erzeugendensystem aus n Vektoren linear unabhängig und jede linear unabhängige Menge aus n Vektoren ein Erzeugendensystem sein muss. Wir wollen dies ohne Beweis nur als Folgerung formulieren.

3.5.13 Folgerung *Sei V ein Vektorraum der Dimension n. Dann gilt:*

(1) Jedes Erzeugendensystem $E \subset V$ aus n Vektoren ist eine Basis von V.

(2) Jede linear unabhängige Menge $A \subset V$ aus n Vektoren ist eine Basis von V.

Nach Satz 3.5.11 hat der Vektorraum $\mathbb{R}^3$ die Dimension 3 und bilden die Vektoren $\{e_1, e_2, e_3\}$ eine Basis dieses Vektorraums. Die Basis ist insofern sehr speziell, als sie aus paarweise zueinander senkrechten Einheitsvektoren besteht, nämlich den Einheitsvektoren auf den Achsen eines rechtwinkligen kartesischen Koordinatensystems (Beispiel zu Definition 3.1.3).
Wegen $\dim \mathbb{R}^3 = 3$ bilden nach Folgerung 3.5.13 allgemeiner je 3 linear unabhängige Vektoren eine Basis. Wir wollen uns deshalb klar machen, was es anschaulich bedeutet, dass Vektoren im $\mathbb{R}^3$ linear abhängig oder unabhängig sind. Es gilt:

v_1, v_2 sind linear abhängige Vektoren des $\mathbb{R}^3$

$\Longleftrightarrow$ es gibt Zahlen c_1, c_2, mit denen $c_1 v_1 + c_2 v_2 = 0$ ist, wobei nicht beide Koeffizienten c_1, c_2 gleich 0 sind

$\Longleftrightarrow$ $v_1 = -\dfrac{c_2}{c_1} v_2 \, (c_1 \neq 0)$ oder $v_2 = -\dfrac{c_1}{c_2} v_1 \, (c_2 \neq 0)$

$\Longleftrightarrow$ einer der beiden Vektoren entsteht aus dem anderen durch Multiplikation mit einer Zahl, hat also dieselbe oder die entgegengesetzte Richtung wie der andere oder ist der Nullvektor

$\Longleftrightarrow$ die beiden Vektoren sind kollinear.

3.5.14 Folgerung *Zwei Vektoren des $\mathbb{R}^3$ sind genau dann linear abhängig, wenn sie kollinear sind.*

Wir setzen zunächst voraus, dass unter den Vektoren v_1, v_2, v_3 keine kollinearen (linear abhängigen) sind.
Sind in der Darstellung $c_1 v_1 + c_2 v_2 + c_3 v_3 = 0$ des Nullvektors nicht alle Zahlen c_1, c_2, c_3 gleich 0, so können wir uns die Vektoren so nummeriert denken, dass $c_3 \neq 0$ ist. Dann gilt:

$$c_1 v_1 + c_2 v_2 + c_3 v_3 = 0 \Longleftrightarrow v_3 = a_1 v_1 + a_2 v_2 \quad \text{mit} \quad a_1 = -\frac{c_1}{c_3}, a_2 = -\frac{c_2}{c_3}.$$

Das bedeutet nach Bemerkung 3.1.5 zur Definition der Addition: v_3 wird repräsentiert durch die gerichtete Diagonale in dem von $a_1 v_1$ und $a_2 v_2$ aufgespannten Parallelogramm und liegt somit in der von v_1 und v_2 aufgespannten Ebene.

Wenn zwei der Vektoren v_1, v_2, v_3 linear abhängig sind und daher nach Folgerung 3.5.14 auf einer Geraden liegen, so sind natürlich auch die drei Vektoren linear abhängig und liegen in der Ebene, die von der Geraden und dem dritten Vektor aufgespannt wird.

3.5.15 Ergebnis Drei Vektoren im $\mathbb{R}^3$ sind genau dann linear abhängig, wenn sie komplanar sind.

Drei Vektoren sind daher genau dann linear unabhängig, wenn sie nicht komplanar sind, und das bedeutet nach Folgerung 3.5.13:

3.5.16 Folgerung *Drei Vektoren im Raum $\mathbb{R}^3$ bilden genau dann eine Basis, wenn sie nicht komplanar sind.*

Wenn zu untersuchen ist, ob gegebene Vektoren im $\mathbb{R}^n$ eine linear unabhängige Menge oder ein Erzeugendensystem bilden, so bedeutet dies in der Regel, dass man die Lösbarkeit eines linearen Gleichungssystems zu untersuchen hat.

Beispiele:

(1) Sind $v_1 = \begin{pmatrix} 1 \\ 0 \\ 1 \end{pmatrix}, v_2 = \begin{pmatrix} 1 \\ 1 \\ 1 \end{pmatrix}, v_3 = \begin{pmatrix} 0 \\ 1 \\ 1 \end{pmatrix} \in \mathbb{R}^3$ linear unabhängig?

Wir machen den Ansatz $c_1 v_1 + c_2 v_2 + c_3 v_3 = 0$ und prüfen, ob daraus folgt, dass $c_1 = 0$, $c_2 = 0$, $c_3 = 0$ ist ($\Longleftrightarrow$ die Vektoren sind linear unabhängig), oder ob die Gleichung auch mit Skalaren erfüllt ist, die nicht alle 0 sind ($\Longleftrightarrow$ die Vektoren sind linear abhängig):

$$c_1 \begin{pmatrix} 1 \\ 0 \\ 1 \end{pmatrix} + c_2 \begin{pmatrix} 1 \\ 1 \\ 1 \end{pmatrix} + c_3 \begin{pmatrix} 0 \\ 1 \\ 1 \end{pmatrix} = \begin{pmatrix} 0 \\ 0 \\ 0 \end{pmatrix} \Longleftrightarrow \begin{pmatrix} c_1 + c_2 \\ c_2 + c_3 \\ c_1 + c_2 + c_3 \end{pmatrix} = \begin{pmatrix} 0 \\ 0 \\ 0 \end{pmatrix}.$$

Wir schreiben diese Gleichung koordinatenweise auf und erhalten ein lineares Gleichungssystem für die Unbekannten c_1, c_2, c_3. Beim Lösen des Gleichungssystems ersetzen wir die dritte Gleichung durch die Differenz von dritter und erster Gleichung (das Ersetzen geben wir an durch $(3) \rightarrow (3) - (1)$). Wir erhalten auf diese Weise ein *gestaffeltes* Gleichungssystem, in dem die letzte Gleichung nur noch c_3 enthält, die zweite Gleichung nur c_1 und c_2 und die erste Gleichung alle drei Unbekannten enthält. Aus der letzten Gleichung können wir dann c_3 berechnen, aus der zweiten Gleichung c_2 und aus der ersten Gleichung schließlich c_1.

$$\Longleftrightarrow \quad \begin{array}{ll} (1) & c_1 + c_2 \qquad\ = 0 \\ (2) & \qquad\ c_2 + c_3 = 0 \\ (3) & c_1 + c_2 + c_3 = 0 \end{array}$$

$$\xrightarrow{(3)\to(3)-(1)} \begin{array}{ll} (1) & c_1 + c_2 \qquad\;\;\; = 0 \\ (2) & \qquad c_2 + c_3 = 0 \\ (3) & \qquad\qquad c_3 = 0 \end{array}$$

$$\Longleftrightarrow \qquad c_1 = 0, \quad c_2 = 0, \quad c_3 = 0.$$

Die zu Beginn angesetzte Gleichung ist also nur möglich mit den Koeffizienten $c_1 = 0, c_2 = 0, c_3 = 0$. Die Vektoren $\mathbf{v}_1, \mathbf{v}_2, \mathbf{v}_3$ sind somit linear unabhängig. Da $\dim \mathbb{R}^3 = 3$ ist, bilden sie dann nach Folgerung 3.5.13 auch eine Basis von $\mathbb{R}^3$.

(2) Bilden $\mathbf{w}_1 = \begin{pmatrix} 1 \\ 1 \\ -1 \end{pmatrix}, \mathbf{w}_2 = \begin{pmatrix} 1 \\ 0 \\ 1 \end{pmatrix}, \mathbf{w}_3 = \begin{pmatrix} 3 \\ 1 \\ 1 \end{pmatrix}$ ein Erzeugendensystem?

Wegen $\dim \mathbb{R}^3 = 3$ bilden die drei Vektoren nach Folgerung 3.5.13 genau dann ein Erzeugendensystem, wenn sie linear unabhängig sind. Wir prüfen daher, ob $\mathbf{w}_1, \mathbf{w}_2, \mathbf{w}_3$ linear unabhängig sind.

$$c_1\mathbf{w}_1 + c_2\mathbf{w}_2 + c_3\mathbf{w}_3 = \mathbf{0} \iff c_1 \begin{pmatrix} 1 \\ 1 \\ -1 \end{pmatrix} + c_2 \begin{pmatrix} 1 \\ 0 \\ 1 \end{pmatrix} + c_3 \begin{pmatrix} 3 \\ 1 \\ 1 \end{pmatrix} = \begin{pmatrix} 0 \\ 0 \\ 0 \end{pmatrix}.$$

Wir schreiben die Gleichung wieder koordinatenweise auf und erhalten ein lineares Gleichungssystem für die Unbekannten c_1, c_2, c_3. Dieses formen wir durch die jeweils angegebenen Ersetzungen von Gleichungen in ein gestaffeltes Gleichungssystem um, aus dem wir schließlich leicht die Lösungen bestimmen können:

$$\Longleftrightarrow \begin{array}{ll} (1) & c_1 + \;\; c_2 + 3c_3 = 0 \\ (2) & c_1 \qquad\;\; + \;\; c_3 = 0 \\ (3) & -c_1 + \;\; c_2 + \;\; c_3 = 0 \end{array}$$

$$\xrightarrow[\;\;(3)\to(3)+(1)\;\;]{(2)\to(2)-(1)} \begin{array}{ll} (1) & c_1 + \;\; c_2 + 3c_3 = 0 \\ (2) & \qquad -\;c_2 - 2c_3 = 0 \\ (3) & \qquad\;\; 2c_2 + 4c_3 = 0 \end{array}$$

$$\xrightarrow{(3)\to(3)+2\cdot(2)} \begin{array}{ll} (1) & c_1 + \;\; c_2 + 3c_3 = 0 \\ (2) & \qquad -\;c_2 - 2c_3 = 0 \\ (3) & \qquad\qquad\quad 0 = 0 \end{array}$$

Wir setzen $c_3 = t$, wobei t ein *Parameter* (das ist eine Hilfsgröße) ist, der beliebige Werte in $\mathbb{R}$ annehmen kann. Aus der zweiten Gleichung folgt dann $c_2 = -2t$ und aus der ersten $c_1 = -t$. Das Gleichungssystem hat daher die unendlich vielen Lösungen $(c_1, c_2, c_3) = (-t, -2t, t)$ mit $t \in \mathbb{R}$, so dass also gilt:

$$-t\mathbf{w}_1 - 2t\mathbf{w}_2 + t\mathbf{w}_3 = \mathbf{0} \quad \text{für beliebige Werte } t \in \mathbb{R}.$$

Für $t \neq 0$ sind die Koeffizienten dieser Linearkombination $\neq 0$. Daran erkennen wir, dass $\mathbf{w}_1, \mathbf{w}_2, \mathbf{w}_3$ linear abhängig sind. Für $t = 1$ erhalten wir eine Darstellung von $\mathbf{w}_3$ als Linearkombination von $\mathbf{w}_1$ und $\mathbf{w}_2$, nämlich: $\mathbf{w}_3 = \mathbf{w}_1 + 2\mathbf{w}_2$.

Die drei Vektoren $\{\mathbf{w}_1, \mathbf{w}_2, \mathbf{w}_3\}$ bilden daher keine Basis, nach Folgerung 3.5.13 also auch kein Erzeugendensystem.

★ **Aufgaben**

(1) Gegeben sind die Vektoren

$$\mathbf{v}_1 = \begin{pmatrix} 1 \\ 1 \\ -1 \end{pmatrix}, \quad \mathbf{v}_2 = \begin{pmatrix} 1 \\ 0 \\ 1 \end{pmatrix}, \quad \mathbf{v}_3 = \begin{pmatrix} 3 \\ 1 \\ 1 \end{pmatrix}, \quad \mathbf{u} = \begin{pmatrix} 2 \\ 3 \\ 6 \end{pmatrix}, \quad \mathbf{w} = \begin{pmatrix} 2 \\ -2 \\ 6 \end{pmatrix}.$$

Prüfen Sie, ob die Vektoren $\mathbf{u}$ und $\mathbf{w}$ als Linearkombinationen der drei Vektoren $\mathbf{v}_1$, $\mathbf{v}_2$, $\mathbf{v}_3$ darstellbar sind, und geben Sie die Darstellungen gegebenenfalls an. Sind $\mathbf{v}_1$, $\mathbf{v}_2$, $\mathbf{v}_3$ linear unabhängig?

(2) Gegeben sind folgende vier Vektoren des $\mathbb{C}$-Vektorraums $\mathbb{C}^3$:

$$\mathbf{v}_1 = \begin{pmatrix} 1 \\ 0 \\ i \end{pmatrix}, \quad \mathbf{v}_2 = \begin{pmatrix} 0 \\ 1 \\ i \end{pmatrix}, \quad \mathbf{v}_3 = \begin{pmatrix} i \\ 1 \\ 0 \end{pmatrix}, \quad \mathbf{u} = \begin{pmatrix} i \\ 1+i \\ 2i \end{pmatrix}.$$

Stellen Sie $\mathbf{u}$ als Linearkombination von $\mathbf{v}_1$, $\mathbf{v}_2$, $\mathbf{v}_3$ dar.

(3) Bestimmen Sie zu einem Vektor $\mathbf{v}_1 = 2\mathbf{e}_1 - \mathbf{e}_2 + 3\mathbf{e}_3$ zwei Vektoren $\mathbf{v}_2$ und $\mathbf{v}_3$ so, dass $\{\mathbf{v}_1, \mathbf{v}_2, \mathbf{v}_3\}$ eine Basis des Vektorraums $\mathbb{R}^3$ ist, die aus paarweise zueinander senkrechten Vektoren besteht.

(4) $B = \{\mathbf{v}_1, \mathbf{v}_2, \mathbf{v}_3\}$ sei eine Basis von $\mathbb{R}^3$. Bilden dann auch die Linearkombinationen $\mathbf{w}_1 = \mathbf{v}_1 - \mathbf{v}_2$, $\mathbf{w}_2 = \mathbf{v}_2 - \mathbf{v}_3$, $\mathbf{w}_3 = \mathbf{v}_1 - \mathbf{v}_2 + \mathbf{v}_3$ der Vektoren $\mathbf{v}_1$, $\mathbf{v}_2$, $\mathbf{v}_3$ eine Basis?

(5) Bestimmen Sie eine Basis des Vektorraums $\mathbf{L}(\{\mathbf{v}_1, \mathbf{v}_2, \mathbf{v}_3\})$ für:

$$\mathbf{v}_1 = \begin{pmatrix} -1 \\ 2 \\ 1 \end{pmatrix}, \quad \mathbf{v}_2 = \begin{pmatrix} 1 \\ 1 \\ -4 \end{pmatrix}, \quad \mathbf{v}_3 = \begin{pmatrix} 2 \\ -3 \\ -3 \end{pmatrix}.$$

(6) Ergänzen Sie die Menge A zu einer Basis von $\mathbb{R}^3$:

$$A = \left\{ \begin{pmatrix} 1 \\ -1 \\ 1 \end{pmatrix}, \begin{pmatrix} -1 \\ 0 \\ 2 \end{pmatrix} \right\}.$$

3.6   Das Skalarprodukt in abstrakten Vektorräumen

Die algebraische Struktur des Vektorraumes $\mathbb{R}^3$, die sich auf die Addition von Vektoren und die Multiplikation von Vektoren mit Skalaren gründet, gab den Anlass, den abstrakten Vektorraum zu definieren (Abschnitt 3.4). In Wirklichkeit hat der Vektorraum $\mathbb{R}^3$ mehr Struktur als der in 3.4.1 definierte abstrakte Vektorraum: In ihm gibt es nämlich einen Sinn, von der *Länge* eines Vektors und von dem *Winkel* zwischen zwei Vektoren zu sprechen (Definition 3.1.3), etwas, das in einem abstrakten Vektorraum zunächst nicht möglich ist.

Indem wir uns an den Eigenschaften des Skalarprodukts im $\mathbb{R}^3$ orientieren, definieren wir axiomatisch ein Skalarprodukt in abstrakten Vektorräumen; das führt zum Begriff des *euklidischen Raumes*. Dem Skalarprodukt kommt eine außerordentlich wichtige Bedeutung zu, denn mit seiner Hilfe können wir in einem euklidischen Raum die Länge von Vektoren und den Winkel zwischen Vektoren erklären. Davon macht man Gebrauch, wenn man in Funktionenräumen ein Skalarprodukt einführt, und das ist auch der Grund, warum das Skalarprodukt bei der Definition und Berechnung physikalischer Größen nützlich ist.

3.6.1 Definition *Sei* **V** *ein Vektorraum über* $\mathbb{R}$. *Ein Skalarprodukt auf* **V** *ist eine mit* $\langle \cdot, \cdot \rangle$ *bezeichnete Operation, die je zwei Vektoren* $\mathbf{u}, \mathbf{v} \in \mathbf{V}$ *einen Skalar* $\langle \mathbf{u}, \mathbf{v} \rangle \in \mathbb{R}$ *zuordnet, so dass für beliebige Skalare* $a \in \mathbb{R}$ *und Vektoren* $\mathbf{u}, \mathbf{v}, \mathbf{w} \in \mathbf{V}$ *gilt:*

(S1) $\langle \mathbf{u}, \mathbf{v} \rangle = \langle \mathbf{v}, \mathbf{u} \rangle$ ($\langle \cdot, \cdot \rangle$ *ist kommutativ);*

(S2) $\langle \mathbf{u}, \mathbf{u} \rangle \geq 0;$ $\langle \mathbf{u}, \mathbf{u} \rangle = 0 \iff \mathbf{u} = \mathbf{0}$ ($\langle \cdot, \cdot \rangle$ *ist positiv definit);*

(S3) $\langle a\mathbf{u}, \mathbf{v} \rangle = a\langle \mathbf{u}, \mathbf{v} \rangle,$ $\langle \mathbf{u} + \mathbf{v}, \mathbf{w} \rangle = \langle \mathbf{u}, \mathbf{w} \rangle + \langle \mathbf{v}, \mathbf{w} \rangle$ ($\langle \cdot, \cdot \rangle$ *ist linear).*

Ein $\mathbb{R}$*-Vektorraum* **V** *mit einem Skalarprodukt* $\langle \cdot, \cdot \rangle$ *heißt ein euklidischer Raum.*

Mit Hilfe des Skalarprodukts definieren wir in einem euklidischen Raum die Länge von und den Winkel zwischen Vektoren. Zuvor sind zwei Bemerkungen erforderlich.

3.6.2 Bemerkungen   (1) Nach Axiom (S2) in Definition 3.6.1 ist $\langle \mathbf{u}, \mathbf{u} \rangle \geq 0$ für alle $\mathbf{u} \in \mathbf{V}$. Daher existiert $\sqrt{\langle \mathbf{u}, \mathbf{u} \rangle}$ für alle $\mathbf{u} \in V$.

(2) Für Vektoren $\mathbf{u}, \mathbf{v} \in \mathbf{V}$ gilt die *Cauchy-Schwarzsche Ungleichung*, die wir hier nur angeben und nicht beweisen wollen:

$$|\langle \mathbf{u}, \mathbf{v} \rangle| \leq \sqrt{\langle \mathbf{u}, \mathbf{u} \rangle} \cdot \sqrt{\langle \mathbf{v}, \mathbf{v} \rangle} \, .$$

Daraus folgt: $-1 \leq \dfrac{\langle \mathbf{u}, \mathbf{v} \rangle}{\sqrt{\langle \mathbf{u}, \mathbf{u} \rangle} \cdot \sqrt{\langle \mathbf{v}, \mathbf{v} \rangle}} \leq 1 \, .$

Der Quotient ist also eine Zahl zwischen -1 und 1 und kann daher als der Cosinuswert eines eindeutig bestimmten Winkels $\alpha \in [0, \pi]$ interpretiert werden.

3.6.3 Definition *Sei* **V** *ein euklidischer Raum mit dem Skalarprodukt* $\langle \cdot, \cdot \rangle$.

(1) Für $\mathbf{u} \in \mathbf{V}$ *heißt die Zahl* $\|\mathbf{u}\| = \sqrt{\langle \mathbf{u}, \mathbf{u} \rangle}$ *die Norm (Länge, Betrag) von* $\mathbf{u}$.

(2) Sind $\mathbf{u}, \mathbf{v} \in \mathbf{V}$ *beide nicht der Nullvektor, so versteht man unter dem Winkel zwischen* $\mathbf{u}$ *und* $\mathbf{v}$ *die eindeutig bestimmte Zahl* $\alpha \in [0, \pi]$, *für die gilt:*

$$\cos \alpha = \frac{\langle \mathbf{u}, \mathbf{v} \rangle}{\|\mathbf{u}\| \cdot \|\mathbf{v}\|} \, .$$

Zwei Vektoren im $\mathbb{R}^3$ sind senkrecht zueinander, wenn ihr Skalarprodukt den Wert 0 hat (3.2.3, (4)). Das benutzen wir, um mit der *Orthogonalität* einen entsprechenden Begriff in euklidischen Vektorräumen einzuführen.

3.6.4 Definition *Sei* $\mathbf{V}$ *ein euklidischer Vektorraum mit dem Skalarprodukt* $\langle \cdot, \cdot \rangle$. *Zwei Vektoren* $\mathbf{u}$ *und* $\mathbf{v}$ *heißen orthogonal, wenn ihr Skalarprodukt* 0 *ist:* $\langle \mathbf{u}, \mathbf{v} \rangle = 0$.

Ein Skalarprodukt im $\mathbb{R}^n$ können wir zum Beispiel definieren, indem wir die Koordinatendarstellung des Skalarprodukts im $\mathbb{R}^3$, die wir in 3.2.3, (5) hergeleitet haben, auf den $\mathbb{R}^n$ übertragen. Dass dann die in Definition 3.6.1 geforderten Axiome gelten, kann mühelos nachgeprüft werden.

3.6.5 Satz *Im Vektorraum* $\mathbb{R}^n$ $(n \in \mathbb{N})$ *ist ein Skalarprodukt definiert durch:*

$$\mathbf{x} = \begin{pmatrix} x_1 \\ \vdots \\ x_n \end{pmatrix} \text{ und } \mathbf{y} = \begin{pmatrix} y_1 \\ \vdots \\ y_n \end{pmatrix} \implies \mathbf{x} \cdot \mathbf{y} = \begin{pmatrix} x_1 \\ \vdots \\ x_n \end{pmatrix} \cdot \begin{pmatrix} y_1 \\ \vdots \\ y_n \end{pmatrix} = \sum_{k=1}^{n} x_k y_k.$$

3.6.6 Bemerkung Mit Hilfe des bestimmten Integrales kann man auch in Funktionenräumen ein Skalarprodukt einführen. Skalarprodukt und Orthogonalität sind in gewissen Funktionenräumen außerordentlich wichtige Begriffe.

Ist $\mathbf{V}$ ein Vektorraum der Dimension n, so besitzt $\mathbf{V}$ nach 3.5.10 eine Basis aus n Vektoren. Ist $\mathbf{V}$ ein euklidischer Raum, so kann man sogar eine solche Basis wählen, die entsprechende Eigenschaften hat wie die aus den Koordinateneinheitsvektoren bestehende Basis des $\mathbb{R}^n$. In der folgenden Definition zeichnen wir solche Basen aus.

3.6.7 Definition *Sei* $\mathbf{V}$ *ein euklidischer Raum der Dimension* n. *Dann heißt eine Basis* $B = \{\mathbf{u}_1, \ldots, \mathbf{u}_n\}$ *von* $\mathbf{V}$ *eine Orthonormalbasis, wenn folgende Eigenschaften gelten:*

(1) Die Basisvektoren sind paarweise orthogonal: $\langle \mathbf{u}_i, \mathbf{u}_k \rangle = 0$ *für alle* $i \neq k$.

(2) Die Basisvektoren sind Einheitsvektoren: $\langle \mathbf{u}_k, \mathbf{u}_k \rangle = 1$ *für* $1 \leq k \leq n$.

Eine Orthonormalbasis im euklidischen Vektorraum $\mathbb{R}^3$ *wird manchmal auch als orthonormiertes Dreibein bezeichnet.*

Bevor wir uns Gedanken darüber machen, wie wir eine Orthonormalbasis in einem euklidischen Raum finden können, wollen wir eine nützliche Anwendung von Orthonormalbasen kennenlernen.

3.6.8 Satz *Sei* $B = \{\mathbf{u}_1, \ldots, \mathbf{u}_n\}$ *eine Orthonormalbasis des euklidischen Raumes* $\mathbf{V}$. *Jeder Vektor* $\mathbf{x} \in \mathbf{V}$ *besitzt dann eine eindeutige Darstellung als Linearkombination der Basisvektoren, und die Koeffizienten sind die Skalarprodukte* $\langle \mathbf{x}, \mathbf{u}_k \rangle$ *des Vektors* $\mathbf{x}$ *mit den Basisvektoren.*

Beweis: Da B eine Basis ist, hat $\mathbf{x}$ eine eindeutige Darstellung $\mathbf{x} = \sum_{i=1}^{n} x_i \mathbf{u}_i$. Wir bilden das Skalarprodukt dieser Darstellung mit $\mathbf{u}_k$ für $k = 1, \ldots, n$, multiplizieren es mit Hilfe der Linearitätsregel $(S3)$ in Definition 3.6.1 aus und benutzen dann die in Definition 3.6.7 angegebenen Eigenschaften (1) und (2) einer Orthonormalbasis:

$$\langle \mathbf{x}, \mathbf{u}_k \rangle = \left\langle \sum_{i=1}^{n} x_i \mathbf{u}_i, \mathbf{u}_k \right\rangle = \sum_{i=1}^{n} x_i \langle \mathbf{u}_i, \mathbf{u}_k \rangle = x_k.$$

Für jedes k ist also der Koeffizient x_k, der in der Linearkombination bei dem Vektor $\mathbf{u}_k$ steht, das Skalarprodukt $\langle \mathbf{x}, \mathbf{u}_k \rangle$. Das war zu zeigen.   □

Die Aussage des Satzes wollen wir als ein allgemeines Rezept formulieren.

Rezept: $\mathbf{V}$ sei ein euklidischer Vektorraum und $B = \{\mathbf{u}_1, \ldots, \mathbf{u}_n\}$ eine Orthonormalbasis von $\mathbf{V}$. Um die Koordinatendarstellung eines Vektors $\mathbf{x} \in \mathbf{V}$ bezüglich B zu bestimmen, berechnet man die Skalarprodukte $\mathbf{x} \cdot \mathbf{u}_k$ für $k = 1, \ldots, n$. Damit gilt dann:

$$\mathbf{x} = \sum_{k=1}^{n} \langle \mathbf{x}, \mathbf{u}_k \rangle \mathbf{u}_k \quad \text{bzw.} \quad \mathbf{x} = \begin{pmatrix} \langle \mathbf{x}, \mathbf{u}_1 \rangle \\ \vdots \\ \langle \mathbf{x}, \mathbf{u}_n \rangle \end{pmatrix}.$$

Beispiel: Gegeben sind eine Orthonormalbasis $\{\mathbf{u}_1, \mathbf{u}_2, \mathbf{u}_3\}$ des euklidischen Vektorraums $\mathbb{R}^3$ (mit dem in 3.2.1 definierten Skalarprodukt) und ein beliebiger Vektor $\mathbf{x}$:

$$\mathbf{u}_1 = \frac{1}{\sqrt{2}} \begin{pmatrix} 1 \\ 0 \\ 1 \end{pmatrix}, \quad \mathbf{u}_2 = \frac{1}{\sqrt{2}} \begin{pmatrix} -1 \\ 0 \\ 1 \end{pmatrix}, \quad \mathbf{u}_3 = \begin{pmatrix} 0 \\ -1 \\ 0 \end{pmatrix}, \quad \mathbf{x} = \begin{pmatrix} \sqrt{2} \\ \sqrt{2} \\ \sqrt{2} \end{pmatrix}.$$

Dass $\mathbf{u}_1, \mathbf{u}_2, \mathbf{u}_3$ Einheitsvektoren und paarweise zueinander senkrecht sind, erkennen Sie sofort, wenn Sie nach 3.2.3, (5) die Skalarprodukte berechnen. Als paarweise zueinander senkrechte Vektoren sind $\mathbf{u}_1, \mathbf{u}_2, \mathbf{u}_3$ nicht komplanar, also linear unabhängig. Sie bilden daher eine Basis von $\mathbb{R}^3$. Um $\mathbf{x}$ als Linearkombination der Basisvektoren darzustellen, berechnen wir die Skalarprodukte von $\mathbf{x}$ mit den Basisvektoren:

$$\mathbf{x} \cdot \mathbf{u}_1 = \begin{pmatrix} \sqrt{2} \\ \sqrt{2} \\ \sqrt{2} \end{pmatrix} \cdot \frac{1}{\sqrt{2}} \begin{pmatrix} 1 \\ 0 \\ 1 \end{pmatrix} = \frac{1}{\sqrt{2}}(\sqrt{2} + \sqrt{2}) = 2;$$

$$\mathbf{x} \cdot \mathbf{u}_2 = \begin{pmatrix} \sqrt{2} \\ \sqrt{2} \\ \sqrt{2} \end{pmatrix} \cdot \frac{1}{\sqrt{2}} \begin{pmatrix} -1 \\ 0 \\ 1 \end{pmatrix} = \frac{1}{\sqrt{2}}(-\sqrt{2} + \sqrt{2}) = 0;$$

$$\mathbf{x} \cdot \mathbf{u}_3 = \begin{pmatrix} \sqrt{2} \\ \sqrt{2} \\ \sqrt{2} \end{pmatrix} \cdot \begin{pmatrix} 0 \\ -1 \\ 0 \end{pmatrix} = -\sqrt{2}.$$

Damit hat $\mathbf{x}$ bezüglich der Orthonormalbasis $B = \{\mathbf{u}_1, \mathbf{u}_2, \mathbf{u}_3\}$ die Darstellung:

$$\mathbf{x} = 2\mathbf{u}_1 + 0\mathbf{u}_2 - \sqrt{2}\mathbf{u}_3 = \begin{pmatrix} 2 \\ 0 \\ -\sqrt{2} \end{pmatrix}.$$

Wenn man eine Orthonormalbasis hat, ist es also nicht erforderlich, wie in Abschnitt 3.5 ein lineares Gleichungssystem zu lösen, um die Koeffizienten der Darstellung von $\mathbf{x}$ als Linearkombination der Basisvektoren zu bestimmen.

In einem euklidischen Vektorraum kann man aus einer beliebigen Basis immer eine Orthonormalbasis konstruieren. Dafür gibt es ein Verfahren, das unter dem Namen *Schmidtsches Orthonormalisierungsverfahren* bekannt ist. Wir erläutern dieses Verfahren zunächst für den euklidischen Raum $\mathbb{R}^3$ und setzen dazu voraus, dass eine beliebige Basis $B = \{\mathbf{v}_1, \mathbf{v}_2, \mathbf{v}_3\}$ im $\mathbb{R}^3$ gegeben ist.

Zuerst bilden wir durch Normieren des Vektors $\mathbf{v}_1$ den Einheitsvektor

$$\mathbf{u}_1 = \frac{1}{\|\mathbf{v}_1\|}\,\mathbf{v}_1\,.$$

Die Projektion des Vektors $\mathbf{v}_2$ auf den Einheitsvektor $\mathbf{u}_1$ ist nach Folgerung 3.2.2 der Vektor $(\mathbf{v}_2 \cdot \mathbf{u}_1)\,\mathbf{u}_1$. Die Differenz $\mathbf{w}_2 = \mathbf{v}_2 - (\mathbf{v}_2 \cdot \mathbf{u}_1)\,\mathbf{u}_1$ beider Vektoren ist dann senkrecht zu $\mathbf{u}_1$ (Abb. 3.17), denn es gilt:

$$\mathbf{w}_2 \cdot \mathbf{u}_1 = \mathbf{v}_2 \cdot \mathbf{u}_1 - (\mathbf{v}_2 \cdot \mathbf{u}_1)\,\mathbf{u}_1 \cdot \mathbf{u}_1 = \mathbf{v}_2 \cdot \mathbf{u}_1 - \mathbf{v}_2 \cdot \mathbf{u}_1 = 0\,.$$

Wir normieren den Differenzvektor $\mathbf{w}_2$ und erhalten den zu $\mathbf{u}_1$ senkrechten Einheitsvektor

$$\mathbf{u}_2 = \frac{1}{\|\mathbf{w}_2\|}\,\mathbf{w}_2\,.$$

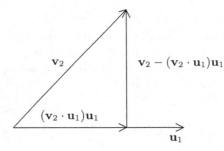

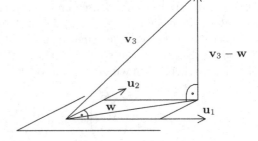

Abb. 3.17   Die Differenz des Vektors $\mathbf{v}_2$ und der Projektion von $\mathbf{v}_2$ auf $\mathbf{u}_1$ ist senkrecht zu $\mathbf{u}_1$.

Abb. 3.18   Die Differenz des Vektors $\mathbf{v}_2$ und seiner Projektion $\mathbf{w}$ in die von $\mathbf{u}_1$ und $\mathbf{u}_2$ aufgespannte Ebene steht senkrecht auf dieser Ebene.

Entsprechend sind $(\mathbf{v}_3 \cdot \mathbf{u}_1)\,\mathbf{u}_1$ und $(\mathbf{v}_3 \cdot \mathbf{u}_2)\,\mathbf{u}_2$ nach Folgerung 3.2.2 die Projektionen des Vektors $\mathbf{v}_3$ auf die Einheitsvektoren $\mathbf{u}_1$ und $\mathbf{u}_2$. Die Projektion von $\mathbf{v}_3$ in die von $\mathbf{u}_1$ und $\mathbf{u}_2$ aufgespannte Ebene ist die Summe $\mathbf{w} = (\mathbf{v}_3 \cdot \mathbf{u}_1)\,\mathbf{u}_1 + (\mathbf{v}_3 \cdot \mathbf{u}_2)\,\mathbf{u}_2$ (Abb. 3.18). Dass der Differenzvektor $\mathbf{w}_3 = \mathbf{v}_3 - \mathbf{w} = \mathbf{v}_3 - [(\mathbf{v}_3 \cdot \mathbf{u}_1)\,\mathbf{u}_1 + (\mathbf{v}_3 \cdot \mathbf{u}_2)\,\mathbf{u}_2]$ senkrecht auf $\mathbf{u}_1$ und $\mathbf{u}_2$ steht, rechnet man wie vorher nach. Seine Normierung liefert somit den zu $\mathbf{u}_1$ und $\mathbf{u}_2$ senkrechten Einheitsvektor

$$\mathbf{u}_3 = \frac{1}{\|\mathbf{w}_3\|}\,\mathbf{w}_3\,.$$

Aus der Basis $B = \{\mathbf{v}_1, \mathbf{v}_2, \mathbf{v}_3\}$ des $\mathbb{R}^3$ haben wir damit eine Orthonormalbasis des $\mathbb{R}^3$ konstruiert. Diese besteht aus den oben konstruierten drei Vektoren $\mathbf{u}_1$, $\mathbf{u}_2$, $\mathbf{u}_3$.

Allgemein gilt in jedem euklidischen Vektorraum der Dimension n:

3.6.9 Satz (Schmidtsches Orthonormalisierungsverfahren) *Ist* $\{\mathbf{v}_1, \ldots, \mathbf{v}_n\}$ *eine Basis eines euklidischen Vektorraums* $\mathbf{V}$, *dann bildet die Menge* $\{\mathbf{u}_1, \ldots, \mathbf{u}_n\}$ *der nach folgenden Formeln berechneten Vektoren eine Orthonormalbasis von* $\mathbf{V}$:

$$\mathbf{u}_1 = \frac{1}{\|\mathbf{v}_1\|}\,\mathbf{v}_1 \; \text{ und } \; \mathbf{u}_k = \frac{1}{\|\tilde{\mathbf{u}}_k\|}\,\tilde{\mathbf{u}}_k \; \text{ mit } \; \tilde{\mathbf{u}}_k = \mathbf{v}_k - \sum_{i=1}^{k-1} \langle \mathbf{v}_k, \mathbf{u}_i \rangle \mathbf{u}_i \; \text{ für } \; 1 < k \le n.$$

★ Aufgaben

Konstruieren Sie aus der Basis B mit Hilfe des Schmidtschen Orthonormalisierungsverfahrens eine Orthonormalbasis des Vektorraums $\mathbb{R}^3$ bzw. $\mathbb{R}^4$.

(a) $B = \{\mathbf{v}_1, \mathbf{v}_2, \mathbf{v}_3\}$ mit

$$\mathbf{v}_1 = \begin{pmatrix} 1 \\ 1 \\ 1 \end{pmatrix}, \quad \mathbf{v}_2 = \begin{pmatrix} 0 \\ 2 \\ 1 \end{pmatrix}, \quad \mathbf{v}_3 = \begin{pmatrix} 3 \\ -1 \\ 4 \end{pmatrix}.$$

(b) $B = \{\mathbf{v}_1, \mathbf{v}_2, \mathbf{v}_3, \mathbf{v}_4\}$ mit

$$\mathbf{v}_1 = \begin{pmatrix} 0 \\ 2 \\ 1 \\ 0 \end{pmatrix}, \quad \mathbf{v}_2 = \begin{pmatrix} 1 \\ -1 \\ 0 \\ 0 \end{pmatrix}, \quad \mathbf{v}_3 = \begin{pmatrix} 1 \\ 2 \\ 0 \\ -1 \end{pmatrix}, \quad \mathbf{v}_4 = \begin{pmatrix} 1 \\ 0 \\ 0 \\ 1 \end{pmatrix}.$$

3.7   Matrizen und Determinanten

Ein lineares Gleichungssystem ist vollständig bestimmt durch das Schema der Zahlen, die als Faktoren bei den Unbekannten stehen und *Koeffizienten* der Gleichungen heißen, und durch den Vektor aus den Zahlen, die auf den rechten Seiten der Gleichungen stehen. Dabei sind in dem Schema und im Vektor die Zahlen genauso angeordnet, wie sie in den Gleichungen auftreten. Wie das zu verstehen ist, zeigt uns das folgende Beispiel:

$$\begin{array}{rcrcrcr} 2x_1 & + & x_2 & - & 3x_3 & = & 1 \\ x_1 & - & 5x_2 & + & 3x_3 & = & -2 \\ -x_1 & + & 2x_2 & + & 3x_3 & = & 1 \end{array} \quad \longrightarrow \quad \begin{pmatrix} 2 & 1 & -3 \\ 1 & -5 & 3 \\ -1 & 2 & 3 \end{pmatrix} \; \text{ und } \; \begin{pmatrix} 1 \\ -2 \\ 1 \end{pmatrix}.$$

Solche Schemata von Zahlen heißen Matrizen. Diese sind nicht nur hilfreich für eine einfache und übersichtliche Angabe von linearen Gleichungssystemen, sondern erlauben es insbesondere, Aussagen über die Lösung linearer Gleichungssysteme und ein allgemeines und systematisches Verfahren zur Lösung linearer Gleichungssysteme zu beschreiben. Darüber hinaus spielen Matrizen auch allgemein eine wichtige Rolle. Zum Beispiel kann man mit ihrer Hilfe so genannte *strukturverträgliche* Abbildungen zwischen Vektorräumen beschreiben. Für alle diese Anwendungen von Matrizen ist es erforderlich, Rechenoperationen für Matrizen einzuführen und Eigenschaften von Matrizen zu untersuchen. Insbesondere werden wir jeder *quadratischen* Matrix eine Zahl zuordnen, welche die *Determinante* der Matrix heißt. Determinanten dienen als nützliches Hilfsmittel bei vielen Rechnungen (erinnern Sie sich an die Berechnung des Vektor- und des

Spatproduktes). Auch bei der Lösung von Eigenwertproblemen (Kapitel 11) spielen sie eine wichtige Rolle. Erst im nächsten Abschnitt werden wir uns dann ausführlich mit linearen Gleichungssystemen beschäftigen.

3.7.1 Definition *Für $m, n \in \mathbb{N}$ verstehen wir unter einer (m, n)-Matrix ein Schema der Form*

$$A = \begin{pmatrix} a_{11} & a_{12} & \cdots & a_{1n} \\ a_{21} & a_{22} & \cdots & a_{2n} \\ \vdots & \vdots & \ddots & \vdots \\ a_{m1} & a_{m2} & \cdots & a_{mn} \end{pmatrix}.$$

In diesem Schema sind $m \cdot n$ Zahlen in m Reihen untereinander aufgeschrieben, wobei in jeder Reihe n Zahlen stehen. Die waagerechten Zahlenreihen in A heißen die Zeilen der Matrix A, die vertikalen Zahlenreihen die Spalten von A, und die in dem Schema aufgeschriebenen Zahlen nennt man die Elemente oder auch Einträge der Matrix. Die Zeilen und Spalten der Matrix werden in ihrer Reihenfolge von oben nach unten bzw. von links nach rechts durchnummeriert und als $1., 2., \ldots, m - te$ Zeile bzw. $1., 2., \ldots, n - te$ Spalte bezeichnet. In dem allgemeinen Schema sind die Elemente durch zwei Indizes gekennzeichnet, von denen der erste die Nummer der Zeile, der zweite die Nummer der Spalte angibt, in der das Element steht; a_{ij} ist also das Element, das in der i-ten Zeile und in der j-ten Spalte steht. Es ist manchmal praktisch, die Spalten und die Zeilen einer Matrix als Vektoren aufzufassen. Die Spaltenvektoren von A werden mit $\mathbf{a}_{\bullet k}$ bezeichnet, wobei der Index k die Nummer der Spalte angibt und $\bullet$ als Platzhalter für die Koordinaten dient:

$$\mathbf{a}_{\bullet 1} = \begin{pmatrix} a_{11} \\ \vdots \\ a_{m1} \end{pmatrix}, \ldots, \mathbf{a}_{\bullet k} = \begin{pmatrix} a_{1k} \\ \vdots \\ a_{mk} \end{pmatrix}, \ldots, \mathbf{a}_{\bullet n} = \begin{pmatrix} a_{1n} \\ \vdots \\ a_{mn} \end{pmatrix}.$$

Entsprechend werden die Zeilenvektoren von A mit $\mathbf{a}_{i \bullet}$ bezeichnet:

$$\mathbf{a}_{1 \bullet} = \begin{pmatrix} a_{11} \\ \vdots \\ a_{1n} \end{pmatrix}, \ldots, \mathbf{a}_{i \bullet} = \begin{pmatrix} a_{i1} \\ \vdots \\ a_{in} \end{pmatrix}, \ldots, \mathbf{a}_{m \bullet} = \begin{pmatrix} a_{m1} \\ \vdots \\ a_{mn} \end{pmatrix}.$$

Eine (n, n)-Matrix A hat dieselbe Anzahl n von Zeilen und Spalten. Sie heißt eine n-reihige quadratische Matrix.

Beispiele:

(1) $\begin{pmatrix} 1 & 0 & -3 \\ 2 & -1 & 5 \end{pmatrix}$ ist eine $(2, 3)$-Matrix mit den Spalten- und Zeilenvektoren

$$\mathbf{a}_{\bullet 1} = \begin{pmatrix} 1 \\ 2 \end{pmatrix}, \mathbf{a}_{\bullet 2} = \begin{pmatrix} 0 \\ -1 \end{pmatrix}, \mathbf{a}_{\bullet 3} = \begin{pmatrix} -3 \\ 5 \end{pmatrix}, \mathbf{a}_{1 \bullet} = \begin{pmatrix} 1 \\ 0 \\ -3 \end{pmatrix}, \mathbf{a}_{2 \bullet} = \begin{pmatrix} 2 \\ -1 \\ 5 \end{pmatrix}.$$

(2) $\begin{pmatrix} 1 & -2 \\ 3 & 5 \end{pmatrix}$ ist eine 2-reihige quadratische Matrix.

(3) Einen Vektor $\mathbf{x} \in \mathbb{R}^n$ kann man auffassen als eine Matrix mit n Zeilen und 1 Spalte. Das ist manchmal praktisch, weil man dann Vektoren in das Rechnen mit Matrizen einbeziehen kann.

3.7.2 Definition *Für eine (m, n)-Matrix A bezeichnet man mit A^T die (n, m)-Matrix, die als Zeilen die n Spalten von A und als Spalten die m Zeilen von A hat. Sie heißt die zu A transponierte Matrix:*

$$A = \begin{pmatrix} a_{11} & \cdots & a_{1n} \\ \vdots & \ddots & \vdots \\ a_{m1} & \cdots & a_{mn} \end{pmatrix} \implies A^T = \begin{pmatrix} a_{11} & \cdots & a_{m1} \\ \vdots & \ddots & \vdots \\ a_{1n} & \cdots & a_{mn} \end{pmatrix}.$$

Ergänzung: Eine n-reihige quadratische Matrix A heißt symmetrisch, wenn $A = A^T$ ist.

3.7.3 Bemerkung Vertauschen wir in A^T die Zeilen mit den Spalten, so erhalten wir wieder A. Es gilt also: $(A^T)^T = A$.

Beispiele:

(1) $A = \begin{pmatrix} 1 & 2 & 0 \\ 3 & -1 & 1 \\ 2 & 1 & -2 \end{pmatrix} \implies A^T = \begin{pmatrix} 1 & 3 & 2 \\ 2 & -1 & 1 \\ 0 & 1 & -2 \end{pmatrix}.$

(2) Schreibtechnisch ist es manchmal praktisch, einen Vektor $\mathbf{x} \in \mathbb{R}^n$ nicht als Spalte anzugeben, sondern in der transponierten Form als Zeile $\mathbf{x}^T$:

$$\mathbf{x} = \begin{pmatrix} x_1 \\ \vdots \\ x_n \end{pmatrix} \iff \mathbf{x}^T = (x_1, \ldots, x_n).$$

3.7.4 Definition (Addition von Matrizen) *Je zwei Matrizen A und B des gleichen Typs (m, n) ist durch „elementweises Addieren" eine Matrix C von demselben Typ (m, n) zugeordnet. Diese heißt die Summe von A und B und wird mit $A + B$ bezeichnet:*

$$\underbrace{\begin{pmatrix} a_{11} & \cdots & a_{1n} \\ \vdots & & \vdots \\ a_{m1} & \cdots & a_{mn} \end{pmatrix}}_{A} + \underbrace{\begin{pmatrix} b_{11} & \cdots & b_{1n} \\ \vdots & & \vdots \\ b_{m1} & \cdots & b_{mn} \end{pmatrix}}_{B} = \underbrace{\begin{pmatrix} a_{11}+b_{11} & \cdots & a_{1n}+b_{1n} \\ \vdots & & \vdots \\ a_{m1}+b_{m1} & \cdots & a_{mn}+b_{mn} \end{pmatrix}}_{C}.$$

3.7.5 Definition (Multiplikation mit Skalaren) *Jedem Skalar $c \in \mathbb{R}$ und jeder (m, n)-Matrix A ist durch „elementweises Multiplizieren" eine (m, n)-Matrix zugeordnet. Diese heißt das Produkt von A mit c und wird mit $c\,$A bezeichnet:*

$$
c \begin{pmatrix} a_{11} & \cdots & a_{1n} \\ \vdots & & \vdots \\ a_{m1} & \cdots & a_{mn} \end{pmatrix} = \begin{pmatrix} ca_{11} & \cdots & ca_{1n} \\ \vdots & & \vdots \\ ca_{m1} & \cdots & ca_{mn} \end{pmatrix} = c\mathsf{A} .
$$

Für das Rechnen mit Matrizen gelten folgende Rechenregeln:

3.7.6 Satz (Rechenregeln) *Die Menge $M^{(m,n)}$ der (m, n)-Matrizen bildet mit der Addition und der Multiplikation mit Skalaren einen Vektorraum. Sind A, B, C Matrizen gleichen Typs (m, n) und $a, b \in \mathbb{R}$ Skalare, so gelten für die Addition und die Multiplikation mit Skalaren also folgende Rechenregeln:*

(A1) $\mathsf{A} + \mathsf{B} = \mathsf{B} + \mathsf{A}$ *(Kommutativgesetz);*

(A2) $(\mathsf{A} + \mathsf{B}) + \mathsf{C} = \mathsf{A} + (\mathsf{B} + \mathsf{C})$ *(Assoziativgesetz);*

(A3) Die Matrix $0 \in M^{(m,n)}$, deren sämtliche Einträge 0 sind, heißt die Nullmatrix; für sie gilt: $\mathsf{A} + 0 = \mathsf{A} = 0 + \mathsf{A}$.

(A4) Ändert man bei jedem Eintrag der Matrix A das Vorzeichen, so erhält man eine Matrix, die mit $-\mathsf{A}$ bezeichnet wird. Es gilt: $\mathsf{A} + (-\mathsf{A}) = 0$.

(M1) $a\,(b\,\mathsf{A}) = (ab)\,\mathsf{A}$;

(M2) $1\,\mathsf{A} = \mathsf{A}$;

(D1) $a\,(\mathsf{A} + \mathsf{B}) = a\,\mathsf{A} + a\,\mathsf{B}$;

(D2) $(a + b)\,\mathsf{A} = a\,\mathsf{A} + b\,\mathsf{A}$.

3.7.7 Definition *Das Produkt einer (m, n)-Matrix A mit einem Vektor $\mathbf{v} \in \mathbb{R}^n$ ist der Vektor $\mathsf{A}\mathbf{v} \in \mathbb{R}^m$, dessen $k - te$ Koordinate für $1 \leq k \leq m$ das Skalarprodukt des „k-ten Zeilenvektors" $\mathbf{a}_{k\bullet} = (a_{k1}, \ldots, a_{kn})^T$ von A mit $\mathbf{v}$ ist:*

$$
\mathsf{A}\mathbf{v} = \begin{pmatrix} a_{11} & \cdots & a_{1n} \\ \vdots & \ddots & \vdots \\ a_{m1} & \cdots & a_{mn} \end{pmatrix} \begin{pmatrix} v_1 \\ \vdots \\ v_n \end{pmatrix} = \begin{pmatrix} \mathbf{a}_{1\bullet} \cdot \mathbf{v} \\ \vdots \\ \mathbf{a}_{m\bullet} \cdot \mathbf{v} \end{pmatrix} = \begin{pmatrix} a_{11}v_1 + \cdots + a_{1n}v_n \\ \vdots \\ a_{m1}v_1 + \cdots + a_{mn}v_n \end{pmatrix} .
$$

Beispiele:

$$
\begin{pmatrix} 1 & 2 & 0 \\ 3 & 1 & 1 \\ 2 & 1 & -2 \end{pmatrix} \begin{pmatrix} -1 \\ 2 \\ 2 \end{pmatrix} = \begin{pmatrix} 1 \cdot (-1) + 2 \cdot 2 + & 0 \cdot 2 \\ 3 \cdot (-1) + 1 \cdot 2 + & 1 \cdot 2 \\ 2 \cdot (-1) + 1 \cdot 2 + (-2) \cdot 2 \end{pmatrix} = \begin{pmatrix} 3 \\ 1 \\ -4 \end{pmatrix} ;
$$

$$
\begin{pmatrix} 2 & -1 & 3 \\ 1 & -2 & 2 \end{pmatrix} \begin{pmatrix} 3 \\ 2 \\ 1 \end{pmatrix} = \begin{pmatrix} 2 \cdot 3 + (-1) \cdot 2 + 3 \cdot 1 \\ 1 \cdot 3 + (-2) \cdot 2 + 2 \cdot 1 \end{pmatrix} = \begin{pmatrix} 7 \\ 1 \end{pmatrix} .
$$

3.7.8 Satz *Seien* A *und* B *zwei* (m, n)-*Matrizen,* **u** *und* **v** *Vektoren aus* $\mathbb{R}^n$ *und* $c \in \mathbb{R}$ *ein Skalar. Dann gilt:*

(1) $(A + B)\mathbf{u} = A\mathbf{u} + B\mathbf{u}$ *und* $(cA)\mathbf{u} = c(A\mathbf{u})$;

(2) $A(\mathbf{u} + \mathbf{v}) = A\mathbf{u} + A\mathbf{v}$ *und* $A(c\mathbf{u}) = c\, A\mathbf{u}$.

3.7.9 Definition *Für* $m, n, p \in \mathbb{N}$ *ist eine Multiplikation von* (m, n)-*Matrizen mit* (n, p)-*Matrizen definiert. Das Produkt einer* (m, n)-*Matrix* A *und einer* (n, p)-*Matrix* B *ist eine* (m, p)-*Matrix* $C = A \cdot B$. *Die Produktmatrix* C *ist wie folgt definiert: Für* $j = 1, \ldots, n$ *ist der* j-*te Spaltenvektor* $\mathbf{c}_{\bullet j}$ *von* C *das in Definition 3.7.7 definierte Produkt der Matrix* A *mit dem* j-*ten Spaltenvektor* $\mathbf{b}_{\bullet j}$ *von* B:

$$
\mathbf{c}_{\bullet j} = \begin{pmatrix} c_{1j} \\ \vdots \\ c_{mj} \end{pmatrix} = A\mathbf{b}_{\bullet j} = \begin{pmatrix} a_{11} & \cdots & a_{1n} \\ \vdots & \ddots & \vdots \\ a_{m1} & \cdots & a_{mn} \end{pmatrix} \begin{pmatrix} b_{1j} \\ \vdots \\ b_{nj} \end{pmatrix} = \begin{pmatrix} (\mathbf{a}_{1\bullet} \cdot \mathbf{b}_{\bullet j}) \\ \vdots \\ (\mathbf{a}_{m\bullet} \cdot \mathbf{b}_{\bullet j}) \end{pmatrix}
$$

Das Element c_{ij} *in der Produktmatrix* C *ist also das Skalarprodukt*

$$
c_{ij} = \mathbf{a}_{i\bullet} \cdot \mathbf{b}_{\bullet j} = \sum_{k=1}^{n} a_{ik} b_{kj} \, .
$$

Die Produktmatrix hat dementsprechend folgendes Aussehen:

$$
\begin{pmatrix} a_{11} & \cdots & a_{1n} \\ \vdots & & \vdots \\ a_{m1} & \cdots & a_{mn} \end{pmatrix} \cdot \begin{pmatrix} b_{11} & \cdots & b_{1p} \\ \vdots & & \vdots \\ b_{n1} & \cdots & b_{np} \end{pmatrix} = \begin{pmatrix} (\mathbf{a}_{1\bullet} \cdot \mathbf{b}_{\bullet 1}) & \cdots & (\mathbf{a}_{1\bullet} \cdot \mathbf{b}_{\bullet p}) \\ \vdots & & \vdots \\ (\mathbf{a}_{m\bullet} \cdot \mathbf{b}_{\bullet 1}) & \cdots & (\mathbf{a}_{m\bullet} \cdot \mathbf{b}_{\bullet p}) \end{pmatrix} .
$$

$$
\qquad\quad A \qquad\qquad\quad \cdot \qquad\qquad B \qquad\qquad = \qquad\qquad\qquad\quad C
$$

Beispiel:

$$
\begin{pmatrix} 1 & -1 & 2 \\ -1 & 0 & 1 \end{pmatrix} \cdot \begin{pmatrix} 1 & 2 & 1 & -1 \\ -1 & 1 & 0 & 2 \\ 2 & 0 & 1 & 1 \end{pmatrix} = \begin{pmatrix} 6 & 1 & 3 & -1 \\ 1 & -2 & 0 & 2 \end{pmatrix} .
$$

$$
(2, 3)\text{-Matrix} \quad \cdot \quad (3, 4)\text{-Matrix} \quad = \quad (2, 4)\text{-Matrix}
$$

Die Elemente in der ersten (zweiten) Zeile der Produktmatrix sind die Skalarprodukte des ersten (zweiten) Zeilenvektors von A mit den Spalten von B, zum Beispiel:

$$
c_{13} = \mathbf{a}_{1\bullet} \cdot \mathbf{b}_{\bullet 3} = \begin{pmatrix} 1 \\ -1 \\ 2 \end{pmatrix} \cdot \begin{pmatrix} 1 \\ 0 \\ 1 \end{pmatrix} = 1 \cdot 1 + (-1) \cdot 0 + 2 \cdot 1 = 3 \, ,
$$

$$
c_{24} = \mathbf{a}_{2\bullet} \cdot \mathbf{b}_{\bullet 4} = \begin{pmatrix} -1 \\ 0 \\ 1 \end{pmatrix} \cdot \begin{pmatrix} -1 \\ 2 \\ 1 \end{pmatrix} = (-1) \cdot (-1) + 0 \cdot 2 + 1 \cdot 1 = 2 \, .
$$

In Satz 3.7.10 stellen wir einige Rechenregeln für die Multiplikation von Matrizen und einige Eigenschaften der Multiplikation zusammen. Besonders zu bemerken ist, dass die Multiplikation nicht kommutativ ist, wie folgendes Beispiel zeigt.

Beispiel: Für die folgenden $(2,2)$-Matrizen A und B ist $A \cdot B \neq B \cdot A$:

$$A \cdot B = \begin{pmatrix} 0 & 1 \\ 1 & 0 \end{pmatrix} \cdot \begin{pmatrix} 1 & 1 \\ 0 & 0 \end{pmatrix} = \begin{pmatrix} 0 & 0 \\ 1 & 1 \end{pmatrix}, \quad \text{aber}$$

$$B \cdot A = \begin{pmatrix} 1 & 1 \\ 0 & 0 \end{pmatrix} \cdot \begin{pmatrix} 0 & 1 \\ 1 & 0 \end{pmatrix} = \begin{pmatrix} 1 & 1 \\ 0 & 0 \end{pmatrix}.$$

3.7.10 Satz (Rechenregeln und Eigenschaften der Multiplikation)

(1) Seien A, B, C *Matrizen und* $c \in \mathbb{R}$ *ein Skalar. Dann gelten folgende Regeln:*

(M1) Assoziativgesetz: $(A \cdot B) \cdot C = A \cdot (B \cdot C)$, *wenn die Produkte* $A \cdot B$ *und* $B \cdot C$ *definiert sind;*

(M2) Für $n \in \mathbb{N}$ *versteht man unter der Einheitsmatrix* $E = E_n$ *die* n-reihige *quadratische Matrix, für deren Einträge* e_{ij} *gilt:*

$$e_{ii} = 1 \quad \text{und} \quad e_{ij} = 0 \quad \text{für } i \neq j.$$

Für jede (m,n)-*Matrix* A *gilt dann:* $A \cdot E_n = A = E_m \cdot A$.

(M3) Distributivgesetze: Sind B *und* C *Matrizen vom gleichen Typ und die Produkte* $A \cdot B$ *und* $B \cdot C$ *definiert, so gilt:*

$$A \cdot (B + C) = A \cdot B + A \cdot C \quad \text{und} \quad c(A \cdot B) = (cA) \cdot B = A \cdot (cB).$$

(2) Die Multiplikation von Matrizen ist nicht kommutativ. Es ist also im Allgemeinen $A \cdot B \neq B \cdot A$ *(auch dann, wenn beide Produkte definiert sind).*

(3) Ist A *eine* (m,n)-*Matrix und* B *eine* (n,p)-*Matrix, so gilt:* $(A \cdot B)^T = B^T \cdot A^T$.

Wir zeichnen einige Matrizen von besonders einfachem Aussehen aus:

3.7.11 Definition *Sei* A *eine* n-reihige *quadratische Matrix. Dann heißen die Elemente* a_{ii} *mit* $1 \leq i \leq n$ *die Diagonalelemente von* A. *Sie bilden die Hauptdiagonale von* A.

(1) A *heißt eine obere Dreiecksmatrix, wenn alle Elemente von* A *unterhalb der Hauptdiagonalen gleich* 0 *sind:* $a_{ij} = 0$ *für* $i > j$. *Analog ist eine untere Dreiecksmatrix* A *definiert durch:* $a_{ij} = 0$ *für* $i < j$.

(2) A *heißt eine Diagonalmatrix, wenn die nicht in der Hauptdiagonalen stehenden Elemente von* A *gleich* 0 *sind:* $a_{ij} = 0$ *für alle* $i \neq j$.

Beispiel: Die folgenden Matrizen E (Einheitsmatrix) und D sind Diagonalmatrizen, und A ist eine obere Dreiecksmatrix:

$$
\mathsf{E} = \begin{pmatrix} 1 & 0 & 0 \\ 0 & 1 & 0 \\ 0 & 0 & 1 \end{pmatrix}, \quad
\mathsf{D} = \begin{pmatrix} 2 & 0 & 0 \\ 0 & 3 & 0 \\ 0 & 0 & -1 \end{pmatrix}, \quad
\mathsf{A} = \begin{pmatrix} 2 & 1 & 3 \\ 0 & 3 & 1 \\ 0 & 0 & -1 \end{pmatrix}.
$$

Wir ordnen jeder n-reihigen quadratischen Matrix A eine Zahl zu, die mit $\det \mathsf{A}$ bezeichnet wird und die *Determinante von* A heißt. Für die Berechnung dieser Zahl $\det \mathsf{A}$ benutzen wir ein induktives Verfahren, das unten dargestellt wird. Es ist üblich, die Determinante $\det \mathsf{A}$ einer Matrix A durch dasselbe Zahlenschema anzugeben und zur Unterscheidung von der Matrix dabei die Klammern durch gerade Striche zu ersetzen:

$$
\mathsf{A} = \begin{pmatrix}
a_{11} & a_{12} & \cdots & a_{1n} \\
a_{21} & a_{22} & \cdots & a_{2n} \\
\vdots & \vdots & \ddots & \vdots \\
a_{m1} & a_{m2} & \cdots & a_{mn}
\end{pmatrix}
\quad \longrightarrow \quad
\det \mathsf{A} = \begin{vmatrix}
a_{11} & a_{12} & \cdots & a_{1n} \\
a_{21} & a_{22} & \cdots & a_{2n} \\
\vdots & \vdots & \ddots & \vdots \\
a_{m1} & a_{m2} & \cdots & a_{mn}
\end{vmatrix}.
$$

Das induktive Verfahren zur Berechnung von $\det \mathsf{A}$ besteht aus einer Regel für die Berechnung der Determinanten aller 2-reihigen quadratischen Matrizen und aus einer Regel, die für $n > 2$ die Berechnung der Determinante jeder n-reihigen quadratischen Matrix zurückführt auf die Berechnung von Determinanten $(n - 1)$-reihiger quadratischer Matrizen. Wenden wir diese letzte Regel immer wieder an, so haben wir schließlich nur noch Determinanten 2-reihiger Matrizen zu berechnen.

Die Determinante einer 2-reihigen Matrix berechnet man so, wie wir es schon im Zusammenhang mit dem Vektorprodukt (Abschnitt 3.2) beschrieben haben.

$\underline{n = 2}$: Für eine 2-reihige quadratische Matrix gilt:

$$
\mathsf{A} = \begin{pmatrix} a_{11} & a_{12} \\ a_{21} & a_{22} \end{pmatrix}
\quad \Longrightarrow \quad
\det \mathsf{A} = \begin{vmatrix} a_{11} & a_{12} \\ a_{21} & a_{22} \end{vmatrix} = a_{11}a_{22} - a_{12}a_{21}.
$$

Man multipliziert also die Zahlen in der Diagonalen „$\searrow$" und subtrahiert davon das Produkt der Elemente in der Diagonalen „$\nearrow$".

Beispiel: $\det \begin{pmatrix} 2 & -1 \\ -3 & 5 \end{pmatrix} = \begin{vmatrix} 2 & -1 \\ -3 & 5 \end{vmatrix} = 2 \cdot 5 - (-1) \cdot (-3) = 7.$

$\underline{n > 2}$: Streichen wir in einer n-reihigen quadratischen Matrix A eine Zeile und eine Spalte, so erhalten wir eine $(n - 1)$-reihige Matrix. Wir bezeichnen die durch Streichen der i-ten Zeile und der j-ten Spalte von A entstehende Matrix mit A_{ij}:

$$
\begin{pmatrix}
a_{11} & \cdots & \boxed{a_{1j}} & \cdots & a_{1n} \\
\vdots & & \vdots & & \vdots \\
\boxed{a_{i1}} & \cdots & \boxed{a_{ij}} & \cdots & \boxed{a_{in}} \\
\vdots & & \vdots & & \vdots \\
a_{n1} & \cdots & \boxed{a_{nj}} & \cdots & a_{nn}
\end{pmatrix}
\longrightarrow
\begin{pmatrix}
a_{11} & \cdots & a_{1,j-1} & a_{1,j+1} & \cdots & a_{1n} \\
\vdots & & & & & \vdots \\
a_{i-1,1} & \cdots & & & \cdots & a_{i-1,n} \\
a_{i+1,1} & \cdots & & & \cdots & a_{i+1,n} \\
\vdots & & & & & \vdots \\
a_{n1} & \cdots & a_{n,j-1} & a_{n,j+1} & \cdots & a_{nn}
\end{pmatrix}.
$$

Merkregel: A_{ij} entsteht aus A durch Streichen der (in dem Schema oben eingerahmten) Zeile und Spalte, in denen a_{ij} steht.

Wenn wir eine Zeile oder eine Spalte von A durchlaufen und dabei für jedes Element in der eben beschriebenen Weise die zugehörige $(n-1)$-reihige Matrix bestimmen, erhalten wir n solche Matrizen. Der folgende Satz gibt an, wie man det A mit Hilfe der Determinanten dieser Matrizen berechnet.

3.7.12 Satz (Laplacescher Entwicklungssatz) *Für eine n-reihige quadratische Matrix A lässt sich det A durch die Entwicklung nach einer Zeile oder die Entwicklung nach einer Spalte von A wie folgt berechnen:*
Entwicklung nach der i-ten Zeile von A:

$$
\det A = (-1)^{i+1} a_{i1} \det A_{i1} + \ldots + (-1)^{i+n} a_{in} \det A_{in}
$$
$$
= \sum_{k=1}^{n} (-1)^{i+k} a_{ik} \det A_{ik}.
$$

Entwicklung nach der j-ten Spalte von A:

$$
\det A = (-1)^{1+j} a_{1j} \det A_{1j} + \ldots + (-1)^{n+j} a_{nj} \det A_{nj}
$$
$$
= \sum_{k=1}^{n} (-1)^{k+j} a_{kj} \det A_{kj}.
$$

Für jede Wahl von i bzw. j hat die bei der Entwicklung nach der i-ten Zeile bzw. j-ten Spalte gebildete Summe immer denselben Wert, und dieser Zahlenwert ist die Determinante von A.

Wir nehmen diesen Satz ohne Beweis hin als ein Verfahren, das es ermöglicht, die Determinante einer n-reihigen quadratischen Matrix zu berechnen. Für die Berechnung von Determinanten durch Entwicklung nach einer Zeile oder einer Spalte sind folgende Bemerkungen nützlich:

3.7.13 Bemerkungen

(1) Um eine dreireihige Determinante zu berechnen, können wir sie nach einer Zeile oder nach einer Spalte entwickeln und dann die zweireihigen Determinanten berechnen. Es ergibt sich derselbe Wert wie bei der Berechnung nach der Regel von Sarrus (Satz 3.2.12).
   Beachten Sie: Die Regel von Sarrus kann nur zur Berechnung von dreireihigen Determinanten benutzt werden. Eine entsprechende Regel gibt es für höherreihige Determinanten nicht.

(2) Da wir für die Berechnung von det A nach dem Laplaceschen Entwicklungssatz eine beliebige Zeile oder Spalte von A benutzen können, werden wir immer eine solche wählen, in der viele Elemente 0 sind (wenn es eine solche gibt). Denn die zu diesen gehörenden Summanden in der Summe sind dann 0. Dadurch lässt sich manchmal die Anzahl der zu berechnenden Summanden reduzieren.

(3) Bei jedem Summanden der Form $(-1)^{i+j}a_{ij}$ det A_{ij} bestimmt der Faktor $(-1)^{i+j}$ das Vorzeichen „+" ($i + j$ ist gerade) oder „–" ($i + j$ ist ungerade). Statt jedesmal festzustellen, ob $i + j$ gerade oder ungerade ist, ist es einfacher, sich zu merken, dass zu dem Element in der linken oberen Ecke (also zu a_{11}) das Vorzeichen „+" gehört und dass man beim Durchlaufen von Zeilen oder Spalten von Element zu Element das Vorzeichen wechseln muss. Auf diese Weise überblickt man leicht, welches Vorzeichen man in der Summe bei a_{ij} det A_{ij} zu wählen hat:

$$\begin{vmatrix} + & - & + & \cdots \\ - & + & - & \cdots \\ + & - & + & \cdots \\ \vdots & \vdots & \vdots & \ddots \end{vmatrix}$$

(4) Wir werden im nächsten Abschnitt Rechenregeln kennen lernen, mit deren Hilfe wir die Berechnung einer Determinante zurückführen können auf die Berechnung der Determinante einer anderen Matrix, welche die Eigenschaft hat, dass geeignet viele ihrer Elemente 0 sind. Nach (2) lässt sich eine solche Determinante durch Entwicklung nach einer Zeile oder Spalte leicht berechnen. Mit Hilfe dieser Rechenregeln wird das Berechnen von Determinanten höherreihiger Matrizen dann viel weniger aufwändig sein, als es für uns im Augenblick aussieht.

Beispiel: In folgender Determinante tritt in der zweiten Zeile und in der zweiten Spalte jeweils zweimal 0 auf. Wir werden die Determinante daher nach der zweiten Zeile oder Spalte entwickeln. Wir wählen etwa die zweite Zeile. Es entstehen zwei dreireihige Determinanten, die wir schließlich nach der ersten bzw. zweiten Spalte entwickeln (die wir natürlich aber auch nach der Regel von Sarrus berechnen könnten):

$$\begin{vmatrix} 1 & -1 & 2 & 1 \\ -2 & 0 & 0 & 1 \\ 1 & 0 & 2 & 3 \\ -2 & 3 & 1 & 1 \end{vmatrix} = -(-2)\begin{vmatrix} -1 & 2 & 1 \\ 0 & 2 & 3 \\ 3 & 1 & 1 \end{vmatrix} + 1\begin{vmatrix} 1 & -1 & 2 \\ 1 & 0 & 2 \\ -2 & 3 & 1 \end{vmatrix}$$

$$= 2\left[(-1)\begin{vmatrix} 2 & 3 \\ 1 & 1 \end{vmatrix} + 3\begin{vmatrix} 2 & 1 \\ 2 & 3 \end{vmatrix}\right] + 1\left[-(-1)\begin{vmatrix} 1 & 2 \\ -2 & 1 \end{vmatrix} - 3\begin{vmatrix} 1 & 2 \\ 1 & 2 \end{vmatrix}\right]$$

$$- 2[(-1)(2 - 3) + 3(6 - 2)] + 1[1(1 + 4) - 3(2 - 2)] = 2(1 + 12) + (5 - 0) = 31.$$

★ Aufgaben

(1) Gegeben sind die Matrizen A und B und der Vektor **x** durch:

$$A = \begin{pmatrix} 1 & 2 & 3 \\ -1 & 0 & 2 \end{pmatrix}, \quad B = \begin{pmatrix} -1 & 5 & -2 \\ 2 & 2 & -1 \end{pmatrix}, \quad \mathbf{x} = \begin{pmatrix} 2 \\ -1 \\ -2 \end{pmatrix}.$$

    (a) Berechnen Sie: $A + B$, $B - A$, $A^T + B^T$, $A A^T$, $B^T B$.

    (b) Berechnen Sie $(A + B)\,\mathbf{x}$ und $(B - A)\,\mathbf{x}$.

(2) Berechnen Sie die Produkte, die sich mit zwei der Matrizen bilden lassen:

$$A = \begin{pmatrix} 1 & -1 & 2 \\ 0 & 3 & 5 \\ 1 & 8 & -7 \end{pmatrix}, \quad B = \begin{pmatrix} -1 & 0 & 1 & 0 \\ 0 & 1 & 0 & -1 \\ 1 & 0 & -1 & 0 \end{pmatrix}, \quad C = \begin{pmatrix} 1 \\ 0 \\ 8 \\ -7 \end{pmatrix},$$

$$D = \begin{pmatrix} -1 & 2 & 0 & 8 \end{pmatrix}, \quad E = \begin{pmatrix} 1 & 4 \\ 0 & 5 \\ 6 & 8 \end{pmatrix}.$$

(3) Berechnen Sie die Determinante:

$$(a) \quad \begin{vmatrix} 1 & 0 & 2 & 4 \\ -4 & 1 & 2 & -1 \\ 6 & 5 & 0 & 0 \\ -5 & -5 & -8 & 0 \end{vmatrix}; \quad (b) \quad \begin{vmatrix} 1 & 1 & 3 & 2 \\ 1 & 0 & 1 & -1 \\ -1 & 1 & 1 & 2 \\ 2 & 0 & 2 & 1 \end{vmatrix}.$$

3.8 Rang von Matrizen, Lineare Gleichungssysteme

In diesem Abschnitt werden wir uns ganz allgemein mit linearen Gleichungssystemen befassen. Dazu ist es praktisch, ein lineares Gleichungssystem in Matrizenform $A\,\mathbf{x} = \mathbf{b}$ zu schreiben, wobei in der Matrix A die bei den Unbekannten stehenden Koeffizienten zusammengefasst sind. Wir werden zuerst Informationen über die Lösbarkeit und über das Aussehen der Lösungsmenge eines linearen Gleichungssystems sammeln. Zu diesem Zweck führen wir als neuen Begriff den *Rang* einer Matrix ein, der zudem eine wichtige Kenngröße der Matrix darstellt. Danach lernen wir mit dem *Gaußschen Verfahren* ein allgemeines Verfahren zur Lösung linearer Gleichungssysteme kennen. Die ihm zugrunde liegende Idee haben wir in den Rechenbeispielen in Abschnitt 3.5 auch schon immer benutzt. Es beruht darauf, durch gewisse *elementare Umformungen* der Matrix des linearen Gleichungssystems dieses in ein System von besonders einfachem Aussehen zu überführen, dessen Lösungen sich unmittelbar ablesen lassen. Bei solchen elementaren Umformungen einer Matrix bleibt der Rang der Matrix erhalten. Im Falle einer quadratischen Matrix ändert sich auch der Wert der Determinante nur um „kontrollierbare Faktoren". Mit Hilfe elementarer Umformungen von Matrizen gewinnen wir somit gleichzeitig Verfahren zur Bestimmung der Lösungsmenge eines linearen Gleichungssystems, zur Berechnung des Ranges einer Matrix und zur Berechnung von Determinanten.

3.8.1 Definition *Sei* A *eine* (m, n)-*Matrix und seien* $b \in \mathbb{R}^m$ *ein gegebener Vektor und* $x \in \mathbb{R}^n$ *ein Vektor mit unbekannten Koordinaten:*

$$A = \begin{pmatrix} a_{11} & \cdots & a_{1n} \\ \vdots & & \vdots \\ a_{m1} & \cdots & a_{mn} \end{pmatrix}, \quad b = \begin{pmatrix} b_1 \\ \vdots \\ b_m \end{pmatrix} \quad und \quad x = \begin{pmatrix} x_1 \\ \vdots \\ x_n \end{pmatrix}.$$

Dann heißt $A x = b$ *oder, ausführlich geschrieben,*

$$\begin{pmatrix} a_{11} & \cdots & a_{1n} \\ \vdots & & \vdots \\ a_{m1} & \cdots & a_{mn} \end{pmatrix} \begin{pmatrix} x_1 \\ \vdots \\ x_n \end{pmatrix} = \begin{pmatrix} b_1 \\ \vdots \\ b_m \end{pmatrix} \iff \begin{matrix} a_{11}x_1 + \cdots + a_{1n}x_n = b_1 \\ \vdots \qquad \qquad \vdots \qquad \vdots \\ a_{m1}x_1 + \cdots + a_{mn}x_n = b_m \end{matrix}$$

ein lineares Gleichungssystem mit m *Gleichungen und* n *Unbekannten. Es heißt inhomogen, wenn* $b \neq 0$ *ist, und homogen, wenn* $b = 0$ *ist. Die Elemente* a_{ij} *der Matrix* A *bezeichnet man als die Koeffizienten und die Matrix* A *selbst als die Koeffizientenmatrix des linearen Gleichungssystems. Das Gleichungssystem ist vollständig gekennzeichnet durch die Matrix*

$$(A \mid b) = \begin{pmatrix} a_{11} & \cdots & a_{1n} & b_1 \\ \vdots & & \vdots & \vdots \\ a_{m1} & \cdots & a_{mn} & b_m \end{pmatrix}.$$

Sie entsteht aus A *durch Hinzunahme des Vektors* b *als letzte Spalte und wird als die erweiterte Matrix* $(A \mid b)$ *des Gleichungssystems bezeichnet.*
Ein Vektor $u \in \mathbb{R}^n$ *heißt eine Lösung des Gleichungssystems, wenn* $A u = b$ *gilt, wenn also die Koordinaten* $u_1, \cdots, u_n$ *von* u *alle* m *linearen Gleichungen erfüllen. Die Menge aller Lösungen heißt der Lösungsraum des linearen Gleichungssystems.*

Wir wollen uns Gedanken machen über die Struktur des Lösungsraums eines linearen Gleichungssystems $A x = b$. Zuerst betrachten wir ein homogenes lineares Gleichungssystem $A x = 0$:

Wegen $A \cdot 0 = 0$ hat es immer eine Lösung, nämlich den Nullvektor 0. Sind nun u und u' zwei beliebige Lösungen von $A x = 0$ und ist $c \in \mathbb{R}$ irgendeine Zahl, so folgt nach Satz 3.7.8, (2):

$$A(u + u') = A u + A u' = 0 + 0 = 0 \quad und \quad A(c\,u) = c A u = c\,0 = 0.$$

Die Summe zweier Lösungen von $A x = 0$ und das Produkt einer Lösung mit einer Zahl $c \in \mathbb{R}$ sind also wieder Lösungen des homogenen Gleichungssystems. Das bedeutet: Der Lösungsraum des homogenen linearen Gleichungssystems ist ein Untervektorraum $\mathbb{L}_H$ von $\mathbb{R}^n$.

Sei jetzt $A x = b$ ein inhomogenes lineares Gleichungssystem. Ein solches muss (im Gegensatz zu einem homogenen System) nicht notwendig überhaupt eine Lösung besitzen. Der Lösungsraum $\mathbb{L}_I$ kann also die leere Menge sein. Wenn das nicht der Fall ist, gibt es wenigstens eine Lösung $u_0 \in \mathbb{L}_I$. Wie wir gerade gesehen haben, ist der Lösungsraum $\mathbb{L}_H$ des zugehörigen homogenen Systems $A x = 0$ ein Vektorraum. Ist $v \in \mathbb{L}_H$ eine beliebige Lösung des homogenen Systems, so gilt:

$$A(u_0 + v) = A u_0 + A v = b + 0 = b.$$

Das bedeutet: Addieren wir zu $\mathbf{u}_0$ eine beliebige Lösung des homogenen Systems, so erhalten wir eine Lösung des inhomogenen Systems. Dass jede Lösung $\mathbf{u}$ des inhomogenen Systems sich auf diese Weise gewinnen lässt, ergibt sich wie folgt:

$$A(\mathbf{u} - \mathbf{u}_0) = A\mathbf{u} - A\mathbf{u}_0 = \mathbf{b} - \mathbf{b} = \mathbf{0} \implies \mathbf{u} - \mathbf{u}_0 = \mathbf{v} \in \mathbb{L}_H.$$

Daraus folgt: $\mathbf{u} = \mathbf{u}_0 + \mathbf{v}$. Jede Lösung des inhomogenen Systems entsteht also durch Addition einer Lösung $\mathbf{v}$ des homogenen Systems zu $\mathbf{u}_0$.

3.8.2 Satz   *Sei A eine (m, n)-Matrix und $\mathbf{b} \in \mathbb{R}^m$. Dann gilt:*

(1) *Der Lösungsraum $\mathbb{L}_H$ des homogenen linearen Gleichungssystems $A\mathbf{x} = \mathbf{0}$ ist ein Untervektorraum von $\mathbb{R}^n$. Insbesondere ist wegen $A \cdot \mathbf{0} = \mathbf{0}$ immer der Nullvektor $\mathbf{0} \in \mathbb{R}^n$ eine Lösung. Man nennt $\mathbf{0}$ auch die triviale Lösung.*

(2) *Der Lösungsraum $\mathbb{L}_I$ des inhomogenen linearen Gleichungssystems $A\mathbf{x} = \mathbf{b}$ kann die leere Menge sein. Ist das nicht der Fall und ist $\mathbf{u}_0 \in \mathbb{L}_I$ irgendeine Lösung, so erhält man jede Lösung $\mathbf{u}$ des inhomogenen Systems, indem man zu $\mathbf{u}_0$ eine Lösung $\mathbf{v} \in \mathbb{L}_H$ des zugehörigen homogenen Systems $A\mathbf{x} = \mathbf{0}$ addiert. Man drückt dies aus durch die Schreibweise $\mathbb{L}_I = \mathbf{u}_0 + \mathbb{L}_H$ und nennt auch eine Zahl r die Dimension von $\mathbb{L}_I$, wenn $\dim \mathbb{L}_H = r$ ist.*

Die folgende Überlegung wird uns zu einer Bedingung führen, die garantiert, dass ein inhomogenes lineares Gleichungssystem wenigstens eine Lösung besitzt. Dazu zeigen wir, dass wir das Produkt $A\mathbf{x}$ als Linearkombination der Spaltenvektoren der Matrix A schreiben können:

$$
A\mathbf{x} = \begin{pmatrix} a_{11} & \cdots & a_{1n} \\ \vdots & & \vdots \\ a_{m1} & \cdots & a_{mn} \end{pmatrix} \begin{pmatrix} x_1 \\ \vdots \\ x_n \end{pmatrix} = \begin{pmatrix} a_{11}x_1 + \ldots + a_{1n}x_n \\ \vdots \\ a_{m1}x_1 + \ldots + a_{mn}x_n \end{pmatrix}
$$

$$
= x_1 \begin{pmatrix} a_{11} \\ \vdots \\ a_{m1} \end{pmatrix} + \cdots + x_n \begin{pmatrix} a_{1n} \\ \vdots \\ a_{mn} \end{pmatrix} = x_1\mathbf{a}_{\bullet 1} + \cdots + x_n\mathbf{a}_{\bullet n}.
$$

Das lineare Gleichungssystem ist also äquivalent zu einer Vektorgleichung:

$$A\mathbf{x} = \mathbf{b} \iff x_1\mathbf{a}_{\bullet 1} + \cdots + x_n\mathbf{a}_{\bullet n} = \mathbf{b}.$$

Daher hat das lineare Gleichungssystem $A\mathbf{x} = \mathbf{b}$ genau dann eine Lösung, wenn der Vektor $\mathbf{b}$ sich als Linearkombination der Spaltenvektoren der Koeffizientenmatrix A darstellen lässt, wenn er also zu dem Untervektorraum von $\mathbb{R}^m$ gehört, der von den Spaltenvektoren von A aufgespannt wird (Satz 3.5.2). Um das für einen Vektor $\mathbf{b}$ zu überprüfen, genügt es, eine maximale Menge linear unabhängiger Spaltenvektoren von A zu betrachten. Denn eine solche bildet eine Basis des von allen Spaltenvektoren aufgespannten Vektorraumes.

Wir wollen das Ergebnis unserer Überlegung durch eine einfache Bedingung beschreiben. Dazu führen wir den Begriff des Ranges einer Matrix ein.

3.8.3 Definition *Die Maximalzahl r linear unabhängiger Spaltenvektoren einer Matrix A heißt der Rang der Matrix A und wird bezeichnet mit* Rg (A).

3.8.4 Bemerkung Man kann zeigen, dass die Maximalzahl linear unabhängiger Zeilenvektoren einer Matrix A gleich der Maximalzahl linear unabhängiger Spaltenvektoren ist. Da die Zeilenvektoren von A die Spaltenvektoren der transponierten Matrix A^T sind, gilt dann also: Rg $(A^T) = $ Rg (A).

Die erweiterte Matrix (A | b) hat genau dann dieselbe Maximalzahl linear unabhängiger Spaltenvektoren wie A, wenn der Vektor b als Linearkombination der Spaltenvektoren von A darstellbar ist (seine Hinzunahme also eine maximale Menge linear unabhängiger Spaltenvektoren von A nicht vergrößert). Daher folgt:

3.8.5 Satz *Ist* A *eine* (m, n)-*Matrix*, $b \in \mathbb{R}^m$ *und* (A | b) *die erweiterte Matrix des linearen Gleichungssystems* A x = b, *so gilt:*

$$A x = b \text{ besitzt mindestens eine Lösung} \iff \text{Rg} (A \mid b) = \text{Rg} (A).$$

Wir setzen jetzt voraus, dass die Koeffizientenmatrix A und die erweiterte Matrix (A | b) des inhomogenen linearen Gleichungssystems A x = b denselben Rang r haben, das Gleichungssystem also lösbar ist. Der Einfachheit halber nehmen wir an, dass die ersten r Spaltenvektoren $a_{\bullet 1}, \ldots, a_{\bullet r}$ von A linear unabhängig sind. Dann sind b und die übrigen Spaltenvektoren $a_{\bullet r+1}, \ldots, a_{\bullet n}$ als Linearkombinationen dieser ersten r Spaltenvektoren darstellbar. Dasselbe gilt dann natürlich auch für jede Linearkombination der Vektoren b und $a_{\bullet r+1}, \ldots, a_{\bullet n}$. Wählen wir beliebig $n - r$ Zahlen $\alpha_{r+1}, \ldots, \alpha_n$, so gibt es dann also eindeutig bestimmte Zahlen $c_1, \ldots, c_r$, so dass gilt:

$$b + \alpha_{r+1} a_{\bullet r+1} + \ldots + \alpha_n a_{\bullet n} = c_1 a_{\bullet 1} + \ldots + c_r a_{\bullet r}.$$

Lösen wir diese Gleichung nach b auf und setzen der Einheitlichkeit wegen $c_i = -\alpha_i$ für $i = r + 1, \ldots, n$, so erhalten wir eine Darstellung von b als Linearkombination der Spaltenvektoren von A:

$$b = c_1 a_{\bullet 1} + \ldots + c_r a_{\bullet r} - \alpha_{r+1} a_{\bullet r+1} - \ldots - \alpha_n a_{\bullet n} = \sum_{k=1}^{n} c_k a_{\bullet k}.$$

Sämtliche nur möglichen Darstellungen von b als Linearkombinationen der Spaltenvektoren von A finden wir somit, wenn wir die Zahlen $c_{r+1} = -\alpha_{r+1}, \ldots, c_n = -\alpha_n$ beliebig als Koeffizienten bei $a_{\bullet r+1}, \ldots, a_{\bullet n}$ wählen (und die anderen Koeffizienten $c_1, \ldots, c_r$ aus ihnen berechnen). Wie wir anfangs (mit der Äquivalenz zwischen der Vektorgleichung für b und dem linearen Gleichungssystem) gezeigt haben, sind die geordneten n-Tupel der Koeffizienten c_k aller dieser Darstellungen von b genau alle Lösungen des linearen Gleichungssystems A x = b. In diesen n-Tupeln sind $n - r$ Koordinaten frei wählbar (nämlich $c_{r+1} = -\alpha_{r+1}, \ldots, c_n = -\alpha_n$). Die übrigen Koordinaten (nämlich $c_1, \ldots, c_r$) lassen sich aus ihnen eindeutig berechnen. Für die Lösungen des Gleichungssystems gilt dementsprechend: Für $n - r$ Unbekannte können wir Parameter einführen, die beliebige Werte in $\mathbb{R}$ annehmen dürfen. Die anderen Unbekannten sind dann in Abhängigkeit von diesen Parametern eindeutig bestimmt. Die Dimension des Lösungsraums ist daher $n - r$. Wir fassen das Ergebnis unserer Überlegungen in dem folgenden Satz zusammen:

3.8.6 Satz *Sei* A *eine* (m, n)*-Matrix,* $b \in \mathbb{R}^m$ *und* $\text{Rg}(A) = \text{Rg}(A \mid b) = r$. *Dann gilt für das lineare Gleichungssystem* $Ax = b$:

$$r = n \iff Ax = b \text{ hat genau eine (einzige) Lösung.}$$
$$r < n \iff Ax = b \text{ hat einen Lösungsraum der Dimension } n - r \geq 1.$$

Da der Nullvektor immer eine Linearkombination der Spaltenvektoren von A ist (man braucht nur für alle Koeffizienten den Wert 0 zu wählen), ist für ein homogenes System $Ax = 0$ immer $\text{Rg}(A) = \text{Rg}(A \mid 0)$. Daher folgt aus Satz 3.8.6 insbesondere:

3.8.7 Folgerung *Für ein homogenes lineares Gleichungssystem* $Ax = 0$ *mit* m *Gleichungen und* n *Unbekannten gilt:*

$$\text{Rg}(A) = n \iff Ax = 0 \text{ hat genau eine Lösung.}$$
$$\iff 0 \text{ ist die einzige Lösung von } Ax = 0.$$
$$\text{Rg}(A) < n \iff Ax = 0 \text{ hat nicht nur die triviale Lösung } 0.$$

Der Rang von Matrizen liefert bei einer Vielzahl von Problemen nützliche Informationen. Beispiele dafür sind die Aussagen über die Lösbarkeit und die Anzahl der Lösungen (die Dimension des Lösungsraums) eines linearen Gleichungssystems (Satz 3.8.5, Satz 3.8.6 und Folgerung 3.8.7). Daher ist es hilfreich, ein einfaches Verfahren zur Berechnung des Ranges zur Verfügung zu haben. Ein solches Verfahren werden wir im Folgenden angeben. Es besteht darin, durch *elementare Umformungen* von Matrizen Schritt für Schritt eine Matrix A in eine *Matrix* $\tilde{A}$ von *Zeilenstufenform* (Definition 3.8.8) zu überführen. Bei einer solchen lässt sich der Rang unmittelbar direkt ablesen.

In gleicher Weise können wir mit Hilfe elementarer Umformungen die erweiterte Matrix $(A \mid b)$ eines linearen Gleichungssystems $Ax = b$ überführen in eine Matrix $(\tilde{A} \mid \tilde{b})$, in der $\tilde{A}$ in Zeilenstufenform ist. Die Lösungen des zugehörigen linearen Gleichungssystems $\tilde{A}x = \tilde{b}$ lassen sich aufgrund des einfachen Aussehens der Koeffizientenmatrix unmittelbar ablesen.

Zuerst definieren wir, was wir unter einer Matrix in Zeilenstufenform verstehen.

3.8.8 Definition *Eine* (m, n)*-Matrix* A *heißt eine Matrix von Zeilenstufenform, wenn es eine Zahl* r *mit* $r \leq m$ *und* $r \leq n$ *gibt, so dass für die Einträge* a_{ij} *gilt:*

$$a_{ii} \neq 0 \quad \text{für } 1 \leq i \leq r,$$
$$a_{ij} = 0 \quad \text{für alle } i > j$$
$$a_{ij} = 0 \quad \text{für alle } (i, j) \text{ mit } i > r \text{ (falls } r < m \text{ ist).}$$

Eine Matrix A *in Zeilenstufenform hat also folgendes Aussehen:*

$$\begin{pmatrix} a_{11} & \cdots & a_{1r} & \cdots & a_{1n} \\ & \ddots & \vdots & & \vdots \\ 0 & & a_{rr} & \cdots & a_{rn} \\ 0 & \cdots & \cdots & \cdots & 0 \\ \vdots & & & & \vdots \\ 0 & \cdots & \cdots & \cdots & 0 \end{pmatrix} \quad \text{mit } a_{ii} \neq 0 \text{ für } i = 1, \cdots, r.$$

Um den Rang einer Matrix $A = (a_{ij})$ in Zeilenstufenform zu bestimmen, beachten wir:
Die in Definition 3.8.8 genannte Zahl r ist dadurch festgelegt, dass die Zahlen $a_{ii} \neq 0$
für $1 \leq i \leq r$ sind und unterhalb der r-ten Zeile nur Nullzeilen stehen. Man kann die
Zahl r daher aus der Matrix ablesen als die Anzahl der Einträge $a_{ii} \neq 0$.

3.8.9 Satz *Ist A eine Matrix in Zeilenstufenform, so ist die Anzahl r der von 0 verschiedenen Einträge a_{ii} gleich dem Rang von A, also:* Rg $(A) = r$.

Beweis: Da bei allen Spaltenvektoren von A nur die ersten r Koordinaten von 0 verschieden sein können, spielen die anderen Koordinaten bei der Untersuchung der linearen Unabhängigkeit keine Rolle. Wir dürfen die Spaltenvektoren von A daher als
Vektoren in $\mathbb{R}^r$ ansehen. Wegen $\dim \mathbb{R}^r = r$ sind deshalb höchstens r Spaltenvektoren
linear unabhängig. Also ist Rg $(A) \leq r$.

Um zu zeigen, dass Rg $(A) = r$ ist, brauchen wir nur noch r linear unabhängige
Spaltenvektoren wirklich anzugeben. Wir überzeugen uns davon, dass die ersten r Spaltenvektoren von A linear unabhängig sind, indem wir nachweisen, dass die Koeffizienten
einer den Nullvektor darstellenden Linearkombination alle gleich 0 sind:

$$c_1 \begin{pmatrix} a_{11} \\ 0 \\ \vdots \end{pmatrix} + \cdots + c_r \begin{pmatrix} a_{1r} \\ \vdots \\ a_{rr} \end{pmatrix} = \begin{pmatrix} 0 \\ \vdots \\ 0 \end{pmatrix} \iff \begin{matrix} a_{11}c_1 + \cdots + a_{1r}c_r = 0 \\ \ddots \quad \vdots \quad \vdots \\ a_{rr}c_r = 0 \end{matrix}$$

Wegen der Voraussetzung $a_{ii} \neq 0$ für $i = 1,\ldots,r$ folgt aus der letzten Gleichung,
dass $c_r = 0$ ist, aus der darüberstehenden Gleichung, dass $c_{r-1} = 0$ ist, $\ldots$, aus der
ersten Gleichung, dass $c_1 = 0$ ist. Die Koeffizienten der Linearkombination sind also
alle gleich 0. Das war zu zeigen. $\square$

Beispiele:

$$\text{Rg} \begin{pmatrix} 2 & 1 & 3 & 0 \\ 0 & 7 & 1 & 1 \\ 0 & 0 & 3 & 0 \\ 0 & 0 & 0 & 0 \end{pmatrix} = 3, \quad \text{Rg} \begin{pmatrix} 2 & 1 & 1 & 1 \\ 0 & 7 & 1 & 3 \\ 0 & 0 & 5 & 1 \end{pmatrix} = 3, \quad \text{Rg} \begin{pmatrix} 1 & 2 \\ 0 & 3 \\ 0 & 0 \end{pmatrix} = 2,$$

Wir wenden uns jetzt einem linearen Gleichungssystem $Ax = b$ zu, dessen Koeffizientenmatrix A in Zeilenstufenform ist. Sei dabei A eine (m, n)-Matrix vom Rang
$r \leq m$. Hat der Vektor $b \in \mathbb{R}^m$ für ein $k > r$ eine Koordinate $b_k \neq 0$, so besitzt das
Gleichungssystem natürlich keine Lösung. Denn die k-te Gleichung kann nicht erfüllt
werden, weil in ihr wegen $k > r$ die Koeffizienten bei den Unbekannten alle 0 sind, auf
der rechten Seite aber $b_k \neq 0$ steht. Daher können wir von vornherein annehmen, dass
das lineare Gleichungssystem folgende Form hat:

$$\begin{matrix} a_{11}x_1 + \cdots + a_{1r}x_r + \cdots + a_{1n}x_n = b_1 \\ \ddots \quad \vdots \qquad\qquad \vdots \\ a_{rr}x_r + \cdots + a_{rn}x_n = b_r \end{matrix} \quad \text{mit } a_{ii} \neq 0 \text{ für } i = 1,\cdots,r.$$

Ist $r < n$ (wie hier angedeutet), so führen wir für $x_{r+1}, \ldots, x_n$ Parameter $c_{r+1}, \ldots, c_n$ ein, die beliebige Werte in $\mathbb{R}$ annehmen dürfen. Es sind dann noch die Unbekannten $x_1, \ldots, x_r$ in Abhängigkeit von den eingeführten Parametern zu berechnen. Um dies erkennbar zu machen, bringen wir die durch die Parameter festgelegten Summanden auf die rechte Seite der Gleichungen, schreiben das Gleichungssystem also wie folgt auf:

$$a_{11}x_1 + \cdots + a_{1r}x_r = b_1 - (a_{1,r+1}c_{r+1} + \cdots + a_{1n}c_n)$$
$$\ddots \qquad \vdots \qquad\qquad \vdots \qquad\qquad .$$
$$a_{rr}x_r = b_r - (a_{r,r+1}c_{r+1} + \cdots + a_{rn}c_n)$$

Im Falle $r = n$ hat die linke Seite des Systems von vornherein diese Dreiecksform. Die Berechnung der Unbekannten geschieht nun in folgender Weise:

Aus der r-ten Gleichung berechnen wir x_r (Division durch $a_{rr} \neq 0$), setzen den gefundenen Wert in die $(r-1)$-te Gleichung ein, bestimmen aus ihr x_{r-1} (Division durch $a_{r-1,r-1} \neq 0$). Das setzen wir fort, bis wir schließlich aus der ersten Gleichung x_1 berechnen.

3.8.10 Satz *Ist* A *eine* (m, n)*-Matrix in Zeilenstufenform und ist* Rg $(A) = r$, *so gilt für das lineare Gleichungssystem* Ax $=$ b:

(1) Ist $r < m$ *und* $b_k \neq 0$ *für ein* $k > r$, *so hat das Gleichungssystem keine Lösung.*

(2) Ist $r < m$ *und* $b_k = 0$ *für alle* $k > r$ *oder ist* $r = m$, *so können für die Unbekannten* $x_{r+1}, \cdots, x_n$ *(falls* $r < n$ *ist) Parameter eingeführt werden, die in* $\mathbb{R}$ *beliebige Werte annehmen dürfen. Für die Unbekannten* $x_1, \cdots, x_r$ *lassen sich dann eindeutige Werte errechnen. Diese ergeben sich, indem man nacheinander* x_r *aus der* r-*ten Gleichung,* x_{r-1} *aus der* $(r-1)$-*ten Gleichung,* $\cdots$, x_1 *aus der ersten Gleichung bestimmt.*

Beispiele:

(1) Ein lineares Gleichungssystem sei gegeben durch seine erweiterte Matrix

$$\left(\begin{array}{cccc|c} 1 & 2 & -1 & 3 & 1 \\ 0 & 2 & 1 & 2 & -1 \\ 0 & 0 & 0 & 0 & 0 \\ 0 & 0 & 0 & 0 & 3 \end{array} \right).$$

Es hat keine Lösung, denn die vierte Gleichung $0x_1 + 0x_2 + 0x_3 + 0x_4 = 3$ kann durch keine Wahl von Werten für die x_k erfüllt werden.

(2) Lösbar sind aber die beiden folgenden linearen Gleichungssysteme:

$$\text{(a)} \quad \left(\begin{array}{cccc|c} 1 & 2 & -1 & 3 & 1 \\ 0 & 1 & 1 & 2 & -1 \end{array} \right) \quad \text{und} \quad \text{(b)} \quad \left(\begin{array}{ccc|c} 1 & 1 & 1 & 0 \\ 0 & 1 & 2 & 1 \\ 0 & 0 & 1 & 2 \end{array} \right).$$

Zu (a):   Führen wir für x_3 und x_4 Parameter c und d ein, so können wir das Gleichungssystem wie angegeben aufschreiben und sofort die Lösungsmenge ablesen:

$$
\begin{aligned}
x_1 + 2x_2 &= 1 + c - 3d \\
x_2 &= -1 - c - 2d
\end{aligned}
\quad\Longrightarrow\quad
\mathbb{L} = \left\{ \left. \begin{pmatrix} 3 + 3c + d \\ -1 - c - 2d \\ c \\ d \end{pmatrix} \right| c, d \in \mathbb{R} \right\}.
$$

Zu (b):   Das Gleichungssystem hat die eindeutig bestimmte Lösung $\begin{pmatrix} 1 \\ -3 \\ 2 \end{pmatrix}$.

Wir geben jetzt die elementaren Zeilenumformungen an und zeigen, dass mit ihrer Hilfe jede Matrix in eine Matrix in Zeilenstufenform überführt werden kann.

3.8.11 Definition *Unter den elementaren Zeilenumformungen einer Matrix* A *versteht man die folgenden Operationen:*

(Z1) Das Vertauschen zweier Zeilen von A*;*

(Z2) Das Multiplizieren eines i-ten Zeilenvektors von A *mit einer Zahl $c \neq 0$ (oder das Dividieren durch eine Zahl $c \neq 0$).*

(Z3) Das Ersetzen einer i-ten Zeile von A *durch die Summe dieser i-ten Zeile mit dem c-fachen einer anderen k-ten Zeile ($k \neq i$) von* A*;*

Entsprechend sind die elementaren Spaltenumformungen (S1), (S2), (S3) definiert.

3.8.12 Satz *Jede (m, n)-Matrix* A *lässt sich durch Anwendung der elementaren Umformungen (Z1), (Z3) und (S1) in eine (m, n)-Matrix in Zeilenstufenform überführen.*

Wie man praktisch vorgeht, um durch elementare Umformungen eine Matrix in Zeilenstufenform zu überführen, geben wir als Rezept an. Dieses liefert zugleich den Beweis für Satz 3.8.12. Es ist hilfreich, wenn Sie parallel zu den Erläuterungen die einzelnen Schritte an Hand des anschließenden Beispiels nachvollziehen:

Rezept: In einem ersten Schritt überführt man A in eine Matrix, die in der linken oberen Ecke eine von 0 verschiedene Zahl $\tilde{a}_{11}$ hat und bei der die anderen Elemente der ersten Spalte alle gleich 0 sind. Dazu sind im Allgemeinen zwei Teilschritte erforderlich:

(1) Man kann einen bestimmten Eintrag $a_{ij} \neq 0$ der Matrix in die linke obere Ecke der Matrix (also an die mit dem Index $(1, 1)$ gekennzeichnete Stelle) bringen, indem man die i-te Zeile mit der ersten Zeile und anschließend die j-te Spalte mit der ersten Spalte vertauscht. Dann ist $\tilde{a}_{11} = a_{ij}$.

   Dieser Teilschritt ist nur nötig, wenn in der linken oberen Ecke der Matrix eine 0 steht. Er kann aber auch benutzt werden, um irgendeine Zahl $a_{ij} \neq 0$ in die linke obere Ecke zu bringen. Zur Erleichterung beim folgenden zweiten Teilschritt ist es zum Beispiel günstig, eine in der Matrix auftretende 1 oder eine andere möglichst kleine Zahl an die Stelle $(1, 1)$ zu bringen.

(2) Der Koeffizient in der linken oberen Ecke ist jetzt $\tilde{a}_{11}$. Ist der erste Koeffizient der zweiten Zeile eine Zahl $a_{21} \neq 0$, so addiert man zur zweiten Zeile das c-fache der ersten Zeile und wählt dabei $c = -\frac{a_{21}}{\tilde{a}_{11}}$. Der erste Koeffizient in der neuen zweiten Zeile ist dann 0. Entsprechend verfährt man mit den folgenden Zeilen. Wenn der erste Koeffizient der ersten Zeile $\tilde{a}_{11} = 1$ ist, kann man immer $c = -a_{k1}$ wählen.

Durch diesen aus den Teilschritten (1) und (2) bestehenden ersten Schritt gewinnt man eine Matrix, die an der Stelle $(1, 1)$ eine Zahl $\tilde{a}_{11} \neq 0$ hat und deren andere Einträge in der ersten Spalte alle 0 sind.

Im zweiten Schritt wendet man die eben beschriebenen Teilschritte (1) und (2) an auf die *Teilmatrix*, deren linke obere Ecke die Stelle $(2, 2)$ ist. Erste Zeile und erste Spalte der Gesamtmatrix werden dabei nicht mehr selbst benutzt, aber natürlich betreffen die verwendeten elementaren Umformungen immer die Gesamtmatrix und nicht etwa nur diese Teilmatrix. Zum Beispiel macht sich eine Vertauschung von Spalten auch in der ersten Zeile der Gesamtmatrix bemerkbar. Die erste Zeile selbst wird aber nicht mehr mit einer anderen vertauscht und nicht mehr zu einer anderen addiert, weil dann das bereits gewonnene Aussehen der ersten Spalte zerstört würde.

Die so gewonnene Matrix hat von 0 verschiedene Einträge $\tilde{a}_{11}$ und $\tilde{a}_{22}$, und alle unter $\tilde{a}_{11}$ und unter $\tilde{a}_{22}$ stehenden Einträge sind 0.

In dieser Weise fährt man fort, bis es entweder keine neue Teilmatrix mehr gibt (weil die linke obere Ecke der zuletzt behandelten Teilmatrix in der letzten Zeile oder Spalte der Matrix liegt) oder bis man auf eine Teilmatrix stößt, deren Einträge alle gleich 0 sind (durch den Teilschritt (1) kann bei ihr nicht mehr ein von 0 verschiedener Koeffizient in die linke obere Ecke gebracht werden).

Beispiel: Das Überführen einer Matrix in eine neue Matrix wird durch einen Pfeil angezeigt, über dem die benutzten elementaren Umformungen angegeben sind. Dabei wird eine i-te Zeile oder eine i-te Spalte durch das Symbol Z_i oder S_i und das Vertauschen von Zeilen oder Spalten durch $\leftrightarrow$, das Ersetzen einer Zeile durch $\rightarrow$ gekennzeichnet.

$$\begin{pmatrix} 0 & 1 & -1 & -1 & 2 \\ 1 & 0 & 2 & -1 & -4 \\ 1 & 0 & 2 & 1 & -2 \\ 0 & 1 & -1 & 0 & 2 \\ 1 & 1 & 1 & 0 & 0 \end{pmatrix} \xrightarrow{Z_1 \leftrightarrow Z_2} \begin{pmatrix} 1 & 0 & 2 & -1 & -4 \\ 0 & 1 & -1 & -1 & 2 \\ 1 & 0 & 2 & 1 & -2 \\ 0 & 1 & -1 & 0 & 2 \\ 1 & 1 & 1 & 0 & 0 \end{pmatrix} \xrightarrow[Z_5 \to Z_5 - Z_1]{Z_3 \to Z_3 - Z_1}$$

$$\begin{pmatrix} 1 & 0 & 2 & -1 & -4 \\ 0 & 1 & -1 & -1 & 2 \\ 0 & 0 & 0 & 2 & 2 \\ 0 & 1 & -1 & 0 & 2 \\ 0 & 1 & -1 & 1 & 4 \end{pmatrix} \xrightarrow[Z_5 \to Z_5 - Z_2]{Z_4 \to Z_4 - Z_2} \begin{pmatrix} 1 & 0 & 2 & -1 & -4 \\ 0 & 1 & -1 & -1 & 2 \\ 0 & 0 & 0 & 2 & 2 \\ 0 & 0 & 0 & 1 & 0 \\ 0 & 0 & 0 & 2 & 2 \end{pmatrix} \xrightarrow{S_3 \leftrightarrow S_5}$$

$$\begin{pmatrix} 1 & 0 & -4 & -1 & 2 \\ 0 & 1 & 2 & -1 & -1 \\ 0 & 0 & 2 & 2 & 0 \\ 0 & 0 & 0 & 1 & 0 \\ 0 & 0 & 2 & 2 & 0 \end{pmatrix} \xrightarrow{Z_5 \to Z_5 - Z_3} \begin{pmatrix} 1 & 0 & -4 & -1 & 2 \\ 0 & 1 & 2 & -1 & -1 \\ 0 & 0 & 2 & 2 & 0 \\ 0 & 0 & 0 & 1 & 0 \\ 0 & 0 & 0 & 0 & 0 \end{pmatrix} = \tilde{A}.$$

$\tilde{\mathsf{A}}$ ist, wie gewünscht, eine Matrix in Zeilenstufenform. Nach Satz 3.8.9 hat sie den Rang $r = 4$, weil die Anzahl der von 0 verschiedenen Einträge $\tilde{a}_{ii}$ gleich 4 ist.

Wir müssen noch die Frage diskutieren, ob unter den tatsächlich verwendeten elementaren Umformungen der Rang einer Matrix und der Lösungsraum eines linearen Gleichungssystems unverändert bleiben.

Aus $\mathsf{A}\mathbf{x} = \mathbf{b}$ entstehe das neue Gleichungssystem $\tilde{\mathsf{A}}\tilde{\mathbf{x}} = \tilde{\mathbf{b}}$ durch

(1) Vertauschen von zwei Gleichungen,

(2) Vertauschen der Summanden $\alpha_{ki}x_i$ und $\alpha_{kj}x_j$ in allen Gleichungen (also für alle $k = 1, \ldots, m$),

(3) Addition des c-fachen der i-ten Gleichung zu einer k-ten Gleichung.

Wegen der Vertauschung (2) der Summationsreihenfolge ist dabei $\tilde{\mathbf{x}}$ der Vektor, der aus $\mathbf{x}$ durch Vertauschen der Koordinaten x_i und x_j entsteht.

Erfüllen die Koordinaten $x_1, \ldots, x_n$ von $\mathbf{x}$ die Gleichungen des ersten Systems, so erfüllen sie dann offensichtlich auch die Gleichungen des neuen Systems. Jede Lösung von $\mathsf{A}\mathbf{x} = \mathbf{b}$ ist daher auch eine Lösung von $\tilde{\mathsf{A}}\tilde{\mathbf{x}} = \tilde{\mathbf{b}}$. Umgekehrt geht das erste System wieder aus dem zweiten hervor, wenn wir die drei Operationen rückgängig machen, also wieder die beiden Gleichungen vertauschen, in allen Gleichungen die beiden Summanden $\alpha_{ki}x_i$ und $\alpha_{kj}x_j$ miteinander vertauschen und zu der k-ten Gleichung das $-c$-fache der i-ten Gleichung addieren. Daher ist jede Lösung des zweiten Systems auch eine Lösung des ersten Systems. Beide Systeme haben somit dieselbe Lösungsmenge. Den drei genannten Operationen entsprechen genau die Umformungen (Z1), (S1) und (Z3), die nach Satz 3.8.12 erforderlich sind, um die erweiterte Matrix $(\mathsf{A} \mid \mathbf{b})$ in die erweiterte Matrix $(\tilde{\mathsf{A}} \mid \tilde{\mathbf{b}})$ mit $\tilde{\mathsf{A}}$ in Zeilenstufenform zu überführen.

Warum der Rang einer Matrix unter elementaren Umformungen erhalten bleibt, wollen wir nur kurz andeuten: Hat die Matrix A den Rang r, so bilden genau r Spaltenvektoren von A eine maximale linear unabhängige Menge. Eine entsprechende Argumentation wie bei linearen Gleichungssystemen zeigt, dass sich daran unter den elementaren Umformungen (Z1), (S1) und (Z3) nichts ändert.

Für die Berechnung des Ranges einer Matrix und für das Lösen von linearen Gleichungssystemen erhalten wir damit nach Satz 3.8.12 und nach den Sätzen 3.8.9 und 3.8.10 die folgenden Ergebnisse:

3.8.13 Satz *Um den Rang einer Matrix A zu bestimmen, überführt man A durch die elementaren Umformungen (Z1), (S1) und (Z3) in eine Matrix $\tilde{\mathsf{A}}$ in Zeilenstufenform. Es gilt dann:* $\operatorname{Rg} \mathsf{A} = \operatorname{Rg} \tilde{\mathsf{A}}$. *Dabei ist* $\operatorname{Rg} \tilde{\mathsf{A}}$ *gleich der Anzahl der Zahlen* $\tilde{a}_{ii} \neq 0$.

Beispiel: In dem letzten Beispiel (Seite 88) haben wir die dort angegebene Matrix A durch die erlaubten elementaren Umformungen in eine Matrix $\tilde{\mathsf{A}}$ in Zeilenstufenform überführt. Da diese den Rang 4 hat, ist auch $\operatorname{Rg} \mathsf{A} = 4$.

3.8.14 Satz (Verfahren von Gauß zur Lösung linearer Gleichungssysteme) *Durch Anwendung elementarer Umformungen (Z1), (S1) und (Z3) kann die erweiterte Matrix $(\mathsf{A} \mid \mathsf{b})$ eines linearen Gleichungssystems $\mathsf{A}\mathsf{x} = \mathsf{b}$ überführt werden in eine Matrix $(\tilde{\mathsf{A}} \mid \tilde{\mathsf{b}})$, wobei $\tilde{\mathsf{A}}$ eine Matrix in Zeilenstufenform ist:*

$$(\tilde{\mathsf{A}} \mid \tilde{\mathsf{b}}) = \left(\begin{array}{ccccccc|c} \tilde{a}_{11} & \tilde{a}_{12} & \ldots & \ldots & \tilde{a}_{1r} & \ldots & \tilde{a}_{1n} & \tilde{b}_1 \\ 0 & \tilde{a}_{22} & \ldots & \ldots & \tilde{a}_{2r} & \ldots & \tilde{a}_{2n} & \tilde{b}_2 \\ \vdots & 0 & \ddots & & \vdots & & \vdots & \vdots \\ \vdots & \vdots & \ddots & \ddots & \vdots & & \vdots & \vdots \\ 0 & 0 & \ldots & 0 & \tilde{a}_{rr} & \ldots & \tilde{a}_{rn} & \tilde{b}_r \\ 0 & 0 & \ldots & 0 & 0 & \ldots & 0 & \tilde{b}_{r+1} \\ \vdots & \vdots & & \vdots & \vdots & & \vdots & \vdots \\ 0 & 0 & \ldots & 0 & 0 & \ldots & 0 & \tilde{b}_m \end{array} \right).$$

$$\tilde{x}_1 \quad \tilde{x}_2 \quad \ldots \quad \ldots \quad \tilde{x}_r \quad \ldots \quad \tilde{x}_n$$

Das lineare Gleichungssystem $\tilde{\mathsf{A}}\tilde{\mathsf{x}} = \tilde{\mathsf{b}}$ mit der erweiterten Matrix $(\tilde{\mathsf{A}} \mid \tilde{\mathsf{b}})$ hat dieselbe Lösungsmenge wie $\mathsf{A}\mathsf{x} = \mathsf{b}$.

Um nach vorgenommenen Spaltenvertauschungen noch zu wissen, welche Spalte als Koeffizientenspalte zu welcher Unbekannten gehört, gibt man unter den Spalten der Matrix die jeweils zugehörige Unbekannte an; $(\tilde{x}_1, \ldots, \tilde{x}_n)$ stellt also eine den vorgenommenen Spaltenvertauschungen entsprechende (und daher möglicherweise neue) Reihenfolge von $(x_1, \ldots, x_n)$ dar.

Da $\tilde{\mathsf{A}}\tilde{\mathsf{x}} = \tilde{\mathsf{b}}$ und $\mathsf{A}\mathsf{x} = \mathsf{b}$ dieselbe Lösungsmenge haben, kann diese an Hand des Gleichungssystems $\tilde{\mathsf{A}}\tilde{\mathsf{x}} = \tilde{\mathsf{b}}$ bestimmt werden. Dabei können folgende verschiedenen Situationen auftreten, die zu entsprechend unterschiedlichen Lösungsmengen führen:

(I) *Es ist $r < m$ und die Koordinaten $\tilde{b}_{r+1}, \ldots, \tilde{b}_m$ sind nicht alle von 0 verschieden. Dann gilt: $\mathrm{Rg}\,\mathsf{A} = r < \mathrm{Rg}\,(\mathsf{A} \mid \mathsf{b})$. Das Gleichungssystem $\mathsf{A}\mathsf{x} = \mathsf{b}$ hat daher nach Satz 3.8.10, (1) keine Lösung.*

(II) *Es ist $r = m$ oder es ist $r < m$ und $\tilde{b}_k = 0$ für $r \leq k \leq m$: Dann ist $\mathsf{A}\mathsf{x} = \mathsf{b}$ nach Satz 3.8.10, (2) lösbar. Genauer gilt:*

    (a) *Ist $r = n$ (also $\mathrm{Rg}\,\mathsf{A}$ = Anzahl der Unbekannten), so hat das Gleichungssystem $\mathsf{A}\mathsf{x} = \mathsf{b}$ genau eine (einzige) Lösung.*

    (b) *Ist $r = \mathrm{Rg}\,\mathsf{A} < n$, so hat das Gleichungssystem $\mathsf{A}\mathsf{x} = \mathsf{b}$ einen Lösungsraum der Dimension $n - r$.*

Beispiele:

(1) Gegeben ist das lineare Gleichungssystem

$$\begin{array}{rcl} x_1 + 2x_2 - 3x_3 & = & 5 \\ 2x_1 + 3x_2 - 4x_3 & = & 11 \\ 3x_1 + 7x_2 - 13x_3 & = & 8 \end{array} \quad \text{mit} \quad (\mathsf{A} \mid \mathsf{b}) = \begin{pmatrix} 1 & 2 & -3 & 5 \\ 2 & 3 & -4 & 11 \\ 3 & 7 & -13 & 8 \end{pmatrix}.$$

$$\begin{pmatrix} 1 & 2 & -3 & \bigm| & 5 \\ 2 & 3 & -4 & \bigm| & 11 \\ 3 & 7 & -13 & \bigm| & 8 \end{pmatrix} \xrightarrow[(3)\to(3)-3\cdot(1)]{(2)\to(2)-2\cdot(1)} \begin{pmatrix} 1 & 2 & -3 & \bigm| & 5 \\ 0 & -1 & 2 & \bigm| & 1 \\ 0 & 1 & -4 & \bigm| & -7 \end{pmatrix}$$

$$\xrightarrow{(3)\to(3)+(2)} \begin{pmatrix} 1 & 2 & -3 & \bigm| & 5 \\ 0 & -1 & 2 & \bigm| & 1 \\ 0 & 0 & -2 & \bigm| & -6 \end{pmatrix}, \text{ also } \quad \begin{aligned} x_1 + 2x_2 - 3x_3 &= 5 \\ -x_2 + 2x_3 &= 1 \;. \\ -2x_3 &= -6 \end{aligned}$$

Hier ist $\mathrm{Rg}\,(A \mid b) = \mathrm{Rg}\,A = 3 = n$ (= Anzahl der Unbekannten). Das Gleichungssystem hat die einzige Lösung: $x_3 = 3$, $x_2 = 5$, $x_1 = 4$.

(2) Auf die folgende erweiterte Matrix eines linearen Gleichungssystems wenden wir das Gaußsche Verfahren an:

$$\begin{pmatrix} 1 & 3 & 1 & 0 & \bigm| & 1 \\ 0 & -3 & 0 & 3 & \bigm| & 0 \\ -3 & -3 & -1 & 2 & \bigm| & 3 \\ -5 & 3 & -3 & -10 & \bigm| & 1 \end{pmatrix} \xrightarrow[(4)\to(4)+5\cdot(1)]{(3)\to(3)+3\cdot(1)} \begin{pmatrix} 1 & 3 & 1 & 0 & \bigm| & 1 \\ 0 & -3 & 0 & 3 & \bigm| & 0 \\ 0 & 6 & 2 & 2 & \bigm| & 6 \\ 0 & 18 & 2 & -10 & \bigm| & 6 \end{pmatrix}$$

$$\xrightarrow[(4)\to(4)+6\cdot(2)]{(3)\to(3)+2\cdot(2)} \begin{pmatrix} 1 & 3 & 1 & 0 & \bigm| & 1 \\ 0 & -3 & 0 & 3 & \bigm| & 0 \\ 0 & 0 & 2 & 8 & \bigm| & 6 \\ 0 & 0 & 2 & 8 & \bigm| & 6 \end{pmatrix} \xrightarrow{(4)\to(4)-(3)} \begin{pmatrix} 1 & 3 & 1 & 0 & \bigm| & 1 \\ 0 & -3 & 0 & 3 & \bigm| & 0 \\ 0 & 0 & 2 & 8 & \bigm| & 6 \\ 0 & 0 & 0 & 0 & \bigm| & 0 \end{pmatrix}.$$

Hier ist $\mathrm{Rg}\,A = \mathrm{Rg}\,(A \mid b) = 3 < n = 4$ (= Anzahl der Unbekannten). Der Lösungsraum $\mathbb{L}$ hat daher die Dimension $n - r = 4 - 3 = 1$.

$$\begin{aligned} x_1 + 3x_2 + x_3 &= 1 \\ -3x_2 \quad\quad + 3x_4 &= 0 \;. \\ 2x_3 + 8x_4 &= 6 \end{aligned}$$

$$\mathbb{L} = \left\{ \begin{pmatrix} -2+c \\ c \\ 3-4c \\ c \end{pmatrix} \Bigm| c \in \mathbb{R} \right\} = \left\{ \begin{pmatrix} -2 \\ 0 \\ 3 \\ 0 \end{pmatrix} + c \begin{pmatrix} 1 \\ 1 \\ -4 \\ 1 \end{pmatrix} \Bigm| c \in \mathbb{R} \right\}.$$

(3) Ist in $Ax = b$ die Koeffizientenmatrix A wie in (2), aber $b = (1,0,3,2)^T$, so führt die gleiche Rechnung wie in (2) auf das Gleichungssystem

$$\begin{aligned} x_1 + 3x_2 + x_3 &= 1 \\ -3x_2 \quad\quad + 3x_4 &= 0 \\ 2x_3 + 8x_4 &= 6 \;. \\ 0 &= 1 \end{aligned}$$

Es liegt hier die in Satz 3.8.14, (I) angegebene Situation vor:

$$\mathrm{Rg}\,A = \mathrm{Rg}\,\tilde{A} = 3 < 4 = m \quad \text{und} \quad \tilde{b}_4 = 1 \neq 0\;.$$

Man muss sich diese Situation so vorstellen: Die vier Gleichungen des ursprünglichen Systems sind nicht gleichzeitig erfüllbar, sie widersprechen sich. Man erkennt das nur im Allgemeinen erst nach Anwendung des Gaußschen Verfahrens, weil dann eine Gleichung auftritt, die offensichtlich nicht gültig ist.

Auch der Wert der Determinante einer quadratischen Matrix A in Zeilenstufenform lässt sich unmittelbar ablesen. Da A quadratisch ist, sind die Einträge a_{ii} genau die Hauptdiagonalelemente. Da A in Zeilenstufenform ist, sind alle Einträge unterhalb der Hauptdiagonalen gleich 0. Also ist A nach 3.7.11 eine obere Dreiecksmatrix:

$$\begin{pmatrix} a_{11} & \cdots & \cdots & a_{1n} \\ 0 & \cdots & & \vdots \\ \vdots & \ddots & \ddots & \vdots \\ 0 & \cdots & 0 & a_{nn} \end{pmatrix}.$$

In der ersten Spalte von A kann nur $a_{11} \neq 0$ sein. Wir entwickeln $\det$ A nach dieser ersten Spalte und erhalten eine einzige $(n-1)$-reihige Determinante, nämlich die Determinante der Matrix A_{11}, die aus A durch Streichen der ersten Zeile und der ersten Spalte entsteht (Satz 3.7.12). Da in deren erster Spalte nur $a_{22} \neq 0$ sein kann, entwickeln wir wieder nach der ersten Spalte. Das setzen wir fort und erhalten:

$$\det A = \begin{vmatrix} a_{11} & \cdots & \cdots & a_{1n} \\ 0 & \ddots & & \vdots \\ \vdots & \ddots & \ddots & \vdots \\ 0 & \cdots & 0 & a_{nn} \end{vmatrix} = a_{11} \begin{vmatrix} a_{22} & \cdots & \cdots & a_{2n} \\ 0 & \ddots & & \vdots \\ \vdots & \ddots & \ddots & \vdots \\ 0 & \cdots & 0 & a_{nn} \end{vmatrix} = \cdots$$

$$= a_{11} \cdot a_{22} \cdot \ldots \cdot a_{nn}.$$

Ist $\mathrm{Rg}\,(A) = r < n$, so sind alle Einträge in den Zeilen unterhalb der r-ten Zeile gleich 0. Daher treten dann auch in der Hauptdiagonalen Einträge auf, die gleich 0 sind, nämlich die Einträge a_{ii} für $i > r$. Damit gilt:

$$\mathrm{Rg}\,(A) < n \iff \det A = a_{11} \cdot a_{22} \cdot \ldots \cdot a_{nn} = 0,$$
$$\mathrm{Rg}\,(A) = n \iff a_{ii} \neq 0 \text{ für } i = 1, \ldots, n \iff \det A \neq 0.$$

3.8.15 Satz *Ist A eine n-reihige obere (untere) Dreiecksmatrix, so ist die Determinante von A das Produkt der Hauptdiagonalelemente von A:* $\det A = a_{11} \cdot a_{22} \cdot \ldots \cdot a_{nn}$. *Insbesondere gilt daher:* $\mathrm{Rg}\,(A) < n \iff \det A = 0$.

Beispiele:

$$\begin{vmatrix} 2 & 7 & 4 & 3 \\ 0 & -3 & 9 & -2 \\ 0 & 0 & 1 & 1 \\ 0 & 0 & 0 & 5 \end{vmatrix} = 2 \cdot (-3) \cdot 1 \cdot 5 = -30, \qquad \begin{vmatrix} 3 & -2 & 7 \\ 0 & 5 & -1 \\ 0 & 0 & 0 \end{vmatrix} = 3 \cdot 5 \cdot 0 = 0.$$

Nach Satz 3.8.12 kann jede Matrix in eine Matrix in Zeilenstufenform überführt werden. Also brauchen wir nur noch festzustellen, wie sich unter elementaren Umformungen der Wert einer Determinante ändert. Darüber gibt der folgende Satz Auskunft.

3.8.16 Satz *Für eine n-reihige quadratische Matrix A gilt:*

(1) Entsteht die Matrix $\tilde{\mathsf{A}}$ aus der Matrix A durch Vertauschen zweier Zeilen oder Spalten, so unterscheiden sich $\det \mathsf{A}$ und $\det \tilde{\mathsf{A}}$ nur um das Vorzeichen:

$$\det \mathsf{A} = (-1) \cdot \det \tilde{\mathsf{A}}.$$

(2) Entsteht die Matrix $\tilde{\mathsf{A}}$ aus der Matrix A durch Multiplikation einer Zeile oder einer Spalte mit einer Zahl $a \neq 0$, so ist

$$\det \tilde{\mathsf{A}} = a \cdot \det \mathsf{A} \quad \text{oder, äquivalent dazu,} \quad \det \mathsf{A} = \frac{1}{a} \cdot \det \tilde{\mathsf{A}}.$$

(3) Entsteht die Matrix $\tilde{\mathsf{A}}$ aus der Matrix A durch Addition des c-fachen der i-ten Zeile zur j-ten Zeile, so ist $\det \mathsf{A} = \det \tilde{\mathsf{A}}$. Entsprechendes gilt für Spalten.

Überführen wir eine n-reihige quadratische Matrix A durch elementare Umformungen in eine Matrix $\tilde{\mathsf{A}}$ in Zeilenstufenform, so sind $\det \mathsf{A}$ und $\det \tilde{\mathsf{A}}$ nach Satz 3.8.16 bis auf einen möglicherweise auftretenden von 0 verschiedenen Faktor gleich. Daher folgt: $\det \mathsf{A} \neq 0 \iff \det \tilde{\mathsf{A}} \neq 0$. Da nach Satz 3.8.13 auch $\mathrm{Rg}\,(\mathsf{A}) = \mathrm{Rg}\,(\tilde{\mathsf{A}})$ ist, gilt nach Satz 3.8.15 und Satz 3.8.14:

3.8.17 Folgerung *Ist A eine n-reihige quadratische Matrix, so gilt:*

(1) $\mathrm{Rg}\,\mathsf{A} = n \iff \det \mathsf{A} \neq 0$.

(2) $\mathsf{A}\mathbf{x} = \mathbf{0}$ hat nicht nur die triviale Lösung $\mathbf{0}$. $\iff \det \mathsf{A} = 0$.

Da für die Berechnung von Determinanten grundsätzlich auch der Laplacesche Entwicklungssatz (Satz 3.7.12) zur Verfügung steht, wird man im Allgemeinen nicht die Matrix in eine obere Dreiecksmatrix umformen und den Wert der Determinante dann nach Satz 3.8.16 berechnen, sondern elementare Umformungen nur verwenden, um eine Zeile oder Spalte zu gewinnen, in der möglichst viele Einträge 0 sind, und wird dann die Determinante nach dieser Zeile oder Spalte entwickeln.

Beispiel: In der folgenden Determinante ersetzen wir zuerst die erste Zeile Z_1 durch die Linearkombination $Z_1 - 2 \cdot Z_3$ und entwickeln dann nach der letzten Spalte:

$$\begin{vmatrix} 3 & -3 & -1 & 2 \\ 2 & 3 & 1 & 0 \\ 1 & 6 & 0 & 1 \\ 0 & 2 & 1 & 0 \end{vmatrix} = \begin{vmatrix} 1 & -15 & -1 & 0 \\ 2 & 3 & 1 & 0 \\ 1 & 6 & 0 & 1 \\ 0 & 2 & 1 & 0 \end{vmatrix} = - \begin{vmatrix} 1 & -15 & -1 \\ 2 & 3 & 1 \\ 0 & 2 & 1 \end{vmatrix}$$

Wir ersetzen hier die zweite Zeile Z_2 durch $Z_2 - 2 \cdot Z_1$, entwickeln nach der ersten Spalte und rechnen schließlich die 2-reihige Determinante aus:

$$= - \begin{vmatrix} 1 & -15 & -1 \\ 0 & 33 & 3 \\ 0 & 2 & 1 \end{vmatrix} = - \begin{vmatrix} 33 & 3 \\ 2 & 1 \end{vmatrix} = -(33 - 6) = -27.$$

3.8.18 Bemerkung Manchmal addiert man etwa für $a \neq 0$ zu dem a-fachen einer j-ten Zeile das c-fache einer i-ten Zeile. Dabei ändert sich der Wert der Determinante um den Faktor a, weil dieser Rechenschritt tatsächlich aus zwei Umformungen besteht:

(1) Multiplikation der j-ten Zeile mit $a \neq 0$; dabei ändert sich der Wert der Determinante um den Faktor a.

(2) Addition des c-fachen der i-ten Zeile zu der neuen j-ten Zeile; dabei ändert sich die Determinante nicht.

Beachten Sie also, dass bei einem solchen Vorgehen Vorsicht geboten ist.

★ Aufgaben

(1) Berechnen Sie die Determinante:

(a) $\begin{vmatrix} 3 & -6 & -1 & 1 \\ 5 & 7 & 2 & 3 \\ 3 & 6 & 1 & 2 \\ 2 & -2 & -3 & 1 \end{vmatrix}$;   (b) $\begin{vmatrix} 3 & 1 & 2 & 4 \\ 5 & -1 & 3 & 7 \\ 3 & -1 & -2 & 6 \\ -2 & 3 & 2 & 3 \end{vmatrix}$.

(2) Bestimmen Sie den Rang der Matrix

(a) $A = \begin{pmatrix} 1 & 1 & 4 & 0 \\ -2 & -2 & 1 & 10 \\ 4 & 4 & 0 & 3 \\ 3 & 3 & 3 & 1 \end{pmatrix}$;   (b) $A = \begin{pmatrix} 2 & 5 & 18 & -1 \\ 4 & -3 & 5 & 6 \\ -6 & 3 & -9 & 3 \\ 0 & 2 & 5 & 0 \end{pmatrix}$.

Benutzen Sie insbesondere Vertauschungen von Zeilen oder von Spalten, um sich Rechenerleichterungen zu verschaffen.

(3) Lösen Sie nach dem Gaußschen Verfahren das lineare Gleichungssystem:

(a) $\begin{aligned} x_1 + x_2 + 2x_3 &= 5 \\ -x_1 + 2x_2 + x_3 &= 1 \\ 2x_1 - 4x_2 - 2x_3 &= -2 \end{aligned}$;   (b) $\begin{aligned} x_1 + x_2 + 2x_3 &= 5 \\ -x_1 + 2x_2 + x_3 &= 1 \\ 2x_1 - 4x_2 - 2x_3 &= 2 \end{aligned}$;

(c) $\begin{aligned} x_1 - x_2 + x_3 &= -6 \\ 4x_1 + 5x_2 - x_3 &= -9 \\ 3x_1 + 4x_2 - 2x_3 &= -7 \end{aligned}$;   (d) $\begin{aligned} x_1 - 2x_2 + 3x_3 &= 0 \\ -4x_1 + 8x_2 - 12x_3 &= 0 \\ -3x_1 + 6x_2 - 9x_3 &= 0 \end{aligned}$;

(e) $\begin{aligned} -u + v \quad\quad - x + y &= 5 \\ 2u - v - w + x \quad\quad &= 3 \\ - v + 2w - x \quad\quad &= 1 \\ 2u - v - w + 2x - y &= 2 \\ -u + 2v - w \quad\quad - y &= -14 \end{aligned}$.

Kapitel 4

Grundlegendes über Abbildungen und Funktionen

Eine typische Arbeitsweise in den Naturwissenschaften ist, durch Experimente Gesetzmäßigkeiten in der Natur, also Zusammenhänge zwischen naturwissenschaftlichen Grössen, herauszufinden, um dann als allgemeine Naturgesetze präzise zu formulieren, was an Hand der Experimente beobachtet wurde. Eine präzise Formulierung eines Naturgesetzes ist eine mathematische Formulierung als eine Gleichung, in der die beteiligten Größen und mit ihnen verbundene abgeleitete Größen auftreten und die daher eine zwischen den Größen bestehende Abhängigkeit beschreibt. Eine solche wird besonders deutlich, wenn sich die Gleichung nach einer der Größen auflösen lässt, so dass diese dann durch einen Rechenausdruck in den übrigen Größen dargestellt ist. Denn daran wird sichtbar, dass Messwerte der übrigen Größen eindeutig einen Wert der einen Größe bestimmen, und der Rechenausdruck erlaubt es, ihn zu berechnen.

Ein einfaches Beispiel dafür ist das Ohmsche Gesetz, das als ein Naturgesetz den funktionalen Zusammenhang zwischen der Stromstärke I und der Spannung U für einen Stromkreis beschreibt. Das Experiment besteht darin, verschiedene Spannungen an den Stromkreis anzulegen und die dann auftretenden Stromstärken zu messen. Dabei zeigt sich, dass der Quotient aus angelegter Spannung und gemessener Stromstärke immer einen (für den Stromkreis typischen) konstanten Zahlenwert R hat. Die mathematische Formulierung dieses Ergebnisses ist das Ohmsche Gesetz: $\frac{U}{I} = R$. Die nach I aufgelöste Gleichung $I = \frac{1}{R} \cdot U$ zeigt die Abhängigkeit der Stromstärke I von der Spannung U, und der Rechenausdruck $\frac{1}{R} \cdot U$ ermöglicht es, zu jedem Wert von U den Wert von I zu berechnen, den man in einem Experiment auch messen würde.

Sehen wir von der physikalischen Bedeutung der Größen ab, so stellt ein Rechenausdruck, der die Abhängigkeit einer Größe von anderen kennzeichnet, einfach eine Vorschrift dar, durch die Zahlenwerten von Variablen eindeutig ein Zahlenwert oder ein geordnetes n-Tupel von Zahlenwerten zugeordnet wird. Dass eine solche Vorschrift geeignet sein kann, den *funktionalen Zusammenhang* zwischen physikalischen Größen zu kennzeichnen, mag der Grund dafür sein, alle derartigen Vorschriften als *Funktionen* zu bezeichnen. Unter diesem Gesichtspunkt sind Funktionen mathematische Objekte, die dazu dienen können, funktionale physikalische Zusammenhänge zu beschreiben, was dann die Möglichkeit eröffnet, Eigenschaften von Funktionen und Aussagen über Funktionen als physikalische Informationen zu interpretieren.

Nun sind funktionale Zusammenhänge zwischen naturwissenschaftlichen oder anderen Größen nicht der einzige Anlass, Vorschriften einzuführen, durch die Zahlen eindeutig Zahlen zugeordnet sind.

So ist zum Beispiel die Addition in $\mathbb{R}$ eine Vorschrift, durch die je zwei Zahlen aus $\mathbb{R}$ eindeutig eine Zahl aus $\mathbb{R}$ als Summe zugeordnet wird. Das Entsprechende gilt für die Addition in $\mathbb{R}^n$. Wenn wir mit dem Funktionsbegriff die oben beschriebene Vorstellung verbinden, werden wir die Addition auf $\mathbb{R}$ oder auf $\mathbb{R}^n$ nicht als Funktion bezeichnen wollen. In der Definition 3.4.1 haben wir dementsprechend auch einen anderen Begriff, nämlich *Operation*, benutzt.

Die in 2.3.5 angegebenen Formeln gestatten es, aus den kartesischen Koordinaten einer komplexen Zahl die Polarkoordinaten zu berechnen und umgekehrt aus diesen die kartesischen Koordinaten. Sie sind also Vorschriften, die für jede komplexe Zahl dem geordneten Paar der einen Sorte von Koordinaten das geordnete Paar der anderen Sorte zuordnen. Einer Vorschrift, die eine derartige Bedeutung hat, nämlich einen Koordinatenwechsel zu beschreiben, gibt man nicht den Namen *Funktion*, sondern den dies kennzeichnenden Namen *Transformation* (oder *Koordinatentransformation*).

Die Beispiele sollen verdeutlichen: Es gibt völlig unterschiedliche Anlässe, Zuordnungsvorschriften einzuführen und als „neue" mathematische Objekte anzusehen. Dass es sich dabei nicht nur um Zuordnungen zwischen Zahlenmengen handeln muss, zeigen die Differentiation und die Integration. Sie sind Vorschriften, die Funktionen wieder Funktionen zuordnen, und solche bezeichnet man auch als *Operatoren*.

Mit dem Wort *Abbildung* führen wir einen gemeinsamen Namen für alle derartigen Zuordnungsvorschriften ein, und wir geben Abbildungen einen besonderen Namen, wie *Funktion*, *Operation* oder *Transformation*, wenn wir sie unter einem bestimmten Gesichtspunkt betrachten oder ihnen eine bestimmte Bedeutung geben wollen.

Wir werden uns in diesem Kapitel zuerst kurz mit dem allgemeinen Abbildungsbegriff beschäftigen, dann die verschiedenen Typen von Funktionen einführen und dabei insbesondere auch die wichtigsten Grundfunktionen in Erinnerung rufen und uns an den Umgang mit reellen Funktionen, vektorwertigen Funktionen und Funktionen von mehreren Variablen gewöhnen.

4.1   Der Abbildungsbegriff

Die Einführung des Abbildungsbegriffes erlaubt es, Begriffsbildungen und Aussagen, die für alle Arten von Zuordnungsvorschriften nützlich sind, einheitlich zu formulieren, und sie erleichtert es, durch die Forderung zusätzlicher Eigenschaften zu besonderen Zuordnungsvorschriften überzugehen.

4.1.1 Definition *Sind X und Y zwei nicht-leere Mengen, so verstehen wir unter einer Abbildung von X nach Y eine Vorschrift, die jedem Element $x \in X$ eindeutig ein Element $y \in Y$ zuordnet. Benutzen wir den Buchstaben f als Symbol für die Vorschrift, so geben wir die durch f definierte Abbildung von X nach Y an durch die Schreibweise:*

$$f\colon X \to Y \qquad (lies: f \text{ von } X \text{ nach } Y).$$

Der Pfeil von X nach Y weist dabei darauf hin, dass durch f den Elementen von X Elemente von Y zugeordnet werden. X heißt der Definitionsbereich, Y der Wertebereich der Abbildung. Das durch f einem Element $x \in X$ zugeordnete Element in Y wird mit $f(x)$ (lies: f von x) bezeichnet.

Eine Abbildung ist also festgelegt durch drei Angaben:

$$\text{Definitionsbereich } X, \text{ Wertebereich } Y, \text{ Zuordnungsvorschrift } f.$$

Im Allgemeinen ist der Definitionsbereich X nur eine Teilmenge einer *Grundmenge* von Elementen eines bestimmten Typs (wie Zahlen, geordneten n-Tupeln von Zahlen, Punkten, Vektoren, Funktionen usw.), insbesondere dann, wenn die Vorschrift f nicht für alle Elemente dieser Grundmenge erklärt ist. Als Wertebereich dagegen wählt man in der Regel eine *gesamte* Grundmenge von Elementen gleichen Typs, weil mit seiner Angabe eigentlich nur deutlich gemacht werden soll, von welcher Art die zugeordneten Elemente sind (Zahlen, geordnete n-Tupel, Punkte oder Vektoren). Die zugeordneten Elemente $f(x)$ bilden deshalb im Allgemeinen nur eine Teilmenge des Wertebereiches.

4.1.2 Definition *Für eine Abbildung $f\colon X \to Y$ heißt die Menge*

$$f(X) = \{\, f(x) \mid x \in X \,\} = \{\, y \in Y \mid y = f(x) \text{ und } x \in X \,\}$$

die Bildmenge von X unter f. Ihre Elemente heißen Bildelemente.

Wir werden erst in 4.1.6 die Vereinbarung treffen, eine Abbildung $f\colon X \to Y$ als *Funktion* zu bezeichnen, wenn der Definitionsbereich X eine Teilmenge von $\mathbb{R}$ und der Wertebereich gleich $\mathbb{R}$ ist. In Beispielen wollen wir diesen ohnehin aus der Schulmathematik bekannten Begriff schon jetzt benutzen.

Beispiel: Die Vorschrift, zu jeder reellen Zahl x das Quadrat von x zu bilden, definiert eine Abbildung, die *Quadratfunktion*. Sie hat den Definitionsbereich $\mathbb{R}$, weil *jede* reelle Zahl quadriert werden kann. Obwohl die Quadrate von reellen Zahlen immer nicht-negative reelle Zahlen sind und daher nur solche als Werte auftreten, wählen wir als Wertebereich die ganze Menge $\mathbb{R}$, um darauf hinzuweisen, dass die Quadrate reeller Zahlen wieder reelle Zahlen sind. Erst aus der Angabe der Bildmenge $[0, \infty)$ wird ersichtlich, dass genau die nicht-negativen Zahlen die Bildwerte sind.

Wir verwenden zwei Möglichkeiten für die Angabe von Abbildungen: Eine spezielle (mehr oder weniger aufwendig gebildete) Abbildung geben wir dadurch an, dass wir ein allgemeines Symbol wie f wählen und mit seiner Hilfe dann die Zuordnungsvorschrift erklären. Häufig auftretende Funktionen, deren Zuordnungsvorschrift allgemein bekannt ist, kennzeichnen wir dagegen durch ein festes Symbol, um diese nicht immer wiederholen zu müssen. Für die Angabe der Quadratfunktion sehen die beiden Möglichkeiten zum Beispiel wie folgt aus (wobei die zweite nicht gerade üblich ist):

$$f\colon \mathbb{R} \to \mathbb{R} \ \text{ mit } \ f(x) = x^2 \quad \text{oder} \quad (\cdot)^2\colon \mathbb{R} \to \mathbb{R}\,.$$

Seien X, Y, Z nicht-leere Mengen, $f\colon X \to Y$ eine Abbildung mit dem Definitionsbereich X und $g\colon Y \to Z$ eine Abbildung mit Definitionsbereich Y. Da für jedes Element $x \in X$ das Bildelement $f(x)$ zum Definitionsbereich Y von g gehört, wird diesem durch g ein Bildelement $g\big(f(x)\big) \in Z$ zugeordnet. Insgesamt ist dadurch eine Vorschrift gegeben, die jedem $x \in X$ das Element $g\big(f(x)\big)$ in Z zuordnet.

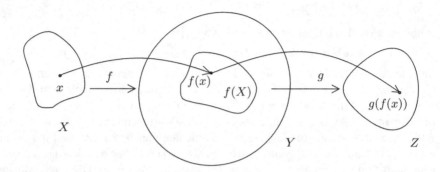

Abb. 4.1 f ordnet jedem $x \in X$ ein Element $f(x)$ zu, das im Definitionsbereich Y der Abbildung g liegt; g ordnet dann $f(x)$ das Element $g(f(x)) \in Z$ zu. Die aus f und g zusammengesetzte Funktion ordnet $x \in X$ dieses Element $g(f(x)) \in Z$ zu.

4.1.3 Definition *Seien X, Y, Z nicht-leere Mengen und $f: X \to Y$, $g: Y \to Z$ Abbildungen (die Bildmenge $f(X)$ von f ist also enthalten im Definitionsbereich Y von g). Dann heißt die Abbildung*

$$h: X \to Z, \;\; \text{definiert durch} \;\; h(x) = g\big(f(x)\big) \;\; \text{für} \;\; x \in X,$$

die aus f und g zusammengesetzte Abbildung. Sie wird manchmal mit dem Symbol $g \circ f$ gekennzeichnet. In der zusammengesetzten Abbildung $h = g \circ f$ heißt f die innere und g die äußere Abbildung.

Mit Hilfe des Zusammensetzens von Abbildungen kann einerseits aus gegebenen Abbildungen eine neue gebildet werden, kann aber auch andererseits dargestellt werden, wie sich eine kompliziertere Abbildungsvorschrift in eine Folge einfacher Vorschriften zerlegen lässt. Wir werden von dieser Möglichkeit immer wieder Gebrauch machen, zum Beispiel bei der Bildung von Umkehrfunktionen oder beim Differenzieren.

Beispiel: Die Quadratfunktion $(\cdot)^2 \colon \mathbb{R} \to \mathbb{R}$ und die Sinusfunktion $\sin \colon \mathbb{R} \to \mathbb{R}$ haben beide die Menge $\mathbb{R}$ als Definitions- und Wertebereich. Die Bildmenge jeder der beiden Funktionen ist also im Definitionsbereich der anderen enthalten. Je nachdem, in welcher Reihenfolge wir diese beiden Funktionen zusammensetzen, erhalten wir zwei verschiedene Funktionen:

$$h \colon \mathbb{R} \to \mathbb{R} \;\; \text{mit} \;\; h(x) = \sin x^2 \quad \text{und} \quad H \colon \mathbb{R} \to \mathbb{R} \;\; \text{mit} \;\; H(x) = \sin^2 x.$$

Bei h ist die Quadratfunktion die innere, die Sinusfunktion die äußere Funktion, bei H ist es gerade umgekehrt.

Um bei einer zusammengesetzten Funktion festzustellen, welche die innere und welche die äußere Funktion ist, braucht man nur Schritt für Schritt nachzuvollziehen, welche Vorschriften nacheinander angewendet werden, wenn zu gegebenem Wert von x der Funktionswert bestimmt werden soll:

Schrittfolge bei h : $x \mapsto x^2 \mapsto \sin(x^2) = \sin x^2 = h(x)$;

Schrittfolge bei H : $x \mapsto \sin x \mapsto (\sin x)^2 = \sin^2 x = H(x)$.

Die zuerst angewandte Vorschrift kennzeichnet die innere Funktion, die zuletzt angewandte Vorschrift die äußere Funktion.

Seien X und Y Mengen und $f\colon X \to Y$ und $g\colon Y \to X$ Abbildungen. Wir werden f und g als *Umkehrabbildungen voneinander* bezeichnen, wenn jede der beiden Abbildungen die Wirkung der anderen rückgängig macht, wenn also jedes Bildelement $f(x)$ unter g wieder in x und jedes Bildelement $g(y)$ unter f wieder in y übergeht:

$$x \in X : x \overset{f}{\longmapsto} f(x) \overset{g}{\longmapsto} x \quad \text{und} \quad y \in Y : y \overset{g}{\longmapsto} g(y) \overset{f}{\longmapsto} y.$$

Damit das überhaupt möglich ist, muss natürlich $f(X) = Y$ und $g(Y) = X$ sein.

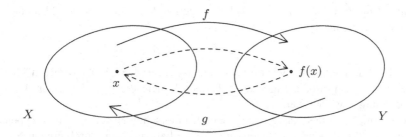

Abb. 4.2   Für $x \in X$ ordnet die Umkehrfunktion g von f dem Bild $f(x)$ wieder das Element x zu.

4.1.4 Definition   *Seien X und Y Mengen. Zwei Abbildungen $f\colon X \to Y$ und $g\colon Y \to X$ heißen Umkehrabbildungen voneinander (oder zueinander inverse Abbildungen), wenn gilt:*

(1) $f(X) = \{\, f(x) \mid x \in X \,\} = Y$ und $g(Y) = \{\, g(y) \mid y \in Y \,\} = X$;

(2) $g\bigl(f(x)\bigr) = x$ für alle $x \in X$ und $f\bigl(g(y)\bigr) = y$ für alle $y \in Y$.

Wichtiger Hinweis: Es ist für manche Zwecke praktisch, die Umkehrabbildung einer Abbildung f mit dem Symbol f^{-1} zu bezeichnen. Beim Umgang mit Funktionen führt das *dann* leicht zu Missverständnissen, wenn man zu Funktionswerten übergeht. Denn der Exponent -1 bei einer Zahl a bedeutet, dass die reziproke Zahl $a^{-1} = \frac{1}{a}$ gebildet werden soll. Bei Taschenrechnern ist zum Beispiel manchmal die Umkehrfunktion der Sinusfunktion sin mit dem Symbol $\sin^{-1}$ gekennzeichnet. Das führt in dem Augenblick zu einer missverständlichen Schreibweise, wenn der Funktionswert von $\sin^{-1}$ an einer Stelle x mit $\sin^{-1} x$ angegeben wird. Denn unter $\sin^{-1} x$ versteht man die zu $\sin x$ reziproke Zahl $(\sin x)^{-1}$ (so wie man unter $\sin^2 x$ die Zahl $(\sin x)^2$ versteht), und diese ist natürlich nicht gleich dem Wert der Umkehrfunktion von sin an der Stelle x.

Wissen wir bereits, dass eine Abbildung $f\colon X \to Y$ eine Umkehrabbildung besitzt, so können wir die Eigenschaften in Definition 4.1.4 nutzen, um sie zu bestimmen:

(1) Der Definitionsbereich Y ist die Bildmenge $Y = f(X)$, und die Werte liegen in X. Die Umkehrabbildung ist also eine Abbildung $g\colon Y \to X$ mit dem Definitionsbereich $Y = f(X)$.

(2) Ist $y \in Y = f(X)$, so ist y das einem Element $x \in X$ zugeordnete Element $y = f(x)$. Daher ordnet g umgekehrt dem Element y dieses Element $x \in X$ zu. Dadurch ist dann die Zuordnungsvorschrift festgelegt:

$$y \in Y \implies \text{es gibt ein } x \in X \text{ mit } y = f(x) \implies g(y) = x.$$

Diese Überlegung zeigt uns zugleich, welche Voraussetzung eine Abbildung $f\colon X \to Y$ erfüllen muss, damit eine Umkehrabbildung existiert: Um eine eindeutige Zuordnungsvorschrift angeben zu können, muss man zu $y \in Y = f(X)$ das Element $x \in X$, für das $f(x) = y$ gilt, eindeutig bestimmen können. Es darf also in X nicht zwei verschiedene Elemente geben, die unter f auf dasselbe Element y abgebildet werden.

4.1.5 Ergebnis Eine Abbildung $f\colon X \to Y$ besitzt genau dann eine Umkehrabbildung, wenn für je zwei Elemente x_1, $x_2 \in X$ gilt:

$$x_1 \neq x_2 \implies f(x_1) \neq f(x_2).$$

Für reelle Funktionen werden wir im nächsten Abschnitt 4.2 mit der strengen Monotonie eine leicht nachprüfbare Eigenschaft kennen lernen, die genau diese in 4.1.5 genannte Bedingung gewährleistet.

Wie in der Einleitung des Kapitels angedeutet, unterscheidet man gewisse Typen von Abbildungen entsprechend der Bedeutung, die sie haben sollen, durch eigene Namen. Wir beschränken uns hier darauf, zwei Arten von Abbildungen auf diese Weise auszuzeichnen.

4.1.6 Vereinbarung

(1) Abbildungen $f\colon D \to \mathbb{R}^m$ auf Mengen $D \subset \mathbb{R}^n$, wobei $n \geq 1$ und $m \geq 1$ gilt, heißen im Allgemeinen *Funktionen* (Abschnitt 4.2 und 4.3).

(2) Soll für $D \subset \mathbb{R}^n$ und $B \subset \mathbb{R}^n$ eine Abbildung $f\colon D \to B$ den Wechsel von Koordinaten beschreiben, so bezeichnen wir sie als *Koordinatentransformation*.

4.2   Reellwertige Funktionen einer Variablen

Wir unterscheiden verschiedene Arten von Funktionen, je nachdem, ob ihr Definitionsbereich D eine Teilmenge von $\mathbb{R}$ oder von $\mathbb{R}^n$ für $n > 1$ und ihr Wertebereich gleich $\mathbb{R}$ oder gleich $\mathbb{R}^m$ für $m > 1$ ist (Definitionen 4.2.1, 4.3.1, 4.3.3 und 4.3.4).

4.2.1 Definition *Eine Funktion $f\colon \mathbb{I} \to \mathbb{R}$, deren Definitionsbereich eine Menge $\mathbb{I} \subset \mathbb{R}$ und deren Wertebereich $\mathbb{R}$ ist, heißt eine reellwertige Funktion einer Variablen, kurz eine reelle Funktion.*

Der Definitionsbereich $\mathbb{I}$ einer reellen Funktion ist im Allgemeinen ein endliches oder unendliches Intervall oder eine Vereinigung von endlich vielen solchen Intervallen.

4.2.2 Bezeichnungen Ist $f\colon \mathbb{I} \to \mathbb{R}$ eine reelle Funktion, so ordnet f jeder Zahl aus $\mathbb{I}$ eine Zahl aus $\mathbb{R}$ zu. Als „Platzhalter" für die Zahlen in $\mathbb{I}$ bzw. $\mathbb{R}$ benutzt man im Allgemeinen die Buchstaben x und y und nennt sie *Variable* oder auch *Veränderliche*. Um den durch f vermittelten funktionalen Zusammenhang zwischen den beiden Variablen darzustellen, schreibt man oft $y = f(x)$. Insbesondere heißt x die *unabhängige Variable* (oder auch das *Argument* der Funktion f), weil $x \in \mathbb{I}$ frei wählbar ist, und y die *abhängige Variable*, weil y in Abhängigkeit von x eindeutig bestimmt ist. Mit welchen Buchstaben man die Variablen und die Funktionsvorschrift bezeichnet, ist natürlich völlig gleichgültig. Wenn es aus irgendwelchen Gründen praktisch ist, verwenden wir daher für die Variablen auch andere Buchstaben, zum Beispiel u, v, t, und für die Zuordnungsvorschrift Buchstaben wie F, g, G, φ (aber auch u oder v).

Die korrekte Angabe einer Funktion muss den Definitionsbereich, den Wertebereich und die Zuordnungsvorschrift enthalten, zum Beispiel:

$$f\colon \mathbb{R} \to \mathbb{R} \quad \text{mit} \quad f(x) = \sin x^2.$$

Häufig benutzt man stattdessen die kurze Schreib- und Sprechweise: Gegeben ist die Funktion $f(x) = \sin x^2$. Dass hierbei Definitions- und Wertebereich nicht ausdrücklich angegeben sind, ist im Grunde unbedeutend, weil sie beide an der Funktionsvorschrift sofort erkennbar sind. Vorsichtig muss man mit einer derartigen Angabe einer Funktion deshalb sein, weil $f(x) = \sin x^2$ nicht die *Funktion*, sondern der *Funktionswert von f an der Stelle x* ist. Wenn es unmissverständlich ist, werden wir dennoch diese verkürzte Angabe einer Funktion verwenden, weil es in den Naturwissenschaften üblich ist. Es ist vor allem dann gebräuchlich, wenn y eine Größe darstellt, die funktional von x abhängt; man benutzt dann die Schreibweise $y = y(x)$ und sagt: y ist eine Funktion von x.

Man spricht von einer *expliziten Darstellung* einer Funktion f, wenn f durch eine Vorschrift wie $f(x) = \sin x^2$ gegeben ist. Es kommt aber auch vor, dass eine Gleichung in x und y gegeben ist, wie etwa $x^2 + y^2 = 1$, aus der man erst durch Auflösen nach y die Funktion $y = y(x)$ gewinnt. Dann nennt man die Gleichung eine *implizite Darstellung* der Funktion und sagt, die Funktion sei durch die Gleichung implizit gegeben.

Es gibt verschiedene Möglichkeiten und sehr unterschiedliche Anlässe, reelle Funktionen zu definieren oder einzuführen:

(I)   Ein Rechenausdruck, der mit Hilfe *algebraischer Operationen* (Addition, Subtraktion, Multiplikation, Division, Potenzieren) aus einer Variablen x, festen Zahlen und Konstanten gebildet ist, definiert eine reelle Funktion, die jedem zulässigen Wert von x den mit ihm errechneten Wert des Rechenausdrucks zuordnet. Zulässig sind die Werte, für die der Rechenausdruck eine eindeutige Zahl liefert.

Beispiele:

(1) Für $n \in \mathbb{N}$ heißt die Funktion $f\colon \mathbb{R} \to \mathbb{R}$, definiert durch $f(x) = x^n$, die *Potenzfunktion mit Exponent n*.

(2) Für $n \in \mathbb{N}_0$ und konstante Zahlen $a_n \neq 0, a_{n-1}, \ldots, a_0$ heißt

$$p_n\colon \mathbb{R} \to \mathbb{R} \quad \text{mit} \quad p_n(x) = \sum_{k=0}^{n} a_k x^k$$

eine *Polynomfunktion* oder ein *Polynom vom Grad* n. Der Grad ist der größte Exponent der Potenzen von x, die in $p_n(x)$ auftreten. Hier ist er gleich n, weil alle Exponenten $\leq n$ sind und x^n wegen $a_n \neq 0$ tatsächlich in $p_n(x)$ auftritt. Die Faktoren a_k bei den Potenzen x^k heißen die *Koeffizienten* des Polynoms.

Die Polynomfunktionen $p_0 \colon \mathbb{R} \to \mathbb{R}$ mit $p_0(x) = a_0$ (vom Grad 0) sind die konstanten Funktionen. Polynomfunktionen $p_1 \colon \mathbb{R} \to \mathbb{R}$ mit $p_1(x) = a_1 x + a_0$ (vom Grad 1) heißen *lineare Funktionen*. Polynomfunktionen $p_2 \colon \mathbb{R} \to \mathbb{R}$ mit $p_2(x) = a_2 x^2 + a_1 x + a_0$ (vom Grad 2) heißen *quadratische Funktionen*.

(3) Eine *rationale Funktion* ist eine Funktion, deren Vorschrift gegeben ist durch den Quotienten $\frac{p(x)}{q(x)}$ zweier Polynome $p(x), q(x)$. Sie ist für alle reellen Zahlen definiert, die nicht Nullstelle des im Nenner stehenden Polynoms $q(x)$ sind.

(II)   Ein geometrisches Konstruktionsverfahren, durch das zu jeder Zahl x eines Intervalls $\mathbb{I}$ eindeutig eine Zahl bestimmt wird, ist eine Vorschrift für eine reelle Funktion $f \colon \mathbb{I} \to \mathbb{R}$. In 2.3.3 wurden zum Beispiel die *Sinus*- und *Cosinusfunktion* durch ein geometrisches Konstruktionsverfahren definiert.

(III)   Eine theoretische Betrachtung kann zeigen, dass ein bestimmtes Problem als Lösung eine eindeutige Funktion haben muss. Wenn diese Funktion nicht schon bekannt ist, kann man sie definieren durch eben diese Eigenschaft, eindeutige Lösung des Problems zu sein, und aus dieser Eigenschaft auch alle notwendigen Informationen über sie herleiten. Beispiele dafür sind:

Die mathematische Formulierung eines Naturgesetzes kann eine Gleichung in Funktionen sein, von der man zeigen kann, dass sie eine eindeutige Lösung besitzt. Die Gleichung ist dann die diese Lösungsfunktion definierende Eigenschaft. Typische Beispiele dafür sind *Differentialgleichungen*, die wir in Kapitel 10 behandeln werden.

Ein anderes Beispiel dafür, dass das Wissen um die Existenz Anlass ist, eine Funktion einzuführen, werden wir in Abschnitt 8.4 kennen lernen; wir werden dort nämlich die *natürliche Logarithmusfunktion* als Stammfunktion der Funktion $\frac{1}{x}$ definieren.

Stellen wir fest, dass eine Funktion $f \colon \mathbb{I} \to \mathbb{R}$ eine Umkehrfunktion besitzt, die wir mit den uns bekannten Funktionen nicht darstellen können, so wird das ein Grund sein, die Umkehrfunktion als neue Funktion einzuführen. Wir erläutern das an einem Beispiel:

Beispiele:

(1) Beschränken wir den Definitionsbereich der Quadratfunktion auf das Intervall $[0, \infty)$ der nicht-negativen Zahlen, so gilt:

$$x_1, x_2 \in [0, \infty) \quad \text{und} \quad x_1 \neq x_2 \quad \Longrightarrow \quad {x_1}^2 \neq {x_2}^2.$$

Nach 4.1.5 besitzt $f \colon [0, \infty) \to \mathbb{R}$, $f(x) = x^2$, daher eine Umkehrfunktion. Ihr Definitionsbereich ist das Intervall $f\big([0, \infty)\big) = [0, \infty)$, und sie ist die Funktion $g \colon [0, \infty) \to \mathbb{R}$, die jeder Zahl $x \in [0, \infty)$ die eindeutig bestimmte nicht-negative Zahl zuordnet, deren Quadrat x ist. Wir geben der Funktion den Namen *Wurzelfunktion* und kennzeichnen sie durch das feste Symbol $\sqrt{\cdot}$. Die Wurzelfunktion

$\sqrt{\cdot}\colon [0,\infty) \to \mathbb{R}$ ist dann definiert durch die Vorschrift: *Für* $x \in [0,\infty)$ *ist* $\sqrt{x}$ *die nicht-negative Zahl mit der Eigenschaft* $\sqrt{x}^2 = x$.

Beachten Sie: $\sqrt{x}$ ist danach immer eine *nicht-negative* Zahl. Die negative Zahl, deren Quadrat gleich x ist, wird mit $-\sqrt{x}$ bezeichnet.

(2) Die Einführung eines neuen Symbols erübrigt sich, wenn die Umkehrfunktion mit den bereits vorhandenen Möglichkeiten angegeben werden kann. So besitzt die Funktion $f\colon \mathbb{R} \to \mathbb{R}$, $f(x) = 3x$, nach 4.1.5 eine Umkehrfunktion, denn für x_1, $x_2 \in \mathbb{R}$ und $x_1 \neq x_2$ ist $f(x_1) = 3x_1 \neq 3x_2 = f(x_2)$. Sie ordnet $x \in \mathbb{R}$ die Zahl $g(x)$ zu, für die $3 \cdot g(x) = x$ gilt, hat also die Vorschrift $g(x) = \frac{1}{3}x$.

(IV)   Schließlich kann man durch die Anwendung algebraischer Operationen, durch Zusammensetzen (Definition 4.1.3) und durch andere Prozesse mit bekannten Funktionen neue Funktionen bilden. Die in dieser Weise aus nur wenigen Grundfunktionen gebildeten Funktionen bezeichnet man gewöhnlich als *elementare Funktionen*. Dabei sind unter *Grundfunktionen* solche zu verstehen, die definiert sind durch eine „elementare" Vorschrift, die nicht schon aus anderen Vorschriften kombiniert ist, zum Beispiel die in **(I)**, **(II)** und **(III)** definierten bzw. genannten Funktionen mit den Vorschriften: $f(x) = x^n$, $f(x) = ax$, $f(x) = \cos x$, $f(x) = \sin x$, $f(x) = \sqrt{x}$. Zu diesen kommen einige weitere Funktionen hinzu, wie die natürlichen und allgemeinen Exponential- und Logarithmusfunktionen sowie die Hyperbelfunktionen und ihre Umkehrfunktionen (in den Abschnitten 8.4 und 8.5), die Umkehrfunktionen der trigonometrischen Funktionen (in diesem Abschnitt), die allgemeinen Potenzfunktionen (in diesem Abschnitt und in Abschnitt 8.5). Wir vereinbaren, dass wir uns die bisher bekannten Grundfunktionen in einem *Katalog* gesammelt vorstellen, den wir durch neue Funktionen erweitern, wenn wir im Folgenden solche einführen.

Gleichgültig, auf welche Weise eine reelle Funktion $f\colon \mathbb{I} \to \mathbb{R}$ definiert ist, immer ist sie vollständig bestimmt durch die Angabe aller geordneten Paare (x, y), in denen die erste Zahl x das Intervall $\mathbb{I}$ durchläuft und die zweite Zahl y die ihr jeweils durch f zugeordnete Zahl ist. Sie ist also völlig bestimmt durch die Angabe der als *Graph von f* bezeichneten Menge

$$\text{Graph } f = \{\, (x, y) \mid x \in \mathbb{I}, y = f(x) \,\} = \{\, (x, f(x)) \mid x \in \mathbb{I} \,\}.$$

Wie bereits in Kapitel 1 bemerkt, charakterisiert bezüglich eines rechtwinkligen kartesischen Koordinatensystems jedes geordnete Paar (x, y) einen Punkt, die Menge Graph f also eine Punktmenge in der Ebene (Abb. 1.3). Diese muss keine zusammenhängende glatte Kurve wie in Abb. 4.3 oder in Abb. 4.4 sein. Die Punktmenge heißt graphische Darstellung von f oder kurz der Graph von f. In Abb. 4.3 und in Abb. 4.4 sind zum Beispiel die Graphen der Funktionen x^3 und x^2 gezeichnet. Graph f ist die Menge aller derjenigen Punkte (x, y) in der Ebene, deren Koordinaten x und y die Gleichung $y = f(x)$ erfüllen. Also ist $y = f(x)$ die Gleichung von Graph f, d. h. die Bedingung, die in der Ebene genau die Punkte des Graphen charakterisiert.

Beachten Sie: Es ist für das Verständnis nützlich, sich bewusst zu machen, dass man zwischen der Angabe der Vorschrift $f(x)$ einer Funktion und der Gleichung $y = f(x)$ des Graphen wohl zu unterscheiden hat. Die Quadratfunktion ist zum Beispiel die Funktion $f\colon \mathbb{R} \to \mathbb{R}$ mit der Vorschrift $f(x) = x^2$; ihr Graph ist eine Parabel mit der Gleichung $y = x^2$. Daher kann es missverständlich sein, wenn man eine Formulierung wie „die Funktion $y = x^2$" benutzt.

Die Bedingung in 4.1.5 dafür, dass eine reelle Funktion eine Umkehrfunktion besitzt, lässt sich an der graphischen Darstellung wie folgt veranschaulichen:

Schneidet der Graph von f jede Parallele zur x-Achse in höchstens einem Punkt (wie in Abb. 4.3), so gilt:

$$x_1 \neq x_2 \implies f(x_1) \neq f(x_2).$$

Schneidet der Graph, wie in Abb. 4.4, eine Parallele zur x-Achse in mindestens zwei Punkten, so haben diese verschiedene erste Koordinaten $x_1 \neq x_2$, aber dieselbe zweite Koordinate $f(x_1) = y_0 = f(x_2)$. Die Bedingung ist dann nicht erfüllt.

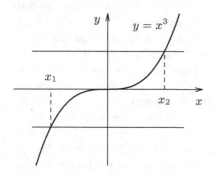

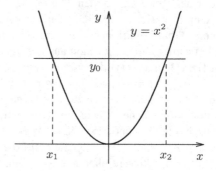

Abb. 4.3   Graph von $f(x) = x^3$ **Abb. 4.4**   Graph von $f(x) = x^2$

Wegen der natürlichen Ordnung der reellen Zahlen können wir die Bedingung in 4.1.5 für die Existenz der Umkehrfunktion einer reellen Funktion einfacher formulieren, wenn wir den Begriff der strengen Monotonie benutzen:

4.2.3 Definition   *Sei $f\colon \mathbb{I} \to \mathbb{R}$ eine auf einem Intervall $\mathbb{I}$ definierte Funktion.*

(1) f heißt streng monoton steigend in $\mathbb{I}$, wenn für alle $x_1, x_2 \in \mathbb{I}$ gilt:

$$x_1 < x_2 \implies f(x_1) < f(x_2);$$

(2) f heißt streng monoton fallend in $\mathbb{I}$, wenn für alle $x_1, x_2 \in \mathbb{I}$ gilt:

$$x_1 < x_2 \implies f(x_1) > f(x_2);$$

f heißt monoton steigend bzw. fallend, wenn aus $x_1 < x_2$ immer $f(x_1) \leq f(x_2)$ bzw. immer $f(x_1) \geq f(x_2)$ folgt.
(Streng) monoton steigende bzw. fallende Funktionen werden unter dem Namen (streng) monotone Funktionen zusammengefasst.

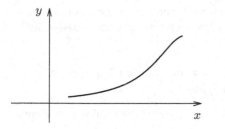

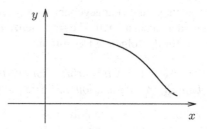

Abb. 4.5 f ist streng monoton steigend.   **Abb. 4.6** f ist streng monoton fallend.

Ist $x_1 \neq x_2$, so wählen wir die Nummerierung der Einfachheit halber so, dass $x_1 < x_2$ ist. Wenn f eine streng monotone Funktion ist, gilt dann $f(x_1) < f(x_2)$ oder $f(x_1) > f(x_2)$, also $f(x_1) \neq f(x_2)$. Daher erfüllt f die Bedingung in 4.1.5.

4.2.4 Folgerung *Jede streng monotone Funktion $f \colon \mathbb{I} \to \mathbb{R}$ besitzt eine Umkehrfunktion. Diese ist ebenfalls streng monoton.*

Existiert die Umkehrfunktion einer Grundfunktion, so ist es praktisch, sie ein für alle Mal einzuführen und in den Katalog der Grundfunktionen aufzunehmen. Damit sie existiert, muss gegebenenfalls die Grundfunktion auf ein Intervall eingeschränkt werden, auf dem sie streng monoton ist. Das ist auch bei den Potenzfunktionen und den trigonometrischen Funktionen erforderlich, deren Umkehrfunktionen wir jetzt einführen.

Für gerade und ungerade $n \in \mathbb{N}$ haben die Potenzfunktionen $f_n \colon \mathbb{R} \to \mathbb{R}$ mit $f_n(x) = x^n$ ein unterschiedliches Verhalten:

- Ist n gerade, so ist $f_n(-x) = f_n(x)$ für alle $x \in \mathbb{R}$, und der Graph von f_n liegt daher symmetrisch zur y-Achse (Abb. 4.4).

- Ist n ungerade, so ist $f_n(-x) = -f_n(x)$ für alle $x \in \mathbb{R}$, und der Graph von f_n liegt daher symmetrisch zum Nullpunkt O (Abb. 4.3).

In beiden Fällen sind wegen $f_n(-x) = \pm f_n(x)$ die Potenzfunktionen auf dem ganzen Definitionsbereich $\mathbb{R}$ schon durch ihre Werte auf dem Intervall $[0, \infty)$ vollständig bestimmt. Es genügt also, die Potenzfunktionen mit Exponent $n \in \mathbb{N}$ als Funktionen

$$f_n \colon [0, \infty) \to \mathbb{R}, \quad f_n(x) = x^n,$$

auf $[0, \infty)$ anzusehen. Dann ist $f_n\big([0, \infty)\big) = [0, \infty)$, und es gilt:

$$x_1, x_2 \in [0, \infty) \text{ und } x_1 < x_2 \implies x_1{}^n < x_2{}^n \implies f_n(x_1) < f_n(x_2).$$

Für alle $n \in \mathbb{N}$ ist $f_n \colon [0, \infty) \to \mathbb{R}$ also streng monoton steigend und hat daher nach 4.2.4 eine ebensolche Umkehrfunktion $g_n \colon [0, \infty) \to \mathbb{R}$. Dabei ist für $x \in [0, \infty)$ der zugeordnete Wert $g_n(x)$ die eindeutig bestimmte Zahl in $[0, \infty)$, deren $n - te$ Potenz gleich x ist. Wir benutzen für sie das Symbol $\sqrt[n]{x}$ oder $x^{\frac{1}{n}}$. Da f_n und g_n Umkehrfunktionen voneinander sind, gilt nach Definition 4.1.4, (2) für alle $x \in [0, \infty)$:

$$g_n\big(f_n(x)\big) = x \iff \sqrt[n]{x^n} = x \iff (x^n)^{\frac{1}{n}} = x = x^1 = x^{n \cdot \frac{1}{n}} \quad \text{und}$$

$$f_n\big(g_n(x)\big) = x \iff \big(\sqrt[n]{x}\big)^n = x \iff \Big(x^{\frac{1}{n}}\Big)^n = x = x^1 = x^{\frac{1}{n} \cdot n}.$$

Die hier jeweils zuletzt angegebenen Schreibweisen erscheinen als allgemeinere Formulierungen der Rechenregeln, die für Potenzen mit Exponenten aus $\mathbb{N}$ gelten. Das ist auch der Grund für die folgende Definition.

4.2.5 Definition *Die Umkehrfunktion der Potenzfunktion mit dem Exponent $n \in \mathbb{N}$ heißt ebenfalls Potenzfunktion und wird mit dem Symbol $x^{\frac{1}{n}}$ bezeichnet.*

Gleichzeitig gibt diese Definition Anlass zur Definition von Potenzfunktionen, deren Exponent eine beliebige rationale Zahl ist.

4.2.6 Definition *Sei $r = \dfrac{p}{q}$ mit $p, q \in \mathbb{N}$ eine positive rationale Zahl. Die Potenzfunktion mit dem Exponent r ist dann die aus x^p und $x^{\frac{1}{q}}$ zusammengesetzte Funktion*

$$f_r\colon [0, \infty) \to \mathbb{R} \quad \text{mit} \quad f_r(x) = x^r = (x^p)^{\frac{1}{q}}$$

und die Potenzfunktion mit dem Exponent $-r$ ist die Funktion

$$f_{-r}\colon (0, \infty) \to \mathbb{R} \quad \text{mit} \quad f_{-r}(x) = x^{-r} = \frac{1}{x^r}.$$

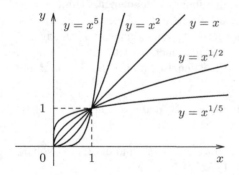

Abb. 4.7 In der Abbildung sind die Graphen der Potenzfunktionen mit den Exponenten 2 und 5 und ihrer Umkehrfunktionen, der Potenzfunktionen mit den Exponenten $\frac{1}{2}$ und $\frac{1}{5}$, skizziert. Wie in diesen Beispielen gehen auch die Graphen der Potenzfunktionen mit beliebigen Exponenten $r \in \mathbb{Q}$ alle durch den Nullpunkt O und durch den Punkt $(1, 1)$.

Gehen wir auf die Definition der Potenzen a^r ($r \in \mathbb{Q}$) zurück und wenden die Rechenregeln für Potenzen mit Exponent $n \in \mathbb{N}$ an, so finden wir entsprechende Regeln:

4.2.7 Folgerung

(1) Für $a, b \in [0, \infty)$ und $r, s \in \mathbb{Q}$ gilt:

$$\text{(a)} \quad a^r b^r = (ab)^r; \qquad \text{(b)} \quad (a^r)^s = a^{rs}; \qquad \text{(c)} \quad a^r a^s = a^{r+s}.$$

(2) Für $r \in \mathbb{Q} \setminus \{0\}$ sind die Potenzfunktion mit Exponent r und die Potenzfunktion mit Exponent $\frac{1}{r}$ Umkehrfunktionen voneinander.

Zu den trigonometrischen Funktionen gehören neben der Sinus- und der Cosinusfunktion noch die Tangens- und die Cotangensfunktion. Ihre Zuordnungsvorschriften sind definiert durch die beiden Quotienten, die mit $\cos x$ und $\sin x$ gebildet werden können. Ihr Definitionsbereich ist daher die Menge aller reellen Zahlen, die nicht Nullstellen der Cosinus- bzw. Sinusfunktion sind. Dabei gilt:

$$\cos x = 0 \iff x = (2k+1)\frac{\pi}{2}, \, k \in \mathbb{Z} \quad \text{und} \quad \sin x = 0 \iff x = k\pi, \, k \in \mathbb{Z}.$$

4.2.8 Definition *Die Tangens- und Cotangensfunktion werden durch die Symbole* tan *und* cot *gekennzeichnet und sind definiert durch:*

$$\tan\colon \mathbb{R} \setminus \left\{ (2k+1)\frac{\pi}{2} \;\middle|\; k \in \mathbb{Z} \right\} \to \mathbb{R} \quad mit \quad \tan x = \frac{\sin x}{\cos x}\,;$$

$$\cot\colon \mathbb{R} \setminus \left\{ k\pi \mid k \in \mathbb{Z} \right\} \to \mathbb{R} \quad mit \quad \cot x = \frac{\cos x}{\sin x}\,.$$

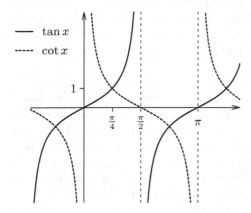

—— $\tan x$

----- $\cot x$

Abb. 4.8 Graph der Tangens- und der Cotangensfunktion.
Der Graph der Tangensfunktion hat über jedem Intervall der Länge π dasselbe Aussehen; verschiebt man den Graphen über $\left[-\frac{\pi}{2}, \frac{\pi}{2}\right]$ um π nach rechts, so erhält man also den Graphen über $\left[\frac{\pi}{2}, \frac{3\pi}{2}\right]$. Dasselbe gilt für die Cotangensfunktion.
tan ist auf $\left[-\frac{\pi}{2}, \frac{\pi}{2}\right]$ streng monoton steigend, cot ist auf $[0, \pi]$ streng monoton fallend.

Die Funktionen sin: $\left[-\frac{\pi}{2}, \frac{\pi}{2}\right] \to \mathbb{R}$ und cos: $[0, \pi] \to \mathbb{R}$ haben als Bildmenge das Intervall $[-1, 1]$, die Funktionen tan: $\left(-\frac{\pi}{2}, \frac{\pi}{2}\right) \to \mathbb{R}$ und cot: $(0, \pi) \to \mathbb{R}$ haben die Bildmenge $\mathbb{R}$, und alle vier Funktionen sind auf den angegebenen Intervallen streng monoton, besitzen also Umkehrfunktionen.

4.2.9 Definition *Die nach 4.2.4 existierenden Umkehrfunktionen*

$$\arcsin,\ \arccos\colon [-1, 1] \to \mathbb{R} \quad und \quad \arctan,\ \operatorname{arccot}\colon \mathbb{R} \to \mathbb{R}$$

der trigonometrischen Funktionen werden zusammengefasst unter dem Namen zyklometrische Funktionen und heißen Arcus-Sinusfunktion, Arcus-Cosinusfunktion usw.

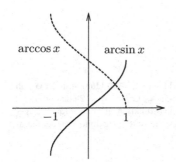

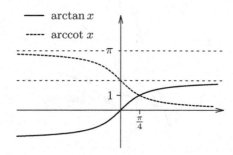

—— $\arctan x$

----- $\operatorname{arccot} x$

Abb. 4.9 Graph von arcsin und arccos

Abb. 4.10 Graph von arctan und arccot

Lässt sich die Umkehrfunktion einer Funktion $f\colon \mathbb{I} \to \mathbb{R}$ mit Hilfe bekannter Funktionen angeben, so finden wir sie (wie in Abschnitt 4.1, Seite 100 erläutert) wie folgt:

(1) Wir bestimmen die Bildmenge $f(\mathbb{I}) = \{\, f(x) \mid x \in \mathbb{I} \,\}$ und finden den Definitionsbereich $\mathbb{J} = f(\mathbb{I})$ der Umkehrfunktion.

(2) Die Umkehrfunktion ordnet jedem $y \in \mathbb{J}$ die Zahl $x \in \mathbb{I}$ zu, für die $y = f(x)$ gilt. Wir lösen diese Gleichung nach x auf, formen sie also äquivalent um in eine Gleichung $x = g(y)$ (auf der einen Seite steht x und auf der anderen ein Rechenausdruck $g(y)$ in y). Der Rechenausdruck in y gibt an, wie man für $y \in \mathbb{J}$ den Wert x (für den $f(x) = y$ ist) berechnen kann. Da es üblich ist, die unabhängige Variable mit x zu bezeichnen, ersetzen wir in $g(y)$ den Buchstaben y durch x. Dann ist $g(x)$ die Zuordnungsvorschrift der Umkehrfunktion, die wir dementsprechend mit $g\colon \mathbb{J} \to \mathbb{R}$ bezeichnen.

4.2.10 Bemerkung Da die Gleichungen $y = f(x)$ und $x = g(y)$ äquivalent sind, kennzeichnen sie dieselbe Punktmenge, nämlich den Graphen von f. Die durch Vertauschen der Variablennamen erhaltene Gleichung $y = g(x)$ kennzeichnet dann die Menge aller Punkte, die aus den Punkten von Graph f durch Vertauschen ihrer Koordinaten hervorgehen, also das Spiegelbild der Punktmenge Graph f an der Geraden $y = x$. Da gleichzeitig $y = g(x)$ die Gleichung des Graphen von g ist, sind also die Graphen einer Funktion und ihrer Umkehrfunktion immer Spiegelbilder an der Geraden $y = x$.

Beispiel: $f\colon \mathbb{R} \to \mathbb{R}$ mit $f(x) = 3x + 2$ ist eine streng monoton steigende Funktion, und es ist $f(\mathbb{R}) = \mathbb{R}$. Also hat f eine Umkehrfunktion $g\colon \mathbb{R} \to \mathbb{R}$. Ihre Zuordnungsvorschrift bestimmen wir, indem wir die Gleichung $y = 3x + 2$ nach x auflösen:

$$y = 3x + 2 \iff y - 2 = 3x \iff x = \frac{1}{3}(y - 2).$$

In dem Ausdruck $\frac{1}{3}(y - 2)$ ersetzen wir y durch x. Die Umkehrfunktion g hat dann die Zuordnungsvorschrift $g(x) = \frac{1}{3}(x - 2)$.

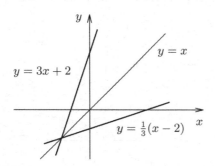

Abb. 4.11 In der Abbildung sind der Graph der Funktion $f(x) = 3x + 2$ und der Graph der Umkehrfunktion $g(x) = \frac{1}{3}(x - 2)$ gezeichnet. Sie sind Spiegelbilder an der Geraden $y = x$.

★ **Aufgaben**

(1) Bestimmen Sie den Definitionsbereich $\mathbb{D}$ der reellen Funktion f mit der Zuordnungsvorschrift:

(a) $f(x) = \sqrt{x^3 - 4x}$;   (b) $f(x) = \dfrac{\sqrt{|x+6|}}{x}$;   (c) $f(x) = \sqrt{\dfrac{x-1}{x-3}}$;

(d) $f(x) = \sqrt{x^2 - 10x + 29}$;   (e) $f(x) = \sqrt{(7-x)(x-3)}$.

(2) Bestimmen Sie die Funktionen, aus denen $f\colon \mathbb{R} \to \mathbb{R}$ zusammengesetzt ist, wenn $f(x)$ gegeben ist durch:

(a) $\sqrt[3]{1 - \sin(\pi - x)}$;   (b) $\cos^3(3x-1)^2$;   (c) $\arctan\sqrt{x^2+1}$.

(3) Bestimmen Sie die Umkehrfunktion der Funktion $f\colon \mathbb{D} \to \mathbb{R}$ mit

(a) $f(x) = \dfrac{1}{2-x}$, $\mathbb{D} = \mathbb{R}\setminus\{2\}$;   (b) $f(x) = \arctan\dfrac{\sqrt[3]{1+x}}{\sqrt[3]{1-x}}$, $\mathbb{D} = [-1,1)$.

(4) Zeigen Sie, dass für $x \in [-1,1]$ gilt: $\arcsin x + \arccos x = \dfrac{\pi}{2}$.

(5) Durch folgende Gleichung ist y als Funktion von x definiert. Bestimmen Sie die Zuordnungsvorschrift und den Definitionsbereich dieser Funktion:

(a) $4y^2 - 9x^2 - 24y + 36 = 0$;   (b) $\arcsin\sqrt{1-2y} + \arccos x = \dfrac{\pi}{2}$;

(c) $\sqrt{x}\arccos\sqrt{1-y} = 1$.

(6) Skizzieren Sie den Graphen der Funktion $f\colon \mathbb{R} \to \mathbb{R}$ über dem Intervall $[-2\pi, 2\pi]$, wenn $f(x)$ gegeben ist durch:

(a) $\sin x$;   (b) $2\sin x$;   (c) $\sin 2x$;   (d) $\sin\left(x + \dfrac{\pi}{2}\right)$.

4.3   Vektorwertige Funktionen, Funktionen von mehreren Variablen

4.3.1 Definition *Eine auf einem Intervall $\mathbb{I} \subset \mathbb{R}$ definierte Funktion, deren Werte Vektoren im $\mathbb{R}^n$ für $n > 1$ sind, heißt eine vektorwertige Funktion einer Variablen.*

Um an der Schreibweise zu verdeutlichen, dass die Werte Vektoren sind, benutzen wir für die Zuordnungsvorschrift ein Vektorsymbol, also einen fett gedruckten Buchstaben:

$$\mathbf{f}\colon \mathbb{I} \to \mathbb{R}^n, \quad \mathbb{I} \subset \mathbb{R}.$$

Die Vorschrift $\mathbf{f}$ ordnet jedem $x \in \mathbb{I}$ einen Vektor $\mathbf{f}(x) \in \mathbb{R}^n$ zu. Da dessen Koordinaten ebenfalls von x abhängen, ist $\mathbf{f}$ aus n reellen Funktionen $f_1, \ldots, f_n\colon \mathbb{I} \to \mathbb{R}$ gebildet:

$$x \in \mathbb{I} \implies \mathbf{f}(x) = \begin{pmatrix} f_1(x) \\ \vdots \\ f_n(x) \end{pmatrix} \in \mathbb{R}^n \quad \text{und daher} \quad \mathbf{f} = \begin{pmatrix} f_1 \\ \vdots \\ f_n \end{pmatrix}\colon \mathbb{I} \to \mathbb{R}^n.$$

Diese Darstellung nennt man die *Koordinatendarstellung* von $\mathbf{f}$, und die Funktionen $f_1, \ldots, f_n\colon \mathbb{I} \to \mathbb{R}$ heißen die *Koordinatenfunktionen* von $\mathbf{f}$.

Von besonderem Interesse sind vektorwertige Funktionen einer Variablen, deren Werte als Ortsvektoren $\mathbf{x}$ von Punkten X im $\mathbb{R}^n$ interpretiert werden sollen. Wir benutzen dann im allgemeinen $\mathbf{x}$ statt $\mathbf{f}$ als Funktionssymbol und für die unabhängige Variable das Symbol t (statt x), weil sie dann oft als Zeit interpretiert wird.

$$\mathbf{x} = \begin{pmatrix} x_1 \\ \vdots \\ x_n \end{pmatrix} : \mathbb{I} \to \mathbb{R}^n \quad \text{mit} \quad \mathbf{x}(t) = \begin{pmatrix} x_1(t) \\ \vdots \\ x_n(t) \end{pmatrix} \in \mathbb{R}^n \text{ für } t \in \mathbb{I}.$$

Um eine solche *Ortsfunktion* zu veranschaulichen, zeichnen wir in einem Koordinatensystem des $\mathbb{R}^n$ die Punkte $X(t)$ mit den Ortsvektoren $\mathbf{x}(t)$ ein (Abb. 4.12). Die Menge aller dieser Punkte kann zum Beispiel eine Kurve Γ sein (auf die mathematisch exakte Definition einer Kurve gehen wir in Kapitel 6, Definition 6.5.4 ein). Durchläuft t das Intervall $\mathbb{I}$, so durchläuft $X(t)$ die Kurve Γ. Um anzudeuten, welchem Wert t ein Punkt entspricht, markieren wir ihn durch die Angabe des Ortsvektors $\mathbf{x}(t)$. Die graphische Darstellung von $\mathbf{x}$ ist die Punktmenge Γ zusammen mit einer solchen Markierung der Punkte. Wir verzichten also darauf, auch das Intervall, auf dem die vektorwertige Funktion definiert ist, in der Zeichnung anzugeben; man könnte das tun, indem man das Intervall links neben dem Koordinatensystem gesondert zeichnet und die Zuordnung durch einen Pfeil andeutet, der von einem Wert $t \in \mathbb{I}$ zu dem Ortsvektor $\mathbf{x}(t)$ weist. Statt der Formulierung „der Punkt $X(t)$ mit dem Ortsvektor $\mathbf{x}(t)$" benutzen wir im Folgenden oft die kürzere Formulierung „der Punkt $\mathbf{x}(t)$", weil klar ist, was damit gemeint ist.

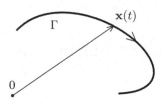

Abb. 4.12   Bei der Darstellung einer Ortsfunktion $\mathbf{x} \colon \mathbb{I} \to \mathbb{R}^n$ verzichtet man im Allgemeinen darauf, auch das Intervall $\mathbb{I}$ darzustellen. Man zeichnet nur die Menge aller Punkte mit den Ortsvektoren $\mathbf{x}(t)$ und kennzeichnet den einem $t \in \mathbb{I}$ zugeordneten Punkt durch die Angabe des Ortsvektors $\mathbf{x}(t)$.

4.3.2 Definition   *Sei Γ eine Kurve im $\mathbb{R}^n$ und $\mathbf{x} \colon \mathbb{I} \to \mathbb{R}^n$ eine vektorwertige Funktion von t. Ist Γ die Menge der Punkte $\mathbf{x}(t)$ für $t \in \mathbb{I}$, so heißt Γ die Kurve von $\mathbf{x}$. Umgekehrt heißt $\mathbf{x}$ dann eine Parameterdarstellung von Γ. Die Variable t heißt Parameter.*

Bei der Berechnung von Kurvenintegralen (Abschnitt 8.10) muss man oft den Graphen einer Funktion $f \colon \mathbb{I} = [a, b] \to \mathbb{R}$ durch eine Parameterdarstellung angeben. Die Koordinatengleichung $y = f(x)$ zeigt, dass die Punkte von Graph f die Koordinatendarstellung $\big(x, f(x)\big)$ haben. Da ihre Ortsvektoren dieselben Koordinaten besitzen, findet man daher leicht eine Parameterdarstellung von Graph f, wenn man wie folgt vorgeht:

Rezept: Wir wählen $\mathbb{I} = [a, b]$ als Parameterintervall und führen den Parameter t ein, indem wir $t = x$ setzen. Die zweite Koordinate ist dann $f(t)$. Als Parameterdarstellung von Graph f erhält man damit:

$$\mathbf{x} \colon \mathbb{I} = [a, b] \to \mathbb{R}^2 \quad \text{mit} \quad \mathbf{x}(t) = \begin{pmatrix} t \\ f(t) \end{pmatrix}.$$

Beispiel: Das vom Punkt $(0,0)$ bis zum Punkt $(1,1)$ gehende Stück der Parabel mit der Gleichung $y = x^2$ ist der Graph der Funktion $f(x) = x^2$ auf dem Intervall $[0,1]$. Die Punkte von Graph f haben daher die Koordinatendarstellung $(x, f(x)) = (x, x^2)$. Wir führen den Parameter t ein, indem wir $t = x$ setzen. Die zweite Koordinate ist dann $f(t) = t^2$, und die Parameterdarstellung von Graph f ist:

$$\mathbf{x}\colon \mathbb{I} = [0,1] \to \mathbb{R}^2 \quad \text{mit} \quad \mathbf{x}(t) = \begin{pmatrix} t \\ t^2 \end{pmatrix}.$$

Soll die Punktmenge Γ im $\mathbb{R}^n$ nur analytisch beschrieben werden, so kommt der Variablen t nur die Bedeutung einer *Hilfsgröße* zu. In ihrer Wahl liegt eine gewisse Freiheit, so dass es verschiedene mögliche Parameterdarstellungen derselben Kurve Γ gibt (wie wir bereits bei der Parameterdarstellung von Geraden in 3.3 festgestellt haben). Dies kann man nutzen, um durch den Parameter zusätzliche Informationen zu vermitteln:

Wichtige Hinweise:

(1) Mit der Wahl einer Parameterdarstellung $\mathbf{x}\colon [a,b] \to \mathbb{R}^n$ für eine Kurve Γ ist eine der beiden möglichen Richtungen auf Γ als *Orientierung* (oder *positive Richtung*) von Γ ausgezeichnet. Das ist die Richtung, in der sich $X(t)$ auf Γ bewegt, wenn t das Intervall $[a,b]$ in positiver Richtung durchläuft, also entsprechend der (durch die Ordnungsrelation $\leq$ in $\mathbb{R}$ festgelegten) Richtung vom kleineren Wert a zum größeren Wert b.

Beispiel: Sind A und B Punkte mit den Ortsvektoren $\mathbf{a}$ und $\mathbf{b}$, so sind nach 3.3.2

$$\mathbf{x},\, \mathbf{y}\colon [0,1] \to \mathbb{R}^3, \quad \mathbf{x}(t) = \mathbf{a} + t(\mathbf{b} - \mathbf{a}) \quad \text{und} \quad \mathbf{y}(t) = \mathbf{b} + t(\mathbf{a} - \mathbf{b})$$

Parameterdarstellungen der Verbindungsstrecke von A und B. Bei der durch $\mathbf{x}$ festgelegten Orientierung wird die Strecke von A nach B durchlaufen (Abb. 4.13), bei der durch $\mathbf{y}$ festgelegten Orientierung in der umgekehrten Richtung (Abb. 4.14).

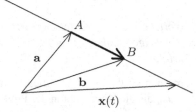

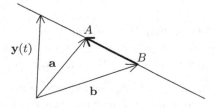

Abb. 4.13   Die Gerade (bzw. Strecke) wird von A nach B durchlaufen.

Abb. 4.14   Die Gerade (bzw. Strecke) wird von B nach A durchlaufen.

(2) Dem Parameter t kann eine bestimmte Bedeutung gegeben werden. So können wir t als Zeitvariable interpretieren, wenn wir durch die vektorwertige Funktion $\mathbf{x}\colon \mathbb{I} \to \mathbb{R}^3$ die Bewegung eines Massenpunktes M im Raum beschreiben wollen. Dann kennzeichnet $\mathbf{x}$ nicht nur die Bahnkurve Γ von M, sondern auch (nach (1)) die Richtung, in der sich M auf Γ bewegt, und die Position $X(t)$, die M zu jedem Zeitpunkt t einnimmt.

Beispiel: Ein Massenpunkt M bewegt sich auf einem Kreis um O mit dem Radius a. Die Kreisgleichung $x^2 + y^2 = a^2$ kennzeichnet zwar die Bahn des Massenpunktes, gibt aber keine Auskunft darüber, zu welcher Zeit er sich in welchem Punkt des Kreises befindet. M bewege sich auf dem Kreis mit konstanter Winkelgeschwindigkeit. Das bedeutet: Ist P ein Punkt des Kreises, α der Winkel zwischen der Verbindungsstrecke $\overrightarrow{OP}$ und der positiven x-Achse und t die Zeit, die M benötigt, um den zu α gehörenden Kreisbogen zu durchlaufen, so ist der Quotient von α und t konstant; er heißt Winkelgeschwindigkeit und wird mit ω bezeichnet. Es ist also $\omega = \frac{\alpha}{t}$ und daher $\alpha = \omega t$.
Für die Koordinaten x, y von P gilt dann:
$$x = a\cos\alpha = a\cos\omega t \quad \text{und} \quad y = a\sin\alpha = a\sin\omega t\,.$$
Die vektorwertige Funktion
$$\mathbf{x}\colon \left[0, \frac{2\pi}{\omega}\right] \to \mathbb{R}^2 \quad \text{mit} \quad \mathbf{x}(t) = \begin{pmatrix} a\cos\omega t \\ a\sin\omega t \end{pmatrix}$$
beschreibt die Bewegung des Massenpunktes und ist natürlich gleichzeitig auch eine Parameterdarstellung des Kreises $x^2 + y^2 = a^2$.

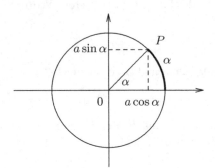

Abb. 4.15 Hat der Massenpunkt den zum Winkel α gehörenden Kreisbogen durchlaufen, so befindet er sich in dem Punkt P mit den kartesischen Koordinaten $a\cos\alpha$ und $a\sin\alpha$. Damit erhält man die Parameterdarstellung
$$\mathbf{x}(t) = \begin{pmatrix} a\cos\alpha \\ a\sin\alpha \end{pmatrix}$$
des Kreises um O mit dem Radius a.

4.3.3 Definition *Eine Funktion $f\colon \mathbb{D} \to \mathbb{R}$ mit dem Wertebereich $\mathbb{R}$, die definiert ist auf einer Teilmenge $\mathbb{D} \subset \mathbb{R}^m$ für $m > 1$, heißt eine reellwertige (skalarwertige) Funktion von mehreren (hier m) Variablen oder auch ein Skalarfeld.*

Bei solchen Funktionen verstehen wir im Allgemeinen $\mathbb{D}$ als eine *Punktmenge* im $\mathbb{R}^m$, so dass dann die unabhängigen Variablen $x_1, \ldots, x_m$ als die Koordinaten der Punkte $X \in \mathbb{D}$ oder ihrer Ortsvektoren $\mathbf{x}$ anzusehen sind:

$$\mathbf{x} = \begin{pmatrix} x_1 \\ \vdots \\ x_m \end{pmatrix} \in \mathbb{D} \text{ oder } X = (x_1, \ldots, x_m) \in \mathbb{D} \implies f(\mathbf{x}) = f(x_1, \ldots, x_m) \in \mathbb{R}.$$

Wir geben zwei Möglichkeiten an, wie man eine auf einem Bereich $\mathbb{D} \subset \mathbb{R}^2$ definierte Funktion $f \colon \mathbb{D} \to \mathbb{R}$ veranschaulichen kann:

(1) Wie eine Funktion einer Variablen ist eine Funktion $f \colon \mathbb{D} \to \mathbb{R}$ auf einer Punktmenge $\mathbb{D} \subset \mathbb{R}^2$ vollständig bestimmt durch die Menge

$$\text{Graph } f - \{ (x,y,z) \mid (x,y) \in \mathbb{D},\ z = f(x,y) \} = \{ (x,y,f(x,y)) \mid (x,y) \in \mathbb{D} \}.$$

Sie heißt der Graph von f und kann veranschaulicht werden als Punktmenge im Raum, z. B. als eine Fläche über dem Bereich $\mathbb{D}$ in der (x,y)-Ebene (Abb. 4.16). Sie besteht aus allen Punkten $(x,y,z) \in \mathbb{R}^3$, deren Koordinaten die Gleichung $z = f(x,y)$ erfüllen. Diese heißt daher die *Gleichung der Fläche* Graph f.

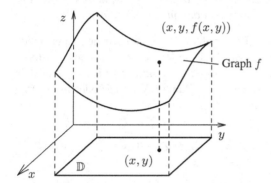

Abb. 4.16 Die graphische Darstellung einer Funktion $f \colon \mathbb{D} \to \mathbb{R}$ auf einem Bereich $\mathbb{D}$ in der (x,y)-Ebene ist eine Fläche, die über dem Bereich $\mathbb{D}$ liegt. Über jedem Punkt (x,y) liegt der Flächenpunkt $(x,y,f(x,y))$, dessen dritte Koordinate der Funktionswert $f(x,y)$ ist.

(2) Wir denken uns eine „sehr dünne" Platte, die kurzzeitig erhitzt wurde, als einen ebenen Bereich $\mathbb{D} \subset \mathbb{R}^2$ dargestellt. Die Temperaturverteilung auf der Platte zu einem festen Zeitpunkt τ können wir dann beschreiben durch eine Funktion $f \colon \mathbb{D} \to \mathbb{R}$. Sie ordnet jedem Punkt $(x,y) \in \mathbb{D}$ die zur Zeit τ in ihm herrschende Temperatur $f(x,y)$ zu. Könnten wir an jeden Punkt $(x,y) \in \mathbb{D}$ den zugehörigen Temperaturwert $f(x,y)$ anheften, so erhielten wir mit diesem *Zahlenfeld* eine Veranschaulichung von f. Das kann man als Erklärung für den Namen *Skalarfeld* ansehen. Eine aufschlussreiche Veranschaulichung von f erhält man wie folgt: Für jeden festen (konstanten) Temperaturwert T ist $f(x,y) = T$ die Gleichung für genau alle Punkte aus $\mathbb{D}$, in denen die Temperatur T herrscht. Unter geeigneten Voraussetzungen an die Funktion f kann man zeigen, dass $f(x,y) = T$ für jeden zulässigen Temperaturwert T die Gleichung einer Kurve in $\mathbb{D}$ ist (mit diesem Problem werden wir uns in Abschnitt 7.1 beschäftigen). Das ist zum Beispiel dann der Fall, wenn die Gleichung eine Auflösung

$$f(x,y) = T \iff y = \varphi_T(x)$$

nach einer Variablen besitzt (etwa nach y) und φ_T eine elementare Funktion ist. Der Graph von φ_T ist dann eine Kurve und ist die Menge aller Punkte, in denen die Temperatur T herrscht. Zeichnen wir für hinreichend viele Temperaturwerte T diese Kurven in $\mathbb{D}$ ein (Abb. 4.17), so gewinnen wir auf diese Weise eine recht gute Vorstellung von dem Temperaturfeld f. Die Kurven heißen die *Isothermen* (Kurven gleicher Temperatur). Ein anderes Beispiel für eine derartige Veranschaulichung eines Skalarfeldes sind die Höhenlinien auf einer Landkarte.

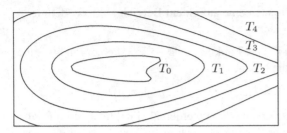

Abb. 4.17 Die Abbildung zeigt, wie ein Temperaturfeld auf einer dünnen Platte veranschaulicht werden kann: Man zeichnet für hinreichend viele Temperaturwerte T_k die zugehörigen Isothermen, also die Kurven, in deren Punkten dieselbe Temperatur T_k herrscht.

4.3.4 Definition *Eine Funktion* $\mathbf{f} \colon \mathbb{D} \to \mathbb{R}^n$, *deren Definitionsbereich eine Teilmenge* $\mathbb{D} \subset \mathbb{R}^m$ *für* $m > 1$ *ist und die den Wertebereich* $\mathbb{R}^n$ *mit* $n > 1$ *hat, heißt eine vektorwertige Funktion von mehreren (hier* m*) Variablen oder auch ein Vektorfeld.*

Wie bei vektorwertigen Funktionen einer Variablen schreiben wir den Buchstaben für das Funktionssymbol fett, um anzudeuten, dass die Werte der Funktion Vektoren sind. Wir stellen uns den Definitionsbereich $\mathbb{D}$ als eine *Punktmenge* im $\mathbb{R}^m$ vor. Die Variablen $x_1, \dots, x_m$ sind dann die Koordinaten der Punkte X von $\mathbb{D}$ oder ihrer Ortsvektoren $\mathbf{x}$. Für

$$\mathbf{x} = \begin{pmatrix} x_1 \\ \vdots \\ x_m \end{pmatrix} \in \mathbb{D} \text{ oder } X = (x_1, \dots, x_m) \in \mathbb{D} \text{ ist } \mathbf{f}(\mathbf{x}) = \mathbf{f}(x_1, \dots, x_m) \in \mathbb{R}^n$$

ein Vektor, dessen n Koordinaten Ausdrücke in $x_1, \dots, x_m$ sind und daher als Werte von n Funktionen $f_1, \dots, f_n \colon \mathbb{D} \to \mathbb{R}$ aufgefasst werden können. Diese heißen die *Koordinatenfunktionen von* $\mathbf{f}$:

$$\mathbf{f} = \begin{pmatrix} f_1 \\ \vdots \\ f_n \end{pmatrix} \colon \mathbb{D} \to \mathbb{R}^n \quad \text{mit} \quad \mathbf{f}(x_1, \dots, x_m) = \begin{pmatrix} f_1(x_1, \dots, x_m) \\ \vdots \\ f_n(x_1, \dots, x_m) \end{pmatrix}.$$

Auch für Vektorfelder wollen wir einige Möglichkeiten angeben, wie man sie veranschaulichen kann:

(1) Ist $\mathbb{D} \subset \mathbb{R}^2$ ein Bereich in der (x, y)-Ebene, so ordnet eine vektorwertige Funktion $\mathbf{f} \colon \mathbb{D} \to \mathbb{R}^3$ jedem Punkt $(x, y) \in \mathbb{D}$ einen Vektor $\mathbf{f}(x, y) \in \mathbb{R}^3$ zu. Würden wir in jedem Punkt $(x, y) \in \mathbb{D}$ den zugeordneten Vektor $\mathbf{f}(x, y)$ als Pfeil mit dem Anfangspunkt (x, y) darstellen, so erhielten wir eine Veranschaulichung von $\mathbf{f}$, die den Namen *Vektorfeld* plausibel macht.

(2) Wie eine vektorwertige Funktion einer Variablen so kann auch eine vektorwertige Funktion $\mathbf{x} \colon \mathbb{D} \to \mathbb{R}^3$ auf einem Bereich $\mathbb{D} \subset \mathbb{R}^2$ als eine *Ortsfunktion* gedeutet werden, die jedem Punkt $(u, v) \in \mathbb{D}$ den Ortsvektor $\mathbf{x}(u, v)$ eines Punktes im $\mathbb{R}^3$ zuordnet. Ist die durch

$$\mathbf{x}(D) = \{\, \mathbf{x}(u, v) \mid (u, v) \in \mathbb{D} \,\}$$

beschriebene Punktmenge im $\mathbb{R}^3$ eine Fläche, so bezeichnen wir analog zu 4.3.2 die vektorwertige Funktion $\mathbf{x} \colon \mathbb{D} \to \mathbb{R}^3$ als eine *Parameterdarstellung* dieser Fläche. Die

Koordinaten u, v heißen dann *Parameter*. Zur graphischen Darstellung wählt man ein Koordinatensystem in der Ebene (die dann als (u, v)-Ebene bezeichnet wird) und daneben ein Koordinatensystem im Raum. In der (u, v)-Ebene skizziert man den Parameterbereich $\mathbb{D}$ und in dem räumlichen System die Fläche (Abb. 4.18), und man kennzeichnet einzelne Punkte durch den zugehörigen Ortsvektor.

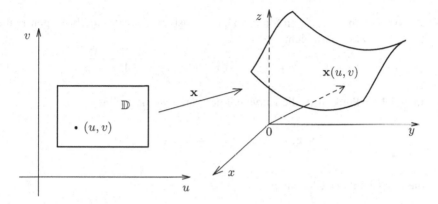

Abb. 4.18   Parameterdarstellung einer Fläche: Die vektorwertige Funktion $\mathbf{x}$ ordnet jedem Punkt (u, v) des Parameterbereiches $\mathbb{D}$ in der (u, v)-Ebene den Ortsvektor $\mathbf{x}(u, v)$ eines Punktes im $\mathbb{R}^3$ zu. Die Menge dieser Punkte bildet die Fläche.

(3) Ein Stabmagnet erzeugt in dem ihn umgebenden Raum $\mathbb{D} \subset \mathbb{R}^3$ ein Magnetfeld $\mathbf{M} \colon \mathbb{D} \to \mathbb{R}^3$, das jedem Punkt von $\mathbb{D}$ den Vektor zuordnet, der die dort herrschende Feldstärke kennzeichnet. Halten wir den Magneten unter eine Glasplatte, auf der Eisenfeilspäne liegen, so ordnen sich diese zu Linien an, die von einem Pol zum anderen verlaufen und das Magnetfeld (in der Glasebene) durch *Feldlinien* veranschaulichen. Allgemein versteht man unter den Feldlinien eines Vektorfeldes $\mathbf{f} \colon \mathbb{D} \to \mathbb{R}^3$ die Kurven in $\mathbb{D}$, deren Tangenten in jedem Punkt (x, y, z) den Richtungsvektor $\mathbf{f}(x, y, z)$ haben.

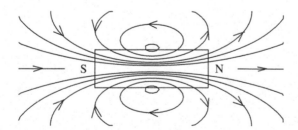

Abb. 4.19   Feldlinien des Magnetfeldes, das in der Ebene von einem Stabmagneten erzeugt wird: Die Feldlinien sind die Kurven, deren Tangente in jedem Punkt den Magnetfeldvektor als Richtungsvektor hat.

★ **Aufgaben**

   (1) Bestimmen Sie eine Parameterdarstellung

   (a)   des Streckenzuges von O über $A = (5, 0)$, $B = (5, 2)$, $C = (0, 2)$ nach O;

(b)　des Graphen von $f\colon [-2,2] \to \mathbb{R},\ f(x) = x^2$.

(2) Sei $P = (x, y, z)$ ein variabler Raumpunkt. Geben Sie eine Parameterdarstellung an für:

(a)　die Verbindungsstrecke des Nullpunktes O mit P,

(b)　einen achsenparallelen Weg von O nach P.

(3) Bestimmen und skizzieren Sie den Definitionsbereich $\mathbb{D}$ der reellwertigen Funktion f von zwei Variablen:

(a)　$f(x,y) = \sqrt{\dfrac{x}{y} - 2 + \dfrac{y}{x}}$;　　(b)　$f(x,y) = \sqrt{4x^2 - y^2}$.

(4) In welchem Punkt trifft die Kurve mit der Parameterdarstellung

$$\mathbf{x}\colon \mathbb{R} \to \mathbb{R}^3, \quad \mathbf{x}(t) = \begin{pmatrix} \cos t \\ \sin t \\ t \end{pmatrix},$$

die Fläche mit der Gleichung $z = 1 + \sqrt{2 - x^2 - y^2}$?

(5) Auf der Punktmenge $\mathbb{D} = \{\, (x,y) \mid x > 0, y > 0 \,\} \subset \mathbb{R}^2$ ist eine skalarwertige Funktion F definiert durch $F(x,y) = x\sqrt{y}$.

(a)　Zeigen Sie, dass für $c > 0$ die Punktmenge

$$N_c = \{\, (x,y) \in \mathbb{D} \mid F(x,y) = c \,\}$$

der Graph einer Funktion $f_c\colon (0, \infty) \to \mathbb{R}$ ist. Geben Sie die Zuordnungsvorschrift der Funktion f_c an, und skizzieren Sie die zu den Werten $c_1 = 1, c_2 = 2, c_3 = 3$ gehörenden Kurven.

(b)　Geben Sie die Parameterdarstellung von N_c an.

Kapitel 5

Zahlenfolgen, Grenzwerte von Funktionen

Um eine reelle Funktion $f\colon \mathbb{I} \to \mathbb{R}$ im Rahmen der Zeichengenauigkeit exakt graphisch darzustellen, müssen wir eigentlich für jede Zahl $x \in \mathbb{I}$ den Funktionswert berechnen und dann alle exakt bestimmten Punkte $(x, f(x))$ in ein Koordinatensystem eintragen. Ist $\mathbb{I}$ nicht gerade eine endliche Menge, so ist das natürlich praktisch nicht möglich. Ohne besondere Kenntnisse über f wird man daher nur eine Wertetabelle aufstellen, in der neben endlich viele Werte x_k die exakt berechneten Funktionswerte $f(x_k)$ aufgeschrieben sind, und wird dann eine Kurve zeichnen, die sich der Lage der entsprechenden Graphenpunkte $(x_k, f(x_k))$ anpasst. Wenn die gewählten Werte x_k das Intervall in hinreichend kleine Intervalle zerlegen, wird man eine solche Kurve dadurch finden, dass man je zwei benachbarte Punkte $(x_{k-1}, f(x_{k-1}))$ und $(x_k, f(x_k))$ durch ein Geradenstück verbindet und die Geradenstücke an den Nahtstellen glatt (ohne Ecken) aneinander fügt.

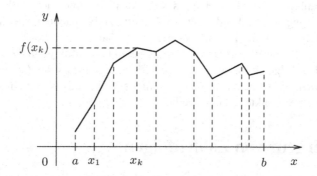

Abb. 5.1 Exakt berechnete Punkte des Graphen von f wurden hier geradlinig miteinander verbunden.

In den exakt berechneten Punkten $(x_k, f(x_k))$ stimmen die Kurve und der Graph von f überein. Sie stimmen aber – wenigstens näherungsweise – auf dem ganzen Intervall nur dann überein, wenn tatsächlich der Graph von f über hinreichend kleinen Intervallen nahezu geradlinig ist (wie wir es beim Zeichnen der Kurve angenommen haben). Ob dies der Fall ist oder nicht, wird von der jeweiligen Funktion abhängen. Daher ist es erforderlich, eine an der Funktionsvorschrift nachprüfbare Eigenschaft von Funktionen zu formulieren, die sicherstellt, dass der Graph einer Funktion in einem hinreichend kleinen Intervall um einen Punkt $a \in \mathbb{I}$ nahezu geradlinig ist. Hat $f\colon \mathbb{I} \to \mathbb{R}$ in jedem Punkt $a \in \mathbb{I}$ diese Eigenschaft, so stellt eine in der beschriebenen Weise gewonnene Kurve näherungsweise den Graphen von f dar.

Diese Eigenschaft, die wir finden wollen, bezieht sich auf Funktionen in der Umgebung von Punkten a, wobei unter „Umgebung eines Punktes a" beliebig kleine, a enthaltende Intervalle zu verstehen sind. Wir werden daher das Verhalten einer Funktion in der Umgebung eines Punktes untersuchen müssen. Wir wollen eine Idee entwickeln, wie wir dabei vorgehen. Dazu nehmen wir an, dass wir feststellen können, ob der Graph von f über einem a enthaltenden Intervall $[x, x']$ $(x < a < x')$ nahezu geradlinig ist oder nicht. Hat der Graph über $[x, x']$ nicht diese gewünschte Eigenschaft, so kann das daran liegen, dass der Abstand von x und x' zu groß ist. Wir werden dann ein kleineres Intervall um a wählen und prüfen, ob Graph f über ihm nahezu geradlinig ist. Ist das wieder nicht der Fall, werden wir ein noch kleineres Intervall um a wählen usw. Auf diese Weise erhalten wir eine Folge

$$\mathbb{I}_1 = [x_1, x_1'], \quad \mathbb{I}_2 = [x_2, x_2'], \quad \ldots, \quad \mathbb{I}_n = [x_n, x_n'], \ldots$$

von a enthaltenden Intervallen, so dass gilt:

$$x_1 < x_2 < \ldots < x_n < \ldots < a < \ldots < x_n' < \ldots < x_2' < x_1'.$$

Die linken und rechten Endpunkte dieser Intervalle bilden Folgen von Zahlen x_n bzw. x_n', die sich immer mehr der festen Zahl a nähern. Die Funktion über jedem solchen Intervall zu beobachten, bedeutet insbesondere, dass wir die Funktionswerte in den Endpunkten des Intervalls berechnen. Mit den Folgen der Zahlen x_n und x_n' beobachten wir also gleichzeitig die Folgen der zugehörigen Funktionswerte $f(x_n)$ bzw. $f(x_n')$. Um das Verhalten einer Funktion in der Umgebung des Punktes a zu untersuchen, liegt es daher nahe, für beliebige gegen a strebende Zahlenfolgen x_n zu beobachten, welches Verhalten die zugehörigen Folgen der Funktionswerte $f(x_n)$ haben. Um diese Idee umzusetzen, ist es erforderlich, den Begriff der Zahlenfolge exakt einzuführen und das mögliche Verhalten von Zahlenfolgen zu studieren. Es wird sich zeigen, dass die Zahlenfolgen ein geeignetes Instrument darstellen, um unterschiedliche Verhaltensweisen einer Funktion in der Umgebung eines Punktes zu beschreiben.

5.1 Konvergenz von Zahlenfolgen

Für eine exakte Einführung des Begriffes *Zahlenfolge* benutzen wir den Abbildungsbegriff, um mit Hilfe der Ordnung (Reihenfolge) der natürlichen Zahlen eine Auswahl von reellen Zahlen in einer festen Reihenfolge angeben zu können.

5.1.1 Definition *Ist $r \in \mathbb{N}_0$ und $\mathbb{N}_r = \{\, n \in \mathbb{N}_0 \mid n \geq r \,\}$, so heißt eine Abbildung $x\colon \mathbb{N}_r \to \mathbb{R}$ eine Zahlenfolge (in $\mathbb{R}$). Die Zahlen $x(n)$ für $n \in \mathbb{N}_r$ heißen die Glieder der Zahlenfolge.*

Wie für Funktionen gibt es auch für Zahlenfolgen unterschiedliche Möglichkeiten, die Zuordnungsvorschrift $x(n)$ anzugeben. Im Allgemeinen wird $x(n)$ ein Rechenausdruck in n sein. Wir vereinbaren, dass wir statt $x(n)$ das Symbol x_n benutzen und die Zahlenfolge angeben, indem wir x_n in Klammern setzen: (x_n). Die feste Zahl r in der Definition $x\colon \mathbb{N}_r \to \mathbb{R}$ einer Zahlenfolge hat keine besondere Bedeutung. Sie weist nur darauf hin, dass möglicherweise x_n für einige erste natürliche Zahlen nicht definiert ist. Da dies ohnehin an dem Rechenausdruck x_n sichtbar ist, geben wir in der Schreibweise (x_n) auch nicht ausdrücklich $n \geq r$ an.

Beispiele:

(1) $(x_n) = \left(\frac{1}{n}\right)$ ist die Folge $\quad 1, \frac{1}{2}, \frac{1}{3}, \ldots$;

(2) $(x_n) = \left((-1)^n \frac{1}{n}\right)$ ist die Folge $\quad -1, \frac{1}{2}, -\frac{1}{3}, \frac{1}{4}, \ldots$;

(3) $(x_n) = \left((-1)^n\right)$ ist die Folge $\quad 1, -1, 1, -1, \ldots$;

  die Glieder einer Folge müssen also nicht verschieden sein.

(4) $(x_n) = \left((-1)^n + \frac{1}{n}\right)$ ist die Folge $\quad 0, \frac{3}{2}, -\frac{2}{3}, \frac{5}{4}, \ldots$;

(5) $(x_n) = \left(n^2\right)$ ist die Folge $\quad 1, 4, 9, 16, \ldots$.

Denken wir uns die Glieder dieser Zahlenfolgen durch Punkte auf einer Zahlengeraden, etwa auf der x-Achse, veranschaulicht, so stellen wir fest:

Die Punkte $\frac{1}{n}$ der Folge in (1) nähern sich auf der positiven x-Achse mit wachsendem n dem Nullpunkt O und kommen ihm beliebig nahe, kurz: Sie streben auf der positiven x-Achse gegen 0.

Auch die Punkte $(-1)^n \frac{1}{n}$ der Folge in (2) streben gegen 0, nur liegen sie abwechselnd auf der positiven und der negativen x-Achse.

Den Gliedern $(-1)^n$ der Folge in (3) entsprechen überhaupt nur zwei Punkte, nämlich abwechselnd die Punkte $+1$ und -1.

Die Punkte $(-1)^n + \frac{1}{n}$ der Folge in (4) liegen abwechselnd auf der negativen und der positiven x-Achse. Dabei streben mit wachsendem n die auf der negativen x-Achse liegenden Punkte gegen -1, die auf der positiven x-Achse liegenden Punkte gegen $+1$.

Die Punkte n^2 der Folge in (5) entfernen sich mit wachsendem n auf der positiven x-Achse immer mehr und beliebig weit von 0.

Wir sehen an diesen Beispielen, dass Zahlenfolgen ein sehr unterschiedliches Verhalten haben können. Um allgemein das Verhalten von Folgen zu beschreiben, wird es nicht genügen, anschaulich zu argumentieren. Denn das ist nicht immer so einfach möglich wie in den Beispielen, und es kann vor allem leicht zu Fehlern führen. Was wir benötigen, sind exakte mathematische Formulierungen für jedes mögliche Verhalten einer Folge, die sich für jede konkrete Folge (x_n) überprüfen lassen.

Um das Annähern der Folgenglieder x_n an eine feste Zahl a zu beschreiben, beobachten wir für wachsendes n den Abstand zwischen x_n und a. Zur Veranschaulichung benutzen wir die Zahlengerade.

Der Abstand zweier Punkte x und a auf der Zahlengeraden ist der Betrag $|x - a|$ der Differenz ihrer Zahlenwerte x und a. Deuten wir eine Zahl $\varepsilon > 0$ als Abstand vom Punkt a, so haben genau die beiden symmetrisch zu a liegenden Punkte $a - \varepsilon$ und $a + \varepsilon$ diesen Abstand ε von a und genau die zwischen ihnen liegenden Punkte x einen kleineren Abstand von a:

$$|x - a| < \varepsilon \iff a - \varepsilon < x < a + \varepsilon \iff x \in (a - \varepsilon, a + \varepsilon).$$

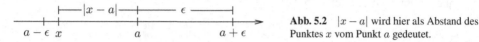

Abb. 5.2 $|x - a|$ wird hier als Abstand des Punktes x vom Punkt a gedeutet.

5.1.2 Definition *Für eine feste Zahl a und jede Zahl $\varepsilon > 0$ heißt das Intervall*

$$\mathbb{I}_\varepsilon(a) = \{\, x \mid |x - a| < \varepsilon \,\} = (a - \varepsilon, a + \varepsilon)$$

mit dem Mittelpunkt a und der halben Intervalllänge ε eine ε-Umgebung von a.

Je kleiner wir ε in der Definition wählen, umso kleiner ist die ε-Umgebung von a und umso näher liegt jeder ihrer Punkte bei a. Wir können also die „Nähe" zu a mit Hilfe der ε-Umgebungen beschreiben.

5.1.3 Definition *Eine Zahl $a \in \mathbb{R}$ heißt Grenzwert einer Folge (x_n), wenn es zu jeder (beliebig kleinen) Zahl $\varepsilon > 0$ einen (von ε abhängigen) Index n_ε gibt, so dass gilt:*

$$|x_n - a| < \varepsilon \quad \text{für alle } n \geq n_\varepsilon.$$

Beachten Sie, dass $|x_n - a| < \varepsilon$ äquivalent ist zu $x_n \in \mathbb{I}_\varepsilon(a) = (a - \varepsilon, a + \varepsilon)$. Besitzt eine Folge (x_n) einen Grenzwert, so heißt sie konvergent. Ist a Grenzwert der Folge (x_n), so sagen wir „(x_n) konvergiert (strebt) gegen a" und schreiben $x_n \to a$ oder

$$\lim_{n \to \infty} x_n = a \quad \text{(lies: Limes x_n für n gegen ∞ ist a).}$$

Die Konvergenz von (x_n) gegen a bedeutet also anschaulich, dass – unabhängig davon, wie klein ε gewählt ist – bis auf endlich viele Anfangsglieder der Folge (nämlich bis auf diejenigen mit dem Index $< n_\varepsilon$) alle Folgenglieder in der ε-Umgebung von a liegen; die Anzahl n_ε ist dabei natürlich umso größer, je kleiner wir ε wählen.

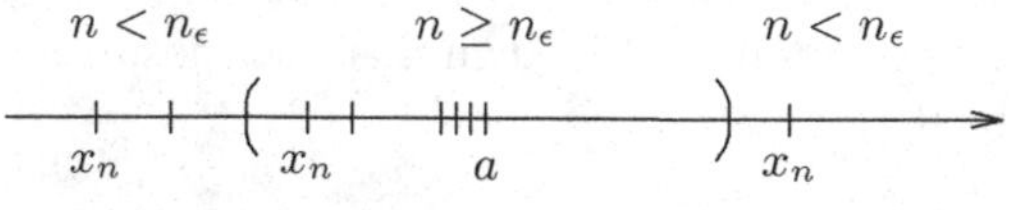

$$n < n_\epsilon \qquad n \geq n_\epsilon \qquad n < n_\epsilon$$

$$x_n \qquad\qquad x_n \quad\; a \qquad\qquad x_n$$

Abb. 5.3 Nur die endlich vielen Folgenglieder x_n, für die $n < n_\varepsilon$ ist, liegen außerhalb der Umgebung von a.

5.1.4 Folgerung *Ist eine Zahlenfolge konvergent, so hat sie genau einen Grenzwert. Der Grenzwert einer konvergenten Zahlenfolge ist also eindeutig bestimmt.*

Beweis: Sei a der Grenzwert von (x_n) und $b \neq a$. Dann haben a und b einen Abstand $d = |b - a| > 0$. Wählen wir $\varepsilon = \frac{d}{2}$, so ist einerseits $(a - \varepsilon, a + \varepsilon) \cap (b - \varepsilon, b + \varepsilon) = \emptyset$, und es gibt andererseits, weil (x_n) nach Voraussetzung gegen a strebt, einen Index n_ε, so dass $x_n \in (a - \varepsilon, a + \varepsilon)$ für alle $n \geq n_\varepsilon$ gilt. Zu der ε-Umgebung $(b - \varepsilon, b + \varepsilon)$ von b können daher nur Folgenglieder x_n mit einem Index $n < n_\varepsilon$ gehören, also höchstens endlich viele. Daher konvergiert (x_n) nicht gegen b. $\qquad\square$

Es gibt so genannte Konvergenzkriterien, mit deren Hilfe man entscheiden kann, ob eine Folge konvergent ist oder nicht, ohne eine als Grenzwert in Frage kommende Zahl zu kennen. Wir werden diese Konvergenzkriterien hier nicht kennen lernen und können daher eine solche Entscheidung nur treffen, indem wir nach Definition 5.1.3 zeigen, dass eine als Grenzwert *vermutete Zahl* a wirklich Grenzwert der Folge ist oder *keine Zahl* a Grenzwert der Folge sein kann.

Beispiele:

(1) $\left(\frac{1}{n}\right)$ ist konvergent mit $\lim\limits_{n\to\infty} \frac{1}{n} = 0$. Denn für jede Zahl $\varepsilon > 0$ gilt:

$$\left|\frac{1}{n} - 0\right| = \left|\frac{1}{n}\right| = \frac{1}{n} < \varepsilon \iff n > \frac{1}{\varepsilon}.$$

Wählen wir also $n_\varepsilon > \frac{1}{\varepsilon}$, so ist $\left|\frac{1}{n} - 0\right| < \varepsilon$ für alle $n \geq n_\varepsilon$.

Je kleiner ε vorgegeben ist, umso größer muss n_ε gewählt werden. Das wird deutlich an den Zahlenbeispielen:

Für $\varepsilon = 0,03$ und $n_\varepsilon = 34 > \frac{1}{0,03}$ ist $\left|\frac{1}{n} - 0\right| < 0,03$ für alle $n \geq 34$, und für $\varepsilon = 0,005$ und $n_\varepsilon = 201 > \frac{1}{0,005}$ ist $\left|\frac{1}{n} - 0\right| < 0,005$ für alle $n \geq 201$. Der Abstand der Folgenglieder vom Grenzwert 0 ist also kleiner als $0,03$ vom 34. und kleiner als $0,005$ vom 201. Folgenglied an.

(2) $\left((-1)^n \frac{1}{n}\right)$ ist konvergent mit $\lim\limits_{n\to\infty}\left((-1)^n \frac{1}{n}\right) = 0$. Denn für $\varepsilon > 0$ gilt:

$$\left|(-1)^n \frac{1}{n} - 0\right| = \left|(-1)^n \frac{1}{n}\right| = \frac{1}{n} < \varepsilon \iff n > \frac{1}{\varepsilon}.$$

Wählen wir also $n_\varepsilon > \frac{1}{\varepsilon}$, so ist $\left|(-1)^n \frac{1}{n} - 0\right| < \varepsilon$ für alle $n \geq n_\varepsilon$.
Dass die Folgenglieder abwechselnd rechts und links vom Grenzwert 0 liegen, ändert nichts an der Konvergenz der Folge, weil ja nur entscheidend ist, dass die Folgenglieder im Inneren der ε-Umgebungen von 0 liegen.

(3) $((-1)^n)$ ist nicht konvergent.

Dazu müssen wir zeigen, dass keine Zahl $a \in \mathbb{R}$ Grenzwert der Folge sein kann, es also zu jeder Zahl $a \in \mathbb{R}$ eine Zahl $\varepsilon > 0$ gibt, so dass *nicht* von einem Index n_ε an alle Folgenglieder in $\mathbb{I}_\varepsilon(a)$ liegen. Für $a \in \mathbb{R}$ und $\varepsilon = \frac{1}{2}$ ist

$$\mathbb{I}_\varepsilon(a) = \left(a - \frac{1}{2}, a + \frac{1}{2}\right) = \left\{x \in \mathbb{R} \ \middle| \ |x - a| < \frac{1}{2}\right\}$$

ein Intervall der Länge 1. Da $+1$ und -1 den Abstand 2 voneinander haben, kann also höchstens eine der beiden Zahlen zu dem Intervall gehören. Wegen

$$(-1)^n = \begin{cases} 1, & \text{wenn } n \text{ gerade ist} \\ -1, & \text{wenn } n \text{ ungerade ist} \end{cases}$$

gehören daher die Folgenglieder mit geradem Index oder die mit ungeradem Index nicht zu $\mathbb{I}_\varepsilon(a)$. Also gibt es keinen Index n_ε, so dass *alle* Folgenglieder mit Index $n \geq n_\varepsilon$ in $\mathbb{I}_\varepsilon(a)$ liegen. Folglich kann a nicht Grenzwert der Folge sein.

(4) $\left(n^2\right)$ ist nicht konvergent.

> Wir zeigen, dass keine Zahl $a \in \mathbb{R}$ Grenzwert der Folge $\left(n^2\right)$ sein kann. Dazu wählen wir zu a und $\varepsilon > 0$ eine positive Zahl M so, dass $M > a + \varepsilon$ ist. Sei n_M eine natürliche Zahl mit $n_M > \sqrt{M}$. Dann gilt für alle natürlichen Zahlen $n \geq n_M$ ebenfalls $n > \sqrt{M}$ und daher $n^2 > M$ oder äquivalent dazu $n^2 \in (M, \infty)$. Also liegt vom Index n_M ab kein Folgenglied in $(a - \varepsilon, a + \varepsilon)$, weil ja $(a - \varepsilon, a + \varepsilon) \cap (M, \infty) = \emptyset$ nach Wahl von M gilt.

Vergleichen wir die in den Beispielen (3) und (4) diskutierten nicht-konvergenten Folgen, so fällt auf, dass die Nicht-Konvergenz der Folge in (3) einen anderen Charakter hat als diejenige der Folge in (4): Die Folge in (3) ist deshalb nicht konvergent, weil mit ihren Gliedern jeweils zwei so genannte Teilfolgen gebildet werden können, die konvergent sind, aber verschiedene Grenzwerte haben; dagegen strebt die Folge $\left(n^2\right)$ in ähnlicher Weise ins „Unendliche" wie etwa die Folge $\left(\frac{1}{n^2}\right)$ gegen 0. Wie die Formulierung in Beispiel (4) zeigt, spielen die Intervalle (M, ∞) dabei die Rolle der ε-Umgebungen $(a - \varepsilon, a + \varepsilon)$. Aus diesem Grund liegt es nahe, den Konvergenzbegriff allgemeiner zu fassen und auch einen Grenzwert „∞" und Konvergenz gegen ∞ zuzulassen.

5.1.5 Definition

(1) Eine Folge (x_n) heißt divergent, wenn sie nicht konvergent ist.

(2) Eine divergente Folge (x_n) heißt uneigentlich konvergent mit dem Grenzwert ∞, wenn es zu jeder (beliebig großen) positiven Zahl M einen (von M abhängigen) Index n_M gibt, so dass gilt:

$$x_n > M \quad (\Longleftrightarrow x_n \in (M, \infty)) \quad \textit{für alle} \quad n \geq n_M.$$

Man schreibt dann: $\quad x_n \to \infty \quad$ *oder* $\quad \lim_{n \to \infty} x_n = \infty$.

Entsprechend ist definiert: $\quad x_n \to -\infty \quad$ *oder* $\quad \lim_{n \to \infty} x_n = -\infty$.

Im Hinblick darauf, dass wir im nächsten Abschnitt mit Hilfe von Folgen das Verhalten von Funktionen untersuchen wollen, reicht es aus, Folgen als *konvergent* (mit wohl bestimmten Grenzwerten in $\mathbb{R}$), als *divergent* und als *uneigentlich konvergent* (mit Grenzwert $\pm\infty$) unterscheiden zu können.

5.1.6 Bemerkung

Die Definitionen der Konvergenz, des Grenzwertes, der Divergenz und der uneigentlichen Konvergenz lassen sich ohne weiteres auf Folgen (z_n) komplexer Zahlen oder Folgen (X_n) von Punkten im $\mathbb{R}^m$ übertragen. Dazu ist ja nur erforderlich, die „Nähe" von Zahlen bzw. Punkten durch ihren Abstand zu beschreiben und das Streben einer Folge gegen einen Grenzwert mit Hilfe der ε-Umgebungen des Grenzwertes darzustellen. Wie in $\mathbb{R}$ ist der Abstand komplexer Zahlen z und w durch $|z - w|$ und der Abstand von Punkten X und A in $\mathbb{R}^m$ mit den Ortsvektoren $\mathbf{x}$ und $\mathbf{a}$ durch $\|\mathbf{x} - \mathbf{a}\|$ gegeben. Während die ε-Umgebungen einer Zahl a in $\mathbb{R}$ Intervalle um a mit halber Intervalllänge ε sind, erhalten wir als ε-Umgebungen einer Zahl w in $\mathbb{C}$ Kreise

$$K_\varepsilon(w) = \{\, z \in \mathbb{C} \mid |z - w| < \varepsilon \,\} \text{ um } w \text{ mit Radius } \varepsilon$$

und als ε-Umgebungen eines Punktes im $\mathbb{R}^m$ m-dimensionale Kugeln, die wir mit Hilfe von Ortsvektoren angeben können durch:

$$B_\varepsilon(\mathbf{a}) = \left\{ \, \mathbf{x} \in \mathbb{R}^m \mid \|\mathbf{x} - \mathbf{a}\| < \varepsilon \, \right\}.$$

★ **Aufgaben**

(1) Für reelle Zahlen a und x können wir $|x - a|$ (also den Betrag der *Differenz* von x und a) deuten als den Abstand der Punkte a und x auf der Zahlengeraden. So ist zum Beispiel $|x - 1|$ der Abstand des Punktes x vom Punkt 1 und $|x + 1| = |x - (-1)|$ ist der Abstand des Punktes x vom Punkt -1. Benutzen Sie das, um durch anschauliche Argumentation an der Zahlengeraden die Lösungsmengen folgender Ungleichungen und Gleichungen zu bestimmen:

   (a) $|x + 1| < |x - 1|$;   (b) $|x - 1| < |x + 1|$;

   (c) $|x + 1| = |x - 1|$;   (d) $|x + 1| + |x - 1| < 2$;

   (e) $|x + 1| + |x - 1| = 2$;   (f) $|x + 1| + |x - 1| > 2$.

(2) Bestimmen Sie für die Werte $\varepsilon = 1, \frac{1}{2}, \frac{1}{4}$ die ε-Umgebungen von

   (a) $x_0 = 2 \in \mathbb{R}$,   (b) $z_0 = 1 + 2i \in \mathbb{C}$,   (c) $X_0 = (1, 2) \in \mathbb{R}^2$,

   und skizzieren Sie die Punktmengen auf der Zahlengeraden bzw. in der Gaußschen Zahlenebene bzw. in der (x, y)-Ebene.

(3) Zeigen Sie mit Hilfe der Definition des Grenzwertes, dass die Folge (x_n) den angegebenen Grenzwert a hat:

   (a) $x_n = (-1)^n \frac{b^n}{\sqrt{n}}$ $(|b| < 1)$, $a = 0$;   (b) $x_n = \frac{n^2 - 2n - 1}{n^2 + 3}$, $a = 1$;

   (c) $x_n = \sqrt{n + 1} - \sqrt{n}$, $a = 0$.   (Erweitern Sie mit $\sqrt{n + 1} + \sqrt{n}$.)

(4) Weisen Sie nach, dass $(x_n) = \left((-1)^n + \frac{n}{n+1} \right)$ eine divergente Folge ist.

   (Untersuchen Sie dazu die *Teilfolgen* (x_{2k}) und (x_{2k+1})).

5.2   Grenzwerte von Funktionen

Wie in der Einleitung des Kapitels 5 angedeutet, benutzen wir Zahlenfolgen als Instrumente für die Untersuchung von Funktionen $f : \mathbb{I} \to \mathbb{R}$ bzw. $f : \mathbb{I} \setminus \{a\} \to \mathbb{R}$ in der Umgebung eines Punktes $a \in \mathbb{I}$. Wir wählen dazu gegen a konvergierende Folgen (x_n) in $\mathbb{I}$ und untersuchen für sie das Konvergenzverhalten der zugehörigen Funktionswertfolgen $(f(x_n))$. An speziellen Beispielen machen wir uns klar, welches Aussehen der Graph einer Funktion in der Umgebung eines festen Punktes haben kann, welche Situationen also grundsätzlich auftreten können. Die dabei gewonnenen Erkenntnisse geben dann Anlass, geeignete Begriffe einzuführen, um entsprechende Situationen allgemein für Funktionen zu kennzeichnen. Da wir den Begriff der uneigentlichen Konvergenz zur Verfügung haben, ist bei diesen Untersuchungen zugelassen, dass $\mathbb{I}$ ein unendliches Intervall und $a = \pm\infty$ (als „Randpunkt" von $\mathbb{I}$) ist.

Eine Folge (x_n) konvergiert gegen $a \in \mathbb{I}$, wenn für jede Zahl $\varepsilon > 0$ von einem Index N_0 ab alle Folgenglieder x_n in der ε-Umgebung $\mathbb{I}_\varepsilon(a)$ liegen. Gleichzeitig müssen alle x_n zum Definitionsbereich $\mathbb{I}$ der Funktion gehören. Ist a kein Randpunkt von $\mathbb{I}$, so gilt beides, weil $\mathbb{I}_\varepsilon(a) \subset \mathbb{I}$ für hinreichend kleine ε ist. Für einen Randpunkt $a \in \mathbb{I}$ gilt dasselbe, wenn wir ε-Umgebungen durch „einseitige ε-Umgebungen" ersetzen.

5.2.1 Definition *Sei $\mathbb{I}$ ein Intervall und $a \in \mathbb{I}$.*

(1) *a heißt ein innerer Punkt von $\mathbb{I}$, wenn für jede hinreichend kleine Zahl $\varepsilon > 0$ die ε-Umgebung $\mathbb{I}_\varepsilon(a)$ von a in $\mathbb{I}$ enthalten ist.*

(2) *Ist a der linke oder rechte Randpunkt von $\mathbb{I}$, so heißen die Intervalle $[a, a+\varepsilon) \subset \mathbb{I}$ bzw. $(a-\varepsilon, a] \subset \mathbb{I}$ einseitige ε-Umgebungen von a in $\mathbb{I}$.*

Beispiel: Wir untersuchen das Verhalten der Funktion

$$f \colon \mathbb{R} \setminus \{0\} \to \mathbb{R} \quad \text{mit} \quad f(x) = \sin \tfrac{\pi}{x}$$

in der Umgebung von $a = 0$ und beobachten dazu das Konvergenzverhalten der Folgen $(f(x_n))$ für einige gegen 0 konvergierende Folgen (x_n), etwa für (x_n) mit:

$$(1)\ \ x_n = \frac{1}{n}, \quad (2)\ \ x_n = \frac{2}{4n+1}, \quad (3)\ \ x_n = \frac{2}{4n+3}, \quad (4)\ \ x_n = \frac{2}{2n+1}.$$

(1) $f\left(\frac{1}{n}\right) = \sin(n\pi) = 0$ für $n \in \mathbb{N} \implies f\left(\frac{1}{n}\right) = 0$ für $n \in \mathbb{N} \implies f\left(\frac{1}{n}\right) \to 0$.

(2) $f\left(\frac{2}{4n+1}\right) = \sin\left(\frac{4n+1}{2}\pi\right) = \sin\left(2n\pi + \frac{\pi}{2}\right) = \sin\frac{\pi}{2} = 1$ für $n \in \mathbb{N} \implies$

   alle Glieder der Folge $\left(f\left(\frac{2}{4n+1}\right)\right)$ sind 1 $\implies f\left(\frac{2}{4n+1}\right) \to 1$.

(3) $f\left(\frac{2}{4n+3}\right) = \sin\left(\frac{4n+3}{2}\pi\right) = \sin\left(2n\pi + \frac{3}{2}\pi\right) = \sin\frac{3}{2}\pi = -1$ für $n \in \mathbb{N} \implies$

   alle Glieder der Folge $\left(f\left(\frac{2}{4n+3}\right)\right)$ sind $-1 \implies f\left(\frac{2}{4n+3}\right) \to -1$.

(4) $f\left(\frac{2}{2n+1}\right) = \sin\left(\frac{2n+1}{2}\pi\right) = (-1)^n$ für $n \in \mathbb{N} \implies \left(f\left(\frac{2}{2n+1}\right)\right) = ((-1)^n)$ ist

   eine divergente Folge (Beispiel (3) in Abschnitt 5.1).

Für die vier gegen 0 konvergierenden Folgen (x_n) haben also die Folgen der Funktionswerte $(f(x_n))$ ein völlig unterschiedliches Konvergenzverhalten: Die ersten drei sind konvergent, haben aber verschiedene Grenzwerte, und die vierte Folge ist divergent.

Tatsächlich nimmt die Funktion in jeder (noch so kleinen) Umgebung von 0 alle Zahlen zwischen -1 und $+1$ als Funktionswerte an. Das kann man wie folgt einsehen: Für $n \in \mathbb{N}$ sind $2n$ und $2(n+1)$ aufeinander folgende gerade Zahlen, und es gilt:

$$x \in \left[\frac{1}{2(n+1)}, \frac{1}{2n}\right] \iff \frac{1}{2(n+1)} \le x \le \frac{1}{2n} \iff 2n \le \frac{1}{x} \le 2(n+1)$$

$$\iff 2n\pi \le \frac{\pi}{x} \le 2n\pi + 2\pi \iff \frac{\pi}{x} \in [2n\pi, 2n\pi + 2\pi].$$

Durchläuft x das Intervall $\left[\frac{1}{2(n+1)}, \frac{1}{2n}\right]$, so durchläuft also $\frac{\pi}{x}$ ein Intervall der Länge 2π. Auf einem solchen nimmt die Sinusfunktion alle Zahlen aus $[-1, 1]$ als Funktionswerte an. Der Graph von f sieht daher über jedem Intervall $\left[\frac{1}{2(n+1)}, \frac{1}{2n}\right]$ so aus wie der auf das kleinere Intervall zusammengestauchte Graph der Sinusfunktion über $[0, 2\pi]$. Da die Folgen $\left(\frac{1}{2n}\right)$ und $\left(\frac{1}{2(n+1)}\right)$ gegen 0 konvergieren, gibt es zu $\varepsilon > 0$ eine Zahl $n_\varepsilon \in \mathbb{N}$, so dass $\frac{1}{2n} \in \mathbb{I}_\varepsilon(0)$ und $\frac{1}{2(n+1)} \in \mathbb{I}_\varepsilon(0)$ und daher $\left[\frac{1}{2(n+1)}, \frac{1}{2n}\right] \subset \mathbb{I}_\varepsilon(0)$ für alle $n \geq n_\varepsilon$ gilt. Also nimmt f in jeder ε-Umgebung von 0 alle Zahlen zwischen -1 und 1 als Werte an; in der Umgebung von 0 lässt sich der Graph nicht zeichnen (Abb. 5.4).

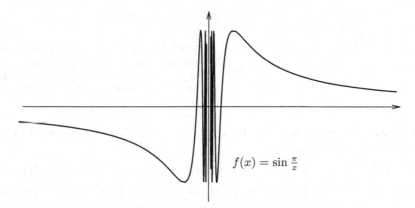

$$f(x) = \sin \frac{\pi}{x}$$

Abb. 5.4 Die Schwingungen werden bei gleich bleibender Schwingungshöhe für $x \to 0$ immer enger.

Die folgenden beiden Beispiele werden uns dazu führen, mit Hilfe von Zahlenfolgen Eigenschaften von Funktionen in der Umgebung eines Punktes zu kennzeichnen.

Beispiel: Wir untersuchen das Verhalten der Funktion

$$f: \mathbb{R} \setminus \{1\} \to \mathbb{R} \quad \text{mit} \quad f(x) = \frac{|x^2 - 1|}{x - 1}$$

in der Umgebung von $a = 1$ und vereinfachen dazu $f(x)$: Für $x \neq 1$ ist

$$f(x) = \frac{|x^2 - 1|}{x - 1} = \begin{cases} \frac{x^2-1}{x-1} = \frac{(x-1)(x+1)}{x-1} = x + 1, & \text{wenn } x^2 - 1 \geq 0, \\[2mm] -\frac{x^2-1}{x-1} = -\frac{(x-1)(x+1)}{x-1} = -(x+1), & \text{wenn } x^2 - 1 < 0. \end{cases}$$

Hierbei gilt:

$$x^2 - 1 < 0 \iff x^2 < 1 \iff |x| < 1 \iff x \in (-1, 1) \quad \text{und}$$
$$x^2 - 1 \geq 0 \iff x^2 \geq 1 \iff |x| \geq 1 \iff x \leq -1 \text{ oder } x \geq 1.$$

Wir können damit $f(x)$ übersichtlich angeben durch:

$$f(x) = \begin{cases} x + 1, & \text{wenn } x \leq -1 \text{ oder } x > 1, \\ -x - 1, & \text{wenn } -1 < x < 1. \end{cases}$$

Der Graph von f lässt sich nun leicht zeichnen (Abb. 5.5). Er ist über dem Intervall $(-1, 1)$ das Stück der Geraden mit der Gleichung $y = -x - 1$, und er stimmt über $(-\infty, -1] \cup (1, \infty)$ mit der durch $y = x + 1$ gegebenen Geraden überein. Hätten wir nicht solche Informationen, um den Graphen von f zu zeichnen, so könnten wir

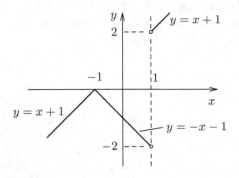

Abb. 5.5 Für $x = 1$ ist die Funktion nicht definiert. An der Stelle 1 ändert sich der Graph von f sprunghaft; von links her nähert er sich dem Punkt $(1, -2)$, von rechts her dem Punkt $(1, 2)$.

das Verhalten der Funktion in der Umgebung von $a = 1$ an Hand von Zahlenfolgen beobachten und folgendes feststellen:

(1) Es gibt Folgen (x_n), die gegen 1 konvergieren, für die aber die Folgen $(f(x_n))$ der Funktionswerte divergieren. So konvergiert $(x_n) = \left(1 + \frac{(-1)^n}{n}\right)$ gegen 1, aber $(f(x_n))$ ist divergent, weil die Glieder mit geradem Index und die Glieder mit ungeradem Index Teilfolgen bilden, die verschiedene Grenzwerte haben:

Wegen $f(x) = x + 1$ für $x > 1$ und $(-1)^{2k} = 1$ gilt:

$$x_{2k} = 1 + \frac{1}{2k} > 1 \implies f(x_{2k}) = x_{2k} + 1 = 1 + 1 + \frac{1}{2k} \to 2 \,.$$

Wegen $f(x) = -x - 1$ für $-1 < x < 1$ und $(-1)^{2k+1} = -1$ gilt:

$$x_{2k+1} = 1 - \frac{1}{2k+1} < 1 \implies f(x_{2k+1}) = -x_{2k+1} - 1$$

$$= -1 + \frac{1}{2k+1} - 1 \to -2 \,.$$

Verantwortlich für die Divergenz von $(f(x_n))$ ist hier offenbar die Tatsache, dass f für $x < 1$ und für $x > 1$ durch unterschiedliche Vorschriften $f(x)$ gegeben ist.

Dass dies der einzige Grund ist, wird deutlich, wenn wir beliebige Folgen (x_n) in $(1, \infty)$ bzw. solche in $[-1, 1)$ betrachten:

(2) Konvergiert (x_n) gegen 1 und ist $x_n > 1$ für $n \in \mathbb{N}$, so gilt, weil $f(x) = x + 1$ für $x > 1$ ist: $f(x_n) = x_n + 1 \to 1 + 1 = 2$.
Das bedeutet: Strebt x *von rechts* gegen 1, so strebt $f(x)$ gegen 2.

(3) Konvergiert (x_n) gegen 1 und ist $x_n \in (-1, 1)$ für alle n, so gilt, weil dann $f(x) = -x - 1$ ist: $f(x_n) = -x_n - 1 \to -1 - 1 = -2$.
Das bedeutet: Strebt x *von links* gegen 1, so strebt $f(x)$ gegen -2.

Die in dem Beispiel vorliegende Situation gibt Anlass zu folgender Definition.

5.2.2 Definition *Sei a ein innerer Punkt oder der linke Randpunkt eines Intervalls $\mathbb{I}$ und f eine auf $\mathbb{I}$ oder $\mathbb{I} \setminus \{a\}$ definierte Funktion. Eine Zahl G heißt rechtsseitiger Grenzwert von f für $x \to a$, in Zeichen $G = \lim\limits_{x \to a+} f(x)$, wenn für jede Folge (x_n) in $\mathbb{I}$ mit $x_n \to a$ und $x_n > a$ (d.h. sämtliche Glieder liegen rechts von a) die Folge $(f(x_n))$ der Funktionswerte den Grenzwert G hat. Dabei ist auch uneigentliche Konvergenz (also $G = \pm\infty$) zugelassen.*
Entsprechend ist der linksseitige Grenzwert $\lim\limits_{x \to a-} f(x)$ definiert, wenn a ein innerer Punkt oder der rechte Randpunkt des Intervalls ist.

Beispiel: Wir untersuchen das Verhalten der Funktion

$$f: \mathbb{R} \setminus \{1\} \to \mathbb{R} \quad \text{mit} \quad f(x) = \frac{x^2 - 1}{x - 1}$$

in der Umgebung von $a = 1$ und vereinfachen dazu wieder $f(x)$ zuerst:

$$f(x) = \frac{x^2 - 1}{x - 1} = \frac{(x - 1)(x + 1)}{x - 1} = x + 1 \quad \text{für} \quad x \neq 1.$$

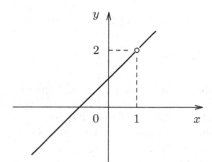

Abb. 5.6 Für $x = 1$ ist die Funktion f nicht definiert; der Graph von f hat daher über 1 eine Lücke. Von rechts und von links her nähert sich der Graph demselben Punkt $(1, 2)$.

Der Graph von f ist also die Gerade mit der Gleichung $y = x + 1$, aus welcher der Punkt (1,2) herausgenommen ist (Abb. 5.6). Auch ohne diese durch Vereinfachen der Zuordnungsvorschrift $f(x)$ gewonnene Information über das Aussehen des Graphen von f könnten wir mit Hilfe von Zahlenfolgen eine gute Vorstellung vom Verhalten der Funktion in der Umgebung von 1 erhalten. Denn wegen $f(x) = x + 1$ für $x \neq 1$ gilt für jede gegen 1 strebende Folge (x_n) in $\mathbb{R} \setminus \{1\}$: $f(x_n) = x_n + 1 \to 1 + 1 = 2$. $\Longrightarrow$ Gleichgültig, wie x gegen 1 strebt, immer streben die Funktionswerte $f(x)$ gegen 2.

Auch diese Situation gibt Anlass zu einer allgemeinen Definition.

5.2.3 Definition *Sei $\mathbb{I}$ ein endliches oder unendliches Intervall, a ein innerer Punkt oder ein Randpunkt von $\mathbb{I}$ (dabei ist $a = \pm\infty$ zugelassen) und f eine auf $\mathbb{I} \setminus \{a\}$ definierte Funktion. Ist $G \in \mathbb{R}$ oder $G = \pm\infty$, so heißt G Grenzwert der Funktion f für $x \to a$,* *in Zeichen* $G = \lim\limits_{x \to a} f(x)$, *wenn für jede Folge* (x_n) *in* $\mathbb{I} \setminus \{a\}$ *mit* $x_n \to a$ *die Folge* $(f(x_n))$ *der Funktionswerte gegen* G *strebt.*

Ist a ein innerer Punkt von $\mathbb{I}$, so muss man natürlich zwischen dem Grenzwert von f für $x \to a$ und den beiden einseitigen Grenzwerten von f für $x \to a$ unterscheiden.

5.2.4 Satz *Sei a ein innerer Punkt des Intervalls $\mathbb{I}$ und sei $f \colon \mathbb{I} \setminus \{a\} \to \mathbb{R}$ eine reelle Funktion. Dann gilt:*

$$\lim_{x \to a} f(x) = G \iff \lim_{x \to a+} f(x) = G = \lim_{x \to a-} f(x).$$

Beispiel: Zur Erläuterung der Aussage in 5.2.4 ziehen wir noch einmal die Funktionen heran, die wir in den letzten beiden Beispielen untersucht haben.

(1) Für die Funktion $f \colon \mathbb{R} \setminus \{1\} \to \mathbb{R}$ mit $f(x) = \dfrac{|x^2 - 1|}{x - 1}$ existieren zwar die einseitigen Grenzwerte

$$\lim_{x \to 1-} f(x) = -2 \quad \text{und} \quad \lim_{x \to 1+} f(x) = 2\,,$$

aber der Grenzwert von $f(x)$ für $x \to 1$ existiert nicht, weil sie verschieden sind.

(2) Für die Funktion $f \colon \mathbb{R} \setminus \{1\} \to \mathbb{R}$ mit $f(x) = \dfrac{x^2 - 1}{x - 1}$ gilt:

$$\lim_{x \to 1+} f(x) = 2 = \lim_{x \to 1-} f(x) \implies \lim_{x \to 1} f(x) = 2\,.$$

Der Grenzwert von $f(x)$ für $x \to 1$ existiert, aber f ist in 1 nicht definiert.

(3) Die Funktion $g \colon \mathbb{R} \to \mathbb{R}$ mit $g(x) = x + 1$ stimmt mit der Funktion f in (2) auf $\mathbb{R} \setminus \{1\}$ überein und hat daher wie f für $x \to 1$ den Grenzwert 2. Zusätzlich gilt jetzt, dass der Grenzwert gleich dem Funktionswert $g(1) = 2$ ist.

Den unterschiedlichen Eigenschaften der drei Funktionen an der Stelle 1 entspricht ein unterschiedliches Aussehen der Graphen. Der Graph der ersten Funktion hat bei 1 einen *Sprung* von -2 zu $+2$, der Graph der zweiten Funktion hat über 1 eine *Lücke*, und der Graph der dritten Funktion g geht über 1 durch *den* Punkt, gegen den die Punkte des Graphen für $x \to 1$ streben.

Wir kennzeichnen die besondere Situation, die bei der Funktion g im letzten Beispiel vorliegt, als eine mögliche Eigenschaft von Funktionen:

5.2.5 Definition *Sei $f \colon \mathbb{I} \to \mathbb{R}$ eine Funktion auf einem Intervall $\mathbb{I}$.*

(1) f heißt stetig in $a \in \mathbb{I}$, wenn $\lim\limits_{x \to a} f(x) = f(a)$ gilt.

(2) $f \colon \mathbb{I} \to \mathbb{R}$ heißt stetig (auf $\mathbb{I}$), wenn f in jedem Punkt $x \in \mathbb{I}$ stetig ist.

Es kann sehr mühevoll sein, die Stetigkeit einer Funktion mit Hilfe der Definition 5.2.5 nachzuweisen, sogar, wenn es sich um einfache Grundfunktionen handelt. Will man den Grenzwert einer Funktion f für $x \to a$ bestimmen, so muss man entsprechend Definition 5.2.3 zeigen, dass für jede Folge (x_n) mit $x_n \to a$ die Folge $(f(x_n))$ der Funktionswerte denselben Grenzwert G hat. Das bedeutet natürlich, dass man von vornherein mit beliebigen, gegen a konvergierenden Folgen (x_n) arbeiten muss, um auch wirklich alle nur möglichen Folgen (x_n) zu berücksichtigen. Wollen wir das umgehen, so benötigen wir eine äquivalente Definition des Grenzwertes, die den Folgenbegriff vermeidet. Eine solche wird nahe gelegt, wenn wir für die den Grenzwert definierende Bedingung „$(f(x_n))$ strebt gegen G, wenn (x_n) gegen a strebt" die Formulierung „$f(x_n)$ liegt (beliebig) nahe bei G, wenn x_n (hinreichend) nahe bei a liegt" wählen. In dieser können wir ebensogut die Folgenpunkte x_n durch beliebige Punkte x ersetzen und erhalten dann: „Zu jeder (beliebig kleinen) ε-Umgebung $\mathbb{I}_\varepsilon(G)$ von G gibt es eine hinreichend kleine δ-Umgebung $\mathbb{I}_\delta(a)$ von a, so dass für alle $x \in \mathbb{I}_\delta(a)$ gilt: $f(x) \in \mathbb{I}_\varepsilon(G)$."

Diese Überlegung macht plausibel, dass die Bedingung im folgenden Satz äquivalent zu der den Grenzwert einer Funktion definierenden Eigenschaft in 5.2.3 ist.

5.2.6 Satz *Sei $\mathbb{I}$ ein endliches Intervall, $a \in \mathbb{I}$ ein innerer Punkt oder ein Randpunkt von $\mathbb{I}$ und sei f eine auf $\mathbb{I} \setminus \{a\}$ definierte reelle Funktion und $G \in \mathbb{R}$ eine Zahl. Dann gilt:*

$$\lim_{x \to a} f(x) = G \iff \text{Zu jedem } \varepsilon > 0 \text{ gibt es ein } \delta > 0 \text{ so, dass gilt:}$$
$$|f(x) - G| < \varepsilon \text{ für alle } x \in \mathbb{I} \setminus \{a\} \text{ mit } |x - a| < \delta.$$

Ergänzung: Für $a = \infty$ muss man in der Bedingung in Satz 5.2.6 natürlich gemäß 5.1.5 $|x - x_0| < \delta$ ersetzen durch $x > M$ (mit $M \in \mathbb{R}$), und für $G = \infty$ muss man entsprechend $|f(x) - G| < \varepsilon$ durch $f(x) > N$ (mit $N \in \mathbb{R}$) ersetzen.

Dass eine Funktion $f\colon \mathbb{I} \to \mathbb{R}$ in einem inneren Punkt $a \in \mathbb{I}$ stetig ist, lässt sich nach 5.2.6 wie folgt formulieren:

5.2.7 Folgerung *$f\colon \mathbb{I} \to \mathbb{R}$ ist genau dann stetig in $a \in \mathbb{I}$, wenn es zu jedem $\varepsilon > 0$ ein $\delta > 0$ gibt so, dass gilt:*

$$|f(x) - f(a)| < \varepsilon \quad \text{für alle } x \in \mathbb{I} \text{ mit } |x - a| < \delta.$$

In Folgerung 5.2.7 wird durch die Vorgabe von ε ein zur x-Achse paralleler Streifen beschrieben, nämlich die Menge der Punkte, für deren zweite Koordinate y die Ungleichung $f(a) - \varepsilon < y < f(a) + \varepsilon$ gilt (Abb. 5.7). Entsprechend wird durch δ ein Streifen

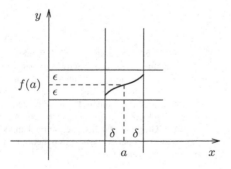

Abb. 5.7 Wählt man einen beliebig schmalen, zur x-Achse parallelen Streifen um $f(a)$, so gibt es ein Intervall um a, so dass der Graph von f über diesem Intervall ganz in dem Streifen liegt. Über hinreichend kleinen Umgebungen von a liegt der Graph von f also in beliebig kleinen Rechtecken um den Punkt $(a, f(a))$.

beschrieben, der zur y-Achse parallel ist , nämlich die Menge der Punkte, deren erste Koordinate der Ungleichung $a - \delta < x < a + \delta$ genügt. Die Stetigkeit von $f \colon \mathbb{I} \to \mathbb{R}$ in a lässt sich dann etwas anschaulicher beschreiben durch: Zu jeder Zahl $\varepsilon > 0$ gibt es eine Zahl $\delta > 0$ so, dass der Graph von f in der Umgebung von $(a, f(a))$ in dem Rechteck liegt, in dem sich die zur x- und y-Achse parallelen Streifen $f(a) - \varepsilon < y < f(a) + \varepsilon$ und $a - \delta < x < a + \delta$ schneiden.

Obwohl die Funktionswerte $f(x)$ einer in a stetigen Funktion f für hinreichend nahe bei a liegende Werte x sich beliebig wenig von $f(a)$ unterscheiden, bedeutet das noch nicht, dass der Graph von f über einem a enthaltenden Intervall $[x_1, x'_1]$ nahezu geradlinig verläuft, also näherungsweise übereinstimmt mit der Verbindungsstrecke der Punkte $(x_1, f(x_1))$ und $(x'_1, f(x'_1))$ des Graphen – gleichgültig, wie nahe x_1, x'_1 bei a gewählt sind (diese Frage hatten wir ja zu Beginn gestellt). Wir überzeugen uns davon an Hand des folgenden Beispiels.

Beispiel:

$$F \colon \mathbb{R} \to \mathbb{R} \quad \text{mit} \quad F(x) = \begin{cases} x \sin \frac{\pi}{x}, & \text{wenn } x \neq 0, \\ 0, & \text{wenn } x = 0. \end{cases}$$

Dass F in $a = 0$ stetig ist, überprüfen wir mit Hilfe der in Folgerung 5.2.7 angegebenen Bedingung: Für $x \in \mathbb{R} \setminus \{0\}$ ist $|\sin \frac{\pi}{x}| \leq 1$; damit folgt für jedes $\varepsilon > 0$:

$$|F(x) - F(0)| = \left| x \sin \frac{\pi}{x} - 0 \right| = \left| x \sin \frac{\pi}{x} \right| = |x| \left| \sin \frac{\pi}{x} \right| \leq |x| < \varepsilon$$

für alle $x \in \mathbb{R} \setminus \{0\}$ mit $|x - 0| = |x| < \varepsilon$. Wählen wir also $\delta = \varepsilon$, so gilt

$$|F(x) - F(0)| < \varepsilon \quad \text{für alle} \quad x \in \mathbb{R} \setminus \{0\} \quad \text{mit} \quad |x - 0| < \delta.$$

Dass Graph F trotz der Stetigkeit von F in 0 in der Umgebung von 0 nicht näherungsweise geradlinig ist, zeigt folgende Überlegung:

Für $x \neq 0$ gilt $|F(x)| = |x \sin \frac{\pi}{x}| \leq |x|$. Der Graph von F liegt daher zwischen den beiden Geraden mit den Gleichungen $y = x$ und $y = -x$ und berührt sie über den Stellen x, in denen $\sin \frac{\pi}{x} = \pm 1$ ist, weil dann $F(x) = \pm x$ ist. Graph F ist also eine „Schwingungskurve" wie der Graph der Funktion $f(x) = \sin \frac{\pi}{x}$ (Abb. 5.4), deren höchste und tiefste Punkte aber auf den Geraden $y = \pm x$ (und nicht auf den Parallelen $y = \pm 1$ zur x-Achse) liegen (Abb. 5.8). Während bei $f(x) = \sin \frac{\pi}{x}$ für $x \to 0$ die Schwingungshöhe konstant bleibt, geht sie bei $F(x)$ gegen 0. Das bedeutet:

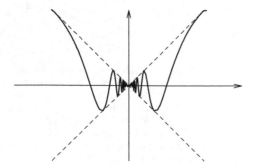

Abb. 5.8 Wie in Abb. 5.4 werden auch hier für $x \to 0$ die Schwingungen immer enger, aber jetzt geht auch gleichzeitig die Schwingungshöhe gegen 0, weil der Graph nach oben und unten durch die beiden Winkelhalbierenden $y = \pm x$ beschränkt ist. Der Graph liegt daher über hinreichend kleinen Umgebungen von 0 in beliebig kleinen Rechtecken um 0.

Obwohl F in 0 stetig ist und der Graph von F über hinreichend kleinen Umgebungen um 0 in beliebig schmalen, zur x-Achse parallelen Streifen um 0 liegt, erhalten wir eine falsche Vorstellung vom Aussehen des Graphen von F, wenn wir für x-Werte x_1, x_2 mit $x_1 < 0 < x_2$ die Funktionswerte berechnen und die so exakt bestimmten Punkte $(x_1, F(x_1))$, $(0, 0)$, $(x_2, F(x_2))$ des Graphen geradlinig verbinden würden – wie nahe bei 0 wir x_1, x_2 auch wählen. Das Beispiel zeigt, dass man den Graphen von F in der Umgebung von 0 nicht zeichnen kann, obwohl F dort stetig ist.

Die Formulierung der Eigenschaft von Funktionen, die garantiert, dass der Graph in der Umgebung eines Punktes a näherungsweise geradlinig ist, wird uns in Kapitel 6 weiter beschäftigen müssen.

★ Aufgaben

(1) Bestimmen Sie für die durch die Zuordnungsvorschrift $f(x)$ gegebene Funktion f den Definitionsbereich, formen Sie $f(x)$ so um, dass Sie die Grenzwerte für $x \to 1$ und $x \to \pm\infty$ berechnen können, und skizzieren Sie den Graphen von f:

(a) $\quad f(x) = \dfrac{x^2 + 2x - 3}{x - 1}\,;\qquad$ (b) $\quad f(x) = \dfrac{|x^2 + 2x - 3|}{x - 1}\,.$

(2) Prüfen Sie, ob die Funktion $f\colon \mathbb{R} \to \mathbb{R}$ stetig in $a = 1$ ist, indem Sie die rechts- und linksseitigen Grenzwerte berechnen:

(a) $\quad f(x) = \begin{cases} x^2 & \text{für } x \le 1\,, \\ x & \text{für } x > 1\,, \end{cases} \qquad$ (b) $\quad f(x) = \begin{cases} 2x^3 & \text{für } x \le 1\,, \\ 3x^2 & \text{für } x > 1\,. \end{cases}$

(3) Zeigen Sie: Ist $f\colon \mathbb{I} \to \mathbb{R}$ stetig in einem inneren Punkt $a \in \mathbb{I}$ und ist $f(a) > 0$, so gibt es eine ε-Umgebung $\mathbb{I}_\varepsilon(a)$ von a so, dass $f(x) > 0$ für alle $x \in \mathbb{I}_\varepsilon(a)$ ist.

5.3 Regeln für das Rechnen mit Grenzwerten

Wenn wir zeigen wollen, dass eine Folge konvergent oder divergent ist oder eine Funktion einen Grenzwert hat oder an einer Stelle stetig ist, so steht uns im Augenblick nur die Möglichkeit zur Verfügung, auf die Definition des Grenzwertbegriffes zurückzugehen, also auf Definition 5.1.3 bei Zahlenfolgen und auf Definition 5.2.3 bzw. auf die in Satz 5.2.6 angegebene Bedingung bei Funktionen. Das ist aus zwei Gründen unangenehm:

- Mit Hilfe der Definition des Grenzwertbegriffes können wir (noch unbekannte) Grenzwerte nicht tatsächlich berechnen.

- Auch wenn wir eine bestimmte Zahl als Grenzwert vermuten, ist der Beweis der Vermutung jedesmal aufwändig, weil er im allgemeinen eine Reihe mehr oder weniger komplizierter Abschätzungen erfordert.

Es ist ein typisches Prinzip in der Mathematik, dem wir noch mehrfach folgen werden, in solchen Situationen wie folgt vorzugehen:

Sind Folgen oder Funktionen durch „einfache" Vorschriften gegeben, so versucht man, ihren Grenzwert zu erraten, und benutzt anschließend die Definition des Grenzwertbegriffes, um die Vermutung zu bestätigen. Dann werden Regeln bereitgestellt, die angeben, unter welchen Voraussetzungen die Bildung des Grenzwertes mit anderen Rechenoperationen (algebraischen Operationen, Zusammensetzen von Funktionen usw.) vertauschbar ist. Für Folgen oder Funktionen, die mit Hilfe solcher Rechenoperationen aus einfachen Folgen bzw. Funktionen gebildet sind, kann dann durch Anwendung dieser Regeln die Bestimmung des Grenzwertes zurückgeführt werden auf die schon bekannten Grenzwerte der bei ihrer Bildung benutzten einfachen Folgen bzw. Funktionen.

5.3.1 Satz (Regeln für das Vertauschen der Grenzwertbildung mit algebraischen Rechenoperationen) *Sind (x_n), (y_n) konvergente oder uneigentlich konvergente Zahlenfolgen, $\mathbb{I}$ ein Intervall, $a \in \mathbb{I}$ oder a ein Randpunkt von $\mathbb{I}$ ($a = \pm\infty$ ist erlaubt) und $f, g: \mathbb{I} \setminus \{a\} \to \mathbb{R}$ reelle Funktionen, deren Grenzwerte $\lim\limits_{x \to a} f(x)$ und $\lim\limits_{x \to a} g(x)$ endlich oder $\pm\infty$ sind, so gilt:*

(1) $\lim\limits_{n \to \infty} (x_n \pm y_n) = \lim\limits_{n \to \infty} x_n \pm \lim\limits_{n \to \infty} y_n$ *und*

$$\lim_{x \to a} (f(x) \pm g(x)) = \lim_{x \to a} f(x) \pm \lim_{x \to a} g(x),$$

wenn dabei nicht ein Ausdruck der Form $\infty - \infty$ entsteht.

(2) $\lim\limits_{n \to \infty} (x_n \cdot y_n) = \lim\limits_{n \to \infty} x_n \cdot \lim\limits_{n \to \infty} y_n$ *und*

$$\lim_{x \to a} (f(x) \cdot g(x)) = \lim_{x \to a} f(x) \cdot \lim_{x \to a} g(x),$$

wenn dabei nicht ein Ausdruck der Form $0 \cdot \infty$ oder $\infty \cdot 0$ entsteht.

(3) Ist $c \neq 0$ eine Konstante, so gilt:

$$\lim_{n \to \infty} (c x_n) = c \cdot \lim_{n \to \infty} x_n \quad \text{und}$$

$$\lim_{x \to a} (c f(x)) = c \cdot \lim_{x \to a} f(x).$$

(4) $\lim\limits_{n \to \infty} \dfrac{x_n}{y_n} = \dfrac{\lim\limits_{n \to \infty} x_n}{\lim\limits_{n \to \infty} y_n}$ $(y_n \neq 0$ *für* $n \in \mathbb{N})$ *und*

$$\lim_{x \to a} \frac{f(x)}{g(x)} = \frac{\lim\limits_{x \to a} f(x)}{\lim\limits_{x \to a} g(x)} \quad \big(g(x) \neq 0 \text{ in einer Umgebung von } a\big),$$

wenn dabei nicht ein Ausdruck der Form $\dfrac{\infty}{\infty}$ oder $\dfrac{0}{0}$ entsteht.

Diese Regeln gelten ebenso für rechts- bzw. linksseitige Grenzwerte von Funktionen.

Im Folgenden erläutern wir diese Regeln ausführlich und führen ihre Anwendung an Beispielen vor. Wir begnügen uns damit, dies für Grenzwerte von Funktionen zu tun.

(I) Betrachten wir zuerst die Situation, dass die Grenzwerte $\lim\limits_{x \to a} f(x)$ und $\lim\limits_{x \to a} g(x)$ endlich sind und in der Regel (4) $\lim\limits_{x \to a} g(x) \neq 0$ ist. Die Regeln 5.3.1 drücken dann aus, dass die Grenzwertbildung vertauschbar ist mit den algebraischen Rechenoperationen: Der Grenzwert einer Summe, einer Differenz, eines Produktes, eines Quotienten ist gleich der Summe, der Differenz, dem Produkt, dem Quotienten der einzelnen Grenzwerte. Insbesondere ist der Grenzwert wieder eine endliche Zahl.

Beispiele:

(1) Für $a \subset \mathbb{R}$ ist $\lim\limits_{x \to a} x = a$. Ist $n \in \mathbb{N}$ und c eine Konstante, so folgt daraus mit Hilfe der Regeln 5.3.1, (2) und (3):

$$\lim_{x \to a} (cx^n) = c \lim_{x \to a} (x^n) = c \left(\lim_{x \to a} x \right)^n = ca^n \,.$$

Damit haben wir gezeigt, dass alle Funktionen

$$f \colon \mathbb{R} \to \mathbb{R}, \quad f(x) = cx^n \quad (c \in \mathbb{R}, \ n \in \mathbb{N})$$

stetig in $\mathbb{R}$ sind, denn für jede Stelle $a \in \mathbb{R}$ ist ihr Grenzwert für $x \to a$ gleich dem Funktionswert $f(a) = ca^n$.

(2) Sei $g \colon \mathbb{R} \to \mathbb{R}$ definiert durch $g(x) = \dfrac{2x^3 - 3x}{x^2 + 1}$. Für $a \in \mathbb{R}$ führen wir mit Hilfe der Regeln 5.3.1 die Bestimmung des Grenzwertes von $g(x)$ für $x \to a$ zurück auf nach Beispiel (1) schon bekannte Grenzwerte:

$$\lim_{x \to a} g(x) = \lim_{x \to a} \frac{2x^3 - 3x}{x^2 + 1} = \frac{\lim\limits_{x \to a} 2x^3 - \lim\limits_{x \to a} 3x}{\lim\limits_{x \to a} x^2 + \lim\limits_{x \to a} 1} = \frac{2a^3 - 3a}{a^2 + 1} = g(a).$$

Die Funktion g ist also stetig in jedem Punkt $a \in \mathbb{R}$ und damit stetig in $\mathbb{R}$.

Wie die Bildung von Grenzwerten ist auch die Bildung von Funktionswerten mit den algebraischen Operationen vertauschbar, denn definitionsgemäß gilt:

$$(f \pm g)(x) = f(x) \pm g(x), \quad (f \cdot g)(x) = f(x) \cdot g(x), \quad \frac{f}{g}(x) = \frac{f(x)}{g(x)}.$$

Da nach 5.2.5 eine Funktion stetig in a ist, wenn ihr Grenzwert für $x \to a$ gleich ihrem Funktionswert in a ist, ergibt sich zusammen mit diesen Vertauschungsregeln:

5.3.2 Folgerung *Sind $f, g \colon \mathbb{I} \to \mathbb{R}$ stetige Funktionen auf dem Intervall $\mathbb{I}$, so sind auch*

$$f \pm g, \quad cf \ \text{für } c \in \mathbb{R}, \quad f \cdot g \quad \text{und} \quad \frac{f}{g} \ \text{(falls $g(x) \neq 0$ auf $\mathbb{I}$)}$$

stetige Funktionen auf $\mathbb{I}$.

Da nach Beispiel (1) oben alle Potenzfunktionen stetig sind und jede rationale Funktion mit Hilfe algebraischer Operationen aus ihnen gebildet ist, gilt insbesondere:

5.3.3 Folgerung *Jede rationale Funktion ist in ihrem Definitionsbereich stetig.*

(II) Ist in 5.3.1 einer der Grenzwerte oder sind beide gleich $\pm\infty$ oder ist bei Regel (4) der im Nenner stehende Grenzwert gleich 0, so liefert die Anwendung der Regeln jedesmal einen Ausdruck, in dem ∞ auftritt oder in dem eine 0 im Nenner eines Quotienten steht, also einen Ausdruck, der zunächst nicht definiert ist, wie etwa $\infty + \infty$, $\infty \cdot \infty$ usw. Die Regeln 5.3.1 drücken aus, dass – abgesehen von den dort ausgeschlossenen Situationen – auch in diesen Fällen der Grenzwert immer eindeutig durch die einzelnen Grenzwerte bestimmt ist. Dazu ist allerdings noch eine Ergänzung nötig: Wir vereinbaren in 5.3.4 Regeln, mit deren Hilfe wir diese eindeutig bestimmten Grenzwerte aus den mit den einzelnen Grenzwerten gebildeten Ausdrücken gewinnen können. Sie haben formal das Aussehen von *Rechenregeln für das „Rechnen mit* ∞". Mit ihnen zusammen drücken die Regeln 5.3.1 in dieser allgemeineren Situation genauso wie in (**I**) aus, dass die Grenzwertbildung mit algebraischen Operationen vertauschbar ist.

Die in der Vereinbarung 5.3.4 unten zusammengestellten Regeln haben nur im Zusammenhang mit Grenzwertbestimmungen einen Sinn, indem sie Auskunft darüber geben, welchen Grenzwert eine Summe, eine Differenz, ein Produkt, ein Quotient dann hat, wenn die Anwendung von 5.3.1 auf einen Ausdruck führt, in dem ∞ auftritt oder in dem der Nenner eines Quotienten 0 ist.

Wir führen das vor am Beispiel der erst anschließend in 5.3.4 angegebenen Regeln (1) $\infty + \infty = \infty$ und (5) $\frac{G}{\infty} = 0$:

Zu (1):   Man kann zeigen, dass für Funktionen f und g gilt:

$$\lim_{x \to a} f(x) = \infty \text{ und } \lim_{x \to a} g(x) = \infty \implies \lim_{x \to a} (f(x) + g(x)) = \infty \,.$$

In Worten: Der Grenzwert einer Summe ist ∞, wenn beide Summanden den Grenzwert ∞ haben. Genau dies drückt die vereinbarte Regel „$\infty + \infty = \infty$" in Verbindung mit 5.3.1, (1) aus, wenn man schreibt:

$$\lim_{x \to a} (f(x) + g(x)) = \lim_{x \to a} f(x) + \lim_{x \to a} g(x) = \infty + \infty = \infty \,.$$

Zu (5):   Für Funktionen f und g gilt:

$$\lim_{x \to a} f(x) = G \in \mathbb{R} \text{ und } \lim_{x \to a} g(x) = \infty \implies \lim_{x \to a} \frac{f(x)}{g(x)} = 0 \,.$$

In Worten: Hat der Zähler eines Quotienten den Grenzwert $G \in \mathbb{R}$, der Nenner den Grenzwert ∞, so hat der Quotient den Grenzwert 0. Genau das soll Regel (5) ausdrücken, wenn man in Verbindung mit 5.3.1, (4) schreibt:

$$\lim_{x \to a} \frac{f(x)}{g(x)} = \frac{\lim_{x \to a} f(x)}{\lim_{x \to a} g(x)} = \frac{G}{\infty} = 0 \,.$$

5.3.4 Vereinbarung Für die Berechnung von Grenzwerten dürfen folgende Regeln in Verbindung mit den Regeln 5.3.1 benutzt werden; in ihnen steht G für einen endlichen Grenzwert:

(1) $\infty + \infty = \infty$,   (2) $G \pm \infty = \pm\infty$,   (3) $\infty \cdot \infty = \infty$,

(4) $G \cdot \infty = \begin{cases} +\infty, & \text{wenn } G > 0, \\ -\infty, & \text{wenn } G < 0, \end{cases}$ (5) $\dfrac{G}{\infty} = 0.$

(6)   Ist $\lim_{x \to a} g(x) = 0$, so schreiben wir

$\lim_{x \to a} g(x) = +0$, wenn $g(x) > 0$ in einer Umgebung $(a - \delta, a + \delta)$ von a gilt,

$\lim_{x \to a} g(x) = -0$, wenn $g(x) < 0$ in einer Umgebung $(a - \delta, a + \delta)$ von a gilt.

(Bei einseitigen Grenzwerten ist „Umgebung" durch „einseitige Umgebung" $(a - \delta, a)$ bzw. $(a, a + \delta)$ zu ersetzen). Mit dieser Vereinbarung gilt:

$$\frac{G}{+0} = \begin{cases} +\infty, & \text{wenn } G > 0, \\ -\infty, & \text{wenn } G < 0, \end{cases} \quad \text{und} \quad \frac{G}{-0} = \begin{cases} -\infty, & \text{wenn } G > 0, \\ +\infty, & \text{wenn } G < 0. \end{cases}$$

Beispiele:

(1) Nach 5.3.1, (2) bzw. (4) und 5.3.4, (3) bzw. (5) folgt für jede Zahl $n \in \mathbb{N}$ aus $\lim\limits_{x \to \infty} x = \infty$:

$$\lim_{x \to \infty} x^n = \left(\lim_{x \to \infty} x \right)^n = \infty^n = \infty \quad \text{und} \quad \lim_{x \to \infty} \frac{1}{x^n} = \frac{1}{\lim\limits_{x \to \infty} x^n} = \frac{1}{\infty} = 0.$$

(2) Schreiben wir $\lim\limits_{x \to 3+} (x - 3) = +0$ und $\lim\limits_{x \to 3-} (x - 3) = -0$ (wie es in 5.3.4, (6) vereinbart wurde), so folgt mit 5.3.4, (6):

$$\lim_{x \to 3+} \frac{x - 4}{x - 3} = \frac{\lim\limits_{x \to 3+} (x - 4)}{\lim\limits_{x \to 3+} (x - 3)} = \frac{-1}{+0} = -\infty \quad \text{und}$$

$$\lim_{x \to 3-} \frac{x - 4}{x - 3} = \frac{\lim\limits_{x \to 3-} (x - 4)}{\lim\limits_{x \to 3-} (x - 3)} = \frac{-1}{-0} = +\infty.$$

Für die auf $\mathbb{R} \setminus \{3\}$ definierte Funktion $f(x) = \dfrac{x - 4}{x - 3}$ existieren also der rechts- und der linksseitige Grenzwert für $x \to 3$. Da sie aber verschieden sind, existiert der Grenzwert $\lim\limits_{x \to 3} \dfrac{x - 4}{x - 3}$ nicht.

(III) Mit der Formulierung der Regeln 5.3.1 wurde gleichzeitig angegeben, wann sie nicht benutzt werden dürfen, nämlich immer dann, wenn ihre Anwendung einen Ausdruck folgender Form liefert:

$$\infty - \infty \quad \text{oder} \quad 0 \cdot \infty \quad \text{oder} \quad \frac{0}{0} \quad \text{oder} \quad \frac{\infty}{\infty}.$$

An dem folgenden Beispiel wird deutlich, warum die Anwendung der Regeln 5.3.1 in diesen Situationen nicht zulässig ist.

Beispiel: Wenden wir die Regeln 5.3.1 auf die Grenzwerte

$$(1) \quad \lim_{x \to 1} \frac{x - 1}{x^2 - 1}, \qquad (2) \quad \lim_{x \to 1} \frac{(x - 1)^2}{x^2 - 1}, \qquad (3) \quad \lim_{x \to 1} \frac{x - 1}{(x^2 - 1)^3}$$

an, so erhalten wir in allen drei Beispielen einen Ausdruck der Form $\frac{0}{0}$, denn die Zähler und Nenner streben jedesmal beide gegen 0. In allen drei Fällen können wir die Ausdrücke durch Umformen so vereinfachen, dass die anschließende Anwendung der Regeln 5.3.1 erlaubt ist:

(1) $\displaystyle\lim_{x\to 1} \frac{x-1}{x^2-1} = \lim_{x\to 1} \frac{x-1}{(x+1)(x-1)} = \lim_{x\to 1} \frac{1}{x+1} = \frac{1}{2}\,,$

(2) $\displaystyle\lim_{x\to 1} \frac{(x-1)^2}{x^2-1} = \lim_{x\to 1} \frac{(x-1)^2}{(x+1)(x-1)} = \lim_{x\to 1} \frac{x-1}{x+1} = \frac{0}{2} = 0\,,$

(3) $\displaystyle\lim_{x\to 1} \frac{x-1}{(x^2-1)^3} = \lim_{x\to 1} \frac{x-1}{(x+1)^3(x-1)^3} = \lim_{x\to 1} \frac{1}{(x+1)^3(x-1)^2} =$

$$= \frac{1}{2^3\cdot(+0)} = \infty\,.$$

Wir erkennen: Haben Zähler und Nenner eines Quotienten beide den Grenzwert 0, so ist der Grenzwert des Quotienten dadurch nicht eindeutig bestimmt.

In unseren Beispielen können wir das wie folgt erklären:

Der Grenzwert (1) ist deshalb eine endliche Zahl $\neq 0$, weil Zähler und Nenner „gleich schnell" gegen 0 streben (bei beiden ist dafür derselbe Faktor $x-1$ verantwortlich) und sich dieses Verhalten gegenseitig aufhebt ($x-1$ kann gekürzt werden).

Der Grenzwert (2) ist gleich 0, weil der Zähler „schneller" gegen 0 strebt als der Nenner (nach Kürzen von $x-1$ strebt der Zähler weiterhin gegen 0, der Nenner gegen eine Zahl $\neq 0$).

Der Grenzwert (3) ist gleich ∞, weil der Nenner „schneller" als der Zähler gegen 0 strebt (nach Kürzen durch $x-1$ strebt der Zähler gegen $1 \neq 0$, der Nenner gegen $(\pm 0)^2 = 0$).

Da der Grenzwert eines Quotienten, dessen Zähler und Nenner beide den Grenzwert 0 haben, sehr verschiedene Werte annehmen kann, ist durch einen Ausdruck der Form $\frac{0}{0}$ eben kein eindeutiger Wert bestimmt, ist $\frac{0}{0}$ also ein *unbestimmter Ausdruck*. Entsprechendes gilt für die Ausdrücke der Form $\infty - \infty,\ 0\cdot\infty,\ \frac{\infty}{\infty}$.

5.3.5 Definition *Ein Grenzwert wird als ein Grenzwert vom Typ*

$$\infty - \infty \quad oder \quad 0\cdot\infty \quad oder \quad \frac{0}{0} \quad oder \quad \frac{\infty}{\infty}$$

bezeichnet, wenn die Anwendung der Regeln 5.3.1 zu einem unbestimmten Ausdruck dieser Form führt.

Hinweis: Will man einen Grenzwert bestimmen, so wird man grundsätzlich zuerst einmal die Regeln 5.3.1 benutzen. Entsteht dabei kein unbestimmter Ausdruck, so ist dieser Weg korrekt. Erhält man jedoch einen unbestimmten Ausdruck, so weiß man, dass die Anwendung der Regeln nicht erlaubt war. In diesem Fall muss man nach anderen Möglichkeiten suchen, den Grenzwert zu bestimmen. Eine solche Möglichkeit kann es sein, den Ausdruck so umzuformen (wie im letzten und im folgenden Beispiel), dass dann die Anwendung der Regeln 5.3.1 erlaubt ist. Eine weitere Möglichkeit stellen die Regeln von de L'Hospital dar, die wir in Abschnitt 6.4 kennen lernen werden.

Beispiel: Der Grenzwert $\displaystyle\lim_{x\to\infty} \frac{x^2-3x}{2x^2+1}$ ist vom Typ $\frac{\infty}{\infty}$, denn:

$$\lim_{x\to\infty} (x^2 - 3x) = \lim_{x\to\infty} (x(x-3)) = \lim_{x\to\infty} x \cdot \lim_{x\to\infty} (x-3) = \infty \cdot \infty = \infty \quad \text{und}$$

$$\lim_{x\to\infty} (2x^2 + 1) = 2 \lim_{x\to\infty} x^2 + \lim_{x\to\infty} 1 = 2 \cdot \infty^2 + 1 = \infty.$$

Dividieren wir Zähler und Nenner durch diejenige in dem Ausdruck auftretende Potenz von x, die den größten Exponenten hat (hier durch x^2), so streben dann Zähler und Nenner nicht mehr beide gegen ∞:

$$\lim_{x\to\infty} \frac{x^2 - 3x}{2x^2 + 1} = \lim_{x\to\infty} \frac{1 - \dfrac{3}{x}}{2 + \dfrac{1}{x^2}} = \frac{\lim\limits_{x\to\infty} 1 - \lim\limits_{x\to\infty} \dfrac{3}{x}}{\lim\limits_{x\to\infty} 2 + \lim\limits_{x\to\infty} \dfrac{1}{x^2}} = \frac{1-0}{2+0} = \frac{1}{2}.$$

Man kann dieses Vorgehen als allgemein gültiges Rezept ansehen:

Rezept: Seien der Zähler und der Nenner eines Quotienten Linearkombinationen von Potenzfunktionen (mit Exponenten in $\mathbb{Q}$) und sei in dem Quotienten x^r die Potenz mit dem größten Exponenten. Um den Grenzwert für $x \to \pm\infty$ zu bestimmen, erweitert man den Quotienten mit x^{-r} und wendet dann die Regeln 5.3.1 an.

Auch der Grenzwert einer zusammengesetzten Funktion lässt sich auf die Grenzwerte der einzelnen Funktionen, d. h. der inneren und der äußeren Funktion, zurückführen. Wir begnügen uns damit, dies im Zusammenhang mit der Stetigkeit zu formulieren.

5.3.6 Satz *Sei $f\colon \mathbb{I} \to \mathbb{R}$ eine zusammengesetzte Funktion mit der inneren Funktion $u\colon \mathbb{I} \to \mathbb{R}$ und der äußeren Funktion $v\colon \mathbb{J} \to \mathbb{R}$. Dann ist $f(x) = v\left(u(x)\right)$ für $x \in \mathbb{I}$. Ist u stetig in $x_0 \in \mathbb{I}$ und v stetig in $u_0 = u(x_0) \in \mathbb{J}$, so ist f stetig in x_0.*
Jede aus stetigen Funktionen zusammengesetzte Funktion ist also ebenfalls stetig.

5.3.7 Bemerkung Wir nehmen (ohne Beweis) zur Kenntnis, dass die Grundfunktionen (wie Potenzfunktionen, trigonometrische Funktionen und ihre Umkehrfunktionen) in ihrem Definitionsbereich stetig sind. Nach 5.3.2 und 5.3.6 sind dann auch alle Funktionen, die durch Zusammensetzen und mit Hilfe algebraischer Operationen aus solchen gebildet sind, in ihrem Definitionsbereich stetig (bei Bildung von Quotienten gehören Stellen, in denen der Nenner 0 ist, nicht zum Definitionsbereich).

Ist eine Funktion in ihrem Definitionsbereich durch eine einheitliche Vorschrift definiert, so kann man daher im allgemeinen leicht ihre Stetigkeit prüfen. Eine zusätzliche Überlegung ist erforderlich, wenn die Funktion auf Teilbereichen durch verschiedene Vorschriften gegeben ist, wie etwa die Funktion

$$f\colon \mathbb{R} \to \mathbb{R}, \quad f(x) = \begin{cases} x + 1, & \text{wenn } |x| > 1, \\ -x - 1, & \text{wenn } |x| \leq 1. \end{cases}$$

Da jede einzelne dieser Vorschriften $x + 1$ und $-x - 1$ eine stetige Funktion definiert, können wir wie vorher schließen, dass f stetig ist in jedem Punkt x, der eine Umgebung $\mathbb{I}_\varepsilon(x) = (x - \varepsilon, x + \varepsilon)$ besitzt, auf der f durch eine einzige der beiden Vorschriften definiert ist. Das gilt nur für die „Nahtstellen" $x = -1$ und $x = +1$ nicht, weil f links und rechts von jeder Nahtstelle durch verschiedene Vorschriften definiert ist. Ob f in -1 und in $+1$ stetig ist, muss daher gesondert untersucht werden:

$$\lim_{x \to -1-} f(x) = \lim_{x \to -1-} (x+1) = 0 \quad \text{und} \quad \lim_{x \to -1+} f(x) = \lim_{x \to -1+} (-x-1) = 0$$

$$\implies \lim_{x \to -1} f(x) = 0 = f(-1) \implies f \text{ ist in } -1 \text{ stetig};$$

$$\lim_{x \to 1+} f(x) = \lim_{x \to 1+} (x+1) = 2 \quad \text{und} \quad \lim_{x \to 1-} f(x) = \lim_{x \to 1-} (-x-1) = -2$$

$$\implies \lim_{x \to 1} f(x) \text{ existiert nicht} \implies f \text{ ist nicht stetig in } 1.$$

Wenn man Aussagen oder Verfahren angibt, in denen Funktionen benutzt werden, so gehört die Stetigkeit fast immer mit zu den Eigenschaften, die erfüllt sein müssen. Trotzdem spielt es dann im Allgemeinen keine Rolle, wenn die Funktionen an endlich vielen Stellen unstetig sind. Solche Unstetigkeiten treten zum Beispiel (wie oben) an Nahtstellen auf, wenn eine Funktion in Teilbereichen unterschiedlich definiert ist. Es ist praktisch, für diese Situation einen kennzeichnenden Namen einzuführen.

5.3.8 Definition *Eine Funktion* $f: \mathbb{I} \to \mathbb{R}$ *auf einem Intervall* $\mathbb{I}$ *heißt stückweise stetig, wenn* f *in nur höchstens endlich vielen Punkten* $a_1, \cdots, a_n \in \mathbb{I}$ *nicht stetig ist.*

5.3.9 Bemerkung Wie die Regeln 5.3.1 es erlauben, die algebraischen Operationen mit der Grenzwertbildung zu vertauschen, so lässt sich allgemeiner die Stetigkeit interpretieren als eine Eigenschaft, die es erlaubt, die Bildung des Funktionswertes mit der Grenzwertbildung zu vertauschen. Denn es gilt:

$$f \text{ stetig in } a \iff \lim_{x \to a} f(x) = f(a) \iff \lim_{x \to a} f(x) = f\left(\lim_{x \to a} x\right).$$

Diese Formulierung der Stetigkeit ist zum Beispiel nützlich, wenn man den Grenzwert einer zusammengesetzten Funktion $f = v \circ u$ berechnen will, deren äußere Funktion v stetig ist; man erhält dann:

$$\lim_{x \to a} f(x) = \lim_{x \to a} v\left(u(x)\right) = v\left(\lim_{x \to a} u(x)\right),$$

falls $\lim_{x \to a} u(x)$ existiert und v dort stetig ist.

Beispiele:

(1) Zu berechnen ist $\lim_{x \to 0} \sqrt{3 + \cos^2 x}$.

Wir beobachten die Folge der Operationen, die angewendet werden, um zu x den Funktionswert $\sqrt{3 + \cos^2 x}$ zu berechnen, und stellen so fest, in welcher Reihenfolge die Funktion aus welchen einfachen Funktionen zusammengesetzt ist:

$$x \xrightarrow{f_1} \cos x \xrightarrow{f_2} (\cos x)^2 = \cos^2 x \xrightarrow{f_3} 3 + \cos^2 x \xrightarrow{f_4} \sqrt{3 + \cos^2 x}.$$

Wegen der Stetigkeit aller dieser Funktionen gilt nach 5.3.9:

$$\lim_{x \to 0} \sqrt{3 + \cos^2 x} = \sqrt{\lim_{x \to 0} (3 + \cos^2 x)} = \sqrt{3 + \lim_{x \to 0} \cos^2 x}$$

$$= \sqrt{3 + \left(\lim_{x \to 0} \cos x\right)^2} = \sqrt{3 + (\cos 0)^2} = 2.$$

(2) Zu berechnen ist $\displaystyle\lim_{x\to 1} \sin^2\left(\frac{(x-1)^2}{x^2-1}\right)$.

Da die äußeren Funktionen stetig sind, und die innere Funktion nach Beispiel (2) auf Seite 136 für $x \to 1$ den Grenzwert 0 hat, erhalten wir:

$$\lim_{x\to 1} \sin^2\left(\frac{(x-1)^2}{x^2-1}\right) = \sin^2\left(\lim_{x\to 1}\frac{(x-1)^2}{x^2-1}\right) = \sin^2 0 = 0.$$

★ **Aufgaben**

(1) Bestimmen Sie den Typ von $\displaystyle\lim_{x\to a} f(x)$, formen Sie dann $f(x)$ geeignet um, und berechnen Sie schließlich den Grenzwert (bzw. die einseitigen Grenzwerte, wenn der Grenzwert nicht existiert) mit Hilfe der Regeln 5.3.1:

(a) $\displaystyle\lim_{x\to\infty}\left(\sqrt{x^2+1}-x\right)$;   (b) $\displaystyle\lim_{x\to\infty}\left(x^3+1-\sqrt{2x^3}\right)$;

(c) $\displaystyle\lim_{x\to 1}\frac{x^2+x-2}{x-1}$;   (d) $\displaystyle\lim_{x\to 1}\frac{x^2+x-2}{(x-1)^2}$;   (e) $\displaystyle\lim_{x\to 0}\frac{1}{x}\left(1-\frac{1}{1-x}\right)$;

(f) $\displaystyle\lim_{x\to 0}\frac{1}{x}\left(1-\frac{1}{(x-1)^2}\right)$;   (g) $\displaystyle\lim_{x\to\infty}\frac{x^2-5}{2x^2+6x}$;   (h) $\displaystyle\lim_{x\to\infty}\frac{x^3-5}{2x^2+6x}$.

(2) Bestimmen Sie das Grenzwertverhalten von

(a) $f(x) = \dfrac{1}{\sqrt{x-1}} - \dfrac{1}{\sqrt{x}-1}$ für $x \to 1$ und $x \to \infty$;

(b) $f(x) = \dfrac{x^2}{x+2} - \dfrac{x^3-4x}{x^2+4x+4}$ für $x \to -2$;

(c) $f(x) = \dfrac{3x-12}{x\sqrt{x}-2x}$ für $x \to 0$, $x \to 4$ und $x \to \infty$.

(3) Geben Sie den Definitionsbereich der durch $f(x)$ definierten Funktion f an, und begründen Sie, warum f in ihm stetig ist:

(a) $f(x) = \dfrac{x\sin x - x^3 + \cos x}{x^2+1}$;   (b) $f(x) = \dfrac{x\cos x + 1}{(x-1)\sin^2 x}$.

(4) Die Funktion f ist gegeben durch $f(x) = \dfrac{x^2-3x+2}{(x-1)(x+2)}$.

Bestimmen Sie den Definitionsbereich von f, etwa vorhandene Nullstellen von f, die Grenzwerte von f für $x \to \pm\infty$, $x \to 1$ und $x \to -2$, und skizzieren Sie Graph f aufgrund dieser Informationen.

(5) Untersuchen Sie, ob $f:\mathbb{R}\setminus\{0\} \to \mathbb{R}$ stetig in $\mathbb{R}\setminus\{0\}$ ist und an der Stelle 0 so definiert werden kann, dass eine auf $\mathbb{R}$ stetige Funktion entsteht:

(a) $f(x) = \dfrac{x}{|x|}$;   (b) $f(x) = \dfrac{x^2}{|x|}$.

Kapitel 6

Differenzierbarkeit und Ableitung von Funktionen

Lineare Funktionen, die ja nach Beispiel (2) in Abschnitt 4.2, **(I)** durch eine Vorschrift der Form $l(x) = mx + b$ gegeben sind, zeichnen sich durch die Eigenschaft aus, dass für $x_1 \neq x_2$ die Differenzen $l(x_2) - l(x_1)$ und $x_2 - x_1$ proportional sind und die Differenzenquotienten daher einen konstanten Wert haben:

$$\frac{l(x_2) - l(x_1)}{x_2 - x_1} = \frac{(mx_2 + b) - (mx_1 + b)}{x_2 - x_1} = \frac{m(x_2 - x_1)}{x_2 - x_1} = m.$$

Um die besondere Bedeutung dieser Eigenschaft zu verstehen, nehmen wir einmal an, dass die Variablen x und y zwei geometrische oder naturwissenschaftliche skalare Grössen repräsentieren. Ist der funktionale Zusammenhang zwischen ihnen durch eine lineare Funktion in der Form $y = mx + b$ gegeben, so ist dann nämlich m als konstanter Wert aller Differenzenquotienten charakteristisch für diesen funktionalen Zusammenhang und kann sinnvoll als neue geometrische bzw. naturwissenschaftliche Größe verstanden und interpretiert werden. Zwei bekannte Beispiele dafür sind:

(1) Bedeuten x, y die Koordinaten von Punkten in der Ebene, so beschreibt eine lineare Gleichung $y = mx + b$ eine Gerade in der Ebene, und m kann geometrisch interpretiert werden als die *Steigung* der Geraden.

(2) Bedeutet x die Koordinate der Punkte auf einer Zahlengeraden und t die Zeitvariable, so kann man die Bewegung eines Massenpunktes M auf der Geraden in Abhängigkeit von der Zeit durch eine Gleichung der Form $x = f(t)$ beschreiben. Ist f linear, gilt also $x = vt + x_0$, so spricht man von einer *gleichförmig geradlinigen Bewegung* des Massenpunktes. Sind x_1, x_2 die Positionen von M in den Zeitpunkten t_1, t_2, so ist $x_2 - x_1$ die Länge des von M in der Zeit $t_2 - t_1$ zurückgelegten Weges; der für alle $t_1 \neq t_2$ konstante Quotient v von $x_2 - x_1$ und $t_2 - t_1$ ist dann die für die Bewegung von M charakteristische Größe *Geschwindigkeit*.

Es gibt eine Vielzahl weiterer Beispiele: Der *Widerstand* eines Stromkreises, der *Ausdehnungskoeffizient* eines Metallstabes, die *spezifische Wärme* eines Körpers, die *Reaktionsgeschwindigkeit* einer chemischen Reaktion, die *Dichte* eines dünnen Stabes sind ebenfalls Größen, die im Falle eines linearen Zusammenhanges zwischen den beobachteten zwei Messgrößen mit Hilfe des Differenzenquotienten eingeführt sind.

Wenn wir in diesen Beispielen davon ausgehen, dass zwischen den jeweils beobachteten beiden Größen eine *lineare* Abhängigkeit besteht, so stellt dies allerdings nicht eine allgemein zutreffende Situation dar, sondern nur die Verhältnisse in einem speziell ausgewählten Fall oder in einer unter besonderen Bedingungen geltenden Situation. Im Allgemeinen hat eine solche Abhängigkeit die Form $y = f(x)$, wobei f eine Funktion ist, die keineswegs linear sein muss. Für die Beispiele (1) und (2) leuchtet das sofort ein: Die durch $y = mx + b$ beschriebene Gerade in der Ebene ist nur ein besonderes Beispiel einer *Kurve* in der Ebene, welche mit einer Funktion f durch die Gleichung $y = f(x)$ gegeben ist. Ebenso ist die durch $x = vt + x_0$ beschriebene gleichförmig geradlinige Bewegung des Massenpunktes nur ein Sonderfall einer durch eine Gleichung $x = f(t)$ beschriebenen geradlinigen Bewegung von M.

Ist f nicht linear, so haben die Differenzenquotienten völlig unterschiedliche Werte und legen dementsprechend nicht mehr eine für den Zusammenhang $y = f(x)$ charakteristische *globale* (im ganzen Definitionsbereich gültige) Größe fest.

Dennoch benutzen wir bekanntlich den Begriff *Steigung* auch für beliebige Kurven und den Begriff *Geschwindigkeit* für beliebige geradlinige Bewegungen; allerdings verstehen wir die Begriffe dann als *lokale* Begriffe, indem wir von der *Steigung einer Kurve in einem Punkt* bzw. von der *momentanen Geschwindigkeit* eines Massenpunktes (zu einem bestimmten Zeitpunkt) sprechen. Natürlich bedarf es einer exakten Definition dieser *lokalen* (auf einen Punkt bezogenen) Begriffe, die sich auf die elementare Definition der globalen Begriffe (als Differenzenquotient) gründet und für lineare Funktionen mit dieser übereinstimmt.

Diese Forderung führt uns in Abschnitt 6.1 zu den Definitionen der *Differenzierbarkeit* und der *Ableitung* von Funktionen: Die Differenzierbarkeit ist die Eigenschaft einer Funktion, die es erlaubt, die Ableitung der Funktion zu bilden, und der Wert der Ableitung an einer Stelle x hat als lokal bestimmter Wert dieselbe Bedeutung wie der (globale) konstante Differenzenquotient einer linearen Funktion. Wenn bei einem funktionalen Zusammenhang $y = f(x)$ zwischen zwei geometrischen oder naturwissenschaftlichen Größen im Falle einer linearen Funktion f der Wert des Differenzenquotienten als neue Größe eingeführt ist, so ist also im Falle einer differenzierbaren Funktion f diese Größe als die Ableitung von f in x ebenfalls exakt definiert.

Im Anschluss an die grundlegenden Definitionen bestimmen wir in Abschnitt 6.2 die Ableitungen der Grundfunktionen und stellen Regeln bereit, mit deren Hilfe das Ableiten von elementaren Funktionen zurückgeführt werden kann auf die dann schon bekannten Ableitungen der an ihrer Bildung beteiligten Funktionen.

Abgesehen von dem Aspekt, der zur Definition der Differenzierbarkeit führt, ist eine weitere Eigenschaft der Differenzierbarkeit von fundamentaler Bedeutung. Das werden wir in Abschnitt 6.3 feststellen. Die Anwendung von Funktionen in anderen Wissenschaftsgebieten verlangt nach mathematischen Methoden, mit deren Hilfe wichtige Informationen über Funktionen (Monotonieverhalten, Extremwerte, Krümmungsverhalten usw.) gewonnen werden können. Im Hinblick darauf hat der *Mittelwertsatz der Differentialrechnung* eine zentrale Bedeutung. Er stellt zwischen der Funktion und ihrer Ableitung eine Verbindung her, die es ermöglicht, Informationen wechselseitig auszutauschen und insbesondere auch Eigenschaften der Funktion an Hand leichter nachprüfbarer Aussagen über ihre Ableitung zu ermitteln. Eine wichtige Folgerung aus dem etwas allgemeineren 2. Mittelwertsatz sind die Regeln von de L'Hospital (Abschnitt 6.4).

In den Abschnitten 6.5, 6.6 und 6.7 übertragen wir die Idee, die bei reellen Funktionen zur Definition der Differenzierbarkeit und zum Begriff der Ableitung führt, auf vektorwertige Funktionen einer Variablen und skalar- und vektorwertige Funktionen mehrerer Variablen. Die Ableitung einer skalarwertigen Funktion ist ein Vektorfeld und heißt das *Gradientenfeld*, und die Ableitung eines Vektorfeldes ist die *Funktionalmatrix* des Vektorfeldes. Die Definition der Differenzierbarkeit unterscheidet sich formal nicht von derjenigen bei reellen Funktionen, und für die Bestimmung der Ableitungen können dieselben Regeln und Techniken benutzt werden wie für die Bildung der Ableitungen von reellen Funktionen.

6.1   Differenzierbarkeit und Ableitung reeller Funktionen

Bei der geometrischen Veranschaulichung einer Funktion $f : \mathbb{I} \to \mathbb{R}$ als Kurve besteht das in der Einleitung aufgeworfene Problem darin, eine exakte Definition für die *Steigung* von Graph f *im Punkt* $(a, f(a))$ zu finden. Dieses hängt unmittelbar zusammen mit der in der Einleitung zu Kapitel 5 gestellten Aufgabe, eine Eigenschaft von Funktionen zu formulieren, die (geometrisch interpretiert) bedeutet, dass der Graph von f über der Umgebung einer Stelle $a \in \mathbb{I}$ näherungsweise eine wohl bestimmte Gerade ist. Denn die Steigung der Geraden kann dann als die Steigung des Graphen von f in $(a, f(a))$ eingeführt werden.

Ersetzen wir für einen Wert x in der Umgebung von a den Graphen zwischen den beiden Punkten $(a, f(a))$ und $(x, f(x))$ durch die Verbindungsgerade der beiden Punkte, dann können wir deren Steigung als die durchschnittliche Steigung des Graphen über dem Intervall $[a, x]$ ansehen. Diese Steigung ist $\frac{f(x) - f(a)}{x - a}$. Je näher x gegen a rückt, umso weniger unterscheidet sich diese Gerade über dem Intervall zwischen a und x von dem Graphen von f, umso genauer gibt ihre Steigung also die Steigung des Graphen an. Es gibt daher einen Sinn, den Grenzwert

$$\lim_{x \to a} \frac{f(x) - f(a)}{x - a}$$

als die Steigung des Graphen von f im Punkt $(a, f(a))$ anzusehen.

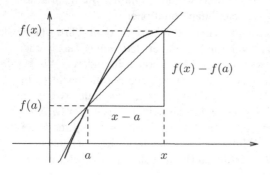

Abb. 6.1 Die Geraden durch den festen Punkt $(a, f(a))$ und den variablen Punkt $(x, f(x))$ streben für $x \to a$ gegen eine Gerade durch $(a, f(a))$, deren Steigung als die Steigung des Graphen von f angesehen werden kann. Diese Steigung ist der Grenzwert der Steigungen der Geraden durch $(a, f(a))$ und $(x, f(x))$ für $x \to a$.

Es ist praktisch, eine andere Schreibweise für den Grenzwert einzuführen:
Setzen wir $x - a = h$, so lassen sich die Punkte in der Umgebung von a darstellen als die Punkte $a + h$, die zu „kleinen (nahe bei 0 liegenden) Werten" von h gehören; $x \to a$ ist dann gleichbedeutend zu $h \to 0$, und es gilt:

$$\lim_{x \to a} \frac{f(x) - f(a)}{x - a} = \lim_{h \to 0} \frac{f(a + h) - f(a)}{h} \,.$$

6.1.1 Definition *Sei $f \colon \mathbb{I} \to \mathbb{R}$ auf dem Intervall $\mathbb{I}$ definiert und $a \in \mathbb{I}$. Dann heißt f differenzierbar in a, wenn der Grenzwert*

$$\lim_{h \to 0} \frac{f(a + h) - f(a)}{h}$$

existiert. Der Grenzwert wird die Ableitung von f in a genannt und mit $f'(a)$ bezeichnet. Ist a ein Randpunkt von $\mathbb{I}$, so ist der obige Grenzwert als einseitiger Grenzwert zu verstehen.

Setzen wir

$$\alpha = \lim_{h \to 0} \frac{f(a + h) - f(a)}{h} \quad \text{und} \quad \frac{f(a + h) - f(a)}{h} - \alpha = \varepsilon(h),$$

so folgt:

$$\lim_{h \to 0} \frac{f(a + h) - f(a)}{h} = \alpha \iff \lim_{h \to 0} \varepsilon(h) = \lim_{h \to 0} \left(\frac{f(a + h) - f(a)}{h} - \alpha \right) = 0 \,.$$

Damit erhalten wir wegen

$$\frac{f(a + h) - f(a)}{h} - \alpha = \varepsilon(h) \iff f(a + h) = f(a) + \alpha h + h \varepsilon(h)$$

die folgende zur Existenz des Grenzwertes in Definition 6.1.1 äquivalente Aussage:

Es gibt eine Zahl α und eine für kleine Werte von h definierte Funktion $\varepsilon(h)$ mit

$$f(a + h) = f(a) + \alpha h + h \varepsilon(h) \quad \text{und} \quad \lim_{h \to 0} \varepsilon(h) = 0 \,.$$

6.1.2 Satz *Sei $\mathbb{I}$ ein Intervall und $a \in \mathbb{I}$. Eine reelle Funktion $f \colon \mathbb{I} \to \mathbb{R}$ ist genau dann differenzierbar in a, wenn gilt: Es existieren eine Zahl α und eine für kleine Werte von h definierte Funktion $\varepsilon(h)$ mit den Eigenschaften:*

$$f(a + h) = f(a) + \alpha h + h \varepsilon(h) \quad \text{und} \quad \lim_{h \to 0} \varepsilon(h) = 0 \,.$$

Ist f differenzierbar in a, so gilt: $\alpha = f'(a)$.

6.1.3 Definition *Ist $f \colon \mathbb{I} \to \mathbb{R}$ eine auf dem Intervall $\mathbb{I}$ stetige und im Punkt $a \in \mathbb{I}$ differenzierbare Funktion, so interpretiert man die Ableitung $f'(a)$ von f in a geometrisch als die Steigung des Graphen von f im Punkte $(a, f(a))$.*
Die Gerade, die durch den Punkt $\big(a, f(a)\big)$ geht und dieselbe Steigung $f'(a)$ hat wie der Graph von f in $(a, f(a))$, heißt die Tangente an den Graphen von f im Punkt $(a, f(a))$.

6.1.4 Folgerung *Die Tangente an den Graphen von f in $(a, f(a))$ hat die*

$$\textit{Koordinatengleichung } y = f(a) + f'(a)(x - a) \quad \textit{und die}$$

$$\textit{Parameterdarstellung } \mathbf{x} \colon \mathbb{R} \to \mathbb{R}^2, \quad \mathbf{x}(t) = \begin{pmatrix} a \\ f(a) \end{pmatrix} + t \begin{pmatrix} 1 \\ f'(a) \end{pmatrix}.$$

6.1.5 Bemerkung Ebenso wie in 6.1.3 als Steigung des Graphen von f kann die Ableitung $f'(a)$ je nach Interpretation der Variablen als die (momentane) Geschwindigkeit eines Massenpunktes bei nicht-gleichförmiger geradliniger Bewegung oder als Dichte an der Stelle a eines nicht-homogenen Drahtes oder als Ausdehnungskoeffizient eines Metallstabes usw. interpretiert werden.

6.1.6 Definition *Sei $f \colon \mathbb{I} \to \mathbb{R}$ eine reelle Funktion auf einem Intervall $\mathbb{I}$.*

(1) f heißt differenzierbar, wenn f in jedem Punkt $x \in \mathbb{I}$ differenzierbar ist.

(2) Ist f differenzierbar, so heißt die Funktion $f' \colon \mathbb{I} \to \mathbb{R}$, die jedem $x \in \mathbb{I}$ die Ableitung $f'(x)$ zuordnet, die Ableitung von $f \colon \mathbb{I} \to \mathbb{R}$.

6.1.7 Bezeichnungen Für die Ableitung f' von f und für den Wert $f'(x)$ der Ableitung an der Stelle x werden oft auch andere Symbole benutzt, nämlich:

$$\frac{df}{dx} \quad \text{oder} \quad \frac{d}{dx} f \quad \text{(lies: } df \text{ nach } dx\text{)} \qquad \text{bzw.} \qquad \frac{df(x)}{dx} \quad \text{oder} \quad \frac{d}{dx} f(x).$$

Statt f' schreibt man auch $f^{(1)}$. Die Ableitung von f in einem besonderen Punkt $a \in \mathbb{I}$ gibt man manchmal statt durch $f'(a)$ auch durch die folgende Schreibweise an, um zum Beispiel besonders hervorzuheben, dass *erst* die Ableitung von f gebildet und *dann* für x der besondere Punkt a eingesetzt werden soll:

$$\frac{df(x)}{dx} \bigg|_{x=a} \qquad \text{(lies: } df \text{ von } x \text{ nach } dx \text{ an der Stelle } x = a\text{)}.$$

Ist die Ableitung $f' = f^{(1)} \colon \mathbb{I} \to \mathbb{R}$ von f wieder differenzierbar, so heißt ihre Ableitung die zweite Ableitung von f (oder die Ableitung der Ordnung 2 von f). Allgemein führen wir in entsprechender Weise höhere Ableitungen ein:

6.1.8 Definition

(1) Ist $f \colon \mathbb{I} \to \mathbb{R}$ eine Funktion auf einem Intervall $\mathbb{I}$ und ist für $n \in \mathbb{N}$ die Ableitung $f^{(n-1)} \colon \mathbb{I} \to \mathbb{R}$ der Ordnung $n - 1$ definiert und differenzierbar, so heißt ihre Ableitung $\frac{d}{dx} f^{(n-1)} \colon \mathbb{I} \to \mathbb{R}$ die n-te Ableitung (oder die Ableitung der Ordnung n) von f und wird bezeichnet mit einem der Symbole:

$$f^{(n)} \quad \text{oder} \quad \frac{d^n}{dx^n} f \quad \text{oder} \quad \frac{d^n f}{dx^n} \quad \text{(lies: } d\, n\, f \text{ nach } dx \text{ hoch } n\text{)}.$$

(2) Ist $n \in \mathbb{N}$ und existieren alle Ableitungen $f^{(k)}$ von f bis zur Ordnung $k = n$, so heißt f n-mal differenzierbar. Ist $f^{(n)} \colon \mathbb{I} \to \mathbb{R}$ auch noch stetig, so heißt f n-mal stetig differenzierbar.

6.1.9 Ergänzung Um bei allgemeinen Formeln zusammen mit allen Ableitungen $f^{(n)}$ auch die Funktion f selbst erfassen zu können, ist es praktisch, f formal als *Ableitung der Ordnung* 0 aufzufassen und mit $f^{(0)}$ zu bezeichnen. Man vereinbart also: $f^{(0)} = f$.

Ist $f\colon \mathbb{I} \to \mathbb{R}$ differenzierbar in $a \in \mathbb{I}$, so gilt nach Satz 6.1.2:

$$f(a + h) = f(a) + f'(a)h + h\varepsilon(h) \quad \text{und} \quad \lim_{h\to 0} \varepsilon(h) = 0\,.$$

Bilden wir den Grenzwert für $h \to 0$, so erhalten wir:

$$\lim_{h\to 0} f(a + h) = \lim_{h\to 0} f(a) + f'(a)\lim_{h\to 0} h + \lim_{h\to 0} h\varepsilon(h) = f(a)\,.$$

Mit $x = a + h$ gilt dann also: $\lim_{x\to a} f(x) = f(a)$. Damit haben wir gezeigt:

6.1.10 Folgerung *Ist $f\colon \mathbb{I} \to \mathbb{R}$ differenzierbar in $a \in \mathbb{I}$, so ist f stetig in a. Jede auf einem Intervall $\mathbb{I}$ differenzierbare Funktion $f\colon \mathbb{I} \to \mathbb{R}$ ist also stetig auf $\mathbb{I}$.*

Ist $f\colon \mathbb{I} \to \mathbb{R}$ in einem einzelnen Punkt $a \in \mathbb{I}$ nicht stetig, existieren aber wenigstens rechts- und linksseitiger Grenzwert, so sind entweder beide gleich, aber verschieden vom Funktionswert $f(a)$, oder sie sind verschieden (Abb. 6.2).

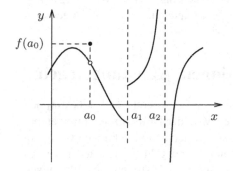

Abb. 6.2   Unstetigkeitsstellen   **Abb. 6.3**   Stellen, wo die Ableitung nicht existiert

Ist f stetig auf $\mathbb{I}$ und nur in einem Punkt $a \in \mathbb{I}$ nicht differenzierbar und existieren rechts- und linksseitiger Grenzwert der Differenzenquotienten, so hat der Graph von f über a zwei Tangenten mit verschiedener Steigung und daher eine „Ecke", oder die Grenzwerte sind $\pm\infty$, und der Graph hat in $(a, f(a))$ daher eine zur y-Achse parallele Tangente (Abb. 6.3).

★ **Aufgaben**

(1) Bestimmen Sie die Ableitung der Funktion f an der Stelle x, indem Sie den Grenzwert $f'(x) = \lim\limits_{h\to 0} \dfrac{1}{h}\left(f(x + h) - f(x)\right)$ berechnen:

(a) $f\colon \mathbb{R} \to \mathbb{R}$ mit $f(x) = x^2$;   (b) $f\colon \mathbb{R} \setminus \{0\} \to \mathbb{R}$ mit $f(x) = \dfrac{1}{x}$.

(2) (a) Bestimmen Sie $\left(\sqrt{x}\right)'$ für $x \in (0, \infty)$, indem Sie den Grenzwert

$$\lim_{h \to 0} \frac{1}{h} \left(\sqrt{x+h} - \sqrt{x}\right)$$

berechnen. (Hinweis: Erweitern Sie den Ausdruck mit $\sqrt{x+h} + \sqrt{x}$ und vereinfachen Sie dann so, dass Sie die Regeln 5.3.1 anwenden dürfen.) Ist $\sqrt{x}$ auch in $a = 0$ differenzierbar?

(b) Bestimmen Sie die lineare Funktion, die in der Umgebung von $x_0 = 9$ näherungsweise mit der Wurzelfunktion übereinstimmt, und geben Sie die Gleichung ihres Graphen an (also der Tangenten im Punkt $(9, 3)$).

(c) Berechnen Sie Näherungswerte für $\sqrt{10}$ und $\sqrt{8}$. (Hinweis: Wählen Sie dazu $x = 9$ und $h = 1$ bzw. $h = -1$.)

(3) Ist die Funktion

$$f : \mathbb{R} \to \mathbb{R}, \quad f(x) = \begin{cases} 2x^3 & \text{für } x \le 1 \\ 3x^2 - 1 & \text{für } x > 1 \end{cases}$$

differenzierbar an der Stelle $x_0 = 1$? (Hinweis: Berechnen Sie den rechts- und linksseitigen Grenzwert von $\frac{1}{h}\left(f(1+h) - f(1)\right)$ für $h \to 0$.)

(4) Die Funktion $f(x) = x^3 - 6x^2 + 8x$ hat die Ableitung $f'(x) = 3x^2 - 12x + 8$. Für welche Stelle $a \in \mathbb{R}$ ist die Gerade mit der Gleichung $y = -x$ Tangente an den Graphen von f im Punkt $(a, f(a))$?

6.2 Ableitung von Grundfunktionen, Ableitungsregeln

Wenn wir die Ableitung einer Funktion $f : \mathbb{I} \to \mathbb{R}$ an einer Stelle $x \in \mathbb{I}$ bestimmen wollen, müssen wir nach Definition 6.1.1 den Grenzwert der Differenzenquotienten berechnen. Da das sehr unpraktisch und für komplizierter gebildete Funktionen vor allem sehr aufwändig ist, versucht man, das zu vermeiden, und geht deshalb nach dem in der Einleitung zu Abschnitt 5.3 erwähnten Prinzip vor: Man bestimmt die Ableitungen der wichtigsten Grundfunktionen und stellt Regeln bereit, mit deren Hilfe man die Ableitung einer Funktion, die aus Grundfunktionen gebildet ist, auf die schon bekannten Ableitungen dieser Grundfunktionen zurückführen kann.

Ableitungen einiger Grundfunktionen

(1) Konstante Funktionen: $f(x) = c$ ($c \in \mathbb{R}$ konstant) $\implies f'(x) = 0$.

Begründung: $f'(x) = \lim_{h \to 0} \dfrac{f(x+h) - f(x)}{h} = \lim_{h \to 0} \dfrac{c - c}{h} = \lim_{h \to 0} 0 = 0$.

(2) Potenzfunktionen: $f(x) = x^n$ mit $n \in \mathbb{N} \implies f'(x) = nx^{n-1}$.

Begründung: Für $n = 1$ erhalten wir

$$f'(x_0) = \lim_{x \to x_0} \frac{f(x) - f(x_0)}{x - x_0} = \lim_{x \to x_0} \frac{x - x_0}{x - x_0} = 1.$$

Für $n \geq 2$ und x, $x_0 \in \mathbb{R}$ mit $x \neq x_0$ folgt mit Polynomdivision

$$\frac{f(x) - f(x_0)}{x - x_0} = \frac{x^n - x_0^n}{x - x_0}$$
$$= x^{n-1} + x_0 x^{n-2} + x_0^2 x^{n-3} + \cdots + x_0^{n-2} x + x_0^{n-1}$$

und daher

$$f'(x_0) = \lim_{x \to x_0} \frac{f(x) - f(x_0)}{x - x_0} = n x_0^{n-1}.$$

Beispiel: $\dfrac{x^4 - x_0^4}{x - x_0} = x^3 + x_0 x^2 + x_0^2 x + x_0^3.$

(3) Wurzelfunktion: $f(x) = \sqrt{x} \implies f'(x) = \dfrac{1}{2\sqrt{x}}$ für $x \in (0, \infty)$.

Begründung:

$$f'(x) = \lim_{h \to 0} \frac{\sqrt{x+h} - \sqrt{x}}{h} = \lim_{h \to 0} \frac{(\sqrt{x+h} - \sqrt{x})(\sqrt{x+h} + \sqrt{x})}{h(\sqrt{x+h} + \sqrt{x})}$$
$$= \lim_{h \to 0} \frac{(\sqrt{x+h})^2 - (\sqrt{x})^2}{h(\sqrt{x+h} + \sqrt{x})} = \lim_{h \to 0} \frac{x + h - x}{h(\sqrt{x+h} + \sqrt{x})}$$
$$= \lim_{h \to 0} \frac{1}{\sqrt{x+h} + \sqrt{x}} = \frac{1}{2\sqrt{x}},$$

denn wegen der Stetigkeit der Wurzelfunktion ist $\lim\limits_{h \to 0} \sqrt{x+h} = \sqrt{x}$.

(4) Die Ableitungen der Cosinus- und der Sinusfunktion geben wir ohne Beweis an:

$$\cos' x = -\sin x \quad \text{und} \quad \sin' x = \cos x.$$

In den anschließend folgenden Sätzen werden Regeln bereitgestellt, die das Differenzieren von Summen, Produkten, Quotienten, zusammengesetzten Funktionen und Umkehrfunktionen auf die Ableitungen der dabei benutzten Funktionen zurückführen.

6.2.1 Satz *Sind f, $g \colon \mathbb{I} \to \mathbb{R}$ differenzierbare Funktionen auf dem Intervall $\mathbb{I}$ und $c \in \mathbb{R}$ eine Konstante, dann sind die Funktionen $f \pm g$, cf, $f \cdot g$ auf $\mathbb{I}$ und der Quotient $\dfrac{f}{g}$ auf $\mathbb{J} = \{\, x \in \mathbb{I} \mid g(x) \neq 0 \,\}$ differenzierbar, und für die Bildung ihrer Ableitungen gelten die folgenden Regeln:*

(1) $(f \pm g)'(x) = f'(x) \pm g'(x)$,

(2) $(cf)'(x) = cf'(x)$,

(3) Produktregel: $(fg)'(x) = f'(x)g(x) + f(x)g'(x)$,

(4) Quotientenregel: $\left(\dfrac{f}{g}\right)'(x) = \dfrac{f'(x)g(x) - f(x)g'(x)}{(g(x))^2}$.

6.2.2 Bemerkung Das Differenzieren ist nach 6.2.1, (1) und (2) vertauschbar mit den beiden linearen Vektorraumoperationen, der Addition und der Multiplikation mit Skalaren. Daher bezeichnet man das Differenzieren als eine *lineare Operation*.

Die Regeln in 6.2.1 ergeben sich ziemlich direkt mit Hilfe der Rechenregeln 5.3.1 für Grenzwerte. Wir demonstrieren das am Beispiel der Produktregel:

$$(fg)'(x) = \lim_{h \to 0} \frac{f(x+h)g(x+h) - f(x)g(x)}{h}$$

$$= \lim_{h \to 0} \frac{[f(x+h) - f(x)]g(x+h) + f(x)[g(x+h) - g(x)]}{h}$$

$$= \lim_{h \to 0} \frac{f(x+h) - f(x)}{h} \cdot \lim_{h \to 0} g(x+h) + \lim_{h \to 0} f(x) \cdot \lim_{h \to 0} \frac{g(x+h) - g(x)}{h}$$

$$= f'(x)g(x) + f(x)g'(x) \,.$$

Dabei gilt $\lim\limits_{h \to 0} g(x+h) = g(x)$, weil g als differenzierbare Funktion nach 6.1.10 auch stetig ist.   □

Beispiele:

(1) Die Ableitung einer Linearkombination von Funktionen ist nach 6.2.1, (1) und (2) gleich der entsprechenden Linearkombination ihrer Ableitungen:

$$\left(3\sqrt{x} + 2x^3 + 4\cos x\right)' = 3\left(\sqrt{x}\right)' + 2\left(x^3\right)' + 4(\cos x)'$$

$$= 3 \cdot \frac{1}{2\sqrt{x}} + 2 \cdot 3x^2 + 4 \cdot (-\sin x)$$

$$= \frac{3}{2\sqrt{x}} + 6x^2 - 4\sin x \,.$$

(2) $\left(x^2 \sin x\right)' = \left(x^2\right)' \sin x + x^2 \sin' x = 2x \sin x + x^2 \cos x \,.$

(3) $\tan' x = \left(\dfrac{\sin x}{\cos x}\right)' = \dfrac{\sin' x \cos x - \sin x \cos' x}{\cos^2 x} = \dfrac{\cos^2 x + \sin^2 x}{\cos^2 x}$

$$= \frac{1}{\cos^2 x} \quad (\text{wegen } \cos^2 x + \sin^2 x = 1) \quad \text{oder}$$

$$= \frac{\cos^2 x}{\cos^2 x} + \frac{\sin^2 x}{\cos^2 x} = 1 + \tan^2 x \,.$$

Entsprechend gilt: $\cot' x = -\dfrac{1}{\sin^2 x} = -1 - \cot^2 x \,.$

6.2.3 Satz *Sind $u\colon \mathbb{I} \to \mathbb{R}$ und $v\colon \mathbb{J} \to \mathbb{R}$ differenzierbare Funktionen auf den Intervallen $\mathbb{I}$ und $\mathbb{J}$ und ist $u(\mathbb{I}) \subset \mathbb{J}$, so ist die zusammengesetzte Funktion $f = v \circ u\colon \mathbb{I} \to \mathbb{R}$ mit $f(x) = v\big(u(x)\big)$ ebenfalls differenzierbar, und für die Bildung ihrer Ableitung gilt die „Kettenregel":*

$$f'(x) = v'\big(u(x)\big) \cdot u'(x).$$

Rezept: Wie die Kettenregel benutzt wird, beschreiben wir für eine aus drei Funktionen f_1, f_2, f_3 zusammengesetzte Funktion $f(x) = f_3\big(f_2(f_1(x))\big)$ und betrachten parallel dazu das Beispiel

$$f(x) = \sqrt{\cos x^3} \quad \text{mit} \quad f_3(x) = \sqrt{x}, \; f_2(x) = \cos x, \; f_1(x) = x^3.$$

Wir bilden die Ableitung $f_3'(x)$ der äußeren Funktion f_3 und ersetzen in ihr x durch den Ausdruck $f_2\big(f_1(x)\big)$, der als Argument von f_3 in der zusammengesetzten Funktion steht.

Im Beispiel: $f_3(x) = \sqrt{x}$ hat die Ableitung $f_3'(x) = \frac{1}{2\sqrt{x}}$. In ihr ersetzen wir x durch $f_2\big(f_1(x)\big) = \cos x^3$ und erhalten:

$$f_3'\big(f_2(f_1(x))\big) = \frac{1}{2\sqrt{\cos x^3}}.$$

Danach interessiert f_3 nicht mehr. Wir beachten jetzt nur noch $f_2\big(f_1(x)\big)$, bilden die Ableitung $f_2'(x)$ der (jetzt) äußeren Funktion f_2 und ersetzen das Argument x in $f_2'(x)$ durch das bei f_2 stehende Argument $f_1(x)$.

Im Beispiel: Wir kümmern uns nur noch um $f_2\big(f_1(x)\big) = \cos x^3$. Die äußere Funktion $f_2(x) = \cos x$ hat die Ableitung $f_2'(x) = -\sin x$. In ihr ersetzen wir x durch $f_1(x) = x^3$ und erhalten:

$$f_2'\big(f_1(x)\big) = -\sin x^3.$$

Nun interessiert auch f_2 nicht mehr, und wir beachten nur noch $f_1(x)$. In der Ableitung $f_1'(x)$ braucht jetzt das Argument x nicht mehr ersetzt zu werden, weil x auch das Argument von f_1 in der zusammengesetzten Funktion ist.

Im Beispiel: $f_1(x) = x^3$ hat die Ableitung $f_1'(x) = 3x^2$.

Die Ableitung der zusammengesetzten Funktion f ist schließlich nach der Kettenregel das Produkt

$$f'(x) = f_3'\big(f_2(f_1(x))\big) \cdot f_2'\big(f_1(x)\big) \cdot f_1'(x).$$

Im Beispiel: $f'(x) = \dfrac{1}{2\sqrt{\cos x^3}} \cdot \big(-\sin x^3\big) \cdot 3x^2$.

Beispiele:

(1) Die Ableitung von $f\colon \left(\frac{1}{2}, \infty\right) \to \mathbb{R}$ mit $f(x) = \sin^3 \sqrt{2x - 1}$ ist nach 6.2.3:

$$f'(x) = 3 \sin^2 \sqrt{2x - 1} \cdot \cos \sqrt{2x - 1} \cdot \frac{2}{2\sqrt{2x - 1}}$$

$$= \frac{3}{\sqrt{2x - 1}} \sin^2 \sqrt{2x - 1} \cos \sqrt{2x - 1}.$$

(2) Die Ableitung von $f \colon \mathbb{R} \to \mathbb{R}$ mit $f(x) = \sin^2 x$ ist:

$$f'(x) = 2 \cdot \sin x \cdot \cos x = \sin 2x \,.$$

Wir haben hier benutzt, dass nach 2.4.2 gilt: $\sin 2x = 2 \sin x \cos x$.

6.2.4 Satz *Seien $f \colon \mathbb{I} \to \mathbb{R}$ und $g \colon \mathbb{J} \to \mathbb{R}$ Umkehrfunktionen voneinander. Ist für $x \in \mathbb{J}$ die Funktion f an der Stelle $g(x) \in \mathbb{I}$ differenzierbar, und ist $f'(g(x)) \neq 0$, so ist g an der Stelle x differenzierbar, und es gilt:*

$$g'(x) = \frac{1}{f'(g(x))} \,.$$

Die Ableitung der Umkehrfunktion g an einer Stelle x erhält man also, indem man die Funktion f ableitet, dann x in $f'(x)$ durch die Zuordnungsvorschrift $g(x)$ der Umkehrfunktion ersetzt und schließlich die zu $f'(g(x))$ reziproke Zahl $1/f'(g(x))$ bildet. Setzen wir voraus, dass g differenzierbar ist, so folgt die Differentiationsregel in 6.2.4 unmittelbar aus der für Umkehrfunktionen nach Definition 4.1.4 geltenden Gleichung

$$f(g(x)) = x \quad \text{für} \quad x \in \mathbb{J} \,.$$

Dazu leiten wir die Gleichung nach x ab und benutzen dabei die Kettenregel:

$$f'(g(x)) \cdot g'(x) = 1 \implies g'(x) = \frac{1}{f'(g(x))} \,.$$

Beispiele:

(1) Die Potenzfunktionen

$$f \colon [0, \infty) \to \mathbb{R} \text{ mit } f(x) = x^n \quad \text{und} \quad g \colon [0, \infty) \to \mathbb{R} \text{ mit } g(x) = x^{\frac{1}{n}}$$

sind Umkehrfunktionen voneinander. Wie zu Beginn dieses Abschnittes (Ableitungen einiger Grundfunktionen) gezeigt, ist $f'(x) = nx^{n-1}$. Damit folgt:

$$f'(g(x)) = n \left(x^{\frac{1}{n}} \right)^{n-1} = nx^{1-\frac{1}{n}} \quad \text{und } f'(g(x)) \neq 0 \text{ für } x > 0 \,.$$

Nach 6.2.4 hat g in $x \in (0, \infty)$ daher die Ableitung

$$g'(x) = \frac{1}{nx^{1-\frac{1}{n}}} = \frac{1}{n} x^{\frac{1}{n}-1} \,.$$

(2) Um die Ableitung der Arcussinusfunktion $\arcsin \colon [-1, 1] \to \mathbb{R}$ in dem offenen Intervall $(-1, 1)$ zu bilden, müssen wir in der Ableitung $\sin' x = \cos x$ der Sinusfunktion x durch $\arcsin x$ ersetzen. Wir erhalten $\cos(\arcsin x)$. Um diesen Ausdruck zu vereinfachen, erinnern wir uns daran, dass gilt:

$$\cos \alpha = \sqrt{1 - \sin^2 \alpha} \text{ für } \alpha \in \mathbb{R} \text{ und } \sin(\arcsin x) = x \text{ für } x \in (-1, 1).$$

Damit folgt dann: $\cos(\arcsin x) = \sqrt{1 - \sin^2(\arcsin x)} = \sqrt{1 - x^2}$.

Also hat arcsin die Ableitung

$$\arcsin' x = \frac{1}{\sqrt{1 - x^2}} \quad \text{für} \quad x \in (-1, 1).$$

Entsprechend findet man die Ableitungen der anderen Arcus-Funktionen.

6.2.5 Satz (Ableitungen der zyklometrischen Funktionen)

(1) $\arcsin' x = \dfrac{1}{\sqrt{1 - x^2}}$ *und* $\arccos' x = \dfrac{-1}{\sqrt{1 - x^2}}$ *für* $x \in (-1, 1)$,

(2) $\arctan' x = \dfrac{1}{1 + x^2}$ *und* $\text{arccot}' x = -\dfrac{1}{1 + x^2}$ *für* $x \in \mathbb{R}$.

Für jede rationale Zahl $r = \frac{p}{q}$ ist die Potenzfunktion x^r nach 4.2.6 die aus den Potenzfunktionen mit den Exponenten p und $\frac{1}{q}$ zusammengesetzte Funktion. Setzen wir zur Erleichterung der Schreibweise $\frac{1}{q} = b$, so ist $r = pb$. Es ist $(x^p)' = px^{p-1}$ und, wie in Beispiel (1) vorhin gezeigt, $\left(x^b\right)' = bx^{b-1}$. Daher folgt mit der Kettenregel:

$$(x^r)' = \left(((x^p)^b\right)' = b\left(x^p\right)^{b-1} \cdot px^{p-1} = pbx^{pb-p+p-1} = rx^{r-1}.$$

6.2.6 Satz (Ableitung der Potenzfunktionen) $(x^r)' = rx^{r-1}$ für $x \in (0, \infty)$.

★ Aufgaben

(1) Es kann vorteilhaft sein, eine Funktion $f(x)$ erst umzuformen, bevor man sie ableitet. Überzeugen Sie sich davon, indem Sie die Funktion $f(x) = \sqrt{7x^5}$

  (a) als zusammengesetzte Funktion nach der Kettenregel ableiten oder

  (b) *erst nach der Umformung* $f(x) = \sqrt{7x^5} = \sqrt{7}x^{\frac{5}{2}}$ ableiten.

(2) Bestimmen Sie die Ableitungen der durch ihre Vorschrift $f(x)$ gegebenen Funktionen, und beachten Sie, dass es vorteilhaft ist, $f(x)$ vorher durch Anwendung von Potenzrechenregeln zu vereinfachen bzw. als Potenz darzustellen:

  (a) $\sqrt[5]{3x(x-1)^7}$,   (b) $\sqrt[3]{\sin^5 x}$,   (c) $\dfrac{1}{2x+1}$,   (d) $\dfrac{1}{(2x+1)^4}$,

  (e) $\dfrac{1}{\sin^2 x}$,   (f) $\dfrac{(x-1)^3}{\sqrt[5]{x-1}}$,   (g) $\sqrt[3]{2x+1} \cdot (2x+1)^7$.

(3) Leiten Sie folgende durch ihre Vorschrift $f(x)$ gegebenen Funktionen ab, und vereinfachen Sie $f'(x)$, wenn es möglich ist:

(a) $\quad x\sqrt{1-x^2}\,,$ (b) $\quad \dfrac{x}{\sqrt{1+x^2}}\,,$ (c) $\quad \dfrac{\sqrt{1+x}}{\sqrt{1-x}}\,,$

(d) $\quad \arctan\sqrt{\dfrac{1+x}{1-x}}\,,$ (e) $\quad \sqrt{x+\sqrt{x+\sqrt{x}}}\,,$ (f) $\quad \sqrt{x\sqrt{x\sqrt{x}}}\,,$

(g) $\quad x\arcsin x + \sqrt{1-x^2}\,,$ (h) $\quad \sin\left(\cos^2 x\right)\cdot\cos\left(\sin^2 x\right).$

6.3   Der Mittelwertsatz der Differentialrechnung

Um mögliche Eigenschaften von Funktionen zu finden und zu formulieren, orientiert man sich an (sie sichtbar machenden) geometrischen Besonderheiten ihrer graphischen Darstellungen: Dass der Graph einer Funktion in Richtung der x-Achse steigen oder fallen kann, gibt Anlass zur Definition der Monotonie (Definition 4.2.3). Die Beobachtung von Hoch- und Tiefpunkten des Graphen führt zur Definition lokaler Maxima und Minima einer Funktion. Dass der Graph wie eine Links- oder Rechtskurve aussehen kann, gibt Anlass, konvexe und konkave Funktionen zu unterscheiden und den Punkt, in dem er von einer Links- in eine Rechtskurve oder umgekehrt wechselt, als Wendepunkt auszuzeichnen. Es ist fast selbstverständlich, dass solche Eigenschaften durch mehr oder weniger komplizierte vergleichende Aussagen über die Funktionswerte definiert sind. Darum ist es im Allgemeinen mühevoll, konkrete Funktionen auf diese Eigenschaften zu untersuchen, wenn man dazu deren definierende Bedingungen heranziehen muss.

Wie grundlegend der Differenzierbarkeitsbegriff ist, erweist sich auch in dieser Hinsicht: Der so genannte 1. Mittelwertsatz der Differentialrechnung ermöglicht es bei differenzierbaren Funktionen, Informationen über die Funktion aus Informationen über ihre Ableitung zu gewinnen. Insbesondere stellt er eine Verbindung her zwischen den oben genannten Eigenschaften einer Funktion und einfachen Bedingungen für die Ableitung der Funktion, die viel leichter nachprüfbar sind als die definierenden Bedingungen selbst. Das ist eine wichtige Erkenntnis, die wir in diesem Abschnitt gewinnen werden.

6.3.1 Definition   *Sei $f\colon \mathbb{I} \to \mathbb{R}$ eine reelle Funktion auf dem Intervall $\mathbb{I}$ und sei $x_0 \in \mathbb{I}$.*

(1) Gibt es eine ε-Umgebung $\mathbb{I}_\varepsilon(x_0)$ von x_0 so, dass

$$f(x) \le f(x_0) \quad [f(x) \ge f(x_0)] \quad \text{für alle} \quad x \in \mathbb{I}_\varepsilon(x_0) \cap \mathbb{I}$$

ist, dann heißt $f(x_0)$ ein lokales Maximum [Minimum] von f und man sagt: f hat in x_0 ein lokales Maximum [Minimum].

(2) $f(x_0)$ heißt absolutes Maximum [Minimum] von f (auf $\mathbb{I}$), wenn

$$f(x) \le f(x_0) \quad [f(x) \ge f(x_0)] \quad \text{für alle} \quad x \in \mathbb{I}$$

gilt, und man sagt dann: f nimmt in x_0 das absolute Maximum [Minimum] an.

(3) Maximum und Minimum werden unter dem Namen Extremum zusammengefasst.

Ein lokales Extremum $f(x_0)$ ist der im Vergleich mit den Werten in einer Umgebung von x_0 größte bzw. kleinste Funktionswert. Die Funktion kann daher an mehreren Stellen in $\mathbb{I}$ lokale Extrema verschiedener Größe haben. Die in Abb. 6.4 skizzierte Funktion f

hat zum Beispiel drei lokale Maxima $f(x_1) < f(x_3) < f(b)$ und drei lokale Minima $f(x_4) < f(x_2) < f(a)$.

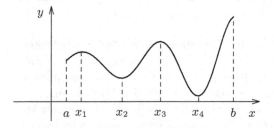

Abb. 6.4 f hat in x_1, x_3 und b lokale Maxima und in a, x_2 und x_4 lokale Minima. Das absolute Maximum ist das größte lokale Maximum; hier ist es der Wert $f(b)$. Das absolute Minimum ist hier $f(x_4)$.

Ist die Funktion differenzierbar in dem offenen Intervall $\mathbb{I}$, so hat der Graph von f in jedem Punkt $(x, f(x))$ eine Tangente. Hat f in x ein lokales Extremum, so ist anschaulich klar, dass dann diese Tangente parallel zur x-Achse ist, also die Steigung 0 hat (Abb. 6.5). Das ist die Aussage des folgenden Satzes.

6.3.2 Satz *Hat eine in dem offenen Intervall $\mathbb{I}$ differenzierbare Funktion $f\colon \mathbb{I} \to \mathbb{R}$ in einem Punkt $x_0 \in \mathbb{I}$ ein lokales Extremum, so ist $f'(x_0) = 0$. Eine Funktion f kann also höchstens in den Nullstellen der Ableitung $f'\colon \mathbb{I} \to \mathbb{R}$ lokale Extrema besitzen.*

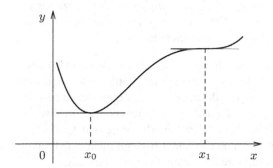

Abb. 6.5 Hat f in x_0 ein lokales Extremum, so ist die Tangente an den Graphen von f in $(x_0, f(x_0))$ parallel zur x-Achse. Die Umkehrung dieser Aussage gilt jedoch nicht:
Wenn f in einem Punkt $(x_1, f(x_1))$ eine zur x-Achse parallele Tangente besitzt, muss nicht notwendig f in x_1 ein lokales Extremum haben.

Beachten Sie: Die Aussage des Satzes ist nicht umkehrbar. Aus $f'(a) = 0$ folgt also nicht notwendig, dass f in a ein lokales Extremum hat. Ein Beispiel dafür ist die Funktion $f(x) = x^3$; für sie ist $f'(0) = 0$, aber in 0 liegt kein lokales Extremum vor, wie die graphische Darstellung der Funktion in Abb. 4.3 zeigt. Wichtig ist auch die Voraussetzung, dass $\mathbb{I}$ ein offenes Intervall ist, denn für Randpunkte von $\mathbb{I}$ gilt die Aussage im Allgemeinen nicht, wie Abb. 6.4 und natürlich auch der Beweis des Satzes zeigen.

Beweis des Satzes: Wir setzen voraus, dass f in $x_0 \in \mathbb{I}$ ein lokales Maximum hat. (Für ein lokales Minimum gilt eine entsprechende Überlegung.)

Nach 6.3.1 gibt es dann eine Umgebung $\mathbb{I}_\varepsilon(x_0) = (x_0 - \varepsilon, x_0 + \varepsilon) \subset \mathbb{I}$ von x_0, so dass $f(x) \leq f(x_0)$ und daher $f(x) - f(x_0) \leq 0$ für alle $x \in \mathbb{I}_\varepsilon(x_0)$ ist. Da $x - x_0 > 0$ für alle $x \in (x_0, x_0 + \varepsilon)$ und $x - x_0 < 0$ für alle $x \in (x_0 - \varepsilon, x_0)$ ist, folgt daraus:

$$\frac{f(x) - f(x_0)}{x - x_0} \leq 0 \ \text{ für } \ x \in (x_0, x_0 + \varepsilon) \implies \lim_{x \to x_0+} \frac{f(x) - f(x_0)}{x - x_0} \leq 0,$$

$$\frac{f(x) - f(x_0)}{x - x_0} \geq 0 \quad \text{für} \quad x \in (x_0 - \varepsilon, x_0) \quad \Longrightarrow \quad \lim_{x \to x_0-} \frac{f(x) - f(x_0)}{x - x_0} \geq 0.$$

Da f differenzierbar in x_0 ist, sind beide einseitigen Grenzwerte gleich $f'(x_0)$. Also ist gleichzeitig $f'(x_0) \leq 0$ und $f'(x_0) \geq 0$. Daher muss $f'(x_0) = 0$ sein. □

Nimmt $f\colon [a, b] \to \mathbb{R}$ das absolute Maximum bzw. Minimum in $[a, b]$ an, so ist dieses als größter bzw. kleinster Funktionswert von f in $[a, b]$ eine eindeutig bestimmte Zahl (sie kann natürlich in mehreren Punkten als Funktionswert auftreten). Das absolute Extremum von f ist natürlich auch immer ein lokales. Die in Abb. 6.4 skizzierte Funktion f nimmt ihr absolutes Maximum im rechten Randpunkt b von $[a, b]$, ihr absolutes Minimum in dem inneren Punkt x_4 an. Eine Funktion kann also ihre absoluten Extrema in den Randpunkten des Intervalls annehmen oder in inneren Punkten $x_k \in (a, b)$.

Als Stellen, in denen eine Funktion $f\colon [a, b] \to \mathbb{R}$ ihr absolutes Extremum annimmt, kommen daher nur die Randpunkte a, b oder diejenigen inneren Punkte von $[a, b]$ in Frage, in denen f ein lokales Extremum hat, in denen also nach 6.3.2 die Ableitung von f eine Nullstelle besitzt (sofern f differenzierbar ist). Das bedeutet: Um ein absolutes Extremum von f zu bestimmen, braucht man nur die Funktionswerte $f(a)$, $f(b)$ und die lokalen Extrema von f zu bestimmen und unter diesen Zahlen die größte bzw. kleinste herauszusuchen.

6.3.3 Folgerung *Zur Bestimmung des absoluten Extremums einer differenzierbaren Funktion $f\colon [a, b] \to \mathbb{R}$ genügt es, die lokalen Extrema von f zu bestimmen und mit den Funktionswerten in den Randpunkten von $\mathbb{I}$ zu vergleichen.*

Wenn in anderen Wissenschaften Zusammenhänge zwischen Größen durch Funktionen beschrieben sind, ist man häufig an der Bestimmung der größten oder kleinsten Funktionswerte interessiert. Nach 6.3.3 genügt es dazu, die lokalen Extrema zu bestimmen. Das ist vergleichsweise einfach, weil man die Stellen, in denen möglicherweise ein lokales Extremum vorliegt, nach 6.3.2 als die Nullstellen der Ableitung findet.

Das folgende Beispiel gibt einen Hinweis, unter welchen Bedingungen eine Funktion f überhaupt auf einem endlichen Intervall ihre absoluten Extrema annimmt:

Beispiel:

(1) $f\colon (0, 2) \to \mathbb{R}$ mit $f(x) = \dfrac{1}{x}$ ist streng monoton fallend und hat in dem *offenen* Intervall $(0, 2)$ weder einen größten noch einen kleinsten Funktionswert, weil $\lim\limits_{x \to 0+} \dfrac{1}{x} = \infty$ und $\lim\limits_{x \to 2-} \dfrac{1}{x} = \dfrac{1}{2}$ gilt. Auf jedem *abgeschlossenen* Intervall $[a, 2]$ mit $0 < a < 2$ dagegen nimmt f die absoluten Extrema an, das absolute Maximum an der Stelle a, das absolute Minimum in 2 (Abb. 6.6).

(2) $f\colon [-2, 2] \to \mathbb{R}$ mit $f(x) = \dfrac{1}{x}$ für $x \neq 0$ und $f(0) = 0$ ist zwar auf einem abgeschlossenen Intervall definiert, strebt aber für $x \to 0$ gegen $+\infty$ bzw. gegen $-\infty$ und hat daher in $[-2, 2]$ weder einen größten noch einen kleinsten Funktionswert (Abb. 6.6). Die Ursache dafür ist die Unstetigkeit von f in 0. Bei Stetigkeit in

0 würde die Funktion für $x \to 0$ gegen den endlichen Funktionswert $f(0)$ streben und daher in der Umgebung von 0 nicht beliebig große und beliebig kleine Funktionswerte haben können.

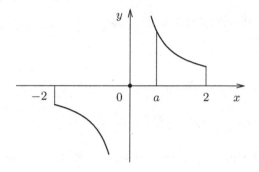

Abb. 6.6 Die Abgeschlossenheit des Intervalls und die Stetigkeit der Funktion garantieren, dass die absoluten Extrema angenommen werden. In der Abbildung ist das für die Funktion $\frac{1}{x}$ auf $[a, 2]$ der Fall.
Dagegen nimmt diese Funktion auf dem offenen Intervall $(0, 2)$ kein absolutes Extremum an, obwohl sie stetig ist; auf dem abgeschlossenen Intervall $[-2, 2]$ nimmt sie kein absolutes Extremum an, weil sie in 0 nicht stetig ist.

Was wir in den Beispielen (1) und (2) erkannt haben, gilt ganz allgemein:

6.3.4 Satz   *Eine auf einem abgeschlossenen Intervall $\mathbb{I}$ stetige Funktion $f \colon \mathbb{I} \to \mathbb{R}$ nimmt auf $\mathbb{I}$ das absolute Maximum und das absolute Minimum an.*

6.3.5 Satz (1. Mittelwertsatz der Differentialrechnung) *Die Funktion $f \colon [a, b] \to \mathbb{R}$ sei stetig auf dem abgeschlossenen Intervall $[a, b]$ und differenzierbar in dem offenen Intervall (a, b). Dann existiert ein Punkt $x_0 \in (a, b)$, so dass gilt:*

$$\frac{f(b) - f(a)}{b - a} = f'(x_0).$$

Anschauliche Deutung der Aussage des Mittelwertsatzes:

Die Gerade durch die Endpunkte $(a, f(a))$ und $(b, f(b))$ von Graph f hat die Steigung $\frac{f(b) - f(a)}{b - a}$, die Tangente an den Graphen von f in $(x_0, f(x_0))$ hat die Steigung $f'(x_0)$. Nach dem Mittelwertsatz gibt es eine Stelle x_0 in (a, b), an der die Tangente und die Geraden dieselbe Steigung haben, also parallel sind (Abb. 6.7).

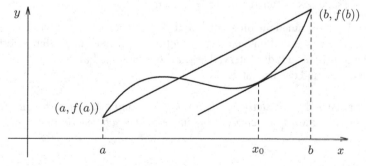

Abb. 6.7   1. Mittelwertsatz: Es gibt eine Tangente an den Graphen von f, die parallel ist zu der Geraden durch die Endpunkte des Graphen.

Physikalisch kann der Mittelwertsatz wie folgt interpretiert werden: Bewegt sich ein Massenpunkt geradlinig im Zeitintervall $[t_1, t_2]$, so gibt es immer einen Zeitpunkt $t_0 \in (t_1, t_2)$, zu dem die Momentangeschwindigkeit gleich der Durchschnittsgeschwindigkeit des Massenpunktes ist.

Beweis: Die Gerade durch $(a, f(a))$ und $(b, f(b))$ hat die Gleichung

$$y = \frac{f(b) - f(a)}{b - a}(x - a) + f(a).$$

Sie ist also der Graph der linearen Funktion $g: \mathbb{R} \to \mathbb{R}$ mit

$$g(x) = \frac{f(b) - f(a)}{b - a}(x - a) + f(a) \quad \text{und} \quad g'(x) = \frac{f(b) - f(a)}{b - a}.$$

Da f und g beide stetig auf $[a, b]$ und differenzierbar in (a, b) sind, gilt dasselbe für ihre Differenz

$$F: [a, b] \to \mathbb{R}, \quad F(x) = f(x) - g(x).$$

Weiter ist $F(a) = F(b) = 0$, weil $g(a) = f(a)$ und $g(b) = f(b)$ ist. Wir zeigen, dass $F'(x_0) = 0$ in einem Punkt $x_0 \in (a, b)$ gilt, denn daraus ergibt sich wie folgt sofort die Aussage des Mittelwertsatzes:

$$0 = F'(x_0) = f'(x_0) - g'(x_0) = f'(x_0) - \frac{f(b) - f(a)}{b - a} \implies f'(x_0) = \frac{f(b) - f(a)}{b - a}.$$

Wir haben also nur noch zu zeigen, dass $F'(x_0) = 0$ in einem inneren Punkt x_0 gilt. Dazu beachten wir, dass F als stetige Funktion in $[a, b]$ das absolute Maximum M und das absolute Minimum m annimmt (6.3.4), und unterscheiden zwei mögliche Fälle:

(1) F nimmt beide absoluten Extrema M und m in den Randpunkten a, b an. Wegen $F(a) = 0 = F(b)$ ist dann $m = 0$ und $M = 0$, und somit $F(x) = 0$ für alle $x \in [a, b]$. Daher gilt sogar $F'(x) = 0$ in jedem Punkt $x \in (a, b)$.

(2) F nimmt nicht beide Extrema M und m in den Randpunkten a, b an. Dann muss F einen der beiden Werte M oder m in einem inneren Punkt $x_0 \in (a, b)$ annehmen. Nach 6.3.2 gilt daher $F'(x_0) = 0$.

Damit ist die Aussage des Mittelwertsatzes bewiesen.   □

Ist $f: \mathbb{I} \to \mathbb{R}$ stetig auf dem Intervall $\mathbb{I}$ und differenzierbar im Inneren von $\mathbb{I}$, so ist f für je zwei in $\mathbb{I}$ gewählte Punkte $x_0 < x_1$ stetig auf $[x_0, x_1]$ und differenzierbar in (x_0, x_1). Daher gilt für die auf das Intervall $[x_0, x_1]$ beschränkte Funktion f die Aussage des Mittelwertsatzes, und das bedeutet:

6.3.6 Folgerung *Ist $f: \mathbb{I} \to \mathbb{R}$ stetig auf dem Intervall $\mathbb{I}$ und differenzierbar im Inneren von $\mathbb{I}$, so gibt es zu je zwei Punkten $x_0 < x_1$ in $\mathbb{I}$ eine Zwischenstelle $x \in (x_0, x_1)$, so dass gilt:*

$$\frac{f(x_1) - f(x_0)}{x_1 - x_0} = f'(x) \quad \text{oder äquivalent} \quad f(x_1) - f(x_0) = f'(x) \cdot (x_1 - x_0).$$

Auf diese Formulierung 6.3.6 des Mittelwertsatzes gründet sich die Möglichkeit, Eigenschaften von Funktionen durch solche ihrer Ableitungen zu beschreiben. Das zeigt folgende Überlegung:

Erfüllt $f\colon \mathbb{I} \to \mathbb{R}$ die Voraussetzungen von 6.3.6, so gibt es zu beliebigen Punkten $x_0 < x_1$ in $\mathbb{I}$ immer eine Zwischenstelle $x \in (x_0, x_1)$, so dass gilt:

$$f(x_1) - f(x_0) = f'(x)(x_1 - x_0).$$

Aus der Gleichung entnehmen wir:

(1) Ist f' im Inneren von $\mathbb{I}$ positiv (und damit $f'(x) > 0$), so haben $x_1 - x_0$ und $f(x_1) - f(x_0)$ für jede Wahl von x_0 und x_1 dasselbe Vorzeichen, und aus $x_0 < x_1$ folgt daher immer $f(x_0) < f(x_1)$. Das bedeutet: f ist streng monoton steigend.

(2) Analog folgt: Ist f' im Inneren von $\mathbb{I}$ negativ, so ist f streng monoton fallend.

(3) Ist f' im Inneren von $\mathbb{I}$ konstant mit dem Funktionswert 0, so gilt für jede Wahl von $x_1 \neq x_0$ und die zugehörige Zwischenstelle x:

$$f(x_1) - f(x_0) = f'(x)(x_1 - x_0) = 0 \quad \Longrightarrow \quad f(x_1) = f(x_0).$$

Also hat f an jeder Stelle den Funktionswert $f(x_0)$ und ist daher auf $\mathbb{I}$ konstant.

6.3.7 Satz *Sei $f\colon \mathbb{I} \to \mathbb{R}$ eine auf dem Intervall $\mathbb{I}$ stetige und im Inneren von $\mathbb{I}$ differenzierbare Funktion. Dann gilt:*

(1) Ist $f'(x) > 0$ für alle x im Inneren von $\mathbb{I}$, so ist f auf $\mathbb{I}$ streng monoton steigend.

(2) Ist $f'(x) < 0$ für alle x im Inneren von $\mathbb{I}$, so ist f auf $\mathbb{I}$ streng monoton fallend.

(3) Ist $f'(x) = 0$ für alle x im Inneren von $\mathbb{I}$, so ist f auf $\mathbb{I}$ konstant.

6.3.8 Bemerkung Bei Verzicht auf *strenge* Monotonie gilt sogar die Äquivalenz:

$$f'(x) \geq 0 \text{ im Inneren von } \mathbb{I} \iff f \text{ ist auf } \mathbb{I} \text{ monoton steigend.}$$
$$f'(x) \leq 0 \text{ im Inneren von } \mathbb{I} \iff f \text{ ist auf } \mathbb{I} \text{ monoton fallend.}$$

Wie die Monotonie so ist auch die *Krümmung* eine anschauliche (geometrische) Eigenschaft des Graphen einer Funktion. Wir sprechen von einer *Linkskurve* bzw. von einer *Rechtskurve*, wenn der Graph nach links bzw. nach rechts gekrümmt ist, und führen in der folgenden Definition dafür die Begriffe *konvexe* und *konkave* Funktion ein.

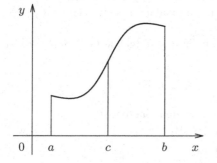

Abb. 6.8   Der in dieser Abbildung skizzierte Graph beschreibt für wachsende Werte von x über dem Intervall $[a, c]$ eine Linkskurve und über dem Intervall $[c, b]$ eine Rechtskurve. Der Punkt $(c, f(c))$, in dem der Graph von der Linkskurve in die Rechtskurve übergeht, heißt ein Wendepunkt des Graphen.

6.3.9 Definition *Sei* $f\colon [a, b] \to \mathbb{R}$ *eine stetige Funktion.*

(1) *f heißt konvex [konkav], wenn für je zwei Punkte $x_0 < x_1$ in $[a, b]$ der Graph von f über $[x_0, x_1]$ unterhalb [oberhalb] der Verbindungsgeraden der beiden Punkte $(x_0, f(x_0))$ und $(x_1, f(x_1))$ liegt.*

(2) *Ist $c \in (a, b)$ ein innerer Punkt und f über einem der beiden Intervalle $[a, c]$ und $[c, b]$ konvex, über dem anderen konkav, so heißt der Punkt $(c, f(c))$ ein Wendepunkt des Graphen von f, und man sagt: f hat in c einen Wendepunkt.*

Wie das Vorzeichen der ersten Ableitung die Monotonie, so kennzeichnet das Vorzeichen der zweiten Ableitung das Krümmungsverhalten der Funktion, und der Beweis dafür lässt sich ähnlich zu dem des Satzes 6.3.7 mit Hilfe der Folgerung 6.3.6 führen.

6.3.10 Satz *Ist $f\colon [a, b] \to \mathbb{R}$ eine auf $[a, b]$ stetige und in (a, b) zweimal differenzierbare Funktion, so gilt:*

(1) *f ist genau dann auf $[a, b]$ konvex, wenn $f''(x) \geq 0$ für alle $x \in (a, b)$ ist.*

(2) *f ist genau dann auf $[a, b]$ konkav, wenn $f''(x) \leq 0$ für alle $x \in (a, b)$ ist.*

(3) *Hat f in $c \in (a, b)$ einen Wendepunkt, so ist $f''(c) = 0$.*

Beweis von (3): Hat f in $c \in (a, b)$ einen Wendepunkt, so ist f nach 6.3.9, (2) auf der einen Seite von c konvex, auf der anderen konkav, und nach 6.3.10, (1) gilt auf der einen Seite von c dann $f''(x) \geq 0$, auf der anderen $f''(x) \leq 0$. Daher ist f' nach 6.3.8 auf der einen Seite von c monoton steigend, auf der anderen Seite monoton fallend, hat also in c ein lokales Extremum. Nach 6.3.2 folgt daraus: $(f')'(c) = 0$, also $f''(c) = 0$. $\square$

★ Aufgaben

(1) Bestimmen Sie die absoluten Extrema der Funktion f und die Stellen, in denen diese angenommen werden:

   (a) $f\colon [-3, 3] \to \mathbb{R}$ mit $f(x) = x^4 - 2x^3$,

   (b) f ist die durch $f(x) = \sqrt{3 + 4x - 4x^2}$ definierte Funktion. (Die Randpunkte des Definitionsintervalls sind noch zu bestimmen.)

(2) Begründen Sie mit Hilfe des 1. Mittelwertsatzes, dass gilt: Ist $f\colon [a, b] \to \mathbb{R}$ auf $[a, b]$ stetig und in (a, b) differenzierbar und ist $f'(x) \neq 0$ für alle $x \in (a, b)$, so nimmt f jeden Funktionswert in $[a, b]$ nur einmal an. Insbesondere hat f dann in $[a, b]$ höchstens eine Nullstelle.
Benutzen Sie diese Aussage, um zu zeigen, dass folgende Gleichung in $[-1, 1]$ nur höchstens eine Lösung besitzt:

$$x^n - nx + c = 0 \quad (n \in \mathbb{N} \text{ und } c \in \mathbb{R}).$$

(3) Bestimmen Sie die Intervalle, in denen f streng monoton ist:

   (a) $f\colon [0, 2\pi] \to \mathbb{R}$ mit $f(x) = \dfrac{3 \cos x}{2 - \sin x}$,

   (b) $f\colon \mathbb{R} \to \mathbb{R}$ mit $f(x) = x^3 - 3x^2 - 9x + 5$.

(4) Besitzt die Funktion f eine Umkehrfunktion?

   (a) $f: \mathbb{R} \to \mathbb{R}$ mit $f(x) = x^3 + x$,   (b) $f: \mathbb{R} \to \mathbb{R}$ mit $f(x) = x^3 - x$.

(5) Bestimmen Sie die Nullstellen der Funktion f, die Stellen a, in denen f nicht definiert ist, die Grenzwerte von f für $x \to a$ und $x \to \pm\infty$ und die Intervalle, auf denen f streng monoton ist:

   (a) $f(x) = \dfrac{x^2 - 5}{x^2 - x - 2}$,   (b) $f(x) = \dfrac{2}{x} - \dfrac{2x}{x^2 - 1}$.

6.4   Die Regeln von de l'Hospital

In Abschnitt 5.3 haben wir erkannt, dass es nicht immer zulässig ist, die Grenzwertbildung mit einer algebraischen Operation zu vertauschen. Das Vertauschen ist dann nicht erlaubt, wenn man dabei einen unbestimmten Ausdruck der Form $\frac{0}{0}$, $\frac{\infty}{\infty}$, $\infty - \infty$ oder $0 \cdot \infty$ erhält. Grenzwerte, die bei Anwendung der Rechenregeln 5.3.1 zu einem dieser unbestimmten Ausdrücke führen, werden nach 5.3.5 entsprechend als Grenzwert vom Typ $\frac{0}{0}$ bzw. $\frac{\infty}{\infty}$ bzw. $\infty - \infty$ bzw. $0 \cdot \infty$ bezeichnet. Wir schließen jetzt die Lücke und geben Regeln an, mit deren Hilfe sich auch solche Grenzwerte oft berechnen lassen. Wir weisen allerdings darauf hin, dass diese Regeln nicht in allen Fällen zum Ziel führen.

Zur Vorbereitung benötigen wir zunächst eine Verallgemeinerung des 1. Mittelwertsatzes.

6.4.1 Satz (2. Mittelwertsatz) *Sind $f, g: [a, b] \to \mathbb{R}$ stetig auf $[a, b]$ und differenzierbar in (a, b) und ist $g'(x) \neq 0$ für alle $x \in (a, b)$, so gibt es einen Punkt $x_0 \in (a, b)$, so dass gilt:*

$$\frac{f(b) - f(a)}{g(b) - g(a)} = \frac{f'(x_0)}{g'(x_0)}.$$

Satz 6.4.1 ist eine Verallgemeinerung des 1. Mittelwertsatzes, weil er die Aussage des 1. Mittelwertsatzes liefert, wenn wir speziell $g: [a, b] \to \mathbb{R}$ mit $g(x) = x$ wählen. Manche Autoren bezeichnen den 1. Mittelwertsatz nur als Mittelwertsatz und den 2. Mittelwertsatz als erweiterten Mittelwertsatz.

6.4.2 Satz (Regeln von de l'Hospital) *Sei $\mathbb{I}$ ein (endliches oder unendliches) offenes Intervall und a ein Punkt in $\mathbb{I}$ oder auch ein nicht zu $\mathbb{I}$ gehörender Randpunkt von $\mathbb{I}$ (dabei ist $a = \pm\infty$ zugelassen). Sind dann f und g auf $\mathbb{I} \setminus \{a\}$ definierte differenzierbare Funktionen und ist $g'(x) \neq 0$ für alle $x \in \mathbb{I} \setminus \{a\}$, so gilt:*

$$\left.\begin{array}{c} \lim\limits_{x \to a} f(x) = \lim\limits_{x \to a} g(x) = 0 \\ \text{oder} \\ \lim\limits_{x \to a} f(x) = \lim\limits_{x \to a} g(x) = \infty \end{array}\right\} \implies \lim_{x \to a} \frac{f(x)}{g(x)} = \lim_{x \to a} \frac{f'(x)}{g'(x)},$$

sofern $\lim\limits_{x \to a} \dfrac{f'(x)}{g'(x)}$ existiert. Das gilt ebenso für rechts- oder linksseitige Grenzwerte.

Beweis: Wir beweisen die Regel exemplarisch nur für den Fall, dass a ein endlicher Punkt ist und $\lim\limits_{x \to a} f(x) = \lim\limits_{x \to a} g(x) = 0$ gilt.

Als differenzierbare Funktionen sind f und g stetig auf $\mathbb{I} \setminus \{a\}$. Wir definieren beide Funktionen auch an der Stelle a so, dass sie in a stetig sind, indem wir als Funktionswert in a den Grenzwert 0 wählen, d.h. $f(a) = g(a) = 0$. Damit sind f und g stetig im Intervall $\mathbb{I}$. Also sind f und g jetzt für jede Wahl von $x \in \mathbb{I} \setminus \{a\}$ stetig auf dem abgeschlossenen Intervall mit den Endpunkten a und x und differenzierbar in dem offenen Intervall mit den Endpunkten a und x. Nach dem 2. Mittelwertsatz (6.4.1) gibt es dann zu jedem $x \in \mathbb{I} \setminus \{a\}$ eine Stelle $\xi = \xi_x$ (die von x abhängt) zwischen x und a, so dass gilt (beachten Sie dabei, dass $f(a) = g(a) = 0$ ist):

$$\frac{f(x)}{g(x)} = \frac{f(x) - 0}{g(x) - 0} = \frac{f(x) - f(a)}{g(x) - g(a)} = \frac{f'(\xi)}{g'(\xi)} .$$

Mit $x \to a$ strebt auch ξ (zwischen x und a) gegen a. Bilden wir den Grenzwert für $x \to a$, so erhalten wir daher:

$$\lim_{x \to a} \frac{f(x)}{g(x)} = \lim_{\xi \to a} \frac{f'(\xi)}{g'(\xi)} = \lim_{x \to a} \frac{f'(x)}{g'(x)} .$$

Die letzte Gleichung gilt, weil es keine Rolle spielt wie die Variable bei der Grenzwertbildung bezeichnet wird. Das ist genau die Aussage, die wir nachweisen wollten. $\square$

In den folgenden Beispielen finden Sie Hinweise, deren Beachtung bei der Anwendung der Regeln von de l'Hospital hilfreich sein kann. Grundsätzlich muss man natürlich immer vor jeder Anwendung der Regeln prüfen, ob die Voraussetzungen erfüllt sind.

Hinweis: Vergewissern Sie sich immer, dass Zähler und Nenner beide gegen 0 oder beide gegen ∞ streben, bevor Sie die Regeln von de l'Hospital anwenden.

Beispiele: Um darauf hinzuweisen, dass Zähler und Nenner beide gegen 0 oder beide gegen ∞ streben, geben wir in den folgenden Beispielen jeweils hinter dem Grenzwert in Klammern den Typ des Grenzwertes an.

(1) $\lim\limits_{x \to 1} \dfrac{x^n - 1}{x^m - 1} \left[\dfrac{0}{0} \right] = \lim\limits_{x \to 1} \dfrac{n x^{n-1}}{m x^{m-1}} = \dfrac{n}{m} \; ;$

(2) $\lim\limits_{x \to 0} \dfrac{\arcsin x}{x} \left[\dfrac{0}{0} \right] = \lim\limits_{x \to 0} \dfrac{1}{\sqrt{1 - x^2}} = 1 \; ;$

(3) $\lim\limits_{x \to \infty} \dfrac{3x - 7}{2x^2 + 5x} \left[\dfrac{\infty}{\infty} \right] = \lim\limits_{x \to \infty} \dfrac{3}{4x + 5} = 0 \; .$

(4) Nach Anwendung der Regel von de l'Hospital kann man den Grenzwert entweder mit Hilfe der Rechenregeln 5.3.1 bestimmen (wie in den Beispielen vorher) oder man wendet erneut die Regel von de l'Hospital an, wenn sich herausstellt, dass er wieder vom Typ $\frac{0}{0}$ oder $\frac{\infty}{\infty}$ ist.

$$\lim_{x \to \pi} \frac{3 \sin^2 x}{\sin^2 3x} \left[\frac{0}{0} \right] = \lim_{x \to \pi} \frac{6 \sin x \cos x}{6 \sin 3x \cos 3x} = \lim_{x \to \pi} \frac{2 \sin x \cos x}{2 \sin 3x \cos 3x}$$

$$= \lim_{x \to \pi} \frac{\sin 2x}{\sin 6x} \left[\frac{0}{0}\right] = \lim_{x \to \pi} \frac{2\cos 2x}{6\cos 6x} = \frac{2 \cdot 1}{6 \cdot 1} = \frac{1}{3}.$$

(5) **Beachten Sie:** Wenn man feststellt, dass ein Grenzwert den Typ $\frac{0}{0}$ oder $\frac{\infty}{\infty}$ hat, ist es zweckmäßig, zu beobachten, ob ein Faktor im Zähler oder Nenner einen endlichen Grenzwert $\neq 0$ hat. Ist das der Fall, so kann man unter Anwendung der Regel 5.3.1, (2) zum Produkt des Grenzwertes dieses Faktors mit dem Grenzwert des restlichen Ausdruckes übergehen. Das verringert den Differentiationsaufwand bei der Anwendung der Regel von de l'Hospital.

Vertauscht man bei dem Grenzwert $\lim_{x \to \pi} \dfrac{x\sin^2 x}{(x-\pi)^2 \cos 2x}$ die Grenzwertbildung mit den algebraischen Operationen, so erhält man den unbestimmten Ausdruck $\dfrac{\pi \cdot 0}{0 \cdot 1}$, an dem man erkennt, dass der Faktor $\dfrac{x}{\cos 2x}$ einen endlichen Grenzwert $\neq 0$ und der Grenzwert des anderen Faktors den Typ $\dfrac{0}{0}$ hat. Daher ist es vorteilhaft, den Grenzwert zuerst in ein Produkt von Grenzwerten zu zerlegen:

$$\lim_{x \to \pi} \frac{x\sin^2 x}{(x-\pi)^2 \cos 2x} \left[\frac{\pi \cdot 0}{0 \cdot 1}\right] = \lim_{x \to \pi} \frac{x}{\cos 2x} \cdot \lim_{x \to \pi} \frac{\sin^2 x}{(x-\pi)^2}$$

$$= \frac{\pi}{1} \lim_{x \to \pi} \frac{2\sin x \cos x}{2(x-\pi)} \left[\frac{0 \cdot (-1)}{0}\right]$$

$$= \pi \cdot \lim_{x \to \pi} \cos x \cdot \lim_{x \to \pi} \frac{\sin x}{x-\pi}$$

$$= \pi \cdot (-1) \cdot \lim_{x \to \pi} \frac{\cos x}{1} = -\pi \cdot (-1) = \pi.$$

Grenzwerte vom Typ $\infty - \infty$ bzw. $0 \cdot \infty$ kann man im Allgemeinen durch Umformen des Funktionsausdruckes in Grenzwerte vom Typ $\dfrac{0}{0}$ bzw. $\dfrac{\infty}{\infty}$ umwandeln. Auf diese Weise lassen sich auch solche Grenzwerte mit Hilfe der Regeln von de l'Hospital berechnen. Die folgenden beiden Beispiele zeigen das.

(6) $\lim_{x \to 0} \left(\dfrac{1}{\sin x} - \dfrac{1}{x}\right) [\infty - \infty] = \lim_{x \to 0} \dfrac{x - \sin x}{x\sin x} \left[\dfrac{0}{0}\right]$

$$= \lim_{x \to 0} \frac{1-\cos x}{\sin x + x\cos x} \left[\frac{0}{0}\right] = \lim_{x \to 0} \frac{\sin x}{\cos x + \cos x - x\sin x} = \frac{0}{2} = 0.$$

(7) $\lim_{x \to \infty} x\sin\dfrac{1}{x} [\infty \cdot 0] = \lim_{x \to \infty} \dfrac{\sin\frac{1}{x}}{\frac{1}{x}} \left[\dfrac{0}{0}\right] = \lim_{x \to \infty} \dfrac{-\frac{1}{x^2}\cos\frac{1}{x}}{-\frac{1}{x^2}} = \lim_{x \to \infty} \cos\dfrac{1}{x} = 1.$

(8) Auch wenn die Voraussetzungen für die Regeln von de l'Hospital erfüllt sind, muss sich ein Grenzwert nicht notwendig mit Hilfe dieser Regeln bestimmen lassen. Das zeigt folgendes Beispiel:

$$\lim_{x \to \infty} \frac{x}{\sqrt{1+x^2}} \left[\frac{\infty}{\infty}\right].$$

Die Ableitung von x ist 1, und es ist $(\sqrt{1+x^2})' = \dfrac{x}{\sqrt{1+x^2}}$. Damit erhalten wir:

$$\lim_{x\to\infty} \frac{x}{\sqrt{1+x^2}} \left[\frac{\infty}{\infty}\right] = \lim_{x\to\infty} \frac{\sqrt{1+x^2}}{x}.$$

Dieser Grenzwert ist wieder vom Typ $\dfrac{\infty}{\infty}$. Wenden wir die Regel von de l'Hospital erneut an, so erhalten wir wieder genau den ursprünglichen Grenzwert.

Man kann hier aber natürlich die Funktion so umformen, dass sich der Grenzwert mit den Regeln 5.3.1 berechnen lässt: Wir erweitern dazu den Quotienten mit $\dfrac{1}{x}$:

$$\lim_{x\to\infty} \frac{x}{\sqrt{1+x^2}} = \lim_{x\to\infty} \frac{1}{\sqrt{\frac{1}{x^2}+1}} = \frac{1}{1} = 1.$$

★ **Aufgaben**

Berechnen Sie folgende Grenzwerte:

(1) $\displaystyle\lim_{x\to 1} \frac{x\sin(x-1)^2}{\sin^2(\pi x)}$,   (2) $\displaystyle\lim_{x\to 0} \frac{\sin x - \tan x}{x^3}$,   (3) $\displaystyle\lim_{x\to 0+} \left(x\tan\left(\frac{\pi}{2} - x\right)\right)$,

(4) $\displaystyle\lim_{x\to -1} \frac{\sqrt[3]{(x+1)^2}}{\frac{\pi}{2} + \arcsin x}$,   (5) $\displaystyle\lim_{x\to 0} \left(\frac{1}{x^2\cos x} - \frac{1}{x^2}\right)$,   (6) $\displaystyle\lim_{x\to\infty} \left(\sqrt[4]{x}\sin\frac{1}{\sqrt{x}}\right)$,

(7) $\displaystyle\lim_{x\to 0} \left(\frac{1}{1-\cos x} - \frac{\sin x}{x(1-\cos x)}\right)$,   (8) $\displaystyle\lim_{x\to 1} \frac{1-\cos^2(x-1)}{\left(x\arctan(x-1)\right)^2}$.

6.5   Die Ableitung vektorwertiger Funktionen einer Variablen

Wenn wir eine vektorwertige Funktion

$$\mathbf{x}\colon \mathbb{I} \to \mathbb{R}^n, \quad \mathbf{x}(t) = \begin{pmatrix} x_1(t) \\ \vdots \\ x_n(t) \end{pmatrix},$$

als Parameterdarstellung einer Punktmenge im $\mathbb{R}^n$ ansehen (sie also geometrisch interpretieren), stellen sich grundsätzlich dieselben Fragen wie bei reellen Funktionen und ihren Graphen:

Aufgrund welcher Eigenschaft von $\mathbf{x}$ kann man die Punktmenge als *Kurve* bezeichnen, und unter welcher Bedingung an $\mathbf{x}$ ist diese Kurve in der Umgebung eines Punktes näherungsweise geradlinig?

Wir führen allgemein für vektorwertige Funktionen $\mathbf{f}\colon \mathbb{I} \to \mathbb{R}^n$ (nicht nur für Ortsfunktionen $\mathbf{x}$) Begriffe wie Grenzwert, Stetigkeit, Differenzierbarkeit und Ableitung ein und beantworten damit zugleich auch diese Fragen.

6.5.1 Definition *Sei* $\mathbf{f}\colon \mathbb{I} \to \mathbb{R}^n$ *eine vektorwertige Funktion auf einem Intervall* $\mathbb{I}$.

(1) Ist $a \in \mathbb{I}$ *und* $\mathbf{b} \in \mathbb{R}^n$, *so heißt* $\mathbf{b}$ *der Grenzwert von* $\mathbf{f}$ *für* $t \to a$, *in Zeichen:* $\lim\limits_{t \to a} \mathbf{f}(t) = \mathbf{b}$, *wenn zu jeder Zahl* $\varepsilon > 0$ *eine Zahl* $\delta > 0$ *existiert, so dass gilt:*

$$\|\mathbf{f}(t) - \mathbf{b}\| < \varepsilon \quad \text{für alle} \quad t \in \mathbb{I} \quad \text{mit} \quad |t - a| < \delta.$$

(2) $\mathbf{f}$ *heißt stetig in* $a \in \mathbb{I}$, *wenn* $\lim\limits_{t \to a} \mathbf{f}(t) = \mathbf{f}(a)$ *ist.*

(3) $\mathbf{f}$ *heißt stetig auf* $\mathbb{I}$, *wenn* $\mathbf{f}$ *in jedem* $t \in \mathbb{I}$ *stetig ist.*

Fassen wir $\mathbf{f}(t)$ und $\mathbf{b}$ als die Ortsvektoren von Punkten im $\mathbb{R}^n$ auf, so ist $\mathbf{f}(t) - \mathbf{b}$ der Vektor von dem einen der Punkte zum anderen, und $\|\mathbf{f}(t) - \mathbf{b}\|$ ist der Abstand der beiden Punkte. Wie bei reellen Funktionen bedeutet die Bedingung in 6.5.1, (1) also, dass $\mathbf{f}(t)$ beliebig nahe an $\mathbf{b}$ heranrückt, wenn t hinreichend nahe bei a gewählt ist.

Der folgende Satz besagt, dass Grenzwerte vektorwertiger Funktionen koordinatenweise gebildet werden können, womit dann die Grenzwertbildung vektorwertiger Funktionen auf diejenige reeller Funktionen (der Koordinatenfunktionen) zurückgeführt ist.

6.5.2 Satz *Sei* $\mathbb{I}$ *ein Intervall und* $\mathbf{f}\colon \mathbb{I} \to \mathbb{R}^n$ *eine vektorwertige Funktion mit den Koordinatenfunktionen* f_k. *Für* $a \in \mathbb{I}$ *existiert* $\lim\limits_{t \to a} \mathbf{f}(t)$ *genau dann, wenn die Grenzwerte* $\lim\limits_{t \to a} f_k(t)$ *für* $1 \le k \le n$ *existieren, und es gilt dann:*

$$\lim_{t \to a} \mathbf{f}(t) = \begin{pmatrix} \lim\limits_{t \to a} f_1(t) \\ \vdots \\ \lim\limits_{t \to a} f_n(t) \end{pmatrix}.$$

Da die Stetigkeit ja mit Hilfe des Grenzwertbegriffs definiert ist, können wir aufgrund des Satzes 6.5.2 die Stetigkeit einer vektorwertigen Funktion feststellen, indem wir ihre reellwertigen Koordinatenfunktionen auf Stetigkeit überprüfen:

6.5.3 Folgerung *Eine vektorwertige Funktion* $\mathbf{f}\colon \mathbb{I} \to \mathbb{R}^n$ *auf einem Intervall* $\mathbb{I}$ *ist genau dann stetig in* $a \in \mathbb{I}$ *bzw. auf dem Intervall* $\mathbb{I}$, *wenn die Koordinatenfunktionen* f_k *stetig in* $a \in \mathbb{I}$ *bzw. auf dem Intervall* $\mathbb{I}$ *sind.*

Eine Punktmenge im $\mathbb{R}^n$, die beschrieben wird durch eine *stetige* vektorwertige Funktion (Ortsfunktion), sieht im allgemeinen so aus, wie wir uns intuitiv eine Kurve vorstellen. Wir nehmen das zum Anlass, den Begriff der Kurve exakt zu definieren und damit die frühere Definition 4.3.2 zu ergänzen.

6.5.4 Definition *Ist* $\mathbf{x}\colon \mathbb{I} \to \mathbb{R}^n$ *eine stetige vektorwertige Funktion auf einem Intervall* $\mathbb{I}$, *so heißt die Menge*

$$\Gamma = \{\, X(t) \mid t \in \mathbb{I},\ X(t) \text{ hat den Ortsvektor } \mathbf{x}(t) \,\} \subset \mathbb{R}^n$$

eine Kurve im $\mathbb{R}^n$, *kurz „die Kurve von* $\mathbf{x}$". *Statt von einem „Punkt* $X(t)$ *mit dem Ortsvektor* $\mathbf{x}(t)$" *zu sprechen, werden wir künftig meistens kurz „der Punkt* $\mathbf{x}(t)$" *sagen. Ist* $\mathbb{I} = [a, b]$, *so heißen die Punkte* $\mathbf{x}(a)$ *und* $\mathbf{x}(b)$ *der Anfangs- und der Endpunkt der Kurve* Γ. *Wir nennen* Γ *eine geschlossene Kurve, wenn* $\mathbf{x}(a) = \mathbf{x}(b)$ *gilt.*

Wir orientieren uns bei der Definition der Differenzierbarkeit vektorwertiger Funktionen an der Differenzierbarkeit reeller Funktionen (6.1.1 und 6.1.2).

6.5.5 Definition

(1) *Eine vektorwertige Funktion* $\mathbf{f}: \mathbb{I} \to \mathbb{R}^n$ *auf einem Intervall* $\mathbb{I}$ *heißt differenzierbar in einem Punkt* $a \in \mathbb{I}$, *wenn gilt: Es existieren ein Vektor, der mit dem Symbol* $\mathbf{f}'(a)$ *bezeichnet wird, und eine für kleine Werte von* h *definierte vektorwertige Funktion* $\mathbf{e}(h)$ *mit den Eigenschaften:*

$$\mathbf{f}(a+h) = \mathbf{f}(a) + \mathbf{f}'(a)h + h\mathbf{e}(h) \quad \text{und} \quad \lim_{h \to 0} \mathbf{e}(h) = \mathbf{0}\,.$$

Der Vektor $\mathbf{f}'(a)$ *heißt die Ableitung von* $\mathbf{f}$ *in* a.

(2) *Ist* $\mathbf{f}: \mathbb{I} \to \mathbb{R}^n$ *differenzierbar in jedem Punkt* t *eines Intervalls* $\mathbb{I}$, *so heißt* $\mathbf{f}$ *differenzierbar in* $\mathbb{I}$, *und die vektorwertige Funktion, die jedem* $t \in \mathbb{I}$ *die Ableitung* $\mathbf{f}'(t)$ *zuordnet, heißt Ableitung von* $\mathbf{f}$ *und wird mit* $\mathbf{f}': \mathbb{I} \to \mathbb{R}^n$ *bezeichnet.*

Lösen wir die Gleichung in 6.5.5 nach $\mathbf{f}'(a)$ auf, so erhalten wir die zur Differenzierbarkeit äquivalente Darstellung der Ableitung $\mathbf{f}'(a)$ als Grenzwert:

$$\mathbf{f}'(a) = \lim_{h \to 0} \frac{1}{h}\left(\mathbf{f}(a+h) - \mathbf{f}(a)\right) - \lim_{h \to 0} \mathbf{e}(h) = \lim_{h \to 0} \frac{1}{h}\left(\mathbf{f}(a+h) - \mathbf{f}(a)\right).$$

6.5.6 Satz *Eine vektorwertige Funktion* $\mathbf{f}: \mathbb{I} \to \mathbb{R}^n$ *ist im Punkt* $a \in \mathbb{I}$ *genau dann differenzierbar und hat die Ableitung* $\mathbf{f}'(a)$, *wenn der Grenzwert*

$$\lim_{h \to 0} \frac{1}{h}\left(\mathbf{f}(a+h) - \mathbf{f}(a)\right)$$

existiert und gleich $\mathbf{f}'(a)$ *ist.*

Nach 6.5.2 dürfen Grenzwerte von vektorwertigen Funktionen koordinatenweise gebildet werden. Das liefert die Möglichkeit, die Ableitung einer vektorwertigen Funktion durch Ableiten ihrer Koordinatenfunktionen zu berechnen:

6.5.7 Folgerung *Ist* $\mathbb{I}$ *ein Intervall und* $\mathbf{f}: \mathbb{I} \to \mathbb{R}^n$ *eine vektorwertige Funktion mit den Koordinatenfunktionen* $f_k: \mathbb{I} \to \mathbb{R}$ ($k = 1, \dots, n$), *so gilt:* $\mathbf{f}$ *ist genau dann differenzierbar, wenn die Koordinatenfunktionen* $f_k: \mathbb{I} \to \mathbb{R}$ *alle differenzierbar sind. Die Ableitung* $\mathbf{f}'$ *von* $\mathbf{f}$ *ist dann die vektorwertige Funktion, deren Koordinatenfunktionen die Ableitungen* f_k' *der Koordinatenfunktionen von* $\mathbf{f}$ *sind:*

$$\mathbf{f} = \begin{pmatrix} f_1 \\ \vdots \\ f_n \end{pmatrix} : \mathbb{I} \to \mathbb{R}^n \quad \Longrightarrow \quad \mathbf{f}' = \begin{pmatrix} f_1' \\ \vdots \\ f_n' \end{pmatrix} : \mathbb{I} \to \mathbb{R}^n.$$

Da wir eine stetige Ortsfunktion $\mathbf{x}: \mathbb{I} \to \mathbb{R}^n$ ja als Parameterdarstellung einer Kurve Γ im $\mathbb{R}^n$ ansehen können, lassen sich auch ihre Differenzierbarkeit und ihre Ableitung geometrisch interpretieren:

Ist $\mathbf{a} = \mathbf{x}(a)$ ein Punkt von Γ, so bedeutet die Differenzierbarkeit von $\mathbf{x}$ in $a \in \mathbb{I}$ nach 6.5.5, dass gilt:

$$\mathbf{x}(a + h) = \mathbf{x}(a) + \mathbf{x}'(a)h + h\,\mathbf{e}(h) \quad \text{und} \quad \lim_{h \to 0} \mathbf{e}(h) = \mathbf{0}\,.$$

Durch den linearen Ausdruck $\mathbf{x}(a) + \mathbf{x}'(a)h$ ist die lineare Funktion

$$\mathbf{l}\colon \mathbb{R} \to \mathbb{R}^n\,, \quad \mathbf{l}(h) = \mathbf{x}(a) + \mathbf{x}'(a)h\,,$$

definiert, und diese ist, wenn $\mathbf{x}'(a)$ nicht der Nullvektor ist, die Parameterdarstellung einer Geraden durch den Punkt $\mathbf{x}(a)$ mit dem Richtungsvektor $\mathbf{x}'(a)$ (Abb. 6.9).

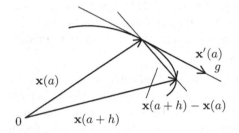

Abb. 6.9 Für jeden Wert von h ist die Differenz von $\mathbf{x}(a + h)$ und $\mathbf{x}(a)$ der Richtungsvektor einer Geraden durch den festen Punkt $\mathbf{x}(a)$ und den variablen Punkt $\mathbf{x}(a + h)$. Für $h \to 0$ streben die Geraden gegen die Tangente mit dem Richtungsvektor $\mathbf{x}'(a)$.

Nach 6.5.6 ist $\mathbf{x}'(a)$ der Grenzwert der Vektoren $\frac{1}{h}\big(\mathbf{x}(a + h) - \mathbf{x}(a)\big)$, die für jeden Wert h die Abweichung des Punktes $\mathbf{x}(a + h)$ von dem festen Punkt $\mathbf{a} = \mathbf{x}(a)$ bezüglich einer Abweichung des Parameters um h beschreiben und die wir als die Richtungsvektoren der Geraden durch die Punkte $\mathbf{x}(a)$ und $\mathbf{x}(a + h)$ ansehen können. Diese Geraden streben dann für $h \to 0$ gegen die Gerade g mit dem Richtungsvektor $\mathbf{x}'(a)$. Wie bemerkt, ist die Gerade g nur definiert, wenn $\mathbf{x}'(a) \neq \mathbf{0}$ ist, und dann stimmt Γ in der Umgebung von $\mathbf{x}(a)$ näherungsweise mit der Geraden g überein.

6.5.8 Definition *Ist Γ eine Kurve im $\mathbb{R}^n$ mit der Parameterdarstellung $\mathbf{x}\colon \mathbb{I} \to \mathbb{R}^n$ und ist $\mathbf{x}$ in $a \in \mathbb{I}$ differenzierbar und $\mathbf{x}'(a) \neq \mathbf{0}$, so heißt $\mathbf{x}'(a)$ ein Tangentenvektor an die Kurve Γ im Punkt $\mathbf{a} = \mathbf{x}(a)$. Der Einheitsvektor*

$$\mathbf{t}(\mathbf{a}) = \frac{1}{\|\mathbf{x}'(a)\|}\,\mathbf{x}'(a)$$

heißt der Tangenteneinheitsvektor von Γ in $\mathbf{a} = \mathbf{x}(a)$. Die Tangente an Γ im Punkt $\mathbf{a}$ ist die Gerade mit der Parameterdarstellung

$$\mathbf{l}\colon \mathbb{R} \to \mathbb{R}^n\,, \quad \mathbf{l}(h) = \mathbf{a} + h\mathbf{x}'(a)\,.$$

6.5.9 Bemerkungen

(1) Im Anschluss an Definition 4.3.2 (Seite 110) haben wir festgestellt, dass der Graph einer Funktion $f\colon \mathbb{I} \to \mathbb{R}$ immer die folgende Parameterdarstellung hat:

$$\mathbf{x}\colon \mathbb{I} \to \mathbb{R}^2 \quad \text{mit} \quad \mathbf{x}(t) = \begin{pmatrix} t \\ f(t) \end{pmatrix}\,.$$

Nach 6.5.7 ist sie genau dann differenzierbar, wenn dies für f gilt, und ihre Ableitung ist dann

$$\mathbf{x}'(t) = \begin{pmatrix} 1 \\ f'(t) \end{pmatrix}\,.$$

Hier ist $\mathbf{x}'(t) \neq \mathbf{0}$, weil die erste Koordinate den Wert $1 \neq 0$ hat. Nach 6.5.8 hat die Tangente an den Graphen von f im Punkte $(t, f(t))$ die (auch schon in 6.1.4 angegebene) Parameterdarstellung

$$\mathbf{l} \colon \mathbb{R} \to \mathbb{R}^2, \quad \mathbf{l}(h) = \begin{pmatrix} t \\ f(t) \end{pmatrix} + h \begin{pmatrix} 1 \\ f'(t) \end{pmatrix}.$$

(2) Durch die Wahl einer Parameterdarstellung $\mathbf{x} \colon \mathbb{I} \to \mathbb{R}^n$ für Γ ist in natürlicher Weise (wie im Anschluss an Definition 4.3.2 beschrieben) eine Richtung als *Orientierung von* Γ (als *positive Richtung*) ausgezeichnet. Mit Hilfe der Tangentenvektoren $\mathbf{x}'(t)$ lässt sich diese Orientierung jetzt auch charakterisieren als die *Richtung, in der ein Massenpunkt auf* Γ *wandert, wenn er sich in jedem Punkt* $\mathbf{x}(\mathbf{t})$ *in Richtung des Tangentenvektors* $\mathbf{x}'(t)$ *bewegt.*

Ist $\mathbf{x}'(t) \neq \mathbf{0}$ für jeden Parameterwert t, so hat die Kurve Γ in jedem Punkt einen wohl bestimmten Tangentenvektor. Die Stetigkeit von $\mathbf{x}'$ bedeutet anschaulich, dass sich der Tangentenvektor beim Durchlaufen von Γ stetig ändert. Ist $\mathbf{x}'$ unstetig an einer Stelle t, existieren aber rechts- und linksseitiger Grenzwert und sind beide endlich, so ändert beim Durchlaufen der Kurve Γ der Tangentenvektor in $\mathbf{x}(t)$ sprunghaft die Richtung und Γ hat in $\mathbf{x}(t)$ eine *Ecke* (Abb. 6.10).

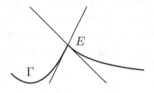

Abb. 6.10   Oft setzt man eine Kurve aus zwei verschieden definierten Kurvenstücken zusammen. Haben die beiden Kurvenstücke an der Nahtstelle verschiedene Tangenten, so hat die neue Kurve dort eine Ecke.

Wie wir schon für reelle Funktionen festgestellt haben, ist die Stetigkeit eine Bedingung, die sehr häufig gefordert werden muss, damit gewisse gewünschte Eigenschaften einer Funktion gewährleistet sind. Dabei ist aber im Allgemeinen immer zugelassen, dass eine Funktion an endlich vielen Stellen unstetig ist. Wie im Falle der reellen Funktionen sprechen wir auch hier dann von einer *stückweise stetigen Funktion.*

6.5.10 Definition *Eine Kurve* Γ *im* $\mathbb{R}^n$ *heißt [stückweise] glatt, wenn sie eine Parameterdarstellung* $\mathbf{x} \colon \mathbb{I} \to \mathbb{R}^n$ *mit [stückweise] stetiger Ableitung* $\mathbf{x}'$ *besitzt und* $\mathbf{x}'(t) \neq \mathbf{0}$ *ist für alle* $t \in \mathbb{I}$.

Beispiele:

(1) Nach 6.5.9, (1) hat der Graph einer differenzierbaren reellen Funktion $f \colon \mathbb{I} \to \mathbb{R}$ die Parameterdarstellung:

$$\mathbf{x} \colon \mathbb{I} \to \mathbb{R}^2, \quad \mathbf{x}(t) = \begin{pmatrix} t \\ f(t) \end{pmatrix}, \quad \text{und es ist:} \quad \mathbf{x}'(t) = \begin{pmatrix} 1 \\ f'(t) \end{pmatrix} \neq \mathbf{0}.$$

Das bedeutet: $\mathbf{x}'$ ist genau dann stetig, wenn f' stetig ist, also Graph f genau dann eine glatte Kurve, wenn f stetig differenzierbar ist.

(2) Der Kreis mit dem Mittelpunkt O und dem Radius a hat die (stetig differenzierbare) Parameterdarstellung (Seite 112):

$$\mathbf{x}\colon [0, 2\pi] \to \mathbb{R}^2, \quad \mathbf{x}(t) = \begin{pmatrix} a\cos t \\ a\sin t \end{pmatrix}, \quad \mathbf{x}'(t) = \begin{pmatrix} -a\sin t \\ a\cos t \end{pmatrix}.$$

Mit sin und cos ist auch $\mathbf{x}'$ stetig, und für alle $t \in [0, 2\pi]$ gilt

$$\|\mathbf{x}'(t)\|^2 = (-a\sin t)^2 + (a\cos t)^2 = a^2(\sin^2 t + \cos^2 t) = a^2 \neq 0$$

und daher $\mathbf{x}'(t) \neq \mathbf{0}$. Der Kreis ist also eine glatte Kurve (im Sinne von 6.5.10). In jedem Punkt des Kreises ist die Tangente an den Kreis senkrecht zum Ortsvektor dieses Punktes, denn:

$$\mathbf{x}(t) \cdot \mathbf{x}'(t) = \begin{pmatrix} a\cos t \\ a\sin t \end{pmatrix} \cdot \begin{pmatrix} -a\sin t \\ a\cos t \end{pmatrix} = -a^2 \sin t \cos t + a^2 \sin t \cos t = 0.$$

★ **Aufgaben**

(1) Zeigen Sie, dass die Punktmenge $\Gamma = \{\, (x, y) \in \mathbb{R}^2 \mid 1 \leq x \leq 4,\, y = \sqrt{x} - 1 \,\}$ eine glatte Kurve im $\mathbb{R}^2$ ist.

(2) Bestimmen Sie den (einzigen) Punkt P, in dem die Kurve Γ mit der Parameterdarstellung

$$\mathbf{x}\colon [-1, 2] \to \mathbb{R}^3, \quad \mathbf{x}(t) = \begin{pmatrix} 4\sqrt{2-t} \\ t\sqrt{1+t} \\ \arctan t \end{pmatrix}$$

die x-Achse schneidet. Geben Sie den Schnittwinkel an (das ist der Winkel zwischen dem Tangentenvektor und der positiven x-Achse.)

(3) Zeigen Sie, dass die Kurve Γ mit der Parameterdarstellung

$$\mathbf{x}\colon \mathbb{R} \to \mathbb{R}^2, \quad \mathbf{x}(t) = \begin{pmatrix} x(t) \\ y(t) \end{pmatrix} \quad \text{mit} \quad x(t) = \frac{2t}{1+t^2}, \quad y(t) = \frac{1-t^2}{1+t^2}$$

eine glatte Kurve ist, dass $\|\mathbf{x}(t)\|$ und der Winkel zwischen dem Ortsvektor $\mathbf{x}(t)$ und dem Tangentenvektor $\mathbf{x}'(t)$ konstant sind und $\displaystyle\lim_{t\to\infty} \mathbf{x}(t) = \lim_{t\to-\infty} \mathbf{x}(t)$ gilt. Um welche Kurve handelt es sich?

(4) Geben Sie für die differenzierbaren vektorwertigen Funktionen

$$\mathbf{x}\colon \mathbb{I} \to \mathbb{R}^3, \quad \mathbf{x}(t) = \begin{pmatrix} x_1(t) \\ x_2(t) \\ x_3(t) \end{pmatrix} \quad \text{und} \quad \mathbf{y}\colon \mathbb{I} \to \mathbb{R}^3, \quad \mathbf{y}(t) = \begin{pmatrix} y_1(t) \\ y_2(t) \\ y_3(t) \end{pmatrix}$$

das Skalarprodukt $\mathbf{x} \cdot \mathbf{y}\colon \mathbb{I} \to \mathbb{R}$ und das Vektorprodukt $\mathbf{x} \times \mathbf{y}\colon \mathbb{I} \to \mathbb{R}^3$ in Koordinaten an, und zeigen Sie, dass die folgenden zu 6.2.1, (3) analogen Produktregeln für die Differentiation gelten:

(a) $\dfrac{d}{dt}(\mathbf{x}\cdot\mathbf{y}) = \left(\dfrac{d}{dt}\mathbf{x}\right)\cdot\mathbf{y} + \mathbf{x}\cdot\left(\dfrac{d}{dt}\mathbf{y}\right)$,

(b) $\dfrac{d}{dt}(\mathbf{x}\times\mathbf{y}) = \left(\dfrac{d}{dt}\mathbf{x}\right)\times\mathbf{y} + \mathbf{x}\times\left(\dfrac{d}{dt}\mathbf{y}\right)$.

(5) Die vektorwertige Funktion $\mathbf{x}\colon\mathbb{I}\to\mathbb{R}^3$ beschreibe die Bewegung eines Massenpunktes M im $\mathbb{R}^3$. Ihre Ableitungen $\mathbf{v} = \mathbf{x}'\colon\mathbb{I}\to\mathbb{R}^3$ und $\mathbf{a} = \mathbf{x}''\colon\mathbb{I}\to\mathbb{R}^3$ geben dann Geschwindigkeit und Beschleunigung von M in Abhängigkeit von der Zeit t an. Zeigen Sie, dass $\frac{d}{dt}(\mathbf{x}\times\mathbf{v}) = \mathbf{x}\times\mathbf{a}$ ist. Welche Folgerung lässt sich hinsichtlich der Lage der Bahnkurve im Raum ziehen, wenn $\mathbf{x}\times\mathbf{a} = \mathbf{0}$ ist?

Berechnen Sie die Geschwindigkeit und die Beschleunigung von M, wenn die Koordinatenfunktionen von $\mathbf{x}$ gegeben sind durch:

$$x_1(t) = a\cos t, \quad x_2(t) = a\sin t, \quad x_3(t) = bt \quad (a, b \in \mathbb{R}).$$

(Die Bahnkurve ist eine *Schraubenlinie*.) Berechnen Sie $\|\mathbf{v}(t)\|$ und $\|\mathbf{a}(t)\|$. Welche Beziehung besteht zwischen $\mathbf{v}(t)$ und $\mathbf{a}(t)$?

6.6 Partielle Ableitungen, differenzierbare Funktionen mehrerer Variablen

Hinsichtlich der geometrischen Veranschaulichung einer reellwertigen Funktion von n Variablen gleicht die Situation für $n \geq 2$ prinzipiell der Situation bei Funktionen einer Variablen ($n = 1$). Die Dimension des Raumes, in dem der Graph als Punktmenge veranschaulicht werden kann, ist dann $n + 1$, also um 1 höher als die Zahl n der Variablen. Skalarwertige Funktionen von mehreren Variablen treten bei der Beschreibung von Naturphänomenen auf, wenn die funktionale Abhängigkeit einer skalaren Größe von einer vektoriellen oder von mehreren skalaren Größen darzustellen ist. Auch dabei sind die Fragestellungen denen bei reellen Funktionen einer Variablen ähnlich. Daher ist es konsequent, Begriffe wie Grenzwert, Stetigkeit, Differenzierbarkeit und Ableitung auch für Funktionen von mehreren Variablen einzuführen und sie wie bei Funktionen einer Variablen zu benutzen, um Eigenschaften solcher Funktionen zu beschreiben. Damit werden wir uns in diesem Abschnitt beschäftigen.

Aus Gründen der Anschaulichkeit werden wir uns den Definitionsbereich $\mathbb{D}\subset\mathbb{R}^n$ einer Funktion von n Variablen für $n \geq 2$ im Allgemeinen als Punktmenge vorstellen und die Punkte durch ihre Ortsvektoren angeben. Der Einfachheit halber benutzen wir dabei oft (wie schon mehrfach erwähnt) die Formulierung „*der Punkt* $\mathbf{a} \in \mathbb{D}$" statt der korrekten Formulierung „der Punkt A in $\mathbb{D}$ mit dem Ortsvektor $\mathbf{a}$".

Die Definitionen der Stetigkeit, der Differenzierbarkeit und der Ableitung beruhen alle auf dem Grenzwertbegriff. Wenn wir jetzt den Grenzwert für Funktionen von mehreren Variablen einführen, orientieren wir uns natürlich an der Definition des Grenzwertes einer reellen Funktion. Zwei wichtige Begriffe, die wir dabei im Zusammenhang mit reellen Funktionen benutzt haben, sind die ε-Umgebungen eines Punktes $a \in \mathbb{R}$ und die Intervalle als Definitionsbereiche reeller Funktionen. Den ε-Umgebungen eines Punktes

$a \in \mathbb{R}$ entsprechen die in 5.1.6 angegebenen *n-dimensionalen Kugeln*, die wir dort ja ebenfalls schon als die ε-Umgebungen eines Punktes $\mathbf{a} \in \mathbb{D}$ bezeichnet haben:

$$B_\varepsilon(\mathbf{a}) = \{\, \mathbf{x} \in \mathbb{R}^n \mid \|\mathbf{x} - \mathbf{a}\| < \varepsilon \,\}\,.$$

In Definitionen und Aussagen für reelle Funktionen haben wir meistens vorausgesetzt, dass diese auf Intervallen definiert sind. Dafür gibt es zwei Gründe, an denen wir uns orientieren, um als Definitionsbereiche der Funktionen von n Variablen solche Punktmengen $\mathbb{D} \subset \mathbb{R}^n$ auszuzeichnen, die den Intervallen entsprechen:

(1) Ist a ein innerer Punkt des Intervalls $\mathbb{I}$, so sind für hinreichend kleine Zahlen $\varepsilon > 0$ die ε-Umgebungen $\mathbb{I}_\varepsilon(a) = (a - \varepsilon, a + \varepsilon)$ von a immer enthalten in $\mathbb{I}$. Ebenso sind für einen rechten oder linken Randpunkt a von $\mathbb{I}$ alle hinreichend kleinen *einseitigen Umgebungen* $(a - \varepsilon, a]$ bzw. $[a, a + \varepsilon)$ in $\mathbb{I}$ enthalten (5.2.1). Dadurch ist es möglich, für jeden Punkt $a \in \mathbb{I}$ den Grenzwert bzw. den einseitigen Grenzwert einer Funktion $f \colon \mathbb{I} \to \mathbb{R}$ für $x \to a$ zu untersuchen.

(2) Da mit je zwei Punkten eines Intervalls $\mathbb{I}$ auch deren Verbindungsstrecke in $\mathbb{I}$ enthalten ist, empfinden wir ein Intervall in einem anschaulichen Sinn als *zusammenhängend*. Aufgrund dieser Eigenschaft stellt auch der Graph einer stetigen Funktion über einem Intervall eine zusammenhängende Punktmenge (Kurve) dar.

6.6.1 Definition *Sei $n > 1$ und $\mathbb{D}$ eine nicht-leere Punktmenge im $\mathbb{R}^n$.*

(1) $\mathbb{D}$ heißt ein Gebiet im $\mathbb{R}^n$, wenn gilt:

> *(a) Jeder Punkt $\mathbf{a} \in \mathbb{D}$ ist ein innerer Punkt von $\mathbb{D}$. Das bedeutet: Für hinreichend kleine $\varepsilon > 0$ ist die ε-Umgebung $\mathbb{B}_\varepsilon(\mathbf{a})$ von $\mathbf{a}$ enthalten in $\mathbb{D}$.*

> *(b) $\mathbb{D}$ ist zusammenhängend. Das bedeutet: Je zwei Punkte $\mathbf{a}_1, \mathbf{a}_2 \in \mathbb{D}$ können durch eine in $\mathbb{D}$ verlaufende Kurve γ verbunden werden.*

(2) Der Rand $\partial\mathbb{D}$ eines Gebietes $\mathbb{D}$ ist die Menge aller Punkte $\mathbf{b} \notin \mathbb{D}$ mit der Eigenschaft: Für jede Zahl $\varepsilon > 0$ ist $\mathbb{B}_\varepsilon(\mathbf{b}) \cap \mathbb{D} \neq \emptyset$.

(3) Ist $\mathbb{D}$ ein Gebiet, so heißt die Menge $\mathbb{B} = \overline{\mathbb{D}} = \mathbb{D} \cup \partial\mathbb{D}$ ein Bereich.

Erläuterungen: Den offenen Intervallen entsprechen die Gebiete: In beiden ist jeder Punkt ein innerer Punkt, und die Forderung, dass sich je zwei Punkte aus $\mathbb{D}$ durch eine Kurve $\gamma \subset \mathbb{D}$ verbinden lassen, entspricht der Eigenschaft von Intervallen, die wir *zusammenhängend* genannt haben. Den Randpunkten eines Intervalls entspricht der Rand eines Gebietes, den abgeschlossenen Intervallen entsprechen die Bereiche.

In Abb. 6.11 ist die von der Kurve Γ umschlossene Punktmenge in der (x, y)-Ebene (ohne die Punkte auf Γ) ein Gebiet $\mathbb{D}$, und $\partial\mathbb{D}$ ist die *Randkurve* Γ. Nehmen wir diese zu $\mathbb{D}$ hinzu, so erhalten wir einen Bereich $\mathbb{B}$. Eine nicht zusammenhängende Punktmenge ist in Abb. 6.12 skizziert; sie besteht aus zwei disjunkten Punktmengen, so dass eine Kurve von einem Punkt der einen zu einem Punkt der anderen Punktmenge nicht vollständig in der gesamten Punktmenge verlaufen kann.

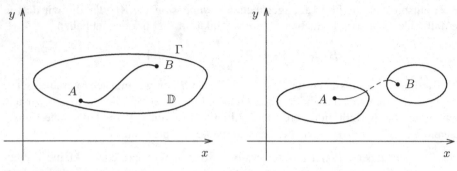

Abb. 6.11   Gebiet   **Abb. 6.12**   nicht zusammenhängende Punktmenge

6.6.2 Definition *Sei* $\mathbb{D} \subset \mathbb{R}^n$ *ein Gebiet,* $\mathbf{a} \in \mathbb{D}$ *und* $f: \mathbb{D} \to \mathbb{R}$ *eine reellwertige Funktion, für die wir nach Definition 4.3.3 auch den Namen Skalarfeld benutzen.*

(1) Ist $G \in \mathbb{R}$ *und gibt es zu jedem* $\varepsilon > 0$ *ein* $\delta > 0$, *so dass*

$$|f(\mathbf{x}) - G| < \varepsilon \quad \text{für alle } \mathbf{x} \in \mathbb{D} \text{ mit } \|\mathbf{x} - \mathbf{a}\| < \delta$$

gilt, so heißt G *Grenzwert von* f *für* $\mathbf{x} \to \mathbf{a}$, *in Zeichen:* $\lim\limits_{\mathbf{x} \to \mathbf{a}} f(\mathbf{x}) = G$.

(2) f *heißt stetig in* $\mathbf{a}$, *wenn* $\lim\limits_{\mathbf{x} \to \mathbf{a}} f(\mathbf{x}) = f(\mathbf{a})$ *gilt, wenn also der Grenzwert von* f *für* $\mathbf{x} \to \mathbf{a}$ *gleich dem Funktionswert* $f(\mathbf{a})$ *ist.*

(3) $f: \mathbb{D} \to \mathbb{R}$ *heißt stetig, wenn* f *in jedem Punkt* $\mathbf{x} \in \mathbb{D}$ *stetig ist.*

Ist $f: \mathbb{D} \to \mathbb{R}$ eine auf einem Gebiet $\mathbb{D} \subset \mathbb{R}^2$ stetige reellwertige Funktion, so ist ihr Graph eine Punktmenge, die wir uns als Fläche im Raum vorstellen können (Abb. 6.13 und Abb. 4.16 zu Definition 4.3.3). Sie liegt über dem als Punktmenge in der (x, y)-Ebene dargestellten Gebiet $\mathbb{D}$ und hat die Koordinatengleichung $z = f(x, y)$.

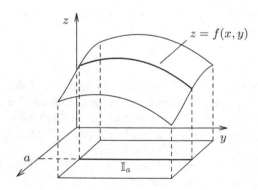

Abb. 6.13   Die Parallele zur y-Achse durch $x = a$ schneidet das Gebiet $\mathbb{D}$ in der (x, y)-Ebene in einem Intervall $\mathbb{I}_a$. Der Graph der Funktion $f(a, \cdot): \mathbb{I}_a \to \mathbb{R}$ (der einen Variablen y) ist die über diesem Intervall liegende Kurve auf der zu f gehörenden Fläche.

Für einen festen Wert a der Variablen x ist $z = f(a, y)$ die Gleichung einer Kurve auf der Fläche, nämlich der Kurve, in der die zur (y, z)-Ebene parallele Ebene durch a die Fläche schneidet (Abb. 6.13). Wir können sie ansehen als Graphen der Funktion

$$f(a, \cdot): \mathbb{I}_a \to \mathbb{R}, \quad \mathbb{I}_a = \{ (a, y) \mid (a, y) \in \mathbb{D} \},$$

der einen Variablen y auf dem angegebenen Intervall $\mathbb{I}_a$. Das Intervall liegt jetzt nicht auf einer Achse, sondern auf einer Parallelen zur y-Achse.

Wählen wir für y den festen Wert b, so ist entsprechend $z = f(x, b)$ die Gleichung einer Kurve auf der Fläche, und diese ist der Graph der Funktion

$$f(\cdot, b) \colon \mathbb{J}_b \to \mathbb{R}, \quad \mathbb{J}_b = \{\, (x, b) \mid (x, h) \in \mathbb{D} \,\},$$

der einen Variablen x auf dem angegebenen Intervall $\mathbb{J}_b$.

Dann sind $f(\cdot, b)$ und $f(a, \cdot)$ also reelle Funktionen *einer* Variablen. Sind sie differenzierbar, so finden wir ihre Ableitungen, indem wir die Regeln aus 6.1 und 6.2 anwenden. Ist zum Beispiel $f(x, y) = x^2 + x^3 y^2 + y^3$, so hat für festes $y = b$ die Funktion

$$f(x, b) = x^2 + b^2 x^3 + b^3 \quad \text{die Ableitung} \quad \frac{df(x, b)}{dx} = 2x + 3b^2 x^2$$

und für festes $x = a$ die Funktion

$$f(a, y) = a^2 + a^3 y^2 + y^3 \quad \text{die Ableitung} \quad \frac{df(a, y)}{dy} = 2a^3 y + 3y^2 \,.$$

Hat also *eine* Variable einen konstanten Wert, so können wir f als eine Funktion der *anderen* Variablen ansehen und sie als Funktion dieser einzigen Variablen ableiten.

Statt nun wirklich für die eine Variable einen konstanten Wert a bzw. b einzusetzen, genügt es auch, sich diese Variable als konstant *vorzustellen*, eben als konstant bezüglich des Differenzierens nach der anderen Variablen. Wir fassen f dann als Funktion *einer* Variablen auf und leiten sie nach dieser Variablen ab. Dabei behandeln wir die andere Variable wie eine konstante Zahl. So ist für die oben angegebene Funktion die Ableitung

$$\text{nach } x \text{ gleich} \quad 2x + 3x^2 y^2 \quad \text{und} \quad \text{nach } y \text{ gleich} \quad 2x^3 y + 3y^2 \,.$$

Nach 6.1.1 ist die Ableitung von f nach x der Grenzwert, der sich nur auf die erste Variable bezieht (y ist konstant), und entsprechend die Ableitung von f nach y der Grenzwert, der sich nur auf die zweite Variable bezieht (x ist konstant):

$$\lim_{h \to 0} \frac{f(x + h, y) - f(x, y)}{h} \quad \text{und} \quad \lim_{k \to 0} \frac{f(x, y + k) - f(x, y)}{k} \,.$$

Ebenso können wir allgemein eine Funktion $f \colon \mathbb{D} \to \mathbb{R}$ von n Variablen $x_1, \ldots, x_n$ als Funktion einer einzigen Variablen x_k auffassen, indem wir die übrigen Variablen als konstante Größen ansehen, und können sie nach x_k differenzieren wie eine Funktion dieser einen Variablen. Um den die Ableitung definierenden Grenzwert anzugeben, benutzen wir die vektorielle Schreibweise: $\mathbf{a}$ ist der Ortsvektor von $(a_1, \ldots, a_n)$. Bezeichnet $\mathbf{e}_k$ den Koordinateneinheitsvektor, dessen $k - te$ Koordinate 1 und dessen andere Koordinaten alle 0 sind, so ist $\mathbf{a} + h\mathbf{e}_k$ der Ortsvektor des Punktes, der von $(a_1, \ldots, a_n)$ aus in Richtung der k-ten Koordinatenachse um h verschoben ist. Er unterscheidet sich also nur in der k-ten Koordinate um h von der k-ten Koordinate a_k des Punktes $(a_1, \ldots, a_n)$. Das macht deutlich, dass nur die $k - te$ Koordinate bei der Bildung des Grenzwertes

$$\lim_{h \to 0} \frac{f(\mathbf{a} + h\mathbf{e}_k) - f(\mathbf{a})}{h}$$

betroffen ist, die übrigen Koordinaten also unberührt bleiben.

6.6.3 Definition *Für* $n \geq 2$ *sei* $\mathbb{D} \subset \mathbb{R}^n$ *ein Gebiet und* $f: \mathbb{D} \to \mathbb{R}$ *eine reellwertige Funktion (ein Skalarfeld) der Variablen* $x_1, \ldots, x_n$.

(1) Ist $\mathbf{a} \in \mathbb{D}$ *ein Punkt, so heißt der Grenzwert*

$$\lim_{h \to 0} \frac{f(\mathbf{a} + h\mathbf{e}_k) - f(\mathbf{a})}{h} \quad (k \in \{1, \ldots, n\})$$

die partielle Ableitung der Funktion f *nach* x_k *in* $\mathbf{a}$. *Existiert der Grenzwert und ist er eine endliche Zahl, so heißt* f *partiell differenzierbar nach* x_k *in* $\mathbf{a}$. *Die partielle Ableitung wird bezeichnet mit*

$$f_{x_k}(\mathbf{a}) \quad \text{oder} \quad f_{x_k}(a_1, \ldots, a_n).$$

(2) Ist f *in jedem Punkt* $\mathbf{x} \in \mathbb{D}$ *partiell differenzierbar nach* x_k, *so heißt* f *partiell differenzierbar nach* x_k. *Die Funktion* $f_{x_k}: \mathbb{D} \to \mathbb{R}$, *die jedem* $\mathbf{x} \in \mathbb{D}$ *die Zahl* $f_{x_k}(\mathbf{x})$ *zuordnet, heißt dann die partielle Ableitung von* f *nach* x_k.

6.6.4 Bezeichnungen und Bemerkungen

(1) Als andere Symbole benutzt man

$$\text{statt} \quad f_{x_k} \quad \text{auch} \quad \frac{\partial f}{\partial x_k} \quad \text{oder} \quad \frac{\partial}{\partial x_k} f, \quad \text{und}$$

$$\text{statt} \quad f_{x_k}(x_1, \ldots, x_n) \quad \text{auch} \quad \frac{\partial}{\partial x_k} f(x_1, \ldots, x_n).$$

(2) **Beachten Sie:** Die Verwendung eines Symbols f' für partielle Ableitungen von Funktionen f mehrerer Variablen gibt keinen Sinn, denn daran würde nicht zu erkennen sein, nach welcher Variablen partiell abgeleitet wurde. Um eben das sichtbar zu machen, kennzeichnet man die partielle Ableitung von f nach x_k, indem man x_k als Index an das Funktionssymbol f anhängt. Ebenso soll die Verwendung des Symbols $\dfrac{\partial f}{\partial x_k}$ mit „∂" statt „d" darauf hinweisen, dass eine *partielle* Ableitung einer Funktion von *mehreren* Variablen und nicht die Ableitung einer Funktion *einer* Variablen vorliegt.

In der Chemie ist es üblich, für partielle Ableitungen Symbole wie $\dfrac{\partial f}{\partial x_k}$ zu benutzen und zusätzlich die Variablen, nach denen nicht abgeleitet wurde, mit anzugeben. Wir wollen dies an Hand des Gesetzes von Avogadro demonstrieren: Dieses besagt, dass $V = \frac{nRT}{p}$ ist, wobei V das Volumen, T die Temperatur, p der Druck eines Gases und n und R Konstante sind. Bei der partiellen Ableitung von V nach T wird die Variable p und bei der partiellen Ableitung von V nach p entsprechend die Variable T wie eine Konstante behandelt. In der Chemie gibt man die partiellen Ableitungen dann an durch:

$$\left(\frac{\partial V}{\partial T} \right)_p = \frac{nR}{p} \quad \text{und} \quad \left(\frac{\partial V}{\partial p} \right)_T = -\frac{nRT}{p^2}.$$

Wir werden in diesem Buch häufig ebenfalls die Symbole $\dfrac{\partial f}{\partial x_k}$ benutzen, besonders bei der Formulierung von Ergebnissen. Da die Schreibweise f_{x_k} oft praktischer ist, werden wir allerdings auch von dieser Schreibweise Gebrauch machen.

(3) Ist $f\colon \mathbb{D} \to \mathbb{R}$ partiell differenzierbar nach jeder Variablen x_k für $k = 1, \ldots, n$, so hat f dann n partielle Ableitungen

$$f_{x_k} = \frac{\partial f}{\partial x_k}\colon \mathbb{D} \to \mathbb{R} \quad \text{mit } k = 1, \ldots, n.$$

Um wie bei einer Funktion f einer Variablen von *der Ableitung* sprechen zu können, ist es praktisch und auch aus formalen Gründen sinnvoll, die n partiellen Ableitungen zu einem Objekt zusammenzufassen und es als *die Ableitung* von f zu verstehen:

6.6.5 Definition *Ist die skalarwertige Funktion (das Skalarfeld) $f\colon \mathbb{D} \to \mathbb{R}$ in dem Gebiet $\mathbb{D} \subset \mathbb{R}^n$ partiell differenzierbar nach allen Variablen x_k für $1 \leq k \leq n$, so heißt f partiell differenzierbar. Die vektorwertige Funktion, deren Koordinatenfunktionen die partiellen Ableitungen von f sind, nennt man den Gradienten oder das Gradientenfeld von f (als Hinweis darauf, dass es sich um ein Vektorfeld handelt). Der Gradient von f wird bezeichnet mit*

$$\operatorname{grad} f\colon \mathbb{D} \to \mathbb{R}^n, \quad \operatorname{grad} f(x_1, \ldots, x_n) = \begin{pmatrix} f_{x_1}(x_1, \ldots, x_n) \\ \vdots \\ f_{x_n}(x_1, \ldots, x_n) \end{pmatrix}.$$

Ist f partiell differenzierbar und sind alle partiellen Ableitungen stetig, so heißt f stetig partiell differenzierbar.

6.6.6 Bemerkung (Technik des partiellen Ableitens) Die partielle Ableitung einer Funktion f von n Variablen nach einer Variablen x_k ist nach Definition 6.6.3 genauso definiert wie die Ableitung einer Funktion einer einzigen Variablen, wobei diese Variable eben nur x_k statt etwa x heißt. Bei der Bildung der partiellen Ableitung von f nach x_k kann man daher die Differentiationsregeln aus Abschnitt 6.2 für Funktionen einer Variablen benutzen. Die übrigen Variablen x_j $(j \neq k)$ muss man dabei als Symbole für konstante Größen (Zahlen) ansehen und als Konstanten behandeln.

Beispiele:

(1) $f\colon \mathbb{R}^2 \to \mathbb{R}$ mit $f(x, y) = y^2 + x^2 y + x^2 \sin(xy)$ ist partiell differenzierbar.

Bezüglich x ist in $f(x, y)$ der erste Summand eine Konstante, die beim partiellen Differenzieren nach x verschwindet, der zweite das Produkt von x^2 mit dem konstanten Faktor y und der dritte Summand ein Produkt, dessen erster Faktor die Quadratfunktion x^2 und dessen zweiter Faktor die zusammengesetzte Funktion $\sin(xy)$ ist (die innere Funktion ist das Produkt mit y, die äußere Funktion ist $\sin$). Die partielle Ableitung nach x ist:

$$f_x(x, y) = 2xy + 2x \sin(xy) + x^2 y \cos(xy).$$

Bezüglich y ist in $f(x, y)$ der erste Summand die Quadratfunktion, der zweite das Produkt von y mit dem konstanten Faktor x^2, der dritte Summand die schon genannte zusammengesetzte Funktion. Die partielle Ableitung nach y ist:

$$f_y(x, y) = 2y + x^2 + x^3 \cos(xy).$$

(2) $f: \mathbb{D} \to \mathbb{R}$ mit $f(x, y, z) = \sin\dfrac{x^2 y}{z}$ ist partiell differenzierbar in dem Gebiet $\mathbb{D} = \{\, (x, y, z) \in \mathbb{R}^3 \mid z \neq 0 \,\}$. Die partiellen Ableitungen sind:

$$\frac{\partial}{\partial x} f(x, y, z) = \frac{2xy}{z} \cdot \cos\frac{x^2 y}{z},$$

$$\frac{\partial}{\partial y} f(x, y, z) = \frac{x^2}{z} \cdot \cos\frac{x^2 y}{z},$$

$$\frac{\partial}{\partial z} f(x, y, z) = -\frac{x^2 y}{z^2} \cdot \cos\frac{x^2 y}{z}.$$

Das Gradientenfeld grad $f: \mathbb{D} \to \mathbb{R}^3$ von f ist das Vektorfeld mit diesen partiellen Ableitungen als Koordinatenfunktionen.

Aus formaler Sicht ist es nahe liegend, die Begriffe *Differenzierbarkeit* und *Ableitung* dadurch von Funktionen einer Variablen ($n = 1$) auf Funktionen von $n \geq 2$ Variablen zu übertragen, dass wir diese wie in 6.6.3 als Funktionen jeweils einer Variablen auffassen. Andererseits sollte der Definition dieser Begriffe für alle Typen von Funktionen dieselbe Idee zugrundeliegen. Wir werden uns jetzt davon überzeugen, dass beides durchaus im Einklang miteinander steht.

Dazu sei $f: \mathbb{D} \to \mathbb{R}$ auf einem Gebiet $\mathbb{D} \subset \mathbb{R}^2$ definiert und in der Umgebung eines Punktes $(a, b) \in \mathbb{D}$ stetig. Der Graph von f über einer Umgebung von (a, b) lässt sich dann geometrisch als Flächenstück veranschaulichen (Abb. 6.14).

Die Differenzierbarkeit von f in (a, b) bedeutet, dass diese Fläche über einer Umgebung von (a, b) näherungsweise mit einer Ebene E durch $(a, b, f(a, b))$ übereinstimmt (Abb. 6.14). Diese ist charakterisiert durch eine lineare Gleichung in x, y, z. Da der Punkt $(a, b, f(a, b))$ der Gleichung genügen muss, können wir sie angeben in der Form

$$z = f(a, b) + \alpha(x - a) + \beta(y - b).$$

Dabei werden die Koeffizienten α und β durch die Forderung der „näherungsweisen Gleichheit" festgelegt sein.

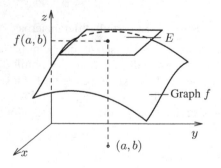

Abb. 6.14 Die Differenzierbarkeit von f in (a, b) bedeutet, dass die zu f gehörende Fläche über einer Umgebung von (a, b) näherungsweise durch ein Ebenenstück ersetzt werden kann, das die Fläche im Punkt $(a, b, f(a, b))$ tangential berührt.

Der Einfachheit halber setzen wir $x - a = h$ und $y - b = k$ und beschreiben die Umgebung von (a, b) als die Menge aller Punkte $(a + h, b + k)$, die zu kleinen Werten von h und k gehören. Die Ebene ist dann der Graph der linearen Funktion

$$l \colon \mathbb{R}^2 \to \mathbb{R}, \quad l(h, k) = f(a, b) + \alpha h + \beta k \,.$$

Wir nennen nun f differenzierbar in (a, b), wenn es wohl bestimmte Zahlen α, β und für kleine Werte von h und k definierte Funktionen $\varepsilon_1(h, k)$ und $\varepsilon_2(h, k)$ gibt, so dass gilt:

$$f(a + h, b + k) = f(a, b) + \alpha h + \beta k + h\varepsilon_1(h, k) + k\varepsilon_2(h, k) \quad \text{mit}$$

$$\varepsilon_1(h, k) \to 0 \quad \text{und} \quad \varepsilon_2(h, k) \to 0 \quad \text{für} \quad (h, k) \to (0, 0) \,.$$

Dabei definiert der lineare Ausdruck $f(a, b) + \alpha h + \beta k$ die lineare Funktion l. Die Differenz von f und l ist in der Umgebung von (a, b) (also für kleine Werte von h und k) eine Summe $h\varepsilon_1(h, k) + k\varepsilon_2(h, k)$ von Produkten, deren jeweils beide Faktoren für $(h, k) \to (0, 0)$ gegen 0 streben.

Wie bei Funktionen einer Variablen der eine Koeffizient der linearen Funktion so lassen sich jetzt die beiden Koeffizienten α und β der linearen Funktion aufgrund der Differenzierbarkeitsbedingung als Grenzwerte berechnen:

Da die Differenzierbarkeitsbedingung für alle kleinen Werte von h und k gilt, folgt insbesondere für $k = 0$

$$f(a + h, b) = f(a, b) + \alpha h + h\varepsilon_1(h, 0) \quad \text{und} \quad \lim_{h \to 0} \varepsilon_1(h, 0) = 0$$

$$\implies \quad \alpha = \lim_{h \to 0} \frac{f(a + h, b) - f(a, b)}{h} - \lim_{h \to 0} \varepsilon_1(h, 0) = f_x(a, b) - 0 = f_x(a, b) \,.$$

Entsprechend ergibt sich mit $h = 0$: $\beta = f_y(a, b)$.

Aus der Differenzierbarkeit von f in (a, b) folgt also, dass die Koeffizienten α, β der linearen Funktion genau die partiellen Ableitungen von f in (a, b) sind, was zugleich bedeutet, dass f in (a, b) partiell differenzierbar ist. Wir fassen nun $f_x(a, b)$ und $f_y(a, b)$ zum Gradienten

$$\operatorname{grad} f(a, b) = \begin{pmatrix} f_x(a, b) \\ f_y(a, b) \end{pmatrix}$$

als der *Ableitung* von f in (a, b) zusammen und führen die vektorielle Schreibweise ein:

$$\mathbf{a} = \begin{pmatrix} a \\ b \end{pmatrix}, \quad \mathbf{h} = \begin{pmatrix} h \\ k \end{pmatrix}, \quad \mathbf{a} + \mathbf{h} = \begin{pmatrix} a + h \\ b + k \end{pmatrix}, \quad \mathbf{e}(\mathbf{h}) = \mathbf{e}(h, k) = \begin{pmatrix} \varepsilon_1(h, k) \\ \varepsilon_2(h, k) \end{pmatrix} \,.$$

In der vektoriellen Schreibweise können wir wie folgt die Summen $\alpha h + \beta k$ und $h\varepsilon_1(h, k) + k\varepsilon_2(h, k)$ als Skalarprodukte darstellen:

$$\alpha h + \beta k = f_x(a, b)h + f_y(a, b)k = \operatorname{grad} f(\mathbf{a}) \cdot \mathbf{h} \,,$$

$$h\varepsilon_1(h, k) + k\varepsilon_2(h, k) = \mathbf{h} \cdot \mathbf{e}(\mathbf{h}) \,.$$

Damit hat dann die Differenzierbarkeitsbedingung formal dasselbe Aussehen wie die einer Funktion einer Variablen (in 6.1.2):

$$f(\mathbf{a} + \mathbf{h}) = f(\mathbf{a}) + \operatorname{grad} f(\mathbf{a}) \cdot \mathbf{h} + \mathbf{e}(\mathbf{h}) \cdot \mathbf{h} \quad \text{und} \quad \mathbf{e}(\mathbf{h}) \to \mathbf{0} \text{ für } \mathbf{h} \to \mathbf{0} \,.$$

Bei dieser Schreibweise können wir f jetzt ebensogut auffassen als Funktion von $n \geq 2$ (statt von $n = 2$) Variablen, dementsprechend $\mathbf{h}$ und $\mathbf{e}(\mathbf{h})$ als n-dimensionale Vektoren ansehen und die Differenzierbarkeit dann wie folgt definieren:

6.6.7 Definition *Für $n \geq 2$ sei $f \colon \mathbb{D} \to \mathbb{R}$ eine skalarwertige Funktion (Skalarfeld) von n Variablen auf einem Gebiet $\mathbb{D} \subset \mathbb{R}^n$ und $\mathbf{a} \in \mathbb{D}$. Dann heißt f differenzierbar in $\mathbf{a}$, wenn f in $\mathbf{a}$ partiell differenzierbar ist (grad $f(\mathbf{a})$ existiert) und es eine für alle $\mathbf{h} \in \mathbb{R}^n$ (deren Norm $\|\mathbf{h}\|$ klein ist) definierte vektorwertige Funktion $\mathbf{e}(\mathbf{h})$ gibt, so dass gilt:*

$$f(\mathbf{a} + \mathbf{h}) = f(\mathbf{a}) + \operatorname{grad} f(\mathbf{a}) \cdot \mathbf{h} + \mathbf{e}(\mathbf{h}) \cdot \mathbf{h} \quad und \quad \mathbf{e}(\mathbf{h}) \to \mathbf{0} \ für \ \mathbf{h} \to \mathbf{0} \,.$$

Ist f in jedem Punkt von $\mathbb{D}$ differenzierbar, so heißt f differenzierbar in $\mathbb{D}$.

Die in 6.1.2 und 6.6.7 angegebenen Charakterisierungen der Differenzierbarkeit für Funktionen von einer und von $n \geq 2$ Variablen stimmen formal überein: Ersetzen wir die in 6.1.2 auftretenden Größen durch die entsprechenden vektoriellen Größen, so erhalten wir genau die Differenzierbarkeitsbedingung in 6.6.7.

Nach Satz 6.1.2 ist die Differenzierbarkeit einer Funktion f in a äquivalent zur Existenz der Ableitung $f'(a) = \lim\limits_{h \to 0} \dfrac{1}{h} \left(f(a + h) - f(a) \right)$. Dagegen folgt für Funktionen f von $n \geq 2$ Variablen aus der Differenzierbarkeit zwar auch die Existenz der Ableitung grad f (die partielle Differenzierbarkeit), wie wir für $n = 2$ gezeigt haben, aber umgekehrt ist außer der Existenz von grad f auch die Stetigkeit von grad f nötig, um zeigen zu können, dass f differenzierbar ist. Dass unter dieser zusätzlichen Voraussetzung die *partielle Differenzierbarkeit* und die *Differenzierbarkeit* äquivalent sind, sagt der folgende Satz aus, der damit auch die anfangs gestellte Frage beantwortet:

6.6.8 Satz *Für $n \geq 2$ und ein Skalarfeld $f \colon \mathbb{D} \to \mathbb{R}$ auf einem Gebiet $\mathbb{D} \subset \mathbb{R}^n$ gilt: Es ist f genau dann stetig partiell differenzierbar ($\Longleftrightarrow$ grad f existiert und ist stetig), wenn f differenzierbar und die Ableitung grad f stetig ist, kurz, wenn f stetig differenzierbar ist. Daher sind „stetig partiell differenzierbar" und „stetig differenzierbar" äquivalent.*

6.6.9 Definition *Es sei $\mathbb{D} \subset \mathbb{R}^n$ ein Gebiet und $f \colon \mathbb{D} \to \mathbb{R}$ differenzierbar im Punkt $\mathbf{a} \in \mathbb{D}$. Dann heißt die Abbildung $df(\mathbf{a}) \colon \mathbb{R}^n \to \mathbb{R}$ definiert durch*

$$df(\mathbf{a})(\mathbf{x}) = \operatorname{grad} f(\mathbf{a}) \cdot \mathbf{x} = \sum_{k=1}^{n} \frac{\partial f}{\partial x_k}(\mathbf{a}) x_k$$

das vollständige Differential (oder totale Differential) von f in $\mathbf{a}$.

Die Differenzierbarkeitsbedingung in Definition 6.6.7 schreibt sich dann in der Form

$$f(\mathbf{a} + \mathbf{h}) = f(\mathbf{a}) + df(\mathbf{a})(\mathbf{h}) + \mathbf{e}(\mathbf{h}) \cdot \mathbf{h} \quad und \quad \mathbf{e}(\mathbf{h}) \to \mathbf{0} \ für \ \mathbf{h} \to \mathbf{0} \,.$$

In den Natur- und Ingenieurwissenschaften schreibt man vollständige Differentiale auch kurz in der Form

$$df(\mathbf{a}) = \operatorname{grad} f(\mathbf{a}) \cdot d\mathbf{x} = \sum_{k=1}^{n} \frac{\partial f}{\partial x_k}(\mathbf{a}) dx_k \,.$$

Für spätere Zwecke fassen wir den Begriff des Differentials noch etwas allgemeiner.

6.6.10 Definition *Seien* $\mathbb{D} \subset \mathbb{R}^n$ *ein Gebiet und* $f_1, \ldots, f_n\colon \mathbb{D} \to \mathbb{R}$ *reellwertige Funktionen von* n *Variablen. Dann heißt der Ausdruck*

$$\sum_{k=1}^{n} f_k(\mathbf{x})dx_k$$

eine Differentialform. Eine Differentialform heißt exakt, wenn sie das vollständige Differential einer differenzierbaren Funktion $F\colon \mathbb{D} \to \mathbb{R}$ *ist, d.h. wenn für alle* $\mathbf{x} \in \mathbb{D}$ *gilt*

$$\operatorname{grad} F(\mathbf{x}) = \begin{pmatrix} f_1(\mathbf{x}) \\ \vdots \\ f_n(\mathbf{x}) \end{pmatrix}.$$

Die Funktion F *heißt dann eine Stammfunktion der Differentialform.*

Wie die Ableitung $f'(a)$ einer Funktion einer Variablen, so lässt sich auch die Ableitung $\operatorname{grad} f(a, b)$ einer Funktion von zwei Variablen geometrisch deuten:

Ist f im Punkt (a, b) mit dem Ortsvektor $\mathbf{a}$ differenzierbar, so sind nach 6.6.7 die Funktion f und die lineare Funktion $l\colon \mathbb{R}^2 \to \mathbb{R}$, definiert durch

$$l(\mathbf{x}) = f(\mathbf{a}) + \operatorname{grad} f(\mathbf{a}) \cdot (\mathbf{x} - \mathbf{a}) = f(\mathbf{a}) + f_x(\mathbf{a})(x - a) + f_y(\mathbf{a})(y - b),$$

in der Umgebung von (a, b) näherungsweise gleich. Also stimmen dort auch die Ebene mit der Gleichung $z = f(a, b) + f_x(a, b)(x - a) + f_y(a, b)(y - b)$ und die Fläche mit der Gleichung $z = f(x, y)$ als Graphen von l und f näherungsweise überein (Abb. 6.14). Wir stellen die Ebenengleichung in der Normalenform dar:

$$f_x(\mathbf{a})(x - a) + f_y(\mathbf{a})(y - b) - (z - f(\mathbf{a})) = 0$$

$$\Longleftrightarrow \left(\begin{pmatrix} x \\ y \\ z \end{pmatrix} - \begin{pmatrix} a \\ b \\ f(\mathbf{a}) \end{pmatrix} \right) \cdot \begin{pmatrix} f_x(\mathbf{a}) \\ f_y(\mathbf{a}) \\ -1 \end{pmatrix} = 0.$$

Die dritte Koordinate des Normalenvektors hat den von f und (a, b) unabhängigen Wert -1. Daher ist der Normalenvektor vollständig bestimmt durch die Ableitung

$$\operatorname{grad} f(\mathbf{a}) = \begin{pmatrix} f_x(\mathbf{a}) \\ f_y(\mathbf{a}) \end{pmatrix} \quad \text{von } f \text{ in } \mathbf{a}.$$

Für eine Funktion $f\colon \mathbb{I} \to \mathbb{R}$ gibt $f'(a)$ die Richtung der Tangente an die Kurve von f in $(a, f(a))$ an. Ebenso kennzeichnet $\operatorname{grad} f(\mathbf{a})$ als Normalenvektor die Lage der Ebene durch $(a, b, f(a, b))$, die in der Umgebung des Punktes näherungsweise mit der Fläche von f übereinstimmt und sie *tangential* berührt. Die Ebene spielt also für eine Funktion von zwei Variablen die gleiche Rolle wie die Tangente für eine Funktion einer Variablen.

6.6.11 Definition *Ist* $f\colon \mathbb{D} \to \mathbb{R}$ *differenzierbar im Punkt* (a, b) *des Gebietes* $\mathbb{D} \subset \mathbb{R}^2$, *so heißt die Ebene mit der Gleichung*

$$\left(\begin{pmatrix} x \\ y \\ z \end{pmatrix} - \begin{pmatrix} a \\ b \\ f(a, b) \end{pmatrix} \right) \cdot \begin{pmatrix} f_x(a, b) \\ f_y(a, b) \\ -1 \end{pmatrix} = 0$$

die Tangentialebene an die Fläche Graph f *im Punkt* $(a, b, f(a, b))$.

Beispiele:

(1) Die Funktion $f \colon \mathbb{R}^2 \to \mathbb{R}$ mit $f(x,y) = x^2 y$ hat die stetigen partiellen Ableitungen $f_x(x,y) = 2xy$ und $f_y(x,y) = x^2$. Der Graph von f ist also eine Fläche, die in jedem Punkt eine Tangentialebene besitzt. Sei etwa $(x,y) = (-1,1)$. Der zugehörige Flächenpunkt ist dann $(-1, 1, f(-1,1)) = (-1,1,1)$, und die Werte der partiellen Ableitungen von f in $(-1,1)$ sind: $f_x(-1,1) = -2$ und $f_y(-1,1) = 1$. Der Normalenvektor der Tangentialebene hat daher die Koordinaten -2, 1 und die dritte Koordinate -1. Damit hat die Tangentialebene an die Fläche im Punkt $(-1,1,1)$ die Gleichung:

$$\left(\begin{pmatrix} x \\ y \\ z \end{pmatrix} - \begin{pmatrix} -1 \\ 1 \\ 1 \end{pmatrix} \right) \cdot \begin{pmatrix} -2 \\ 1 \\ -1 \end{pmatrix} = 0$$

$$\iff -2(x+1) + (y-1) - (z-1) = 0 \iff -2x + y - z = 2.$$

(2) Die Fläche $z = f(x,y)$ mit $f(x,y) = 2x^2 + 3y^2 + 2$ hat in dem Flächenpunkt $(0, 0, f(0,0)) = (0,0,2)$ eine zur (x,y)-Ebene parallele Tangentialebene. Denn es ist $f_x(x,y) = 4x$ und $f_y(x,y) = 6y$ und daher $f_x(0,0) = 0$ und $f_y(0,0) = 0$. Die Gleichung der Tangentialebene ist dann:

$$\left(\begin{pmatrix} x \\ y \\ z \end{pmatrix} - \begin{pmatrix} 0 \\ 0 \\ 2 \end{pmatrix} \right) \cdot \begin{pmatrix} 0 \\ 0 \\ -1 \end{pmatrix} = 0 \iff -1(z-2) = 0 \iff z = 2.$$

6.6.12 Definition *Sei $\mathbb{D} \subset \mathbb{R}^n$ ein Gebiet und $f \colon \mathbb{D} \to \mathbb{R}$ eine reellwertige Funktion der n Variablen $x_1, \dots, x_n$. Weiter sei $(k_1, \dots, k_r)$ ein geordnetes r-Tupel von Zahlen aus $\{1, \dots, n\}$, in dem Zahlen auch wiederholt auftreten dürfen. Bildet man nacheinander die partielle Ableitung von f nach x_{k_1}, deren partielle Ableitung nach $x_{k_2}, \dots$, deren partielle Ableitung nach x_{k_r}, so erhält man eine partielle Ableitung von f der Ordnung r. Die durch das r-Tupel $(k_1, \dots, k_r)$ gekennzeichnete partielle Ableitung von f der Ordnung r wird bezeichnet mit*

$$f_{x_{k_1} \dots x_{k_r}} = \frac{\partial^r f}{\partial x_{k_r} \dots \partial x_{k_1}} \colon \mathbb{D} \to \mathbb{R}.$$

Beachten Sie: In dem Symbol für die Ableitung ist durch die Reihenfolge $\partial x_{k_r} \dots \partial x_{k_1}$ festgelegt, dass zuerst nach x_{k_1} und zuletzt nach x_{k_r} abgeleitet wird.
Existiert für jedes geordnete r-Tupel $(k_1, \dots, k_r)$ von Zahlen aus $\{1, \dots, n\}$ die zugehörige partielle Ableitung der Ordnung r, so heißt f eine r-mal partiell differenzierbare Funktion. Sind alle partiellen Ableitungen der Ordnung r stetig, so heißt die Funktion r-mal stetig (partiell) differenzierbar.

Beispiel: Die Funktion $f\colon \mathbb{D} \to \mathbb{R}$ mit $f(x) = \sin \dfrac{x^2 y}{z}$ hat nach Beispiel (2) auf Seite 174 die drei partiellen Ableitungen erster Ordnung:

$$f_x(x,y,z) = \frac{2xy}{z} \cos \frac{x^2 y}{z} \,,$$

$$f_y(x,y,z) = \frac{x^2}{z} \cos \frac{x^2 y}{z} \,,$$

$$f_z(x,y,z) = \frac{-x^2 y}{z^2} \cos \frac{x^2 y}{z} \,.$$

Jede von ihnen ist wieder eine Funktion der Variablen x, y, z, hat also wieder drei partielle Ableitungen. Daher gibt es $3^2 = 9$ partielle Ableitungen der Ordnung 2 von f:

$$f_{xx}\,,\quad f_{xy}\,,\quad f_{xz}\,,\quad f_{yx}\,,\quad f_{yy}\,,\quad f_{yz}\,,\quad f_{zx}\,,\quad f_{zy}\,,\quad f_{zz}\,.$$

Wir berechnen diese partiellen Ableitungen:

$$f_{xx}(x,y,z) = \frac{2y}{z} \cos \frac{x^2 y}{z} - \left(\frac{2xy}{z}\right)^2 \sin \frac{x^2 y}{z}\,,$$

$$f_{xy}(x,y,z) = \frac{2x}{z} \cos \frac{x^2 y}{z} - \frac{2xy}{z} \cdot \frac{x^2}{z} \sin \frac{x^2 y}{z} = f_{yx}(x,y,z)\,,$$

$$f_{xz}(x,y,z) = \frac{-2xy}{z^2} \cos \frac{x^2 y}{z} + \frac{2xy}{z}\left(\frac{-x^2 y}{z^2}\right)\left(-\sin \frac{x^2 y}{z}\right) = f_{zx}(x,y,z)\,,$$

$$f_{yz}(x,y,z) = \frac{-x^2}{z^2} \cos \frac{x^2 y}{z} + \frac{x^2}{z}\left(\frac{-x^2 y}{z^2}\right)\left(-\sin \frac{x^2 y}{z}\right) = f_{zy}(x,y,z)\,,$$

$$f_{yy}(x,y,z) = -\left(\frac{x^2}{z}\right)^2 \sin \frac{x^2 y}{z}\,,$$

$$f_{zz}(x,y,z) = \frac{2x^2 y}{z^3} \cos \frac{x^2 y}{z} - \left(\frac{x^2 y}{z^2}\right)^2 \sin \frac{x^2 y}{z}\,.$$

Jede dieser Ableitungen hat wieder drei partielle Ableitungen. Insgesamt hat f daher $3^3 = 27$ partielle Ableitungen der Ordnung 3.

6.6.13 Bemerkung Ist $f\colon \mathbb{D} \to \mathbb{R}$ eine r-mal partiell differenzierbare Funktion von n Variablen, so ist jede partielle Ableitung jeder Ordnung $< r$ wieder eine Funktion von n Variablen und hat dementsprechend n partielle Ableitungen. Daher besitzt f insgesamt n^r partielle Ableitungen der Ordnung r.

In dem Beispiel oben sind jeweils diejenigen beiden partiellen Ableitungen der Ordnung 2 gleich, die durch Ableiten nach denselben Variablen in verschiedener Reihenfolge gewonnen wurden. Das ist kein Zufall. Der folgende Satz von Schwarz gibt an, unter welcher Voraussetzung an f dies allgemein gilt.

6.6.14 Satz (von Schwarz) *Sei $r \geq 2$ und $f \colon \mathbb{D} \to \mathbb{R}$ eine r-mal stetig differenzierbare Funktion der n Variablen $x_1, \ldots, x_n$ auf dem Gebiet $\mathbb{D} \subset \mathbb{R}^n$. Dann stimmen alle partiellen Ableitungen von f der Ordnung r überein, die durch Ableiten nach denselben Variablen in verschiedener Reihenfolge gebildet werden.*

Ist zum Beispiel f eine 3-mal stetig differenzierbare Funktion der drei Variablen x, y, z, so gilt nach 6.6.14:

$$f_{xyz} = f_{xzy} = f_{yxz} = f_{yzx} = f_{zxy} = f_{zyx}\,, \quad f_{xyy} = f_{yxy} = f_{yyx} \quad \text{usw.}$$

Man braucht nur 10 der 27 partiellen Ableitungen der Ordnung 3 wirklich zu berechnen, um alle zu kennen.

Geht das geordnete r-Tupel $(j_1, \ldots, j_r)$ aus $(k_1, \ldots, k_r)$ durch Umordnung der Zahlen $k_1, \ldots, k_r$ hervor und sind die partiellen Ableitungen

$$\frac{\partial^r f}{\partial x_{k_r} \ldots \partial x_{k_1}}, \quad \frac{\partial^r f}{\partial x_{j_r} \ldots \partial x_{j_1}} \colon \mathbb{D} \to \mathbb{R}$$

stetig, so sind sie nach dem Satz von Schwarz gleich.

Der Satz von Schwarz erlaubt es also, in beliebig gewählter Reihenfolge nach r Variablen partiell zu differenzieren, vorausgesetzt, dass die zu jeder möglichen Reihenfolge dieser Variablen gebildeten partiellen Ableitungen alle stetig sind. Müssten wir diese Ableitungen erst bilden, um ihre Stetigkeit zu überprüfen, so könnten wir schon durch ihren Vergleich feststellen, ob sie übereinstimmen und könnten auf die Anwendung des Satzes von Schwarz verzichten. Bei vielen Funktionen erkennt man aber schon an der Art, wie und mit welchen Grundfunktionen sie gebildet sind, dass ihre partiellen Ableitungen existieren und stetig sind. In solchen Fällen erlaubt es der Satz von Schwarz, in beliebiger Reihenfolge nach den gewünschten Variablen abzuleiten.

Beispiel: In der Funktion

$$f \colon \mathbb{R}^2 \to \mathbb{R}\,, \quad f(x, y) = x^2 \sin(xy)$$

treten nur Produkte und Potenzen der Variablen und die Sinusfunktion auf. Beim partiellen Ableiten benutzt man daher nur die Produkt- und die Kettenregel. Dabei entstehen Summen von Produkten, deren Faktoren Potenzen der Variablen und die Sinus- oder Cosinusfunktion sein können. Ohne diese partiellen Ableitungen erst bilden zu müssen, erkennen wir aufgrund dieser Überlegung, dass sie stetig und partiell differenzierbar sind. Entsprechendes gilt für die partiellen Ableitungen höherer Ordnung.

Um alle partiellen Ableitungen der Ordnung 3 zu bestimmen, genügt es nach dem Satz von Schwarz daher, 4 der 8 möglichen partiellen Ableitungen wirklich zu berechnen, nämlich

$$f_{xxx}\,, \quad f_{yyy}\,, \quad f_{xxy}\,[= f_{xyx} = f_{yxx}] \quad \text{und} \quad f_{xyy}\,[= f_{yxy} = f_{yyx}]\,.$$

Besondere Bedeutung hat der Satz von Schwarz im Zusammenhang mit der Frage, ob ein gegebenes Vektorfeld ein Gradientenfeld ist.

6.6.15 Definition *Ein Vektorfeld* $\mathbf{f}: \mathbb{D} \to \mathbb{R}^n$ *auf einem Gebiet* $\mathbb{D} \subset \mathbb{R}^n$ *heißt konservativ, wenn es ein Gradientenfeld ist, wenn also eine partiell differenzierbare reellwertige Funktion* $F: \mathbb{D} \to \mathbb{R}$ *existiert, so dass* $\operatorname{grad} F = \mathbf{f}$ *ist. Eine solche Funktion* F *heißt eine Potentialfunktion oder ein Potential des Vektorfeldes* $\mathbf{f}$.

In physikalischen Fragestellungen spielen konservative Vektorfelder eine wichtige Rolle (zum Beispiel ist in einem konservativen Kraftfeld die Summe der potentiellen und der kinetischen Energie eines Massenpunktes immer konstant). Wegen der Bedeutung der konservativen Vektorfelder ist es wünschenswert, ein Kriterium zur Verfügung zu haben, mit dessen Hilfe sich leicht feststellen lässt, ob ein Vektorfeld konservativ ist. Ein solches Kriterium liefert der Satz von Schwarz, wie die folgende Überlegung zeigt:

Das Vektorfeld $\mathbf{f}: \mathbb{D} \to \mathbb{R}^n$ sei das Gradientenfeld der Funktion $F: \mathbb{D} \to \mathbb{R}$, also:

$$\mathbf{f} = \begin{pmatrix} f_1 \\ \vdots \\ f_n \end{pmatrix} = \begin{pmatrix} F_{x_1} \\ \vdots \\ F_{x_n} \end{pmatrix} = \operatorname{grad} F.$$

Setzen wir voraus, dass die Koordinatenfunktionen $f_1, \ldots, f_n$ von $\mathbf{f}$ stetig partiell differenzierbar sind, so gilt dasselbe für die partiellen Ableitungen von F und nach dem Satz von Schwarz folgt:

$$\frac{\partial f_k}{\partial x_j} = \frac{\partial^2 F}{\partial x_j \partial x_k} = \frac{\partial^2 F}{\partial x_k \partial x_j} = \frac{\partial f_j}{\partial x_k} \quad \text{für alle} \quad k, j \in \{1, \ldots, n\}.$$

Für die Koordinatenfunktionen eines stetig partiell differenzierbaren Gradientenfeldes $\mathbf{f}$ müssen somit die folgenden Bedingungen gelten:

$$\frac{\partial f_k}{\partial x_j} = \frac{\partial f_j}{\partial x_k} \quad \text{für alle} \quad k, j \in \{1, \ldots, n\}.$$

Wir sagen dann auch: *Die Bedingungen sind notwendig dafür, dass das Vektorfeld* $\mathbf{f}$ *konservativ ist.*

6.6.16 Folgerung *Sei* $\mathbb{D} \subset \mathbb{R}^n$ *ein Gebiet und* $\mathbf{f}: \mathbb{D} \to \mathbb{R}^n$ *ein Vektorfeld mit stetig partiell differenzierbaren Koordinatenfunktionen* $f_1, \ldots, f_n: \mathbb{D} \to \mathbb{R}$. *Dafür, dass* $\mathbf{f}$ *ein Gradientenfeld ist, sind folgende Bedingungen notwendig:*

$$\frac{\partial f_k}{\partial x_j} = \frac{\partial f_j}{\partial x_k} \quad \text{für alle} \quad k, j \in \{1, \ldots, n\}.$$

Stellt man fest, dass die Koordinatenfunktionen eines Vektorfeldes nicht die Bedingungen in 6.6.16 erfüllen, so weiß man also, dass das Vektorfeld nicht konservativ (kein Gradientenfeld) ist.

Beispiele:

(1) Für das stetig partiell differenzierbare Vektorfeld

$$\mathbf{f}: \mathbb{R}^2 \to \mathbb{R}^2 \quad \text{mit} \quad \mathbf{f}(x,y) = \begin{pmatrix} 2xy + 3(x-y)^2 \\ x^2 + 1 + 3(x-y)^2 \end{pmatrix}$$

der zwei Variablen x und y besteht die notwendige Bedingung in 6.6.16 nur aus der einzigen Gleichung

$$\frac{\partial f_1}{\partial y} = \frac{\partial f_2}{\partial x}.$$

Sie ist nicht erfüllt, und $\mathbf{f}$ ist daher nicht konservativ, denn:

$$\frac{\partial}{\partial y} f_1(x, y) = \frac{\partial}{\partial y} \left(2xy + 3(x - y)^2\right) = 2x - 6(x - y), \quad \text{aber}$$

$$\frac{\partial}{\partial x} f_2(x, y) = \frac{\partial}{\partial x} \left(x^2 + 1 + 3(x - y)^2\right) = 2x + 6(x - y).$$

(2) Für das stetig partiell differenzierbare Vektorfeld

$$\mathbf{f} \colon \mathbb{R}^3 \to \mathbb{R}^3 \quad \text{mit} \quad \mathbf{f}(x, y, z) = \begin{pmatrix} 2xyz - y^2 z - 1 \\ x^2 z - 2xyz + z^2 \\ x^2 y - xy^2 + 4yz \end{pmatrix}$$

der drei Variablen x, y, z sind jetzt drei Bedingungen (6.6.16) zu überprüfen:

$$\frac{\partial f_1}{\partial y} = \frac{\partial f_2}{\partial x}, \quad \frac{\partial f_1}{\partial z} = \frac{\partial f_3}{\partial x}, \quad \frac{\partial f_2}{\partial z} = \frac{\partial f_3}{\partial y}.$$

$$\frac{\partial}{\partial y} f_1(x, y, z) = 2xz - 2yz = \frac{\partial}{\partial x} f_2(x, y, z) \quad \text{und}$$

$$\frac{\partial}{\partial z} f_1(x, y, z) = 2xy - y^2 = \frac{\partial}{\partial x} f_3(x, y, z), \quad \text{aber}$$

$$\frac{\partial}{\partial z} f_2(x, y, z) = x^2 - 2xy + 2z \neq x^2 - 2xy + 4z = \frac{\partial}{\partial y} f_3(x, y, z).$$

Da eine Bedingung (hier die dritte) nicht gilt, ist $\mathbf{f}$ nicht konservativ (obwohl die anderen beiden Bedingungen erfüllt sind).

Unter einer geeigneten Voraussetzung für das Definitionsgebiet $\mathbb{D}$ sind die Bedingungen in 6.6.16 sogar auch hinreichend dafür, dass das Vektorfeld konservativ ist.

6.6.17 Definition *Ein Gebiet $\mathbb{D} \subset \mathbb{R}^n$ heißt einfach zusammenhängend, wenn sich jede geschlossene Kurve $\Gamma \subset \mathbb{D}$ innerhalb von $\mathbb{D}$ auf einen Punkt zusammenziehen lässt.*

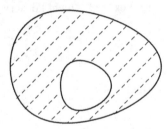

Abb. 6.15 Das hier skizzierte ebene Gebiet hat im Inneren ein Loch (das Gebiet ist schraffiert gezeichnet). Eine geschlossene Kurve, die das Loch umläuft, kann innerhalb des Gebietes nicht auf einen Punkt zusammengezogen werden. Daher ist das Gebiet nicht einfach zusammenhängend.

6.6.18 Satz *Ist $n \geq 2$ und $\mathbf{f} \colon \mathbb{D} \to \mathbb{R}^n$ ein Vektorfeld auf einem einfach zusammenhängenden Gebiet $\mathbb{D} \subset \mathbb{R}^n$, so gilt: $\mathbf{f}$ ist genau dann konservativ, wenn die n Koordinatenfunktionen $f_k \colon \mathbb{D} \to \mathbb{R}$ $(1 \leq k \leq n)$ von $\mathbf{f}$ stetig differenzierbar sind und den folgenden „Integrabilitätsbedingungen" genügen:*

$$\frac{\partial f_k}{\partial x_j} - \frac{\partial f_j}{\partial x_k} \quad \text{für alle} \quad k, j \in \{1, \ldots, n\}.$$

Beispiel: Sei $\mathbf{f} \colon \mathbb{R}^3 \to \mathbb{R}^3$ das Vektorfeld, dessen Koordinatenfunktionen $f_k \colon \mathbb{R}^3 \to \mathbb{R}$ gegeben sind durch

$$f_1(x, y, z) = \sin(yz^2)\,, \quad f_2(x, y, z) = xz^2 \cos{(yz^2)}\,, \quad f_3(x, y, z) = 2xyz \cos{(yz^2)}\,.$$

$\mathbf{f}$ ist ein Gradientenfeld (konservatives Vektorfeld), weil der Definitionsbereich $\mathbb{R}^3$ einfach zusammenhängend ist und die Integrabilitätsbedingungen (6.6.18) erfüllt sind:

$$\frac{\partial}{\partial y} f_1(x, y, z) = z^2 \cos{(yz^2)} = \frac{\partial}{\partial x} f_2(x, y, z)\,,$$

$$\frac{\partial}{\partial z} f_1(x, y, z) = 2yz \cos{(yz^2)} = \frac{\partial}{\partial x} f_3(x, y, z)\,,$$

$$\frac{\partial}{\partial z} f_2(x, y, z) = 2xz \cos{(yz^2)} - 2xyz^3 \sin{(yz^2)} = \frac{\partial}{\partial y} f_3(x, y, z).$$

★ **Aufgaben**

(1) Bestimmen Sie die partiellen Ableitungen erster Ordnung der Funktion f:

(a) $f(x, y, z) = \sqrt[3]{x + y \sqrt[5]{xz^7}}\,,$ (b) $f(x, y, z) = \sqrt{x + \sqrt{xy + \sqrt{xyz}}}\,,$

(c) $f(x, y) = \dfrac{x^2 + y^2}{x - y}\,,$ (d) $f(x, y, z) = \arctan \sqrt{xy \sqrt{yz}}\,.$

(2) Bestimmen Sie alle partiellen Ableitungen der Ordnung 2 von f:

(a) $f(x, y) = x \arctan y^2 + \arcsin x\,,$ (b) $f(x, y, z) = xy^2 - x^2 z + \sin{(yz)}\,.$

(3) Um das Gradientenfeld übersichtlich anzugeben, kann man bei einer zusammengesetzten Funktion die Ableitung der äußeren Funktion, die ja ein gemeinsamer Faktor aller partiellen Ableitungen ist, vor die Koordinatendarstellung ziehen. Nutzen Sie das und bestimmen Sie $\operatorname{grad} f$, wenn f gegeben ist durch:

(a) $f(x, y, z) = \sqrt{x^2 y^2 - z^2}\,,$ (b) $f(x, y) = \arctan\left(x \sqrt{1 + y^2}\right)\,,$

(c) $f(x, y) = \arcsin \sqrt{1 - (xy)^2}\,,$ (d) $f(x, y, z) = xy - \sqrt{y^2 + (xz)^2}\,.$

(4) Die Kreise um den Nullpunkt O mit dem Radius $a > 0$ sind die zu allen positiven Zahlen $C = a^2$ gehörenden Isothermen des durch $F(x, y) = x^2 + y^2$ definierten Temperaturfeldes $F \colon \mathbb{R}^2 \to \mathbb{R}$. Überzeugen Sie sich davon, dass $\operatorname{grad} F$ in jedem Punkt (x, y) senkrecht zur Tangente an den durch (x, y) gehenden Kreis ist.

(5) Geben Sie das vollständige Differential der Funktion an:

(a) $f(x) = \sqrt{1 + 2x^3}$;   (b) $f(x, y) = \dfrac{xy}{y - 2x}$;   (c) $f(x, y, z) = \sqrt{xyz}$.

(6) Prüfen Sie, ob folgende Differentialform exakt ist:

(a) $(2x - \sin y)dx - x \cos y \, dy$,   (b) $\dfrac{z}{\sqrt{x - y}}dx - \dfrac{z}{\sqrt{x - y}}dy + 2\sqrt{x - y}\, dz$.

(7) Der Graph der Funktion $f\colon \mathbb{D} \to \mathbb{R}$ mit $f(x, y) = \sqrt{2x - y^2}$ ist über einer Umgebung $\mathbb{D} \subset \mathbb{R}^2$ des Punktes $(2, \sqrt{3})$ eine Fläche im $\mathbb{R}^3$. Geben Sie die Gleichung der Tangentialebene im Punkt $(2, \sqrt{3}, f(2, \sqrt{3}))$ an.

(8) Untersuchen Sie, ob $\mathbf{f}\colon \mathbb{R}^n \to \mathbb{R}^n$ ein konservatives Vektorfeld ist:

(a) $\mathbf{f}(x, y) = \begin{pmatrix} 2x \sin(xy^2) + x^2 y^2 \cos(xy^2) \\ 3y^2 + 2x^3 y \cos(xy^2) \end{pmatrix}$,

(b) $\mathbf{f}(x, y, z) = \begin{pmatrix} 3x^2 yz^2 \cos(x^3 y) \\ z + x^3 z^2 \cos(x^3 y) \\ 1 + 2z \sin(x^3 y) \end{pmatrix}$,

(c) $\mathbf{f}(x, y, z) = \begin{pmatrix} 2xyz \sin(y + z) \\ x^2 z \left(\sin(y + z) + y \cos(y + z)\right) \\ x^2 y \left(\sin(y + z) + z \cos(y + z)\right) \end{pmatrix}$.

(9) Stellen Sie fest, für welche Zahlen $r \in \mathbb{Q}$ das Vektorfeld $\mathbf{f}$ konservativ ist:

$$\mathbf{f}(x, y) = \begin{pmatrix} 2yx^{-2}(x^2 + y)^r \\ -x^{-1}(x^2 + y)^r \end{pmatrix}.$$

6.7   Die Funktionalmatrix eines Vektorfeldes

Es sei daran erinnert, dass ein Vektorfeld eine vektorwertige Funktion von mehreren Variablen ist. Wir werden beide Begriffe nebeneinander benutzen, häufiger vielleicht aber den kürzeren Begriff *Vektorfeld*. Ein Vektorfeld $\mathbf{f}\colon \mathbb{D} \to \mathbb{R}^m$ auf einem Gebiet $\mathbb{D} \subset \mathbb{R}^n$ ist durch seine m reellwertigen Koordinatenfunktionen $f_k\colon \mathbb{D} \to \mathbb{R}$ gegeben:

$$\mathbf{f} = \begin{pmatrix} f_1 \\ \vdots \\ f_m \end{pmatrix} \colon \mathbb{D} \to \mathbb{R}^m, \quad \mathbf{f}(\mathbf{x}) = \begin{pmatrix} f_1(\mathbf{x}) \\ \vdots \\ f_m(\mathbf{x}) \end{pmatrix} = \begin{pmatrix} f_1(x_1, \ldots, x_n) \\ \vdots \\ f_m(x_1, \ldots, x_n) \end{pmatrix}.$$

In diesem Abschnitt werden wir erklären, was der Grenzwert einer vektorwertigen Funktion ist, und werden die mit Hilfe des Grenzwertes definierten Begriffe Stetigkeit, Differenzierbarkeit und Ableitung einer vektorwertigen Funktion einführen. Das ist jetzt besonders einfach, weil nach 6.5.2 der Grenzwert einer vektorwertigen Funktion koordinatenweise gebildet werden darf. Daher brauchen wir die Definition der genannten Begriffe nur auf die Definition der entsprechenden Begriffe für die Koordinatenfunktionen zurückzuführen. Diese sind reellwertige Funktionen von n Variablen, und für sie haben wir die genannten Begriffe gerade im vorigen Abschnitt eingeführt.

6.7.1 Definition *Sei* $\mathbb{D} \subset \mathbb{R}^n$ *ein Gebiet und* $\mathbf{f}\colon \mathbb{D} \to \mathbb{R}^m$ *ein Vektorfeld mit den Koordinatenfunktionen* $f_k\colon \mathbb{D} \to \mathbb{R}$ *für* $k = 1, \dots, m$.

(1) $\mathbf{f}$ *heißt stetig in einem Punkt* $\mathbf{a} \in \mathbb{D}$, *wenn alle Koordinatenfunktionen* f_k *stetig in* $\mathbf{a}$ *sind.*

(2) *Sind alle Koordinatenfunktionen von* $\mathbf{f}$ *partiell differenzierbar nach der Variablen* x_j, *so heißt* $\mathbf{f}$ *partiell differenzierbar nach* x_j. *Das Vektorfeld*

$$\frac{\partial \mathbf{f}}{\partial x_j} = \begin{pmatrix} \frac{\partial f_1}{\partial x_j} \\ \vdots \\ \frac{\partial f_m}{\partial x_j} \end{pmatrix} : \mathbb{D} \to \mathbb{R}^m$$

heißt dann die partielle Ableitung von $\mathbf{f}$ *nach* x_j.

(3) *Ist* $\mathbf{f}$ *partiell differenzierbar nach allen Variablen* x_j, *so heißt* $\mathbf{f}$ *ein partiell differenzierbares Vektorfeld. Die* (m, n)-*Matrix, deren Spalten die partiellen Ableitungen* $\frac{\partial \mathbf{f}}{\partial x_j}$ *für* $j = 1, \dots, n$ *sind, heißt die Funktionalmatrix oder Jacobi-Matrix von* $\mathbf{f}$. *Sie wird bezeichnet mit* $\mathsf{J}(\mathbf{f})$:

$$\mathsf{J}(\mathbf{f}) = \begin{pmatrix} \frac{\partial f_1}{\partial x_1} & \cdots & \frac{\partial f_1}{\partial x_n} \\ \vdots & & \vdots \\ \frac{\partial f_m}{\partial x_1} & \cdots & \frac{\partial f_m}{\partial x_n} \end{pmatrix}.$$

In der Funktionalmatrix einer vektorwertigen Funktion von mehreren Variablen sind die partiellen Ableitungen aller ihrer Koordinatenfunktionen nach allen Variablen zusammengefasst. Daher werden wir erwarten, dass sie für vektorwertige Funktionen dieselbe Rolle als *Ableitung* spielt wie zum Beispiel die Ableitung grad $f\colon \mathbb{D} \to \mathbb{R}^n$ für skalarwertige Funktionen von mehreren Variablen. Diese lässt sich formal dem Begriff der Funktionalmatrix unterordnen, wenn wir skalarwertige Funktionen von mehreren Variablen auffassen als Sonderfall einer Funktion

$$\mathbb{D} \to \mathbb{R}^m \qquad \text{auf einem Gebiet} \qquad \mathbb{D} \subset \mathbb{R}^n,$$

der sich für $n > 1$, $m = 1$ ergibt.

Die Funktionalmatrix einer skalarwertigen Funktion $f\colon \mathbb{D} \to \mathbb{R}$ von n Variablen ist die $(1, n)$-Matrix

$$\mathsf{J}(f) = (\, f_{x_1}, \; \dots, f_{x_n} \,).$$

Bei ihr stehen die n partiellen Ableitungen von f in einer Zeile nebeneinander, während sie beim Gradientenvektor in einer Spalte untereinander aufgeschrieben sind. Insofern unterscheidet sie sich äußerlich von grad f nur durch die Schreibweise und könnte mit dem Gradientenfeld identifiziert werden. Dieser Unterschied ist aber keineswegs bedeutungslos. Wenn mit Ableitungen von Funktionen mehrerer Variablen gerechnet wird, ist es praktischer, die $(1, n)$-*Matrix* als die *Ableitung* anzusehen. Auch aus Gründen der Einheitlichkeit wäre diese Auffassung konsequent. Dagegen ist es bei physikalischen und geometrischen Anwendungen oft vorteilhaft, die *Ableitung* einer Funktion von mehreren Variablen als den *Vektor* grad f zu verstehen (Beispiele dafür finden wir in den Abschnitten 7.2 und 7.3). Um den Wechsel der Darstellungsart exakt angeben zu können, bedienen wir uns des Begriffes der transponierten Matrix (3.7.2).

6.7.2 Vereinbarung Ist $f\colon \mathbb{D} \to \mathbb{R}$ eine partiell differenzierbare Funktion (ein Skalarfeld) auf dem Gebiet $\mathbb{D} \subset \mathbb{R}^n$ mit $n \geq 2$, so kann die Ableitung von f als die $(1,n)$-Matrix $\mathsf{J}(f)$ (Funktionalmatrix) angesehen werden oder als die zu dieser transponierte $(n,1)$-Matrix, die sich dann als der Vektor grad f auffassen lässt:

$$(\operatorname{grad} f)^T = (\, f_{x_1}, \, \ldots , f_{x_n}\,) = \mathsf{J}(f) \quad \text{und} \quad \mathsf{J}(f)^T = (\, f_{x_1}, \ldots , f_{x_n}\,)^T = \operatorname{grad} f\,.$$

6.7.3 Folgerung *Sei* $\mathbf{f}\colon \mathbb{D} \to \mathbb{R}^m$ *ein Vektorfeld auf einem Gebiet* $\mathbb{D} \subset \mathbb{R}^n$ *und seien die Koordinatenfunktionen* $f_k\colon \mathbb{D} \to \mathbb{R}$ *für* $k = 1, \ldots , m$ *partiell differenzierbar. Dann sind die Zeilen der Funktionalmatrix* $\mathsf{J}(\mathbf{f})$ *die Funktionalmatrizen* $\mathsf{J}(f_k) = (\operatorname{grad} f_k)^T$ *der Koordinatenfunktionen* f_k *und die Spalten von* $\mathsf{J}(\mathbf{f})$ *die partiellen Ableitungen* $\frac{\partial \mathbf{f}}{\partial x_j}$ *von* $\mathbf{f}$ *nach den Variablen* x_j *für* $j = 1, \ldots , n$.

Dass die Funktionalmatrix $\mathsf{J}(\mathbf{f})$ in der Differenzierbarkeitsbedingung für Vektorfelder $\mathbf{f}\colon \mathbb{D} \to \mathbb{R}^m$ die Rolle der Ableitung spielt, zeigt folgende Überlegung:
Nach 6.5.7 lässt sich die Differenzierbarkeit einer vektorwertigen Funktion koordinatenweise definieren. Danach ist $\mathbf{f}$ in einem Punkt $\mathbf{a} \in \mathbb{D}$ genau dann differenzierbar, wenn alle Koordinatenfunktionen $f_k\colon \mathbb{D} \to \mathbb{R}$ $(k = 1, \ldots , m)$ in $\mathbf{a}$ differenzierbar sind. Nach 6.6.7 bedeutet das: Für jedes $k \in \{1, \ldots , m\}$ existiert die Ableitung grad $f_k(\mathbf{a})$ und gibt es eine vektorwertige Funktion $\mathbf{e}_k(\mathbf{h})$, so dass gilt:

$$f_k(\mathbf{a} + \mathbf{h}) = f_k(\mathbf{a}) + \operatorname{grad} f_k(\mathbf{a}) \cdot \mathbf{h} + \mathbf{e}_k(\mathbf{h}) \cdot \mathbf{h} \quad \text{und} \quad \mathbf{e}_k(\mathbf{h}) \to \mathbf{0} \text{ für } \mathbf{h} \to \mathbf{0}\,.$$

Die Ableitungen grad $f_k(\mathbf{a})$ der Koordinatenfunktionen f_k von $\mathbf{f}$ sind nach 6.7.3 die Zeilenvektoren der Matrix $\mathsf{J}(\mathbf{f})$. Ebenso fassen wir die vektorwertigen Funktionen $\mathbf{e}_k(\mathbf{h})$ als Zeilenvektoren einer (m,n)-Matrix $\mathsf{E}(\mathbf{h})$ auf, führen die Matrix also durch diese Angabe der Zeilenvektoren ein. Dann gilt nach 3.7.7:

$$\mathsf{J}(\mathbf{f})(\mathbf{a})\mathbf{h} = \begin{pmatrix} \operatorname{grad} f_1(\mathbf{a}) \cdot \mathbf{h} \\ \vdots \\ \operatorname{grad} f_m(\mathbf{a}) \cdot \mathbf{h} \end{pmatrix} \quad \text{und} \quad \mathsf{E}(\mathbf{h})\mathbf{h} = \begin{pmatrix} \mathbf{e}_1(\mathbf{h}) \cdot \mathbf{h} \\ \vdots \\ \mathbf{e}_m(\mathbf{h}) \cdot \mathbf{h} \end{pmatrix}.$$

Benutzen wir dies, so können wir die eben angegebenen Differenzierbarkeitsbedingungen für die Koordinatenfunktionen f_k in folgender Bedingung für $\mathbf{f}$ zusammenfassen:

$$\mathbf{f}(\mathbf{a} + \mathbf{h}) = \mathbf{f}(\mathbf{a}) + \mathsf{J}(\mathbf{f})(\mathbf{a})\mathbf{h} + \mathsf{E}(\mathbf{h})\mathbf{h} \quad \text{und} \quad \mathsf{E}(\mathbf{h}) \to 0 \text{ für } \mathbf{h} \to \mathbf{0}\,.$$

Dabei ist in „$\mathsf{E}(\mathbf{h}) \to 0$" unter 0 die *Nullmatrix* zu verstehen.

6.7.4 Definition *Sei* $\mathbb{D} \subset \mathbb{R}^n$ *ein Gebiet und* $\mathbf{f}\colon \mathbb{D} \to \mathbb{R}^m$ *ein Vektorfeld. Dann heißt* $\mathbf{f}$ *differenzierbar in einem Punkt* $\mathbf{a} \in \mathbb{D}$, *wenn die Funktionalmatrix* $\mathsf{J}(\mathbf{f})(\mathbf{a})$ *von* $\mathbf{f}$ *in* $\mathbf{a}$ *existiert und es eine* (m,n)-*Matrix* $\mathsf{E}(\mathbf{h})$ *gibt, deren Einträge Funktionen von* $\mathbf{h} \in \mathbb{R}^n$ *sind, so dass gilt:*

$$\mathbf{f}(\mathbf{a} + \mathbf{h}) = \mathbf{f}(\mathbf{a}) + \mathsf{J}(\mathbf{f})(\mathbf{a})\mathbf{h} + \mathsf{E}(\mathbf{h})\mathbf{h} \quad \text{und} \quad \mathsf{E}(\mathbf{h}) \to 0 \text{ für } \mathbf{h} \to \mathbf{0}\,.$$

★ **Aufgaben**

(1) Geben Sie die Funktionalmatrix des Vektorfeldes

$$\mathbf{f} \colon \mathbb{R}^2 \to \mathbb{R}^2, \quad \mathbf{f}(x,y) = \begin{pmatrix} f_1(x,y) \\ f_2(x,y) \end{pmatrix} = \begin{pmatrix} x^2 \sin(xy) \\ y^2 \cos(xy) \end{pmatrix}$$

in $(1, \pi)$ an, und lesen Sie daraus die Werte der partiellen Ableitungen von f_1 und f_2 an der Stelle $(1, \pi)$ ab.

(2) Bestimmen Sie die Funktionalmatrix des Gradientenfeldes von

$$f \colon \mathbb{R}^3 \to \mathbb{R}, \quad f(x,y,z) = xy^2 - x^2 z + \sin(yz).$$

Welches Aussehen hat sie in Übereinstimmung mit dem Satz von Schwarz?

(3) Bestimmen Sie die Ableitung des Vektorfeldes $\mathbf{f}$, das definiert ist durch

$$\mathbf{f}(x,y,z) = \arcsin\sqrt{1 - x^2 y^2 z} \begin{pmatrix} x \\ y \\ z \end{pmatrix}.$$

(4) Sei eine Koordinatentransformation gegeben durch

$$\mathbf{x}(u,v,w) = \begin{pmatrix} x(u,v,w) \\ y(u,v,w) \\ z(u,v,w) \end{pmatrix} = \begin{pmatrix} (1 + u\cos w)\cos v \\ (1 + u\cos w)\sin v \\ u\sin v \end{pmatrix}.$$

Berechnen Sie die Determinante ihrer Funktionalmatrix.

6.8 Ableitung zusammengesetzter Funktionen, Kettenregeln

Zwei Funktionen lassen sich zu einer neuen Funktion zusammensetzen, wenn die Bildmenge der einen Funktion enthalten ist im Definitionsbereich der anderen. Die zusammengesetzte Funktion kann eine skalar- oder vektorwertige Funktion von einer oder von mehreren Variablen sein, je nachdem, von welchem Typ die innere und die äußere Funktion sind. Natürlich wird ihre Ableitung bestimmt sein durch die Ableitungen der inneren und der äußeren Funktion. Die entsprechenden Regeln für ihre Berechnung werden wie in 6.2.3 als Kettenregeln bezeichnet. Diesen Kettenregeln kommt allerdings hinsichtlich ihrer Anwendung oft eine andere Bedeutung zu als der Kettenregel 6.2.3:

Die Kettenregel 6.2.3 hat ihre wichtigste Anwendung bei der Bildung von Ableitungen (auch von partiellen Ableitungen) einer explizit gegebenen Funktion, die erkennbar eine zusammengesetzte Funktion ist. Sie ermöglicht es, das Bilden der Ableitung auf Ableitungen der an der Zusammensetzung beteiligten Funktionen zurückzuführen (im Falle partieller Ableitungen nach einer Variablen x_k ist dabei nur interessant, in welcher Weise die Funktion als Funktion dieser Variablen x_k zusammengesetzt ist).

Natürlich kann man die Kettenregeln, die wir in diesem Abschnitt kennen lernen werden, ebenfalls in der für die Kettenregel 6.2.3 beschriebenen Weise anwenden. Im Zusammenhang mit vektorwertigen Funktionen und Funktionen von mehreren Variablen liegt jedoch häufig eine andere Situation vor: Es sind zwei derartige Funktionen gegeben, und die aus ihnen zusammengesetzte Funktion beschreibt eine sinnvolle funktionale Abhängigkeit der auftretenden Größen. Trotzdem besteht kein Interesse an der expliziten Angabe der zusammengesetzten Funktion (deren Bildung man daher gern vermeiden möchte). Man benötigt im Grunde nur deren Ableitung oder einige Werte der Ableitung. Die Kettenregeln für die Ableitung zusammengesetzter Funktionen erlauben es, diese Ableitung oder einzelne Ableitungswerte anzugeben, ohne die zusammengesetzte Funktion selbst zuvor bilden zu müssen.

Beispiel: Die Funktion $f\colon \mathbb{D} \to \mathbb{R}$ beschreibe die Temperaturverteilung in einem räumlichen Gebiet $\mathbb{D} \subset \mathbb{R}^3$. Dann ordnet f also jedem Punkt $(x, y, z) \in \mathbb{D}$ den in ihm herrschenden Temperaturwert zu. Die Bewegung eines Massenpunktes M in $\mathbb{D}$ in Abhängigkeit von der Zeit sei durch die vektorwertige Funktion $\mathbf{x}\colon \mathbb{I} \to \mathbb{R}^3$ dargestellt. Dann ist $\mathbf{x}(t)$ der Ortsvektor des Punktes in $\mathbb{D}$, in welchem sich M zur Zeit t befindet. Die zusammengesetzte Funktion

$$F\colon \mathbb{I} \to \mathbb{R}, \quad F(t) = f\left(\mathbf{x}(t)\right) = f\left(x(t), y(t), z(t)\right)$$

gibt an, welche Temperatur in jedem Zeitpunkt t auf M wirkt, und die Ableitung $F'(t)$ kennzeichnet das momentane Temperaturgefälle, dem M zur Zeit t unterliegt. Um $F'(t)$ zu bestimmen, könnten wir zuerst $F(t)$ bilden, also in $f(x, y, z)$ die Koordinaten $x(t)$, $y(t)$, $z(t)$ der Bahnpunkte $\mathbf{x}(t)$ von M einsetzen, und dann $F(t)$ nach t differenzieren. Sind wir aber nur an Werten der Ableitung F' interessiert, so ist es praktisch, wenn wir sie ohne vorherige Bildung von $F(t)$ berechnen können, weil diese unter Umständen sehr aufwendig ist. Eine solche Möglichkeit bietet die folgende Kettenregel.

6.8.1 Satz (Kettenregel) *Sei $f\colon \mathbb{D} \to \mathbb{R}$ eine reellwertige Funktion der Variablen $u_1, \ldots, u_m$ auf einem Gebiet $\mathbb{D} \subset \mathbb{R}^m$ und $\mathbf{u}\colon \mathbb{I} \to \mathbb{R}^m$ eine vektorwertige Funktion der Variablen t auf einem Intervall $\mathbb{I}$ und sei*

$$\mathbf{u}(t) = \begin{pmatrix} u_1(t) \\ \vdots \\ u_m(t) \end{pmatrix} \quad und \quad \mathbf{u}(\mathbb{I}) \subset \mathbb{D}.$$

Ist $\mathbf{u}$ in t und f in $\mathbf{u}(t)$ differenzierbar, so ist die zusammengesetzte Funktion

$$F = f \circ \mathbf{u}\colon \mathbb{I} \to \mathbb{R} \quad mit \quad F(t) = f\left(\mathbf{u}(t)\right) = f\left(u_1(t), \ldots, u_m(t)\right)$$

differenzierbar in t. Für ihre Ableitung gilt die „Kettenregel":

$$F'(t) = \operatorname{grad} f\left(\mathbf{u}(t)\right) \cdot \mathbf{u}'(t) = \sum_{k=1}^{m} \frac{\partial f}{\partial u_k}\left(u_1(t), \ldots, u_m(t)\right) \cdot \frac{du_k}{dt}(t).$$

6.8.2 Bemerkung Insbesondere gilt mit einer Ortsfunktion $\mathbf{x}\colon \mathbb{I} \to \mathbb{R}^3$ statt der Funktion $\mathbf{u}$, wenn wir jetzt die Argumente einmal weglassen:

$$\frac{dF}{dt} = \frac{\partial f}{\partial x} \cdot \frac{dx}{dt} + \frac{\partial f}{\partial y} \cdot \frac{dy}{dt} + \frac{\partial f}{\partial z} \cdot \frac{dz}{dt}.$$

Beispiel: Zu bestimmen ist $F'(0)$ für die zusammengesetzte Funktion $F = f \circ \mathbf{x}$, wobei $f : \mathbb{R}^2 \to \mathbb{R}$ und $\mathbf{x} : \mathbb{R} \to \mathbb{R}^2$ gegeben sind durch:

$$f(x, y) = \arctan{(xy)}, \quad \mathbf{x}(t) = \begin{pmatrix} t - \cos t \\ 1 + \sin t \end{pmatrix}.$$

Nach der Kettenregel 6.8.1 ist $F'(0) = \operatorname{grad} f\,(\mathbf{x}(0)) \cdot \mathbf{x}'(0)$. Wir müssen daher zunächst $\mathbf{x}(0)$ sowie die Ableitungen $\operatorname{grad} f(x, y)$ und $\mathbf{x}'(t)$ bestimmen, in diese Ableitungen dann $\mathbf{x}(0)$ einsetzen und schließlich das Skalarprodukt berechnen.

Mit $\sin 0 = 0$ und $\cos 0 = 1$ erhalten wir $\mathbf{x}(0) = \begin{pmatrix} -1 \\ 1 \end{pmatrix}$. Damit ergibt sich weiter:

$$\operatorname{grad} f(x, y) = \frac{1}{1 + (xy)^2} \begin{pmatrix} y \\ x \end{pmatrix} \quad \text{und} \quad \mathbf{x}'(t) = \begin{pmatrix} 1 + \sin t \\ \cos t \end{pmatrix} \quad \Longrightarrow$$

$$\operatorname{grad} f\,(\mathbf{x}(0)) = \operatorname{grad} f(-1, 1) = \frac{1}{1 + (-1)^2} \begin{pmatrix} 1 \\ -1 \end{pmatrix} \quad \text{und} \quad \mathbf{x}'(0) = \begin{pmatrix} 1 \\ 1 \end{pmatrix}$$

$$\Longrightarrow \quad F'(0) = \frac{1}{2} \begin{pmatrix} 1 \\ -1 \end{pmatrix} \cdot \begin{pmatrix} 1 \\ 1 \end{pmatrix} = 0.$$

Die innere Funktion und damit auch die zusammengesetzte Funktion kann auch eine Funktion von mehreren Variablen (statt wie bisher von einer Variablen t) sein.

Beispiel: Wir denken uns eine dünne kreisförmige Platte als ein ebenes Kreisgebiet $\mathbb{D} \subset \mathbb{R}^2$ mit dem Nullpunkt als Mittelpunkt veranschaulicht. Wurde sie im Mittelpunkt kurzzeitig erhitzt, so hat sie zu einem späteren Zeitpunkt t_0 eine bestimmte Temperaturverteilung, die sich durch eine Funktion $f : \mathbb{D} \to \mathbb{R}$ beschreiben lässt: Für $(x, y) \in \mathbb{D}$ ist $f(x, y)$ der Temperaturwert im Punkt (x, y) (zur Zeit t_0). Breitet sich die Wärme in alle Richtungen gleichmäßig aus, so hängt die Temperatur in jedem Punkt nur von seinem Abstand zum Nullpunkt ab. Das ist ein Beispiel für eine Situation, in der es günstiger sein kann, geeignete andere Koordinaten statt kartesischer Koordinaten zu benutzen. Hier liegt es nahe, zu Polarkoordinaten überzugehen, also die Temperaturverteilung auf der Platte durch eine Funktion der Polarkoordinaten r, φ der Punkte in $\mathbb{D}$ zu beschreiben. Den Übergang von kartesischen zu Polarkoordinaten vermitteln die Formeln 2.3.5

$$x = r \cos \varphi \quad \text{und} \quad y = r \sin \varphi,$$

die wir zusammenfassen können zu der vektorwertigen Funktion:

$$\mathbf{x} : \mathbb{B} \to \mathbb{D}, \quad \mathbf{x}(r, \varphi) = \begin{pmatrix} x(r, \varphi) \\ y(r, \varphi) \end{pmatrix} = \begin{pmatrix} r \cos \varphi \\ r \sin \varphi \end{pmatrix}.$$

Wir denken uns neben der (x, y)-Ebene eine (r, φ)-Ebene gezeichnet (auf der einen Achse wird r, auf der anderen wird φ abgetragen); $\mathbb{B}$ ist dann der Rechteckbereich $\mathbb{B} = \{ (r, \varphi) \in \mathbb{R}^2 \mid 0 \leq r \leq a,\ 0 \leq \varphi < 2\pi \}$ in der (r, φ)-Ebene und wird unter der Koordinatentransformation auf den Kreis $\mathbb{D}$ in der (x, y)-Ebene abgebildet. Die zusammengesetzte Funktion

$$F = f \circ \mathbf{x} \colon \mathbb{B} \to \mathbb{R} \quad \text{mit} \quad F(r, \varphi) = f\big(\mathbf{x}(r, \varphi)\big) = f(r \cos \varphi, r \sin \varphi)$$

beschreibt die Temperaturverteilung auf der Platte in Abhängigkeit von den Polarkoordinaten der Punkte. Wir fragen nach Formeln, mit denen wir die partiellen Ableitungen von F aus den partiellen Ableitungen von f und $\mathbf{x}$ direkt berechnen können.

Wir setzen allgemeiner voraus, dass die innere Funktion $\mathbf{x}$ irgendein Vektorfeld (nicht unbedingt eine Koordinatentransformation) ist:

$f \colon \mathbb{D} \to \mathbb{R}$ ist eine reellwertige Funktion von $x_1, \dots, x_m$ auf einem Gebiet $\mathbb{D} \subset \mathbb{R}^m$,

$$\mathbf{x} \colon \mathbb{B} \to \mathbb{R}^m, \quad \mathbb{B} \subset \mathbb{R}^n, \quad \text{mit} \quad \mathbf{x}(u_1, \dots, u_n) = \begin{pmatrix} x_1(u_1, \cdots, u_n) \\ \vdots \\ x_m(u_1, \cdots, u_n) \end{pmatrix}$$

ist eine vektorwertige Funktion der n Variablen $u_1, \dots, u_n$. Weiter ist $\mathbf{x}(\mathbb{B}) \subset \mathbb{D}$, so dass also die zusammengesetzte Funktion

$$F = f \circ \mathbf{x} \colon \mathbb{B} \to \mathbb{R} \quad \text{mit} \quad F(u_1, \dots, u_n) = f\big(\mathbf{x}(u_1, \dots, u_n)\big)$$

definiert ist. Sie ist eine reellwertige Funktion der Variablen $u_1, \dots, u_n$. Ihre Ableitung ist das Gradientenfeld grad $F \colon \mathbb{B} \to \mathbb{R}^n$, dessen j-te Koordinatenfunktion die partielle Ableitung $\dfrac{\partial F}{\partial u_j}$ von F nach u_j ist. Bei der Bildung der partiellen Ableitung nach u_j ist F und daher auch die innere Funktion $\mathbf{x}$ als Funktion der einzigen Variablen u_j anzusehen. Daher können wir die partielle Ableitung nach der Kettenregel 6.8.1 berechnen.

6.8.3 Ergebnis Formel für die partiellen Ableitungen einer zusammengesetzten Funktion $F = f \circ \mathbf{x}$:

$$\frac{\partial F}{\partial u_j} = \frac{\partial f}{\partial x_1} \cdot \frac{\partial x_1}{\partial u_j} + \dots + \frac{\partial f}{\partial x_m} \cdot \frac{\partial x_m}{\partial u_j}.$$

Beispiel: Die Funktion $f \colon \mathbb{R}^2 \to \mathbb{R}$ mit $f(x, y) = (x - y)^2$ geht bei der Transformation

$$\mathbf{x} \colon \mathbb{B} \to \mathbb{R}^2, \quad \mathbf{x}(r, \varphi) = \begin{pmatrix} r \cos \varphi \\ r \sin \varphi \end{pmatrix}$$

der kartesischen Koordinaten auf die Polarkoordinaten über in die zusammengesetzte Funktion $F = f \circ \mathbf{x} \colon \mathbb{B} \to \mathbb{R}$ der Polarkoordinaten r und φ (wie im Beispiel vorher angedeutet). Wir berechnen die partiellen Ableitungen von F nach r und nach φ.

$$\begin{aligned}
\frac{\partial F}{\partial r}(r, \varphi) &= \frac{\partial f}{\partial x}(x, y) \cdot \frac{\partial x}{\partial r}(r, \varphi) + \frac{\partial f}{\partial y}(x, y) \cdot \frac{\partial y}{\partial r}(r, \varphi) \\
&= 2(x - y) \cos \varphi - 2(x - y) \sin \varphi \\
&= 2r(\cos \varphi - \sin \varphi) \cos \varphi - 2r(\cos \varphi - \sin \varphi) \sin \varphi \\
&= 2r(\cos^2 \varphi - 2 \sin \varphi \cos \varphi + \sin^2 \varphi) \\
&= 2r(1 - 2 \sin \varphi \cos \varphi) = 2r(1 - \sin 2\varphi),
\end{aligned}$$

$$\frac{\partial F}{\partial \varphi}(r, \varphi) = \frac{\partial f}{\partial x}(x, y) \cdot \frac{\partial x}{\partial \varphi}(r, \varphi) + \frac{\partial f}{\partial y}(x, y) \cdot \frac{\partial y}{\partial \varphi}(r, \varphi)$$

$$= 2(x - y)r(-\sin \varphi) - 2(x - y)r \cos \varphi$$

$$= -2r^2(\cos \varphi - \sin \varphi)\sin \varphi - 2r^2(\cos \varphi - \sin \varphi)\cos \varphi$$

$$= -2r^2(-\sin^2 \varphi + \cos^2 \varphi) = -2r^2 \cos 2\varphi \,.$$

★ Aufgaben

(1) Das Gebiet $\mathbb{D} = \{\, (x, y, z) \in \mathbb{R}^3 \mid yz > 0 \,\}$ ist der Definitionsbereich von

$$f \colon \mathbb{D} \to \mathbb{R} \text{ mit } f(x, y, z) = \sqrt{yz} \cos (xy^2) \,.$$

Weiter ist $\mathbf{x} \colon \left(-\infty, \frac{1}{2}\right] \to \mathbb{R}^3$ die vektorwertige Funktion, deren Koordinatenfunktionen gegeben sind durch:

$$x(t) = \frac{t}{\sqrt{1 + t^2}}, \quad y(t) = \sqrt{1 - 2t} \quad \text{und} \quad z(t) = \sqrt[3]{(1 - t)^2} \,.$$

Berechnen Sie mit Hilfe der Kettenregel die Ableitung $F'(0)$ der aus f und $\mathbf{x}$ zusammengesetzten Funktion $F = f \circ \mathbf{x} \colon \left(-\infty, \frac{1}{2}\right] \to \mathbb{R}$.

(2) Berechnen Sie mit Hilfe der Kettenregel die partiellen Ableitungen der zusammengesetzten Funktion $F = f \circ \mathbf{x}$, wenn die Funktion f und das Vektorfeld $\mathbf{x}$ definiert sind durch:

$$f(x, y) = \arctan \frac{x}{y} \quad \text{und} \quad \mathbf{x}(u, v) = \begin{pmatrix} u^2 + v^2 \\ u^2 - v^2 \end{pmatrix} \,.$$

(3) Ein Skalarfeld $f \colon \mathbb{D} \to \mathbb{R}$ ist auf $\mathbb{D} = \{\, (x, y, z) \mid y > 0 \,\}$ und ein Vektorfeld $\mathbf{x} \colon \mathbb{B} \to \mathbb{R}^3$ auf $\mathbb{B} = \{\, (u, v) \mid u > 0, \, v > 0 \,\}$ definiert durch

$$f(x, y, z) = \arctan \frac{xz}{\sqrt{y}}, \quad \mathbf{x}(u, v) = \begin{pmatrix} \sqrt{u} + \sqrt{v} \\ 1 + (u - v)^2 \\ \sqrt{u} - \sqrt{v} \end{pmatrix} \,.$$

  (a) Bestimmen Sie $\operatorname{grad} f(x, y, z)$ und $\mathsf{J}(\mathbf{x})(u, v)$.

  (b) Bestimmen Sie für das Skalarfeld $g = f \circ \mathbf{x} \colon \mathbb{B} \to \mathbb{R}$ mit Hilfe der Kettenregel die partiellen Ableitungen $\frac{\partial g}{\partial u}(1, 1)$ und $\frac{\partial g}{\partial v}(1, 1)$.

(4) Sei $F \colon \mathbb{R}^3 \to \mathbb{R}$ die aus

$$f(x, y, z) = xyz \quad \text{und} \quad \mathbf{x}(u, v, w) = \begin{pmatrix} u - v + w \\ 2u + v - w \\ -u + 3v - 2w \end{pmatrix}$$

zusammengesetzte Funktion. Bestimmen Sie mit Hilfe der Kettenregel die partiellen Ableitungen 1. Ordnung von F sowie die Werte der partiellen Ableitungen der Ordnung 2 an der Stelle $(1, 1, 1)$.

Kapitel 7

Anwendungen der Differentialrechung

In diesem Kapitel setzen wir die Differentialrechnung fort, indem wir das Differenzieren, insbesondere die Kettenregeln, bei verschiedenen Fragestellungen anwenden und einige weitere in der Differentialrechnung wichtige Begriffe einführen.

Einen Schwerpunkt in diesem Kapitel stellt der Abschnitt 7.1 dar; hier erklären wir, wann durch eine Gleichung implizit eine Funktion definiert ist, geben ein Kriterium dafür an und lernen mit dem *impliziten Differenzieren* eine Möglichkeit kennen, eine implizit definierte Funktion abzuleiten. In Abschnitt 7.2 wenden wir die implizite Differentiation in Verbindung mit der Richtungsableitung einer Funktion an und in Abschnitt 7.3 im Zusammenhang mit der Tangentialebene einer implizit definierten Fläche.

7.1 Implizit definierte Funktionen und implizites Differenzieren

Die mathematische Formulierung eines experimentell beobachteten Zusammenhangs zwischen physikalischen Größen oder eines geometrisch bedingten Zusammenhangs zwischen geometrischen Größen ist eine Gleichung, in der im Allgemeinen keine der auftretenden Größen vor den anderen als abhängige Größe ausgezeichnet ist.

Beispiele:

(1) Der Kreis um O mit dem Radius $a = 5$ ist die Menge aller Punkte (x, y) in der Ebene, die von O den festen Abstand 5 haben. Da das Quadrat des Abstandes gleich $x^2 + y^2$ ist, lässt sich der Kreis also durch die Gleichung $x^2 + y^2 = 5^2$ beschreiben. In ihr ist keine der beiden Koordinaten vor der anderen ausgezeichnet.

(2) Die experimentelle Beobachtung des Zusammenhangs zwischen der Stromstärke I und der Spannung U für einen festen Stromkreis führt zu der Erkenntnis, dass der Quotient beider Größen immer denselben konstanten Wert R hat: $\frac{U}{I} = R$.

Auch diese Formulierung des Ohmschen Gesetzes hebt nicht eine der beiden beobachteten Größen vor der anderen hervor.

(3) In der Thermodynamik interessiert man sich für Gesetzmäßigkeiten, die bei physikalischen und chemischen Veränderungen innerhalb eines abgeschlossenen Systems stattfinden. Ein derartiges *thermodynamisches System* unterliegt keinen äusseren Einflüssen und wird vollständig beschrieben durch wohl bestimmte *thermodynamische Variablen*. Zu den einfachsten thermodynamischen Systemen gehören homogene Flüssigkeiten, deren Masse und chemische Zusammensetzung keiner Änderung unterliegen und auf die nur ein konstanter hydrostatischer Druck ausgeübt wird. Eine solche Flüssigkeit ist charakterisiert durch einen wohl bestimmten funktionalen Zusammenhang zwischen den einzigen variablen Größen *Druck p*, *Volumen V* und *Temperatur T*, der in Form einer Gleichung

$$F(p, V, T) = 0$$

gegeben ist. Man bezeichnet diese für das System charakteristische Gleichung als die *Zustandsgleichung*, die Variablen p, V, T als *Zustandsgrößen* und die Funktion $F: \mathbb{D} \to \mathbb{R}$ als *Zustandsfunktion* des Systems; $\mathbb{D}$ ist die Menge der geordneten Tripel (p, V, T) zulässiger Werte für p, V, T. In der Zustandsgleichung ist keine der Zustandsvariablen vor den anderen ausgezeichnet.

Ist eine Gleichung $F(x_1, \ldots, x_n) = 0$ nach einer Variablen, etwa nach x_k, auflösbar, gibt es also eine äquivalente Umformung

$$F(x_1, \ldots, x_n) = 0 \iff x_k = f_k(x_1, \ldots, x_{k-1}, x_{k+1}, \ldots, x_n),$$

so beschreibt die nach x_k aufgelöste Gleichung den Zusammenhang zwischen den Grössen deutlicher als die ursprüngliche Gleichung.

Die Variablen x_j $(j \neq k)$ dürfen unabhängig voneinander beliebige (zulässige) Werte annehmen, und jede Wahl von Werten für sie bestimmt eindeutig einen Wert für x_k, der sich als Funktionswert berechnen lässt und den man in einem Experiment auch messen würde. Ist f_k sogar differenzierbar, so gibt das die Möglichkeit, Eigenschaften des funktionalen Zusammenhangs mit Hilfe der Ableitungen zu gewinnen usw.

Im Zusammenhang mit Skalarfeldern ist es in der Physik oft von Interesse, die so genannten *Niveaulinien* bzw. *Niveauflächen* zu untersuchen.

Sei $F: \mathbb{D} \to \mathbb{R}$ eine skalarwertige Funktion auf einem Gebiet $\mathbb{D} \subset \mathbb{R}^2$ [oder auf $\mathbb{D} \subset \mathbb{R}^3$]. Charakterisiert für Konstanten $C \in \mathbb{R}$ die Gleichung

$$F(x, y) = C \qquad \left[F(x, y, z) = C \right]$$

eine Kurve in der Ebene [eine Fläche im Raum], so bezeichnet man diese als die zu C gehörende Niveaulinie [Niveau- oder Äquipotentialfläche]

$$N_C = \{ (x, y) \in \mathbb{D} \mid F(x, y) = C \} \qquad \left[N_C = \{ (x, y, z) \in \mathbb{D} \mid F(x, y, z) = C \} \right].$$

Beschreibt zum Beispiel ein Skalarfeld $F: \mathbb{D} \to \mathbb{R}$ die Temperaturverteilung auf einer „dünnen" Platte ($\mathbb{D} \subset \mathbb{R}^2$), so charakterisiert für jeden möglichen Temperaturwert C

die Gleichung $F(x, y) = C$ die Menge aller Punkte konstanter Temperatur. Ob diese Punktmengen Kurven sind (die dann die *Niveaulinien* des Temperaturfeldes sind und, wie auf Seite 113 bemerkt, *Isothermen* heißen), kann der Gleichung $F(x, y) = C$, in der keine Variable vor der anderen ausgezeichnet ist, grundsätzlich nicht ohne weiteres angesehen werden. Besitzt sie jedoch in der Umgebung jedes Punktes $(x, y) \in \mathbb{D}$ eine eindeutige Auflösung $y = f(x)$ nach y oder $x = g(y)$ nach x und sind die Funktionen f bzw. g stetig oder sogar differenzierbar, so ist die Punktmenge natürlich eine Kurve oder sogar eine glatte Kurve; denn sie ist dann in der Umgebung jedes Punktes der Graph einer der durch Auflösen nach x oder y gewonnenen Funktionen.

Wenn man wirklich versucht, eine gegebene Gleichung nach einer ihrer Variablen aufzulösen, wird man feststellen, dass dies im Allgemeinen nicht in einheitlicher Form möglich oder sogar überhaupt erfolglos ist. Für beides gibt es einfache Beispiele:

Beispiele:

(1) Man kann selbst die einfache Kreisgleichung $x^2 + y^2 = 25$ nicht einheitlich nach einer Variablen auflösen, denn durch die Wahl eines Wertes für eine Variable ist nicht eindeutig ein Wert für die andere bestimmt:
Ist zum Beispiel $x = 0$, so kann $y = 5$ oder $y = -5$ sein. Für $y = 0$ kann entsprechend $x = 5$ oder $x = -5$ sein.

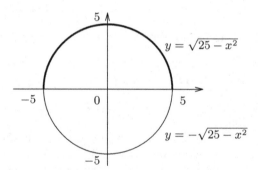

Abb. 7.1 Der Kreis kann nicht als Graph einer einzigen Funktion dargestellt werden. Der in der oberen Halbebene liegende Halbkreis lässt sich als der Graph der Funktion $f(x) = \sqrt{25 - x^2}$ ansehen, der in der unteren Halbebene liegende Halbkreis ist der Graph der Funktion $g(x) = -\sqrt{25 - x^2}$.

Es liegt hier nahe, zu untersuchen, ob wenigstens jeder Punkt (x_0, y_0) des Kreises eine Umgebung besitzt, in der sich die Gleichung eindeutig nach einer Variablen auflösen lässt. Dass dies hier möglich ist, zeigt folgende Fallunterscheidung:
Ist $y_0 > 0$, so liegt (x_0, y_0) in der durch $y > 0$ gekennzeichneten oberen Halbebene und in dieser gilt:

$$x^2 + y^2 = 25 \iff y = \sqrt{25 - x^2}.$$

Ist $y_0 < 0$, so liegt (x_0, y_0) in der unteren Halbebene ($y < 0$), und in ihr gilt:

$$x^2 + y^2 = 25 \iff y = -\sqrt{25 - x^2}.$$

Ist $y_0 = 0$, so ist $x_0 = 5$ oder $x_0 = -5$, und die Gleichung hat in der rechten bzw. linken Halbebene eine eindeutige Auflösung nach x:

$$x = \sqrt{25 - y^2} \quad \text{bzw.} \quad x = -\sqrt{25 - y^2}.$$

(2) Obwohl die Gleichung $x + y - 1 + \sin(xy) = 0$ recht einfach aussieht, wird man keinen Erfolg haben bei dem Versuch, sie insgesamt oder auch nur in der Umgebung von Punkten (a, b) nach x oder nach y aufzulösen.

Tatsächlich kann man im Allgemeinen darauf verzichten, die Umformung

$$F(x_1, \ldots, x_n) = 0 \iff x_k = f_k(x_1, \ldots, x_{k-1}, x_{k+1}, \ldots, x_n)$$

wirklich durchzuführen und damit die Funktion f_k explizit zu bestimmen. Um mit mathematischen Methoden Erkenntnisse über den durch $F(x_1, \ldots, x_n) = 0$ beschriebenen funktionalen Zusammenhang zu gewinnen, genügt es nämlich, zu *wissen*, dass im Definitionsbereich oder in der Umgebung von Punkten eine eindeutige Auflösung

$$x_k = f_k(x_1, \ldots, x_{k-1}, x_{k+1}, \ldots, x_n)$$

existiert und differenzierbar ist (ohne sie wirklich zu kennen). Die folgenden beiden Beispiele sollen diesen Gedanken noch einmal verdeutlichen. Wir werden danach mit Satz 7.1.3 eine Möglichkeit kennen lernen, aus Eigenschaften der Funktion F auf die Existenz einer Auflösung zu schließen.

Beispiele:

(1) Wie wir in Beispiel (1) auf Seite 194 erkannt haben, lässt sich die Gleichung

$$F(x, y) = 0 \quad \text{mit} \quad F(x, y) = x^2 + y^2 - 25$$

in der Umgebung jedes Kreispunktes eindeutig nach einer Variablen auflösen. Zum Beispiel hat die Gleichung für den Punkt $(3, 4)$ in der oberen Halbebene die eindeutige Auflösung $y = \sqrt{25 - x^2}$. Die Punktmenge, die durch die Gleichung in der oberen Halbebene charakterisiert wird, ist also der Graph der Funktion

$$f: [-5, 5] \to \mathbb{R}, \quad f(x) = \sqrt{25 - x^2}.$$

Da f stetig und im Intervall $(-5, 5)$ differenzierbar ist, stellt die Punktmenge eine glatte Kurve dar. Ihre Steigung im Punkt $(3, 4)$ ist:

$$f'(3) = \left. \frac{-x}{\sqrt{25 - x^2}} \right|_{x=3} = -\frac{3}{4}.$$

Dass zur Bestimmung der Steigung die Kenntnis der Funktion f, also die explizite Vorschrift $f(x) = \sqrt{25 - x^2}$, gar nicht nötig ist, zeigt folgende Überlegung. Wir setzen dazu nur voraus, dass auf einer Umgebung $\mathbb{I} = (3 - \varepsilon, 3 + \varepsilon)$ von 3 eine Funktion $f: \mathbb{I} \to \mathbb{R}$ *existiert*, so dass in einer Umgebung U von $(3, 4)$ gilt:

$$(x, y) \in U \text{ und } x^2 + y^2 - 25 = 0 \iff y = f(x) \quad \text{für } x \in \mathbb{I}.$$

Daraus folgt: $x^2 + \big(f(x)\big)^2 - 25 = 0 \quad$ für alle $x \in \mathbb{I}$.

Auf der linken Seite der Gleichung steht eine Funktion von x. Wegen der Gleichung hat sie für alle $x \in \mathbb{I}$ den konstanten Wert 0, ist also eine konstante Funktion. Ihre Ableitung ist daher überall gleich 0. Bilden wir diese, so müssen wir beim zweiten Summanden die Kettenregel benutzen und erhalten dann:

$$2x + 2f(x)f'(x) = 0 \text{ für } x \in \mathbb{I}.$$

Setzen wir 3 ein, so ergibt sich wegen $f(3) = 4$:

$$2 \cdot 3 + 2f(3)f'(3) = 0 \implies f'(3) = -\frac{6}{8} = -\frac{3}{4}.$$

(2) Besitzt eine thermodynamische Zustandsgleichung $F(p, V, T) = 0$ eine eindeutige Auflösung $V = V(p, T)$, so hängt V funktional von p und T ab. Um dann zum Beispiel den thermodynamischen Ausdehnungskoeffizienten oder die Kompressibilität zu berechnen, benötigt man die partiellen Ableitungen $\frac{\partial V}{\partial p}$ bzw. $\frac{\partial V}{\partial T}$. Dazu ist es natürlich angenehm, wenn man direkt an Eigenschaften der Zustandsfunktion und nicht erst durch wirkliches Auflösen der Gleichung nach V erkennen kann, dass V eine differenzierbare Funktion von p und T ist, und wenn man darüber hinaus die partiellen Ableitungen direkt aus der Zustandsgleichung gewinnen kann.

7.1.1 Definition *Sei $F: \mathbb{D} \to \mathbb{R}$ eine skalarwertige Funktion, $\mathbb{D} \subset \mathbb{R}^n$ $(n \geq 2)$ ein Gebiet und $(a_1, \ldots, a_n) \in \mathbb{D}$ ein Punkt, der die Gleichung $F(x_1, \ldots, x_n) = 0$ erfüllt. Weiter gebe es eine Umgebung $U \subset \mathbb{D}$ des Punktes $(a_1, \ldots, a_n)$, in welcher die Gleichung eindeutig nach x_n auflösbar ist:*

$$F(x_1, \ldots, x_n) = 0 \iff x_n = f_n(x_1, \ldots, x_{n-1}).$$

Dann sagt man: „Die Gleichung $F(x_1, \ldots, x_n) = 0$ definiert in der Umgebung des Punktes $(a_1, \ldots, a_n)$ implizit die Variable x_n als eine Funktion der übrigen Variablen x_j $(j \neq n)$.“
Entsprechend ist zu verstehen: „Die Gleichung $F(x_1, ..., x_n) = 0$ definiert in der Umgebung von $(a_1, ..., a_n)$ implizit x_k als Funktion der übrigen Variablen x_j $(j \neq k)$.“

Die Auflösbarkeit der Gleichung nach x_n (in 7.1.1) bedeutet genauer (Abb. 7.2): Es gibt eine Umgebung $B \subset \mathbb{R}^{n-1}$ von $(a_1, \ldots, a_{n-1})$ und eine eindeutig bestimmte Funktion $f_n: B \to \mathbb{R}$, so dass Graph $f = \{(x_1, \ldots, x_n) \in U \mid F(x_1, \ldots, x_n) = 0\}$ ist.

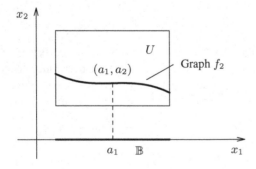

Abb. 7.2 Die Gleichung $F(x_1, x_2) = 0$ besitzt in der Umgebung U von (a_1, a_2) eine Auflösung $x_2 = f_2(x_1)$. Das bedeutet: Die durch $F(x_1, x_2) = 0$ in U beschriebene Punktmenge ist der Graph einer Funktion $f_2: \mathbb{B} \to \mathbb{R}^2$; dabei ist $\mathbb{B}$ die Projektion von U auf die x_1-Achse.

Ist eine Gleichung $F(x, y) = 0$ in der Umgebung eines Punktes nach einer der beiden Variablen auflösbar, so ist die durch sie in dieser Umgebung charakterisierte Punktmenge also der Graph einer Funktion von einer Variablen. Ist diese Funktion stetig, so ist die Punktmenge ein Kurvenstück in der Ebene. Gilt dies für jeden Punkt, der die Gleichung erfüllt, so ist dann die ganze durch $F(x, y) = 0$ beschriebene Punktmenge eine Kurve in der Ebene. Entsprechend kann eine Gleichung $F(x, y, z) = 0$ in der Umgebung eines Punktes ein Flächenstück im Raum beschreiben oder sogar insgesamt die Gleichung einer Fläche im Raum darstellen.

7.1.2 Folgerung *Ist $F \colon \mathbb{D} \to \mathbb{R}$ eine Funktion auf einem Gebiet $\mathbb{D} \subset \mathbb{R}^2$ [bzw. $\mathbb{D} \subset \mathbb{R}^3$] und definiert die Gleichung $F(x, y) = 0$ [bzw. $F(x, y, z) = 0$] in der Umgebung jedes Punktes von $\mathbb{D}$, der die Gleichung erfüllt, implizit eine der Variablen als stetige Funktion der anderen Variablen, so ist $F(x, y) = 0$ die Gleichung einer Kurve in der Ebene [$F(x, y, z) = 0$ die Gleichung einer Fläche im Raum]. Man sagt dann, die Gleichung definiere implizit eine Kurve in der Ebene [eine Fläche im Raum].*

Wie schon auf Seite 195 bemerkt, genügt es oft, zu *wissen*, dass eine Gleichung $F(x_1, \ldots, x_n) = 0$ nach einer Variablen eindeutig auflösbar ist und sie implizit als differenzierbare Funktion der anderen Variablen definiert. Der folgende Satz, der hier nicht bewiesen wird, gibt an, unter welchen Voraussetzungen an F das der Fall ist.

7.1.3 Satz *$F \colon \mathbb{D} \to \mathbb{R}$ sei eine Funktion auf einem Gebiet $\mathbb{D} \subset \mathbb{R}^n$ und $\mathbf{a} \in \mathbb{D}$. Weiter seien folgende Voraussetzungen erfüllt:*

(1) $F(\mathbf{a}) = 0$, d. h. der Punkt $\mathbf{a}$ erfüllt die Gleichung $F(x_1, \ldots, x_n) = 0$,

(2) F ist in einer Umgebung von $\mathbf{a}$ stetig differenzierbar,

(3) $\operatorname{grad} F(\mathbf{a}) \neq \mathbf{0}$, d. h. wenigstens eine partielle Ableitung von F ist im Punkt $\mathbf{a}$ von 0 verschieden.

Ist zum Beispiel x_k eine Variable, für die $\dfrac{\partial F}{\partial x_k}(\mathbf{a}) \neq 0$ gilt, so definiert die Gleichung $F(x_1, \ldots, x_n) = 0$ in der Umgebung von $\mathbf{a}$ diese Variable x_k implizit als Funktion der übrigen Variablen x_j, und die implizit definierte Funktion ist stetig differenzierbar. Ist F r-mal stetig differenzierbar für $r > 1$, so ist die implizit definierte Funktion ebenfalls r-mal differenzierbar.

Ist die Variable x_k in der Umgebung von $\mathbf{a}$ implizit als Funktion der übrigen Variablen x_j ($j \neq k$) definiert, so bezeichnen wir die implizit definierte Funktion mit demselben Buchstaben x_k wie die Variable. Das tut man oft, wenn man deutlich machen will, dass eine Größe funktional von anderen Größen abhängt. Wir schreiben also

$$x_k = x_k(x_1, \ldots, x_{k-1}, x_{k+1}, \ldots, x_n).$$

Die folgende Überlegung wird zeigen: Ohne die implizit definierte Funktion tatsächlich zu kennen, können wir den Wert ihrer partiellen Ableitung $\dfrac{\partial}{\partial x_j} x_k$ nach einer Variablen x_j im Punkt $\mathbf{a}$ berechnen. Dazu differenzieren wir die Gleichung $F(x_1, \ldots, x_n) = 0$

nach x_j und erhalten eine Gleichung, in der diese partielle Ableitung auftritt. In sie set-
zen wir den Punkt a ein und lösen sie dann auf nach dem gewünschten Wert $\dfrac{\partial}{\partial x_j} x_k\,(\mathbf{a})$.
Wir begnügen uns damit, diese Überlegung für eine Gleichung $F(x, y) = 0$ in zwei
Variablen und für eine Gleichung $F(x, y, z) = 0$ in drei Variablen durchzuführen.

(I) Wir setzen voraus, dass $F \colon \mathbb{D} \to \mathbb{R}$ stetig differenzierbar in der Umgebung eines
Punktes $(a, b) \in \mathbb{D}$ ist und $F(a, b) = 0$ gilt. Ist zum Beispiel $\frac{\partial F}{\partial y}\,(a, b) \neq 0$, so definiert
dann die Gleichung $F(x, y) = 0$ nach Satz 7.1.3 in der Umgebung von (a, b) implizit y
als Funktion von x. Es gibt also eine eindeutig bestimmte Funktion $y \colon \mathbb{I} \to \mathbb{R}$ auf einer
Umgebung $\mathbb{I}$ von a (Abb. 7.2), so dass gilt:

$$F(x, y) = 0 \text{ für } x \in \mathbb{I} \iff y = y(x) \text{ mit } x \in \mathbb{I}.$$

Für $x \in \mathbb{I}$ ist daher $F\,(x, y(x)) = 0$. Das bedeutet: Die durch den Ausdruck $F\,(x, y(x))$
definierte Funktion von x ist konstant mit dem Funktionswert 0. Wir fassen sie als zusammengesetzte Funktion auf, wobei die äußere Funktion F ist und die innere Funktion
die Parameterdarstellung des Graphen der implizit definierten Funktion y:

$$\mathbf{x} \colon \mathbb{I} \to \mathbb{R}^2\,, \quad \mathbf{x}(x) = \begin{pmatrix} x(x) \\ y(x) \end{pmatrix} = \begin{pmatrix} x \\ y(x) \end{pmatrix}.$$

Die zusammengesetzte Funktion $F \circ \mathbf{x} \colon \mathbb{I} \to \mathbb{R}$ mit $(F \circ \mathbf{x})(x) = F\,(x, y(x))$ ist kon-
stant, wie wir gerade festgestellt haben. Daher hat ihre Ableitung für alle $x \in \mathbb{I}$ den
Wert 0. Berechnen wir die Ableitung mit Hilfe der Kettenregel 6.8.1 (beachten Sie dazu
Bemerkung 6.8.2), so erhalten wir also:

$$\frac{d}{dx}\,(F \circ \mathbf{x}) = \frac{\partial F}{\partial x} \cdot \frac{dx}{dx} + \frac{\partial F}{\partial y} \cdot \frac{dy}{dx} = 0\,.$$

Daraus folgt wegen $\dfrac{dx}{dx} = 1$ und $\dfrac{dy}{dx} = y'$:

$$\frac{\partial F}{\partial x}\,(x, y) + \frac{\partial F}{\partial y}\,(x, y) \cdot y'(x) = 0 \quad \text{für alle } x \in \mathbb{I} \text{ und } y = y(x)\,.$$

Wir setzen den Punkt (a, b) ein und können dann $y'(a)$ berechnen aus der Gleichung

$$\frac{\partial F}{\partial x}\,(a, b) + \frac{\partial F}{\partial y}\,(a, b) \cdot y'(a) = 0\,.$$

(II) Wir setzen voraus, dass $F \colon \mathbb{D} \to \mathbb{R}$ stetig differenzierbar in der Umgebung eines
Punktes $(a, b, c) \in \mathbb{D}$ ist und $F(a, b, c) = 0$ gilt. Ist dann etwa $\frac{\partial F}{\partial z}\,(a, b, c) \neq 0$, so
definiert die Gleichung $F(x, y, z) = 0$ nach Satz 7.1.3 in der Umgebung von (a, b, c)
implizit die Variable z als Funktion von x und y. Es gibt daher eine eindeutig bestimmte
Funktion $z \colon B \to \mathbb{R}$ auf einer Umgebung B von (a, b), so dass die durch $F(x, y, z) = 0$
in einer Umgebung U von (a, b, c) charakterisierte Punktmenge genau der Graph von
$z \colon B \to \mathbb{R}$ ist. Somit folgt:

$$F\,(x, y, z(x, y)) = 0 \quad \text{für alle } (x, y) \in B\,.$$

Da der Graph von $z\colon B \to \mathbb{R}$ die Parameterdarstellung

$$\mathbf{x}\colon B \to \mathbb{R}^3\,, \quad \mathbf{x}(x,y) = \begin{pmatrix} x(x,y) \\ y(x,y) \\ z(x,y) \end{pmatrix} = \begin{pmatrix} x \\ y \\ z(x,y) \end{pmatrix}$$

hat, ist dann also die zusammengesetzte Funktion

$$F \circ \mathbf{x}\colon B \to \mathbb{R}\,, \quad (F \circ \mathbf{x})(x,y,z) = F\big(x,y,z(x,y)\big)$$

konstant auf B mit dem Wert 0. Daher haben die partiellen Ableitungen dieser konstanten Funktion $F \circ \mathbf{x}$ nach x bzw. y in jedem Punkt den Wert 0. Berechnen wir sie nach der Formel in Ergebnis 6.8.3, so folgt dann:

$$\frac{\partial}{\partial x}\,(F \circ \mathbf{x}) = \frac{\partial F}{\partial x} \cdot \frac{\partial x}{\partial x} + \frac{\partial F}{\partial y} \cdot \frac{\partial y}{\partial x} + \frac{\partial F}{\partial z} \cdot \frac{\partial z}{\partial x} = 0\,,$$

$$\frac{\partial}{\partial y}\,(F \circ \mathbf{x}) = \frac{\partial F}{\partial x} \cdot \frac{\partial x}{\partial y} + \frac{\partial F}{\partial y} \cdot \frac{\partial y}{\partial y} + \frac{\partial F}{\partial z} \cdot \frac{\partial z}{\partial y} = 0\,.$$

Wegen $x(x,y) = x$ und $y(x,y) = y$ ist dabei:

$$\frac{\partial x}{\partial x}\,(x,y) = 1\,, \quad \frac{\partial x}{\partial y}\,(x,y) = 0\,, \quad \frac{\partial y}{\partial x}\,(x,y) = 0 \quad \text{und} \quad \frac{\partial y}{\partial y}\,(x,y) = 1\,.$$

Die Summen oben haben daher nur jeweils zwei Summanden:

$$\frac{\partial}{\partial x}\,(F \circ \mathbf{x}) = \frac{\partial F}{\partial x} + \frac{\partial F}{\partial z} \cdot \frac{\partial z}{\partial x} = 0 \quad \text{und} \quad \frac{\partial}{\partial y}\,(F \circ \mathbf{x}) = \frac{\partial F}{\partial y} + \frac{\partial F}{\partial z} \cdot \frac{\partial z}{\partial y} = 0\,.$$

Wir erhalten also die Gleichungen:

$$\frac{\partial F}{\partial x}\,(x,y) + \frac{\partial F}{\partial z}\,(x,y) \cdot \frac{\partial z}{\partial x}\,(x,y) = 0 \quad \text{und} \quad \frac{\partial F}{\partial y}\,(x,y) + \frac{\partial F}{\partial z}\,(x,y) \cdot \frac{\partial z}{\partial y}\,(x,y) = 0\,.$$

In diese Gleichungen setzen wir die Koordinaten a und b des Punktes ein und lösen sie dann auf nach den partiellen Ableitungen $\frac{\partial z}{\partial x}\,(a,b)$ und $\frac{\partial z}{\partial y}\,(a,b)$.

Wir formulieren das in (I) und (II) beschriebene Vorgehen allgemein für Gleichungen in n Variablen, die implizit eine Variable als Funktion der anderen definieren:

Unter den Voraussetzungen und mit den Bezeichnungen von Satz 7.1.3 definiere die Gleichung $F(x_1, \ldots, x_n) = 0$ in der Umgebung von $\mathbf{a}$ implizit x_n als Funktion von $x_1, \ldots, x_{n-1}$. (Statt x_n kann ebensogut eine andere Variable gewählt werden, wenn die partielle Ableitung von F nach dieser Variablen im Punkt $\mathbf{a}$ nicht 0 ist.) Für jedes $j \in \{1, \ldots, n-1\}$ gewinnen wir dann durch „*implizites Differenzieren der Gleichung* $F(x_1, \ldots, x_n) = 0$ *nach* x_j" eine Gleichung, in der die gesuchte partielle Ableitung $\frac{\partial}{\partial x_j} x_n$ vorkommt und aus der sie daher durch Auflösen der Gleichung berechnet werden kann. Unter implizitem Differenzieren von $F(x_1, \ldots, x_n) = 0$ nach x_j versteht man dabei das folgende formale Vorgehen:

Man bildet für jedes $k \in \{1, \ldots, n\}$ das Produkt der partiellen Ableitung von F nach x_k und der partiellen Ableitung von x_k nach x_j und setzt die Summe dieser für $k = 1, \ldots, n$ gebildeten Produkte gleich 0:

$$\frac{\partial F}{\partial x_1} \cdot \frac{\partial x_1}{\partial x_j} + \frac{\partial F}{\partial x_2} \cdot \frac{\partial x_2}{\partial x_j} + \ldots + \frac{\partial F}{\partial x_n} \cdot \frac{\partial x_n}{\partial x_j} = 0 \,.$$

Tatsächlich treten in der Summe nur die beiden zu $k = j$ und $k = n$ gehörenden Produkte auf, weil die Variablen $x_1, \ldots, x_{n-1}$ voneinander unabhängig sind und daher für $k \neq n$ die partielle Ableitung von x_k nach x_j nur für $j = k$ von 0 verschieden ist. Wir lassen die Summanden, die von vornherein gleich 0 sind, weg und berücksichtigen, dass $\frac{\partial x_j}{\partial x_j} = 1$ ist. Dann lautet die Gleichung:

$$\frac{\partial F}{\partial x_j} + \frac{\partial F}{\partial x_n} \cdot \frac{\partial x_n}{\partial x_j} = 0 \,.$$

Wir setzen in diese Gleichung als Argumente die Koordinaten des Punktes $\mathbf{a}$ ein und lösen sie schließlich nach der gesuchten partiellen Ableitung auf.

Was hat man also insgesamt zu tun, wenn man zeigen will, dass eine gegebene Gleichung $F(x_1, \ldots, x_n) = 0$ in der Umgebung eines Punktes $\mathbf{a}$ implizit eine Variable, etwa x_n, als Funktion der übrigen Variablen definiert, und wie bestimmt man dann die partielle Ableitung dieser implizit definierten Funktion x_n nach einer Variablen x_j?

Rezept: Gegeben ist die Gleichung $F(x_1, \ldots, x_n) = 0$ und ein Punkt $\mathbf{a} = (a_1, \ldots, a_n)$.

(1) Wir prüfen, ob $\mathbf{a}$ die Gleichung erfüllt, ob also $F(\mathbf{a}) = 0$ gilt.

(2) Wir bilden die partiellen Ableitungen von F nach allen Variablen $x_1, \ldots, x_n$ und prüfen, ob sie in einer Umgebung von $\mathbf{a}$ stetig sind.

(3) Wir setzen $\mathbf{a}$ in die partiellen Ableitungen von F ein, berechnen also alle Ableitungen $\frac{\partial}{\partial x_k} F(a_1, \ldots, a_n)$ und stellen insbesondere fest, ob $\frac{\partial}{\partial x_n} F(\mathbf{a}) \neq 0$ ist.

Fallen alle diese Prüfungen positiv aus, so folgt nach Satz 7.1.3, dass die gegebene Gleichung in der Umgebung von $\mathbf{a}$ implizit x_n als eine Funktion von $x_1, \ldots, x_{n-1}$ definiert; es ist dann also $x_n = x_n(x_1, \ldots, x_{n-1})$ mit $x_n(a_1, \ldots, a_{n-1}) = a_n$.

(4) Soll die partielle Ableitung $\frac{\partial x_n}{\partial x_j}(a_1, \ldots, a_{n-1})$ berechnet werden, so differenzieren wir $F(x_1, \ldots, x_n) = 0$ implizit nach x_j. Wie wir eben vorher erkannt haben, ist das Ergebnis der impliziten Differentiation die folgende Gleichung:

$$\frac{\partial F}{\partial x_j} + \frac{\partial F}{\partial x_n} \cdot \frac{\partial x_n}{\partial x_j} = 0 \,.$$

In sie setzen wir die Koordinaten $a_1, \ldots, a_n$ ein und erhalten die Gleichung

$$\frac{\partial}{\partial x_j} F(a_1, \ldots, a_n) + \frac{\partial}{\partial x_n} F(a_1, \ldots, a_n) \cdot \frac{\partial}{\partial x_j} x_n(a_1, \ldots, a_{n-1}) = 0 \,.$$

Die Werte der partiellen Ableitungen von F können wir dabei aus (3) übernehmen, weil wir sie dort schon berechnet haben. Aus der Gleichung gewinnen wir durch Auflösen schließlich die gewünschte partielle Ableitung $\frac{\partial}{\partial x_j} x_n(a_1, \ldots, a_{n-1})$.

Beispiele:

(1) Als wir im zweiten Teil des Beispiels (1) auf Seite 195 die Ableitung $f'(3)$ berechnet haben, ohne die Kenntnis von f vorauszusetzen, sind wir nicht anders vorgegangen, als es mit dem impliziten Differenzieren beschrieben wurde: $F(x,y) = 0$ mit $F(x,y) = x^2 + y^2 - 25$ ist in der Umgebung des Punktes $(3,4)$ zu untersuchen. Da die partiellen Ableitungen $\frac{\partial F}{\partial x}(x,y) = 2x$ und $\frac{\partial F}{\partial y}(x,y) = 2y$ von F stetig sind und $\frac{\partial F}{\partial y}(3,4) = 8 \neq 0$ ist, wissen wir jetzt nach Satz 7.1.3, dass die Gleichung in der Umgebung von $(3,4)$ implizit y als Funktion von x definiert (ohne diese Funktion explizit bestimmen zu müssen). Differenzieren wir $F(x,y) = 0$ implizit nach x, so erhalten wir:

$$\frac{\partial F}{\partial x}(x,y) + \frac{\partial F}{\partial y}(x,y) \cdot \frac{d}{dx}y(x) = 0 \iff 2x + 2yy'(x) = 0\,.$$

Auflösen der letzten Gleichung ergibt $y'(x) = -\frac{x}{y}$. Mit $x = 3$ und $y = 4$ folgt dann insbesondere: $y'(3) = -\frac{3}{4}$.

(2) Wir untersuchen die Punktmenge, die in einer Umgebung von $(0,1)$ durch die Gleichung $x + y - 1 + \sin(xy) = 0$ (Beispiel (2) auf Seite 195) beschrieben wird. Die Gleichung hat die Form $F(x,y) = 0$ mit $F(x,y) = x + y - 1 + \sin(xy)$. Da $F(0,1) = 0 + 1 - 1 + \sin 0 = 0$ ist, erfüllt $(0,1)$ die Gleichung $F(x,y) = 0$. Die partiellen Ableitungen von F sind:

$$\frac{\partial F}{\partial x}(x,y) = 1 + y\cos(xy) \quad \text{und} \quad \frac{\partial F}{\partial y}(x,y) = 1 + x\cos(xy)\,.$$

Sie sind stetig in $\mathbb{R}^2$ und damit auch in der Umgebung von $(0,1)$, weil sie aus stetigen Funktionen gebildet sind. Ihre Werte in $(0,1)$ sind:

$$\frac{\partial F}{\partial x}(0,1) = 2 \neq 0 \quad \text{und} \quad \frac{\partial F}{\partial y}(0,1) = 1 \neq 0\,.$$

Wegen $\frac{\partial F}{\partial y}(0,1) \neq 0$ definiert $F(x,y) = 0$ nach Satz 7.1.3 in der Umgebung von $(0,1)$ implizit y als Funktion von x; es ist also: $y = y(x)$ mit $y(0) = 1$. (Ebensogut könnten wir, weil auch $\frac{\partial F}{\partial x}(0,1) \neq 0$ ist, x als implizit definierte Funktion von y mit $x(1) = 0$ auffassen.)

Wie in dem Rezept beschrieben, liefert die implizite Differentiation der Gleichung $F(x,y) = 0$ nach x die Gleichung

$$\frac{\partial F}{\partial x}(x,y) + \frac{\partial F}{\partial y}(x,y) \cdot y'(x) = 0\,.$$

Wir setzen $(0,1)$ ein, und mit $\frac{\partial F}{\partial x}(0,1) = 2$ und $\frac{\partial F}{\partial y}(0,1) = 1$ erhalten wir:

$$\frac{\partial F}{\partial x}(0,1) + \frac{\partial F}{\partial y}(0,1) \cdot y'(0) = 0 \iff 2 + y'(0) = 0 \iff y'(0) = -2\,.$$

$F(x,y) = 0$ definiert also in der Umgebung von $(0,1)$ implizit eine Kurve in der Ebene, und diese hat in $(0,1)$ die Steigung -2.

(3) Wir untersuchen die Punktmenge, die in einer Umgebung des Punktes $\left(1, 1, \frac{\pi}{4}\right)$ durch die Gleichung $F(x, y, z) = 0$ charakterisiert wird; dabei sei F die Funktion

$$F \colon \mathbb{R}^3 \to \mathbb{R}, \quad F(x, y, z) = x^2 - y^2 + \sin^2 z - \frac{1}{2}.$$

Der Punkt erfüllt die Gleichung, denn:

$$F\left(1, 1, \frac{\pi}{4}\right) = 1 - 1 + \sin^2 \frac{\pi}{4} - \frac{1}{2} = \left(\frac{1}{2}\sqrt{2}\right)^2 - \frac{1}{2} = 0.$$

F hat die partiellen Ableitungen

$$\frac{\partial F}{\partial x}(x, y, z) = 2x, \quad \frac{\partial F}{\partial y}(x, y, z) = -2y, \quad \frac{\partial F}{\partial z}(x, y, z) = 2\sin z \cos z = \sin 2z.$$

Sie sind stetig im ganzen Definitionsbereich $\mathbb{R}^3$, also auch in der Umgebung von $\left(1, 1, \frac{\pi}{4}\right)$. Die Werte der partiellen Ableitungen von F in $\left(1, 1, \frac{\pi}{4}\right)$ sind:

$$\frac{\partial F}{\partial x}\left(1, 1, \frac{\pi}{4}\right) = 2, \quad \frac{\partial F}{\partial y}\left(1, 1, \frac{\pi}{4}\right) = -2, \quad \frac{\partial F}{\partial z}\left(1, 1, \frac{\pi}{4}\right) = \sin\frac{\pi}{2} = 1.$$

Da alle drei Werte $\neq 0$ sind, definiert $F(x, y, z) = 0$ nach Satz 7.1.3 in der Umgebung von $\left(1, 1, \frac{\pi}{4}\right)$ jede der Variablen als Funktion der anderen beiden. Insbesondere definiert sie zum Beispiel z als Funktion von x und y:

$$z = z(x, y) \quad \text{mit} \quad z(1, 1) = \frac{\pi}{4}.$$

Wir berechnen $\frac{\partial z}{\partial x}(1, 1)$ und $\frac{\partial z}{\partial y}(1, 1)$:

Die Ableitung nach x finden wir, indem wir $F(x, y, z) = 0$ implizit nach x differenzieren:

$$\frac{\partial F}{\partial x}(x, y, z) + \frac{\partial F}{\partial z}(x, y, z) \cdot \frac{\partial z}{\partial x}(x, y) = 0.$$

Setzen wir den Punkt ein, so folgt mit $\frac{\partial F}{\partial x}\left(1, 1, \frac{\pi}{4}\right) = 2$ und $\frac{\partial F}{\partial z}\left(1, 1, \frac{\pi}{4}\right) = 1$:

$$2 + \frac{\partial z}{\partial x}(1, 1) = 0 \quad \Longrightarrow \quad \frac{\partial z}{\partial x}(1, 1) = -2.$$

Entsprechend folgt durch implizites Differenzieren von $F(x, y, z) = 0$ nach y:

$$\frac{\partial F}{\partial y}(x, y, z) + \frac{\partial F}{\partial z}(x, y, z) \cdot \frac{\partial z}{\partial y}(x, y) = 0.$$

Setzen wir den Punkt ein, so folgt mit $\frac{\partial F}{\partial y}\left(1, 1, \frac{\pi}{4}\right) = -2$ und $\frac{\partial F}{\partial z}\left(1, 1, \frac{\pi}{4}\right) = 1$:

$$-2 + \frac{\partial z}{\partial y}(1, 1) = 0 \quad \Longrightarrow \quad \frac{\partial z}{\partial y}(1, 1) = 2.$$

Ist F r-mal partiell differenzierbar, so existieren nach Satz 7.1.3 auch die partiellen Ableitungen r-ter Ordnung der implizit definierten Funktion. Differenzieren wir, ausgehend von der Gleichung $F(x_1, \ldots, x_n) = 0$, wiederholt implizit, so finden wir eine Gleichung, in der eine gewünschte partielle Ableitung höherer Ordnung auftritt.

★ Aufgaben

(1) Zeigen Sie, dass in der Umgebung von $\left(\frac{1}{2}, 0\right)$ durch die Gleichung

$$\frac{\pi}{2} \sqrt{x^2 + y^2} + \sqrt{\pi x \operatorname{arccot} \frac{y}{x}} = \frac{3}{4}\pi$$

implizit eine Kurve Γ definiert wird, und geben Sie die Koordinatengleichung und die Parameterdarstellung der Tangente an Γ in $\left(\frac{1}{2}, 0\right)$ an.

(2) Zeigen Sie, dass in einer Umgebung von $(2, 1, 1)$ die Gleichung

$$xz^2 - yz^5 + 2xy^2 z = 5$$

implizit z als Funktion $z(x, y)$ von x und y definiert, und berechnen Sie die partiellen Ableitungen $\frac{\partial z}{\partial x}(2, 1)$, $\frac{\partial z}{\partial y}(2, 1)$ der implizit definierten Funktion.

(3) Zeigen Sie, dass die Gleichung $F(x, y, z) = 0$ mit

$$F \colon \mathbb{R}^3 \to \mathbb{R}, \quad F(x, y, z) = x + z + (y + z)^3 - 1$$

in der Umgebung jedes Punktes, der die Gleichung erfüllt, implizit z als Funktion von x und y definiert. Bestimmen Sie die partiellen Ableitungen $\frac{\partial z}{\partial x}$, $\frac{\partial z}{\partial y}$ in Abhängigkeit von x, y und $z(x, y)$.

7.2 Die Richtungsableitung einer Funktion

Sei $f \colon \mathbb{D} \to \mathbb{R}$ eine reellwertige Funktion auf einem Gebiet $\mathbb{D} \subset \mathbb{R}^n$ und $\mathbf{a} \in \mathbb{D}$. Nach 6.6.3 ist die partielle Ableitung $\frac{\partial f}{\partial x_k}(\mathbf{a})$ definiert als der Grenzwert

$$\frac{\partial f}{\partial x_k}(\mathbf{a}) = \lim_{h \to 0} \frac{f(\mathbf{a} + h\mathbf{e}_k) - f(\mathbf{a})}{h}.$$

Die Differenzenquotienten hängen hier nur ab von den Funktionswerten in den Punkten der Geraden mit der Parameterdarstellung

$$\mathbf{x} \colon \mathbb{R} \to \mathbb{R}^n, \quad \mathbf{x}(h) = \mathbf{a} + h\mathbf{e}_k.$$

Sie ist die durch $\mathbf{a}$ gehende Gerade, deren Richtungsvektor der k-te Koordinateneinheitsvektor $\mathbf{e}_k$ ist. Der Grenzwert beschreibt daher die relative Änderung von $f(\mathbf{x})$ im Punkt $\mathbf{a}$ bezüglich einer Änderung von $\mathbf{x}$ entlang dieser Parallelen zur k-ten Koordinatenachse.

Ebensogut können wir statt der Parallelen zu einer der Koordinatenachsen eine beliebige andere Gerade durch $\mathbf{a}$ betrachten. Ist $\mathbf{e}$ ein Einheitsvektor im $\mathbb{R}^n$, so hat die Gerade durch $\mathbf{a}$ mit dem Richtungsvektor $\mathbf{e}$ die Parameterdarstellung

$$\mathbf{x}\colon \mathbb{R} \to \mathbb{R}^n, \quad \mathbf{x}(h) = \mathbf{a} + h\mathbf{e}.$$

Die relative Änderung von $f(\mathbf{x})$ in $\mathbf{a}$ bezüglich der Änderung von $\mathbf{x}$ entlang dieser Geraden wird dann entsprechend beschrieben durch den Grenzwert der zugehörigen Differenzenquotienten.

7.2.1 Definition *Ist $\mathbb{D} \subset \mathbb{R}^n$ ein Gebiet, $f\colon \mathbb{D} \to \mathbb{R}$ eine reellwertige Funktion auf $\mathbb{D}$, $\mathbf{a} \in \mathbb{D}$ und $\mathbf{e}$ ein Einheitsvektor im $\mathbb{R}^n$, so heißt der Grenzwert*

$$\lim_{h \to 0} \frac{f(\mathbf{a} + h\mathbf{e}) - f(\mathbf{a})}{h},$$

wenn er existiert und eine endliche Zahl ist, die Richtungsableitung von f in $\mathbf{a}$ in Richtung von $\mathbf{e}$. Sie wird bezeichnet mit $\dfrac{\partial f}{\partial \mathbf{e}}(\mathbf{a})$.

Definitionsgemäß ist $\operatorname{grad} f(\mathbf{a})$ ein Vektor, dessen Koordinaten die partiellen Ableitungen $\frac{\partial f}{\partial x_j}(\mathbf{a})$ sind. Daher können wir ihn auch als Linearkombination der Koordinateneinheitsvektoren $\mathbf{e}_j$ darstellen:

$$\operatorname{grad} f(\mathbf{a}) = \sum_{j=1}^{n} \frac{\partial f}{\partial x_j}(\mathbf{a})\,\mathbf{e}_j.$$

Es liegt ein Vergleich mit der Darstellung eines Kraftvektors $\mathbf{F}$ als Linearkombination $\mathbf{F} = \sum_{j=1}^{n} F_j \mathbf{e}_j$ nahe: In einer solchen ist $F_j \mathbf{e}_j$ der Anteil von $\mathbf{F}$, der entlang der j-ten Koordinatenachse wirkt. Dabei kennzeichnet F_j durch den Betrag dessen *Stärke* und durch das Vorzeichen, ob er in Richtung von $\mathbf{e}_j$ oder in entgegengesetzter Richtung wirkt. Übertragen wir das auf die Darstellung der Ableitung $\operatorname{grad} f(\mathbf{a})$, so können wir entsprechend $\frac{\partial f}{\partial x_j}(\mathbf{a})\mathbf{e}_j$ als den Anteil der Ableitung entlang der Koordinatenachse deuten. Dabei kennzeichnet der Betrag von $\frac{\partial f}{\partial x_j}(\mathbf{a})$ die relative Änderung von f in $\mathbf{a}$ bei einer Änderung von $\mathbf{x}$ parallel zur j-ten Koordinatenachse, und das Vorzeichen gibt an, ob f in der Richtung von $\mathbf{e}_j$ zu- oder abnimmt.

Jeder Koeffizient $\frac{\partial f}{\partial x_k}(\mathbf{a})$ lässt sich direkt als Skalarprodukt von $\operatorname{grad} f(\mathbf{a})$ mit dem entsprechenden Koordinateneinheitsvektor $\mathbf{e}_k$ berechnen, denn aus der Darstellung von $\operatorname{grad} f(\mathbf{a})$ als Linearkombination folgt durch Multiplikation mit $\mathbf{e}_k$ wegen $\mathbf{e}_k \cdot \mathbf{e}_k = 1$ und $\mathbf{e}_j \cdot \mathbf{e}_k = 0$ für $j \neq k$:

$$\operatorname{grad} f(\mathbf{a}) \cdot \mathbf{e}_k = \sum_{j=1}^{n} \frac{\partial f}{\partial x_j}(\mathbf{a})(\mathbf{e}_j \cdot \mathbf{e}_k) = \frac{\partial f}{\partial x_k}(\mathbf{a}).$$

Diese Berechnung von $\frac{\partial f}{x_k}(\mathbf{a}) = \frac{\partial f}{\partial \mathbf{e}_k}(\mathbf{a})$ als das Skalarprodukt der Ableitung $\operatorname{grad} f(\mathbf{a})$ mit dem Richtungsvektor $\mathbf{e}_k$ und ihre Interpretation als Anteil der Ableitung, der auf die Richtung von $\mathbf{e}_k$ entfällt, gilt entsprechend für jeden beliebigen Richtungsvektor $\mathbf{e}$. Das sagt der folgende Satz aus.

7.2.2 Satz *Ist* $f: \mathbb{D} \to \mathbb{R}$ *differenzierbar im Punkt* $\mathbf{a}$ *des Gebietes* $\mathbb{D} \subset \mathbb{R}^n$, *so existiert für jeden Einheitsvektor* $\mathbf{e} \in \mathbb{R}^n$ *die Richtungsableitung von* f *in* $\mathbf{a}$ *in Richtung* $\mathbf{e}$, *und es gilt:*

$$\frac{\partial f}{\partial \mathbf{e}}(\mathbf{a}) = \operatorname{grad} f(\mathbf{a}) \cdot \mathbf{e}.$$

Beweis: Die Gerade durch $\mathbf{a}$ mit dem Richtungsvektor $\mathbf{e}$ hat die Parameterdarstellung

$$\mathbf{x}: \mathbb{I} \to \mathbb{R}^n, \quad \mathbf{x}(h) = \mathbf{a} + h\mathbf{e}.$$

Da $\mathbb{D}$ ein Gebiet und $\mathbf{x}(0) = \mathbf{a}$ ist, gibt es ein Intervall $\mathbb{I}$ um 0, so dass $\mathbf{x}(\mathbb{I}) \subset \mathbb{D}$ gilt. Daher können wir die aus f und $\mathbf{x}$ zusammengesetzte Funktion bilden:

$$F: \mathbb{I} \to \mathbb{R}, \quad F(h) = f(\mathbf{x}(h)) = f(\mathbf{a} + h\mathbf{e}).$$

F ist differenzierbar in 0, weil $\mathbf{x}$ als lineare Funktion in 0 differenzierbar und f nach Voraussetzung in $\mathbf{x}(0) = \mathbf{a}$ differenzierbar ist. Mit der Kettenregel 6.8.1 folgt dann:

$$F'(0) = \operatorname{grad} f(\mathbf{x}(0)) \cdot \mathbf{x}'(0) = \operatorname{grad} f(\mathbf{a}) \cdot \mathbf{e}.$$

Andererseits gilt für $F'(0)$ aufgrund der Definition einer Ableitung und nach Definition 7.2.1 wegen $F(h) = f(\mathbf{a} + h\mathbf{e})$:

$$F'(0) = \lim_{h \to 0} \frac{F(0 + h) - F(0)}{h} = \lim_{h \to 0} \frac{f(\mathbf{a} + h\mathbf{e}) - f(\mathbf{a})}{h} = \frac{\partial f}{\partial \mathbf{e}}(\mathbf{a}).$$

Also existiert $\dfrac{\partial f}{\partial \mathbf{e}}(\mathbf{a})$, und es ist $\dfrac{\partial f}{\partial \mathbf{e}}(\mathbf{a}) = \operatorname{grad} f(\mathbf{a}) \cdot \mathbf{e}.$ $\square$

Ist $f: \mathbb{D} \to \mathbb{R}$ eine im Punkt $\mathbf{a}$ des Gebietes $\mathbb{D} \subset \mathbb{R}^n$ differenzierbare Funktion, Γ eine glatte Kurve in $\mathbb{D}$ durch $\mathbf{a}$, und ist $\mathbf{x}: \mathbb{I} \to \mathbb{R}^n$ eine Parameterdarstellung von Γ mit $\mathbf{x}(a) = \mathbf{a}$, dann hat die zusammengesetzte Funktion

$$F: \mathbb{I} \to \mathbb{R}, \quad F(t) = f(\mathbf{x}(t))$$

nach der Kettenregel 6.8.1 in $a \in \mathbb{I}$ die Ableitung

$$F'(a) = \operatorname{grad} f(\mathbf{x}(a)) \cdot \mathbf{x}'(a) = \operatorname{grad} f(\mathbf{a}) \cdot \mathbf{x}'(a).$$

Interpretieren wir, wie in dem Beispiel in Abschnitt 6.8 (Seite 188), f als ein Temperaturfeld und $\mathbf{x}$ als die Bewegung eines Massenpunktes M im Gebiet $\mathbb{D}$ in Abhängigkeit von der Zeit $t \in \mathbb{I}$, so beschreibt $F'(a)$ die momentane Temperaturänderung, der M im Punkt $\mathbf{a}$ unterliegt. Eine andere Parameterdarstellung $\mathbf{y}: \mathbb{J} \to \mathbb{R}^n$ von Γ mit $\mathbf{y}(b) = \mathbf{a}$, die dieselbe Orientierung von Γ bestimmt, können wir als eine andere Bewegung des Massenpunktes M entlang derselben Kurve Γ interpretieren. Die momentane Temperaturänderung, der M in $\mathbf{a}$ bei dieser Bewegung unterliegt, ist entsprechend das Skalarprodukt $\operatorname{grad} f(\mathbf{a}) \cdot \mathbf{y}'(b)$. Sehen wir aber $\mathbf{x}$ und $\mathbf{y}$ nur als Parameterdarstellungen der Kurve Γ an und interessieren wir uns für die relative Änderung von $f(\mathbf{x})$ in $\mathbf{a}$ bezüglich der Änderung von $\mathbf{x}$ entlang Γ, so müssen wir in dem Skalarprodukt den von der Parameterdarstellung abhängigen Tangentenvektor durch den Tangenteneinheitsvektor $\mathbf{t}(\mathbf{a})$ ersetzen, der für beide Parameterdarstellungen gleich ist, also nur von Γ, der Orientierung von Γ und dem Punkt $\mathbf{a}$ abhängt (Definition 6.5.8 und Bemerkung 6.5.9, (2)).

7.2.3 Definition *Sei* $f\colon \mathbb{D} \to \mathbb{R}$ *eine differenzierbare Funktion auf dem Gebiet* $\mathbb{D} \subset \mathbb{R}^n$, Γ *eine glatte Kurve in* $\mathbb{D}$ *durch den Punkt* $\mathbf{a} \in \mathbb{D}$ *und* $\mathbf{t}(\mathbf{a})$ *der Tangenteneinheitsvektor von* Γ *in* $\mathbf{a}$. *Dann heißt die Richtungsableitung* $\operatorname{grad} f(\mathbf{a}) \cdot \mathbf{t}(\mathbf{a})$ *von* f *in* $\mathbf{a}$ *in Richtung von* $\mathbf{t}(\mathbf{a})$ *die Ableitung von* f *in* $\mathbf{a}$ *in Richtung der Kurve* Γ.

Ist $\operatorname{grad} f(\mathbf{a}) \neq \mathbf{0}$, so hat das Skalarprodukt $\operatorname{grad} f(\mathbf{a}) \cdot \mathbf{t}(\mathbf{a})$ genau dann den Wert 0, wenn $\operatorname{grad} f(\mathbf{a})$ und $\mathbf{t}(\mathbf{a})$ orthogonal sind, und genau dann den maximalen Betrag, wenn $\operatorname{grad} f(\mathbf{a})$ und $\mathbf{t}(\mathbf{a})$ kollinear sind. Daher gilt:

7.2.4 Folgerung *Sei* $f\colon \mathbb{D} \to \mathbb{R}$ *eine partiell differenzierbare Funktion auf dem Gebiet* $\mathbb{D} \subset \mathbb{R}^2$ *und* $\operatorname{grad} f(\mathbf{x}) \neq \mathbf{0}$ *für* $\mathbf{x} \in \mathbb{D}$. *Dann hat die Ableitung von* f *in* $\mathbf{x} \in \mathbb{D}$ *in Richtung einer glatten Kurve* Γ *genau dann den Wert 0, wenn* $\operatorname{grad} f(\mathbf{x})$ *in* $\mathbf{x}$ *senkrecht zu* Γ *ist, und genau dann den maximalen Betrag, wenn* $\operatorname{grad} f(\mathbf{x})$ *parallel zum Tangentenvektor von* Γ *in* $\mathbf{x}$ *ist.*

Anwendung: Eine Funktion $F\colon \mathbb{D} \to \mathbb{R}$ beschreibe die Temperaturverteilung auf einer dünnen Platte. Ist F stetig differenzierbar und $\operatorname{grad} F(x, y) \neq \mathbf{0}$ für alle $(x, y) \in \mathbb{D}$, so ist nach 7.1.2 und 7.1.3 für jeden Temperaturwert $c \in F(\mathbb{D})$ die Punktmenge

$$N_c = \{\, (x, y) \in \mathbb{D} \mid F(x, y) = c \,\}$$

eine Kurve in $\mathbb{D}$ (die zu c gehörende Isotherme).

Die Isothermen N_c mit $c \in F(\mathbb{D})$ bilden eine Schar von Kurven in dem Gebiet $\mathbb{D}$ (Abb. 7.3), und jeder Punkt $(x, y) \in \mathbb{D}$ liegt auf genau einer Isotherme, nämlich auf derjenigen Isotherme, die zu seinem Temperaturwert gehört.

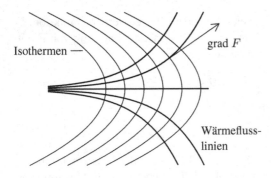

Isothermen —   grad F

Wärmefluss-
linien

Abb. 7.3   Ein Temperaturfeld $F\colon \mathbb{D} \to \mathbb{R}^2$ ist hier durch die Isothermen (Kurven konstanter Temperatur) veranschaulicht. In jedem Punkt (x, y) ist der Gradientenvektor von F senkrecht zu der durch (x, y) gehenden Isotherme. Die Kurven, die in jedem Punkt den Gradientenvektor als Tangentenvektor besitzen, sind die Wärmeflusslinien. Längs der Wärmeflusslinien findet der Wärmeaustausch statt.

Sei (a, b) ein beliebiger Punkt in $\mathbb{D}$. Die Gleichung $F(x, y) = c$ definiere in der Umgebung von (a, b) etwa y als Funktion von x. Dann ist $y\colon \mathbb{I} \to \mathbb{R}$ auf dem Intervall $\mathbb{I}$ um a definiert, und die Niveaulinie N_c durch (a, b) ist der Graph dieser Funktion y. Daher hat N_c die Parameterdarstellung

$$\mathbf{x}\colon \mathbb{I} \to \mathbb{R}^2, \quad \mathbf{x}(x) = \begin{pmatrix} x \\ y(x) \end{pmatrix} \text{ mit dem Tangentenvektor } \mathbf{x}'(a) = \begin{pmatrix} 1 \\ y'(a) \end{pmatrix} \neq \mathbf{0}.$$

Durch implizites Differenzieren von $F(x, y) = 0$ nach x folgt:

$$\frac{\partial F}{\partial x}(a, b) \cdot 1 + \frac{\partial F}{\partial y}(a, b) \cdot y'(a) = 0 \iff \operatorname{grad} F(a, b) \cdot \mathbf{x}'(a) = 0.$$

Es ist $\mathbf{x}'(a) \neq \mathbf{0}$ und nach Voraussetzung ebenso grad $F(a, b) \neq \mathbf{0}$. Da das Skalarprodukt den Wert 0 hat, muss dann grad $F(a, b)$ orthogonal zum Tangentenvektor sein.

Das bedeutet: In jedem Punkt $(x, y) \in \mathbb{D}$ ist grad $F(x, y)$ senkrecht zu der durch (x, y) gehenden Isotherme N_c. Nach 7.2.4 hat daher die Ableitung von F an der Stelle $(x, y) \in N_c$ in Richtung von N_c immer den Wert 0. Dies beschreibt, was anschaulich klar ist: Entlang der Isothermen findet keine Temperaturänderung statt. Interpretieren wir das Gradientenfeld grad $F \colon \mathbb{D} \to \mathbb{R}^2$ als ein *Tangentenfeld*, so können wir uns eine andere für das Temperaturfeld charakteristische Schar von Kurven in dem Gebiet $\mathbb{D}$ vorstellen (Abb. 7.3): Es sind die Kurven Γ in $\mathbb{D}$, die in jedem Punkt den Gradienten als Tangentenvektor haben, also die durch ihn gehende Isotherme senkrecht schneiden. Für jeden Punkt einer solchen Kurve Γ hat dann nach 7.2.4 die Ableitung von F in dem Punkt in Richtung von Γ einen maximalen Betrag. Entlang der Kurven Γ ist somit die Temperaturänderung maximal und findet daher der Wärmeaustausch statt. Die Kurven Γ heißen dementsprechend die *Wärmeflusslinien* des Temperaturfeldes.

★ Aufgaben

(1) Berechnen Sie die Richtungsableitung der folgenden Funktion in Richtung des Vektors $\mathbf{v}(x, y, z) = y\mathbf{e}_1 - 2xy\mathbf{e}_2 + 2xz\mathbf{e}_3$:

$$f \colon \mathbb{R}^3 \to \mathbb{R} \quad \text{mit} \quad f(x, y, z) = (x^2 + y)\cos(yz).$$

(2) Bestimmen Sie den Einheitsvektor $\mathbf{e}$ so, dass die Ableitung von f an der Stelle $(2, 2, 1)$ in Richtung von $\mathbf{e}$ den maximalen Wert hat; f ist gegeben durch

$$f(x, y, z) = \arctan\left(\frac{x}{yz} - \frac{y}{xz}\right).$$

(3) Zeigen Sie, dass die Gleichung $x^2 y + \tan(xy - y^2) = 8$ in der Umgebung des Punktes $(2, 2)$ implizit eine Kurve Γ definiert, und berechnen Sie die Richtungsableitung folgender Funktion in Richtung Γ im Punkt $(2, 2)$:

$$f \colon \mathbb{R}^2 \to \mathbb{R}, \quad f(x, y) = \sqrt{3x^2 + 3y^2 + 2}.$$

7.3   Die Tangentialebene an eine Fläche

In Abschnitt 6.6 haben wir die Tangentialebene an eine Fläche eingeführt, ihren Normalenvektor bestimmt und ihre Normalengleichung aufgestellt. Die Fläche war dort als Graph einer *expliziten* Funktion $f \colon \mathbb{D} \to \mathbb{R}$ gegeben und hatte dementsprechend die *explizite* Gleichung $z = f(x, y)$. Nach 7.1.2 kann eine Fläche auch *implizit* durch eine Gleichung $F(x, y, z) = 0$ gegeben sein. Wir wollen jetzt untersuchen, wie man in einer solchen Situation den Normalenvektor der Tangentialebene an diese Fläche bestimmt, ohne erst die Gleichung $F(x, y, z) = 0$ in eine Gleichung $z = f(x, y)$ umzuformen.

Wir setzen voraus, dass $F \colon \mathbb{D} \to \mathbb{R}$ eine stetig differenzierbare Funktion auf einem Gebiet $\mathbb{D} \subset \mathbb{R}^3$ ist und grad $F(\mathbf{a}) \neq \mathbf{0}$ in einem Punkt $\mathbf{a} \in \mathbb{D}$ gilt. Dann ist wenigstens eine der partiellen Ableitungen $F_x(\mathbf{a})$, $F_y(\mathbf{a})$, $F_z(\mathbf{a})$ von 0 verschieden. Die Gleichung $F(x, y, z) = 0$ definiert daher nach 7.1.3 und 7.1.2 in der Umgebung von $\mathbf{a}$ implizit ein Flächenstück.

Ist etwa $F_z(\mathbf{a}) \neq 0$, so definiert $F(x, y, z) = 0$ implizit z als Funktion $z = f(x, y)$, und das Flächenstück ist der Graph von f. Um den Normalenvektor der Tangentialebene im Punkt $\mathbf{a}$ anzugeben, benötigen wir nicht die Funktion f, sondern nur die partiellen Ableitungen von f in $\mathbf{a}$. Denn nach 6.6.11 hat die Tangentialebene den Normalenvektor

$$\begin{pmatrix} f_x(\mathbf{a}) \\ f_y(\mathbf{a}) \\ -1 \end{pmatrix} .$$

Zur Bestimmung dieser partiellen Ableitungen differenzieren wir $F(x, y, z) = 0$ implizit nach x und y (Abschnitt 7.1) und setzen $\mathbf{a}$ in die partiellen Ableitungen ein:

$$F_x(\mathbf{a}) + F_z(\mathbf{a}) f_x(\mathbf{a}) = 0 \iff F_x(\mathbf{a}) = -F_z(\mathbf{a}) f_x(\mathbf{a}) ,$$

$$F_y(\mathbf{a}) + F_z(\mathbf{a}) f_y(\mathbf{a}) = 0 \iff F_y(\mathbf{a}) = -F_z(\mathbf{a}) f_y(\mathbf{a}) .$$

Damit folgt nun: $\quad \operatorname{grad} F(\mathbf{a}) = \begin{pmatrix} F_x(\mathbf{a}) \\ F_y(\mathbf{a}) \\ F_z(\mathbf{a}) \end{pmatrix} = -F_z(\mathbf{a}) \begin{pmatrix} f_x(\mathbf{a}) \\ f_y(\mathbf{a}) \\ -1 \end{pmatrix} .$

Das bedeutet: $\operatorname{grad} F(\mathbf{a})$ ist bis auf den Faktor $-F_z(\mathbf{a})$ der oben angegebene durch f bestimmte Normalenvektor der Tangentialebene und kann daher ebensogut als Normalenvektor gewählt werden. Das erlaubt es, die Gleichung der Tangentialebene an ein implizit durch $F(x, y, z) = 0$ definiertes Flächenstück direkt anzugeben.

7.3.1 Satz *Sei $F \colon \mathbb{D} \to \mathbb{R}$ eine stetig differenzierbare Funktion auf $\mathbb{D} \subset \mathbb{R}^3$, $\mathbf{a} \in \mathbb{D}$ und $\operatorname{grad} F(\mathbf{a}) \neq \mathbf{0}$. Dann definiert die Gleichung $F(x, y, z) = 0$ in der Umgebung von $\mathbf{a}$ implizit eine Fläche, und die Tangentialebene an diese Fläche im Punkt $\mathbf{a}$ hat den Normalenvektor $\operatorname{grad} F(\mathbf{a})$ und daher die Gleichung*

$$(\mathbf{x} - \mathbf{a}) \cdot \operatorname{grad} F(\mathbf{a}) = 0 .$$

7.3.2 Folgerung *Unter den Voraussetzungen von 7.3.1 gilt: Für jede glatte Kurve Γ, die durch den Punkt $\mathbf{a}$ geht und in der Umgebung von $\mathbf{a}$ auf der Fläche $F(x, y, z) = 0$ verläuft, liegt der Tangentenvektor in $\mathbf{a}$ an Γ in der Tangentialebene der Fläche.*

Beweis: Eine Parameterdarstellung $\mathbf{x} \colon \mathbb{I} \to \mathbb{R}^3$ von Γ genügt wegen der vorausgesetzten Eigenschaften von Γ den Bedingungen:

 (1) Für einen Parameterwert $a \in \mathbb{I}$ ist $\mathbf{x}(a) = \mathbf{a}$ (denn $\mathbf{a}$ ist ein Punkt von Γ);

 (2) $\mathbf{x} \colon \mathbb{I} \to \mathbb{R}^3$ ist differenzierbar in a und $\mathbf{x}'(a) \neq \mathbf{0}$ (denn Γ ist eine glatte Kurve);

 (3) $F(\mathbf{x}(t)) = 0$ für alle $t \in \mathbb{I}$ (denn die Punkte von Γ liegen in der Fläche, die implizit durch $F(x, y, z) = 0$ definiert ist).

Aufgrund der Bedingung (3) ist die aus F und $\mathbf{x}$ zusammengesetzte Funktion $F \circ \mathbf{x}$ auf $\mathbb{I}$ konstant mit dem Funktionswert 0. Ihre Ableitung ist daher überall gleich 0. Berechnen wir sie nach der Kettenregel 6.8.1 und setzen wir den Parameterwert a ein, so erhalten wir mit $\mathbf{x}(a) = \mathbf{a}$ daher:

$$\operatorname{grad} F(\mathbf{a}) \cdot \mathbf{x}'(a) = 0 .$$

Da nach Voraussetzung grad $F(\mathbf{a}) \neq \mathbf{0}$ und nach (2) $\mathbf{x}'(a) \neq \mathbf{0}$ ist, folgt daraus: $\mathbf{x}'(a)$ ist senkrecht zu dem Normalenvektor grad $F(\mathbf{a})$ der Tangentialebene. Also liegt der Tangentenvektor in der Tangentialebene (Abb. 7.4). $\square$

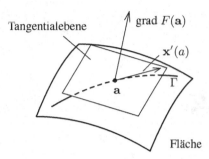

Abb. 7.4 Der Tangentenvektor im Punkt $\mathbf{a}$ einer Kurve Γ, die auf der implizit durch $F(x,y,z) = 0$ definierten Fläche verläuft, liegt in der Tangentialebene an die Fläche im Punkt $\mathbf{a}$.

Beispiel: Ist $F: \mathbb{R}^3 \to \mathbb{R}$ gegeben durch $F(x,y,z) = 4x \arctan(yz) - \pi$, so definiert die Gleichung $F(x,y,z) = 0$ in der Umgebung des Punktes $(1,1,1)$ eine Fläche, denn: $F(1,1,1) = 0$ (der Punkt genügt der Gleichung), F hat stetige partielle Ableitungen

$$F_x(x,y,z) = 4 \arctan(yz), \quad F_y(x,y,z) = \frac{4xz}{1 + y^2z^2}, \quad F_z(x,y,z) = \frac{4xy}{1 + y^2z^2}$$

und $F_x(1,1,1) = \pi, F_y(1,1,1) = 2, F_z(1,1,1) = 2 \implies$ grad $F(1,1,1) \neq \mathbf{0}$. Die Tangentialebene an die Fläche im Punkt $(1,1,1)$ hat den Gradientenvektor als Normalenvektor und geht durch $(1,1,1)$. Ihre Gleichung ist daher:

$$\left(\begin{pmatrix} x \\ y \\ z \end{pmatrix} - \begin{pmatrix} 1 \\ 1 \\ 1 \end{pmatrix} \right) \cdot \begin{pmatrix} \pi \\ 2 \\ 2 \end{pmatrix} = 0 \iff \pi(x-1) + 2(y-1) + 2(z-1) = 0$$

$$\iff \pi x + 2y + 2z = \pi + 4.$$

★ **Aufgaben**

(1) Zeigen Sie, dass die Gleichung $z \sin(x+y) + x \cos(y+z) = 0$ in einer Umgebung des Punktes $\left(\pi, \pi, \frac{\pi}{2} \right)$ implizit eine Fläche definiert. Geben Sie die Gleichung ihrer Tangentialebene im Punkt $\left(\pi, \pi, \frac{\pi}{2} \right)$ an.

(2) Weisen Sie nach, dass die Gleichung $x^2 + y^2 + (z-1)^2 = 2$ implizit eine Fläche im $\mathbb{R}^3$ definiert. Bestimmen Sie die beiden Punkte P_0 und P_1, in denen die Kurve Γ mit der Parameterdarstellung

$$\mathbf{x}: \mathbb{R} \to \mathbb{R}^3, \quad \mathbf{x}(t) = (\cos t, \sin t, t)^T,$$

diese Fläche durchstößt. Geben Sie die Gleichung der Tangentialebene an die Fläche in P_i ($i = 0, 1$) an und berechnen Sie den Winkel, in welchem Γ die Fläche in P_i durchstößt. Dieser ist der Winkel zwischen dem Tangentenvektor von Γ und der Tangentialebene in P_i.

Kapitel 8

Integralrechnung

Die mit einer Funktion $f\colon \mathbb{I} \to \mathbb{R}$ gebildete Differentialform $f(x)\,dx$ heißt nach Definition 6.6.10 exakt, wenn eine Stammfunktion von f existiert, also eine Funktion $F\colon \mathbb{I} \to \mathbb{R}$, für die $f(x)\,dx = dF(x)$ gilt. Zwar ist F dann nicht die einzige Stammfunktion, aber mit Hilfe von F lassen sich alle Stammfunktionen angeben: Es sind genau die Funktionen $F + C\colon \mathbb{I} \to \mathbb{R}$, die sich nur um eine additive Konstante $C \in \mathbb{R}$ von F unterscheiden (8.1.1). Man nennt $F + C$ *die allgemeine Stammfunktion* von f, und als solche ist diese dann eindeutig bestimmt. Ein anderer Name für die allgemeine Stammfunktion von f ist *unbestimmtes Integral von f*, und ihre Berechnung heißt dementsprechend *Integration*. Wir können die Integration daher verstehen als Operation (oder Abbildung), die jeder Funktion $f\colon \mathbb{I} \to \mathbb{R}$ mit exakter Differentialform $f(x)\,dx$ die allgemeine Stammfunktion von f zuordnet. Da eine Funktion f immer die Ableitung ihrer Stammfunktion und umgekehrt eine Funktion F immer eine Stammfunktion ihrer Ableitung ist, sind Differentiation und Integration Umkehroperationen voneinander (8.1.6).

Die Differentiation ist durch eine explizite Rechenvorschrift definiert, mit der für jede differenzierbare Funktion $F\colon \mathbb{I} \to \mathbb{R}$ ihre Ableitung f direkt berechnet werden kann: f ist die Funktion, die jedem $x \in \mathbb{I}$ den Grenzwert $f(x) = \lim\limits_{h \to 0} \dfrac{1}{h}\big(F(x + h) - F(x)\big)$ zuordnet. Wenn wir die Integration in der beschriebenen Weise einführen, so ist sie nicht wie die Differentiation durch eine direkte Vorschrift erklärt, sondern eben nur durch ihre Eigenschaft, die Umkehroperation der Differentiation zu sein. Dass diese Eigenschaft dennoch hilfreich für die Berechnung unbestimmter Integrale ist, lassen folgende beiden Beobachtungen erkennen.

Formeln für Ableitungen sind zugleich Formeln für unbestimmte Integrale. Wir stellen eine Liste her, in der häufig auftretende Funktionen F und daneben ihre Ableitungen f stehen. Aus ihr können wir für jede Funktion F deren Ableitung f ablesen, aber ebenso für jede Funktion f deren Stammfunktion F; anders formuliert: wir finden das unbestimmte Integral einer Funktion f, wenn wir uns an eine Funktion F „erinnern", deren Ableitung f ist: f ist Ableitung von F $\implies$ F ist Stammfunktion von f.

Differentiationsregeln lassen sich in Integrationsregeln uminterpretieren. Während durch konsequente Anwendung der Differentiationsregeln Ableitungen komplizierter Funktionen zurückgeführt werden können auf die bekannten Ableitungen der an ihrer Bildung beteiligten Funktionen, beschreiben die Integrationsregeln in Abschnitt 8.2 allerdings nur mögliche Wege zum Auffinden einer Stammfunktion.

Die Ableitung einer differenzierbaren Funktion findet man immer durch konsequente Anwendung der Differentiationsregeln. Entsprechendes gilt in der Integralrechnung nicht. Denn gelingt es mit Hilfe der Integrationsregeln nicht, die Stammfunktion einer Funktion zu bestimmen, so kann dennoch eine solche existieren. Daher ist es hilfreich, eine leicht nachprüfbare Eigenschaft von Funktionen zu finden, welche die Existenz einer Stammfunktion garantiert – unabhängig davon, ob man dann auch in der Lage ist, diese tatsächlich zu bestimmen. Als eine solche Eigenschaft stellt sich die Stetigkeit heraus. Das werden wir im Zusammenhang mit der Diskussion einer geometrischen Fragestellung erkennen, die zunächst gar nichts mit dem Begriff des unbestimmten Integrals oder mit der Integration zu tun zu haben scheint (Abschnitt 8.3).

Setzen wir voraus, dass $f\colon [a,b] \to \mathbb{R}$ stetig ist, so können wir f geometrisch als die Kurve Graph f veranschaulichen. Nehmen wir der Einfachheit halber auch noch an, dass f nicht-negativ ist, so liegt diese Kurve oberhalb der x-Achse und berandet zusammen mit dem Intervall $[a,b]$ und den Parallelen zur y-Achse durch die Endpunkte a, b des Intervalls eine Fläche $\mathbb{F}(f;[a,b])$ in der (x,y)-Ebene (Abb. 8.1). Wir fragen: Kann jeder solchen Fläche sinnvoll eine Zahl als Flächeninhalt zugeordnet werden, und wie lässt sich dieser Flächeninhalt dann berechnen? Um die Frage zu beantworten, ist eine exakte Definition des Flächeninhaltes nötig. Die zu ihr führende Idee ähnelt in gewisser Weise der zur Definition des Steigungsbegriffs führenden Idee in 6.1.

Ist $f\colon [a,b] \to \mathbb{R}$ mit $f(x) = h > 0$ eine konstante Funktion, so ist die zu f gehörige Fläche ein Rechteck der Höhe h über $[a,b]$ und hat als solches den elementar definierten Flächeninhalt $(b-a) \cdot h$ (entsprechend konnten wir die Steigung des Graphen einer *linearen* Funktion als ihren konstanten Differenzenquotient elementar berechnen). Ist f nicht konstant, so zerlegen wir die Fläche $\mathbb{F}(f;[a,b])$ durch Parallelen zur y-Achse in „schmale Flächenstreifen", die wegen der Stetigkeit von f näherungsweise Rechtecke sind. Die Summe ihrer Inhalte ist daher ein Näherungswert für den Inhalt von $\mathbb{F}(f;[a,b])$. Damit ist es sinnvoll, den zu Zerlegungen in immer schmalere Streifen gehörenden Grenzwert solcher Summen als Flächeninhalt von $\mathbb{F}(f;[a,b])$ zu definieren.

Wie die Definition der Steigung des Graphen von f zur Definition der Ableitung von f führte, so gibt die Definition des Flächeninhaltes der zu f gehörenden Fläche Anlass zur Definition des *bestimmten Integrals* einer stetigen Funktion f über $[a,b]$ (8.3.1).

Ist $f\colon [a,b] \to \mathbb{R}$ stetig, so können wir jedem $x \in [a,b]$ das bestimmte Integral von f über $[a,x]$ zuordnen und so eine Funktion $A\colon [a,b] \to \mathbb{R}$ definieren. Es stellt sich heraus, dass diese Funktion A eine Stammfunktion von f ist. Das zeigt, dass jede stetige Funktion f eine Stammfunktion besitzt (Satz 8.3.5). Nun gibt es stetige Funktionen, deren Stammfunktionen sich nicht mit Hilfe der üblichen Operationen durch bekannte Funktionen darstellen lassen und die daher auch nicht durch Anwendung von Integrationsregeln oder anderen Möglichkeiten „bestimmt" werden können. Die Existenzaussage gibt dann Anlass, die Stammfunktion als neue Funktion einzuführen, ihr einen Namen zu geben und ihre Eigenschaften festzustellen. Ein Beispiel dafür ist die *natürliche Logarithmusfunktion*, die als Stammfunktion der auf $(0, \infty)$ stetigen Funktion $f(x) = \frac{1}{x}$ eingeführt wird (Abschnitt 8.4). Sie besitzt eine Umkehrfunktion, die ebenfalls eine „neue" Funktion ist und den Namen *Exponentialfunktion* erhält.

Der Begriff und die Definition des bestimmten Integrals lassen sich mit verschiedenen Zielrichtungen verallgemeinern. Ist $f\colon \mathbb{B} \to \mathbb{R}$ eine stetige Funktion auf einem

Gebiet $\mathbb{B} \subset \mathbb{R}^n$, so erhalten wir die Definition des *Bereichsintegrals von f* über $\mathbb{B}$ (Abschnitt 8.8), wenn wir in der Definition des bestimmten Integrals das Integrationsintervall $[a, b]$ durch den Integrationsbereich $\mathbb{B} \subset \mathbb{R}^n$ ersetzen. Wie das bestimmte Integral einer nicht-negativen Funktion über $[a, b]$ als Flächeninhalt, so kann das Bereichsintegral einer nicht-negativen Funktion $f \colon \mathbb{B} \to \mathbb{R}$ über $\mathbb{B} \subset \mathbb{R}^2$ geometrisch als das Volumen des Körpers über $\mathbb{B}$ mit der Deckfläche Graph f interpretiert werden. Ist $\mathbb{B}$ ein „einfacher" Bereich, so lässt sich die Berechnung des Bereichsintegrals zurückführen auf Integrationen nach den einzelnen auftretenden Variablen. Dabei werden dann (wie beim partiellen Differenzieren) die jeweils anderen Variablen als konstant angesehen. Aus diesem Grund können bei der Berechnung von Bereichsintegralen dieselben Regeln und Techniken wie bei Funktionen einer Variablen angewandt werden. Eine weitere Möglichkeit zur Berechnung von Bereichsintegralen entwickeln wir in Abschnitt 8.9. Zu diesem Zweck definieren wir den Begriff einer *Koordinatentransformation*. Wir zeigen, dass man mit Hilfe einer solchen Koordinatentransformation ein Bereichsintegral in ein solches mit neuen Koordinaten überführen kann. Ziel dabei ist es, dass dieses neue Bereichsintegral leichter zu berechnen ist als das ursprüngliche.

Ersetzen wir in der Definition des bestimmten Integrals das Intervall $[a, b]$ durch eine Kurve $\Gamma \subset \mathbb{R}^n$ und die Funktion f durch ein Vektorfeld $\mathbf{F} \colon \mathbb{D} \to \mathbb{R}^n$ auf einem Γ enthaltenden Gebiet $\mathbb{D}$, so gelangen wir zum Begriff des *Kurvenintegrals* (Abschnitt 8.10). Interpretieren wir zum Beispiel $\mathbf{F}$ als ein Kraftfeld und Γ als Bahnkurve eines Massenpunktes M, so können wir das Kurvenintegral physikalisch deuten als die Arbeit, die bei der Verschiebung von M längs Γ geleistet wird. Ein Kurvenintegral lässt sich unter Verwendung der Parameterdarstellung der Kurve in ein bestimmtes Integral einer Funktion einer Variablen überführen, so dass auch zur Berechnung von Kurvenintegralen die für die Integration reeller Funktionen gewonnenen Regeln und Methoden zur Verfügung stehen. Wie man mit Hilfe des bestimmten Integrals die Stammfunktion einer stetigen Funktion bestimmen kann, so kann man mit Hilfe des Kurvenintegrals eine Stammfunktion (ein *Potential*) eines konservativen Vektorfeldes auffinden.

8.1   Die Stammfunktion und das unbestimmte Integral einer Funktion

Die Differentialform $f(x)\, dx$ einer Funktion $f \colon \mathbb{I} \to \mathbb{R}$ auf einem Intervall $\mathbb{I}$ heißt nach Definition 6.6.10 exakt, wenn es eine Stammfunktion $F \colon \mathbb{I} \to \mathbb{R}$ gibt. Das bedeutet:

$$dF(x) = f(x)\, dx \quad \text{oder äquivalent dazu} \quad F'(x) = f(x) \text{ für } x \in \mathbb{I}.$$

Ist F eine Stammfunktion und $C \in \mathbb{R}$ eine Konstante, so folgt:

$$(F(x) + C)' = F'(x) + 0 = f(x) \text{ für alle } x \in \mathbb{I}.$$

Dann ist also auch $F + C$ mit $C \in \mathbb{R}$ eine Stammfunktion von f.

Wählen wir zwei beliebige Stammfunktionen G und F der Funktion $f \colon \mathbb{I} \to \mathbb{R}$, so ist $(G - F)'(x) = G'(x) - F'(x) = f(x) - f(x) = 0$. Nach 6.3.7, (3) ist $G - F$ dann eine konstante Funktion, und es gibt daher eine Konstante $C \in \mathbb{R}$ mit $G(x) = F(x) + C$ für alle $x \in \mathbb{I}$. Damit erhalten wir insgesamt:

8.1.1 Satz *Sind G, $F\colon \mathbb{I} \to \mathbb{R}$ auf einem Intervall $\mathbb{I}$ differenzierbar, so gilt:*

$$G' = F' \iff \quad G \text{ und } F \text{ unterscheiden sich um eine additive Konstante } C \in \mathbb{R},$$
$$\text{d.h. mit } C \in \mathbb{R} \text{ ist } G(x) = F(x) + C \text{ für alle } x \in \mathbb{I}.$$

Ist F irgendeine (spezielle) Stammfunktion von f, so hat also jede Stammfunktion die gleiche Vorschrift $F(x) + C$. Um Aussagen über Stammfunktionen oder Methoden zur Berechnung von Stammfunktionen formulieren zu können, ist es praktisch, ein Symbol für die allgemeine Stammfunktion einer Funktion f mit exakter Differentialform $f(x)\,dx$ einzuführen.

8.1.2 Definition *Ist $f\colon \mathbb{I} \to \mathbb{R}$ auf einem Intervall $\mathbb{I}$ definiert und ist die Differentialform $f(x)\,dx$ exakt, so bezeichnet man die allgemeine Stammfunktion mit dem Symbol $\displaystyle\int f(x)\,dx$ und nennt dieses das unbestimmte Integral von f bezüglich x.*

Kennt man eine spezielle Stammfunktion, so kann man (nach 8.1.1) mit ihrer Hilfe das unbestimmte Integral angeben:

8.1.3 Folgerung *Ist die Funktion $F\colon \mathbb{I} \to \mathbb{R}$ irgendeine spezielle Stammfunktion der Funktion $f\colon \mathbb{I} \to \mathbb{R}$, so gilt:*

$$\int f(x)\,dx = F(x) + C \quad \text{mit } C \in \mathbb{R}.$$

Die Tatsache, dass $F\colon \mathbb{I} \to \mathbb{R}$ eine Stammfunktion von $f\colon \mathbb{I} \to \mathbb{R}$ ist, lässt sich damit durch drei äquivalente Formulierungen ausdrücken:

$$\frac{d}{dx}\,F(x) = f(x) \iff dF(x) = f(x)\,dx \iff \int f(x)\,dx = F(x) + C.$$

Die drei Aussagen beschreiben denselben Sachverhalt, einmal in der Sprache der Differentialrechnung mit Hilfe der Begriffe Ableitung oder vollständiges Differential, das andere Mal in der Sprache der Integralrechnung. In Worten lautet die Äquivalenz:

$$\left.\begin{array}{l} F \text{ hat die Ableitung } f \text{ oder} \\ F \text{ hat in } x \text{ das vollständige Differential } f(x)\,dx \end{array}\right\} \iff f \text{ hat das Integral } F + C.$$

Der Unterschied zwischen den Formulierungen liegt in der „Richtung": In der Differentialrechnung geht man von F zur Ableitung f über, in der Integralrechnung von f zur Stammfunktion F.

Wir nutzen das, um die Integrale von Funktionen anzugeben, indem wir uns an Funktionen „erinnern", deren Ableitungen sie sind.

8.1.4 Satz (Integrale einiger Grundfunktionen)

(1) Für $r \in \mathbb{Q} \setminus \{-1\}$ gilt $\left(x^{r+1}\right)' = (r+1)x^r \iff \left(\dfrac{1}{r+1}x^{r+1}\right)' = x^r$.

Äquivalent dazu ist die Integrationsformel:

$$\int x^r \, dx = \frac{1}{r+1}\,x^{r+1} + C \quad \text{für alle} \quad r \in \mathbb{Q} \setminus \{-1\}.$$

Spezielle Beispiele sind:

(a) $\displaystyle \int \sqrt{x}\,dx = \int x^{\frac{1}{2}}\,dx = \frac{2}{3}x^{\frac{3}{2}} + C = \frac{2}{3}\sqrt{x^3} + C$,

(b) $\displaystyle \int \frac{1}{\sqrt{x}}\,dx = \int x^{-\frac{1}{2}}\,dx = 2x^{\frac{1}{2}} + C = 2\sqrt{x} + C$.

(2) $\displaystyle \sin' x = \cos x \iff \int \cos x\,dx = \sin x + C$,

$\displaystyle -\cos' x = \sin x \iff \int \sin x\,dx = -\cos x + C$,

$\displaystyle \tan' x = \frac{1}{\cos^2 x} \iff \int \frac{1}{\cos^2 x}\,dx = \tan x + C$,

$\displaystyle \arcsin' x = \frac{1}{\sqrt{1-x^2}} \iff \int \frac{1}{\sqrt{1-x^2}}\,dx = \arcsin x + C$,

$\displaystyle \arctan' x = \frac{1}{1+x^2} \iff \int \frac{1}{1+x^2}\,dx = \arctan x + C$.

8.1.5 Vereinbarung Bei Integranden der Form $\dfrac{1}{f(x)}$ schreiben wir im Folgenden kurz $\displaystyle \int \frac{dx}{f(x)}$ anstatt $\displaystyle \int \frac{1}{f(x)}\,dx$.

Wir fassen die Differentiation und die Integration als Operationen auf, die zugelassenen Funktionen wieder Funktionen zuordnen. In welcher Beziehung die beiden Operationen zueinander stehen, beschreibt dann die Äquivalenz

$$\frac{d}{dx}\,F(x) = f(x) \iff \int f(x)\,dx = F(x) + C.$$

8.1.6 Folgerung *Differentiation und Integration sind Umkehroperationen voneinander (man sagt auch: zueinander inverse Operationen):*

$$\frac{d}{dx}\left[\int f(x)\,dx\right] = f(x) \quad \text{und} \quad \int \left[\frac{d}{dx}F(x)\right]dx = F(x) + C.$$

Da das Differenzieren eine lineare Operation ist (Bemerkung 6.2.2), gilt dann dasselbe für das Integrieren.

8.1.7 Satz (Linearität des Integrals) *Sind f, $g\colon \mathbb{I} \to \mathbb{R}$ reelle Funktionen und sind die Differentialformen $f(x)\,dx$ und $g(x)\,dx$ exakt, so gilt:*

(1) $\displaystyle \int [f(x) + g(x)]\,dx = \int f(x)\,dx + \int g(x)\,dx$,

(2) $\displaystyle \int a f(x)\,dx = a \int f(x)\,dx$ für $a \in \mathbb{R}$.

Beispiele:

(1) $\displaystyle\int 2x^3\,dx = 2\int x^3\,dx = 2\cdot\frac{1}{4}\,x^4 + C = \frac{1}{2}\,x^4 + C\,,$

(2) $\displaystyle\int (x^2 + 3\cos x)\,dx = \int x^2\,dx + 3\int \cos x\,dx = \frac{1}{3}\,x^3 + 3\sin x + C\,.$

★ Aufgaben

(1) Formen Sie die Integranden so um, dass Sie die Integrale unter Anwendung der Linearitätseigenschaften 8.1.7 und mit Hilfe der Formeln 8.1.4, (1) bestimmen können:

(a) $\displaystyle\int (2x - 3)^2\,dx\,,$ (b) $\displaystyle\int (2x^2 - 3x + 1)\,dx\,,$ (c) $\displaystyle\int x(1 - x^2)\,dx\,,$

(d) $\displaystyle\int x\sqrt{x}\,dx\,,$ (e) $\displaystyle\int \frac{dx}{x\sqrt{x}}\,,$ (f) $\displaystyle\int \frac{x^2 + 1}{x\sqrt{x}}\,dx\,.$

(2) Bei der Bestimmung von Integralen ist es nützlich, die Ableitungen der Grundfunktionen im Gedächtnis zu haben. Oft gibt das formale Aussehen einer Funktion dann einen Hinweis auf eine mögliche Stammfunktion. Beispiele:

Erinnert man sich beim Anblick von $\dfrac{1}{\sqrt{x+1}}$ an die Formel $\dfrac{d}{dx}\sqrt{x} = \dfrac{1}{2\sqrt{x}}$, so findet man:

$$\int \frac{dx}{\sqrt{x+1}} = \int \left[\frac{d}{dx}\,2\sqrt{x+1}\right]dx = 2\sqrt{x+1} + C\,.$$

Erinnert man sich beim Anblick von $\dfrac{2}{x^2+4}$ an $\arctan' x = \dfrac{1}{x^2+1}$, so liegt folgende Umformung nahe, um das Integral zu bestimmen:

$$\int \frac{2}{x^2+4}\,dx = \int \frac{1}{2\left(\left(\frac{x}{2}\right)^2 + 1\right)}\,dx = \int \left[\frac{d}{dx}\arctan\frac{x}{2}\right]dx = \arctan\frac{x}{2} + C\,.$$

Geben Sie die Ableitungen $F'(x)$ an, wenn $F(x)$ gegeben ist durch

$$\sqrt{ax+b}\,,\quad (ax+b)^r\ (r \neq -1)\,,\quad \arctan\frac{x-a}{b}\,,\quad \arcsin\frac{x-a}{b}\,,\quad \cos(ax+b)\,.$$

Erinnern Sie sich dann an diese, um folgende Integrale zu bestimmen:

(a) $\displaystyle\int \frac{-1}{(x-3)^2}\,dx\,,$ (b) $\displaystyle\int -4(1-x)^3\,dx\,,$ (c) $\displaystyle\int \frac{dx}{\sqrt{2x+1}}\,,$

(d) $\displaystyle\int 3\sqrt{2x+1}\,dx\,,$ (e) $\displaystyle\int \frac{dx}{1 + (x+3)^2}\,,$

(f) $\displaystyle\int \frac{dx}{9 + (x-1)^2}\,,$ (g) $\displaystyle\int \frac{dx}{\sqrt{4 - x^2}}\,,$ (h) $\displaystyle\int \frac{dx}{\sqrt{9 - (x+1)^2}}\,,$

(i) $\displaystyle\int \sin(1-x)\,dx\,,$ (j) $\displaystyle\int \cos(1-2x)\,dx\,.$

8.2   Integrationsregeln

Wir nutzen die Äquivalenz

$$F'(x) = f(x) \iff \int f(x)\,dx = F(x) + C\,,$$

um die Produktregel und die Kettenregel der Differentiation so umzuformulieren, dass wir sie als Integrationsregeln verwenden können. Der Produktregel entspricht die *Regel der partiellen Integration*, der Kettenregel die *Substitutionsregel*.

Beiden Regeln gemeinsam ist, dass ihre Anwendung auf ein Integral nicht unmittelbar die gesuchte Stammfunktion liefert, sondern zum Auftreten eines neuen Integrals führt, das dann erst noch zu bestimmen ist. Daher sind beide Integrationsregeln zwar häufig hilfreich, vor allem in gewissen Standardsituationen, aber es ist nicht immer von vornherein klar, ob das neu auftretende Integral bestimmt werden kann und damit ihre Anwendung schließlich zum Erfolg führt. Hinzu kommt, dass es kein allgemein gültiges „Rezept" dafür gibt, wie die Regeln am zweckmäßigsten anzuwenden sind, so dass man unter Umständen verschiedene Möglichkeiten ausprobieren muss. Neben Phantasie und Routine bei der Anwendung der Regeln sind bei Integrationsaufgaben oft zusätzliche Ideen erforderlich. Hilfreich ist in jedem Fall, die Stammfunktionen der elementaren Funktionen im Gedächtnis zu haben und sich bewusst zu machen, warum eine bestimmte Integrationsregel in einer bestimmten Situation erfolgreich angewendet werden kann.

Nach 6.2.1 gilt für die Ableitung eines Produkts die Regel

$$(uv)'(x) = u'(x)v(x) + u(x)v'(x)\,.$$

Aus dieser Gleichheit folgt die Gleichheit der Stammfunktionen:

$$\int (uv)'(x)\,dx = \int \left[u'(x)v(x) + u(x)v'(x) \right]\,dx\,.$$

Auf der linken Seite heben sich Differentiation und Integration als Umkehroperationen voneinander gegenseitig auf (8.1.6). Auf der rechten Seite können wir nach 8.1.7 Integration und Addition miteinander vertauschen. Wir erhalten:

$$u(x)v(x) = \int u'(x)v(x)\,dx + \int u(x)v'(x)\,dx$$

oder äquivalent dazu:

$$\int u'(x)v(x)\,dx = u(x)v(x) - \int u(x)v'(x)\,dx\,.$$

Dieses Ergebnis interpretieren wir als eine Integrationsregel:

8.2.1 Satz (Regel der partiellen Integration) *Das Integral $\int f(x)G(x)\,dx$ eines Produkts, für dessen einen Faktor f eine Stammfunktion F bekannt ist, kann nach folgender Regel umgeformt werden:*

$$\int \underbrace{f(x)}_{u'}\,\underbrace{G(x)}_{v}\,dx = \underbrace{F(x)}_{u}\,\underbrace{G(x)}_{v} - \int \underbrace{F(x)}_{u}\,\underbrace{G'(x)}_{v'}\,dx\,.$$

Beispiele:

(1) Zur Bestimmung von $\int x \cos x \, dx$ setzen wir $u'(x) = \cos x$ und $v(x) = x$.

$$\int x \cos x \, dx = x \sin x - \int 1 \cdot \sin x \, dx = x \sin x + \cos x + C \, .$$

Hier erhalten wir also nach Anwendung der Regel der partiellen Integration ein Integral, das wir sofort bestimmen können. Bei der anderen möglichen Wahl $u'(x) = x$ und $v(x) = \cos x$ würden wir ein Integral erhalten, das wir ebenso wenig sofort bestimmen könnten wie das ursprüngliche. Um das deutlich zu machen, wenden wir die Regel einmal in dieser Weise an:

$$\int x \cos x \, dx = \frac{1}{2} x^2 \cos x - \int \frac{1}{2} x^2 \left(- \sin x \right) dx$$

$$= \frac{1}{2} x^2 \cos x + \frac{1}{2} \int x^2 \sin x \, dx \, .$$

(2) Manchmal führt erst ein mehrfaches partielles Integrieren zu einem bekannten Integral. Um zum Beispiel $\int x^2 \sin x \, dx$ zu bestimmen, müssen wir zweimal partiell integrieren. Wir setzen dazu jedesmal die Potenz von x gleich $v(x)$, die trigonometrische Funktion gleich $u'(x)$. Bei jeder partiellen Integration wird dann der Exponent der Potenzfunktion um 1 erniedrigt, bis diese schließlich verschwindet:

$$\int x^2 \sin x \, dx = x^2 (- \cos x) - \int 2x (- \cos x) \, dx$$

$$= -x^2 \cos x + 2 \int x \cos x \, dx$$

$$= -x^2 \cos x + 2 \left(x \sin x - \int 1 \cdot \sin x \, dx \right)$$

$$= -x^2 \cos x + 2x \sin x + 2 \cos x + C \, .$$

(3) Häufig ist die Regel der partiellen Integration erst in Verbindung mit einer geeigneten zusätzlichen Idee wirkungsvoll:

$$\boxed{\int \cos^2 x \, dx} = \int \cos x \cos x \, dx = \sin x \cos x - \int \sin x (- \sin x) \, dx$$

$$= \sin x \cos x + \int \sin^2 x \, dx$$

$$= \sin x \cos x + \int (1 - \cos^2 x) \, dx$$

$$= \boxed{\sin x \cos x + x - \int \cos^2 x \, dx} \, .$$

Die eingerahmte Gleichung lösen wir nach dem Integral auf. Dazu bringen wir das rechts stehende Integral auf die linke Seite und dividieren durch 2:

$$2 \int \cos^2 x \, dx = x + \sin x \cos x + C \implies \int \cos^2 x \, dx = \frac{1}{2} \left(x + \sin x \cos x \right) + \widetilde{C} \, .$$

Beachten Sie: Da bei der Division der Gleichung durch 2 natürlich auch die Konstante C durch 2 dividiert werden muss, steht in der aufgelösten Gleichung statt C die neue Konstante $\widetilde{C} = \frac{1}{2} C$. Es ist etwas aufwändig, in solchen Rechnungen jedesmal neue Konstanten einführen zu müssen. Deshalb vereinbaren wir, zukünftig bei der Angabe von Stammfunktionen den Namen C der Konstanten beizubehalten, auch wenn ihr Wert sich geändert hat.

Entsprechend folgt: $\displaystyle \int \sin^2 x \, dx = \frac{1}{2} \left(x - \sin x \cos x \right) + C \, .$

Die folgende Überlegung zeigt, wie wir die Kettenregel 6.2.3 als Integrationsregel interpretieren können:

Seien $F \colon \mathbb{J} \to \mathbb{R}$ und $u \colon \mathbb{I} \to \mathbb{R}$ zwei differenzierbare Funktionen auf den Intervallen $\mathbb{J}$ bzw. $\mathbb{I}$ und sei $u(\mathbb{I}) \subset \mathbb{J}$. Bezeichnen wir die Variable in $\mathbb{I}$ mit x und die Variable in $\mathbb{J}$ mit u, so beschreibt $u = u(x)$ den funktionalen Zusammenhang zwischen beiden Variablen. Die Zuordnungsvorschrift der aus F und u zusammengesetzten Funktion erhalten wir, indem wir in $F(u)$ die Variable u durch $u(x)$ ersetzen, also $G(x) = F\left(u(x)\right)$ bilden. Hat etwa F die Ableitung f, so hat nach der Kettenregel 6.2.3 die zusammengesetzte Funktion G die Ableitung

$$G'(x) = f\left(u(x)\right) u'(x) \, .$$

Übersetzen wir dies in die Integralsprache, so erhalten wir eine äquivalente Aussage:

8.2.2 Ergebnis

$$\int f(u) \, du = F(u) + C \implies \int f\left(u(x)\right) u'(x) \, dx = F\left(u(x)\right) + C \, .$$

Das bedeutet: Wir können jedes Integral der Form $\displaystyle \int f\left(u(x)\right) u'(x) \, dx$, in dem u eine beliebige stetig differenzierbare Funktion ist, mit Hilfe einer Stammfunktion F der Funktion f bestimmen. Wir erläutern das an einem Beispiel, bevor wir die Regel allgemein formulieren:

Beispiel: Mit $F(u) = \sin u$ und $f(u) = F'(u) = \cos u$ gilt nach 8.2.2, wenn u eine beliebige differenzierbare Funktion ist:

$$\int \cos u \, du = \sin u + C \implies \int \cos\left(u(x)\right) \cdot u'(x) \, dx = \sin\left(u(x)\right) + C \, .$$

Ist zum Beispiel $u(x) = x^2$, so gilt danach

$$\int 2x \cos x^2 \, dx = \sin x^2 + C \, .$$

Ist $u(x) = \sqrt{x}$, so gilt:

$$\int \frac{\cos \sqrt{x}}{2\sqrt{x}}\, dx = \sin \sqrt{x} + C\,.$$

In diesen beiden Beispielen haben wir zuerst eine Funktion u gewählt und mit ihr dann das Integral $\int f\left(u(x)\right) u'(x)\, dx$ gebildet, um daran zu zeigen, wie das Ergebnis 8.2.2 anzuwenden ist. Wollen wir dagegen nach 8.2.2 ein gegebenes Integral bestimmen, so müssen wir erst herausfinden, wie zweckmäßigerweise $u(x)$ zu wählen ist. Einen Hinweis kann das Aussehen des Integranden geben.

Tritt im Integral eine zusammengesetzte Funktion auf $\big[$in den Beispielen oben $\cos x^2$ bzw. $\cos \sqrt{x}\,\big]$ und ist die Ableitung der inneren Funktion $\big[2x$ bzw. $\frac{1}{2\sqrt{x}}\big]$ ein Faktor des Integranden, so ist der Versuch sinnvoll, diese innere Funktion als die Funktion $u(x)$ anzusehen $\big[u(x) = x^2$ bzw. $u(x) = \sqrt{x}\,\big]$.

Um die Aussage 8.2.2 als eine brauchbare Integrationsregel zur Verfügung zu haben, formulieren wir sie erkennbarer als ein Verfahren:

8.2.3 Satz (Substitutionsregel) *Ist $\int f\left(u(x)\right) u'(x)\, dx$ zu bestimmen, so führen wir mit Hilfe der Funktion $u(x)$ durch $u = u(x)$ die neue Variable u ein; ihr vollständiges Differential ist $du = u'(x)\, dx$. Mit der Substitution*

$$u = u(x)\,, \quad du = u'(x)\, dx$$

geht das Integral über in das Integral einer Funktion von u:

$$\int f\left(u(x)\right) u'(x)\, dx = \int f(u)\, du\,.$$

Hat f die Stammfunktion F, ist also

$$\int f(u)\, du = F(u) + C\,,$$

so lässt sich die Berechnung des Integrals wie folgt zusammenfassen:

$$\int f\left(u(x)\right) u'(x)\, dx = \int f(u)\, du = F(u)\big|_{u=u(x)} + C = F\left(u(x)\right) + C\,.$$

Beispiele:

(1) Mit der Substitution $u = \sin x$, $du = \cos x\, dx$ erhalten wir:

$$\int \cos x \sin x\, dx = \int u\, du = \frac{1}{2} u^2 + C = \frac{1}{2} \sin^2 x + C\,.$$

(2) Mit der Substitution $u = 2 - 5x^2$, $du = -10x\,dx$ ergibt sich:

$$\int \frac{x}{\sqrt{2 - 5x^2}}\,dx = -\frac{1}{10} \int \frac{du}{\sqrt{u}} = -\frac{1}{5}\sqrt{u} + C = -\frac{1}{5}\sqrt{2 - 5x^2} + C\,.$$

Es kann verschiedene Möglichkeiten geben, eine im Integral auftretende Funktion zur Substitution zu benutzen; das zeigt die ebenfalls mögliche Substitution

$$u = \sqrt{2 - 5x^2}\,,\quad du = \frac{-5x}{\sqrt{2 - 5x^2}}\,dx \iff -\frac{1}{5}\,du = \frac{x}{\sqrt{2 - 5x^2}}\;:$$

$$\int \frac{x}{\sqrt{2 - 5x^2}}\,dx = -\frac{1}{5} \int du = -\frac{1}{5}u + C = -\frac{1}{5}\sqrt{2 - 5x^2} + C\,.$$

(3) Mit der Substitution $u = 1 + \cos x$, $du = -\sin x\,dx$ folgt:

$$\int \frac{\sin x}{(1 + \cos x)^2}\,dx = -\int \frac{du}{u^2} = \frac{1}{u} + C = \frac{1}{1 + \cos x} + C\,.$$

(4) Manchmal führt eine der Regeln 8.2.1 oder 8.2.3 auf ein Integral, das sich durch Anwendung der anderen Regel dann leicht bestimmen lässt. Ein Beispiel dafür ist das Integral $\int \arcsin x\,dx$.

Setzen wir $\arcsin x = 1 \cdot \arcsin x$, so folgt, wenn wir zuerst die Regel der partiellen Integration mit $u'(x) = 1$, $v(x) = \arcsin x$ und dann die Substitutionsregel mit $u = 1 - x^2$, $du = -2x\,dx$ anwenden:

$$\begin{aligned}
\int \arcsin x\,dx &= \int 1 \cdot \arcsin x\,dx = x \arcsin x - \int x \cdot \frac{1}{\sqrt{1 - x^2}}\,dx \\
&= x \arcsin x + \int \frac{du}{2\sqrt{u}} = x \arcsin x + \sqrt{u} + C \\
&= x \arcsin x + \sqrt{1 - x^2} + C\,.
\end{aligned}$$

Ein Integral lässt sich auch dann durch eine Substitution $u = u(x)$ in ein möglicherweise einfacheres Integral der Variablen u umformen, wenn sich nicht (wie in den bisher betrachteten Beispielen) eine Funktion deshalb zur Substitution anbietet, weil sie als innere Funktion in einer zusammengesetzten Funktion auftritt und ihre Ableitung ein Faktor des Integranden ist. Das zeigt folgende Überlegung:

Zu bestimmen ist das Integral $\int g(x)\,dx$. Wir wählen eine (beliebige) stetig differenzierbare Funktion u von x, die eine Umkehrfunktion v besitzt; dann gilt also:

$$u = u(x) \iff x = v(u)\,.$$

Führen wir u mit Hilfe der Umkehrfunktion v als neue Variable ein durch

$$x = v(u) \quad \text{mit} \quad dx = v'(u)\,du\,,$$

so folgt für das Integral:

$$\int g(x)\,dx = \int g\left(v(u)\right)v'(u)\,du\,.$$

Es ist nützlich, dieses Vorgehen ebenfalls als Substitutionsregel zu formulieren:

8.2.4 Folgerung *Um ein Integral $\int g(x)\,dx$ zu bestimmen, kann man es wie folgt durch Anwendung der Substitutionsregel 8.2.3 umformen: Man wählt eine (geeignete) stetig differenzierbare Funktion u von x, die eine Umkehrfunktion v hat; mit der Substitution*

$$u = u(x)\,, \quad du = u'(x)\,dx \iff x = v(u)\,, \quad dx = v'(u)\,du$$

ergibt sich dann

$$\int g(x)\,dx = \int g\left(v(u)\right) v'(u)\,du\,.$$

Kann man das neue Integral mit Hilfe einer Stammfunktion F angeben durch

$$\int g\left(v(u)\right) v'(u)\,du = F(u) + C\,,$$

so lässt sich die Anwendung der Substitutionsregel wie folgt darstellen:

$$\int g(x)\,dx = \int g\left(v(u)\right) v'(u)\,du = F(u)\big|_{u=u(x)} + C = F\left(u(x)\right) + C\,.$$

Beispiele:

(1) **Zu bestimmen ist** $\displaystyle\int \frac{x^2}{\sqrt{1-x^2}}\,dx$.

Wir führen durch $u = \arcsin x$ die Variable u ein; wegen

$$u = \arcsin x \iff x = \sin u$$

ist x eine Funktion von u; mit der Substitution $x = \sin u$, $dx = \cos u\,du$ gilt:

$$\int \frac{x^2}{\sqrt{1-x^2}}\,dx = \int \frac{\sin^2 u}{\sqrt{1-\sin^2 u}} \cdot \cos u\,du = \int \frac{\sin^2 u}{\cos u} \cdot \cos u\,du$$

$$= \int \sin^2 u\,du = \frac{1}{2}\left(u - \sin u \cos u\right) + C \ \text{(Seite 218)}$$

$$= \frac{1}{2}\left(\arcsin x - x\sqrt{1-x^2}\right) + C\,.$$

Dabei wurde benutzt: $\cos u = \sqrt{1-\sin^2 u}$, also $\cos\left(\arcsin x\right) = \sqrt{1-x^2}$.

(2) Wir bestimmen $\displaystyle\int \frac{dx}{\cos^4 x} = \int \frac{1}{\cos^2 x} \cdot \frac{1}{\cos^2 x}\,dx$.

Mit der Substitution $u = \tan x$ ist $x = \arctan u$ und $du = \dfrac{1}{\cos^2 x}\,dx$; weiter ist

$$u^2 = \tan^2 x = \frac{\sin^2 x}{\cos^2 x} = \frac{1 - \cos^2 x}{\cos^2 x} = \frac{1}{\cos^2 x} - 1 \implies u^2 + 1 = \frac{1}{\cos^2 x}\,.$$

Damit folgt:

$$\int \frac{dx}{\cos^4 x} = \int (u^2 + 1)\,du = \frac{1}{3}u^3 + u + C = \frac{1}{3}\tan^3 x + \tan x + C\,.$$

★ Aufgaben

(1) Bestimmen Sie die Integrale durch partielle Integration:

   (a) $\displaystyle\int x(\sin x - \cos x)\,dx\,,$ (b) $\displaystyle\int x^m(1-x^n)\,dx\,,$ (c) $\displaystyle\int x\sqrt{x+1}\,dx\,,$

   (d) $\displaystyle\int x \arctan x\,dx$ $\left(\text{Anleitung: } \dfrac{x^2}{x^2+1} = \dfrac{(x^2+1)-1}{x^2+1} = 1 - \dfrac{1}{x^2+1}\right).$

(2) Bestimmen Sie die Integrale durch zweimalige partielle Integration:

   (a) $\displaystyle\int \sin x \cos 2x\,dx\,,$ (b) $\displaystyle\int \sin x \sin 2x\,dx\,.$

(3) Bestimmen Sie folgende Integrale, indem Sie eine „nahe liegende" Substitution $u = u(x)$ vornehmen $\big(u(x)$ tritt im Integral auf und $u'(x)$ ist ein Faktor bei $dx\big)$:

   (a) $\displaystyle\int \frac{\sin x}{(3+\cos x)^2}\,dx\,,$ (b) $\displaystyle\int \frac{x^2}{\sqrt{x^3+2}}\,dx\,,$

   (c) $\displaystyle\int \frac{x}{(x^2+3)^5}\,dx\,,$ (d) $\displaystyle\int \cos x \sin^3 x\,dx\,.$

(4) Benutzen Sie die angegebene Substitution:

   (a) $\displaystyle\int \frac{dx}{(1-x^2)\sqrt{1-x^2}}$ $(x = \sin u)$,   (b) $\displaystyle\int \frac{dx}{(1+x^2)\sqrt{1+x^2}}$ $(x = \tan u)$.

(5) Bestimmen Sie die Integrale, indem Sie zuerst partiell integrieren und dann eine nahe liegende Substitution wählen bzw. zuerst eine Substitution vornehmen und dann partiell integrieren:

   (a) $\displaystyle\int \arcsin x\,dx\,,$ (b) $\displaystyle\int \sin\sqrt{x-1}\,dx\,.$

8.3   Das bestimmte Integral

Ist $f\colon [a,b] \to \mathbb{R}$ eine nicht-negative stetige Funktion, so beranden der Graph von f, das Intervall $[a,b]$ und die Parallelen zur y-Achse durch die Punkte a und b eine Fläche $\mathbb{F}(f;[a,b])$ (Abb. 8.1). Um ihr eine wohl bestimmte Zahl als Flächeninhalt zuordnen zu

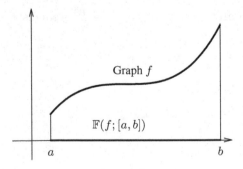

Graph f

$\mathbb{F}(f;[a,b])$

a b

Abb. 8.1 Die Fläche $\mathbb{F}(f;[a,b])$ wird oben von dem Graphen von f, unten von dem Intervall $[a,b]$ auf der x-Achse und seitlich von den Parallelen zur y-Achse durch die Endpunkte a und b des Intervalls berandet.

können, benötigen wir eine exakte Definition des Flächeninhalts. Da für einfache geometrische Figuren (z. B. Rechtecke) der Flächeninhalt elementar definiert ist, orientieren
wir uns dazu an Eigenschaften, die er besitzt. Solche sind (Abb. 8.2 und Abb. 8.3):

(1) Ist eine Fläche in endlich viele Flächenstücke unterteilt, so ist ihr Inhalt die Sum-
    me der Inhalte dieser Teilflächen.

(2) Sind $\mathbb{F}_1$ und $\mathbb{F}_2$ Flächen mit den Flächeninhalten $A(\mathbb{F}_1)$ bzw. $A(\mathbb{F}_2)$ und ist $\mathbb{F}_1$
    enthalten in $\mathbb{F}_2$, so ist $A(\mathbb{F}_1) < A(\mathbb{F}_2)$.

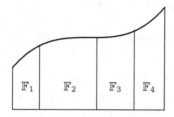   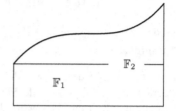

Abb. 8.2   Eine Fläche ist in Teilflächen unterteilt;   **Abb. 8.3** $\mathbb{F}_1$ ist eine Teilfläche von $\mathbb{F}_2$; ihr Inhalt
ihr Inhalt ist die Summe der Inhalte der Teilflächen.   ist kleiner als der von $\mathbb{F}_2$.

Die Grundidee ist nun, den gesuchten Flächeninhalt durch Flächeninhalte von immer
schmaler werdenden Rechtecken anzunähern und dann einen Grenzwert zu bilden. Es
gibt verschiedene Möglichkeiten, diesen Prozess durchzuführen. Wir wählen hier einen
sehr anschaulichen und einfachen Zugang.

Dazu zerlegen wir für $n \in \mathbb{N}$ das Intervall $[a, b]$ in n gleich lange Teilintervalle
$I_k = [x_{k-1}, x_k]$ für $k = 1, \ldots, n$ mit $x_0 = a$, $x_k = a + k\Delta x$ und $\Delta x = \frac{b-a}{n}$. Es ist
also $x_0 = a$, $x_1 = a + \Delta x$, $x_2 = a + 2\Delta x, \ldots, x_n = a + n\Delta x = b$. Jetzt betrachten wir
für $k = 1, \ldots, n$ das Rechteck mit der Grundseite I_k (deren Länge ist $x_k - x_{k-1} = \Delta x$)
und der Höhe $f(x_{k-1})$ (siehe Abb. 8.4). Sein Flächeninhalt ist $A(\mathbb{F}_k) = f(x_{k-1})\Delta x$.
Addieren wir die Flächeninhalte dieser Rechtecke, so erhalten wir

$$I_n = \sum_{k=1}^{n} A(\mathbb{F}_k) = \sum_{k=1}^{n} f(x_{k-1})(x_k - x_{k-1}) = \sum_{k=1}^{n} f(x_{k-1})\Delta x \,.$$

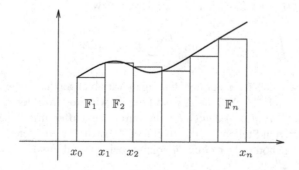

Abb. 8.4   Eine Fläche wird durch Rechtecksflächen angenähert.

Aufgrund der Stetigkeit von f kann man zeigen, dass die Folge (I_n) konvergiert. Den Grenzwert nennen wir I. Die Konvergenz der Folge ist nicht an die Voraussetzung gebunden, dass f nicht-negativ ist (dies diente nur zur Veranschaulichung), sondern allein die Stetigkeit von f ist dafür verantwortlich.

8.3.1 Definition *Sei $f\colon [a,b] \to \mathbb{R}$ eine stetige Funktion. Dann verstehen wir unter dem bestimmten Integral der Funktion f über dem Intervall $[a,b]$ den Grenzwert I der oben definierten Folge (I_n). Für das bestimmte Integral von f über $[a,b]$ benutzt man das Symbol*

$$\int_a^b f(x)\,dx \quad \text{(lies: Integral f von x dx von a bis b)}.$$

Dabei heißt $[a,b]$ das Integrationsintervall, f der Integrand und a die untere, b die obere Integrationsgrenze.

Ist f nicht-negativ und deuten wir die Summen I_n als Inhalte von Flächen, die mit wachsendem n die zu f gehörende Fläche über $[a,b]$ approximieren, so gibt das die Rechtfertigung dafür, ihren Grenzwert als Flächeninhalt von $\mathbb{F}(f;[a,b])$ zu verstehen.

8.3.2 Folgerung *Ist $f\colon [a,b] \to \mathbb{R}$ eine nicht-negative stetige Funktion, so gibt das bestimmte Integral von f über dem Intervall $[a,b]$ den Flächeninhalt der Fläche zu f an:*

$$A(f;[a,b]) = \int_a^b f(x)\,dx.$$

8.3.3 Bemerkung Die folgende Interpretation des *Grenzübergangs von den Summen I_n zum Integral von f über $[a,b]$* ist nützlich für das Verständnis des Integralbegriffs. Wir fassen dabei x als eine Variable unterschiedlicher Art auf:

Man nennt eine Variable, die nur Werte in Mengen $\{\, x_k \mid k = 0, 1, \dots, n \,\}$ isolierter Punkte annehmen kann, eine *diskrete Variable* und eine solche, die alle Punkte eines Intervalls $[a,b]$ durchlaufen kann, eine *kontinuierliche Variable*.

Das Integral von f über $[a,b]$ ist definiert als der Grenzwert der oben angegebenen Summen $I_n = \displaystyle\sum_{k=1}^{n} f(x_{k-1})\Delta x$ für $n \to \infty$. Da mit wachsendem n die Anzahl der Punkte x_k gegen ∞ und die Abstände Δx der Punkte gegen 0 streben, ist „$n \to \infty$" äquivalent zu „$\Delta x \to 0$". Das Integral ist daher der Grenzwert:

$$\int_a^b f(x)\,dx = \lim_{\Delta x \to 0} \left(\sum_{k=1}^{n} f(x_{k-1})\Delta x \right).$$

Beschreiben wir den Zuwachs Δx der unabhängigen Variablen an der Stelle x mit Hilfe des Differentials dx durch $dx(\Delta x) = \Delta x$, so können wir die einzelnen Summanden $f(x_{k-1})\Delta x = f(x_{k-1})dx_k(\Delta x)$ deuten als die durch das Differential beschriebenen Zuwächse an den isolierten Stellen x_k, die zu einem Zuwachs der diskreten unabhängigen Variablen um Δx gehören. Der *Grenzübergang* (bei der Bildung des Grenzwertes), der von den Summen $\displaystyle\sum_{k=1}^{n} f(x_{k-1})dx_k(\Delta x)$ zum Integral $\displaystyle\int_a^b f(x)\,dx$ führt, lässt sich dann interpretieren als *Zustandsänderung der Variablen*. Sie besteht darin, dass die diskrete Variable x übergeht in eine kontinuierliche Variable.

Mit wachsendem n nimmt die Menge und (wegen $\Delta x \to 0$) die Dichte der Punkte, welche die diskrete Variable durchläuft, immer mehr zu, bis schließlich x das ganze Intervall $[a, b]$ durchläuft und daher zu einer kontinuierlichen Variablen in $[a, b]$ wird. An die Stelle der endlich vielen an den isolierten Stellen x_{k-1} gebildeten Summanden $f(x_{k-1})dx_k(\Delta x)$ tritt bei dem Grenzübergang $n \to \infty$, $\Delta x \to 0$ das in jedem Punkt $x \in [a, b]$ erklärte Differential $f(x)\,dx$, und an die Stelle der Summen, deren Bildung dann nicht mehr sinnvoll möglich ist, tritt das Integral von $f(x)\,dx$ über $[a, b]$. Das erklärt die Wahl des Symbols $\int_a^b f(x)\,dx$, in dem das Zeichen $\int$ als *stilisiertes Summenzeichen* darauf hinweist, dass das Integral als Grenzwert von Summen definiert ist.

Definitionsgemäß ist in dem Symbol für das bestimmte Integral von $f\colon [a, b] \to \mathbb{R}$ die untere Grenze a kleiner als die obere Grenze b. Es ist praktisch, diese Definition zu erweitern und auch das Integral von f mit der unteren Grenze b und der oberen Grenze a einzuführen. Das Intervall $[a, b]$ wird dann von b nach a (also in entgegengesetzter Richtung) durchlaufen. In den Summen I_n muss man daher $x_k - x_{k-1}$ ersetzen durch $x_{k-1} - x_k = -(x_k - x_{k-1})$. Daraus folgt:

$$\int_b^a f(x)\,dx = -\int_a^b f(x)\,dx\,.$$

Wir fassen dieses Ergebnis mit zwei weiteren Eigenschaften des bestimmten Integrals in dem folgenden Satz zusammen:

8.3.4 Satz *Für das bestimmte Integral einer stetigen Funktion $f\colon [a, b] \to \mathbb{R}$ gelten folgende Eigenschaften:*

(1) $\displaystyle \int_a^b f(x)\,dx = -\int_b^a f(x)\,dx\,,$ *(2)* $\displaystyle \int_a^a f(x)\,dx = 0\,,$

(3) $\displaystyle \int_a^c f(x)\,dx + \int_c^b f(x)\,dx = \int_a^b f(x)\,dx$ *für* $c \in [a, b]\,.$

Eine auf $[a, b]$ stetige Funktion $f\colon [a, b] \to \mathbb{R}$ ist für alle $x \in [a, b]$ auch stetig auf dem Intervall $[a, x]$. Nach Definition 8.3.1 existiert dann das bestimmte Integral von f über $[a, x]$. Um es anzugeben, nennen wir die unabhängige Variable in $[a, x]$ jetzt t, weil x als Endpunkt von $[a, x]$ schon verbraucht ist. Wir ordnen jedem $x \in [a, b]$ den Wert dieses Integrals zu und definieren auf diese Weise eine Funktion:

$$A\colon [a, b] \to \mathbb{R} \quad \text{mit} \quad A(x) = \int_a^x f(t)\,dt\,.$$

Jetzt können wir den Zusammenhang zwischen dem in Definition 8.1.2 als allgemeine Stammfunktion von f eingeführten unbestimmten Integral $\int f(x)\,dx$ und dem in Definition 8.3.1 eingeführten bestimmten Integral von f herstellen. Denn die gerade definierte Funktion $A\colon [a, b] \to \mathbb{R}$ wird sich als eine Stammfunktion von f erweisen. Um das einzusehen, müssen wir nur zeigen:

$$\lim_{h \to 0} \frac{A(x + h) - A(x)}{h} = f(x) \text{ für alle } x \in [a, b]\,.$$

Der Einfachheit halber nehmen wir an, dass f in $[a, b]$ positiv ist und daher $A(x)$ für $x \in [a, b]$ als Flächeninhalt der von $f : [a, x] \to \mathbb{R}$ über dem Intervall $[a, x]$ bestimmten Fläche gedeutet werden kann. Dann ist für positive Werte von h die Differenz

$$A(x + h) - A(x) = \int_a^{x+h} f(t)\, dt - \int_a^x f(t)\, dt = \int_x^{x+h} f(t)\, dt$$

der Flächeninhalt des Flächenstückes über $[x, x + h]$ (Abb. 8.5). Da f stetig ist, kann dieser Flächeninhalt für hinreichend kleine h durch den Flächeninhalt des Rechtecks über $[x, x + h]$ mit der Höhe $f(x)$ angenähert werden. Dieser ist gegeben durch $f(x)h$.

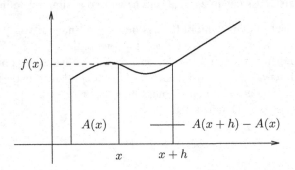

Abb. 8.5   Die zu f gehörende Fläche über dem bis zur Stelle x bzw. $x + h$ gehenden Intervall hat den Inhalt $A(x)$ bzw. $A(x+h)$. Die Differenz $A(x+h) - A(x)$ ist dann der Flächeninhalt der Fläche über dem Intervall $[x, x + h]$. Diese Fläche kann durch das Rechteck über $[x, x + h]$ der Höhe $f(x)$ approximiert werden.

Das bedeutet, dass der Differenzenquotient $\frac{A(x+h)-A(x)}{h}$ für hinreichend kleine Werte von $h > 0$ durch den Funktionswert $f(x)$ approximiert wird. Daher ist der rechtsseitige Grenzwert des Differenzenquotienten für $h \to 0$ gleich $f(x)$. Eine entsprechende Überlegung zeigt, dass dies auch für den linksseitigen Grenzwert gilt. Insgesamt folgt daher:

$$A'(x) = \lim_{h \to 0} \frac{A(x + h) - A(x)}{h} = f(x)\,.$$

8.3.5 Satz *Sei $f : \mathbb{I} \to \mathbb{R}$ stetig auf dem Intervall $\mathbb{I}$ und $a \in \mathbb{I}$ beliebig gewählt. Ordnet man jedem $x \in \mathbb{I}$ das bestimmte Integral von f mit unterer Grenze a und variabler oberer Grenze x zu, so definiert diese Vorschrift eine Stammfunktion von f:*

$$A : [a, b] \to \mathbb{R} \ \text{mit } A(x) = \int_a^x f(t)\, dt \ \implies \ A'(x) = \frac{d}{dx}\left[\int_a^x f(t)\, dt\right] = f(x)\,.$$

Satz 8.3.5 stellt die Verbindung her zwischen dem bestimmten Integral und der Stammfunktion einer Funktion f und daher zwischen dem bestimmten und dem unbestimmten Integral von f (dieses ist ja die allgemeine Stammfunktion von f). Der Begriff der Stammfunktion gehört in gewisser Weise in den Bereich der Differentialrechnung. Denn F ist ja definitionsgemäß eine Stammfunktion von f, wenn $F' = f$ ist. Daher beschreibt Satz 8.3.5 zugleich einen Zusammenhang zwischen Differential- und Integralrechnung. Noch deutlicher erkennbar wird dieser in dem anschließend folgenden

Satz 8.3.6, der deshalb auch als der *Hauptsatz der Differential- und Integralrechnung* bezeichnet wird. Zu ihm führt uns folgende Überlegung:

Sei $F: [a, b] \to \mathbb{R}$ eine spezielle Stammfunktion von f, die wir zum Beispiel mit den Methoden in den Abschnitten 8.1 oder 8.2 gefunden haben können. Sie unterscheidet sich nach Folgerung 8.1.3 von der Stammfunktion A in Satz 8.3.5 nur um eine additive Konstante C. Diese lässt sich bestimmen, wenn wir $x = a$ setzen:

$$\int_a^x f(t)\,dt = F(x) + C \quad \Longrightarrow \quad F(a) + C = \int_a^a f(t)\,dt = 0 \quad \Longrightarrow \quad C = -F(a)\,.$$

Mit $C = -F(a)$ folgt dann:

$$\int_a^x f(t)\,dt = F(x) - F(a) \quad \Longrightarrow \quad \int_a^b f(t)\,dt = F(b) - F(a) \quad \text{(für } x = b\text{)}\,.$$

8.3.6 Satz (Hauptsatz der Differential- und Integralrechnung) *Ist $f: [a, b] \to \mathbb{R}$ eine stetige Funktion auf $[a, b]$ und $F: [a, b] \to \mathbb{R}$ eine Stammfunktion von f, so ist das bestimmte Integral von f über dem Intervall $[a, b]$ gleich der Differenz $F(b) - F(a)$ der Funktionswerte von F in den Endpunkten von $[a, b]$:*

$$\int_a^b f(x)\,dx = F(b) - F(a)\,.$$

8.3.7 Ergänzung Das bestimmte Integral von f über $[a, b]$ berechnet man also nach Satz 8.3.6, indem man eine Stammfunktion F von f angibt und dann die Differenz $F(b) - F(a)$ bildet. Um dieses Vorgehen anzudeuten, benutzt man die Schreibweise:

$$\int_a^b f(x)\,dx = F(x)\Big|_a^b = F(b) - F(a)\,.$$

Beispiel: $\displaystyle\int_0^{\frac{\pi}{2}} \cos x\,dx = \sin x\Big|_0^{\pi/2} = \sin\frac{\pi}{2} - \sin 0 = 1\,.$

Wir wollen den Hauptsatz der Differential- und Integralrechnung zum Anlass nehmen, uns Gedanken darüber zu machen, was Differentiation und Integration gemeinsam haben und worin sie sich unterscheiden.

Gemeinsamkeiten sind: Der Graph von f wurde in der Umgebung von $(x, f(x))$ durch Geraden approximiert und die Steigung in $(x, f(x))$ als Grenzwert der elementar definierten Geradensteigungen erklärt. Entsprechend ist die Fläche von f über $[a, x]$ durch Vereinigungen von Rechtecken approximiert und ihr Inhalt als Grenzwert der Summen der elementar definierten Rechtecksinhalte erklärt. Wie die Steigung des Graphen von f in $(x, f(x))$ eine geometrische Deutung der Ableitung $f'(x)$ ist, so ist der Inhalt der Fläche von f über $[a, x]$ die geometrische Deutung des bestimmten Integrals von f über $[a, x]$.

Der wesentliche Unterschied liegt in der Bildung beider Grenzwerte: $f'(x)$ hängt nur von der Funktion in einer Umgebung von x ab. Dagegen ist $\displaystyle\int_a^x f(t)\,dt$ durch die auf dem ganzen Intervall $[a, x]$ definierte Funktion f bestimmt. Das ist der Grund, warum die Berechnung des Grenzwertes, der das Integral liefert, weitaus schwieriger ist als die Berechnung des Grenzwertes, der die Ableitung definiert. Insofern ist es hilfreich, dass der Hauptsatz 8.3.6 die Möglichkeit eröffnet, bestimmte Integrale mit Hilfe von Stammfunktionen zu berechnen. Denn das erlaubt es, die in den Abschnitten 8.1 und 8.2 angegebenen Methoden zu verwenden, die darauf beruhen, dass Integration und Differentiation Umkehroperationen sind.

Die Integrationsregeln in 8.2.1 und in 8.2.3 gelten auch für bestimmte Integrale:

8.3.8 Folgerung *Mit den Bezeichnungen wie in 8.2.1 bzw. 8.2.3 gilt:*

(1) $\displaystyle \int_a^b f(x)G(x)\,dx = F(x)G(x)\Big|_a^b - \int_a^b F(x)G'(x)\,dx\,,$

(2) $\displaystyle \int_a^b F(u(x))u'(x)\,dx = \int_{u(a)}^{u(b)} f(u)\,du \quad mit \quad u = u(x)\,,\ du = u'(x)\,dx\,.$

Beispiele:

(1) $\displaystyle \int_0^\pi x\cos x\,dx = x\sin x\Big|_0^\pi - \int_0^\pi \sin x\,dx = (\pi\sin\pi - 0) + \cos x\Big|_0^\pi$

$$= \cos\pi - \cos 0 = (-1) - 1 = -2\,.$$

(2) $\displaystyle \int_0^{\sqrt{\pi}} 2x\cos(x^2)\,dx = \int_0^\pi \cos u\,du = \sin u\Big|_0^\pi = \sin\pi - \sin 0 = 0\,.$

Substitution: $u = x^2$, $du = 2x\,dx$, $u(0) = 0$, $u(\sqrt{\pi}) = \pi$

★ Aufgaben

(1) Berechnen Sie das bestimmte Integral:

(a) $\displaystyle \int_{-1}^2 x^2\sqrt{1 + x^3}\,dx\,,$ (b) $\displaystyle \int_{-1}^0 x\sqrt{x + 1}\,dx\,,$ (c) $\displaystyle \int_0^\pi \sin^2 x\cos x\,dx\,,$

(d) $\displaystyle \int_1^2 \frac{1}{x^2}\sin\frac{1}{x}\,dx\,,$ (e) $\displaystyle \int_0^\pi \sin x\sqrt{1 - \cos x}\,dx\,.$

(2) Zeigen Sie: (a) $\displaystyle \int_0^1 \sqrt{1 - x^2}\,dx = \frac{\pi}{4}\,,$ (b) $\displaystyle \int_{-\pi}^\pi \sin x\,dx = 0\,.$

(3) Berechnen Sie den Flächeninhalt der Fläche, die eingeschlossen wird von den Graphen der beiden Funktionen

$$f\colon \mathbb{R} \to \mathbb{R} \text{ mit } f(x) = x^2 + 3x + 1 \quad \text{und} \quad g\colon \mathbb{R} \to \mathbb{R} \text{ mit } g(x) = 2x + 3\,.$$

8.4   Natürliche Logarithmus- und Exponentialfunktion

Nach Satz 8.3.5 existiert zu jeder auf einem Intervall $\mathbb{I}$ stetigen Funktion $f\colon \mathbb{I} \to \mathbb{R}$ eine Stammfunktion. Wenn diese nicht bereits zu den uns bekannten Funktionen gehört und auch nicht aus solchen gebildet werden kann, ist die Existenzaussage ein Anlass, sie als neue Funktion einzuführen. Entsprechend sind wir in Abschnitt 4.2 vorgegangen; dort nahmen wir die Umkehrfunktionen (Potenzfunktionen und zyklometrische Funktionen) einiger Funktionen in den Katalog uns bekannter Funktionen auf, weil deren strenge Monotonie uns die Existenz der Umkehrfunktionen verriet.

Nach Satz 8.3.5 existiert die Stammfunktion der auf dem Intervall $(0, \infty)$ stetigen Funktion $f(x) = \frac{1}{x}$. Da wir sie mit den uns zur Verfügung stehenden Funktionen nicht darstellen können, geben wir sie (wie in Satz 8.3.5) symbolisch an durch das bestimmte Integral $\int_1^x \frac{dt}{t}$ mit variabler oberer Grenze x und der unteren Grenze 1 (mit dieser Wahl der unteren Grenze folgen wir einer allgemein üblichen Vereinbarung).

8.4.1 Definition *Die Stammfunktion* $\displaystyle \int_1^x \frac{dt}{t}$ *der auf* $(0, \infty)$ *stetigen Funktion* $\dfrac{1}{x}$ *heißt die natürliche Logarithmusfunktion und wird mit dem Symbol* $\ln$ *bezeichnet:*

$$\ln\colon (0, \infty) \to \mathbb{R} \quad \textit{mit} \quad \ln x = \int_1^x \frac{dt}{t}\,.$$

8.4.2 Satz (Eigenschaften der Logarithmusfunktion)

(1) $\ln 1 = 0, \quad \ln x > 0 \ \textit{für } x > 1, \quad \ln x < 0 \ \textit{für } 0 < x < 1.$

(2) $\ln' x = \dfrac{1}{x}.$

(3) $\ln\colon (0, \infty) \to \mathbb{R} \ \textit{ist streng monoton steigend.}$

(4) Für reelle Zahlen $a > 0$, $b > 0$ *und* $r \in \mathbb{Q}$ *gilt:*

    (a) $\ln(ab) = \ln a + \ln b$ *(b)* $\ln \dfrac{a}{b} = \ln a - \ln b,$ *(c)* $\ln(a^r) = r \ln a.$

    Insbesondere gilt $\ln \dfrac{1}{b} = -\ln b.$

(5) $\displaystyle \lim_{x \to \infty} \ln x = \infty \quad \textit{und} \quad \lim_{x \to 0+} \ln x = -\infty.$

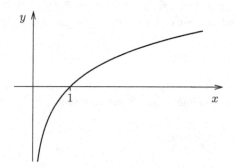

Abb. 8.6 Graph der Logarithmusfunktion: Er schneidet die x-Achse an der Stelle 1, strebt für $x \to 0$ gegen $-\infty$ und für $x \to \infty$ gegen ∞. Für $x \leq 0$ ist die Logarithmusfunktion nicht definiert.

Beweis: Zu (1): Es ist $\ln 1 = \int_1^1 \frac{dt}{t} = 0$, weil die Integrationsgrenzen gleich sind. Die beiden Ungleichungen ergeben sich direkt aus der Definition des bestimmten Integrals, weil $\frac{1}{x} > 0$ für $x > 0$ ist.

Zu (2): Da die Logarithmusfunktion als Stammfunktion von $f(x) = \frac{1}{x}$ eingeführt ist, gilt die Aussage (2) definitionsgemäß.

Zu (3): Die Ableitung $\frac{1}{x}$ von $\ln x$ ist im Intervall $(0, \infty)$ positiv. Daher ist ln nach Folgerung 6.3.7, (1) auf $(0, \infty)$ streng monoton steigend.

Zu (4): (a) Durch $\ln(bx)$ ist eine zusammengesetzte Funktion definiert. Bilden wir ihre Ableitung nach der Kettenregel 6.2.3, so erhalten wir genau die Ableitung $\frac{1}{x}$ von $\ln x$:

$$\frac{d}{dx} \ln(bx) = \frac{1}{bx} \cdot b = \frac{1}{x} = \frac{d}{dx} \ln x\,.$$

Also sind $\ln(bx)$ und $\ln x$ Stammfunktionen derselben Funktion $f(x) = \frac{1}{x}$. Als solche unterscheiden sie sich nach Satz 8.1.1 nur um eine additive Konstante C:

$$\ln(bx) = \ln x + C \quad \text{für alle} \quad x > 0\,.$$

Mit $x = 1$ folgt $\ln b = 0 + C$ und daher $C = \ln b$. Damit ist dann $\ln(bx) = \ln x + \ln b$, und für $x = a$ folgt: $\ln(ab) = \ln a + \ln b$.

(b) In derselben Weise ergibt sich $\ln a^r = r \ln a$, weil wegen

$$\frac{d}{dx} \ln x^r = \frac{1}{x^r} \cdot r x^{r-1} = \frac{r}{x} = \frac{d}{dx}(r \ln x)$$

die durch $\ln x^r$ und $r \ln x$ definierten Funktionen sich nur um eine additive Konstante C unterscheiden und $C = 0$ für $x = 1$ ist.

(c) $\ln \frac{a}{b} = \ln(ab^{-1}) = \ln a + \ln b^{-1} = \ln a + (-1) \ln b = \ln a - \ln b$.

Zu (5): Für $n \in \mathbb{N}$ folgt aus (4c) $\ln 2^n = n \ln 2 \to \infty$ für $n \to \infty$. Da ln streng monoton steigend ist, ergibt sich $\ln x \to \infty$ für $x \to \infty$. Schließlich folgt hieraus dann $\lim_{x \to 0+} \ln x = \lim_{y \to \infty} \ln \frac{1}{y} = -\lim_{y \to \infty} \ln y = -\infty$. $\square$

Wir haben ln als Stammfunktion der auf $(0, \infty)$ definierten Funktion $\frac{1}{x}$ eingeführt. Tatsächlich ist die Funktion $\frac{1}{x}$ sogar auf $\mathbb{R} \setminus \{0\}$ definiert und stetig und besitzt daher eine Stammfunktion, die ebenfalls auf $\mathbb{R} \setminus \{0\}$ definiert ist. Dass diese sich mit Hilfe der Logarithmusfunktion angeben lässt, ist eine Aussage des folgenden Satzes 8.4.3. Gleichzeitig liefert diese Aussage in Verbindung mit der Substitutionsregel eine sehr nützliche allgemeine Integrationsformel.

8.4.3 Satz

(1) Die auf $\mathbb{R} \setminus \{0\}$ stetige Funktion $\dfrac{1}{x}$ hat die allgemeine Stammfunktion

$$\int \frac{dx}{x} = \ln|x| + C\,.$$

(2) *Ist $f: \mathbb{I} \to \mathbb{R}$ eine im Intervall $\mathbb{I}$ stetig differenzierbare Funktion und hat f in $\mathbb{I}$ keine Nullstelle, so gilt:*

$$\int \frac{f'(x)}{f(x)} \, dx = \ln|f(x)| + C \, .$$

Beweis: Zu (1): Für $x > 0$ ist die Aussage nach Definition von ln klar. Ist $x < 0$, so folgt mit der Kettenregel

$$\frac{d}{dx} \ln|x| = \frac{d}{dx} \ln(-x) = -\frac{1}{-x} = \frac{1}{x} \, .$$

Zu (2): Mit der Substitution $u = f(x)$, $du = f'(x) \, dx$ und (1) folgt

$$\int \frac{f'(x)}{f(x)} \, dx = \int \frac{du}{u} = \ln|u| = \ln|f(x)| + C \, .$$

$\square$

Beispiele:

(1) $\displaystyle \int \tan x \, dx = -\int \frac{-\sin x}{\cos x} \, dx = -\ln|\cos x| + C$, denn $\cos' x = -\sin x$.

(2) $\displaystyle \int \frac{2}{3x - 5} \, dx = \frac{2}{3} \int \frac{3}{3x - 5} \, dx = \frac{2}{3} \ln|3x - 5| + C$, denn $\dfrac{d}{dx}(3x - 5) = 3$.

(3) $\displaystyle \int \frac{2x}{x^2 + 3} \, dx = \ln(x^2 + 3) + C$, denn $\dfrac{d}{dx}(x^2 + 3) = 2x$.

Die Logarithmusfunktion ist nach Satz 8.4.2, (3) streng monoton und besitzt daher eine Umkehrfunktion. Deren Definitionsbereich ist $\mathbb{R}$, weil ln in $(0, \infty)$ alle reellen Zahlen als Werte annimmt. In der folgenden Definition führen wir die Umkehrfunktion ein, weil sie bisher noch nicht zu den uns bekannten Funktionen gehört.

8.4.4 Definition *Die Umkehrfunktion der Logarithmusfunktion* $\ln: (0, \infty) \to \mathbb{R}$ *heißt Exponentialfunktion und wird mit dem Symbol* $\exp: \mathbb{R} \to \mathbb{R}$ *bezeichnet. Statt* $\exp x$ *benutzt man als anderes Symbol im Allgemeinen* e^x.

Der Wert $\exp 1$ heißt *Eulersche Zahl* und wird kurz mit e bezeichnet: $e = \exp 1$. Ein Näherungswert für e ist $e \approx 2,718$. Man kann zeigen, dass e eine irrationale Zahl ist.

Statt $\exp x$ benutzt man im Allgemeinen das an eine Potenz mit der Basis e und dem Exponenten x erinnernde Symbol e^x, weil einige Eigenschaften der Exponentialfunktion (zum Beispiel 8.4.6, (5)) bei Verwendung dieser Schreibweise dann Potenzrechenregeln gleichen. Außerdem folgt aus 8.4.6 leicht, dass $\exp r = e^r$ für jedes $r \in \mathbb{Q}$ ist.

Als zueinander inverse Funktionen heben sich exp und ln gegenseitig auf; das bedeutet:

8.4.5 Folgerung *Es gilt* $e^{\ln x} = x$ *für* $x > 0$ *und* $\ln e^x = x$ *für* $x \in \mathbb{R}$.

8.4.6 Satz **(Eigenschaften der Exponentialfunktion)**

(1) $e^0 = 1$.

(2) $e^x > 0$ *für alle* $x \in \mathbb{R}$.

(3) $\dfrac{d}{dx}\, e^x = e^x$ *und* $\displaystyle\int e^x\, dx = e^x + C$.

(4) *Die Exponentialfunktion ist streng monoton steigend.*

(5) $e^{a+b} = e^a \cdot e^b$ *für alle* $a, b \in \mathbb{R}$. *Insbesondere ist* $e^{-a} = \dfrac{1}{e^a}$.

(6) $\displaystyle\lim_{x \to \infty} e^x = \infty$ *und* $\displaystyle\lim_{x \to -\infty} e^x = 0$.

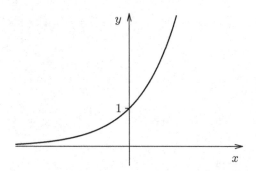

Abb. 8.7 Graph der Exponentialfunktion: Er liegt vollständig oberhalb der x-Achse; für alle $x \in \mathbb{R}$ ist also $e^x > 0$. Er schneidet die y-Achse an der Stelle 1, strebt für $x \to \infty$ gegen ∞ und strebt für $x \to -\infty$ gegen 0, nähert sich für $x \to -\infty$ also immer mehr der x-Achse.

Beweis: Zu (1): Nach 8.4.2, (1) ist $\ln 1 = 0$, nach Folgerung 8.4.5 also $e^0 = e^{\ln 1} = 1$.
Zu (2): Da $\ln x$ nur für positive Zahlen x definiert ist, sind die Werte der Umkehrfunktion e^x positive Zahlen, d.h. $e^x > 0$ für alle $x \in \mathbb{R}$.
Zu (3): Nach der Regel für die Ableitung einer Umkehrfunktion (Satz 6.2.4) gilt:

$$\frac{d}{dx}\, e^x = \left[\frac{d}{du}\ln u\right]^{-1}\Bigg|_{u=e^x} = \left[\frac{1}{u}\right]^{-1}\Bigg|_{u=e^x} = u\big|_{u=e^x} = e^x\,.$$

Zu (4): Als Umkehrfunktion der streng monoton steigenden Logarithmusfunktion ist nach Folgerung 4.2.4 auch die Exponentialfunktion streng monoton steigend.
Zu (5): Die Regel folgt aus der entsprechenden Regel für $\ln$ durch Anwendung von Folgerung 8.4.5. Dazu setzen wir $\alpha = e^a$, $\beta = e^b$, d.h. $a = \ln\alpha$, $b = \ln\beta$. Wir erhalten:

$$e^{a+b} = e^{\ln\alpha + \ln\beta} = e^{\ln\alpha\beta} = \alpha\beta = e^a e^b\,.$$

Wegen $1 = e^0 = e^{a-a} = e^a e^{-a}$ gilt schließlich auch $e^{-a} = \dfrac{1}{e^a}$.

Zu (6): Da exp die Umkehrfunktion von $\ln$ ist, folgen die beiden Aussagen sofort aus Satz 8.4.2 (5).   □

Bei der Lösung von anwendungsorientierten mathematischen Problemen treten oft gewisse Kombinationen der Exponentialfunktionen e^x und e^{-x} auf, die in mancher Hinsicht den trigonometrischen Funktionen ähneln. Die Hyperbel spielt für sie die entsprechende Rolle wie der Kreis für die trigonometrischen Funktionen, und ihre Eigenschaften sind denen der trigonometrischen Funktionen auffallend ähnlich. Sie werden daher unter dem Begriff *Hyperbelfunktionen* zusammengefasst wie die trigonometrischen Funktionen unter dem Begriff *Kreisfunktionen*, und in ihren Namen werden die Namen der trigonometrischen Funktionen mit verwendet.

8.4.7 Definition (Hyperbelfunktionen)

- *Sinus hyperbolicus* $\sinh \colon \mathbb{R} \to \mathbb{R}$, $\sinh x = \dfrac{1}{2}\left(e^x - e^{-x}\right)$,

- *Cosinus hyperbolicus* $\cosh \colon \mathbb{R} \to \mathbb{R}$, $\cosh x = \dfrac{1}{2}\left(e^x + e^{-x}\right)$,

- *Tangens hyperbolicus* $\tanh \colon \mathbb{R} \to \mathbb{R}$, $\tanh x = \dfrac{\sinh x}{\cosh x} = \dfrac{e^x - e^{-x}}{e^x + e^{-x}}$,

- *Cotangens hyperbolicus* $\coth \colon \mathbb{R} \setminus \{0\} \to \mathbb{R}$, $\coth x = \dfrac{\cosh x}{\sinh x} = \dfrac{e^x + e^{-x}}{e^x - e^{-x}}$.

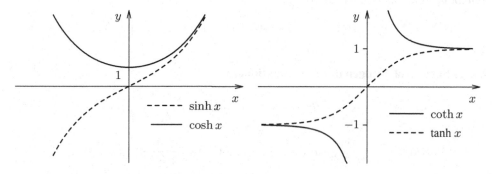

Abb. 8.8   Graph von cosh und von sinh   **Abb. 8.9**   Graph von tanh und von coth

Die im folgenden Satz zusammengestellten Eigenschaften von cosh und sinh erinnern an die Additionstheoreme 2.4.1, die Symmetrie-Eigenschaften 2.3.4, (1) und die Identität 2.3.4, (2) für die Sinus- und die Cosinusfunktion.

8.4.8 Satz (Eigenschaften der Hyperbelfunktionen) *Für $x, y \in \mathbb{R}$ gilt:*

(1) $\cosh^2 x - \sinh^2 x = 1$,

(2) $\cosh\left(x \pm y\right) = \cosh x \cosh y \pm \sinh x \sinh y$,
$\sinh\left(x \pm y\right) = \sinh x \cosh y \pm \cosh x \sinh y$,

(3) $\cosh\left(-x\right) = \cosh x$ *und* $\sinh\left(-x\right) = -\sinh x$.

Geht man auf die Definitionen der Funktionen sinh und cosh in 8.4.7 zurück, so lassen sich diese Eigenschaften unmittelbar durch Nachrechnen bestätigen. Dasselbe gilt für die Ableitungen der Hyperbelfunktionen, deren Bildung ebenfalls ähnlich zur Bildung der Ableitungen der trigonometrischen Funktionen ist.

8.4.9 Satz (Ableitungen der Hyperbelfunktionen)

(1) $\sinh' x = \cosh x$,   *(2)* $\tanh' x = \dfrac{1}{\cosh^2 x} = 1 - \tanh^2 x$,

(3) $\cosh' x = \sinh x$,   *(4)* $\coth' x = -\dfrac{1}{\sinh^2 x} = 1 - \coth^2 x$.

Beachten Sie: Während $\cos' x = -\sin x$ ist, tritt in der Ableitung $\cosh' x = \sinh x$ kein Minuszeichen auf.

Da sinh und tanh auf $\mathbb{R}$, cosh auf $[0, \infty)$ streng monoton steigend sind und coth auf $[0, \infty)$ streng monoton fallend ist, besitzen alle Hyperbelfunktionen Umkehrfunktionen.

8.4.10 Definition *Die Umkehrfunktionen der Hyperbelfunktionen heißen Areafunktionen. Zur Benennung jeder der Umkehrfunktionen wird dem Namen der betreffenden Hyberbelfunktion „Area“ vorangestellt, zum Beispiel: „Area sinus hyperbolicus“. Zur Bezeichnung der Areafunktionen stellen wir den Symbolen der betreffenden Hyperbelfunktionen die Buchstaben „ar“ voran:*

$$\mathrm{arsinh} : \mathbb{R} \to \mathbb{R}, \ \mathrm{arcosh} : [1, \infty) \to \mathbb{R}, \ \mathrm{artanh} : (-1, 1) \to \mathbb{R}, \ \mathrm{arcoth} : (1, \infty) \to \mathbb{R}.$$

8.4.11 Satz (Ableitungen der Areafunktionen)

$$\mathrm{arsinh}\,' x = \frac{1}{\sqrt{1 + x^2}} \ \textit{für } x \in \mathbb{R}, \quad \mathrm{arcosh}\,' x = \frac{1}{\sqrt{x^2 - 1}} \ \textit{für } x > 1,$$

$$\mathrm{artanh}\,' x = \frac{1}{1 - x^2} \ \textit{für } |x| < 1, \quad \mathrm{arcoth}\,' x = \frac{1}{1 - x^2} \ \textit{für } |x| > 1.$$

Beweis: Wir beschränken uns darauf, die Ableitung von $\mathrm{arsinh}\, x$ zu berechnen. Nach Regel 6.2.4 für die Ableitung einer Umkehrfunktion gilt:

$$\sinh' x = \cosh x \quad \Longrightarrow \quad \mathrm{arsinh}\,' x = \frac{1}{\cosh(\mathrm{arsinh}\, x)}.$$

Da $\sinh(\mathrm{arsinh}\, x) = x$ und $\cosh x = \sqrt{1 + \sinh^2 x}$ (nach 8.4.8, (1)) gilt, können wir den Nenner wie folgt vereinfachen:

$$\cosh(\mathrm{arsinh}\, x) = \sqrt{1 + \sinh^2(\mathrm{arsinh}\, x)} = \sqrt{1 + x^2} \quad \textit{für alle } x \in \mathbb{R}.$$

Setzen wir dies in die Ableitung von $\mathrm{arsinh}\, x$ ein, so erhalten wir schließlich die in 8.4.11 angegebene Ableitung von $\mathrm{arsinh}\, x$.

Entsprechend berechnet man die Ableitungen der anderen Areafunktionen. $\square$

★ Aufgaben

(1) Bestimmen Sie die Ableitung der Funktion f mit der unten angegebenen Vorschrift $f(x)$. Beachten Sie dabei: In einigen Beispielen ist es vorteilhaft, $f(x)$ vor dem Differenzieren mit Hilfe der Rechenregeln 8.4.2, (4) für den Logarithmus zu vereinfachen.

(a) $\ln\left(1+x^2\right)$,   (b) $\ln\sqrt{1+x^2}$,   (c) $\ln\dfrac{1}{x}$,   (d) $\ln\sqrt{x^3}$,

(e) $\ln\left(x+\sqrt{1+x^2}\right)$,   (f) $\ln\left(x\sqrt{1+x^2}\right)$,   (g) $\ln\left((\ln x)^2\right)$,

(h) $\ln\sqrt{\dfrac{x+1}{x-1}}$,   (i) $\ln\left(\cos^2 x\right)$.

(2) Berechnen Sie die Grenzwerte:

(a) $\displaystyle\lim_{x\to0+}\frac{\ln x}{\cot x}$,   (b) $\displaystyle\lim_{x\to0}\frac{e^x(\cosh x-1)}{x\ln(1+x)^2}$,   (c) $\displaystyle\lim_{x\to0}\frac{x\sin 2x}{\sinh^2 x}$.

(3) Bestimmen Sie die Integrale durch partielle Integration bzw. durch Substitution:

(a) $\displaystyle\int\ln x\,dx$,   (b) $\displaystyle\int\frac{\ln x}{x}\,dx$,   (c) $\displaystyle\int x^2\ln x\,dx$.

(4) Bestimmen Sie folgende Integrale. Gegebenenfalls müssen Sie mit einem geeigneten konstanten Faktor erweitern, damit dann der Zähler die Ableitung des Nenners ist:

(a) $\displaystyle\int\frac{dx}{x+1}$,   (b) $\displaystyle\int\frac{dx}{1-x}$,   (c) $\displaystyle\int\frac{dx}{2x+5}$,

(d) $\displaystyle\int\frac{dx}{5-3x}$,   (e) $\displaystyle\int\frac{\cos x}{1+\sin x}\,dx$,   (f) $\displaystyle\int\frac{dx}{x\ln x}$,

(g) $\displaystyle\int\frac{x}{x^2+1}\,dx$,   (h) $\displaystyle\int\frac{6x-5}{3x^2-5x}\,dx$.

(5) Differenzieren Sie:

(a) $\ln\left(x^3 e^{-x}\right)$,   (b) $e^{1/x}$,   (c) $e^{\sqrt{x-1}}$,   (d) $\ln\left(e^x+e^{-x}\right)$,

(e) e^{1-x^2}.

(6) Wenn Sie beachten, dass $\frac{d}{dx}\,e^{ax+b}=ae^{ax+b}$ ist, können Sie bei der Bestimmung der Integrale auf eine Substitution $u=ax+b$ verzichten:

(a) $\displaystyle\int e^{-x}\,dx$,   (b) $\displaystyle\int e^{2-x}\,dx$,   (c) $\displaystyle\int e^{2x+1}\,dx$.

(7) Bestimmen Sie durch partielle Integration oder (und) Substitution:

(a) $\displaystyle\int e^{3x}\sin 2x\,dx$,   (b) $\displaystyle\int e^{-x}\cos 2x\,dx$,   (c) $\displaystyle\int\frac{e^x}{e^x+1}\,dx$,

(d) $\displaystyle\int xe^{-x^2}\,dx$,   (e) $\displaystyle\int e^{\sqrt{x}}\,dx$.

(8) Bilden Sie die Ableitungen:

   (a) $\sinh \sqrt{x^2 - 1}$,   (b) $\operatorname{arcosh} \dfrac{1}{x}$,   (c) $\operatorname{arsinh} \sqrt{x^2 - 1}$,

   (d) $\ln (\cosh (3x + 1))$,   (e) $\tan \left(\operatorname{artanh} \sqrt{x} \right)$.

(9) Zeigen Sie mit einer entsprechenden Überlegung wie im Beweis von 8.4.2, (4):

   (a) $\cosh^2 x = 1 + \sinh^2 x$ für alle $x \in \mathbb{R}$,

   (b) $\operatorname{arsinh} \sqrt{x^2 - 1} = \operatorname{arcosh} x$ für alle $x > 1$.

8.5   Allgemeine Exponential-, Logarithmus- und Potenzfunktionen

In diesem Abschnitt erweitern wir noch einmal unseren Katalog wichtiger Grundfunktionen. Wir benutzen dazu die Exponentialfunktion e^x und die Eigenschaft 8.4.2, (4) der natürlichen Logarithmusfunktion. Zunächst führen wir *allgemeine Exponentialfunktionen mit der Basis* $a > 0$ ein. Diese sind streng monoton; ihre Umkehrfunktionen werden als *allgemeine Logarithmusfunktionen zur Basis* a bezeichnet. Schließlich definieren wir noch die *allgemeinen Potenzfunktionen*, die als Exponenten eine beliebige reelle Zahl (also nicht nur eine rationale Zahl) haben.

Für jede positive Zahl $a \in \mathbb{R}$ und jede rationale Zahl r gilt aufgrund der Eigenschaft 8.4.2, (4) der natürlichen Logarithmusfunktion: $\ln a^r = r \ln a$. Wenden wir darauf die natürliche Exponentialfunktion an, so erhalten wir mit Folgerung 8.4.5

$$a^r = e^{r \ln a}.$$

Wir vergleichen die Ausdrücke auf beiden Seiten dieser Gleichung hinsichtlich der Voraussetzungen, unter denen sie definiert sind:

Um eine Potenz a^r zu bilden, müssen wir nach 4.2.6 voraussetzen, dass $a \in \mathbb{R}$ positiv und $r = \pm \frac{p}{q}$ (mit $p, q \in \mathbb{N}$) eine rationale Zahl ist; denn dann kann a^r definiert werden durch $a^r = (a^p)^{1/q}$ (wie wir es in 4.2.6 auch getan haben).

Um den auf der rechten Seite stehenden Ausdruck $e^{r \ln a}$ zu bilden, brauchen wir dagegen nur vorauszusetzen, dass $a \in \mathbb{R}$ positiv ist; hier darf r eine beliebige reelle Zahl sein, so dass also gilt:

Ist $a > 0$, so ist $e^{r \ln a}$ für alle $r \in \mathbb{R}$ definiert.

Es liegt daher nahe, Potenzen mit der festen Basis $a > 0$ und beliebigem Exponenten $x \in \mathbb{R}$ durch $e^{x \ln a}$ zu definieren. Für alle Zahlen $a > 0$ können dann die durch

$$a^x = e^{x \ln a}   \quad \text{für } x \in \mathbb{R}$$

erklärten Ausdrücke als Zuordnungsvorschriften von Funktionen $\mathbb{R} \to \mathbb{R}$ aufgefasst werden; diese Funktionen „verallgemeinern" die Exponentialfunktion, denn für $a = e$ ist $e^{x \ln e} = e^x$ (wegen $\ln e = 1$) genau die Vorschrift der Exponentialfunktion. In der folgenden Definition führen wir sie als neue Funktionen ein.

8.5.1 Definition *Die für jede positive reelle Zahl a durch*

$$a^x = e^{x \ln a} \quad \text{für alle } x \in \mathbb{R}$$

definierte Funktion $\mathbb{R} \to \mathbb{R}$ heißt die allgemeine Exponentialfunktion mit der Basis a.

Die Funktionen $a^x = e^{x \ln a}$ und e^x unterscheiden sich nur um den bei x stehenden (positiven oder negativen) Faktor $\ln a$. Der Graph der allgemeinen Exponentialfunktion a^x hat daher im Prinzip dasselbe Aussehen wie der Graph der Exponentialfunktion e^x (Abb. 8.7) bzw. der Funktion e^{-x} (wenn $\ln a$ negativ ist); der Faktor $\ln a$ bewirkt im Grunde nur, dass der Graph der allgemeinen Exponentialfunktion weniger stark oder stärker steigt als der Graph von e^x bzw. von e^{-x}. Insbesondere gehen alle Graphen durch den Punkt 1 auf der y-Achse.

Die Exponentialfunktion mit der Basis $a = 1$ ist die konstante Funktion mit dem Funktionswert 1, weil wegen $\ln 1 = 0$ nach 8.5.1 gilt: $1^x = e^{x \cdot 0} = 1$.

Für $0 < a < 1$ ist $\ln a < 0$ und für $a > 1$ ist $\ln a > 0$ (8.4.2, (1)). Da die Exponentialfunktion streng monoton steigend ist (8.4.6, (4)), ist $a^x = e^{x \ln a}$ dann für $0 < a < 1$ streng monoton fallend und für $a > 1$ streng monoton steigend. Daher besitzt die Exponentialfunktion mit der Basis $a > 0$ für $a \neq 1$ eine Umkehrfunktion.

8.5.2 Definition *Die für $a > 0$ und $a \neq 1$ existierende Umkehrfunktion der allgemeinen Exponentialfunktion mit Basis a heißt die allgemeine Logarithmusfunktion zur Basis a und wird bezeichnet mit $\log_a \colon (0, \infty) \to \mathbb{R}$.*

Die Graphen aller allgemeinen Logarithmusfunktionen schneiden die x-Achse im Punkt 1 und sind als Spiegelbilder der Graphen der allgemeinen Exponentialfunktionen an der Geraden $y = x$ dem Graphen der natürlichen Logarithmusfunktion (Abb. 8.6) ähnlich.

8.5.3 Satz (Eigenschaften allgemeiner Exponential- und Logarithmusfunktionen)

(1) $\dfrac{d}{dx} a^x = a^x \ln a \quad$ und $\quad \dfrac{d}{dx} \log_a x = \dfrac{1}{x \ln a}$.

(2) $a^{u+v} = a^u a^v \quad$ *für $a > 0$ und $u, v \in \mathbb{R}$.*

(3) $(ab)^x = a^x b^x \quad$ *für $a > 0$, $b > 0$ und $x \in \mathbb{R}$.*

(4) $\log_a (uv) = \log_a u + \log_a v$ *für $a > 0$, $a \neq 1$ und $u > 0$, $v > 0$.*

Mit einer entsprechenden Überlegung wie im Falle der Exponentialfunktion können wir die Potenzfunktionen verallgemeinern, indem wir Potenzfunktionen einführen, die als Exponenten jetzt beliebige reelle Zahlen haben können.

8.5.4 Definition *Die für jede reelle Zahl a durch*

$$x^a = e^{a \ln x} \quad \text{für } x \in (0, \infty)$$

definierte Funktion $(0, \infty) \to \mathbb{R}$ heißt die allgemeine Potenzfunktion mit dem Exponenten a.

8.5.5 Satz (Eigenschaften der allgemeinen Potenzfunktionen)

(1) $x^a x^b = x^{a+b}$ *für $x > 0$ und $a, b \in \mathbb{R}$.*

(2) $(x^a)^b = x^{ab}$ *für $x > 0$ und $a, b \in \mathbb{R}$.*

(3)   *Für $a \in \mathbb{R} \setminus \{0\}$ sind die Potenzfunktionen mit Exponent a und Exponent $\frac{1}{a} = a^{-1}$ Umkehrfunktionen voneinander.*

(4) $\dfrac{d}{dx} x^a = ax^{a-1}$ *für $a \in \mathbb{R} \setminus \{0\}$.*

Die Graphen der allgemeinen Potenzfunktionen haben im Wesentlichen das Aussehen der in Abb. 4.7 dargestellten Graphen der Potenzfunktionen mit Exponenten $r \in \mathbb{Q}$; insbesondere gehen sie ebenfalls alle durch den Punkt $(1, 1)$.

★ **Aufgaben**

(1) Bestimmen Sie die folgenden Grenzwerte und beachten Sie, dass Sie den Grenzwert und die Exponentialfunktion miteinander vertauschen dürfen:

(a) $\lim\limits_{x \to 0+} x^x$,   (b) $\lim\limits_{x \to 0+} (x^b \ln x)$,   (c) $\lim\limits_{x \to 0+} (x^b \log_a x)$.

(2) Berechnen Sie die Integrale:

(a) $\displaystyle\int \log_a x \, dx$,   (b) $\displaystyle\int x^{b-1} \log_a x \, dx$,   (c) $\displaystyle\int (2^x + 3^x) \, dx$,

(d) $\displaystyle\int 2^x \cdot 3^x \, dx$.

(3) Berechnen Sie die bestimmten Integrale:

(a) $\displaystyle\int_1^2 \log_2 x \, dx$,   (b) $\displaystyle\int_0^1 2^x \, dx$.

8.6   Uneigentliche Integrale

Es gibt eine Reihe von Größen, deren Berechnung darauf hinausläuft, ein bestimmtes Integral zu berechnen. Neben dem Flächeninhalt einer ebenen Fläche gehören dazu die Länge einer Kurve, das Volumen eines Körpers (Abschnitt 8.8) und in der Physik zum Beispiel das Trägheitsmoment oder der Schwerpunkt eines Körpers, die Masse eines auf einem Bereich kontinuierlich verteilten Stoffes usw. In der Definition des bestimmten Integrals ist vorausgesetzt, dass das Intervall bzw. der Bereich, über den integriert wird, beschränkt ist (also ein abgeschlossenes Intervall $[a, b]$ bzw. ein abgeschlossener Bereich $\mathbb{B}$ in der Ebene) und der Integrand eine auf dem Integrationsbereich stetige Funktion ist. Für manche Situationen, gerade auch im Zusammenhang mit der Berechnung von Größen der oben genannten Art, ist es wünschenswert, wenn man sich von diesen einschränkenden Voraussetzungen nach Möglichkeit befreien kann, also den Begriff des bestimmten Integrals erweitern kann auf Fälle, in denen das Integrationsintervall unendlich ist oder die Funktion an einer Stelle gegen unendlich strebt.

Im Zusammenhang mit der Berechnung von Flächeninhalten kann eine derartige Situation zum Beispiel eintreten, wenn die Fläche zwischen dem Graphen einer nichtnegativen Funktion f und der x-Achse unbegrenzt ist. Das kann aus beiden eben genannten Gründen der Fall sein:

(1) $f \colon [a, \infty) \to \mathbb{R}$ ist auf einem unendlichen Intervall $[a, \infty)$ definiert und stetig (Abb. 8.10). Die Fläche ist dann nach rechts unbegrenzt.

(2) $f \colon (a, b] \to \mathbb{R}$ ist auf einem halboffenen Intervall $(a, b]$ definiert und stetig, und es gilt $\lim_{x \to a} f(x) = \infty$ (Abb. 8.11). Die Fläche ist dann nach oben unbegrenzt.

In beiden Fällen kann der Flächeninhalt endlich sein kann. Allerdings lässt er sich nicht

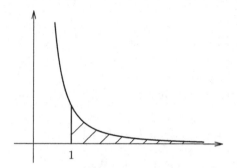

Abb. 8.10 Der Flächeninhalt dieser Fläche unter dem Graphen von $f(x) = \frac{1}{x^2}$ über dem unendlichen Intervall $[1, \infty)$ hat einen endlichen Wert.

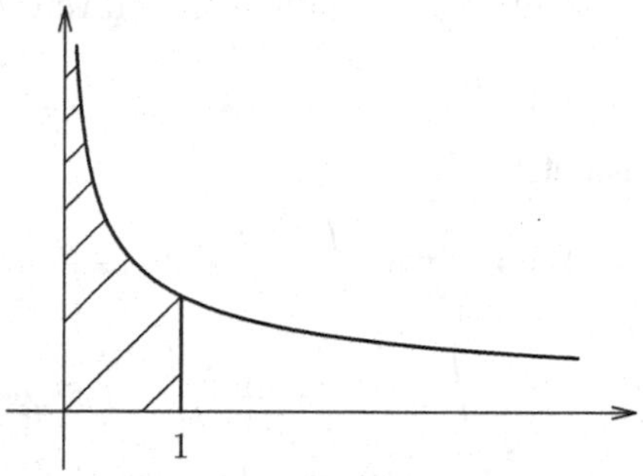

Abb. 8.11 Der Flächeninhalt dieser Fläche unter dem Graphen von $f(x) = \frac{1}{\sqrt{x}}$ ist endlich, obwohl die Funktion für $x \to 0$ gegen ∞ strebt.

mit Hilfe einer Stammfunktion F von f durch $\int_a^b f(x)\,dx = F(b) - F(a)$ angeben; denn im Fall (1) ist F wegen $b = \infty$ an der Stelle b nicht definiert, und im Fall (2) ist F als Stammfunktion von $f \colon (a, b] \to \mathbb{R}$ ebenfalls nur auf $(a, b]$ definiert. Ist aber $c \in [a, \infty)$ bzw. $c \in (a, b]$ beliebig gewählt, so ist der Flächeninhalt des über $[a, c]$ bzw. über $[c, b]$ liegenden begrenzten Flächenstückes natürlich gleich

$$\int_a^c f(x)\,dx = F(c) - F(a) \quad \text{bzw.} \quad \int_c^b f(x)\,dx = F(b) - F(c).$$

Der Flächeninhalt der Fläche über dem gesamten Definitionsintervall $[a, \infty)$ bzw. $(a, b]$ von f lässt sich daher dann als der Grenzwert

$$\lim_{c \to \infty} \int_a^c f(x)\,dx = \lim_{c \to \infty} [F(c) - F(a)] \quad \text{bzw.} \quad \lim_{c \to a} \int_c^b f(x)\,dx = \lim_{c \to a} [F(b) - F(c)]$$

berechnen, wenn dieser existiert. Das legt es nahe, den Begriff des bestimmten Integrals mit Hilfe einer solchen Grenzwertbildung zu erweitern.

8.6.1 Definition

(1) Ist $f \colon [a, \infty) \to \mathbb{R}$ bzw. $f \colon (-\infty, b] \to \mathbb{R}$ *eine stetige Funktion, so verstehen wir unter dem uneigentlichen Integral der Funktion f über dem unendlichen Intervall $[a, \infty)$ bzw. $(-\infty, b]$ den Grenzwert*

$$\int_a^\infty f(x)\,dx = \lim_{t\to\infty}\int_a^t f(x)\,dx \quad \text{bzw.} \quad \int_{-\infty}^b f(x)\,dx = \lim_{t\to\infty}\int_{-t}^b f(x)\,dx.$$

(2) Ist $f\colon [a,b) \to \mathbb{R}$ bzw. $f\colon (a,b] \to \mathbb{R}$ eine stetige Funktion und $\lim_{x\to b} f(x) = \pm\infty$ bzw. $\lim_{x\to a} f(x) = \pm\infty$, so verstehen wir unter dem uneigentlichen Integral der unbeschränkten Funktion f über dem Intervall $[a,b)$ bzw. $(a,b]$ den Grenzwert

$$\int_a^b f(x)\,dx = \lim_{t\to b}\int_a^t f(x)\,dx \quad \text{bzw.} \quad \int_a^b f(x)\,dx = \lim_{t\to a}\int_t^b f(x)\,dx.$$

Ein uneigentliches Integral heißt konvergent, wenn der Grenzwert existiert und eine endliche Zahl ist; andernfalls heißt es divergent.

Beispiele:

(1) Die Integrale $\displaystyle\int_1^\infty \frac{dx}{x^r}$ mit $r \in \mathbb{R}$ sind uneigentliche Integrale.

(a) $\displaystyle\int_1^\infty \frac{dx}{x^2} = \lim_{t\to\infty}\int_1^t \frac{dx}{x^2} = \lim_{t\to\infty}\left(-\frac{1}{x}\right)\Big|_1^t = \lim_{t\to\infty}\left(-\frac{1}{t}+1\right) = 1.$

Das uneigentliche Integral ist also konvergent und hat den Wert 1.

(b) $\displaystyle\int_1^\infty \frac{dx}{\sqrt{x}} = \lim_{t\to\infty}\int_1^t \frac{dx}{\sqrt{x}} = \lim_{t\to\infty}\left(2\sqrt{x}\right)\Big|_1^t = \lim_{t\to\infty}\left(2\sqrt{t}-2\right) = \infty.$

Das uneigentliche Integral ist divergent.

Allgemein gilt:

Das uneigentliche Integral $\displaystyle\int_1^\infty \frac{dx}{x^r}$ ist konvergent mit dem Wert $\dfrac{1}{r-1}$, wenn $r > 1$ ist, und divergent, wenn $r \leq 1$ ist.

(2) Die Integrale $\displaystyle\int_0^1 \frac{dx}{x^r}$ mit $r > 0$ sind uneigentlich, weil die auf $(0,1]$ stetigen Integranden für $x \to 0$ gegen ∞ streben.

(a) Mit $0 < t < 1$ folgt:

$$\int_0^1 \frac{dx}{\sqrt{x}} = \lim_{t\to 0}\int_t^1 \frac{dx}{\sqrt{x}} = \lim_{t\to 0}\left(2\sqrt{x}\right)\Big|_t^1 = \lim_{t\to 0}\left(2 - 2\sqrt{t}\right) = 2.$$

Das uneigentliche Integral ist also konvergent und hat den Wert 2.

(b) $\displaystyle\int_0^1 \frac{dx}{x^2} = \lim_{t\to 0}\int_t^1 \frac{dx}{x^2} = \lim_{t\to 0}\left(-\frac{1}{x}\right)\Big|_t^1 = \lim_{t\to 0}\left(-1+\frac{1}{t}\right) = \infty.$

Das uneigentliche Integral ist divergent.

Allgemein gilt:

Das uneigentliche Integral $\displaystyle\int_0^1 \frac{dx}{x^r}$ ist konvergent mit dem Wert $\dfrac{1}{1-r}$, wenn $r < 1$ ist, und divergent, wenn $r \geq 1$ ist.

★ **Aufgaben**

(1) Prüfen Sie, ob das uneigentliche Integral konvergent ist, und berechnen Sie gegebenenfalls seinen Wert:

(a) $\displaystyle\int_0^\infty \frac{dx}{1+x^2}$,   (b) $\displaystyle\int_1^\infty \frac{dx}{\sqrt{x^3}}$,   (c) $\displaystyle\int_0^1 \frac{dx}{\sqrt{x^3}}$,

(d) $\displaystyle\int_{-1}^1 \frac{dx}{\sqrt{1-x^2}}$.

(2) Bestimmen Sie den Grenzwert und berechnen Sie dann mit seiner Hilfe das uneigentliche Integral:

(a) $\displaystyle\lim_{t\to\infty}\left(t^k e^{-t}\right)$ und $\displaystyle\int_0^\infty x^2 e^{-x}\,dx$,

(b) $\displaystyle\lim_{t\to 0+}\left(t^k \ln t\right)$ und $\displaystyle\int_0^1 x^n \ln x\,dx$,

(c) $\displaystyle\lim_{t\to\infty}\left(e^{-t}\cos at\right)$, $\displaystyle\lim_{t\to\infty}\left(e^{-t}\sin at\right)$ und $\displaystyle\int_0^\infty e^{-x}\cos 2x\,dx$.

Hinweis zu (c): Zeigen Sie, dass jeder der beiden Grenzwerte 0 ist, und benutzen Sie dazu die Abschätzungen: $|\cos at| \leq 1$ und $|\sin at| \leq 1$.

8.7   Integration rationaler Funktionen

Für die Integration rationaler Funktionen gibt es ein von der Idee her einfaches Konzept, das aus zwei Schritten besteht:

(I) Es lassen sich einige „einfache Typen" von rationalen Funktionen auszeichnen, deren Integrale mit Hilfe von Formeln direkt bestimmt werden können.

(II) Es gibt ein Verfahren, die *Partialbruchzerlegung*, mit dessen Hilfe im Prinzip jede rationale Funktion f zerlegt werden kann in eine Summe von rationalen Funktionen (den *Partialbrüchen*), die zu den in **(I)** genannten Typen gehören.

Nach **(II)** ist das Integral einer rationalen Funktion dann die Summe der Integrale ihrer Partialbrüche, und diese lassen sich nach **(I)** durch Formeln bestimmen.

Wir beginnen damit, die in **(I)** angekündigten Typen rationaler Funktionen und die zugehörigen Integrationsformeln anzugeben. Anschließend lernen wir dann das Verfahren der Partialbruchzerlegung kennen.

Zu (I): Es handelt sich im Grunde nur um drei Typen rationaler Funktionen, die als Summanden in der Partialbruchzerlegung einer rationalen Funktion auftreten können und für die wir Integrationsformeln angeben müssen:

(A) Potenzfunktionen ax^k ($a \in \mathbb{R}$, $k \in \mathbb{N}_0$): Für sie ist nach 8.1.4, (1)

$$\int ax^k \, dx = \frac{a}{k+1} x^{k+1} + C \,.$$

(B) Funktionen, deren Zähler eine Konstante und deren Nenner ein lineares Polynom oder eine Potenz eines solchen ist:

$$\frac{A}{x-a} \quad \text{bzw.} \quad \frac{A}{(x-a)^k} \quad (A, \, a \in \mathbb{R}, \, k \in \mathbb{N}) \,.$$

Für sie gelten nach 8.4.3 bzw. 8.1.4, (1) die folgenden Integrationsformeln.

8.7.1 Satz (Integrationsformeln)

(1) $\quad \displaystyle\int \frac{A}{x-a} \, dx = A \ln |x - a| + C \,,$

(2) $\quad \displaystyle\int \frac{A}{(x-a)^k} \, dx = -\frac{A}{k-1} \frac{1}{(x-a)^{k-1}} + C \quad \text{für } k > 1 \,.$

(C) Funktionen, deren Zähler ein lineares Polynom und deren Nenner ein quadratisches Polynom ohne reelle Nullstelle oder eine Potenz eines solchen ist:

$$\frac{Bx+C}{(x-\alpha)^2 + \beta^2} \quad \text{bzw.} \quad \frac{Bx+C}{[(x-\alpha)^2 + \beta^2]^k} \quad (B, C, \alpha, \beta \in \mathbb{R}, \beta > 0, k \in \mathbb{N}) \,.$$

Dass das Polynom im Nenner keine reelle Nullstelle haben kann, ist hier durch die Schreibweise verdeutlicht: Wegen $\beta > 0$ ist $\beta^2 > 0$ und daher $(x - \alpha)^2 + \beta^2 > 0$ für alle $x \in \mathbb{R}$.

Jede Funktion $\frac{Bx+C}{(x-\alpha)^2+\beta^2}$ kann als Summe von zwei rationalen Funktionen dargestellt werden, die beide den Nenner $(x-\alpha)^2 + \beta^2$ haben; dabei ist der Zähler des ersten Summanden die Ableitung $\frac{d}{dx}\left((x-\alpha)^2 + \beta^2\right) = 2(x-\alpha)$ des Nenners und der Zähler des zweiten eine Konstante. Die Zerlegung finden wir durch einen entsprechenden „Ansatz" folgender Form:

$$\frac{Bx+C}{(x-\alpha)^2 + \beta^2} = \square \cdot \frac{2(x-\alpha)}{(x-\alpha)^2 + \beta^2} + \frac{\square + C}{(x-\alpha)^2 + \beta^2} \,.$$

In ihm sind die Kästchen „Platzhalter" für geeignete Zahlen. Diese Zahlen bestimmen wir durch Vergleich der Koeffizienten der Zähler auf den beiden Seiten der Gleichung: Die Koeffizienten bei x stimmen überein, wenn wir bei dem ersten Summanden den Faktor $\frac{B}{2}$ eintragen (denn denkt man sich die 2 weggekürzt, so bleibt gerade Bx übrig). Wegen des eingefügten Faktors $\frac{B}{2}$ ist der von x freie Koeffizient im Zähler des ersten Summanden gleich $-B\alpha$. Um das Auftreten von $-B\alpha$ wieder aufzuheben, müssen wir

in das Kästchen im zweiten Summanden $+B\alpha$ einfügen.
Wir betrachten dazu ein Beispiel:

$$\frac{3x-1}{(x-1)^2+4} = \square \cdot \frac{2(x-1)}{(x-1)^2+4} + \frac{\square - 1}{(x-1)^2+4}$$

$$= \frac{3}{2} \cdot \frac{2(x-1)}{(x-1)^2+4} + \frac{3-1}{(x-1)^2+4}.$$

Der Nutzen der beschriebenen Zerlegung besteht darin, dass für beide Summanden Integrationsformeln zur Verfügung stehen, für den ersten Summanden nach 8.4.3, für den zweiten nach 8.1.4, (2):

8.7.2 Satz (Integrationsformeln)

(1) $\quad \displaystyle\int \frac{2(x-\alpha)}{(x-\alpha)^2+\beta^2}\, dx = \ln\left((x-\alpha)^2+\beta^2\right) + C,$

(2) $\quad \displaystyle\int \frac{dx}{(x-\alpha)^2+\beta^2} = \frac{1}{\beta}\int \frac{du}{u^2+1} = \frac{1}{\beta}\arctan u + C = \frac{1}{\beta}\arctan\frac{x-\alpha}{\beta} + C$

(Substitution: $u = \dfrac{x-\alpha}{\beta}$, $du = \dfrac{1}{\beta}\, dx$).

Wenden wir diese Formeln in dem Beispiel oben an, so erhalten wir:

$$\int \frac{3x-1}{(x-1)^2+4}\, dx = \frac{3}{2}\int \frac{2(x-1)}{(x-1)^2+4}\, dx + \int \frac{2}{(x-1)^2+4}\, dx$$

$$= \frac{3}{2}\ln\left((x-1)^2+4\right) + \arctan\frac{x-1}{2} + C.$$

Das Integral einer Funktion $\frac{Bx+C}{[(x-\alpha)^2+\beta^2]^k}$ mit $k > 1$ lässt sich mit Hilfe einer Rekursionsformel zurückführen auf das Integral von $\frac{1}{[(x-\alpha)^2+\beta^2]^{k-1}}$ und daher durch wiederholte Anwendung der Rekursionsformel schließlich auf das Integral von $\frac{1}{(x-\alpha)^2+\beta^2}$. Diese Rekursionsformel findet man in Formelsammlungen für Integrale. Wir geben sie hier nicht an und schließen auch bei der Partialbruchzerlegung Situationen aus, in denen solche Funktionen auftreten, weil sie bei Anwendungen in der Chemie in der Regel nicht vorkommen.

Zu **(II)**: Die Zuordnungsvorschrift einer rationalen Funktion f ist der Quotient zweier Polynome P und q (Abschnitt 4.2, **(I)**). Ist dabei Grad $P \geq$ Grad q, so kann man durch Polynomdivision zwei Polynome p_1 und p finden so, dass gilt:

$$f(x) = \frac{P(x)}{q(x)} = p_1(x) + \frac{p(x)}{q(x)} \quad \text{und} \quad \text{Grad } p < \text{Grad } q.$$

Beispiel:

$$\frac{P(x)}{q(x)} = \frac{3x^4 + x^3 - 2x^2 - 2x + 3}{x^2-1}$$

Das Verfahren der Polynomdivision ähnelt dem der „schriftlichen Division", und wir setzen es aus der Schulmathematik als bekannt voraus.

$$
\begin{array}{l}
(3x^4 + x^3 - 2x^2 - 2x + 3) : (x^2 - 1) = 3x^2 + x + 1 \\
\underline{-(3x^4 \qquad - 3x^2)} \\
\qquad\; x^3 + \; x^2 - 2x + 3 \\
\qquad\; \underline{-(x^3 \qquad\quad - \; x)} \\
\qquad\qquad\quad x^2 - \; x + 3 \\
\qquad\qquad\quad \underline{-(x^2 \qquad - 1)} \\
\qquad\qquad\qquad\quad -x + 4
\end{array}
$$

Also gilt

$$
p_1(x) = 3x^2 + x + 1 \quad \text{und} \quad p(x) = -x + 4
$$

und daher

$$
\frac{3x^4 + x^3 - 2x^2 - 2x + 3}{x^2 - 1} = 3x^2 + x + 1 + \frac{-x + 4}{x^2 - 1} \,.
$$

Wir können uns daher im Folgenden auf solche rationalen Funktionen beschränken, bei denen der Grad des Zählerpolynoms kleiner als der Grad des Nennerpolynoms ist:

$$
f(x) = \frac{p(x)}{q(x)} \quad \text{und} \quad \text{Grad}\, p < \text{Grad}\, q \,.
$$

Für die Partialbruchzerlegung solcher rationalen Funktionen setzen wir voraus, dass das Nennerpolynom q als ein Produkt gegeben ist, dessen Faktoren verschiedene lineare Polynome oder Potenzen linearer Polynome und möglicherweise quadratische Polynome ohne reelle Nullstelle sind, zum Beispiel:

$$
(x - 1)(x + 3), \quad (x + 2)(x^2 + 1), \quad (x - 1)^2(x + 3)\big((x + 1)^2 + 4\big) \,.
$$

Dann ist f gleich der Summe der Partialbrüche von f, und diese sind (bis auf die in ihnen auftretenden Konstanten) allein durch die Faktoren von q festgelegt: Jedem Faktor in q entspricht ein Partialbruch bzw. eine Summe von Partialbrüchen, die in genau vorgeschriebener Weise gebildet sind, und zwar entspricht

- jedem Faktor der Form $x - a$ der Partialbruch $\dfrac{A}{x - a} \quad (A \in \mathbb{R})$,

- jedem Faktor der Form $(x - a)^r$ die Summe von r Partialbrüchen

$$
\frac{A_1}{x - a} + \frac{A_2}{(x - a)^2} + \ldots + \frac{A_r}{(x - a)^r} \quad (A_1, \ldots, A_r \in \mathbb{R}) \,,
$$

- jedem Faktor der Form $(x - \alpha)^2 + \beta^2$ der Partialbruch

$$
\frac{Bx + C}{(x - \alpha)^2 + \beta^2} \quad (B, C \in \mathbb{R}) \,.
$$

Der „Ansatz" für die Partialbruchzerlegung besteht darin, die rationale Funktion als Summe ihrer Partialbrüche (mit noch unbestimmten Konstanten im Zähler) darzustellen. Wir demonstrieren dies an einigen Beispielen.

Beispiel: Ansätze von Partialbruchzerlegungen

(1) Ist $q(x) = (x - a)(x - b)$ das Produkt zweier linearer Polynome, so besteht der Ansatz aus den zwei zugehörigen Partialbrüchen und ist unabhängig vom Aussehen des Zählerpolynoms p:

(a) $\dfrac{3x - 1}{(x - 1)(x + 2)} = \dfrac{A_1}{x - 1} + \dfrac{A_2}{x + 2}$,

(b) $\dfrac{5x}{(x - 1)(x + 2)} = \dfrac{A_1}{x - 1} + \dfrac{A_2}{x + 2}$.

(2) Entsprechendes wie in (1) gilt, wenn q das Produkt von mehr als zwei linearen oder von linearen und quadratischen Polynomen ist:

(a) $\dfrac{x^2 - 2x + 5}{(x - 1)\left((x + 2)^2 + 3\right)} = \dfrac{A_1}{x - 1} + \dfrac{A_2 x + A_3}{(x + 2)^2 + 3}$,

(b) $\dfrac{x^2 - 2x + 5}{(x - 1)(x^2 + 2)\left((x + 2)^2 + 3\right)} = \dfrac{A_1}{x - 1} + \dfrac{A_2 x + A_3}{x^2 + 2} + \dfrac{A_4 x + A_5}{(x + 2)^2 + 3}$,

(c) $\dfrac{3x^2 - 2x + 1}{(x - 1)(x + 2)(x - 3)} = \dfrac{A_1}{x - 1} + \dfrac{A_2}{x + 2} + \dfrac{A_3}{x - 3}$.

(3) Tritt in q eine Potenz $(x - a)^r$ auf, so entspricht ihr im Ansatz eine Summe von Partialbrüchen mit den Nennern $(x - a)^k$ für $k = 1, \dots, r$:

(a) $\dfrac{x^2 - 2x + 5}{(x - 1)(x + 2)^2(x^2 + 3)} = \dfrac{A_1}{x - 1} + \dfrac{A_2}{x + 2} + \dfrac{A_3}{(x + 2)^2} + \dfrac{A_4 x + A_5}{x^2 + 3}$,

(b) $\dfrac{x^2 - 2x + 5}{(x - 1)^3(x + 2)^2} = \dfrac{A_1}{x - 1} + \dfrac{A_2}{(x - 1)^2} + \dfrac{A_3}{(x - 1)^3} + \dfrac{A_4}{x + 2} + \dfrac{A_5}{(x + 2)^2}$.

Es ist praktisch, für die in den Partialbrüchen auftretenden Konstanten denselben Buchstaben mit verschiedenen Indizes zu benutzen (wie in den Beispielen). Die Konstanten bestimmt man dann nach dem im folgenden Beispiel dargestellten Verfahren:

Beispiel: Ansatz: $\dfrac{5x^2 - 8x + 5}{(x - 1)[(x - 1)^2 + 1]} = \dfrac{A_1}{x - 1} + \dfrac{A_2 x + A_3}{(x - 1)^2 + 1}$

1. Schritt: Wir multiplizieren die den Ansatz bildende Gleichung mit dem Hauptnenner $q(x) = (x - 1)\left((x - 1)^2 + 1\right)$ und vereinfachen durch Kürzen:

$$5x^2 - 8x + 5 = A_1\left((x - 1)^2 + 1\right) + (A_2 x + A_3)(x - 1).$$

2. Schritt: Wir multiplizieren die Produkte auf der rechten Seite aus und „sortieren" dann nach Potenzen von x:

$$5x^2 - 8x + 5 = A_1(x^2 - 2x + 2) + A_2 x^2 - A_2 x + A_3 x - A_3$$
$$= (A_1 + A_2)x^2 + (-2A_1 - A_2 + A_3)x + (2A_1 - A_3).$$

3. Schritt: Zwei Polynome sind genau dann gleich, wenn die Koeffizienten jeweils gleicher Potenzfunktionen auf beiden Seiten der Gleichung übereinstimmen. Dieser *Koeffizientenvergleich* führt zu einem linearen Gleichungssystem für die Konstanten, das unter der Voraussetzung Grad $p <$ Grad q bei korrektem Ansatz immer eine eindeutig bestimmte Lösung besitzt:

$$
\begin{aligned}
A_1 + A_2 &= 5 \\
-2A_1 - A_2 + A_3 &= -8 \\
2A_1 \quad\;\; - A_3 &= 5
\end{aligned}
$$

Dieses lineare Gleichungssystem für die Unbekannten A_1, A_2, A_3 löst man mit dem Gaußschen Algorithmus und erhält $A_1 = 2$, $A_2 = 3$, $A_3 = -1$. Mit diesen Werten ergibt sich die Partialbruchzerlegung unserer Funktion:

$$\frac{5x^2 - 8x + 5}{(x-1)\left((x-1)^2 + 1\right)} = \frac{2}{x-1} + \frac{3x - 1}{(x-1)^2 + 1}.$$

Im Allgemeinen wird man die Nullstellen eines Polynoms vom Grad n nicht exakt bestimmen können, sondern nur Näherungswerte für sie finden. Es gibt dann keinen Sinn, eine Partialbruchzerlegung durchzuführen. Das ist der Grund, warum wir von vornherein vorausgesetzt haben, dass der Nenner durch seine Produktdarstellung gegeben ist.

★ **Aufgaben**

(1) Bestimmen Sie das Integral der rationalen Funktion. Zerlegen Sie diese dazu, wenn nötig, zuvor in eine Summe:

(a) $\dfrac{x+3}{(x+3)^2 + 1}$,   (b) $\dfrac{2}{(x+3)^2 + 1}$,   (c) $\dfrac{3x}{x^2 + 9}$,

(d) $\dfrac{x}{(x+3)^2 + 1}$,   (e) $\dfrac{3x+1}{x^2 + 9}$,   (f) $\dfrac{x+3}{x^2 - 4x + 8}$.

(2) Zerlegen Sie jeden Integranden in die Summe seiner Partialbrüche und bestimmen Sie dann das Integral:

(a) $\displaystyle\int \frac{5x - 2}{(x-1)(x+2)}\, dx$,   (b) $\displaystyle\int \frac{3}{(x-1)(x+2)}\, dx$,

(c) $\displaystyle\int \frac{5x^2 - 3x + 12}{(x-2)(x^2 + 2x + 5)}\, dx$,   (d) $\displaystyle\int \frac{2x^2 - 5x}{(x-1)^2(x+2)}\, dx$.

8.8   Bereichsintegrale, Parameterintegrale und mehrfache Integrale

Für eine stetige und nicht-negative Funktion $f: \mathbb{B} \to \mathbb{R}$ auf einem Bereich $\mathbb{B} \subset \mathbb{R}^2$ können wir die räumliche Punktmenge

$$\mathbb{K} = \mathbb{K}(f; \mathbb{B}) = \big\{ (x, y, z) \mid (x, y) \in \mathbb{B},\ 0 \le z \le f(x, y) \big\}$$

als einen *Körper* oder als eine zur z-Achse parallele *Säule* mit der Grundfläche $\mathbb{B}$ und der Deckfläche Graph f auffassen.

Uns interessiert die Frage, wie wir in sinnvoller Weise dem Körper $\mathbb{K}$ eine Zahl als sein *Volumen* zuordnen können. Das Problem ist analog zu dem in Abschnitt 8.3 diskutierten Problem, den Flächeninhalt der zum Graphen einer Funktion $f: [a, b] \to \mathbb{R}$ gehörenden Fläche zu definieren. Es wird gleichzeitig Anlass geben, den Begriff des Bereichsintegrals einzuführen (wie in 8.3 den des bestimmten Integrals). Natürlich liegt es nahe, derselben Idee wie in Abschnitt 8.3 zu folgen: Wir zerlegen den Bereich $\mathbb{B}$ in Teilbereiche $\mathbb{B}_{ij}$ und erhalten so eine Zerlegung von $\mathbb{K}$ in Säulen $\mathbb{K}_{ij}$ über den Teilbereichen. Sind die Bereiche $\mathbb{B}_{ij}$ hinreichend klein, so folgt wegen der Stetigkeit von f, dass die Deckfläche jeder Teilsäule nahezu parallel zur Grundfläche ist. Das Volumen

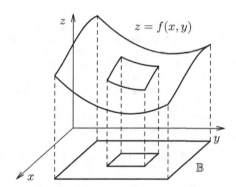

$z = f(x, y)$

Abb. 8.12   Der hier abgebildete Körper hat als Grundfläche ein achsenparalleles Rechteck in der (x, y)-Ebene und als Deckfläche den Graphen von f; seitlich wird er von ebenen Flächenstücken berandet, die parallel zu den Koordinatenebenen sind. Für einen kleinen Teilbereich des Rechtecks ist der zugehörige Teilkörper eingezeichnet. Zerlegt man die Grundfläche in solche Teilbereiche, so erhält man eine Zerlegung des Körpers in Teilkörper.

einer Säule, deren Deck- und Grundfläche parallel sind, ist elementar definiert als das Produkt des Flächeninhaltes der Grundfläche mit der Höhe. Die Summe der Volumina der Teilsäulen ist dann ein Näherungswert für das Volumen von $\mathbb{K}$. Beim Übergang zu immer feineren Zerlegungen erhalten wir einen eindeutig bestimmten Grenzwert. Dieser kann sinnvoll als das Volumen von $\mathbb{K}$ eingeführt werden. Wenn wir dieses Verfahren durchführen, müssen wir allerdings sicher sein, dass für jede Zerlegung von $\mathbb{B}$ die Teilbereiche $\mathbb{B}_{ij}$ einen wohl bestimmten Flächeninhalt besitzen. Bei einem völlig beliebig gewählten Bereich wird das im Allgemeinen nicht der Fall sein. Um diese Voraussetzung zu gewährleisten, werden wir also eine einschränkende Forderung an den Bereich $\mathbb{B}$ stellen müssen. Das geschieht in der folgenden Definition.

8.8.1 Definition   *Sind die Funktionen* α, $\beta: [a, b] \to \mathbb{R}$ *stetig auf einem Intervall* $[a, b]$ *und ist* $\alpha(x) \le \beta(x)$ *für* $x \in [a, b]$, *so nennt man den durch die Graphen von* α *und* β *berandeten Bereich*

$$\mathbb{B} = \{ (x, y) \mid a \le x \le b,\ \alpha(x) \le y \le \beta(x) \} \subset \mathbb{R}^2$$

einen Normalbereich bezüglich y.
Sind $\gamma, \delta \colon [c, d] \to \mathbb{R}$ *stetige Funktionen von* y *und ist* $\gamma(y) \le \delta(y)$ *für alle* $y \in [c, d]$, *so heißt entsprechend der Bereich*

$$\mathbb{B} = \{ (x, y) \mid c \le y \le d,\ \gamma(y) \le x \le \delta(y) \} \subset \mathbb{R}^2$$

ein Normalbereich bezüglich x.
Wir sprechen kurz von einem Normalbereich, wenn $\mathbb{B}$ *ein Normalbereich bezüglich* x
oder y *ist.*

Bemerkung: Man nennt einen Bereich $\mathbb{B}$ *beschränkt*, wenn er enthalten ist in einem achsenparallelen Rechteck. Für einen Normalbereich (Abb. 8.13)

$$\mathbb{B} = \{ (x, y) \mid a \le x \le b,\ \alpha(x) \le y \le \beta(x) \} \subset \mathbb{R}^2$$

ist das immer der Fall, denn ist etwa c das Minimum von $\alpha \colon [a, b] \to \mathbb{R}$ und d das Maximum von $\beta \colon [a, b] \to \mathbb{R}$, so gelten für die Koordinaten der Punkte $(x, y) \in \mathbb{B}$ die Ungleichungen $a \le x \le b$ und $c \le y \le d$. Daher ist $\mathbb{B}$ enthalten in dem Rechteck

$$[a, b] \times [c, d] = \{ (x, y) \mid a \le x \le b,\ c \le y \le d \}.$$

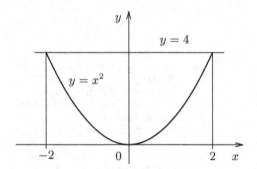

Abb. 8.13 Der hier skizzierte Bereich ist ein Normalbereich bezüglich y; er wird unten berandet von der Parabel mit der Gleichung $y = x^2$, oben von der Parallelen zur x-Achse mit der Gleichung $y = 4$. Für die Koordinaten der Punkte des Bereiches gilt daher:
$$-2 \le x \le 2 \text{ und } x^2 \le y \le 4.$$
Der Bereich ist beschränkt, weil er enthalten ist in dem Rechteck
$$R = \{ (x, y) \mid -2 \le x \le 2,\ 0 \le y \le 4 \}.$$

Beispiel: Sei $\mathbb{B}$ der Bereich in der (x, y)-Ebene, der berandet wird von der Parabel mit der Gleichung $y = x^2$ und von der Parallelen zur x-Achse mit der Gleichung $y = 4$ (Abb. 8.13). Die Schnittpunkte beider Kurven sind $(-2, 4)$ und $(2, 4)$. Wir überzeugen uns davon, dass $\mathbb{B}$ sowohl ein Normalbereich bezüglich y als auch bezüglich x ist.

(1) Denken wir uns $\mathbb{B}$ auf die x-Achse projiziert, so erkennen wir, dass genau alle Zahlen $x \in [-2, 2]$ die erste Koordinate von Punkten aus $\mathbb{B}$ sein können. Für jeden Wert $x \in [-2, 2]$ schneidet die Parallele zur y-Achse durch x die Parabel in (x, x^2) und die Gerade in $(x, 4)$. Zu $\mathbb{B}$ gehören daher genau diejenigen Punkte (x, y) mit erster Koordinate $x \in [-2, 2]$, deren zweite Koordinate y zwischen x^2 und 4 liegt. Damit erhalten wir folgende Charakterisierung des Bereiches $\mathbb{B}$ durch Ungleichungen für die Koordinaten der Punkte:

$$\mathbb{B} = \{ (x, y) \mid -2 \le x \le 2,\ x^2 \le y \le 4 \}.$$

$\mathbb{B}$ ist also ein Normalbereich bezüglich y.

(2) Die Parabelzweige über den Intervallen $[-2, 0]$ und $[0, 2]$ lassen sich ansehen als die Graphen der beiden Funktionen

$$\gamma, \ \delta \colon [0, 4] \to \mathbb{R} \quad \text{mit} \quad \gamma(y) = -\sqrt{y} \quad \text{und} \quad \delta(y) = \sqrt{y}$$

auf dem (auf der y-Achse liegenden) Intervall $[0, 4]$. Daher gilt

$$\mathbb{B} = \{\, (x, y) \mid 0 \leq y \leq 4, \ -\sqrt{y} \leq x \leq \sqrt{y} \,\}.$$

$\mathbb{B}$ ist also ein Normalbereich bezüglich x.

Um nun das Volumen des Körpers $\mathbb{K}$ zu definieren gehen wir ähnlich wie in Abschnitt 8.3 vor. Dazu sei $\mathbb{B}$ zum Beispiel ein Normalbereich bezüglich y. Wir wählen ein Rechteck $R = [a, b] \times [c, d]$ mit $\mathbb{B} \subset R$ und setzen die Funktion f auf R fort, indem wir $f(x, y) = 0$ für $(x, y) \in R \setminus \mathbb{B}$ definieren. Das Rechteck R zerlegen wir für $n \in \mathbb{N}$ in n^2 Teilrechtecke $R_{ij} = [x_{i-1}, x_i] \times [y_{j-1}, y_j]$ für $i, j = 1, \ldots, n$ mit $x_i = a + i\Delta x$, $y_j = c + j\Delta y$ und $\Delta x = \frac{b-a}{n}$, $\Delta y = \frac{d-c}{n}$ (Abb. 8.14). Der Körper $\mathbb{K}$ wird hierdurch in endlich viele Teilkörper $\mathbb{K}_{ij}$ über den Rechtecken R_{ij} zerlegt. Ersetzen wir f über jedem R_{ij} durch die konstante Funktion mit dem Funktionswert $f(x_{i-1}, y_{j-1})$, so stimmt $\mathbb{K}_{ij}$ näherungsweise überein mit der Säule über R_{ij} der Höhe $f(x_{i-1}, y_{j-1})$. Diese hat das Volumen $f(x_{i-1}, y_{j-1}) \Delta x \Delta y$. Ein Näherungswert für das Volumen von $\mathbb{K}$ ist dann die Summe

$$I_n = \sum_{i=1}^{n} \sum_{j=1}^{n} f(x_{i-1}, y_{j-1}) \Delta x \Delta y.$$

Dabei ist zu beachten, dass diejenigen Teilrechtecke, deren linke untere Ecke nicht in $\mathbb{B}$ liegen, keinen Beitrag zum Volumen liefern.

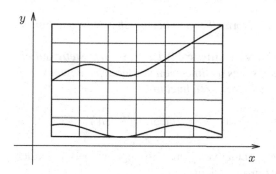

Abb. 8.14 Das Rechteck R, das den Normalbereich $\mathbb{B}$ enthält wird in n^2 Teilrechtecke gleichen Flächeninhalts zerlegt.

Aufgrund der Stetigkeit von f und der speziellen Gestalt des Normalbereichs $\mathbb{B}$ kann man zeigen, dass die Folge (I_n) konvergiert. Den Grenzwert nennen wir I. Die Konvergenz der Folge ist nicht an die Voraussetzung gebunden, dass f nicht-negativ ist (dies diente nur zur Veranschaulichung), sondern allein die Stetigkeit von f und die Gestalt des Normalbereichs sind dafür verantwortlich.

8.8.2 Definition *Sei* $f: \mathbb{B} \to \mathbb{R}$ *eine auf einem Normalbereich* $\mathbb{B} \subset \mathbb{R}^2$ *stetige Funktion. Dann heißt der Grenzwert* I *der oben definierten Folge* (I_n) *das Bereichsintegral von* f *über* $\mathbb{B}$. *Es wird bezeichnet mit dem Symbol*

$$\iint_{\mathbb{B}} f(x,y) \, d(x,y) \, .$$

In der älteren Literatur wird häufig das Symbol db *anstatt* $d(x,y)$ *verwendet.*

8.8.3 Folgerung *Ist* $f: \mathbb{B} \to \mathbb{R}$ *eine nicht-negative stetige Funktion auf einem Normalbereich* $\mathbb{B} \subset \mathbb{R}^2$, *so ist der Wert des Bereichsintegrals von* f *über* $\mathbb{B}$ *das Volumen des von* f *bestimmten Körpers* $\mathbb{K}(f; \mathbb{B})$.

8.8.4 Bemerkung Ist $f: \mathbb{B} \to \mathbb{R}$ die konstante Funktion mit $f(x,y) = 1$ für alle $(x,y) \in \mathbb{B}$, so ist $\mathbb{K}(f; \mathbb{B})$ die Säule mit der Grundfläche $\mathbb{B}$ und der Höhe $h = 1$. Ist $A(\mathbb{B})$ der Flächeninhalt von $\mathbb{B}$, so hat das Volumen von $\mathbb{K}(f; \mathbb{B})$ denselben Zahlenwert, nämlich $A(\mathbb{B}) \cdot 1 = A(\mathbb{B})$. Daher gilt

$$\iint_{\mathbb{B}} d(x,y) = \iint_{\mathbb{B}} 1 \, d(x,y) = A(\mathbb{B}) \, .$$

Analog zu Definition 8.8.1 sind Normalbereiche $\mathbb{B} \subset \mathbb{R}^n$ für $n > 2$ definiert, zum Beispiel für $n = 3$ in Definition 8.8.5. Ebenso ist analog zu Definition 8.8.2 das Bereichsintegral einer stetigen Funktion $f: \mathbb{B} \to \mathbb{R}$ über einem Normalbereich $\mathbb{B} \subset \mathbb{R}^n$ definiert (Definition 8.8.6).

8.8.5 Definition *Seien* γ, $\delta: \mathbb{D} \to \mathbb{R}$ *zwei auf einem Normalbereich* $\mathbb{D}$ *in der* (x,y)-*Ebene stetige Funktionen mit* $\gamma(x,y) \leq \delta(x,y)$ *für alle* $(x,y) \in \mathbb{D}$. *Dann heißt der durch* γ *und* δ *bestimmte Bereich*

$$\mathbb{B} = \{\, (x,y,z) \mid (x,y) \in \mathbb{D}, \ \gamma(x,y) \leq z \leq \delta(x,y) \,\} \subset \mathbb{R}^3$$

Normalbereich bezüglich z. *Analog ist ein Normalbereich bezüglich* x *bzw.* y *definiert.*

8.8.6 Definition **(Höherdimensionale Bereichsintegrale)** *Ist* $f: \mathbb{B} \to \mathbb{R}$ *stetig auf einem Normalbereich* $\mathbb{B} \subset \mathbb{R}^n$ $(n \geq 3)$, *so ist das* n-*dimensionale Bereichsintegral von* f *über* $\mathbb{B}$ *wie in Definition 8.8.2 definiert. Es wird bezeichnet mit*

$$\int \cdots \int_{\mathbb{B}} f(x_1, \ldots, x_n) \, d(x_1, \ldots, x_n) \quad (n \text{ Integralzeichen}) \, .$$

Ein geeignetes Verfahren für die Berechnung von Bereichsintegralen beruht auf der Möglichkeit, sie in *mehrfache Integrale* umzuwandeln.

Parameterintegrale und mehrfache Integrale

Ist $f: \mathbb{B} \to \mathbb{R}$ eine stetige Funktion auf einem Normalbereich

$$\mathbb{B} = \{\, (x,y) \mid a \leq x \leq b, \ \alpha(x) \leq y \leq \beta(x) \,\} \subset \mathbb{R}^2,$$

so ist für jeden festen Wert $x \in \mathbb{I} = [a, b]$ die Funktion

$$f(x, \cdot) \colon \mathbb{J}_x = \{\, y \mid \alpha(x) \leq y \leq \beta(x) \,\} \to \mathbb{R}$$

eine stetige Funktion von y auf dem Intervall $\mathbb{J}_x$. Nach Definition 8.3.1 ist daher ihr bestimmtes Integral (mit den Integrationsgrenzen $\alpha(x)$ und $\beta(x)$) definiert. Dieses können wir dann als eine Funktion von x ansehen:

8.8.7 Definition *Sei* $\mathbb{B} = \{\, (x, y) \mid a \leq x \leq b, \ \alpha(x) \leq y \leq \beta(x) \,\}$ *ein Normalbereich und* $f \colon \mathbb{B} \to \mathbb{R}$ *stetig. Die Funktion*

$$F \colon [a, b] \to \mathbb{R}, \quad F(x) = \int_{\alpha(x)}^{\beta(x)} f(x, y) \, dy$$

heißt das Parameterintegral von f *(mit dem Parameter* x*).*

In dem folgenden Satz, den wir nicht beweisen, geben wir zwei wichtige Eigenschaften von Parameterintegralen an:

8.8.8 Satz

(1) *Das Parameterintegral* $F \colon [a, b] \to \mathbb{R}$ *einer stetigen Funktion* $f \colon \mathbb{B} \to \mathbb{R}$ *ist stetig (dabei ist* $\mathbb{B}$ *der in Definition 8.8.7 angegebene Normalbereich).*

(2) *Sei* $\mathbb{G} \subset \mathbb{R}^2$ *ein Gebiet,* $f \colon \mathbb{G} \to \mathbb{R}$ *stetig und nach* x *stetig partiell differenzierbar und sei* $\mathbb{B} = \{\, (x, y) \mid a \leq x \leq b, \ c \leq y \leq d \,\} \subset \mathbb{G}$ *ein Rechteck. Dann ist das Parameterintegral von* f *differenzierbar, und es gilt:*

$$F'(x) = \frac{d}{dx} \left[\int_c^d f(x, y) \, dy \right] = \int_c^d \frac{\partial}{\partial x} f(x, y) \, dy \,.$$

Ist $f \colon \mathbb{B} \to \mathbb{R}$ stetig, so ist nach Satz 8.8.8 das Parameterintegral $F \colon [a, b] \to \mathbb{R}$ stetig, und nach Definition 8.3.1 ist daher das bestimmte Integral von F definiert:

$$\int_a^b F(x) \, dx = \int_a^b \left[\int_{\alpha(x)}^{\beta(x)} f(x, y) \, dy \right] dx.$$

Um es zu berechnen, sind zwei Integrationen durchzuführen, erst die „innere" Integration nach y, bei der man x (wie beim partiellen Differenzieren) als Konstante behandelt, dann die „äußere" Integration der Funktion F nach der einzigen Variablen x.

8.8.9 Definition *Für eine stetige Funktion* $f \colon \mathbb{B} \to \mathbb{R}$ *auf einem Normalbereich*

$$\mathbb{B} = \{\, (x, y) \mid a \leq x \leq b, \ \alpha(x) \leq y \leq \beta(x) \,\}$$

heißt das Integral

$$\int_a^b \int_{\alpha(x)}^{\beta(x)} f(x, y) \, dy \, dx = \int_a^b F(x) \, dx = \int_a^b \left[\int_{\alpha(x)}^{\beta(x)} f(x, y) \, dy \right] dx$$

des Parameterintegrals F *über* $[a, b]$ *das Doppelintegral (das zweifache Integral) von* f *über den Bereich* $\mathbb{B}$.

8.8.10 Bemerkung Analog ist für $n > 2$ das n-fache Integral einer auf einem Normal-
bereich $\mathbb{B} \subset \mathbb{R}^n$ stetigen Funktion $f\colon \mathbb{B} \to \mathbb{R}$ definiert. Zum Beispiel ist das dreifache
Integral einer stetigen Funktion $f\colon \mathbb{B} \to \mathbb{R}$ über den räumlichen Bereich

$$\mathbb{B} = \{\, (x, y, z) \mid a \le x \le b,\ \alpha(x) \le y \le \beta(x),\ \gamma(x, y) \le z \le \delta(x, y) \,\}$$

definiert durch:

$$\int_a^b \int_{\alpha(x)}^{\beta(x)} \int_{\gamma(x,y)}^{\delta(x,y)} f(x, y, z)\, dz\, dy\, dx = \int_a^b \left[\int_{\alpha(x)}^{\beta(x)} \left[\int_{\gamma(x,y)}^{\delta(x,y)} f(x, y, z)\, dz \right] dy \right] dx\,.$$

Geometrische Deutung des Doppelintegrals als Volumen

Ist $f\colon \mathbb{B} \to \mathbb{R}$ eine nicht-negative stetige Funktion auf einem Normalbereich $\mathbb{B} \subset \mathbb{R}^2$, so
lässt sich das Doppelintegral von f über $\mathbb{B}$ (ebenso wie das Bereichsintegral von f über
$\mathbb{B}$) deuten als das Volumen des durch f bestimmten Körpers

$$\mathbb{K} = \{\, (x, y, z) \mid (x, y) \in \mathbb{B},\ 0 \le z \le f(x, y) \,\}\,.$$

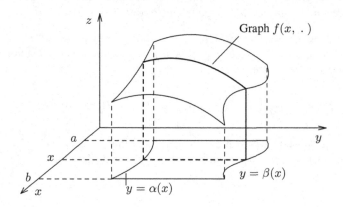

Abb. 8.15   Der Körper ist an der Stelle x parallel zur (y, z)-Ebene durchschnitten.

Dazu brauchen wir uns nur $\mathbb{K}$ in „Scheiben" statt (wie bei der Definition des Bereichsintegrals) in „Säulen" zerlegt zu denken:

Zerschneiden wir $\mathbb{K}$ an einer festen Stelle $x \in [a, b]$ parallel zur (y, z)-Ebene, so ist
die Schnittfläche $\mathbb{F}_x$ die in der Schnittebene liegende Fläche zwischen dem Graphen der
nur von y abhängigen Funktion

$$f(x, \cdot)\colon \mathbb{J}_x = \{\, y \mid \alpha(x) \le y \le \beta(x) \,\} \to \mathbb{R}$$

und dem Intervall $\mathbb{J}_x$. Nach Folgerung 8.3.2 hat sie den Flächeninhalt

$$F(x) = \int_{\alpha(x)}^{\beta(x)} f(x, y)\, dy\,.$$

Das Parameterintegral $F: [a, b] \to \mathbb{R}$ ordnet also jedem $x \in [a, b]$ den Inhalt der Fläche $\mathbb{F}_x$ zu. Wie in Abschnitt 8.3 zerlegen wir das Intervall $[a, b]$ in n gleich lange Teilintervalle $I_k = [x_{k-1}, x_k]$ für $k = 1, \ldots, n$. Dann zerlegen die Schnitte durch $\mathbb{K}$ an den Stellen x_k den Körper in n Scheiben der Dicke $\Delta x = x_k - x_{k-1}$, die von den Schnittflächen bei x_{k-1} und x_k berandet werden. Ihr Volumen ist näherungsweise das Volumen $F(x_{k-1})\Delta x$ der Scheibe mit der Schnittfläche bei x_{k-1} als Grundfläche und der Höhe Δx. Die Summe $\sum_{k=1}^{n} F(x_{k-1})\Delta x$ ist ein Näherungswert und ihr Grenzwert $\int_a^b F(x)\, dx$ daher der genaue Wert des Volumens von $\mathbb{K}$. Also gilt:

$$
V = \int_a^b F(x)\, dx = \int_a^b \left[\int_{\alpha(x)}^{\beta(x)} f(x, y)\, dy \right] dx = \int_a^b \int_{\alpha(x)}^{\beta(x)} f(x, y)\, dy\, dx\,.
$$

Da das Bereichsintegral von $f: \mathbb{B} \to \mathbb{R}$ über $\mathbb{B}$ ebenso wie das Doppelintegral das Volumen des durch f bestimmten Körpers $\mathbb{K}$ angibt, haben beide denselben Wert. Das gilt natürlich auch, wenn f keine nicht-negative Funktion ist und die Integrale daher nicht als Volumina gedeutet werden können. Daher gilt:

8.8.11 Satz *Sei $f: \mathbb{B} \to \mathbb{R}$ stetig auf einem Normalbereich bezüglich y*

$$
\mathbb{B} = \{\, (x, y) \mid a \le x \le b,\, \alpha(x) \le y \le \beta(x) \,\}
$$

oder auf einem Normalbereich bezüglich x

$$
\mathbb{B} = \{\, (x, y) \mid c \le y \le d,\, \gamma(y) \le x \le \delta(y) \,\}\,.
$$

Dann kann das Bereichsintegral von f über $\mathbb{B}$ als ein Doppelintegral berechnet werden:

$$
\iint_{\mathbb{B}} f(x, y)\, d(x, y) = \int_a^b \int_{\alpha(x)}^{\beta(x)} f(x, y)\, dy\, dx
$$

bzw.

$$
\iint_{\mathbb{B}} f(x, y)\, d(x, y) = \int_c^d \int_{\gamma(y)}^{\delta(y)} f(x, y)\, dx\, dy\,.
$$

Rezept: Um ein Bereichsintegral zu berechnen, können wir es „umformen" in ein Doppelintegral. Dazu bestimmen wir zuerst die Integrationsgrenzen, indem wir die Punkte $(x, y) \in \mathbb{B}$ durch die Ungleichungen für ihre Koordinaten charakterisieren (wie in dem Beispiel auf Seite 248/249):

$$
a \le x \le b,\quad \alpha(x) \le y \le \beta(x) \quad \text{bzw.} \quad c \le y \le d,\quad \gamma(y) \le x \le \delta(y)\,.
$$

Wir schreiben dann die Grenzen in der richtigen Reihenfolge an die Integrale. Zuerst muss nach der Variablen integriert werden, deren Grenzen von der anderen Variablen abhängen. Schließlich ersetzen wir noch $d(x, y)$ durch $dx\, dy$ bzw. $dy\, dx$ (je nach der Integrationsreihenfolge).

Ist ein Bereich $\mathbb{B}$ Normalbereich bezüglich y und x, so kann man nach Satz 8.8.11 das Bereichsintegral nach Belieben umformen in ein Doppelintegral, bei dem erst nach x

und dann nach y oder erst nach y und dann nach x integriert wird. Dabei kann es wichtig sein, die „richtige" Reihenfolge zu wählen, weil es von ihr abhängen kann, ob die Integrationen einfach, schwierig oder sogar unmöglich sind. Insbesondere darf die Integrationsreihenfolge frei gewählt werden, wenn $\mathbb{B}$ ein Rechteck ist; das ist die Aussage der folgenden Folgerung.

8.8.12 Folgerung *Für eine auf einem Rechteck* $\mathbb{B} = [a, b] \times [c, d]$ *stetige Funktion* $f : \mathbb{B} \to \mathbb{R}$ *gilt:*

$$\int_a^b \int_c^d f(x, y)\, dy\, dx = \iint_{\mathbb{B}} f(x, y)\, d(x, y) = \int_c^d \int_a^b f(x, y)\, dx\, dy\,.$$

Ist die Funktion f *noch von der speziellen Gestalt* $f(x, y) = g(x)h(y)$ *mit stetigen Funktionen* $g : [a, b] \to \mathbb{R}$ *und* $h : [c, d] \to \mathbb{R}$, *so folgt hieraus*

$$\iint_{\mathbb{B}} g(x)h(y)\, d(x, y) = \int_a^b g(x)\, dx \cdot \int_c^d h(y)\, dy\,.$$

Es kommt vor, dass ein Bereich, über den integriert werden soll, von mehr als zwei verschiedenen Kurven berandet wird. Dann ist er im Allgemeinen kein Normalbereich, kann aber in Normalbereiche unterteilt werden. Der folgenden Ergänzung können Sie entnehmen, wie man in diesem Fall das Bereichsintegral berechnet.

8.8.13 Ergänzung Ein Bereich $\mathbb{B} \subset \mathbb{R}^2$ heißt ein *elementarer Bereich*, wenn er durch Parallelen zu den Koordinatenachsen in endlich viele Normalbereiche $\mathbb{B}_1, \dots, \mathbb{B}_n$ zerlegt werden kann. Es gilt dann:

$$\iint_{\mathbb{B}} f(x, y)\, d(x, y) = \iint_{\mathbb{B}_1} f(x, y)\, d(x, y) + \cdots + \iint_{\mathbb{B}_n} f(x, y)\, d(x, y)\,.$$

Dabei können die Integrale über die Normalbereiche $\mathbb{B}_k$ dann durch Umwandlung in Doppelintegrale berechnet werden. Eine entsprechende Aussage gilt für höherdimensionale Bereichsintegrale.

Beispiel: Zu berechnen ist $\displaystyle\iint_{\mathbb{B}} xy\, d(x, y)$. Der Bereich $\mathbb{B}$ ist in Abb. 8.16 skizziert. Er wird berandet von den Parabeln mit den Gleichungen $y = x^2$ und $y = 4x^2$ sowie von der Parallelen zur x-Achse mit der Gleichung $y = 4$.

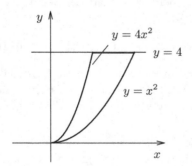

Abb. 8.16 Die (hier nicht eingezeichnete) Parallele zur y-Achse durch den Schnittpunkt $(1, 4)$ von $y = 4x^2$ und $y = 4$ teilt den Bereich in zwei Normalbereiche bezüglich y auf.

Man kann den Bereich aber auch als einen Normalbereich bezüglich x ansehen.

Wir geben zwei Möglichkeiten für die Berechnung des Bereichsintegrals an:

(1) Die Parallele zur y-Achse mit der Gleichung $x = 1$ zerlegt $\mathbb{B}$ in die Teilbereiche $\mathbb{B}_1$ und $\mathbb{B}_2$, die beide Normalbereiche bezüglich y sind. $\mathbb{B}_1$ wird berandet von den Graphen der beiden Funktionen α_1, $\beta_1 \colon [0, 1] \to \mathbb{R}$ mit $\alpha_1(x) = x^2$ und $\beta_1(x) = 4x^2$, d.h.

$$\mathbb{B}_1 = \{ (x, y) \mid 0 \leq x \leq 1,\ x^2 \leq y \leq 4x^2 \}.$$

$\mathbb{B}_2$ wird berandet von den Graphen der beiden Funktionen α_2, $\beta_2 \colon [1, 2] \to \mathbb{R}$ mit $\alpha_2(x) = x^2$ und $\beta_2(x) = 4$, d.h.

$$\mathbb{B}_2 = \{ (x, y) \mid 1 \leq x \leq 2,\ x^2 \leq y \leq 4 \}.$$

Wir berechnen das Bereichsintegral, indem wir beide Bereichsintegrale in zweifache Integrale umwandeln:

$$\iint_{\mathbb{B}} xy\, d(x, y) = \iint_{\mathbb{B}_1} xy\, d(x, y) + \iint_{\mathbb{B}_2} xy\, d(x, y)$$

$$= \int_0^1 \int_{x^2}^{4x^2} xy\, dy\, dx + \int_1^2 \int_{x^2}^{4} xy\, dy\, dx$$

$$= \frac{1}{2} \int_0^1 xy^2 \Big|_{x^2}^{4x^2}\, dx + \frac{1}{2} \int_1^2 xy^2 \Big|_{x^2}^{4}\, dx$$

$$= \frac{1}{2} \int_0^1 x(16x^4 - x^4)\, dx + \frac{1}{2} \int_1^2 x(16 - x^4)\, dx$$

$$= \frac{15}{2} \int_0^1 x^5\, dx + \frac{1}{2} \int_1^2 (16x - x^5)\, dx$$

$$= \frac{15}{12} x^6 \Big|_0^1 + \frac{1}{2} \left(8x^2 - \frac{1}{6} x^6 \right) \Big|_1^2 = 8.$$

(2) Bedeutend einfacher wird die Berechnung des Bereichsintegrals, wenn wir $\mathbb{B}$ als Normalbereich bezüglich x charakterisieren. $\mathbb{B}$ wird berandet von den Graphen der beiden auf dem Intervall $[0, 4]$ (auf der y-Achse) definierten Funktionen γ, $\delta \colon [0, 4] \to \mathbb{R}$ mit $\gamma(y) = \frac{1}{2} \sqrt{y}$ und $\delta(y) = \sqrt{y}$, d.h.

$$\mathbb{B} = \{ (x, y) \mid 0 \leq y \leq 4,\ \tfrac{1}{2} \sqrt{y} \leq x \leq \sqrt{y} \}.$$

Berechnung des Bereichsintegrals:

$$\iint_{\mathbb{B}} xy\, d(x, y) = \int_0^4 \int_{\frac{1}{2}\sqrt{y}}^{\sqrt{y}} xy\, dx\, dy = \frac{1}{2} \int_0^4 x^2 y \Big|_{\frac{1}{2}\sqrt{y}}^{\sqrt{y}}\, dy$$

$$= \frac{1}{2} \int_0^4 \left(y - \frac{1}{4} y \right) y\, dy = \frac{3}{8} \int_0^4 y^2\, dy = \frac{3}{24} y^3 \Big|_0^4 = 8.$$

★ **Aufgaben**

(1) Sei $\mathbb{B} = \{ (x,y) \mid -1 \le x \le 1, |x| \le y \le 1 \} \subset \mathbb{R}^2$.

   (a) Berechnen Sie $\displaystyle\iint_{\mathbb{B}} x^2 y \, d(x,y)$ durch Umwandlung in ein Doppelintegral. Charakterisieren Sie dazu $\mathbb{B}$ einmal als Normalbereich bezüglich y, das andere Mal als Normalbereich bezüglich x.

   (b) Berechnen Sie $\displaystyle\iint_{\mathbb{B}} e^{-y^2} \, d(x,y)$.

(2) Der räumliche Bereich $\mathbb{K}$ wird begrenzt von den Ebenen mit den Gleichungen

$$x = 1, \quad x = 2, \quad y = 0, \quad z = 0 \quad \text{und} \quad x + y + z = 3.$$

   Berechnen Sie das Bereichsintegral $\displaystyle\iiint_{\mathbb{K}} x \, d(x,y,z)$.

(3) Berechnen Sie das Volumen des Körpers, der seitlich begrenzt wird von den Ebenen mit den Gleichungen $x = 2$, $y = x$ und der durch $xy = 1, z \in \mathbb{R}$ charakterisierten Fläche (senkrecht auf der (x,y)-Ebene), unten von der (x,y)-Ebene und oben von der Fläche mit der Gleichung $z = x^2 y^{-2}$.

8.9   Koordinatentransformation bei Bereichsintegralen

Um eine weitere Möglichkeit zur Berechnung von Bereichsintegralen zu entwickeln, definieren wir den Begriff einer *Koordinatentransformation*. Eine solche ermöglicht es, ein Bereichsintegral in ein Bereichsintegral mit neuen Koordinaten zu überführen. Wie bei der Anwendung der Substitutionsregel für Funktionen einer Variablen versucht man dabei, die Koordinatentransformation so zu wählen, dass dieses neue Bereichsintegral leichter zu berechnen ist als das ursprüngliche. Ein wichtiges Beispiel von Koordinaten in der Ebene sind die Polarkoordinaten, die wir schon bei der Darstellung komplexer Zahlen in Kapitel 2 benutzt haben. Mit den *Zylinderkoordinaten* und den *Kugelkoordinaten* führen wir zwei Arten von räumlichen Koordinaten ein, die in der Praxis bei der Berechnung von Bereichsintegralen häufig verwendet werden.

Nach der Substitutionsregel in Folgerung 8.3.8 kann man ein bestimmtes Integral durch eine geeignete Variablentransformation überführen in ein solches, das unter Umständen leichter zu berechnen ist. Eine zu dieser Substitutionsregel analoge Transformationsregel gibt es für Bereichsintegrale. Um sie formulieren zu können, müssen wir erst klären, was wir unter einer Variablentransformation (genauer *Koordinatentransformation*) verstehen. Wir orientieren uns dazu am Beispiel der Polarkoordinaten.

In einem kartesischen Koordinatensystem in der Ebene ist jeder Punkt P der Ebene charakterisiert als der Schnittpunkt einer Parallelen $x = a$ zur y-Achse und einer Parallelen $y = b$ zur x-Achse, und a, b sind dann die kartesischen Koordinaten des Punktes P (Abb. 1.2 in Kapitel 1). Die Parallelen zu den beiden Koordinatenachsen, also die Geraden mit den Gleichungen $x = c$ bzw. $y = c$ für $c \in \mathbb{R}$, bezeichnet man als die *Koordinatenlinien* in der (x,y)-Ebene.

Denken Sie sich in Abschnitt 2.3 die komplexe Ebene durch die (x, y)-Ebene und Punkte z durch Punkte P ersetzt. Dann ist danach jeder Punkt P der Ebene auch durch seine Polarkoordinaten charakterisiert, also durch den *Abstand* ρ von P zu O und den *Winkel* φ zwischen dem Strahl von O zu P und der positiven x-Achse. Für jede Zahl $r \in [0, \infty)$ beschreibt die Gleichung $\rho = r$ den Kreis um O mit Radius r, und für jede Zahl $\alpha \in (-\pi, \pi]$ beschreibt die Gleichung $\varphi = \alpha$ den Strahl mit Anfangspunkt O, der mit der positiven x-Achse den Winkel α einschließt (Abb. 2.3). P ist als Schnittpunkt des Kreises mit dem Strahl eindeutig bestimmt durch den Radius r des Kreises und den Winkel α des Strahls, also durch das geordnete Zahlenpaar (r, α). Das rechtfertigt es, ρ und φ als *Koordinaten* und die geordneten Paare (ρ, φ) als die *Koordinatendarstellungen* der Punkte anzusehen. Die Kreise um O und die Strahlen mit Anfangspunkt O werden als die *Koordinatenlinien der Polarkoordinaten in der (x, y)-Ebene* bezeichnet (weil sie die Mengen der Punkte mit fester erster oder fester zweiter Polarkoordinate sind).

Durch die anfängliche Wahl des Achsensystems sind die kartesischen Koordinaten insofern besonders ausgezeichnet, als die zu ihnen gehörenden Koordinatenlinien als Parallelen zu den Achsen besonders einfache geometrische Gebilde sind. Wählen wir in der Ebene ein Achsenkreuz und tragen auf den Achsen die Polarkoordinaten ab, bezeichnen also die eine Achse als ρ-Achse, die andere als φ-Achse, dann sind jetzt die Koordinatenlinien der Polarkoordinaten die Parallelen zu den Achsen mit den Gleichungen $\rho = r$ und $\varphi = \alpha$ (Abb. 8.17).

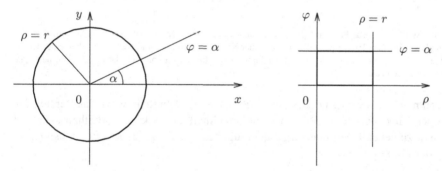

Abb. 8.17   In dem links gezeichneten kartesischen Koordinatensystem sind die Koordinatenlinien der Polarkoordinaten die Kreise um O und die von O ausgehenden Strahlen. In dem rechts gezeichneten Koordinatensystem, bei dem die Polarkoordinaten auf den Achsen abgetragen werden, sind die Koordinatenlinien die Parallelen zur ρ-Achse und zur φ-Achse.

Da jeder Punkt der Ebene sowohl durch seine kartesischen Koordinaten als auch durch seine Polarkoordinaten charakterisiert ist, bestimmen die kartesischen Koordinaten eindeutig die Polarkoordinaten und umgekehrt. Zum Beispiel lassen sich nach Satz 2.3.5 die kartesischen Koordinaten aus den Polarkoordinaten eindeutig berechnen mit Hilfe der Formeln

$$x = \rho \cos \varphi \quad \text{und} \quad y = \rho \sin \varphi.$$

Zusammen definieren die Formeln die Zuordnungsvorschrift einer vektorwertigen Funktion $\mathbf{x} \colon \mathbb{R}^2 \to \mathbb{R}^2$, die den Wechsel der Koordinaten beschreibt:

$$\mathbf{x} \colon \mathbb{R}^2 \to \mathbb{R}^2 \quad \text{mit} \quad \mathbf{x}(\rho, \varphi) = \begin{pmatrix} x(\rho, \varphi) \\ y(\rho, \varphi) \end{pmatrix} = \begin{pmatrix} \rho \cos \varphi \\ \rho \sin \varphi \end{pmatrix}.$$

Eine *Kreisfläche*, die in der (x, y)-Ebene beschrieben wird durch

$$\mathbb{B} = \left\{ (x, y) \mid -a \leq x \leq a, \ -\sqrt{a^2 - x^2} \leq y \leq \sqrt{a^2 - x^2} \right\},$$

hat bei Darstellung in der (ρ, φ)-Ebene das geometrische Aussehen eines *Rechtecks* (Abb. 8.18):

$$\mathbb{B}^* = \left\{ (\rho, \varphi) \mid 0 \leq \rho \leq a, \ -\pi < \varphi \leq \pi \right\}.$$

Unter $\mathbf{x}$ wird $\mathbb{B}^*$ umkehrbar eindeutig auf B abgebildet, d. h. jedem Punkt aus $\mathbb{B}^*$ entspricht genau ein Punkt aus B und umgekehrt. Mit Hilfe von $\mathbf{x} \colon \mathbb{B}^* \to \mathbb{B}$ können wir also von den kartesischen Koordinaten x, y zu Polarkoordinaten ρ, φ übergehen.

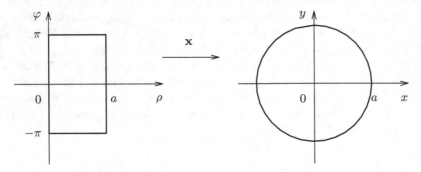

Abb. 8.18   Wird eine ebene Punktmenge mit Hilfe unterschiedlicher Koordinaten dargestellt, so hat sie unterschiedliches Aussehen. Hat sie bezüglich kartesischer Koordinaten das geometrische Aussehen einer Kreisfläche (wie in der rechten Skizze), so hat dieselbe Punktmenge bezüglich Polarkoordinaten das geometrische Aussehen eines Rechtecks.

Davon machen wir (wie bei der Substitutionsregel) Gebrauch, wenn das Bereichsintegral einer Funktion $f \colon \mathbb{B} \to \mathbb{R}$ über $\mathbb{B}$ zu berechnen ist. Es kann vorteilhaft sein, mit Hilfe von $\mathbf{x}$ zu neuen Koordinaten ρ, φ überzugehen und damit zu dem Bereichsintegral über $\mathbb{B}^*$ der Funktion

$$F \colon \mathbb{B}^* \to \mathbb{B} \quad \text{mit} \quad F(\rho, \varphi) = f(\rho \cos \varphi, \rho \sin \varphi) = (f \circ \mathbf{x})(\rho, \varphi) = f(x, y).$$

Denn wandeln wir das Bereichsintegral von F über $\mathbb{B}^*$ in ein Doppelintegral um, so hat dieses konstante Integrationsgrenzen, weil $\mathbb{B}^*$ ein Rechteck ist.

Worauf allerdings zu achten ist, damit der Wert des Bereichsintegrals von $f(x, y)$ über $\mathbb{B}$ gleich dem des Bereichsintegrals von $F(\rho, \varphi)$ über $\mathbb{B}^*$ ist, erkennen wir sofort, wenn wir einmal annehmen, dass f und damit auch F konstant mit dem Funktionswert 1 ist. Denn der Wert des Bereichsintegrals über $\mathbb{B}$ ist dann genau der Flächeninhalt πa^2 von $\mathbb{B}$ und der des Bereichsintegrals über $\mathbb{B}^*$ ist der Flächeninhalt $2\pi a$ von $\mathbb{B}^*$, beide sind aber verschieden. Bei der Umformung eines Bereichsintegrals durch Koordinatentransformation muss daher durch einen geeigneten Korrekturfaktor der unterschiedliche Flächeninhalt der Integrationsbereiche berücksichtigt werden.

Wir wollen die eben aufgeworfene Fragestellung allgemein behandeln, also statt einer Transformation der kartesischen Koordinaten auf Polarkoordinaten eine solche auf beliebige andere Koordinaten vornehmen und dabei nicht nur ebene (2-dimensionale)

Bereiche, sondern beliebige n-dimensionale Bereiche zulassen. Es entsteht dadurch allerdings eine neue Situation. Bisher brauchten wir nicht erst zu definieren, was wir unter einer Koordinatentransformation verstehen. Jetzt gehen wir davon aus, dass die Punkte in $\mathbb{B}^* \subset \mathbb{R}^n$ durch die Variablen $u_1, \ldots, u_n$ und die Punkte in $\mathbb{B} \subset \mathbb{R}^n$ durch die Variablen $x_1, \ldots, x_n$ (kartesische Koordinaten) beschrieben sind. Durch geeignete Bedingungen an die vektorwertige Funktion $\mathbf{x} \colon \mathbb{B}^* \to \mathbb{B}$ müssen wir jetzt erst sicher stellen, dass jeder Punkt $(x_1, \ldots, x_n) \in \mathbb{B}$ unter $\mathbf{x}$ genau einem Punkt $(u_1, \ldots, u_n) \in \mathbb{B}^*$ entspricht und $\mathbf{x}$ dann die Rolle einer Koordinatentransformation spielt. Wir müssen also den Begriff der Koordinatentransformation erst durch eine Definition festlegen:

8.9.1 Definition *Sei* $\mathbb{G}^* \subset \mathbb{R}^n$ *ein Gebiet,* $\mathbb{B}^* \subset \mathbb{G}^*$ *ein Bereich und*

$$\mathbf{x} \colon \mathbb{G}^* \to \mathbb{R}^n \quad mit \quad \mathbf{x}(u_1, \ldots, u_n) = \begin{pmatrix} x_1(u_1, \ldots, u_n) \\ \vdots \\ x_n(u_1, \ldots, u_n) \end{pmatrix} = \begin{pmatrix} x_1 \\ \vdots \\ x_n \end{pmatrix}$$

eine stetig differenzierbare vektorwertige Funktion, so dass $\mathbf{x}(\mathbb{B}^*) = \mathbb{B}$ *ist. Dann heißt* $\mathbf{x} \colon \mathbb{B}^* \to \mathbb{B}$ *eine Koordinatentransformation der Koordinaten* $x_1, \ldots, x_n$ *auf die Koordinaten* $u_1, \ldots, u_n$, *wenn folgende Eigenschaften gelten:*

(1) $\mathbf{x}$ *bildet je zwei verschiedene innere Punkte des Bereichs* $\mathbb{B}^*$ *auf verschiedene innere Punkte des Bereichs* $\mathbb{B}$ *ab;*

(2) *Die Determinante der Funktionalmatrix von* $\mathbf{x}$, *kurz die Funktionaldeterminante von* $\mathbf{x}$, *hat in den inneren Punkten von* $\mathbb{B}^*$ *nicht den Wert* 0:

$$\det \mathsf{J}(\mathbf{x}) = \begin{vmatrix} \frac{\partial x_1}{\partial u_1} & \cdots & \frac{\partial x_1}{\partial u_n} \\ \vdots & & \vdots \\ \frac{\partial x_n}{\partial u_1} & \cdots & \frac{\partial x_n}{\partial u_n} \end{vmatrix} \neq 0 \quad im\ Inneren\ von\ \mathbb{B}^*.$$

8.9.2 Bemerkungen

(1) Für die mit den partiellen Ableitungen der x_i nach den u_j gebildete Funktionaldeterminante von $\mathbf{x}$ und für ihren Betrag benutzt man häufig auch das Symbol

$$\frac{\partial(x_1, \ldots, x_n)}{\partial(u_1, \ldots, u_n)} \quad und \quad \left| \frac{\partial(x_1, \ldots, x_n)}{\partial(u_1, \ldots, u_n)} \right|.$$

(2) Wegen der Voraussetzung $\mathbf{x}(\mathbb{B}^*) = \mathbb{B}$ in Definition 8.9.1 gibt es zu jedem Punkt $(x_1, \ldots, x_n) \in \mathbb{B}$ einen Punkt $(u_1, \ldots, u_n) \in \mathbb{B}^*$, der unter $\mathbf{x}$ auf ihn abgebildet wird. Jeder Punkt von $\mathbb{B}$ hat also eine Koordinatendarstellung $(u_1, \ldots, u_n)$. Diese ist aufgrund der Forderung (1) in Definition 8.9.1 eindeutig. Für einen Punkt in $\mathbb{B}^*$ mit den Koordinaten $u_1, \ldots, u_n$ findet man seine kartesischen Koordinaten, indem man $u_1, \ldots, u_n$ einsetzt in das Gleichungssystem

$$\mathbf{x} = \mathbf{x}(u_1, \cdots, u_n) \iff \begin{matrix} x_1 = x_1(u_1, \cdots, u_n), \\ \vdots \qquad\qquad \vdots \\ x_n = x_n(u_1, \cdots, u_n). \end{matrix}$$

Um umgekehrt aus den kartesischen Koordinaten $x_1, \ldots, x_n$ eines Punktes seine Koordinaten $u_1, \ldots, u_n$ zu berechnen, muss man das Gleichungssystem nach den $u_1, \ldots, u_n$ auflösen können. Die Forderung (2) in Definition 8.9.1 garantiert, dass dies möglich ist.

Wir greifen jetzt wieder die Frage nach dem Korrekturfaktor auf, der die unterschiedliche geometrische Gestalt der Bereiche bei einem Wechsel von kartesischen zu irgendwelchen neuen Koordinaten u, v berücksichtigt. Die vektorwertige Funktion

$$\mathbf{x} \colon \mathbb{B}^* \to \mathbb{B} \quad \text{mit} \quad \mathbf{x}(u, v) = \begin{pmatrix} x(u, v) \\ y(u, v) \end{pmatrix}$$

beschreibe eine Transformation der kartesischen Koordinaten x, y auf die neuen Koordinaten u, v. Jede auf einer Koordinatenlinie $v = $ const. liegende Strecke können wir als ein (zu dem konstanten Wert v gehörendes) Intervall $\mathbb{I}_v$ ansehen und jede auf einer Koordinatenlinie $u = $ const. liegende Strecke als das (zu dem konstanten Wert u gehörende) Intervall $\mathbb{I}_u$. Die Einschränkung von $\mathbf{x}$ auf $\mathbb{I}_v$ ist als vektorwertige Funktion der einen Variablen u dann die Parameterdarstellung einer Kurve in $\mathbb{B}$, die man als u-Kurve γ_u bezeichnet (Abb. 8.19). Ebenso ist die Einschränkung von $\mathbf{x}$ auf $\mathbb{I}_u$ als vektorwertige Funktion der Variablen v dann die Parameterdarstellung einer v-Kurve γ_v in $\mathbb{B}$. Die u-Kurven und die v-Kurven sind also die Bildkurven von Strecken auf den Koordinatenlinien $v = $ const. und $u = $ const.

Ist $(u, v) \in \mathbb{B}^*$, so denken wir uns ein achsenparalleles Rechteck gezeichnet, das (u, v) als einen Eckpunkt besitzt. Unter $\mathbf{x}$ wird es auf ein *krummliniges Viereck* in $\mathbb{B}$ abgebildet, das den Bildpunkt $\mathbf{x}(u, v)$ als einen Eckpunkt besitzt und berandet wird von den u- und v-Kurven, auf welche die Rechteckseiten abgebildet werden (Abb. 8.19).

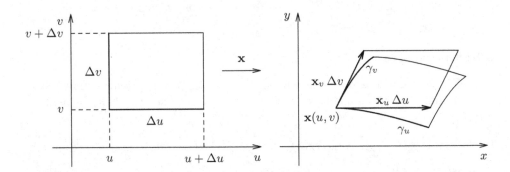

Abb. 8.19   Unter $\mathbf{x}$ wird das achsenparallele Rechteck mit dem linken unteren Eckpunkt (u, v) und den Seitenlängen Δu und Δv auf ein krummliniges Viereck mit dem linken unteren Eckpunkt $\mathbf{x}(u, v)$ abgebildet. Dieses ist näherungsweise gleich dem Parallelogramm, das von den Tangentenvektoren $\mathbf{x}_u \Delta u$ und $\mathbf{x}_v \Delta v$ an die Randkurven des krummlinigen Vierecks aufgespannt wird.

Die beiden von (u, v) ausgehenden Seiten können wir insbesondere ansehen als Intervalle $[u, u + \Delta u]$ (die zweite Koordinate ist konstant gleich v) und $[v, v + \Delta v]$ (die erste Koordinate ist konstant gleich u) und die Funktionen

$$\mathbf{x}(\cdot, v) \colon [u, u + \Delta u] \to \mathbb{B} \quad \text{und} \quad \mathbf{x}(u, \cdot) \colon [v, v + \Delta v] \to \mathbb{B}$$

als Parameterdarstellungen einer Kurve γ_u und einer Kurve γ_v. Für kleine Δu und Δv sind die beiden in $\mathbf{x}(u, v)$ beginnenden Bildkurven γ_u und γ_v näherungsweise geradlinig und in Richtung und Länge gleich. Das krummlinige Viereck ist daher für kleine Δu und Δv näherungsweise gleich dem Parallelogramm, das von den beiden Vektoren $\mathbf{x}_u(u, v)\Delta u$ und $\mathbf{x}_v(u, v)\Delta v$ aufgespannt wird. Fassen wir $\mathbf{x}_u$ und $\mathbf{x}_v$ als Vektoren im $\mathbb{R}^3$ auf, indem wir 0 als dritte Koordinate hinzufügen, so lässt sich der Flächeninhalt des Parallelogramms nach dem Ergebnis 3.2.6 als der Betrag ihres Vektorprodukts angeben. Wie folgende Rechnung zeigt, ist dieser gleich dem Betrag der Determinante der Funktionalmatrix $\mathrm{J}(\mathbf{x})$ von $\mathbf{x}$:

$$\left\| \begin{pmatrix} x_u \\ y_u \\ 0 \end{pmatrix} \Delta u \times \begin{pmatrix} x_v \\ y_v \\ 0 \end{pmatrix} \Delta v \right\| = \left\| \begin{pmatrix} 0 \\ 0 \\ x_u y_v - x_v y_u \end{pmatrix} \right\| \Delta u \Delta v$$

$$= |x_u y_v - x_v y_u| \Delta u \Delta v = \left\| \begin{matrix} x_u & x_v \\ y_u & y_v \end{matrix} \right\| \Delta u \Delta v$$

$$= |\det \mathrm{J}(\mathbf{x})(u, v)| \Delta u \Delta v \,.$$

Ist $f \colon \mathbb{B} \to \mathbb{R}$ stetig auf dem Bereich $\mathbb{B}$ in der (x, y)-Ebene, so ist aufgrund der Transformationsgleichungen $x = x(u, v)$, $y = y(u, v)$:

$$f(x, y) = f\left(x(u, v), y(u, v)\right) = (f \circ \mathbf{x})(u, v) \,.$$

Nun sei R ein Rechteck mit $B^* \subset R$, das unterteilt ist in kleine Rechtecke R_{ij}, die (u_i, v_j) als linke untere Eckpunkte haben und deren Breiten Δu und deren Höhen Δv sind. Setzen wir $S_{ij} = \mathbf{x}(R_{ij})$ und $(x_i, y_j) = \mathbf{x}(u_i, v_j)$, so ist

$$\iint_B f(x, y)\, d(x, y) \approx \sum_{i,j} f(x_i, y_j)|S_{ij}| \,,$$

wobei $|S_{ij}|$ den Flächeninhalt von S_{ij} bezeichnet. Nach den obigen Überlegungen gilt dann:

$$\iint_B f(x, y)\, d(x, y) \approx \sum_{i,j} f(\mathbf{x}(u_i, v_j)) \left| \frac{\partial(x, y)}{\partial(u, v)}(u_i, v_j) \right| \Delta u \Delta v$$

$$\approx \iint_{B^*} f(\mathbf{x}(u, v)) \left| \frac{\partial(x, y)}{\partial(u, v)}(u, v) \right| d(u, v) \,.$$

Werden die Breiten und Höhen der Rechtecke R_{ij} immer kleiner, so folgt durch Grenzübergang für das Bereichsintegral von f über $\mathbb{B}$:

$$\iint_{\mathbb{B}} f(x, y)\, d(x, y) = \iint_{\mathbb{B}^*} f\left(\mathbf{x}(u, v)\right) \left| \frac{\partial(x, y)}{\partial(u, v)} \right| d(u, v) \,.$$

Eine entsprechende Überlegung gilt für n-dimensionale Bereiche und führt zu folgendem Ergebnis:

8.9.3 Satz *Seien $\mathbb{B}$ und $\mathbb{B}^*$ Bereiche im $\mathbb{R}^n$ und sei $\mathbf{x}: \mathbb{B}^* \to \mathbb{B}$ mit*

$$\mathbf{x}(u_1, \ldots, u_n) = \begin{pmatrix} x_1(u_1, \ldots, u_n) \\ \vdots \\ x_n(u_1, \cdots, u_n) \end{pmatrix} = \begin{pmatrix} x_1 \\ \vdots \\ x_n \end{pmatrix} \quad und \quad \mathbf{x}(\mathbb{B}^*) = \mathbb{B}$$

eine Transformation der Koordinaten $x_1, \ldots, x_n$ auf neue Koordinaten $u_1, \ldots, u_n$. Ist dann $f: \mathbb{B} \to \mathbb{R}$ eine auf $\mathbb{B}$ stetige Funktion der Variablen $x_1, \ldots, x_n$, so gilt:

$$\int \cdots \int_{\mathbb{B}} f(\mathbf{x}) \, d(x_1, \ldots, x_n) = \int \cdots \int_{\mathbb{B}^*} f(\mathbf{x}(\mathbf{u})) \left| \frac{\partial(x_1, \ldots, x_n)}{\partial(u_1, \ldots, u_n)} \right| d(u_1, \ldots, u_n).$$

Beachten Sie: In der Formel in Satz 8.9.3 wird der *Betrag* der Funktionaldeterminante benutzt, also ihr *positiver Wert*.

Beispiele: In den Anwendungen werden neben den Polarkoordinaten häufig auch Zylinder- und Kugelkoordinaten benutzt. In den folgenden Beispielen geben wir die Transformationen kartesischer Koordinaten auf diese drei Arten von Koordinaten an und berechnen die zugehörige Funktionaldeterminante.

(1) **Transformation kartesischer Koordinaten auf Polarkoordinaten ρ, φ:**

Die Transformation auf Polarkoordinaten ist definiert durch:

$$\mathbf{x}: \mathbb{R}^2 \to \mathbb{R}^2 \quad mit \quad \mathbf{x}(\rho, \varphi) = \begin{pmatrix} x(\rho, \varphi) \\ y(\rho, \varphi) \end{pmatrix} = \begin{pmatrix} \rho \cos \varphi \\ \rho \sin \varphi \end{pmatrix}.$$

Unter ihr wird ein Rechteck $\mathbb{B}^* = \{ (\rho, \varphi) \mid 0 \leq \rho \leq r, \ 0 \leq \varphi \leq 2\pi \}$ in der (ρ, φ)-Ebene auf den Kreis $\mathbb{B} = \{ (x, y) \mid x^2 + y^2 \leq r^2 \}$ in der (x, y)-Ebene abgebildet. Verschiedene innere Punkte in $\mathbb{B}^*$ (also Punkte (ρ, φ) mit $0 < \rho < r$ und $0 < \varphi < 2\pi$) haben immer verschiedene Bildpunkte in $\mathbb{B}$. Wir überzeugen uns davon, dass die Funktionaldeterminante von $\mathbf{x}$ in inneren Punkten von $\mathbb{B}^*$ nicht den Wert 0 hat (beachten Sie, dass für innere Punkte $\rho > 0$ ist):

$$\frac{\partial(x, y)}{\partial(\rho, \varphi)} = \begin{vmatrix} \cos \varphi & -\rho \sin \varphi \\ \sin \varphi & \rho \cos \varphi \end{vmatrix} = \rho(\cos^2 \varphi + \sin^2 \varphi) = \rho > 0.$$

Durch eine Transformation auf Polarkoordinaten kann somit ein Bereichsintegral über eine Kreisfläche $\mathbb{B}$ in ein Bereichsintegral über ein Rechteck $\mathbb{B}^*$ überführt werden. Entsprechend kann ein Kreisring $\mathbb{B} = \{ (x, y) \mid r^2 \leq x^2 + y^2 \leq R^2 \}$ ersetzt werden durch das Rechteck $\mathbb{B}^* = \{ (\rho, \varphi) \mid r \leq \rho \leq R, \ 0 \leq \varphi \leq 2\pi \}$ oder ein Kreissektor, welchen zwei Strahlen aus dem Kreis herausschneiden, die mit der positiven x-Achse die Winkel α und β einschließen, durch das Rechteck $\mathbb{B}^* = \{ (\rho, \varphi) \mid 0 \leq \rho \leq r, \ \alpha \leq \varphi \leq \beta \}$.

(2) **Transformation kartesischer Koordinaten auf Zylinderkoordinaten ρ, φ, z:**

Ein Punkt P im Raum mit den kartesischen Koordinaten x, y, z ist eindeutig bestimmt durch seine Lage zur (x, y)-Ebene und durch den Projektionspunkt P'

von P in der (x, y)-Ebene. Die Lage von P zur (x, y)-Ebene ist durch die dritte Koordinate z und P' ist durch die Polarkoordinaten ρ und φ gekennzeichnet. Damit ist P dann durch ρ, φ und die kartesische Koordinate z charakterisiert. Man bezeichnet ρ, φ, z als die *Zylinderkoordinaten* von P.

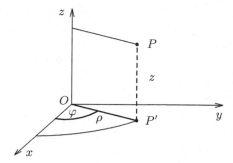

Abb. 8.20   Jeder Punkt P im Raum ist eindeutig bestimmt durch seine dritte Koordinate z und durch die Polarkoordinaten ρ und φ seiner Projektion P' in die (x, y)-Ebene. Man bezeichnet ρ, φ, z als die Zylinderkoordinaten des Punktes P.

Die Transformation kartesischer Koordinaten auf Zylinderkoordinaten ist dann definiert durch die vektorwertige Funktion

$$\mathbf{x}\colon \mathbb{R}^3 \to \mathbb{R}^3 \quad \text{mit} \quad \mathbf{x}(\rho, \varphi, z) = \begin{pmatrix} x(\rho, \varphi, z) \\ y(\rho, \varphi, z) \\ z(\rho, \varphi, z) \end{pmatrix} = \begin{pmatrix} \rho \cos \varphi \\ \rho \sin \varphi \\ z \end{pmatrix}.$$

Unter ihr wird jeder Quader

$$\mathbb{B}^* = \{\, (\rho, \varphi, z) \mid 0 \le \rho \le r,\ 0 \le \varphi \le 2\pi,\ 0 \le z \le h \,\}$$

abgebildet auf einen *Zylinder*

$$\mathbb{B} = \{\, (x, y, z) \mid 0 \le x^2 + y^2 \le r^2,\ 0 \le z \le h \,\}.$$

Verschiedene innere Punkte von $\mathbb{B}^*$ haben immer verschiedene Bildpunkte, und die Funktionaldeterminante hat in inneren Punkten von $\mathbb{B}^*$ nicht den Wert 0:

$$\frac{\partial(x, y, z)}{\partial(\rho, \varphi, z)} = \begin{vmatrix} \cos \varphi & -\rho \sin \varphi & 0 \\ \sin \varphi & \rho \cos \varphi & 0 \\ 0 & 0 & 1 \end{vmatrix} = \begin{vmatrix} \cos \varphi & -\rho \sin \varphi \\ \sin \varphi & \rho \cos \varphi \end{vmatrix} = \rho > 0.$$

(3) **Transformation kartesischer Koordinaten auf Kugelkoordinaten ρ, θ, φ:**

Wir bezeichnen mit $S(O, \rho)$ die Oberfläche der Kugel um O mit dem Radius ρ, mit $K(O, \theta)$ die *Kegelfläche*, die ein mit der positiven z-Achse den Winkel θ einschließender Strahl überstreicht, wenn er um die z-Achse rotiert, und mit $E(O, \varphi)$ die Halbebene, die von der z-Achse begrenzt wird und mit der (x, z)-Ebene den Winkel φ einschließt. Jeder Punkt P im Raum ist der Schnittpunkt genau einer Kugeloberfläche $S(O, \rho)$, einer Kegelfläche $K(O, \theta)$ und einer Halbebene $E(O, \varphi)$ und ist daher charakterisiert durch die Werte ρ, θ, φ (Abb. 8.21). Dabei ist ρ der Abstand des Punktes P vom Nullpunkt, θ der von dem Strahl $\overrightarrow{OP}$ und der positiven z-Achse eingeschlossene Winkel und φ der Winkel, den die Projektion $\overrightarrow{OP'}$ von $\overrightarrow{OP}$ in die (x, y)-Ebene mit der positiven x-Achse einschließt.

Die Transformation kartesischer Koordinaten auf Kugelkoordinaten ist dann definiert durch die auf $\mathbb{B}^* = \{\, (\rho, \theta, \varphi) \mid \rho \geq 0,\ 0 \leq \theta \leq \pi,\ 0 \leq \varphi < 2\pi \,\}$ gegebene vektorwertige Funktion

$$\mathbf{x}: \mathbb{B}^* \to \mathbb{R}^3 \quad \text{mit} \quad \mathbf{x}(\rho, \theta, \varphi) = \begin{pmatrix} x(\rho, \theta, \varphi) \\ y(\rho, \theta, \varphi) \\ z(\rho, \theta, \varphi) \end{pmatrix} = \begin{pmatrix} \rho \sin \theta \cos \varphi \\ \rho \sin \theta \sin \varphi \\ \rho \cos \theta \end{pmatrix}.$$

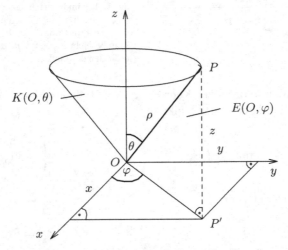

Abb. 8.21   Jeder Punkt P im Raum ist durch die drei Kugelkoordinaten ρ, θ, φ eindeutig bestimmt. Dabei ist ρ sein Abstand zum Nullpunkt, θ der Winkel zwischen $\overrightarrow{OP}$ und der positiven z-Achse und φ der Winkel zwischen der Projektion $\overrightarrow{OP'}$ von $\overrightarrow{OP}$ und der positiven x-Achse.

Wir berechnen die Funktionaldeterminante mit der Regel von Sarrus:

$$\begin{aligned} \frac{\partial(x, y, z)}{\partial(\rho, \theta, \varphi)} &= \rho^2 \cos^2 \theta \sin \theta \cos^2 \varphi + \rho^2 \sin^3 \theta \sin^2 \varphi \\ &\quad + \rho^2 \cos^2 \theta \sin \theta \sin^2 \varphi + \rho^2 \sin^3 \theta \cos^2 \varphi \\ &= \rho^2 \cos^2 \theta \sin \theta (\cos^2 \varphi + sin^2\varphi) + \rho^2 \sin^3 \theta (\cos^2 \varphi + \sin^2 \varphi) \\ &= \rho^2 \cos^2 \theta \sin \theta + \rho^2 \sin^3 \theta \\ &= \rho^2 \sin \theta (\cos^2 \theta + \sin^2 \theta) = \rho^2 \sin \theta \neq 0, \end{aligned}$$

weil für Punkte (ρ, θ, φ) im Inneren des Quaders $\mathbb{B}^*$ $\rho > 0$ und $0 < \theta < \pi$ ist.

Wir berechnen jetzt als Anwendung von Satz 8.9.3 einige Bereichsintegrale, indem wir eine geeignete (dem Bereich angepasste) Koordinatentransformation vornehmen.

Beispiele:

(1) Sei $\mathbb{K}$ die obere Hälfte der Kugel um O mit dem Radius $r = 1$ und

$$f : \mathbb{R}^3 \to \mathbb{R} \quad \text{mit} \quad f(x, y, z) = z\sqrt{x^2 + y^2 + z^2}.$$

Zu berechnen ist das Bereichsintegral von f über $\mathbb{K}$. Dazu transformieren wir das Integral auf Kugelkoordinaten. Dem Bereich $\mathbb{K}$ entspricht dann der Bereich

$$\mathbb{K}^* = \left\{ (\rho, \theta, \varphi) \mid 0 \le \rho \le 1,\, 0 \le \theta \le \tfrac{\pi}{2},\, 0 \le \varphi < 2\pi \right\}.$$

Beachten Sie, dass uns die Ungleichungen für die Koordinaten ρ, θ, φ die Integrationsgrenzen für das dreifache Integral liefern, in das wir das Integral über $\mathbb{K}^*$ umwandeln werden. Weiter gilt $\sqrt{x^2 + y^2 + z^2} = \rho$ und $z = \rho \cos\theta$. Daher folgt mit Beispiel (3) auf Seite 263 / 264 und Folgerung 8.8.12

$$\iiint_{\mathbb{K}} z\sqrt{x^2 + y^2 + z^2}\, d(x, y, z) = \iiint_{\mathbb{K}^*} \rho \cdot \rho \cos\theta \cdot \rho^2 \sin\theta\, d(\rho, \theta, \varphi)$$

$$= \iiint_{\mathbb{K}^*} \rho^4 \sin\theta \cos\theta\, d(\rho, \theta, \varphi)$$

$$= 2\pi \int_0^1 \rho^4\, d\rho \cdot \int_0^{\pi/2} \sin\theta \cos\theta\, d\theta$$

$$= \frac{2\pi}{5} \int_0^{\pi/2} \sin\theta \cos\theta\, d\theta$$

$$= \frac{\pi}{5} \sin^2\theta \Big|_0^{\pi/2} = \frac{\pi}{5}.$$

(2) Die Fläche $\mathbb{B} = \left\{ (x, y) \mid x^2 + y^2 \le a^2 \right\} \subset \mathbb{R}^2$ des Kreises um O mit dem Radius a hat den Flächeninhalt $\iint_{\mathbb{B}} d(x, y)$. Unter der Transformation der kartesischen Koordinaten auf Polarkoordinaten entspricht $\mathbb{B}$ der Bereich

$$\mathbb{B}^* = \left\{ (\rho, \varphi) \mid 0 \le \rho \le a,\, 0 \le \varphi \le 2\pi \right\}.$$

Mit der in Beispiel (1) auf Seite 262 berechneten Funktionaldeterminante erhalten wir nach Satz 8.9.3 und Folgerung 8.8.12

$$\iint_{\mathbb{B}} d(x, y) = \iint_{\mathbb{B}^*} \rho\, d(\rho, \varphi) = 2\pi \int_0^a \rho\, d\rho = \pi a^2.$$

(3) In der Wahrscheinlichkeitstheorie, in der Quantenmechanik und in der kinetischen Gastheorie tritt das folgende uneigentliche Integral auf, das zunächst gar nichts mit der Berechnung von Bereichsintegralen zu tun hat:

$$\int_{-\infty}^{\infty} e^{-x^2/2}\, dx.$$

Zu seiner Berechnung bilden wir das Quadrat des Integrals und schreiben dieses dann als Produkt zweier Integrale, wobei wir bei dem zweiten die Variable x durch die Variable y ersetzen. Da x und y voneinander unabhängig sind, können wir nun das Produkt als Doppelintegral und damit auch als Bereichsintegral auffassen (Folgerung 8.8.12):

$$\int_{-\infty}^{\infty} e^{-x^2/2}\,dx \cdot \int_{-\infty}^{\infty} e^{-y^2/2}\,dy = \int_{-\infty}^{\infty}\int_{-\infty}^{\infty} e^{-(x^2+y^2)/2}\,dx\,dy$$

$$= \iint_{\mathbb{R}^2} e^{-(x^2+y^2)/2}\,d(x,y)\,.$$

Zur Berechnung dieses Bereichsintegrals führen wir Polarkoordinaten ρ, φ ein. Dann folgt mit Beispiel (1) (Seite 262)

$$\iint_{\mathbb{R}^2} e^{-(x^2+y^2)/2}\,d(x,y) = \iint_{\mathbb{R}^2} e^{-\rho^2/2}\rho\,d(\rho,\varphi) = \int_{0}^{\infty}\int_{0}^{2\pi} e^{-\rho^2/2}\rho\,d\rho\,d\varphi$$

$$= 2\pi \lim_{R\to\infty}\int_{0}^{R} \rho e^{-\rho^2/2}\,d\rho = 2\pi \lim_{R\to\infty}\left(-e^{-\rho^2/2}\right)\Big|_{0}^{R}$$

$$= 2\pi \lim_{R\to\infty}\left(-e^{-R^2/2}+1\right) = 2\pi\,.$$

Damit erhalten wir schließlich

$$\left(\int_{-\infty}^{\infty} e^{-x^2/2}\,dx\right)^2 = 2\pi \quad\Longrightarrow\quad \int_{-\infty}^{\infty} e^{-x^2/2}\,dx = \sqrt{2\pi}\,.$$

(4) Sei $\mathbb{B}$ der Bereich in der (x,y)-Ebene, der berandet wird von den Hyperbeln mit den Gleichungen $xy = 1$ und $xy = 2$ und den Parallelen zur x-Achse mit den Gleichungen $y = 1$ und $y = 2$ (Abb. 8.22). Wir berechnen das Bereichsintegral der Funktion $f(x,y) = xy^2$ über den Bereich $\mathbb{B}$.

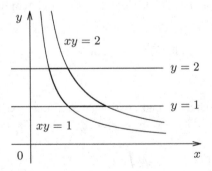

Abb. 8.22 Jeder Punkt des Bereichs zwischen den beiden Hyperbeln und den beiden Parallelen zur x-Achse ist eindeutig bestimmt als der Schnittpunkt einer Hyperbel $xy = u$ mit $1 \le u \le 2$ und einer zur x-Achse parallelen Geraden $y = v$ mit $1 \le v \le 2$. Daher können diese Hyperbeln und diese Parallelen zur x-Achse als die Koordinatenlinien neuer Koordinaten u und v in dem kartesischen Koordinatensystem angesehen werden.

Jeder Punkt von $\mathbb{B}$ ist offenbar der Schnittpunkt genau einer Hyperbel mit der Gleichung $xy = c$ (mit $1 \le c \le 2$) und genau einer Parallelen zur x-Achse mit der Gleichung $y = d$ (mit $1 \le d \le 2$). Daher liegt es nahe, zu neuen Koordinaten u, v überzugehen, indem wir setzen:

$$u = xy \quad\text{und}\quad v = y \iff y = v \quad\text{und}\quad x = \frac{u}{v}\,.$$

Die Transformation der kartesischen Koordinaten auf die neuen Koordinaten ist:

$$\mathbf{x} \colon \mathbb{R}^2 \to \mathbb{R}^2 \quad \text{mit} \quad \mathbf{x}(u, v) = \begin{pmatrix} x(u, v) \\ y(u, v) \end{pmatrix} = \begin{pmatrix} \frac{u}{v} \\ v \end{pmatrix} .$$

Dem Bereich $\mathbb{B}$ entspricht unter der Transformation der Bereich

$$\mathbb{B}^* = \{\, (u, v) \mid 1 \le u \le 2,\, 1 \le v \le 2 \,\} .$$

Wir berechnen die Funktionaldeterminante der Transformation und damit schließlich das Bereichsintegral:

$$\frac{\partial(x, y)}{\partial(u, v)} = \begin{vmatrix} \dfrac{1}{v} & -\dfrac{u}{v^2} \\ 0 & 1 \end{vmatrix} = \frac{1}{v} ,$$

$$\iint_{\mathbb{B}} xy^2 \, d(x, y) = \iint_{\mathbb{B}^*} uv \cdot \frac{1}{v} \, d(u, v) = \int_1^2 \int_1^2 u \, dv \, du = \int_1^2 u \, du \cdot \int_1^2 dv$$

$$= \int_1^2 u \, du = \frac{1}{2} u^2 \Big|_1^2 = \frac{3}{2} .$$

8.9.4 Bemerkung Wenn die jeweils gegenüberliegenden Randkurven eines Bereiches $\mathbb{B}$ durch Gleichungen $u(x, y) = c_1, u(x, y) = c_2$ und $v(x, y) = d_1, v(x, y) = d_2$ gegeben sind, liegt es nahe, neue Koordinaten u, v durch $u = u(x, y)$, $v = v(x, y)$ einzuführen (so wie in dem letzten Beispiel). Um dann die Funktionaldeterminante $\frac{\partial(x,y)}{\partial(u,v)}$ zu berechnen, muss man zuerst (wie wir es im Beispiel auch getan haben) durch Auflösen der Gleichungen $u = u(x, y)$, $v = v(x, y)$ nach x und y die kartesischen Koordinaten als Funktionen der neuen Koordinaten u, v darstellen. Manchmal kann man darauf auch verzichten und wie folgt vorgehen:

Man berechnet die Funktionaldeterminante $\frac{\partial(u,v)}{\partial(x,y)}$ der Transformation

$$\mathbf{u} \colon \mathbb{R}^2 \to \mathbb{R}^2 \quad \text{mit} \quad \mathbf{u}(x, y) = \begin{pmatrix} u(x, y) \\ v(x, y) \end{pmatrix} .$$

Deren reziproker Wert ist die bei der Transformation des Bereichsintegrals benötigte Funktionaldeterminante:

$$\frac{\partial(x, y)}{\partial(u, v)} = \left(\frac{\partial(u, v)}{\partial(x, y)} \right)^{-1} .$$

Bei der Transformation des Bereichsintegrals muss man allerdings dann noch in dem gesamten Ausdruck $f(x, y) \left(\frac{\partial(u,v)}{\partial(x,y)} \right)^{-1}$ die auftretenden x, y durch die neuen Variablen u, v ersetzen können. Wenden wir das in unserem Beispiel an, so ergibt sich:

$$\mathbf{u}(x, y) = \begin{pmatrix} xy \\ y \end{pmatrix} \quad \Longrightarrow \quad \frac{\partial(u, v)}{\partial(x, y)} = \begin{vmatrix} y & x \\ 0 & 1 \end{vmatrix} = y .$$

Damit erhalten wir schließlich:

$$f(x,y)\,\frac{\partial(x,y)}{\partial(u,v)} = xy^2\,\frac{1}{y} = xy = u \quad \Longrightarrow \quad \iint_{\mathbb{B}} xy^2\,d(x,y) = \iint_{\mathbb{B}^*} u\,d(u,v).$$

★ **Aufgaben**

(1) Der Bereich $\mathbb{B}$ in der (x,y)-Ebene sei berandet von den Geraden

$$x + 2y = 0,\quad x - 2y = 4,\quad x + 2y = 4,\quad x - 2y = 0.$$

   (a) Skizzieren Sie $\mathbb{B}$.

   (b) Berechnen Sie das Bereichsintegral $\iint_{\mathbb{B}} 3y^2 d(x,y)$ mit Hilfe einer geeigneten Koordinatentransformation.

(2) Skizzieren Sie den Bereich $\mathbb{B}$ im ersten Quadranten, der berandet wird von den Kurven

$$xy = 1,\quad xy = 2,\quad y = x,\quad y = 4x.$$

   Berechnen Sie das Bereichsintegral $\iint_{\mathbb{B}} x^2 y^2 d(x,y)$

   (a) direkt durch Umwandlung in ein zweifaches Integral,

   (b) durch Transformation auf neue Koordinaten u, v mit $u = xy$, $v = \dfrac{y}{x}$.

(3) Skizzieren Sie den Bereich $\mathbb{B}$ im ersten Quadranten der (x,y)-Ebene, der berandet wird von den Kurven

$$y = x^2,\quad y = x^2 + 1,\quad y = 1 - x,\quad y = 2 - x.$$

   Berechnen Sie das Bereichsintegral $\iint_{\mathbb{B}} \dfrac{2x+1}{(y+x)+(y-x^2)}\,d(x,y)$ durch Koordinatentransformation.

(4) Skizzieren Sie den Bereich $\mathbb{B}$ in der (x,y)-Ebene, der berandet wird von den Geraden mit den Gleichungen

$$y = x,\quad y = x + 4,\quad y = 1,\quad y = 2.$$

   Berechnen Sie das Bereichsintegral $\iint_{\mathbb{B}} y e^{y(y-x)}\,d(x,y)$.

8.10   Kurvenintegrale, konservative Vektorfelder und Potentiale

Wird durch die Einwirkung einer Kraft $\mathbf{F}$ ein Massenpunkt M um ein Wegstück $\mathbf{u}$ verschoben, so ist die dabei geleistete Arbeit W definiert als das Skalarprodukt $W = \mathbf{F} \cdot \mathbf{u}$ (Beispiel, Seite 36). Ausgehend von dieser elementaren Definition der Arbeit, stellen wir uns jetzt die Frage, wie wir die Arbeit berechnen können, die bei der Bewegung des Massenpunktes entlang einer Kurve γ in einem Kraftfeld $\mathbf{F} \colon \mathbb{D} \to \mathbb{R}^3$ geleistet wird.

Die Diskussion dieses Problems wird uns zum Begriff des Kurvenintegrals führen. Man kann das Kurvenintegral auch als eine Verallgemeinerung des bestimmten Integrals ansehen. Sie ergibt sich, wenn man das Integrationsintervall durch eine Kurve und den Integranden durch ein Vektorfeld ersetzt. Insofern überrascht es nicht, dass das Kurvenintegral eine ähnlich fundamentale Rolle spielt wie das bestimmte Integral. Es gilt nämlich ein zum Hauptsatz der Differential- und Integralrechnung analoger Satz. Nach ihm ist es möglich, das Potential eines konservativen Vektorfeldes durch die Berechnung eines Kurvenintegrals zu bestimmen. Die Definition und Eigenschaften des Kurvenintegrals sowie eine Methode, das Potential eines konservativen Vektorfeldes zu bestimmen, werden uns in diesem Abschnitt beschäftigen.

Beispiel: Die Arbeit W, die eine Kraft $\mathbf{F}$ leistet, wenn sie einen Massenpunkt M um ein Wegstück $\mathbf{u}$ verschiebt, wurde in dem das Skalarprodukt im $\mathbb{R}^3$ einführenden Beispiel (Seite 36) definiert als das Skalarprodukt $W = \mathbf{F} \cdot \mathbf{u}$. Diese elementare Definition genügt nicht, um die Arbeit in folgender allgemeineren Situation zu berechnen.

Durch ein Kraftfeld $\mathbf{F} \colon \mathbb{D} \to \mathbb{R}^3$ in einem räumlichen Gebiet $\mathbb{D} \subset \mathbb{R}^3$ wird der Massenpunkt M im Verlaufe eines Zeitintervalls $[a, b]$ von einem Punkt A entlang einer Kurve γ zu einem Punkt B bewegt. Die Parameterdarstellung

$$\mathbf{x} \colon [a, b] \to \mathbb{R}^3, \quad \mathbf{x}(t) = \begin{pmatrix} x(t) \\ y(t) \\ z(t) \end{pmatrix}, \quad \mathbf{x}([a, b]) \subset \mathbb{D}$$

der Bahnkurve γ beschreibe zugleich die Bewegung von M in Abhängigkeit von der Zeit $t \in [a, b]$. Dabei sind $\mathbf{x}(a)$ und $\mathbf{x}(b)$ die Ortsvektoren des Anfangspunktes A bzw. des Endpunktes B von γ. Welche Arbeit wird von $\mathbf{F}$ bei dieser Verschiebung geleistet?

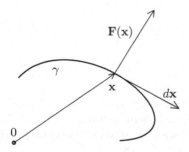

Abb. 8.23 Befindet sich der Massenpunkt M im Punkt $\mathbf{x}$ der Kurve γ, so beschreibt das Differential $d\mathbf{x}$ näherungsweise kleine Verschiebungen von M entlang der Kurve γ. In $\mathbf{x}$ herrscht der Kraftvektor $\mathbf{F}$. Die Arbeit, die vom Kraftfeld $\mathbf{F}$ im Punkt $\mathbf{x}$ bei der Verschiebung von M um $d\mathbf{x}$ geleistet wird, ist das Skalarprodukt $\mathbf{F} \cdot d\mathbf{x}$.

Während der Bewegung entlang γ ändert sich die auf M wirkende Kraft von Punkt zu Punkt, so dass wir die geleistete Arbeit nicht mehr mit Hilfe der elementaren Definition berechnen können. Wir gehen daher wie folgt vor. Das Differential $d\mathbf{x}$ beschreibt beliebig kleine Verschiebungen entlang γ im Punkt $\mathbf{x}$ von γ. In diesem Punkt herrscht der Kraftvektor $\mathbf{F}(\mathbf{x})$. Den Zuwachs $dW(\mathbf{x})$ der Arbeit im Punkt $\mathbf{x}$, der durch $\mathbf{F}(\mathbf{x})$ bei der Verschiebung von M um ein durch $d\mathbf{x}$ beschriebenes Stück auf γ geleistet wird, können wir daher definieren durch: $dW(\mathbf{x}) = \mathbf{F}(\mathbf{x}) \cdot d\mathbf{x}$. Durch Integration von $dW(\mathbf{x})$ über γ erhalten wir dann die insgesamt von $\mathbf{F}$ bei der Verschiebung von M geleistete

Arbeit W. Es ist daher sinnvoll, W symbolisch anzugeben durch

$$W = \int_\gamma \mathbf{F}(\mathbf{x}) \cdot d\mathbf{x} .$$

Geben wir die Punkte $\mathbf{x}$ von γ (als die Positionen des Massenpunktes M zur Zeit t) mit Hilfe der Parameterdarstellung an durch $\mathbf{x} = \mathbf{x}(t)$, so erhalten wir mit

$$\mathbf{F}(\mathbf{x}) \cdot d\mathbf{x} = \mathbf{F}\left(\mathbf{x}(t)\right) \cdot d\mathbf{x}(t) = \mathbf{F}\left(\mathbf{x}(t)\right) \cdot \mathbf{x}'(t)\, dt$$

das Differential $dW\left(\mathbf{x}(t)\right)$ der Arbeit zur Zeit t. Die bei der Verschiebung insgesamt geleistete Arbeit lässt sich daraus durch Integration über das Zeitintervall $[a, b]$ gewinnen:

$$W = \int_\gamma \mathbf{F}(\mathbf{x}) \cdot d\mathbf{x} = \int_a^b \mathbf{F}\left(\mathbf{x}(t)\right) \cdot \mathbf{x}'(t)\, dt .$$

Das Beispiel gibt Anlass, allgemein für ein Vektorfeld $\mathbf{f} \colon \mathbb{D} \to \mathbb{R}^n$ und eine Kurve γ in $\mathbb{D}$ das Integral von $\mathbf{f}$ längs γ einzuführen:

8.10.1 Definition *Sei $\mathbf{f} \colon \mathbb{D} \to \mathbb{R}^n$ (mit $n \geq 2$) ein stetiges Vektorfeld in einem Gebiet $\mathbb{D} \subset \mathbb{R}^n$ und γ eine stückweise glatte Kurve in $\mathbb{D}$ mit der Parameterdarstellung $\mathbf{x} \colon [a, b] \to \mathbb{R}^n$. Dann ist durch das Skalarprodukt $(\mathbf{f} \circ \mathbf{x}) \cdot \mathbf{x}'$ eine stetige Funktion $[a, b] \to \mathbb{R}$ auf dem Parameterintervall definiert. Das bestimmte Integral dieser Funktion über $[a, b]$ heißt das Kurvenintegral (oder Linienintegral) von $\mathbf{f}$ längs γ und wird bezeichnet mit $\int_\gamma \mathbf{f}(\mathbf{x}) \cdot d\mathbf{x}$:*

$$\int_\gamma \mathbf{f}(\mathbf{x}) \cdot d\mathbf{x} = \int_a^b \mathbf{f}\left(\mathbf{x}(t)\right) \cdot \mathbf{x}'(t)\, dt .$$

8.10.2 Bemerkungen

(1) Das Vektorfeld $\mathbf{f}$ habe die Koordinatenfunktionen $f_k \colon \mathbb{D} \to \mathbb{R}^n$, und die Parameterdarstellung $\mathbf{x}$ der Kurve γ habe die Koordinatenfunktionen $x_k \colon [a, b] \to \mathbb{R}^n$ für $k = 1, \ldots, n$. Geben wir das Skalarprodukt dann in Koordinaten an, so erhält das Kurvenintegral folgendes Aussehen:

$$\int_\gamma \mathbf{f}(\mathbf{x}) \cdot d\mathbf{x} = \int_a^b \mathbf{f}\left(\mathbf{x(t)}\right) \cdot \mathbf{x}'(t)\, dt = \int_a^b \sum_{k=1}^n f_k\left(\mathbf{x}(t)\right) x_k'(t)\, dt .$$

Deshalb benutzt man als andere Schreibweise für das Kurvenintegral auch:

$$\int_\gamma \mathbf{f}(\mathbf{x}) \cdot d\mathbf{x} = \int_\gamma \sum_{k=1}^n f_k(\mathbf{x})\, dx_k .$$

(2) Die stückweise glatte Kurve γ mit der Parameterdarstellung $\mathbf{x}\colon [a, b] \to \mathbb{R}^n$ ist eine geschlossene Kurve, wenn $\mathbf{x}(a) = \mathbf{x}(b)$ gilt (Definition 6.5.4). Um bei der Angabe des Kurvenintegrals darauf hinzuweisen, dass längs einer geschlossenen Kurve γ integriert wird, benutzt man oft die Schreibweise:

$$\oint_\gamma \mathbf{f}(\mathbf{x}) \cdot d\mathbf{x}\,.$$

Beispiele:

(1) Wir berechnen das Kurvenintegral von

$$\mathbf{f}\colon \mathbb{R}^2 \to \mathbb{R}^2 \quad \text{mit} \quad \mathbf{f}(x, y) = \begin{pmatrix} 2xy - y \\ 4x^2 - y \end{pmatrix}$$

   (a) längs des Graphen γ_1 der Funktion $g\colon [0, 1] \to \mathbb{R}$ mit $g(x) = x^2$,

   (b) längs der Verbindungsstrecke γ_2 der Punkte $(0, 0)$ und $(1, 1)$.

Parameterdarstellungen von γ_1 und γ_2 sind:

$$\mathbf{x}_1\colon [0, 1] \to \mathbb{R}^2\,, \quad \mathbf{x}_1(t) = \begin{pmatrix} t \\ t^2 \end{pmatrix} \quad \text{und} \quad \mathbf{x}_2\colon [0, 1] \to \mathbb{R}^2\,, \quad \mathbf{x}_2(t) = \begin{pmatrix} t \\ t \end{pmatrix}\,.$$

Berechnung des Kurvenintegrals von $\mathbf{f}$ längs γ_1:

$$\mathbf{f}\left(\mathbf{x}_1(t)\right) = \begin{pmatrix} 2tt^2 - t^2 \\ 4t^2 - t^2 \end{pmatrix} = \begin{pmatrix} 2t^3 - t^2 \\ 3t^2 \end{pmatrix} \quad \text{und} \quad \mathbf{x}_1'(t) = \begin{pmatrix} 1 \\ 2t \end{pmatrix}$$

$$\Longrightarrow \mathbf{f}\left(\mathbf{x}_1(t)\right) \cdot \mathbf{x}_1'(t) = \begin{pmatrix} 2t^3 - t^2 \\ 3t^2 \end{pmatrix} \cdot \begin{pmatrix} 1 \\ 2t \end{pmatrix} = 2t^3 - t^2 + 6t^3 = 8t^3 - t^2$$

$$\Longrightarrow \int_{\gamma_1} \mathbf{f}(\mathbf{x}) \cdot d\mathbf{x} = \int_0^1 (8t^3 - t^2)\, dt = \left(2t^4 - \frac{1}{3}t^3\right)\bigg|_0^1 = 2 - \frac{1}{3} = \frac{5}{3}\,.$$

Berechnung des Kurvenintegrals von $\mathbf{f}$ längs γ_2:

$$\mathbf{f}\left(\mathbf{x}_2(t)\right) = \begin{pmatrix} 2tt - t \\ 4t^2 - t \end{pmatrix} = \begin{pmatrix} 2t^2 - t \\ 4t^2 - t \end{pmatrix} \quad \text{und} \quad \mathbf{x}_2'(t) = \begin{pmatrix} 1 \\ 1 \end{pmatrix}$$

$$\Longrightarrow \mathbf{f}\left(\mathbf{x}_2(t)\right) \cdot \mathbf{x}_2'(t) = \begin{pmatrix} 2t^2 - t \\ 4t^2 - t \end{pmatrix} \cdot \begin{pmatrix} 1 \\ 1 \end{pmatrix} = 2t^2 - t + 4t^2 - t = 6t^2 - 2t$$

$$\Longrightarrow \int_{\gamma_2} \mathbf{f}(\mathbf{x}) \cdot d\mathbf{x} = \int_0^1 (6t^2 - 2t)\, dt = (2t^3 - t^2)\big|_0^1 = 2 - 1 = 1\,.$$

(2) Wir berechnen die Kurvenintegrale des Vektorfeldes

$$\mathbf{g}\colon \mathbb{R}^2 \to \mathbb{R}^2 \quad \text{mit} \quad \mathbf{g}(x, y) = \begin{pmatrix} 2xy \\ x^2 + 4y \end{pmatrix}$$

längs derselben beiden Kurven γ_1 und γ_2 wie in (1). Mit den in (1) angegebenen Parameterdarstellungen ergibt sich jetzt:

(a) $\mathbf{g}\left(\mathbf{x}_1(t)\right) \cdot \mathbf{x}_1'(t) = \begin{pmatrix} 2t^2 \\ 5t^2 \end{pmatrix} \cdot \begin{pmatrix} 1 \\ 2t \end{pmatrix} = 12t^3$

$$\implies \int_{\gamma_1} \mathbf{g}(\mathbf{x}) \cdot d\mathbf{x} = \int_0^1 12t^3 \, dt = 3t^4 \Big|_0^1 = 3 \, ,$$

(b) $\mathbf{g}\left(\mathbf{x}_2(t)\right) \cdot \mathbf{x}_2'(t) = \begin{pmatrix} 2t^2 \\ t^2 + 4t \end{pmatrix} \cdot \begin{pmatrix} 1 \\ 1 \end{pmatrix} = 3t^2 + 4t$

$$\implies \int_{\gamma_2} \mathbf{g}(\mathbf{x}) \cdot d\mathbf{x} = \int_0^1 (3t^2 + 4t) \, dt = (t^3 + 2t^2)\Big|_0^1 = 3 \, .$$

Im Allgemeinen haben (wie in Beispiel (1)) die Kurvenintegrale eines Vektorfeldes längs verschiedener Kurven verschiedene Werte, auch wenn Anfangs- und Endpunkt beider Kurven übereinstimmen. Es gibt aber auch Vektorfelder $\mathbf{f} \colon \mathbb{D} \to \mathbb{R}^n$, für die gilt: Sind A, B beliebige Punkte in $\mathbb{D}$, so hat das Kurvenintegral von $\mathbf{f}$ längs jeder Kurve von A nach B denselben Wert. Ein solches Vektorfeld ist auch das in Beispiel (2) benutzte Vektorfeld; es ist also kein Zufall, dass die beiden Kurvenintegrale in Beispiel (2) denselben Wert haben.

8.10.3 Definition *Ist* $\mathbf{f} \colon \mathbb{D} \to \mathbb{R}^n$ *ein Vektorfeld auf einem Gebiet* $\mathbb{D} \subset \mathbb{R}^n$, *so sagt man, das Kurvenintegral von* $\mathbf{f}$ *sei wegunabhängig in* $\mathbb{D}$, *wenn für je zwei stückweise glatte Kurven* γ_1 *und* γ_2 *in* $\mathbb{D}$ *mit demselben Anfangs- und Endpunkt die Kurvenintegrale von* $\mathbf{f}$ *längs* γ_1 *und* γ_2 *gleich sind:*

$$\int_{\gamma_1} \mathbf{f}(\mathbf{x}) \cdot d\mathbf{x} = \int_{\gamma_2} \mathbf{f}(\mathbf{x}) \cdot d\mathbf{x} \, .$$

8.10.4 Satz (Eigenschaften des Kurvenintegrals)

(1) *Sind* γ_1 *und* γ_2 *glatte Kurven, so dass der Anfangspunkt von* γ_2 *und der Endpunkt von* γ_1 *übereinstimmen, so bilden* γ_1 *und* γ_2 *zusammen eine stückweise glatte Kurve* $\gamma = \gamma_1 \cup \gamma_2$ *(die Nahtstelle kann möglicherweise eine Ecke sein). Ist* $\mathbf{f}$ *ein stetiges Vektorfeld, so gilt dann:*

$$\int_{\gamma} \mathbf{f}(\mathbf{x}) \cdot d\mathbf{x} = \int_{\gamma_1} \mathbf{f}(\mathbf{x}) \cdot d\mathbf{x} + \int_{\gamma_2} \mathbf{f}(\mathbf{x}) \cdot d\mathbf{x} \, .$$

(2) *Ist* γ *eine stückweise glatte Kurve mit Anfangspunkt* A *und Endpunkt* B, *so bezeichnet* $-\gamma$ *die entgegengesetzt orientierte Kurve mit Anfangspunkt* B *und Endpunkt* A. *Für die Kurvenintegrale eines stetigen Vektorfeldes* $\mathbf{f}$ *längs* γ *und* $-\gamma$ *gilt dann:*

$$\int_{-\gamma} \mathbf{f}(\mathbf{x}) \cdot d\mathbf{x} = -\int_{\gamma} \mathbf{f}(\mathbf{x}) \cdot d\mathbf{x} \, .$$

Von den beiden in Satz 8.10.4 angegebenen Eigenschaften macht man bei der Berechnung von Kurvenintegralen häufig Gebrauch. Die Eigenschaft (1) nutzt man, wenn eine

Kurve aus Kurvenstücken mit unterschiedlichen Parameterdarstellungen zusammengesetzt ist. Die Eigenschaft (2) ist dann hilfreich, wenn eine nahe liegende Parameterdarstellung einer Kurve nicht die gewünschte Orientierung, sondern die dazu entgegengesetzte Orientierung liefert, wenn sie also eine Parameterdarstellung von $-\gamma$ statt von γ ist; mit ihrer Hilfe berechnet man dann das Kurvenintegral längs $-\gamma$ und erhält damit das gewünschte Integral bis auf das Vorzeichen.

Beispiel: Wir berechnen das Kurvenintegral $\displaystyle\oint_\gamma \mathbf{f}(\mathbf{x}) \cdot d\mathbf{x}$ des Vektorfeldes

$$\mathbf{f}\colon \mathbb{R}^2 \to \mathbb{R}^2, \quad \mathbf{f}(x,y) = \begin{pmatrix} xy \\ y \end{pmatrix}$$

längs der skizzierten geschlossenen Kurve $\gamma = \gamma_1 \cup \gamma_2 \cup \gamma_3$ (Abb. 8.24). Dabei ist γ_1 das Stück der Parabel $y = \frac{1}{2}x^2$ vom Nullpunkt O bis zum Schnittpunkt $P = (2,2)$ mit der Kurve γ_2; diese hat die Gleichung $y + x - 4 = 0$; γ_3 ist die auf der y-Achse liegende Strecke mit dem Anfangspunkt $Q = (0,4)$ und dem Endpunkt O. Aufgrund der Eigenschaft (1) in Satz 8.10.4 gilt:

$$\oint_\gamma \mathbf{f}(\mathbf{x}) \cdot d\mathbf{x} = \int_{\gamma_1} \mathbf{f}(\mathbf{x}) \cdot d\mathbf{x} + \int_{\gamma_2} \mathbf{f}(\mathbf{x}) \cdot d\mathbf{x} + \int_{\gamma_3} \mathbf{f}(\mathbf{x}) \cdot d\mathbf{x}\,.$$

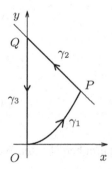

Abb. 8.24   Die Kurve γ ist aus drei Kurvenstücken mit verschiedenen Darstellungen zusammengesetzt: γ_1 ist das Stück der Parabel $y = \frac{1}{2}x^2$ vom Nullpunkt O bis zum Schnittpunkt P mit der Kurve γ_2; diese hat die Gleichung $y + x - 4 = 0$; γ_3 ist die auf der y-Achse liegende Strecke mit dem Anfangspunkt Q und dem Endpunkt O.

Berechnung der einzelnen Kurvenintegrale:

(1) Das Stück der Parabel $y = \frac{1}{2}x^2$ hat die Parameterdarstellung

$$\mathbf{x}\colon [0,2] \to \mathbb{R}^2 \quad \text{mit} \quad \mathbf{x}(t) = \begin{pmatrix} t \\ \frac{1}{2}t^2 \end{pmatrix} \quad \text{und} \quad \mathbf{x}'(t) = \begin{pmatrix} 1 \\ t \end{pmatrix}$$

$$\implies \quad \mathbf{f}\big(\mathbf{x}(t)\big) \cdot \mathbf{x}'(t) = \begin{pmatrix} \frac{1}{2}t^3 \\ \frac{1}{2}t^2 \end{pmatrix} \cdot \begin{pmatrix} 1 \\ t \end{pmatrix} = \frac{1}{2}t^3 + \frac{1}{2}t^3 = t^3$$

$$\implies \quad \int_{\gamma_1} \mathbf{f}(\mathbf{x}) \cdot d\mathbf{x} = \int_0^2 t^3\, dt = \frac{1}{4}t^4 \Big|_0^2 = 4\,.$$

(2) Es liegt nahe, $x = t$ zu setzen und daher für das Stück der Geraden $y = -x + 4$ zwischen P und Q folgende Parameterdarstellung zu wählen:

$$\mathbf{x}\colon [0,2] \to \mathbb{R}^2 \quad \text{mit} \quad \mathbf{x}(t) = \begin{pmatrix} t \\ -t + 4 \end{pmatrix} \quad \text{und} \quad \mathbf{x}'(t) = \begin{pmatrix} 1 \\ -1 \end{pmatrix}.$$

Diese Parameterdarstellung liefert allerdings die zur Orientierung von γ_2 entgegengesetzte Orientierung, ist also die Parameterdarstellung von $-\gamma_2$. Das müssen wir bei der Berechnung des Kurvenintegrals berücksichtigen.

$$\mathbf{f}\big(\mathbf{x}(t)\big) \cdot \mathbf{x}'(t) = \begin{pmatrix} -t^2 + 4t \\ -t + 4 \end{pmatrix} \cdot \begin{pmatrix} 1 \\ -1 \end{pmatrix} = -t^2 + 4t + t - 4 = -t^2 + 5t - 4$$

$$\Longrightarrow \quad \int_{\gamma_2} \mathbf{f}(\mathbf{x}) \cdot d\mathbf{x} = -\int_{-\gamma_2} \mathbf{f}(\mathbf{x}) \cdot d\mathbf{x} = -\int_0^2 \left(-t^2 + 5t - 4\right) dt$$

$$= \int_0^2 (t^2 - 5t + 4)\, dt = \left(\frac{1}{3}t^3 - \frac{5}{2}t^2 + 4t \right)\Big|_0^2 = \frac{2}{3}.$$

(3) Statt eine Parameterdarstellung für γ_3 anzugeben, ist es einfacher, folgende Parameterdarstellung für $-\gamma_3$ zu wählen:

$$\mathbf{x}\colon [0,4] \to \mathbb{R}^2 \quad \text{mit} \quad \mathbf{x}(t) = \begin{pmatrix} 0 \\ t \end{pmatrix} \quad \text{und} \quad \mathbf{x}'(t) = \begin{pmatrix} 0 \\ 1 \end{pmatrix}.$$

$$\Longrightarrow \quad \mathbf{f}\big(\mathbf{x}(t)\big) \cdot \mathbf{x}'(t) = \begin{pmatrix} 0 \\ t \end{pmatrix} \cdot \begin{pmatrix} 0 \\ 1 \end{pmatrix} = t$$

$$\Longrightarrow \quad \int_{\gamma_3} \mathbf{f}(\mathbf{x}) \cdot d\mathbf{x} = -\int_{-\gamma_3} \mathbf{f}(\mathbf{x}) \cdot d\mathbf{x} = -\int_0^4 t\, dt = -\frac{1}{2}t^2 \Big|_0^4 = -8.$$

Der Wert des Kurvenintegrals ist die Summe der drei berechneten Werte:

$$\oint_\gamma \mathbf{f}(\mathbf{x}) \cdot d\mathbf{x} = 4 + \frac{2}{3} - 8 = -\frac{10}{3}.$$

8.10.5 Folgerung *Das Kurvenintegral eines Vektorfeldes* $\mathbf{f}\colon \mathbb{D} \to \mathbb{R}^n$ *ist genau dann wegunabhängig, wenn für jede stückweise glatte geschlossene Kurve* γ *in* $\mathbb{D}$ *gilt:*

$$\oint_\gamma \mathbf{f}(\mathbf{x}) \cdot d\mathbf{x} = 0.$$

Beweis: Für je zwei Kurven γ_1 und γ_2, die denselben Anfangspunkt A und denselben Endpunkt B haben, bildet $\gamma = \gamma_1 \cup (-\gamma_2)$ eine geschlossene Kurve. Umgekehrt zerlegen je zwei Punkte A und B einer geschlossenen Kurve γ diese in ein Kurvenstück γ_1 von

A nach B und ein Kurvenstück γ_2 von B nach A, so dass dann also γ_1 und $-\gamma_2$ zwei Kurven von A nach B sind (Abb. 8.25). Nach 8.10.4, (1) und (2) gilt dann:

$$\int_{\gamma_1} \mathbf{f}(\mathbf{x}) \cdot d\mathbf{x} = \int_{\gamma_2} \mathbf{f}(\mathbf{x}) \cdot d\mathbf{x} \iff \int_{\gamma_1} \mathbf{f}(\mathbf{x}) \cdot d\mathbf{x} - \int_{\gamma_2} \mathbf{f}(\mathbf{x}) \cdot d\mathbf{x} = 0$$

$$\iff \int_{\gamma} \mathbf{f}(\mathbf{x}) \cdot d\mathbf{x} = \int_{\gamma_1} \mathbf{f}(\mathbf{x}) \cdot d\mathbf{x} + \int_{-\gamma_2} \mathbf{f}(\mathbf{x}) \cdot d\mathbf{x} = 0\,.$$

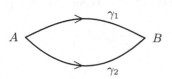

Abb. 8.25 γ_1 und γ_2 sind zwei Kurven mit demselben Anfangspunkt A und demselben Endpunkt B. Die mit der anderen Orientierung versehene Kurve $-\gamma_2$ hat den Anfangspunkt B und den Endpunkt A. Die Kurven γ_1 und $-\gamma_2$ bilden zusammen eine geschlossene Kurve $\gamma = \gamma_1 \cup -\gamma_2$.

$\square$

Welche Bedeutung die Wegunabhängigkeit von Kurvenintegralen hat, zeigt sich im Zusammenhang mit konservativen Vektorfeldern.

Sei $\mathbf{f} \colon \mathbb{D} \to \mathbb{R}^n$ ein stetiges konservatives Vektorfeld in einem Gebiet $\mathbb{D} \subset \mathbb{R}^n$ und $F \colon \mathbb{D} \to \mathbb{R}$ ein Potential von $\mathbf{f}$, also grad $F = \mathbf{f}$ (Definition 6.6.15). Weiter sei γ eine Kurve in $\mathbb{D}$ mit der Parameterdarstellung $\mathbf{x} \colon [a,b] \to \mathbb{R}^n$. Der Anfangspunkt A von γ hat den Ortsvektor $\mathbf{x}(a) = \mathbf{a}$ und der Endpunkt B den Ortsvektor $\mathbf{x}(b) = \mathbf{b}$. Mit F und $\mathbf{x}$ bilden wir die zusammengesetzte Funktion

$$g = F \circ \mathbf{x} \colon [a,b] \to \mathbb{R} \quad \text{mit} \quad g'(t) = \operatorname{grad} F\,(\mathbf{x}(t)) \cdot \mathbf{x}'(t)\,.$$

Dann gilt nach Definition des Kurvenintegrals:

$$\int_{\gamma} \mathbf{f}(\mathbf{x}) \cdot d\mathbf{x} = \int_a^b \mathbf{f}\,(\mathbf{x}(t)) \cdot \mathbf{x}'(t)\,dt = \int_a^b \operatorname{grad} F\,(\mathbf{x}(t)) \cdot \mathbf{x}'(t)\,dt = \int_a^b g'(t)\,dt$$

$$= g(t)\Big|_a^b = g(b) - g(a) = F\,(\mathbf{x}(b)) - F\,(\mathbf{x}(a)) = F(\mathbf{b}) - F(\mathbf{a})\,.$$

Damit haben wir den folgenden wichtigen Satz bewiesen.

8.10.6 Satz *Sei* $\mathbf{f} \colon \mathbb{D} \to \mathbb{R}^n$ *ein stetiges konservatives Vektorfeld in einem Gebiet* $\mathbb{D} \subset \mathbb{R}^n$ *und* $F \colon \mathbb{D} \to \mathbb{R}$ *ein Potential von* $\mathbf{f}$. *Sind dann* A *mit dem Ortsvektor* $\mathbf{a}$ *und* B *mit dem Ortsvektor* $\mathbf{b}$ *beliebige Punkte in* $\mathbb{D}$ *und ist* γ *eine beliebige stückweise glatte Kurve in* $\mathbb{D}$ *vom Punkt* A *zum Punkt* B, *so gilt:*

$$\int_{\gamma} \mathbf{f}(\mathbf{x}) \cdot d\mathbf{x} = F(\mathbf{b}) - F(\mathbf{a})\,.$$

Der Wert des Kurvenintegrals von $\mathbf{f}$ *längs einer beliebigen Kurve* γ *hängt also nur von den Werten eines Potentials von* $\mathbf{f}$ *in den Endpunkten von* γ *ab.*

8.10.7 Bemerkung Ist F ein Potential eines Vektorfeldes $\mathbf{f}$, so ist $\operatorname{grad} F = \mathbf{f}$, also die Ableitung von F gleich $\mathbf{f}$. Insofern entspricht der Begriff Potential dem Begriff Stammfunktion bei reellen Funktionen und ist Satz 8.10.6 das Analogon zu dem Hauptsatz der Differential- und Integralrechnung 8.3.6.

8.10.8 Folgerung *Das Kurvenintegral eines konservativen Vektorfeldes $\mathbf{f}$ auf einem Gebiet $\mathbb{D}$ ist wegunabhängig, mit anderen Worten: Das Kurvenintegral von $\mathbf{f}$ längs jeder geschlossenen stückweise glatten Kurve in $\mathbb{D}$ hat den Wert 0.*

8.10.9 Folgerung *Sei $\mathbf{f}\colon \mathbb{D} \to \mathbb{R}^n$ ein stetiges konservatives Vektorfeld in einem Gebiet $\mathbb{D} \subset \mathbb{R}^n$ und sei A ein beliebiger, fest gewählter Punkt in $\mathbb{D}$. Dann ist $F\colon \mathbb{D} \to \mathbb{R}$ eine Potential von $\mathbf{f}$, wenn man definiert:*
Für jeden Punkt $X = (x_1, \ldots, x_n)$ in $\mathbb{D}$ und jede beliebig gewählte, stückweise glatte Kurve $\gamma(A, X)$ von A nach X in $\mathbb{D}$ gilt:

$$F(x_1, \ldots, x_n) = \int_{\gamma(A,X)} \mathbf{f}(\mathbf{x}) \cdot d\mathbf{x}.$$

Es gibt verschiedene Möglichkeiten, ein Potential zu bestimmen. Im Allgemeinen muss man vor ihrer Anwendung überprüfen, ob das Vektorfeld überhaupt konservativ ist. Wir werden uns damit begnügen, ein einziges Verfahren zu beschreiben, die *unbestimmte Integration*. Der Vorteil dieses Verfahrens ist, dass man nicht prüfen muss, ob das Vektorfeld konservativ ist. Denn es liefert nur dann eine Lösung, wenn das der Fall ist.

Zur Erläuterung dieser Methode nehmen wir an, dass $n = 3$ ist und $\mathbf{f}$ die Koordinatenfunktionen f_1, f_2, f_3 hat. Als konservatives Vektorfeld besitzt $\mathbf{f}$ ein Potential F, für das definitionsgemäß gilt:

$$F_x(x, y, z) = f_1(x, y, z), \quad F_y(x, y, z) = f_2(x, y, z), \quad F_z(x, y, z) = f_3(x, y, z).$$

Man integriert jetzt die erste Gleichung nach x und erhält

$$F(x, y, z) = \int f_1(x, y, z)\, dx = F_1(x, y, z) + C(y, z).$$

Um nun $C(y, z)$ zu bestimmen, benutzt man nacheinander die beiden Bedingungen $F_y = f_2$ und $F_z = f_3$. Man bildet die Ableitung von $F_1(x, y, z) + C(y, z)$ nach y, setzt sie gleich $f_2(x, y, z)$ und erhält auf diese Weise eine Gleichung für $C_y(y, z)$. Aus ihr gewinnt man durch Integration nach y dann $C(y, z)$ bis auf eine additive Konstante $C(z)$ und bestimmt schließlich noch $C(z)$ mit Hilfe der dritten Bedingung in entsprechender Weise. An dem folgenden Beispiel wird sofort klar, wie dieses Verfahren funktioniert.

Beispiel: Wir bestimmen mit Hilfe des eben beschriebenen Verfahrens ein Potential des Vektorfeldes

$$\mathbf{f}\colon \mathbb{R}^3 \to \mathbb{R}^3, \quad \mathbf{f}(x, y, z) = \begin{pmatrix} \cosh y + z \sinh(xz) \\ x \sinh y - 2yz \\ x \sinh(xz) - y^2 \end{pmatrix}.$$

Im ersten Schritt integrieren wir die erste Koordinatenfunktion des Vektorfeldes nach x und erhalten

$$F(x,y,z) = \int f_1(x,y,z)\,dx = x\cosh y + \cosh(xz) + C(y,z)\,.$$

Nun differenzieren wir nach y und vergleichen mit f_2:

$$F_y(x,y,z) = x\sinh y + C_y(y,z) = f_2(x,y,z) = x\sinh y - 2yz\,.$$

Dies liefert

$$C_y(y,z) = -2yz \implies C(y,z) = \int (-2yz)\,dy = -y^2z + C(z)\,.$$

Setzen wir dieses Ergebnis oben ein, so folgt

$$F(x,y,z) = x\cosh y + \cosh(xz) - y^2z + C(z)\,.$$

Diese Beziehung differenzieren wir schließlich nach z und vergleichen mit f_3:

$$F_z(x,y,z) = x\sinh(xz) - y^2 + C'(z) = f_3(x,y,z) = x\sinh(xz) - y^2\,.$$

Hieraus folgt $C'(z) = 0$. Integration nach z ergibt dann $C(z) = C$. Also ist insgesamt

$$F(x,y,z) = x\cosh y + \cosh(xz) - y^2z + C$$

ein Potential von $\mathbf{f}$.

Da ein Potential nur bis auf eine additive Konstante eindeutig bestimmt ist, können sich Potentiale um additive Konstanten unterscheiden, wenn man unterschiedliche Vorgehensweisen zur ihrer Berechnung benutzt.

★ Aufgaben

(1) Berechnen Sie das Kurvenintegral $\int_\gamma \mathbf{f}(\mathbf{x}) \cdot d\mathbf{x}$, wenn das Vektorfeld $\mathbf{f}$ und die Kurve γ wie folgt gegeben sind:

(a) $\mathbf{f}\colon \mathbb{R}^3 \to \mathbb{R}^3$ und die Parameterdarstellung $\mathbf{x}\colon [0, 2\pi] \to \mathbb{R}^3$ von γ sind definiert durch:

$$\mathbf{f}(x,y,z) = \begin{pmatrix} xy \\ yz \\ xz \end{pmatrix} \quad \text{und} \quad \mathbf{x}(t) = \begin{pmatrix} \cos t \\ \sin t \\ 2t \end{pmatrix}.$$

(b) $\mathbf{f}\colon \mathbb{R}^2 \to \mathbb{R}^2$ mit $\mathbf{f}(x,y) = \begin{pmatrix} xy \\ y - x \end{pmatrix}$,

γ ist das vom Punkt $(0,0)$ zum Punkt $(1,1)$ führende Stück der Parabel mit der Gleichung $y = x^2$.

(c) $\mathbf{f}\colon \mathbb{R}^2 \to \mathbb{R}^2$ mit $\mathbf{f}(x,y) = \begin{pmatrix} xe^x \\ ye^y \end{pmatrix}$,

γ ist das vom Punkt $(0,2)$ zum Punkt $(2,0)$ führende Stück des Kreises mit dem Nullpunkt O und dem Radius 2.

(2) Berechnen Sie das Kurvenintegral $\oint_\gamma \mathbf{f}(\mathbf{x}) \cdot d\mathbf{x}$ für das Vektorfeld

$$\mathbf{f}\colon \mathbb{R}^2 \to \mathbb{R}^2 \quad \text{mit} \quad \mathbf{f}(x,y) = \begin{pmatrix} 2(x+y)\cos^2 y \\ x\sin^2 y \end{pmatrix}$$

und die geschlossene Kurve $\gamma = \gamma_1 \cup \gamma_2$; dabei ist γ_1 das Stück der Parabel $y = x^2$, das vom Punkt $P = (-\sqrt{\pi}, \pi)$ zum Punkt $Q = (\sqrt{\pi}, \pi)$ führt, und γ_2 die Strecke von Q nach P.

(3) Berechnen Sie das Kurvenintegral des auf $\mathbb{D} = \{\,(x,y) \mid |x| \leq 1\,, y \in \mathbb{R}\,\}$ definierten Vektorfeldes

$$\mathbf{f}\colon \mathbb{D} \to \mathbb{R}^2 \quad \text{mit} \quad \mathbf{f}(x,y) = \begin{pmatrix} e^{\sqrt{x^2+y^2}} \\ 3y\sqrt{1-x^2} \end{pmatrix}$$

längs der geschlossenen Kurve γ, die aus der Strecke vom Nullpunkt O zum Punkt $P = (0,1)$, dem Kreisbogen von P bis $Q = (1,0)$ (der Kreis hat den Mittelpunkt O und den Radius 1) und der Strecke von Q bis O zusammengesetzt ist.

(4) Bestimmen Sie ein Potential des Vektorfeldes $\mathbf{f}$, falls ein solches existiert:

(a) $\mathbf{f}(x,y,z) = \begin{pmatrix} (1+xy)e^{xy}\cos(yz) \\ \left[x^2\cos(yz) - xz\sin(yz)\right]e^{xy} \\ -xye^{xy}\sin(yz) \end{pmatrix}$,

(b) $\mathbf{f}(x,y,z) = \begin{pmatrix} 2x\sinh(yz) - y\sinh(xy) \\ x^2z\cosh(yz) - x\sinh(xy) \\ x^2y\cosh(yz) \end{pmatrix}$,

(c) $\mathbf{f}(x,y,z) = \begin{pmatrix} \sinh(x-y) + z\cosh(xz) \\ -\sinh(x-y) + (1+y)e^{y-z} \\ -ye^{y-z} + x\cosh(xz) \end{pmatrix}$,

(d) $\mathbf{f}(x,y,z) = \begin{pmatrix} 1 - 2x\arctan(yz) \\ \frac{x^2 z}{1+y^2z^2} - \ln(2+yz) - \frac{yz}{2+yz} \\ \frac{x^2 y}{1+y^2z^2} - \frac{y^2}{2+yz} \end{pmatrix}$.

Kapitel 9

Taylorreihe von Funktionen und Potenzreihen

Wenn in den Natur- und Ingenieurwissenschaften praktische Probleme mathematisch behandelt werden, so besteht im Allgemeinen ein Interesse daran, Formeln numerisch auszuwerten (also Messwerte einiger Größen in Formeln einzusetzen, um den Wert einer weiteren Größe zu berechnen) oder Rechenausdrücke im Rahmen vorgegebener Fehlergrenzen durch einfachere Ausdrücke abzuschätzen, um handlichere Formeln zu erhalten. Dazu ist es erforderlich, für die in solchen Formeln auftretenden elementaren Funktionen (rationale Funktionen, Polynome, Exponential- und Logarithmusfunktionen, trigonometrische und zyklometrische Funktionen, Potenzfunktionen usw.) Funktionswerte zu berechnen oder die Funktionen über gewissen Intervallen abzuschätzen. Für die Polynome (und damit zugleich für die rationalen Funktionen) stellt das kein Problem dar, weil die Zuordnungsvorschrift eines Polynoms

$$p_n\colon \mathbb{R} \to \mathbb{R} \quad \text{mit} \quad p_n(x) = a_0 + a_1 x + \cdots + a_n x^n$$

ein rein algebraischer Rechenausdruck in x ist und man daher für jede beliebige Zahl $x \in \mathbb{R}$ den Funktionswert $p_n(x)$ leicht und (vor allem) exakt berechnen kann. Man braucht für jeden Wert von x nur die Potenzen x^k, dann die Produkte $a_k x^k$ und schließlich die Summen dieser Produkte zu berechnen. Alle anderen elementaren Funktionen f sind dagegen durch eine mehr oder weniger abstrakte Vorschrift definiert, die zwar die Existenz der Funktionswerte $f(x)$ garantiert, aber keinen praktisch brauchbaren Weg liefert, um diese Werte numerisch zu bestimmen. Vielmehr gibt es bei diesen Funktionen im Allgemeinen nur einige wenige Stellen x, an denen der Funktionswert mühelos exakt angegeben werden kann, zum Beispiel bei der Exponentialfunktion nur die Stelle $a = 0$ (mit $e^0 = 1$), bei der Logarithmusfunktion nur $a = 1$ (mit $\ln 1 = 0$), bei den trigonometrischen Funktionen nur Stellen wie π oder $\frac{\pi}{2}$ usw. Grundsätzlich kann man natürlich für solche Funktionen f mit Hilfe ihrer definierenden Vorschrift für jede Stelle x Näherungswerte von $f(x)$ berechnen. Aber das ist zum Teil aufwändig oder auch schwierig und erfordert in jedem Fall jeweils unterschiedliche, den definierenden Vorschriften angepasste Vorgehensweisen. Vor allem hilft eine solche Berechnungsmöglichkeit nicht, wenn man die Funktion über einem Intervall durch einen einfacheren Ausdruck mit einer vorgegebenen Genauigkeit ersetzen oder ein Intervall bestimmen will, über welchem ein solches Ersetzen möglich ist. Wenn es darum geht, eine Funktion zu bestimmen, die den funktionalen Zusammenhang zwischen zwei Messgrößen beschreibt, begnügt man sich aus solchen Gründen zum Beispiel häufig von vornherein damit, ein Polynom zu finden, dessen Graph durch die Messpunkte geht, – und man unterstellt dabei, dass dieses Polynom im Rahmen der Fehlergrenzen mit der wirklichen Funktion übereinstimmt.

Tatsächlich ist ein derartiges Vorgehen durchaus gerechtfertigt. Denn aus dem Satz von Taylor (Abschnitt 9.1) wird folgen, dass sich jede Funktion unter geeigneten Voraussetzungen, die insbesondere für die elementaren Funktionen gelten, beliebig genau durch Polynome p_n vom Grad n approximieren lässt. Die Koeffizienten dieser Polynome sind durch die Werte der Funktion f und der Ableitungen von f an einer einzigen Stelle a eindeutig festgelegt, und es gilt dann: $f(x) = \lim_{n \to \infty} p_n(x)$. Da jedes Polynom die Summe von Potenzfunktionen $a_k(x-a)^k$ für $k = 0, 1, \ldots, n$ ist, liegt es nahe, für diesen Grenzwert das folgende Symbol zu wählen:

$$f(x) = \lim_{n \to \infty} p_n(x) = \lim_{n \to \infty} \sum_{k=0}^{n} a_k(x-a)^k = \sum_{k=0}^{\infty} a_k(x-a)^k \, .$$

Man bezeichnet den Grenzwert deshalb auch als eine *unendliche Summe* oder besser als eine *Funktionenreihe*. Da die einzelnen Summanden Potenzfunktionen sind, spricht man genauer von einer *Potenzreihe*. Die Funktion f heißt dann die *Summenfunktion* der Potenzreihe. Die Beziehung zwischen einer Funktion f und der durch sie bestimmten Potenzreihe gibt umgekehrt Anlass, beliebige Potenzreihen zu untersuchen, festzustellen, ob und in welchem Intervall sie konvergent sind und welche Summenfunktion sie dann haben (Abschnitt 9.3).

Hat eine differenzierbare Funktion $f \colon (a, b) \to \mathbb{R}$ an einer Stelle $x_0 \in (a, b)$ ein lokales Extremum, so ist $f'(x_0) = 0$. Stellen für lokale Extrema braucht man also nur unter den Nullstellen der Ableitung f' zu suchen. Dieses Ergebnis haben wir in 6.3 gewonnen. Mit Hilfe der Taylorformel lassen sich die Nullstellen der Ableitung f', die so genannten kritischen Punkte von f, vollständig klassifizieren, d.h. es lassen sich Bedingungen dafür formulieren, dass f in $x_0 \in (a, b)$ mit $f'(x_0) = 0$ ein lokales Maximum, Minimum oder einen Wendepunkt besitzt (Abschnitt 9.2). Entsprechende Bedingungen lassen sich auch für Funktionen von zwei oder mehr Variablen formulieren.

9.1   Taylorformel und Taylorreihe

Wir orientieren uns an der Idee, die uns in Abschnitt 6.1 zum Begriff der Differenzierbarkeit geführt hat.

Nach Satz 6.1.2 ist eine Funktion $f \colon \mathbb{I} \to \mathbb{R}$ in einem Punkt a des Intervalls $\mathbb{I}$ differenzierbar, wenn es eine Zahl $f'(a)$ und eine Funktion ε gibt, so dass in einer Umgebung von a gilt:

$$f(x) = f(a) + f'(a)(x-a) + (x-a)\varepsilon(x) \quad \text{und} \quad \lim_{x \to a} \varepsilon(x) = 0 \, .$$

Die Gleichung besagt, dass f durch eine lineare Funktion approximiert wird, nämlich durch das Polynom vom Grad 1

$$p_1(x) = a_0 + a_1(x-a) \quad \text{mit} \quad a_0 = f(a) \text{ und } a_1 = f'(a) \, .$$

Anschaulich lässt sich das so deuten: Der Graph von f wird in einer Umgebung von a approximiert durch eine Gerade (den Graphen eines Polynoms p_1 vom Grad 1), von der man dazu sinnvollerweise fordert, dass sie mit dem Graphen von f den Punkt $(a, f(a))$ und die Steigung in a gemeinsam hat. Diese beiden Forderungen legen die vorher angegebenen Werte für die Koeffizienten a_0 und a_1 von $p_1(x) = a_0 + a_1(x - a)$ fest:

$$p_1(a) = f(a) \text{ und } p_1(a) = a_0 + a_1(a - a) = a_0 \implies a_0 = f(a),$$
$$p_1'(a) = f'(a) \text{ und } p_1'(a) = a_1 \qquad\qquad \implies a_1 = f'(a).$$

Aus der Differenzierbarkeitsbedingung folgt, dass die Differenz $(x - a)\varepsilon(x)$ zwischen $f(x)$ und $f(a) + f'(a)(x - a)$ für $x \to a$ schneller gegen 0 strebt als x gegen a (denn beide Faktoren streben gegen 0). Daher gilt in der Umgebung von a (umso genauer, je näher x bei a liegt) die Näherungsgleichung

$$f(x) \approx f(a) + f'(a)(x - a).$$

Kennen wir die Werte $f(a)$ und $f'(a)$ der Funktion und ihrer Ableitung an der Stelle a, so können wir mit diesen also einen Näherungswert des Funktionswertes $f(x)$ an jeder nahe bei a gelegenen Stelle x berechnen. Zum Beispiel erhalten wir für e^x an nahe bei 0 gelegenen Stellen x die Näherungsgleichung

$$e^x \approx e^0 + e^0(x - 0) = 1 + x.$$

Die Approximation von f durch ein Polynom ersten Grades hat allerdings zwei offensichtliche Mängel:

(1) Sie liefert hinreichend gute Näherungswerte von $f(x)$ nur für hinreichend nahe bei a liegende Stellen x (also nicht im gesamten Definitionsbereich),

(2) sie erlaubt es nicht, einen Näherungswert von $f(x)$ mit einer *vorgegebenen Genauigkeit* zu berechnen.

Um die Mängel zu beseitigen, liegt es nahe, den Graphen von f in der Umgebung von a nicht durch eine Gerade zu approximieren, sondern durch eine *Parabel* zweiter, dritter oder allgemein n-ter Ordnung, die sich ihm möglicherweise besser und über einem größeren Bereich anschmiegt. Wir wollen also f approximieren durch ein Polynom

$$p_n(x) = a_0 + a_1(x - a) + \cdots + a_n(x - a)^n$$

eines Grades $n > 1$. Damit der Graph von p_n sich in der Umgebung von a dem Graphen von f möglichst gut „anschmiegt", verlangen wir, dass p_n in a denselben Funktionswert und dieselben Ableitungen der Ordnungen $k = 1, \ldots, n$ wie f besitzt:

$$p_n(a) = f(a), \quad p_n'(a) = f'(a), \quad \ldots, \quad p_n^{(n)}(a) = f^{(n)}(a).$$

Wie bei der Approximation von f durch ein Polynom vom Grad 1 legt die Forderung

$$p_n^{(k)}(a) = f^{(k)}(a) \quad \text{für} \quad k = 0, 1, \ldots, n$$

die Koeffizienten von p_n eindeutig fest. Um das einzusehen, überzeugen wir uns zuerst davon, dass die Koeffizienten a_k von p_n durch die Werte der Ableitungen $p_n^{(k)}(a)$ bestimmt sind. Die Ableitungen des Polynoms p_n sind:

$$p_n(x) = a_0 + a_1(x-a) + \cdots + a_n(x-a)^n$$
$$p_n'(x) = a_1 + 2a_2(x-a) + \cdots + na_n(x-a)^{n-1}$$
$$p_n''(x) = 2a_2 + \cdots + n(n-1)a_n(x-a)^{n-2}$$
$$\vdots$$
$$p_n^{(n)}(x) = n \cdot \ldots \cdot 2 \cdot 1 a_n$$

In allen Ableitungen ist nur jeweils der erste Summand konstant. Alle anderen Summanden enthalten einen Faktor $(x-a)^k$ und haben daher in a den Wert 0. Der Wert der Ableitungen an der Stelle a ist also der jeweils erste (konstante) Summand. Um ihn allgemein durch eine Formel angeben zu können, führen wir folgende (allgemein gebräuchliche) abkürzende Schreib- und Sprechweise ein:

9.1.1 Vereinbarung Ist n eine natürliche Zahl, so wird das Produkt der natürlichen Zahlen $k = 1, \ldots, n$ mit dem Symbol $n!$ (sprich: n Fakultät) bezeichnet:

$$n! = n \cdot (n-1) \cdot \ldots \cdot 2 \cdot 1\,.$$

Es gilt $n! = n \cdot (n-1)!$. Ergänzend wird $0! = 1$ gesetzt.

Beispiele:

(1) $1! = 1\,, \quad 2! = 2 \cdot 1 = 2\,, \quad 3! = 3 \cdot 2 \cdot 1 = 6\,, \quad 4! = 4 \cdot 3 \cdot 2 \cdot 1 = 24\,.$

Mit dieser Schreibweise gilt dann für die vorher berechneten Ableitungen des Polynoms p_n:

$$p_n^{(k)}(a) = k! a_k \quad \text{für} \quad k = 0, 1, \ldots, n\,.$$

Stellen wir nun also die Forderung $p_n^{(k)}(a) = f^{(k)}(a)$ für $k = 0, 1, \ldots, n$, so folgt für die Koeffizienten des Polynoms p_n schließlich:

$$a_k = \frac{f^{(k)}(a)}{k!} \quad \text{für} \quad k = 0, 1 \ldots, n\,.$$

9.1.2 Ergebnis Sei $f \colon \mathbb{I} \to \mathbb{R}$ in dem offenen Intervall $\mathbb{I}$ n-mal differenzierbar und $a \in \mathbb{I}$. Dann gibt es genau ein Polynom vom Grad n

$$p_n \colon \mathbb{R} \to \mathbb{R} \quad \text{mit} \quad p_n(x) = a_0 + a_1(x-a) + \cdots + a_n(x-a)^n\,,$$

das den Forderungen

$$p_n(a) = f(a)\,, \quad p_n'(a) = f'(a)\,, \quad \ldots\,, \quad p_n^{(n)}(a) = f^{(n)}(a)$$

genügt. Die Koeffizienten des Polynoms p_n sind bestimmt durch die Formeln

$$a_k = \frac{f^{(k)}(a)}{k!} \quad \text{für} \quad k = 0, 1 \dots, n\,.$$

Das Polynom lautet daher:

$$p_n(x) = \sum_{k=0}^{n} \frac{f^{(k)}(a)}{k!}\,(x-a)^k\,.$$

Aufgrund der Forderung in dem Ergebnis 9.1.2 ist das Polynom p_n durch die Funktion f und den Punkt a eindeutig bestimmt. Die Forderung besagt nur, dass Funktion und Polynom (samt ihren Ableitungen bis zur Ordnung n) an der Stelle a übereinstimmen. Setzen wir

$$f(x) = p_n(x) + E_n(x) \quad \text{für} \quad x \in \mathbb{I}$$

und interpretieren wir $E_n(x)$ als den Fehler, den wir machen, wenn wir $f(x)$ durch $p_n(x)$ ersetzen, so gilt also

$$E_n(a) = 0\,, \quad E_n'(a) = 0\,, \quad \dots\,, \quad E_n^{(n)}(a) = 0\,.$$

Wir wissen allerdings nicht, wie groß der Fehler $E_n(x)$ an einer beliebigen Stelle $x \in \mathbb{I}$ des Intervalls oder auch nur einer Umgebung von a ist. Wir wissen ebenfalls nicht, ob dieser Fehler sich dadurch beliebig klein machen lässt, dass wir n hinreichend groß wählen. Der folgende Satz gibt jedoch eine Information über das Aussehen des Fehlers $E_n(x)$, aus der wir unter geeigneten Voraussetzungen an f gerade solche Erkenntnisse gewinnen können.

9.1.3 Satz (Taylor) *Ist die Funktion $f\colon \mathbb{I} \to \mathbb{R}$ auf dem offenen Intervall $\mathbb{I}$ $(n+1)$-mal stetig differenzierbar und $a \in \mathbb{I}$, dann gibt es zu jedem $x \in \mathbb{I}$ eine Stelle ξ zwischen x und a so, dass gilt:*

$$f(x) = \sum_{k=0}^{n} \frac{f^{(k)}(a)}{k!}\,(x-a)^k + \frac{f^{(n+1)}(\xi)}{(n+1)!}\,(x-a)^{n+1}\,.$$

Diese Darstellung von f heißt Taylorsche Formel. Die Darstellung des Fehlergliedes E_n wird als Restglied von Lagrange bezeichnet und das Polynom heißt das Taylorpolynom der Funktion f vom Grad n um a.

Erläuterung: Die Bedeutung der Taylorschen Formel für f liegt vor allem in der Darstellung des Fehlergliedes, das die Abweichung des Polynomwertes $p_n(x)$ vom Funktionswert $f(x)$ an jeder Stelle $x \in \mathbb{I}$ kennzeichnet. Allerdings ermöglicht es auch diese formelartige Darstellung nicht, den Fehler zu berechnen, denn dazu müssten wir die Stelle ξ genau kennen (nach Satz 9.1.3 wissen wir nur, dass ξ zwischen x und a liegt). Sie ermöglicht es aber im Allgemeinen, eine Abschätzung für den Fehler anzugeben. Um das zu erläutern, nehmen wir an, dass eine Konstante $K \in \mathbb{R}$ existiert, so dass gilt:

$$|f^{(n+1)}(t)| \le K \quad \text{für alle } t \text{ in dem Intervall zwischen } x \text{ und } a\,.$$

Dann gilt insbesondere $|f^{(n+1)}(\xi)| \leq K$, gleichgültig, wo ξ im Intervall zwischen x und a liegt. Die Tatsache, dass die Stelle a gegeben ist und x eine beliebig gewählte Stelle ist, bedeutet, dass wir für a und x Zahlenwerte zur Verfügung haben. Dann gilt

$$|E_n(x)| = \left| \frac{f^{(n+1)}(\xi)}{(n+1)!} (x-a)^{n+1} \right| \leq \frac{K}{(n+1)!} |x-a|^{n+1}.$$

Mit den Zahlenwerten x, a, n und K lässt sich dieser Ausdruck schließlich berechnen und ist eine obere Schranke für den Fehler $E_n(x)$. Man kann zeigen, dass $(n+1)!$ mit $n \to \infty$ stärker gegen ∞ strebt als jede Potenz $|x-a|^{n+1}$ und daher der Ausdruck auf der rechten Seite der Ungleichung gegen 0 strebt. Das bedeutet dann: Man darf $p_n(x)$ als Näherungswert für $f(x)$ ansehen und kann jeden Näherungswert mit vorgeschriebener Genauigkeit dadurch bestimmen, dass man n groß genug wählt.

Wir benutzen den Satz von Taylor zur Berechnung eines Näherungswertes.

Beispiel: Zu bestimmen ist ein Näherungswert von $\ln 1,5$ auf zwei Stellen genau, also mit einem Fehler $< \frac{1}{2} \cdot \frac{1}{100} = \frac{1}{200}$.

Wir benutzen dazu die Taylorformel für die Logarithmusfunktion $f(x) = \ln x$. Als Entwicklungspunkt wählen wir die Stelle $a = 1$, weil wir die exakten Werte der Logarithmusfunktion und aller ihrer Ableitungen in $a = 1$ wirklich angeben können. Mit $x = 1,5$ und $a = 1$ ist $x - a = 1,5 - 1 = 0,5 = \frac{1}{2}$, und damit gilt nach Satz 9.1.3:

$$\ln 1,5 = \sum_{k=0}^{n} \frac{f^{(k)}(1)}{k!} \left(\frac{1}{2}\right)^k + \frac{f^{(n+1)}(\xi)}{(n+1)!} \left(\frac{1}{2}\right)^{n+1} \quad \text{mit} \quad 1 < \xi < 1,5.$$

Um die Koeffizienten des Taylorpolynoms berechnen zu können, benötigen wir alle Ableitungen der Ordnung $k \leq n$ von $\ln$, wobei noch unbestimmt ist, wie groß wir n schließlich zu wählen haben. Daher ist es praktisch, die Ableitungen $f^{(k)}$ der Logarithmusfunktion in einer einheitlichen, von der Ordnung k abhängigen Formel anzugeben.

Wir bestimmen so viele Ableitungen, dass ein Bildungsgesetz erkennbar wird:

$$\begin{aligned}
f^{(0)}(x) &= f(x) = \ln x\,, \\
f^{(1)}(x) &= x^{-1} = (-1)^0 0!\, x^{-1}\,, \\
f^{(2)}(x) &= (-1)x^{-2} = (-1)^1 1!\, x^{-2}\,, \\
f^{(3)}(x) &= (-1)(-2)x^{-3} = (-1)^2 2!\, x^{-3}\,, \\
f^{(4)}(x) &= (-1)(-2)(-3)x^{-4} = (-1)^3 3!\, x^{-4}\,.
\end{aligned}$$

Hieraus sehen wir, dass für $k \in \mathbb{N}$ gilt

$$f^{(k)}(x) = (-1)^{k-1}(k-1)!\, x^{-k}\,.$$

Streng mathematisch gesehen müssten wir diese Formel jetzt noch mit dem *Prinzip der vollständigen Induktion* beweisen, worauf wir aber verzichten wollen.

Wir können nun $f^{(k)}(1)$ für $k = 0, 1 \ldots, n$ sowie $f^{(n+1)}(\xi)$ bestimmen und damit die Koeffizienten des Taylorpolynoms sowie das Restglied angeben.

Wegen $f(1) = \ln 1 = 0$ folgt $a_0 = 0$, und für $k \geq 1$ gilt

$$a_k = \frac{f^{(k)}(1)}{k!} = \frac{(-1)^{k-1}(k-1)! \, 1^{-k}}{k!} = \frac{(-1)^{k-1}}{k}.$$

Das Restglied E_n ist gegeben durch

$$\frac{f^{(n+1)}(\xi)}{(n+1)!} \left(\frac{1}{2}\right)^{n+1} = \frac{(-1)^n n!}{(n+1)! \xi^{n+1}} \left(\frac{1}{2}\right)^{n+1} = \frac{(-1)^n}{(n+1)\xi^{n+1}2^{n+1}}.$$

Damit lautet nun die Taylorformel für $\ln 1,5$:

$$\ln 1,5 = \sum_{k=1}^{n} \frac{(-1)^{k-1}}{k} \left(\frac{1}{2}\right)^k + \frac{(-1)^n}{(n+1)\xi^{n+1}2^{n+1}} \quad \text{mit} \quad 1 < \xi < 1,5.$$

Die Summation beginnt deshalb erst mit $k = 1$, weil hier $a_0 = 0$ ist.

Für die Abschätzung des Fehlers nutzen wir aus, dass ξ zwischen 1 und $1,5$ liegt:

$$1 < \xi < \frac{3}{2} \iff 1^{n+1} < \xi^{n+1} < \left(\frac{3}{2}\right)^{n+1} \iff \left(\frac{2}{3}\right)^{n+1} < \frac{1}{\xi^{n+1}} < 1.$$

Mit der rechten Seite der letzten Ungleichung folgt für das Restglied die Abschätzung:

$$\left| \frac{(-1)^n}{(n+1)\xi^{n+1}2^{n+1}} \right| = \frac{1}{(n+1)2^{n+1}} \cdot \frac{1}{\xi^{n+1}} < \frac{1}{(n+1)2^{n+1}}.$$

Damit der Fehler kleiner als $\frac{1}{200}$ ist, muss n so gewählt werden, dass $\frac{1}{(n+1)2^{n+1}} < \frac{1}{200}$ gilt. Das ist der Fall für $n \geq 5$, denn $(5+1)2^{5+1} = 6 \cdot 2^6 = 384 > 200$.

Somit ist der Summenwert, den wir bei Summation von 1 bis 5 finden, der gesuchte Näherungswert. Es gilt also:

$$\ln 1,5 \approx \sum_{k=1}^{5} \frac{(-1)^{k-1}}{k \cdot 2^k} = \frac{1}{2} - \frac{1}{2 \cdot 2^2} + \frac{1}{2 \cdot 2^3} - \frac{1}{4 \cdot 2^4} + \frac{1}{5 \cdot 2^5} = \frac{391}{960} \approx 0,407,$$

und der Fehler dieses Näherungswertes ist kleiner als $\frac{1}{200}$.

Der Satz von Taylor ermöglicht es, den Fehler abzuschätzen, den wir machen, wenn wir eine Funktion auf einem Intervall für ein $n \in \mathbb{N}$ durch ihr Taylorpolynom vom Grad n ersetzen. Wenn dieser Fehler mit wachsendem n gegen 0 strebt, bilden die Taylorpolynome eine Folge von Polynomen, welche die Funktion approximieren. Wir wollen das jetzt genauer untersuchen und die dazu erforderlichen Begriffe einführen.

Ist die Funktion $f \colon \mathbb{I} \to \mathbb{R}$ in einer Umgebung eines Punktes $a \in \mathbb{I}$ beliebig oft differenzierbar, so können wir zu jeder Zahl $n \in \mathbb{N}_0$ ihr Taylorpolynom vom Grad n um a bilden. Wir bezeichnen dieses mit dem Symbol $T_n(f; a)$ oder kurz mit T_n, weil klar ist, dass es sich um die Funktion f und den Punkt a handelt. Die Differenz von f und T_n sei mit E_n bezeichnet. Dann gilt für jede Stelle $x \in \mathbb{I}$ und alle $n \in \mathbb{N}$:

$$T_n(x) = \sum_{k=0}^{n} \frac{f^{(k)}(a)}{k!} (x-a)^k \quad \text{und} \quad E_n(x) = f(x) - T_n(x).$$

Für jede Stelle $x \in \mathbb{I}$ bilden die Werte der Taylorpolynome eine Zahlenfolge $(T_n(x))$ und die Abweichungen der Werte vom Funktionswert $f(x)$ eine Zahlenfolge $(E_n(x))$. Konvergieren die Abweichungen $E_n(x)$ mit wachsendem n gegen 0, so konvergieren dann die Werte $T_n(x)$ gegen den Funktionswert $f(x)$:

$$\lim_{n \to \infty} E_n(x) = 0 \quad \Longrightarrow \quad \lim_{n \to \infty} T_n(x) = f(x).$$

Die Werte $T_n(x)$ sind dann Näherungswerte von $f(x)$, die mit wachsendem n den Funktionswert $f(x)$ immer genauer approximieren.

Um diese Situation nicht nur für die einzelnen Funktionswerte, sondern für Funktionen untersuchen und formulieren zu können, führen wir einen Konvergenzbegriff für Funktionenfolgen ein. Es liegt natürlich nahe, ihn von Zahlenfolgen auf Folgen von Funktionen zu übertragen.

9.1.4 Definition *Eine Folge (g_n) von Funktionen $g_n \colon \mathbb{I} \to \mathbb{R}$ (die auf demselben Intervall $\mathbb{I}$ definiert sind) heißt konvergent (genauer „punktweise konvergent"), wenn für jeden Punkt $x \in \mathbb{I}$ die Zahlenfolge $(g_n(x))$ der Funktionswerte konvergent ist.*
Ist das der Fall, so heißt die Funktion $g \colon \mathbb{I} \to \mathbb{R}$, die jedem $x \in \mathbb{I}$ den Grenzwert $g(x) = \lim_{n \to \infty} g_n(x)$ zuordnet, die Grenzfunktion der Folge (g_n), und man schreibt:

$$g = \lim_{n \to \infty} g_n.$$

9.1.5 Bemerkung Nach Definition 9.1.4 gilt:

$$\lim_{n \to \infty} g_n = g \iff \lim_{n \to \infty} g_n(x) = g(x) \quad \text{für alle } x \in \mathbb{I}.$$

Wie wir vorher bemerkt haben, können wir für eine beliebig oft differenzierbare Funktion $f \colon \mathbb{I} \to \mathbb{R}$ zu jedem $n \in \mathbb{N}_0$ das Taylorpolynom T_n bilden und die Abweichung $E_n = f - T_n$ des Taylorpolynoms von der Funktion f betrachten. Dann sind (T_n) und (E_n) Folgen von Funktionen auf $\mathbb{I}$, und es gilt:

$$\lim_{n \to \infty} E_n = 0 \text{ (Nullfunktion)} \quad \Longleftrightarrow \quad \lim_{n \to \infty} T_n = f.$$

Das bedeutet: Unter der Voraussetzung, dass die „Fehlerfunktionen" E_n gegen die Nullfunktion streben, konvergieren die Taylorpolynome um a der Funktion f gegen die Funktion f. Man kann die Taylorpolynome also als Näherungsfunktionen von f ansehen, die f umso besser approximieren, je größer ihr Grad ist.

Die Folge der Taylorpolynome ist eine in besonderer Weise gebildete Funktionenfolge. Ihre Glieder sind Linearkombinationen von Potenzfunktionen $(x - a)^k$. Dabei geht jedes Folgenglied aus dem vorangehenden Folgenglied durch Addition einer Potenzfunktion hervor, deren Exponent um 1 größer ist als der Grad des vorangehenden Folgengliedes:

$$T_{n+1}(x) = \sum_{k=0}^{n+1} \frac{f^{(k)}(a)}{k!} (x-a)^k = T_n(x) + \frac{f^{(n+1)}(a)}{(n+1)!} (x-a)^{n+1}.$$

Diese Beobachtung gibt Anlass zu folgender Definition:

9.1.6 Definition *Ist (g_k) eine Folge von Funktionen $g_k \colon \mathbb{I} \to \mathbb{R}$ auf dem Intervall $\mathbb{I}$, so ist durch*

$$s_n = \sum_{k=1}^{n} g_k \colon \mathbb{I} \to \mathbb{R} \quad \text{für} \quad n \in \mathbb{N}$$

eine neue Folge (s_n) definiert. Sie heißt die Folge der Partialsummen von (g_k). Man benutzt üblicherweise für die Bezeichnung des Grenzwertes dieser Folge statt

$$\lim_{n \to \infty} s_n \quad \text{oder} \quad \lim_{n \to \infty} \sum_{k=1}^{n} g_k \quad \text{das Symbol} \quad \sum_{k=1}^{\infty} g_k .$$

Aufgrund dieser Vereinbarung gilt dann

$$\sum_{k=1}^{\infty} g_k = \lim_{n \to \infty} \sum_{k=1}^{n} g_k .$$

$\displaystyle\sum_{k=1}^{\infty} g_k$ *heißt eine Funktionenreihe. Man bezeichnet sie als konvergent, wenn der Grenzwert $\lim\limits_{n \to \infty} s_n$ existiert, und als divergent, wenn die Folge (s_n) divergent ist. Ist sie konvergent, so heißt ihre Grenzfunktion $s \colon \mathbb{I} \to \mathbb{R}$ mit $s(x) = \lim\limits_{n \to \infty} \sum\limits_{k=1}^{n} g_k(x)$ die Summenfunktion der Funktionenreihe, und man schreibt:*

$$s = \sum_{k=1}^{\infty} g_k \quad \text{und} \quad s(x) = \sum_{k=1}^{\infty} g_k(x) .$$

Die Folge der Taylorpolynome von f ist ein Beispiel für eine Folge von Partialsummen. Die Taylorpolynome sind die Partialsummen der Folge (g_k) der Potenzfunktionen

$$g_k(x) = \frac{f^{(k)}(a)}{k!} (x - a)^k \quad \text{für} \quad k \in \mathbb{N}_0 .$$

9.1.7 Definition *Ist $f \colon \mathbb{I} \to \mathbb{R}$ eine in dem offenen Intervall $\mathbb{I}$ beliebig oft differenzierbare Funktion und ist $a \in \mathbb{I}$, so heißt die Funktionenreihe*

$$\sum_{k=0}^{\infty} \frac{f^{(k)}(a)}{k!} (x - a)^k$$

die Taylorreihe von f um a. Ist diese konvergent und ist die Funktion f ihre Summenfunktion, so heißt sie die Taylor-Entwicklung der Funktion f um a.

Um festzustellen, ob die Taylorreihe einer Funktion f um a konvergent ist und f als Summenfunktion besitzt, untersuchen wir, ob die Folge (E_n) der Restglieder gegen die Nullfunktion strebt. Auf diese Möglichkeit haben wir schon in der Erläuterung zu Satz 9.1.3 hingewiesen. Da wir nach Satz 9.1.3 das Aussehen der Restglieder kennen, können wir jetzt eine Bedingung für die Konvergenz der Taylorreihe formulieren.

9.1.8 Satz *Ist die Funktion $f \colon \mathbb{I} \to \mathbb{R}$ beliebig oft differenzierbar in dem offenen Intervall $\mathbb{I} = (a - r, a + r)$ und gibt es eine Konstante $A > 0$ derart, dass*

$$|f^{(n)}(x)| \leq A^n \quad \text{für alle } n \in \mathbb{N} \text{ und alle } x \in \mathbb{I}$$

gilt, dann ist die Taylorreihe von f um a konvergent und hat f als Summenfunktion, d.h.

$$f(x) = \sum_{k=0}^{\infty} \frac{f^{(k)}(a)}{k!} (x - a)^k .$$

Beispiele:

(1) **Taylor-Entwicklung der Exponentialfunktion** $f(x) = e^x$ um $a = 0$:

Für $r > 0$ ist f in jedem Intervall $\mathbb{I} = (-r, r)$ beliebig oft differenzierbar und hat für $n \in \mathbb{N}_0$ die Ableitung $f^{(n)}(x) = e^x$. Also ist

$$\frac{f^{(k)}(0)}{k!} = \frac{e^0}{k!} = \frac{1}{k!} \quad \text{für alle } k \in \mathbb{N}_0 .$$

Die Taylorreihe der Exponentialfunktion um $a = 0$ lautet damit:

$$\sum_{k=0}^{\infty} \frac{f^{(k)}(0)}{k!} (x - 0)^k = \sum_{k=0}^{\infty} \frac{x^k}{k!} .$$

Da die Exponentialfunktion streng monoton wachsend ist, gilt $e^x < e^r$ für alle $x \in (-r, r)$. Wählen wir $A = e^r$, so ist $A > 1$ und daher $A < A^n$. Also folgt:

$$|f^{(n)}(x)| = e^x < e^r = A < A^n \quad \text{für alle } x \in (-r, r) \text{ und } n \in \mathbb{N} .$$

Nach Satz 9.1.8 konvergiert die Taylorreihe der Exponentialfunktion daher in jedem Intervall $(-r, r)$ und damit auch in $(-\infty, \infty) = \mathbb{R}$ gegen die Exponentialfunktion. Es gilt also:

$$\boxed{e^x = \sum_{k=0}^{\infty} \frac{x^k}{k!} = 1 + x + \frac{1}{2} x^2 + \frac{1}{6} x^3 + \cdots \quad \text{für alle } x \in \mathbb{R} .}$$

(2) **Taylor-Entwicklung der Sinus- und Cosinusfunktion** um $a = 0$:

Die Funktion $f(x) = \sin x$ hat die Ableitungen $f'(x) = \cos x$, $f''(x) = -\sin x$, $f'''(x) = -\cos x$, $f^{(4)}(x) = \sin x = f(x)$. Hieraus erhält man für $j \in \mathbb{N}_0$:

$$f^{(2j)}(x) = (-1)^j \sin x , \quad f^{(2j+1)}(x) = (-1)^j \cos x$$

und daher

$$f^{(2j)}(0) = 0 , \quad f^{(2j+1)}(0) = (-1)^j .$$

Die Taylorreihe der Sinusfunktion um 0 ist somit:

$$\sum_{k=0}^{\infty} \frac{\sin^{(k)}(0)}{k!}\,(x-0)^k = \sum_{j=0}^{\infty} \frac{(-1)^j}{(2j+1)!}\,x^{2j+1}.$$

Da $|\sin x| \le 1$ und $|\cos x| \le 1$ für $x \in \mathbb{R}$ ist, gilt:

$$|f^{(n)}(x)| \le 1 \le 1^n \quad \text{für alle } x \in \mathbb{R} \text{ und alle } n \in \mathbb{N}_0.$$

Also konvergiert nach Satz 9.1.8 die Taylorreihe der Sinusfunktion auf $\mathbb{R}$ gegen die Sinusfunktion:

$$\sin x = \sum_{j=0}^{\infty} \frac{(-1)^j}{(2j+1)!}\,x^{2j+1} = x - \frac{1}{6}\,x^3 + \frac{1}{120}\,x^5 \mp \cdots \quad \text{für alle } x \in \mathbb{R}.$$

Entsprechend folgt, dass die Cosinusfunktion die Summenfunktion ihrer Taylorreihe um $a = 0$ ist, und es gilt:

$$\cos x = \sum_{j=0}^{\infty} \frac{(-1)^j}{(2j)!}\,x^{2j} = 1 - \frac{1}{2}\,x^2 + \frac{1}{24}\,x^4 \mp \cdots \quad \text{für alle } x \in \mathbb{R}.$$

Mit Hilfe der Taylor-Entwicklungen der Exponential- und der Sinus- und Cosinusfunktion lässt sich nun die Eulersche Formel (Abschnitt 2.3) nachweisen, die einen Zusammenhang zwischen den Funktionen e^{ix}, $\cos x$ und $\sin x$ herstellt.

9.1.9 Folgerung (Eulersche Formel) *Für alle $x \in \mathbb{R}$ gilt:* $\quad e^{ix} = \cos x + i \sin x.$

Zum Beweis müssen wir allerdings Gebrauch machen von der hier nicht bewiesenen Tatsache, dass die Taylor-Entwicklung von e^x allgemeiner für die komplexe Exponentialfunktion e^z das entsprechende Aussehen hat, dass also gilt:

$$e^z = \sum_{k=0}^{\infty} \frac{z^k}{k!} \quad \text{für } z \in \mathbb{C}.$$

Daraus folgt:

$$
\begin{aligned}
e^{ix} &= \sum_{k=0}^{\infty} \frac{i^k}{k!}\,x^k = \sum_{j=0}^{\infty} \frac{i^{2j}}{(2j)!}\,x^{2j} + \sum_{j=0}^{\infty} \frac{i^{2j+1}}{(2j+1)!}\,x^{2j+1} \\
&= \sum_{j=0}^{\infty} \frac{(i^2)^j}{(2j)!}\,x^{2j} + \sum_{j=0}^{\infty} \frac{(i^2)^j \cdot i}{(2j+1)!}\,x^{2j+1} \\
&= \sum_{j=0}^{\infty} \frac{(-1)^j}{(2j)!}\,x^{2j} + i \sum_{j=0}^{\infty} \frac{(-1)^j}{(2j+1)!}\,x^{2j+1} = \cos x + i \sin x.
\end{aligned}
$$

★ Aufgaben

(1) Bestimmen Sie für die Funktion f die Taylorreihe um den Punkt a:

    (a) $f \colon \mathbb{R} \to \mathbb{R}$ mit $f(x) = x + (1 - x)e^{-2x}$, $a = 0$,

    (b) $f \colon \mathbb{R} \setminus \left\{\dfrac{1}{2}\right\} \to \mathbb{R}$ mit $f(x) = \dfrac{x}{1 - 2x}$, $a = 1$.

(2) Gegeben ist die Funktion $f \colon \left[-1, \frac{1}{2}\right] \to \mathbb{R}$ mit $f(x) = \cos^2 x$.

Geben Sie das Taylorpolynom vom Grad 5 der Funktion f um $a = 0$ an und bestimmen Sie durch Abschätzung des Fehlergliedes, wie groß im Intervall $\left[-1, \frac{1}{2}\right]$ die Abweichung des Polynoms von f höchstens sein kann.

(3) Stellen Sie mit Hilfe der Taylorformel das Polynom

$$f(x) = x^4 - 12x^3 + 44x^2 + 2x + 1$$

als ein Polynom in $x - 3$ dar. Dieses hat die Form

$$f(x) = a_4(x - 3)^4 + a_3(x - 3)^3 + a_2(x - 3)^2 + a_1(x - 3) + a_0.$$

(4) Es ist $\cos 0 = 1$ und $\sin 0 = 0$. Benutzen Sie dies, um mit Hilfe der Taylorschen Formel einen Näherungswert für $\cos 1$ mit einem Fehler $< \frac{1}{500}$ zu berechnen.

(5) Bestimmen Sie für die Funktion

$$f \colon \mathbb{R} \setminus \{-1\} \to \mathbb{R} \quad \text{mit} \quad f(x) = \frac{1}{1 + x}$$

das Taylorpolynom vom Grad 6 um $a = 0$. Geben Sie ein Intervall $[-d, d]$ an, in welchem die Abweichung des Taylorpolynoms von f kleiner als 10^{-7} ist.

(6) Bestimmen Sie das Taylorpolynom der Ordnung n um $a = 0$ für

$$f \colon (-2, \infty) \to \mathbb{R} \quad \text{mit} \quad f(x) = \ln\left(1 + \frac{x}{2}\right).$$

Geben Sie das zugehörige Fehlerglied $E_n(x)$ an. Bestimmen Sie n so, dass $|E_n(x)| \leq 10^{-3}$ im Intervall $[0, 2]$ gilt.

9.2　Lokale Extrema

Hat eine in einem offenen Intervall differenzierbare Funktion $f \colon \mathbb{I} \to \mathbb{R}$ in einem Punkt $x_0 \in \mathbb{I}$ ein lokales Extremum, so ist $f'(x_0) = 0$ (Satz 6.3.2). Umgekehrt folgt aus der Bedingung $f'(x_0) = 0$ aber nicht, dass f in x_0 ein lokales Extremum besitzt. Zum Beispiel kann f dann auch einen Wendepunkt in x_0 haben (Abb. 6.5). In diesem Abschnitt werden wir mit Hilfe des Satzes von Taylor auch hinreichende Bedingungen dafür angeben, dass eine genügend oft differenzierbare Funktion $f \colon \mathbb{I} \to \mathbb{R}$ in einem Punkt $x_0 \in \mathbb{I}$ ein lokales Maximum, Minimum oder einen Wendepunkt hat. Ohne den Satz von Taylor für Funktionen von zwei Variablen zu beweisen, werden wir das entsprechende Ergebnis dann auch für solche Funktionen formulieren.

Wir nehmen an, dass f hinreichend oft stetig differenzierbar und $f'(x_0) = 0$ ist. Möglicherweise sind auch die zweite und höhere Ableitungen von f in x_0 gleich 0. Sei n die Ordnung der ersten in x_0 nicht verschwindenden Ableitung von f. Dann ist auf jeden Fall $n \geq 1$. Da $f^{(n)}(x_0) \neq 0$ ist, nehmen wir im Folgenden etwa an, dass $f^{(n)}(x_0) > 0$ gilt (für $f^{(n)}(x_0) < 0$ sind die Überlegungen völlig analog). Wegen der Stetigkeit von $f^{(n)}$ ist dann nach Folgerung 5.2.7 (und Aufgabe 5.2, (3)) auch $f^{(n)}(x) > 0$ für alle x in einer Umgebung von x_0. Damit können wir folgende beiden Tatsachen voraussetzen:

(1) $f'(x_0) = f''(x_0) = \cdots = f^{(n-1)}(x_0) = 0$ und $f^{(n)}(x_0) \neq 0$.

(2) Es gibt eine Umgebung $\mathbb{U}(x_0)$ von x_0, so dass $f^{(n)}(x) > 0$ ist für alle $x \in \mathbb{U}(x_0)$.

Wegen (1) sind im Taylorpolynom vom Grad $n-1$ um x_0 die Koeffizienten der Potenzen $(x - x_0)^k$ für $k = 1, \dots, n-1$ gleich 0. Daher gilt mit dieser Zahl n nach dem Satz von Taylor:

$$f(x) - f(x_0) = \frac{f^{(n)}(\xi)}{n!}\,(x - x_0)^n\,.$$

Dabei ist ξ eine Stelle zwischen x und x_0. Für $x \in \mathbb{U}(x_0)$ ist dann auch $\xi \in \mathbb{U}(x_0)$, und nach Voraussetzung (2) ist daher $f^{(n)}(\xi) > 0$. Damit folgt:

(a) Ist n eine gerade Zahl, so ist immer $(x - x_0)^n \geq 0$, und für alle $x \in \mathbb{U}(x_0)$ gilt:

$$f(x) - f(x_0) = \frac{f^{(n)}(\xi)}{n!}\,(x - x_0)^n \geq 0 \quad \Longrightarrow \quad f(x) \geq f(x_0)\,.$$

Also hat f in x_0 ein lokales Minimum.

Entsprechend folgt: f hat in x_0 ein lokales Maximum, wenn $f^{(n)}(x_0) < 0$ gilt.

(b) Ist n eine ungerade Zahl, so ist $(x - x_0)^n > 0$ für alle $x \in \mathbb{U}(x_0)$ mit $x > x_0$ und $(x - x_0)^n < 0$ für alle $x \in \mathbb{U}(x_0)$ mit $x < x_0$. Daher folgt:

$$f(x) > f(x_0) \text{ für } x > x_0 \quad \text{und} \quad f(x) < f(x_0) \text{ für } x < x_0\,.$$

f hat somit in x_0 kein lokales Extremum. Man kann zeigen, dass f dann in x_0 einen Wendepunkt hat. Da die Tangente an den Graphen von f in x_0 waagerecht ist, bezeichnet man ihn auch als einen Sattelpunkt.

Damit haben wir ein hinreichendes Kriterium für lokale Extrema gefunden:

9.2.1 Satz *Sei $f\colon \mathbb{I} \to \mathbb{R}$ eine in dem offenen Intervall $\mathbb{I}$ n-mal stetig differenzierbare Funktion und x_0 ein Punkt von $\mathbb{I}$ mit der Eigenschaft:*

$$f'(x_0) = f''(x_0) = \cdots = f^{(n-1)}(x_0) = 0 \quad \text{und} \quad f^{(n)}(x_0) \neq 0\,.$$

Dann gilt:

(1) Ist n eine gerade Zahl, so hat f in x_0 ein lokales Extremum, und zwar ein lokales Minimum für $f^{(n)}(x_0) > 0$ und ein lokales Maximum für $f^{(n)}(x_0) < 0$.

(2) Ist n eine ungerade Zahl, so hat f in x_0 kein lokales Extremum, sondern einen Sattelpunkt.

Beispiel: Wir untersuchen, wo die folgende Funktion lokale Extrema hat:

$$f\colon \mathbb{R} \to \mathbb{R} \quad \text{mit} \quad f(x) = 4x^5 - 5x^4 .$$

Zuerst bestimmen wir die Nullstellen der Ableitung:

$$f'(x) = 20x^4 - 20x^3 = 20x^3(x - 1) = 0 \iff x_0 = 0 , \ x_1 = 1 .$$

Damit sind $x_0 = 0$ und $x_1 = 1$ die einzigen Stellen, in denen f ein lokales Extremum haben kann. Wir berechnen die Werte der zweiten Ableitung in x_0 und x_1:

$$f''(x) = 80x^3 - 60x^2 \implies f''(0) = 0 \text{ und } f''(1) = 80 - 60 = 20 > 0 .$$

Da $f''(1) > 0$ und die Ordnung der Ableitung eine gerade Zahl (nämlich 2) ist, hat f in $x_1 = 1$ ein lokales Minimum. Um zu prüfen, ob f in $x_0 = 0$ ein lokales Extremum hat, müssen wir weitere Ableitungen berechnen:

$$f^{(3)}(x) = 240x^2 - 120x \implies f^{(3)}(0) = 0 ,$$
$$f^{(4)}(x) = 480x - 120 \implies f^{(4)}(0) = -120 < 0 .$$

Da die Ordnung der ersten in $x_0 = 0$ nicht verschwindenden Ableitung eine gerade Zahl (nämlich 4) ist, hat f in $x_0 = 0$ ein lokales Extremum. Dieses ist ein lokales Maximum, weil $f^{(4)}(0) < 0$ ist.

Mit Hilfe eines entsprechenden Satzes von Taylor für Funktionen von mehreren Variablen lässt sich ein entsprechendes Ergebnis für solche Funktionen herleiten. Wir geben dieses allerdings hier nur an, ohne es zu beweisen, rechnen aber ein Beispiel dazu.

9.2.2 Definition   *Sei $f\colon \mathbb{G} \to \mathbb{R}$ eine auf einem Gebiet $\mathbb{G} \subset \mathbb{R}^n$ definierte Funktion von* **x** *(also von n Variablen $x_1, \dots, x_n$) und* **a** *$\in \mathbb{G}$. Dann sagt man, f hat in* **a** *ein lokales Maximum [Minimum], wenn es eine Umgebung $\mathbb{U}(\mathbf{a}) \subset \mathbb{G}$ gibt, so dass gilt:*

$$f(\mathbf{x}) \le f(\mathbf{a}) \quad [f(\mathbf{x}) \ge f(\mathbf{a})] \quad \textit{für alle} \quad \mathbf{x} \in \mathbb{U}(\mathbf{a}) .$$

Lokale Maxima und Minima fasst man unter dem Namen lokale Extrema zusammen.

Unmittelbar aus Satz 6.3.2 folgt ein entsprechender Satz für Funktionen von mehreren Variablen:

9.2.3 Satz   *Sei $f\colon \mathbb{G} \to \mathbb{R}$ eine in einem Gebiet $\mathbb{G} \subset \mathbb{R}^n$ differenzierbare Funktion. Hat f im Punkt* **a** *$\in \mathbb{G}$ ein lokales Extremum, so gilt:*

$$\frac{\partial f}{\partial x_i}(\mathbf{a}) = 0 \quad \textit{für alle} \ i = 1, \dots, n .$$

Beweis: Setzen wir in die Funktion f für die von x_i verschiedenen Variablen die Koordinaten $a_1, \dots, a_{i-1}, a_{i+1}, \dots, a_n$ von **a** ein, so ist f eine Funktion der einen Variablen x_i und hat als solche in a_i ein lokales Extremum. Nach Satz 6.3.2 ist daher die (partielle) Ableitung von f (nach x_i) in **a** gleich 0. Das gilt für alle $i = 1, \dots, n$. $\square$

9.2.4 Bemerkung Analog wie bei Funktionen einer Variablen gilt für Funktionen von zwei Variablen: Ist $f\colon \mathbb{G} \to \mathbb{R}$ eine Funktion auf einem Gebiet $\mathbb{G} \subset \mathbb{R}^2$ und haben die beiden partiellen Ableitungen erster Ordnung in einem Punkt $(a, b) \in \mathbb{G}$ den Wert 0, so muss f in (a, b) nicht notwendig ein lokales Extremum besitzen, sondern in jeder Umgebung von (a, b) kann es Punkte (x, y) geben, in denen $f(x, y) \geq f(a, b)$ ist, und Punkte (x, y), in denen $f(x, y) \leq f(a, b)$ ist. Man sagt dann: f hat in (a, b) einen *Sattelpunkt*.

9.2.5 Satz *Sei $f\colon \mathbb{G} \to \mathbb{R}$ eine in einem Gebiet $\mathbb{G} \subset \mathbb{R}^2$ zweimal stetig differenzierbare Funktion von x und y. Um festzustellen, in welchen Punkten f lokale Extrema besitzt, bestimmt man aus den Gleichungen*

$$f_x(x, y) = f_y(x, y) = 0$$

die Punkte, in denen beide partiellen Ableitungen den Wert 0 haben. Ist (a, b) ein solcher Punkt, so berechnet man die Determinante

$$\Delta(f; (a, b)) = \begin{vmatrix} f_{xx}(a, b) & f_{xy}(a, b) \\ f_{xy}(a, b) & f_{yy}(a, b) \end{vmatrix}.$$

Es gilt dann:

(1) *Ist $\Delta(f; (a, b)) > 0$, so hat f in (a, b) ein lokales Extremum. Dieses ist für $f_{xx}(a, b) < 0$ ein lokales Maximum und für $f_{xx}(a, b) > 0$ ein lokales Minimum.*

(2) *Ist $\Delta(f; (a, b)) < 0$, so hat f in (a, b) einen Sattelpunkt.*

(3) *Ist $\Delta(f; (a, b)) = 0$, so kann nur durch weitere Untersuchungen festgestellt werden, ob f in (a, b) ein lokales Extremum oder einen Sattelpunkt hat.*

Beispiel: Wir bestimmen die lokalen Extrema der Funktion

$$f\colon \mathbb{R}^2 \to \mathbb{R}^2 \quad \text{mit} \quad f(x, y) = \left(x^2 + y^2\right)^2 - 2\left(x^2 - y^2\right).$$

Die partiellen Ableitungen sind:

$$f_x(x, y) = 2(x^2 + y^2) \cdot 2x - 4x = 4x(x^2 + y^2 - 1),$$
$$f_y(x, y) = 2(x^2 + y^2) \cdot 2y + 4y = 4y(x^2 + y^2 + 1).$$

Mit ihnen folgt:

$$f_x(x, y) = 0 \iff 4x(x^2 + y^2 - 1) = 0 \iff x = 0 \text{ oder } x^2 + y^2 = 1,$$
$$f_y(x, y) = 0 \iff 4y(x^2 + y^2 + 1) \iff y = 0 \text{ oder } x^2 + y^2 = -1.$$

Genau drei Punkte genügen diesen Bedingungen, nämlich: $(0, 0)$, $(-1, 0)$ und $(1, 0)$. Wir berechnen die partiellen Ableitungen zweiter Ordnung:

$$f_{xx}(x, y) = 4(x^2 + y^2 - 1) + 4x \cdot 2x = 4(x^2 + y^2 - 1) + 8x^2,$$
$$f_{xy}(x, y) = 8xy,$$
$$f_{yy}(x, y) = 4(x^2 + y^2 + 1) + 4y \cdot 2y = 4(x^2 + y^2 + 1) + 8y^2.$$

Damit können wir nun den Wert der Determinante in den drei Punkten berechnen:

(1) $\Delta(f;(0,0)) = (-4)\cdot 4 - 0 = -16 < 0 \implies f$ hat in $(0,0)$ einen Sattelpunkt.

(2) $\Delta(f;(1,0)) = 8\cdot 8 - 0 = 64 > 0$ und $f_{xx}(1,0) = 8 > 0$
    $\implies f$ hat in $(1,0)$ ein lokales Minimum.

(3) $\Delta(f;(-1,0)) = 8\cdot 8 - 0 = 64 > 0$ und $f_{xx}(-1,0) = 8 > 0$
    $\implies f$ hat in $(-1,0)$ ein lokales Minimum.

★ **Aufgaben**

(1) Untersuchen Sie, an welchen Stellen die Funktion f lokale Extrema oder Sattel-
    punkte hat:

   (a) $f(x) = 2x^4 - 4x^3$,   (b) $f(x,y) = x^3 + y^3 - 3xy$,

   (c) $f(x,y) = xy\,e^{2-x-y}$.

9.3   Potenzreihen

Bei der Taylorreihe einer Funktion $f\colon \mathbb{I} \to \mathbb{R}$ sind die Summanden besonders einfache Funktionen gleichen Typs, nämlich Potenzfunktionen $a_k(x-a)^k$ mit Koeffizienten
$a_k \in \mathbb{R}$, die durch die Formeln $a_k = \frac{1}{k!}\,f^{(k)}(a)$ gegeben und damit eindeutig durch die
Ableitungen $f^{(k)}(a)$ bestimmt sind.

Wir kehren jetzt die Betrachtungsweise um: Wir gehen aus von einer Funktionenreihe, deren Glieder Potenzfunktionen $a_k(x-a)^k$ mit beliebigen Koeffizienten $a_k \in \mathbb{R}$
sind, und untersuchen, unter welchen Bedingungen eine solche *Potenzreihe* konvergiert.
Ist sie in einem Intervall konvergent, so besitzt sie eine Summenfunktion, und die Potenzreihe ist genau deren Taylorreihe. Potenzreihen können teilweise wie endliche Summen behandelt werden, insbesondere kann man Potenzreihen wie endliche Summen differenzieren und integrieren. Dadurch ist einerseits das Rechnen mit Potenzreihen in vie-
ler Hinsicht besonders einfach, andererseits liefert das die Möglichkeit, bekannte Funktionen oder auch Funktionen, die nicht schon auf andere Weise eingeführt wurden, als
Summenfunktionen von Potenzreihen zu gewinnen.

9.3.1 Definition *Für $a \in \mathbb{R}$ heißt eine Funktionenreihe der Gestalt*

$$\sum_{k=0}^{\infty} a_k(x-a)^k \quad \text{mit } a_k \in \mathbb{R} \text{ für alle } k \in \mathbb{N}_0$$

*eine Potenzreihe um a (weil ihre Glieder Potenzfunktionen sind). Die Faktoren a_k bei
den Potenzfunktionen heißen die Koeffizienten der Potenzreihe.*

Beispiel: Die Taylorreihe um a einer beliebig oft differenzierbaren Funktion $f\colon \mathbb{I} \to \mathbb{R}$
ist eine Potenzreihe. Ihre Koeffizienten sind die durch die Werte von f und die Werte

der Ableitungen von f in a bestimmten Zahlen $a_k = \frac{1}{k!} f^{(k)}(a)$. Man bezeichnet die Taylor-Entwicklung einer Funktion daher auch als *Potenzreihen-Entwicklung*.

9.3.2 Bemerkung Die Summation bei einer Potenzreihe muss nicht mit $k = 0$, sondern kann mit irgendeiner natürlichen Zahl m beginnen. Für das Konvergenzverhalten spielt dies keine Rolle, denn die beiden Potenzreihen

$$\sum_{k=m}^{\infty} a_k(x - a)^k \quad \text{und} \quad \sum_{k=0}^{\infty} a_k(x - a)^k$$

unterscheiden sich nur durch die endliche Summe

$$S(x) = \sum_{k=0}^{m-1} a_k(x - a)^k$$

der ersten m Summanden. Nur die beiden Summenfunktionen unterscheiden sich (wenn sie existieren) genau um diese endliche Summe S.

Da alle zu $k > 0$ gehörenden Glieder einer Potenzreihe um a

$$\sum_{k=0}^{\infty} a_k(x - a)^k = a_0 + a_1(x - a) + a_2(x - a)^2 + \cdots$$

für $x = a$ den Wert 0 haben, konvergiert die Potenzreihe im Punkt a und hat dort den Summenwert a_0. Konvergiert sie nicht nur in a, so gibt es immer ein wohl bestimmtes Intervall um a, so dass die Potenzreihe in diesem Intervall konvergent und außerhalb dieses Intervalls divergent ist. Diesen Sachverhalt beschreibt der folgende Satz genauer:

9.3.3 Satz *Es gibt zu jeder Potenzreihe*

$$\sum_{k=0}^{\infty} a_k(x - a)^k$$

eine Zahl $r \geq 0$ (wobei $r = \infty$ zugelassen ist) so, dass die Potenzreihe in dem Intervall $(a - r, a + r)$ konvergent und außerhalb des abgeschlossenen Intervalls $[a - r, a + r]$ divergent ist. Die Zahl r heißt Konvergenzradius und das Intervall $(a - r, a + r)$ Konvergenzintervall der Potenzreihe. In den Endpunkten $a - r$ und $a + r$ des Konvergenzintervalls kann die Potenzreihe konvergent oder divergent sein (das hängt von der jeweiligen Potenzreihe ab).

9.3.4 Bemerkung Ersetzen wir die reelle Variable x durch die komplexe Variable z, so erhalten wir allgemeiner eine *komplexe Potenzreihe* um $a \in \mathbb{C}$.

$$\sum_{k=0}^{\infty} a_k(z - a)^k \quad \text{mit } a_k \in \mathbb{C} \text{ für alle } k \in \mathbb{N}_0 \,.$$

Wie für reelle so gibt es auch für komplexe Potenzreihen immer eine eindeutig bestimmte Zahl $r \geq 0$, so dass die Potenzreihe konvergent ist für alle $z \in \mathbb{C}$ mit $|z - a| < r$ und divergent ist für alle $z \in \mathbb{C}$ mit $|z - a| > r$. Geometrisch ist die Menge der z mit $|z - a| < r$ eine offene Kreisscheibe in der komplexen Zahlenebene mit dem Mittelpunkt a und dem Radius r. Daher rührt der Name *Konvergenzradius*. Fassen wir eine reelle Potenzreihe $\sum\limits_{k=0}^{\infty} a_k(x - a)^k$ als komplexe Potenzreihe auf, so ist deren Konvergenzbereich der Kreis um a mit dem Radius r. Der Durchschnitt des Kreises mit der reellen Achse ist das Konvergenzintervall $(a - r, a + r)$ der reellen Potenzreihe.

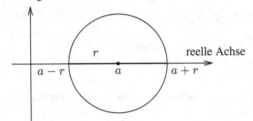

imaginäre Achse

reelle Achse

Abb. 9.1   Der Konvergenzbereich einer Potenzreihe in der komplexen Ebene um einen Punkt a ist ein Kreis mit dem Mittelpunkt a und dem Radius $r \geq 0$. Liegt a auf der reellen Achse, so schneidet der Konvergenzkreis die reelle Achse in dem Konvergenzintervall $(a - r, a + r)$ der entsprechenden reellen Potenzreihe. Daher bezeichnet man r als den *Konvergenzradius*.

Der Konvergenzradius r ist durch die Folge (a_k) der Koeffizienten a_k bestimmt und lässt sich grundsätzlich aus ihr berechnen. Zwei Möglichkeiten, die zwar nicht immer, aber doch häufig benutzt werden können, sind:

Mit den Koeffizienten a_k bilden wir eine der beiden Folgen

$$\left(\left| \frac{a_{k+1}}{a_k} \right| \right) \quad \text{oder} \quad \left(\sqrt[k]{|a_k|} \right)$$

und bestimmen ihren Grenzwert. Bezeichnen wir diesen Grenzwert mit α, so ist dann $r = \frac{1}{\alpha}$ der Konvergenzradius. Man kann zeigen, dass bei Konvergenz beider Folgen beide Grenzwerte gleich sind. Daher spielt es grundsätzlich keine Rolle, welcher von ihnen zur Bestimmung der Zahl r benutzt wird. Wir können also immer diejenige Folge wählen, deren Grenzwert sich am einfachsten berechnen lässt.

9.3.5 Satz *Für die Potenzreihe $\sum\limits_{k=0}^{\infty} a_k(x - a)^k$ existiere einer der beiden Grenzwerte*

$$\alpha = \lim_{k \to \infty} \left| \frac{a_{k+1}}{a_k} \right| \quad \text{oder} \quad \alpha = \lim_{k \to \infty} \sqrt[k]{|a_k|} \,.$$

Dann hat die Potenzreihe den Konvergenzradius $r = \dfrac{1}{\alpha}$. Dabei ist $r = 0$ für $\alpha = \infty$ und $r = \infty$ für $\alpha = 0$ zu setzen.

Beispiele: Der Koeffizient a_k ist immer genau der Faktor, der bei der Potenzfunktion $(x - a)^k$ mit dem Exponent k steht. Darauf muss man achten, wenn die Potenzreihe nicht in der Standardform $\sum\limits_{k=0}^{\infty} a_k(x-a)^k$ gegeben ist.

Ist zum Beispiel eine Potenzreihe gegeben durch $\sum\limits_{k=1}^{\infty} k^3(x-1)^{k+2}$, so ist k^3 der Koeffizient bei der Potenzfunktion $(x-1)^{k+2}$ mit dem Exponenten $k+2$ und daher $k^3 = a_{k+2}$. Um a_k anzugeben, muss man sich hier k durch $k-2$ ersetzt denken und findet dann: $a_k = (k-2)^3$.

(1) $\sum\limits_{k=1}^{\infty} \dfrac{(k+1)^2}{2^k}(x-3)^{k+1}$:   Hier ist $a_k = \dfrac{k^2}{2^{k-1}}$.

$$\lim_{k\to\infty}\left|\frac{a_{k+1}}{a_k}\right| = \lim_{k\to\infty}\left|\frac{(k+1)^2 2^{k-1}}{2^k k^2}\right| = \lim_{k\to\infty}\frac{1}{2}\left(\frac{k+1}{k}\right)^2$$

$$= \lim_{k\to\infty}\frac{1}{2}\left(1+\frac{1}{k}\right)^2 = \frac{1}{2} \implies r = 2.$$

Das Konvergenzintervall ist dann $\mathbb{I} = \{\, x \in \mathbb{R} \mid |x-3| < 2 \,\} = (1,5)$.

(2) $\sum\limits_{k=1}^{\infty} 2^k \left(x-\dfrac{1}{2}\right)^k$:   Hier ist $a_k = 2^k$, und es gilt:

$$\lim_{k\to\infty}\sqrt[k]{|a_k|} = \lim_{k\to\infty}\sqrt[k]{2^k} = \lim_{k\to\infty} 2 = 2 \implies r = \frac{1}{2}.$$

Das Konvergenzintervall ist: $\mathbb{I} = \{\, x \in \mathbb{R} \mid |x-\frac{1}{2}| < \frac{1}{2} \,\} = (0,1)$.

(3) $\sum\limits_{k=0}^{\infty} \dfrac{(-1)^k}{k+1} x^{2k}$:   Hier ist $a_{2k} = \dfrac{(-1)^k}{k+1}$ und $a_{2k+1} = 0$ für $k \geq 0$.

Da jetzt $\frac{a_{2k}}{a_{2k+1}}$ nie definiert ist, können wir den Konvergenzradius nicht bestimmen, indem wir die Folge der Quotienten aufeinander folgender Koeffizienten untersuchen. Das wird aber möglich, wenn wir die Reihe als eine Potenzreihe in x^2 auffassen und dazu die Substitution $u = x^2$ vornehmen:

$$\sum_{k=0}^{\infty}\frac{(-1)^k}{k+1}x^{2k} = \sum_{k=0}^{\infty}\frac{(-1)^k}{k+1}\left(x^2\right)^k = \sum_{k=0}^{\infty}\frac{(-1)^k}{k+1}u^k.$$

Hier ist $a_k = \dfrac{(-1)^k}{k+1}$, und es gilt dann:

$$\lim_{k\to\infty}\left|\frac{a_{k+1}}{a_k}\right| = \lim_{k\to\infty}\left|\frac{(-1)^{k+1}(k+1)}{(k+2)(-1)^k}\right| = \lim_{k\to\infty}\frac{k+1}{k+2} = 1.$$

Die Potenzreihe ist daher konvergent für $|u| < 1$, die ursprüngliche Potenzreihe also (wegen $u = x^2$) konvergent für $|x^2| < 1 \iff |x| < 1$.

Das Konvergenzintervall ist: $\mathbb{I} = \{\, x \in \mathbb{R} \mid |x| < 1 \,\} = (-1,1)$.

Mit konvergenten Potenzreihen darf man im Wesentlichen rechnen wie mit endlichen Summen. Wir stellen im Folgenden einige Rechenregeln zusammen und geben gleich immer Beispiele dazu an.

Rechnen mit Potenzreihen

(1) Einen konstanten Faktor bei den Reihengliedern darf man vor die Potenzreihe ziehen:

$$\sum_{k=0}^{\infty} (c a_k)(x-a)^k = c \sum_{k=0}^{\infty} a_k (x-a)^k .$$

Beispiel:

$$\sum_{k=2}^{\infty} \frac{3 \cdot 2^{k+3}}{5^{k+1}} (x-3)^{k+1} = \frac{3 \cdot 2^3}{5} (x-3) \sum_{k=2}^{\infty} \frac{2^k}{5^k} (x-3)^k .$$

(2) Um die Summe (Differenz) zweier Potenzreihen zu bilden, darf man gliedweise addieren (subtrahieren):

Sind $\sum_{k=0}^{\infty} a_k (x-a)^k$ und $\sum_{k=0}^{\infty} b_k (x-a)^k$ konvergent für $|x-a| < r$, so ist

$$\sum_{k=0}^{\infty} a_k (x-a)^k \pm \sum_{k=0}^{\infty} b_k (x-a)^k = \sum_{k=0}^{\infty} (a_k \pm b_k)(x-a)^k$$

ebenfalls konvergent für $|x-a| < r$.

Beispiel: In Beispiel (1) auf Seite 288 haben wir die Potenzreihen-Entwicklung der Exponentialfunktion e^x bestimmt. Ersetzen wir in ihr x durch $-x$, so erhalten wir die Potenzreihen-Entwicklung der Funktion e^{-x}:

$$e^x = \sum_{k=0}^{\infty} \frac{x^k}{k!} \implies e^{-x} = \sum_{k=0}^{\infty} \frac{1}{k!} (-x)^k = \sum_{k=0}^{\infty} \frac{(-1)^k}{k!} x^k .$$

Da $\cosh x = \frac{1}{2}(e^x + e^{-x})$ ist, finden wir die Potenzreihen-Entwicklung von $\cosh x$ um $a = 0$, indem wir die Summe der beiden Potenzreihen bilden und mit $\frac{1}{2}$ multiplizieren:

$$\cosh x = \frac{1}{2} \left(\sum_{k=0}^{\infty} \frac{1}{k!} x^k + \sum_{k=0}^{\infty} \frac{(-1)^k}{k!} x^k \right) = \frac{1}{2} \sum_{k=0}^{\infty} \frac{1 + (-1)^k}{k!} x^k .$$

Für die Koeffizienten in dieser Potenzreihe gilt:

$$1 + (-1)^k = \begin{cases} 1 + 1 = 2 & \text{für } k = 2j, \\ 1 - 1 = 0 & \text{für } k = 2j + 1 . \end{cases}$$

In der Potenzreihe für $\cosh x$ sind also die Koeffizienten mit ungeradem Index alle 0, so dass wir die zugehörigen Reihenglieder weglassen können. Es treten dann nur noch die Reihenglieder auf, die zu einem geraden Summationsindex $k = 2j$ gehören. Damit vereinfacht sich die Potenzreihen-Entwicklung von $\cosh x$ weiter wie folgt:

$$\cosh x = \frac{1}{2} \sum_{k=0}^{\infty} \frac{1 + (-1)^k}{k!} x^k = \frac{1}{2} \sum_{j=0}^{\infty} \frac{2}{(2j)!} x^{2j} = \sum_{j=0}^{\infty} \frac{x^{2j}}{(2j)!}.$$

Entsprechend können wir durch Bildung der Differenz die Potenzreihen-Entwicklung von $\sinh x$ herleiten. Wir fassen zusammen:

$$\cosh x = \sum_{j=0}^{\infty} \frac{x^{2j}}{(2j)!} = 1 + \frac{1}{2} x^2 + \frac{1}{24} x^4 + \cdots \quad \text{für alle } x \in \mathbb{R}.$$

$$\sinh x = \sum_{j=0}^{\infty} \frac{x^{2j+1}}{(2j+1)!} = x + \frac{1}{6} x^3 + \frac{1}{120} x^5 + \cdots \quad \text{für alle } x \in \mathbb{R}.$$

(3) Sind die Potenzreihen $\sum_{k=0}^{\infty} a_k (x-a)^k$ und $\sum_{k=0}^{\infty} b_k (x-a)^k$ für $|x - a| < r$ konvergent, so gilt dies auch für ihr Produkt

$$\sum_{k=0}^{\infty} a_k (x-a)^k \cdot \sum_{j=0}^{\infty} b_k (x-a)^k = \sum_{n=0}^{\infty} \left(\sum_{k=0}^{n} a_k b_{n-k} \right) (x-a)^n = \sum_{n=0}^{\infty} c_n (x-a)^n.$$

In dieser Darstellung des Produkts, das als Cauchy-Produkt bezeichnet wird, sind die Koeffizienten c_n beschrieben durch die Cauchysche Produktformel

$$c_n = \sum_{k=0}^{n} a_k b_{n-k} \quad \text{für} \quad n = 0, 1, 2, \ldots.$$

Mit ihrer Hilfe kann man bequem beliebig viele Anfangsglieder eines Produkts berechnen – und das genügt ja häufig, weil man sich nur für Näherungswerte interessiert und daher die Potenzreihe nach endlich vielen Gliedern abbricht.

Beispiel: Mit den Potenzreihen-Entwicklungen der Funktionen e^x und $\cos x$ gilt:

$$e^x \cos x = \sum_{k=0}^{\infty} \frac{1}{k!} x^k \cdot \sum_{j=0}^{\infty} \frac{(-1)^j}{(2j)!} x^{2j}$$

$$= \left(1 + x + \frac{1}{2} x^2 + \frac{1}{6} x^3 + \cdots \right) \left(1 - \frac{1}{2} x^2 + \frac{1}{24} x^4 \pm \cdots \right)$$

$$= 1 + x - \frac{1}{3} x^3 - \frac{1}{6} x^4 \pm \cdots$$

(4) Um die Summe zweier Potenzreihen wieder als Potenzreihe darstellen zu können, ist es manchmal notwendig, den Summationsindex bei einer Potenzreihe so zu ändern, dass entsprechende Glieder der beiden Potenzreihen den gleichen Exponenten haben. Das gelingt durch *Verschiebung des Summationsindexes*:

Wir wollen erreichen, dass in der Potenzreihe $\sum\limits_{k=m}^{\infty} a_{k+s}(x-a)^{k+r}$ die Potenzfunktionen den Exponenten k statt $k+r$ haben. Dazu führen wir einen neuen Summationsindex j ein durch:

$$k + r = j \iff k = j - r.$$

In den Gliedern der Potenzreihe ist dann jedes auftretende k zu ersetzen durch $j-r$, und der Summationsanfang m ist zu ersetzen durch $m+r$ (denn für $k=m$ ist $j=m+r$). Danach kann man für j wieder den Buchstaben k einführen:

$$\sum_{k=m}^{\infty} a_{k+s}(x-a)^{k+r} = \sum_{j=m+r}^{\infty} a_{j-r+s}(x-a)^{j} = \sum_{k=m+r}^{\infty} a_{k-r+s}(x-a)^{k}.$$

Um den „Umweg über j" zu vermeiden, kann man ebensogut die Verschiebung angeben durch

$$k + r \longrightarrow k \iff k \longrightarrow k - r.$$

Das bedeutet, dass in der Potenzreihe jedes auftretende k durch $k-r$ zu ersetzen ist. Weiter ist der neue Summationsanfang so zu wählen, dass der Exponent der Potenzfunktion des ersten Summanden derselbe wie in der ursprünglichen Reihe ist, und der ist hier $m + r$:

$$\sum_{k=m}^{\infty} a_{k+s}(x-a)^{k+r} = \sum_{k=m+r}^{\infty} a_{k-r+s}(x-a)^{k}.$$

Beispiel: Mit der Verschiebung $k + 1 \longrightarrow k$ ergibt sich:

$$\sum_{k=0}^{\infty} \frac{(-1)^k}{k+1}\, x^{k+1} = \sum_{k=1}^{\infty} \frac{(-1)^{k-1}}{k}\, x^{k}.$$

Da das Differenzieren und das Integrieren lineare Operationen sind (Bemerkung 6.2.2 und Satz 8.1.7), können wir eine Linearkombination $\sum\limits_{k=0}^{n} a_k g_k$ differenzierbarer oder stetiger Funktionen $g_k \colon \mathbb{I} \to \mathbb{R}$ gliedweise differenzieren oder integrieren, um ihre Ableitung oder ihr Integral zu bestimmen:

$$\left(\sum_{k=0}^{n} a_k g_k \right)' = \sum_{k=0}^{n} a_k g_k' \quad \text{und} \quad \int \left(\sum_{k=0}^{n} a_k g_k(x) \right) dx = \sum_{k=0}^{n} a_k \int g_k(x)\, dx.$$

Entsprechendes gilt für Potenzreihen.

9.3.6 Satz *Die Potenzreihe $\sum\limits_{k=0}^{\infty} a_k(x-a)^k$ um den Punkt a habe den Konvergenzradius $r > 0$ und in ihrem Konvergenzintervall $\mathbb{I} = \{\, x \in \mathbb{R} \mid |x-a| < r \,\}$ die Summenfunktion $f\colon \mathbb{I} \to \mathbb{R}$, also:*

$$f(x) = \sum_{k=0}^{\infty} a_k(x-a)^k \quad \text{für} \quad |x-a| < r\,.$$

(1) *Durch gliedweises Differenzieren der Potenzreihe erhält man wieder eine Potenzreihe. Diese hat denselben Konvergenzradius r. Ihre Summenfunktion ist die Ableitung f' der Summenfunktion f der ursprünglichen Potenzreihe:*

$$f'(x) = \sum_{k=1}^{\infty} k a_k(x-a)^{k-1} = \sum_{k=0}^{\infty} (k+1)a_{k+1}(x-a)^k \quad \text{für} \quad |x-a| < r\,.$$

Wegen des Faktors k hat der zu $k = 0$ gehörende erste Summand den Wert 0, so dass man die Summation mit $k = 1$ beginnen darf.

(2) *Durch gliedweises Integrieren der Potenzreihe erhält man wieder eine Potenzreihe. Diese hat denselben Konvergenzradius r. Ihre Summenfunktion ist eine Stammfunktion der Summenfunktion f der ursprünglichen Potenzreihe:*

$$\int f(x)\,dx = \sum_{k=0}^{\infty} \frac{1}{k+1} a_k(x-a)^{k+1} + a_{-1} \quad \text{für} \quad |x-a| < r\,.$$

Der Satz hat nützliche Anwendungen, denn er erlaubt es, aus der Potenzreihen-Entwicklung einer Funktion f durch Differentiation oder Integration die Potenzreihen-Entwicklung einer Ableitung beliebiger Ordnung oder einer Stammfunktion von f zu gewinnen.

Bevor wir uns davon an Hand von Beispielen überzeugen, führen wir die geometrische Reihe ein. Für sie gibt es eine einfache Formel zur Bestimmung ihrer Summenfunktion. Gewisse Potenzreihen können wir als geometrische Reihe auffassen, und das ermöglicht es, ihre Summenfunktion und ihren Konvergenzradius zu bestimmen. Wir definieren zunächst die geometrische Reihe und untersuchen ihr Konvergenzverhalten:

9.3.7 Definition *Unter der geometrischen Reihe versteht man die Potenzreihe*

$$\sum_{k=0}^{\infty} x^k = 1 + x + x^2 + \cdots\,.$$

Nach Definition der Konvergenz einer Reihe gilt:

$$\sum_{k=0}^{\infty} x^k \text{ konvergiert gegen } s(x) \iff \lim_{n \to \infty} s_n(x) = \lim_{n \to \infty} \sum_{k=0}^{n} x^k = s(x)\,.$$

Um $s(x)$ zu berechnen, bilden wir die Differenz von $s_n(x)$ und $x s_n(x)$. In ihr heben sich die (untereinander stehenden) gleichen Summanden von $s_n(x)$ und $x s_n(x)$ gegeneinander weg:

$$s_n(x) = \sum_{k=0}^{n} x^k = 1 + x + x^2 + \cdots + x^n$$

$$x s_n(x) = x \sum_{k=0}^{n} x^k = \qquad x + x^2 + \cdots + x^n + x^{n+1}$$

$$\overline{\quad s_n(x) - x s_n(x) \qquad\qquad\qquad = 1 \qquad\qquad\qquad - x^{n+1} \quad}$$

Also ist $(1-x)s_n(x) = s_n(x) - x s_n(x) = 1 - x^{n+1}$ und daher $s_n(x) = \dfrac{1 - x^{n+1}}{1 - x}$ für $x \neq 1$. Um den Grenzwert der Folge $(s_n(x))$ zu bestimmen, brauchen wir jetzt nur noch den der Folge (x^n) zu berechnen. Es gilt: $\lim\limits_{n \to \infty} x^n = 0$, wenn $|x| < 1$ ist, $\lim\limits_{n \to \infty} x^n = 1$, wenn $x = 1$ ist, und (x^n) ist divergent, wenn $x > 1$ oder $x \leq -1$ ist.

Beweis:

(1) Für $|x| < 1$ ist $\lim\limits_{n \to \infty} x^n = 0$, denn:

$$|x^n - 0| = |x^n| = |x|^n < \varepsilon \iff n \ln|x| < \ln \varepsilon \iff n > \frac{\ln \varepsilon}{\ln|x|} \, .$$

Beachten Sie: Wegen $|x| < 1$ ist $\ln|x| < 0$. Daher geht bei Division der Ungleichung durch $\ln|x|$ das Ordnungszeichen "$<$" in das Zeichen "$>$" über.

(2) Für $|x| > 1$ gilt entsprechend $\lim\limits_{n \to \infty} |x|^n = \infty$, also ist die Folge (x^n) divergent.

(3) Die Aussagen für $x = -1$ und $x = 1$ sind offensichtlich richtig. $\square$

Dieses Ergebnis benutzen wir, um $\lim\limits_{n \to \infty} s_n(x)$ zu berechnen:

- $|x| < 1 \implies \lim\limits_{n \to \infty} x^n = 0 \implies \lim\limits_{n \to \infty} s_n(x) = \lim\limits_{n \to \infty} \dfrac{1 - x^{n+1}}{1 - x} = \dfrac{1}{1 - x} \, .$

- Für $|x| \geq 1$ und $x \neq 1$ ist mit (x^n) auch $(s_n(x))$ divergent.

- Im Fall $x = 1$ ist $s_n(x) = n$ und daher $(s_n(x))$ ebenfalls divergiert.

9.3.8 Satz *Die geometrische Reihe*

$$\sum_{k=0}^{\infty} x^k \ \text{ist} \ \begin{cases} \text{\textit{konvergent mit der Summenfunktion}} \ \displaystyle\sum_{k=0}^{\infty} x^k = \dfrac{1}{1 - x} \ \text{\textit{für}} \ |x| < 1 \, , \\[2mm] \text{\textit{divergent für}} \ |x| \geq 1 \, . \end{cases}$$

Mit einer festen Zahl q bilden wir die Potenzreihe $\sum\limits_{k=0}^{\infty} q^k (x - a)^k$, deren Koeffizienten die Potenzen q^k von q sind. Diese können wir für jede Zahl x als geometrische Reihe auffassen, wobei x durch $q(x - a)$ zu ersetzen ist. Nach 9.3.8 ist sie konvergent für $|q(x - a)| < 1$, also für $|x - a| < \frac{1}{|q|}$, und hat die Summenfunktion $\frac{1}{1 - q(x-a)}$. Damit erhalten wir folgendes Ergebnis:

9.3.9 Folgerung *Eine Potenzreihe* $\sum\limits_{k=0}^{\infty} q^k (x-a)^k$, *deren Koeffizienten die Potenzen* q^k

einer festen Zahl q *sind, ist konvergent für* $|x-a| < \dfrac{1}{|q|}$ *und hat die Summenfunktion*

$$\sum_{k=0}^{\infty} q^k (x-a)^k = \frac{1}{1 - q(x-a)}.$$

Beispiele:

(1) $\sum\limits_{k=0}^{\infty} \dfrac{1}{5^k} (x-3)^k$ ist eine Potenzreihe um $a = 3$ mit $q = \dfrac{1}{5}$.

Konvergenzradius und -intervall und die Summenfunktion sind dann nach 9.3.9:

$$r = \frac{1}{|q|} = \frac{1}{1/5} = 5 \quad \text{und} \quad \mathbb{I} = \{\, x \in \mathbb{R} \mid |x-3| < 5 \,\} = (-2, 8)\,.$$

$$\sum_{k=0}^{\infty} \frac{1}{5^k} (x-3)^k = \frac{1}{1 - \frac{1}{5}(x-3)} = \frac{5}{5 - (x-3)} = \frac{5}{8-x}\,.$$

(2) Die Potenzreihe $\sum\limits_{k=2}^{\infty} \dfrac{3 \cdot 2^{k+3}}{5^{k+1}} (x-3)^{k+1}$ ist zunächst noch nicht von der Form

$\sum\limits_{k=2}^{\infty} q^k (x-3)^k$, kann aber wie folgt in eine solche umgeformt werden:

$$\sum_{k=2}^{\infty} \frac{3 \cdot 2^{k+3}}{5^{k+1}} (x-3)^{k+1}$$

$$= \frac{3 \cdot 2^3}{5} (x-3) \left[\sum_{k=0}^{\infty} \left(\frac{2}{5}\right)^k (x-3)^k - \left(\frac{2}{5}(x-3)\right)^0 - \left(\frac{2}{5}(x-3)\right)^1 \right]$$

$$= \frac{24}{5} (x-3) \left[\frac{1}{1 - \frac{2}{5}(x-3)} - 1 - \frac{2}{5}(x-3) \right]$$

$$= \frac{24}{5} (x-3) \left[\frac{5}{11 - 2x} - 1 - \frac{2}{5}(x-3) \right]\,.$$

Der Konvergenzradius ist $r = \dfrac{1}{|q|} = \dfrac{5}{2}$.

Wir interpretieren jetzt die Gleichung

$$\sum_{k=0}^{\infty} q^k (x-a)^k = \frac{1}{1 - q(x-a)} \quad \text{für } |x-a| < \frac{1}{|q|}$$

wie folgt: Die Funktion $\dfrac{1}{1 - q(x - a)}$ hat die Potenzreihen-Entwicklung

$$\frac{1}{1 - q(x - a)} = \sum_{k=0}^{\infty} q^k \, (x - a)^k \quad \text{für } |x - a| < \frac{1}{|q|} \, .$$

Um dies anwenden zu können, braucht man eine rationale Funktion nur, sofern es möglich ist, auf die Gestalt $\dfrac{1}{1 - q(x - a)}$ zu bringen. Das werden wir in den folgenden Beispielen ausnutzen, um zusammen mit Satz 9.3.6 Potenzreihen-Entwicklungen für die Funktionen $\ln(1 + x)$ und $\arctan x$ zu gewinnen.

Beispiele:

(1) Die Potenzreihen-Entwicklung der Funktion $f(x) = \dfrac{1}{1 + x}$ um $a = 0$ ist:

$$\frac{1}{1 + x} = \frac{1}{1 - (-1)x} = \sum_{k=0}^{\infty} (-1)^k x^k \quad \text{für } |x| < 1 \, .$$

Durch Integration erhalten wir daraus:

$$\ln(1 + x) = \int \frac{dx}{1 + x} = \sum_{k=0}^{\infty} \frac{(-1)^k}{k + 1} x^{k+1} + a_{-1} \quad \text{für } |x| < 1 \, .$$

Die auf beiden Seiten der Gleichung auftretenden Integrationskonstanten sind zu einer einzigen mit a_{-1} bezeichneten Konstanten zusammengefasst. Durch Einsetzen eines geeigneten Wertes für x lässt sich die Konstante bestimmen:

Für $x = 0$ ergibt sich $\ln 1 = 0 + a_{-1}$ und daher $a_{-1} = \ln 1 = 0$.

Damit erhalten wir die Potenzreihen-Entwicklung von $\ln(1 + x)$ um 0:

$$\boxed{\ln(1 + x) = \sum_{k=0}^{\infty} \frac{(-1)^k}{k + 1} x^{k+1} = x - \frac{1}{2} x^2 + \frac{1}{3} x^3 \mp \cdots \quad \text{für } |x| < 1 \, .}$$

(2) Entwicklung von $f(x) = \dfrac{1}{1 + x^2}$ um $a = 0$:

$$\frac{1}{1 + x^2} = \frac{1}{1 - (-1)x^2} = \sum_{k=0}^{\infty} (-1)^k (x^2)^k = \sum_{k=0}^{\infty} (-1)^k x^{2k} \quad \text{für } |x| < 1 \, .$$

Durch Integration finden wir:

$$\arctan x = \int \frac{dx}{1 + x^2} = \sum_{k=0}^{\infty} \frac{(-1)^k}{2k + 1} x^{2k+1} + a_{-1} \quad \text{für } |x| < 1 \, .$$

Für $x = 0$ ergibt sich $\arctan 0 = 0 + a_{-1}$ und daher $a_{-1} = \arctan 0 = 0$.

Damit hat $\arctan x$ im Punkt $x_0 = 0$ die Potenzreihen-Entwicklung:

$$\arctan x = \sum_{k=0}^{\infty} \frac{(-1)^k}{2k+1}\, x^{2k+1} = x - \frac{1}{3}\, x^3 + \frac{1}{5}\, x^5 \mp \cdots \quad \text{für } |x| < 1.$$

Es gibt unterschiedliche Verfahren, eine Funktion in eine Potenzreihe um einen Punkt a zu entwickeln. Mit der Bildung der Taylorreihe und mit der Anwendung der Summenformel für geometrische Potenzreihen haben wir zwei solche Verfahren kennengelernt. Es liegt dann natürlich die Frage nahe, ob man für dieselbe Funktion und denselben Punkt a immer dieselbe Potenzreihen-Entwicklung erhält. Dass dies der Fall ist, lässt sich mit Hilfe von Satz 9.3.6, (1) nachweisen.

Sei die Funktion $f: \mathbb{I} = (a - r, a + r) \to \mathbb{R}$ in eine Potenzreihe entwickelt:

$$f(x) = \sum_{k=0}^{\infty} a_k (x - a)^k \quad \text{für} \quad x \in \mathbb{I}.$$

Nach Satz 9.3.6, (1) dürfen wir diese gliedweise differenzieren und erhalten eine Potenzreihe mit dem Konvergenzradius r und der Summenfunktion f'. Wir dürfen also erneut differenzieren usw. Für $n \in \mathbb{N}$ erhalten wir daher nach n-maliger Differentiation:

$$f^{(n)}(x) = \sum_{k=n}^{\infty} k(k-1)\cdots(k-n+1)a_k(x-a)^{k-n}.$$

Denn bei jeder Differentiation wird der Exponent einer Potenzfunktion um 1 erniedrigt. Daher sind die Ableitungen der Ordnung n der Glieder $a_k(x-a)^k$ mit $0 \le k \le n-1$ gleich 0. Bei der Potenzreihe, die wir nach n-maligem Ableiten erhalten, beginnt die Summation also erst mit $k = n$. Da immer der Exponent der Potenzfunktion als Faktor bei der Ableitung auftritt, treten bei der Ableitung der Ordnung n von $(x-a)^k$ die Faktoren $k, k-1, \cdots, k-(n-1)$ auf. Das erklärt die oben angegebene Darstellung. In ihr ist nur der erste Summand konstant, nämlich gleich $n!a_n$. Wir können also schreiben:

$$f^{(n)}(x) = n!a_n + \sum_{k=n+1}^{\infty} (k-1)\cdots(k-n+1)a_k(x-a)^{k-n}.$$

Setzen wir $x = a$, so sind außer dem ersten (konstanten) Summanden alle Glieder der Potenzreihe gleich 0. Es folgt also:

$$f^{(n)}(a) = n!a_n + 0 \quad \Longrightarrow \quad a_n = \frac{f^{(n)}(a)}{n!}.$$

Die Koeffizienten a_n sind also die Taylor-Koeffizienten der Summenfunktion f in a.

9.3.10 Satz *Eine Potenzreihe $\sum\limits_{k=0}^{\infty} a_k(x-a)^k$ um a ist in ihrem Konvergenzintervall $\mathbb{I} = (a-r, a+r)$ die Taylorreihe um a ihrer Summenfunktion $f: \mathbb{I} \to \mathbb{R}$:*

$$f(x) = \sum_{k=0}^{\infty} a_k(x-a)^k \quad \text{für } x \in \mathbb{I} \quad \Longrightarrow \quad a_k = \frac{f^{(n)}(a)}{k!} \quad \text{für } k \in \mathbb{N}_0.$$

9.3.11 Folgerung (Koeffizientenvergleich) *Sind zwei Potenzreihen um den Punkt a auf einem Intervall $\mathbb{I} = (a - r, a + r)$ konvergent und haben sie dort dieselbe Summenfunktion $f \colon \mathbb{I} \to \mathbb{R}$, so stimmen ihre Koeffizienten überein:*

$$\sum_{k=0}^{\infty} a_k (x - a)^k = \sum_{k=0}^{\infty} b_k (x - a)^k \quad \Longrightarrow \quad a_k = b_k \quad \text{für alle } k \in \mathbb{N}_0 \,.$$

Beweis: f ist die Summenfunktion beider Potenzreihen. Daher gilt nach Satz 9.3.10:

$$a_k = \frac{f^{(n)}(a)}{k!} \quad \text{und} \quad b_k = \frac{f^{(n)}(a)}{k!} \quad \text{für } k \in \mathbb{N}_0$$

und daher $a_k = b_k$ für alle $k \in \mathbb{N}_0$. □

★ **Aufgaben**

(1) Berechnen Sie den Konvergenzradius der Potenzreihe:

(a) $\displaystyle\sum_{k=1}^{\infty} \frac{x^k}{k^k}$,　(b) $\displaystyle\sum_{k=0}^{\infty} \frac{(k+2)^2}{2k+3} (x-1)^k$,　(c) $\displaystyle\sum_{k=0}^{\infty} \frac{(k+2)^2}{2k+3} (x-1)^{k+1}$.

(2) Bestimmen Sie die Summenfunktion der folgenden Potenzreihen. Geben Sie auch den Konvergenzradius an.

(a) $\displaystyle\sum_{k=0}^{\infty} (-1)^k \frac{5^k}{2^k} (x+1)^k$,　(b) $\displaystyle\sum_{k=2}^{\infty} (-1)^{k-1} \frac{5^{k-1}}{2^{k+2}} (x+1)^{k+1}$.

(3) Bestimmen Sie die Potenzreihen-Entwicklung um $a = 0$ der Funktion

$$f \colon \mathbb{R} \setminus \left\{\frac{2}{3}\right\} \to \mathbb{R} \quad \text{mit} \quad f(x) = \frac{1}{(2 - 3x)^2}\,,$$

indem Sie die Taylorreihe um $a = 0$ der Stammfunktion von f bilden und diese dann differenzieren. Geben Sie den Konvergenzradius an.

(4) Entwickeln Sie mit Hilfe der geometrischen Reihe die Funktion

$$f \colon \mathbb{R} \setminus \{-2\} \to \mathbb{R} \quad \text{mit} \quad f(x) = \frac{x}{x+2}$$

in Potenzreihen um $a = 0$ und $a = 2$. Geben Sie jeweils den Konvergenzradius an.

(5) Bestimmen Sie durch Differenzieren oder Integrieren der Potenzreihen-Entwicklung von $f(x) = \dfrac{x}{x+2}$ um $a = 0$ die Potenzreihen-Entwicklung um $a = 0$ der Funktionen

$$g(x) = \frac{1}{(x+2)^2} \quad \text{und} \quad F(x) = \ln(x+2)$$

im Intervall $\mathbb{I} = (-2, 2)$.

Kapitel 10

Gewöhnliche Differentialgleichungen

Naturgesetze lassen sich mathematisch als Gleichungen formulieren. Die in ihnen auftretenden Variablen repräsentieren die Größen, deren funktionalen Zusammenhang das Naturgesetz beschreibt. In dem einfachsten Fall hat eine derartige Gleichung die Form $F(x_1, \ldots, x_n) = 0$. Sie drückt aus, dass die Größen nicht unabhängig voneinander beliebige Werte annehmen können. Lässt sich die Gleichung nach einer Größe, etwa nach x_k, auflösen, so ist x_k durch die Gleichung implizit als Funktion der übrigen Größen definiert (Abschnitt 7.1).

Von viel allgemeinerer Art und gleichzeitig von größerem Interesse sind solche Gleichungen, in denen neben unabhängigen Größen $x_1, \ldots, x_r$ nicht nur eine von ihnen abhängige Größe y auftritt, sondern auch noch Größen, die als Ableitungen (erster oder höherer Ordnung) von y nach den Variablen $x_1, \ldots, x_r$ definiert sind. Denn Naturgesetze sind im allgemeinen von dieser Form, weil naturwissenschaftliche Größen oft als Ableitungen definiert sind. Diese Gleichungen werden als *Differentialgleichungen* bezeichnet. Tritt nur eine unabhängige Variable x auf ($r = 1$), so sind die Ableitungen gewöhnliche Ableitungen und man spricht dann von *gewöhnlichen Differentialgleichungen*. Ist dagegen $r > 1$, so sind die Ableitungen nach diesen r Variablen partielle Ableitungen und man spricht dann von *partiellen Differentialgleichungen*.

Wir beschäftigen uns nur mit gewöhnlichen Differentialgleichungen. Sie enthalten eine Variable x, die eine unabhängige Größe repräsentiert, eine Variable y, die eine von ihr funktional abhängige Größe repräsentiert, d.h. $y = y(x)$, und weitere Variablen, die als Ableitungen der Ordnungen $1, \ldots, n$ dieser Funktion y nach der unabhängigen Variablen x definiert sind und daher mit den Symbolen $y', y'', \ldots, y^{(n)}$ bezeichnet werden. Eine gewöhnliche Differentialgleichung hat dann also die Form

$$F\big(x, y, y', \ldots, y^{(n)}\big) = 0,$$

oder, wenn sie nach der höchsten Ableitung $y^{(n)}$ aufgelöst ist, die Form

$$y^{(n)} = f\big(x, y, \ldots, y^{(n-1)}\big).$$

Unter einer Lösung der Differentialgleichung verstehen wir eine Funktion $y = y(x)$, die zusammen mit ihren Ableitungen die Differentialgleichung erfüllt.

Wir führen zuerst grundlegende Begriffe ein und klären Fragen, die im Zusammenhang mit der Bestimmung von Lösungen gewöhnlicher Differentialgleichungen auftreten (Abschnitt 10.1). Es gibt kein Verfahren, mit dessen Hilfe jede Differentialgleichung gelöst werden kann, auch nicht, wenn wir uns auf gewöhnliche Differentialgleichungen der Ordnung 1 beschränken, in denen nur die Ableitung y' der Ordnung 1 auftritt. Mit den *Differentialgleichungen mit getrennten Variablen* (Abschnitt 10.2), den *exakten Differentialgleichungen* (Abschnitt 10.3) und den *linearen Differentialgleichungen* (Abschnitte 10.4, 10.5, 10.6) lernen wir jedoch Klassen von Differentialgleichungen kennen, in die viele in den Naturwissenschaften auftretende Differentialgleichungen eingeordnet werden können und für die zudem jeweils einheitliche Lösungsverfahren existieren.

10.1   Grundlegende Begriffe

Wir werden uns in diesem Abschnitt mit einigen allgemeinen Aspekten beschäftigen, die im Zusammenhang mit gewöhnlichen Differentialgleichungen auftreten. Zuerst definieren wir genauer, was wir unter einer gewöhnlichen Differentialgleichung und ihren Lösungen verstehen. Wir beschreiben, wie die allgemeine Lösung einer Differentialgleichung aussieht, und geben einen Satz an, der eine Aussage über die Existenz und Eindeutigkeit von Lösungen macht. Schließlich lernen wir mit dem *Anfangswertproblem* für eine gewöhnliche Differentialgleichung eine Aufgabenstellung kennen, die typische Situationen in naturwissenschaftlichen Anwendungen beschreibt.

10.1.1 Definition   *Sei $F\colon \mathbb{D} \to \mathbb{R}$ eine Funktion von $n + 2$ Variablen auf einem Gebiet $\mathbb{D} \subset \mathbb{R}^{n+2}$ und seien $x, y, y', \ldots, y^{(n)}$ die Symbole für diese Variablen. Interpretiert man x als unabhängige Variable und y als von x abhängige Variable (Funktion von x) sowie $y', \ldots, y^{(n)}$ als Ableitungen dieser Funktion von x, so nennt man die Gleichung*

$$F\big(x, y, y', \ldots, y^{(n)}\big) = 0$$

eine gewöhnliche Differentialgleichung der Ordnung n für die Funktion y. Dabei ist die Ordnung n die größte der Zahlen k, für die $y^{(k)}$ in der Differentialgleichung wirklich auftritt. Das Gebiet $\mathbb{D}$ heißt der Definitionsbereich der Differentialgleichung.

Eine n-mal differenzierbare Funktion $y\colon \mathbb{I} \to \mathbb{R}$ auf einem Intervall $\mathbb{I}$ heißt eine Lösung der Differentialgleichung, wenn gilt:

$$\big(x, y(x), \ldots, y^{(n)}(x)\big) \in \mathbb{D} \quad \text{und} \quad F\big(x, y(x), \ldots, y^{(n)}(x)\big) = 0 \quad \text{für } x \in \mathbb{I}.$$

Man bezeichnet $F\big(x, y, y', \ldots, y^{(n)}\big) = 0$ als Differentialgleichung in impliziter Form. Wenn sie nach $y^{(n)}$ auflösbar ist, also

$$F\big(x, y, y', \ldots, y^{(n)}\big) = 0 \iff y^{(n)} = f\big(x, y, \ldots, y^{(n-1)}\big)$$

gilt, so bezeichnet man diese Auflösung als Differentialgleichung in expliziter Form.

Beispiele:

(1) Ein besonders einfaches Beispiel einer gewöhnlichen Differentialgleichung ist das Naturgesetz für den Zerfall radioaktiver Substanzen. Die Tatsache, dass radioakti-

ve Substanzen zerfallen, bedeutet, dass sich ihre Substanzmenge in Abhängigkeit von der Zeit verringert. Bezeichnen wir die Zeitvariable wie üblich mit t und die Substanzmenge einer radioaktiven Substanz mit y, so ist also y funktional von t abhängig: $y = y(t)$. Experimentell kann man feststellen, dass die Zerfallsgeschwindigkeit $\dot{y} = \dot{y}(t)$ (die relative Abnahme der Substanzmenge bezüglich der sich ändernden Zeit) zu jedem Zeitpunkt t proportional ist zu der zum Zeitpunkt t vorhandenen Substanzmenge $y = y(t)$. Dabei lässt sich der Proportionalitätsfaktor als eine für die jeweilige radioaktive Substanz typische *Materialkonstante* experimentell bestimmen. Bezeichnen wir ihn mit k, so können wir die beobachtete Gesetzmäßigkeit beschreiben durch die Gleichung

$$\dot{y} = -ky \,.$$

Da k als Materialkonstante und y als Stoffmenge nicht-negativ sind, ist das Vorzeichen „$-$" auf der rechten Seite der Gleichung Ausdruck der Tatsache, dass $\dot{y}$ als Ableitung einer monoton abnehmenden Funktion $y = y(t)$ negativ ist.

In der Differentialgleichung für den radioaktiven Zerfall tritt nur die Ableitung $\dot{y}$ erster Ordnung der unbekannten Funktion y auf, und die Gleichung ist nach dieser Ableitung aufgelöst. Daher handelt es sich also um eine gewöhnliche Differentialgleichung der Ordnung 1 in expliziter Form.

Bemerkung: Wie es in den Naturwissenschaften üblich ist, kennzeichnen wir auch künftig Ableitungen einer Funktion y nach der Zeitvariablen t mit $\dot{y}$ und Ableitungen zweiter Ordnung entsprechend mit $\ddot{y}$.

(2) Ein punktförmiger Körper K der Masse m, der an einem elastischen Federpendel hängt, vollführt eindimensionale Schwingungen, wenn er nach unten gezogen und dann losgelassen wird. Wir wählen die x-Achse so, dass sie parallel zur Feder und nach oben gerichtet ist und ihr Nullpunkt mit der Ruhelage des Körpers übereinstimmt. Die Position von K lässt sich dann ablesen als die Koordinate x desjenigen Punktes auf der x-Achse, in dem sich K befindet (Abb. 10.1).

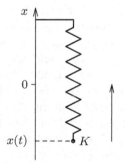

Abb. 10.1   An dem elastischen Federpendel hängt ein als Punkt gezeichneter Körper K. Parallel zur Feder ist die x-Achse gezeichnet, so dass man die Position $x(t)$ des punktförmigen Körpers zur Zeit t ablesen kann. Die Rückstellkraft der Feder hat die zur Auslenkungsrichtung entgegengesetzte Richtung, kann also durch $-kx(t)$ angegeben werden. Sie ist durch den nach oben weisenden Pfeil angedeutet.

Für den schwingenden Körper ist x eine Funktion der Zeit t, ist also $x = x(t)$. Die Funktion x beschreibt die Bewegung des Körpers, die Ableitungen $\dot{x}$ und $\ddot{x}$ seine Geschwindigkeit und seine Beschleunigung. Experimentell lässt sich feststellen, dass die *Rückstellkraft* der Feder proportional zur jeweiligen Auslenkung x von

K ist. Der Proportionalitätsfaktor $k > 0$ ist dabei eine für die Feder charakteristische Materialkonstante. Da die Richtung der Rückstellkraft entgegengesetzt zur Auslenkungsrichtung ist, können wir sie angeben durch $-kx$. Vernachlässigen wir andere äußere Kräfte (wie Reibung und Luftwiderstand), so gilt dann nach dem ersten Newtonschen Gesetz die Gleichung

$$m\ddot{x} = -kx\,.$$

Sie ist das Naturgesetz für die Bewegung eines *eindimensionalen harmonischen Oszillators*, als dessen physikalische Realisierung das elastische Federpendel angesehen werden kann. Ihre explizite Form erhalten wir, wenn wir durch m dividieren. Für den Quotienten $\frac{k}{m}$ wählt man gewöhnlich das Symbol ω^2 (die Angabe als *Quadrat* soll darauf hinweisen, dass es sich um eine positive Größe handelt):

$$\ddot{x} = -\omega^2 x$$

ist eine Differentialgleichung der Ordnung 2 in expliziter Form.

Das Richtungsfeld einer Differentialgleichung erster Ordnung: Sei $f\colon \mathbb{D} \to \mathbb{R}$ stetig auf dem Gebiet $\mathbb{D} \subset \mathbb{R}^2$ und $y' = f(x,y)$ eine Differentialgleichung in expliziter Form. Sie hat genau dann die Funktion $y\colon \mathbb{I} \to \mathbb{R}$ als Lösung, wenn gilt:

$$(x, y(x)) \in \mathbb{D} \quad \text{und} \quad y'(x) = f(x, y(x)) \quad \text{für alle } x \in \mathbb{I}\,.$$

Der Graph von y hat dann im Punkt $(x, y(x))$ die Steigung $y'(x) = f(x, y(x))$. Den Graphen einer Lösung bezeichnet man oft auch kurz als eine *Lösungskurve* der Differentialgleichung. Geht also eine Lösungskurve der Differentialgleichung durch den Punkt $(x, y) \in \mathbb{D}$, so hat sie in diesem Punkt die Steigung $y' = f(x, y)$, und die Gerade durch (x, y) mit dieser Steigung $f(x, y)$ ist ihre Tangente. Ein kleines, den Punkt enthaltendes Stückchen der Tangente bezeichnet man als ein *Linienelement* der Differentialgleichung (Abb. 10.2). Ein solches ist charakterisiert durch das geordnete Tripel $(x, y, f(x, y))$, in dem die ersten beiden Zahlen die Koordinaten des Punktes sind und die dritte Zahl die mit ihnen berechnete Steigung $f(x, y)$ des Linienelementes ist. Die Differentialgleichung $y' = f(x, y)$ bestimmt in jedem Punkt (x, y) des Definitionsgebietes $\mathbb{D}$ eindeutig das Tripel $(x, y, f(x, y))$ und damit ein Linienelement. Die Menge aller Linienelemente bildet das *Richtungsfeld* der Differentialgleichung. In Abb. 10.2 ist das Richtungsfeld der Differentialgleichung $y' = -ky$ gezeichnet, das wir in dem folgenden Beispiel genauer diskutieren. Es vermittelt einen Eindruck vom Verlauf der Lösungskurven der Differentialgleichung. Sie sind diejenigen Kurven in $\mathbb{D}$, die in jedem Punkt das Linienelement in diesem Punkt als Tangente besitzen, also alle diejenigen Kurven in $\mathbb{D}$, die in diesem Sinne in das Richtungsfeld „passen". In einfachen Fällen lässt das Richtungsfeld erkennen, welchen Typ die Lösungsfunktionen haben und ob durch jeden Punkt des Definitionsbereiches genau eine Lösungskurve verläuft.

Beispiel: Das Richtungsfeld der Differentialgleichung

$$y' = -ky$$

lässt sich besonders leicht darstellen, weil die Steigung wegen $y' = -ky$ in allen Punk-

ten (x, y) allein durch die zweite Koordinate y bestimmt ist und daher die Linienelemente in allen Punkten einer Parallelen zur x-Achse immer parallel sind (Abb. 10.2).
Das hier skizzierte Richtungsfeld lässt vermuten, dass die Differentialgleichung unendlich viele Lösungen besitzt, jede Lösungskurve wie der Graph einer Exponentialfunktion
aussieht und durch jeden Punkt der Ebene genau eine Lösungskurve geht.

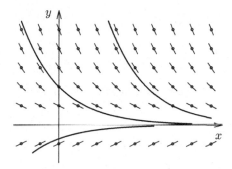

Abb. 10.2 Hier ist das Richtungsfeld der
Differentialgleichung $y' = -ky$ skizziert.
Es besteht aus den Geradenstückchen (Li-
nienelementen) durch die Punkte (x, y) mit
der durch y bestimmten Steigung $-ky$. Auf
den Parallelen zur x-Achse ist $y = $ const.
und sind wegen $y' = -ky$ die Linienelemente daher parallel. Die Lösungskurven
sind die Kurven, die in jedem Punkt das Linienelement als Tangente haben. Die Skizze
macht deutlich, dass durch jeden Punkt genau eine Lösungskurve verläuft.

Es ist leicht, die Vermutung rechnerisch zu bestätigen: Als Bedingung an die Lösungsfunktionen y drückt die Differentialgleichung $y' = -ky$ aus, dass die Ableitung
bis auf den Faktor $-k$ mit der Funktion übereinstimmt. Diese Eigenschaft hat die Exponentialfunktion e^{-kx}, denn für $y(x) = e^{-kx}$ gilt:

$$y'(x) = -ke^{-kx} = -ky(x).$$

Daraus folgt, dass es unendlich viele Lösungen gibt, nämlich alle Funktionen

$$y_c \colon \mathbb{R} \to \mathbb{R} \quad \text{mit} \quad y_c(x) = ce^{-kx} \quad (c \in \mathbb{R} \text{ konstant}).$$

Für jeden Punkt $(x_0, y_0) \in \mathbb{R}^2$ lässt sich c eindeutig so bestimmen, dass (x_0, y_0) auf
dem Graphen von y_c liegt:

$$(x_0, y_0) \in \text{Graph}\, y_c \iff y_c(x_0) = y_0 \iff ce^{-kx_0} = y_0 \iff c = y_0 e^{kx_0}.$$

Damit haben wir gezeigt: Zu jedem Punkt $(x_0, y_0) \in \mathbb{R}^2$ gibt es unter den oben angegebenen Lösungen genau eine einzige, deren Graph durch (x_0, y_0) geht, nämlich

$$y \colon \mathbb{R} \to \mathbb{R} \quad \text{mit} \quad y(x) = y_0 e^{-k(x - x_0)}.$$

Dass außer den Funktionen $y_c(x) = ce^{-kx}$ keine weiteren Funktionen Lösungen der
Differentialgleichung $y' = -ky$ sind, ist durch diese Überlegung nicht ausgeschlossen,
folgt aber aus einem allgemeinen Existenz- und Eindeutigkeitssatz für die Lösungen
gewöhnlicher Differentialgleichungen (Satz 10.1.4).

Eine gewöhnliche Differentialgleichung der Ordnung n zu lösen, bedeutet im Prinzip, sie in eine äquivalente Gleichung zu überführen, in der die Variablen $y', \ldots, y^{(n)}$
nicht mehr vorkommen. Da man das Lösen der Differentialgleichung als das Beseitigen

von Ableitungen verstehen kann und das typische Vorgehen dabei die Integration ist, bezeichnet man das Bestimmen der Lösungen als die *Integration der Differentialgleichung* und die Lösungen selbst manchmal als ihre *Integrale*. Es ist plausibel, dass man bei einer gewöhnlichen Differentialgleichung der Ordnung n auch n-mal zu integrieren hat, weil man Ableitungen bis zur Ordnung n beseitigen muss. Was das bedeutet, lässt sich an Hand der einfachen Differentialgleichung zweiter Ordnung $y'' = f(x)$ mit einer stetigen Funktion $f: \mathbb{I} \to \mathbb{R}$ erkennen.

Einmalige Integration liefert

$$y'(x) = \int f(x)\,dx = F(x) + c_1\,,$$

wobei $F: \mathbb{I} \to \mathbb{R}$ eine Stammfunktion von f und $c_1 \in \mathbb{R}$ eine Konstante ist. Nochmalige Integration ergibt

$$y(x) = \int (F(x) + c_1)\,dx = \Phi(x) + c_1 x + c_2\,,$$

wobei $\Phi: \mathbb{I} \to \mathbb{R}$ eine Stammfunktion von F und $c_2 \in \mathbb{R}$ eine weitere Konstante ist. Bei jeder Integration kommt eine neue frei wählbare Integrationskonstante hinzu. In den Lösungen von Differentialgleichungen der Ordnung n werden also n freie Konstanten auftreten.

10.1.2 Definition *Eine Funktion $y: \mathbb{I} \to \mathbb{R}$ heißt die allgemeine Lösung der gewöhnlichen Differentialgleichung der Ordnung n*

$$F\big(x, y, y', \ldots, y^{(n)}\big) = 0\,,$$

wenn ihre Zuordnungsvorschrift neben der Variablen x noch n frei wählbare Konstanten $c_1, \ldots, c_n \in \mathbb{R}$ enthält und jede Lösung der Differentialgleichung durch Einsetzen geeigneter Zahlenwerte für $c_1, \ldots, c_n$ aus $y(x, c_1, \ldots, c_n)$ hervorgeht.

Beispiele:

(1) Wie wir im letzten Beispiel festgestellt haben, hat jede Lösung der Differentialgleichung $y' = -ky$ der Ordnung 1 die Form

$$y: \mathbb{R} \to \mathbb{R} \quad \text{mit} \quad y(x) = ce^{-kx} \quad (c \in \mathbb{R})\,.$$

Die Funktion y (deren Vorschrift $y(x) = ce^{-kx}$ eine einzige Konstante c enthält) ist also nach Definition 10.1.2 die allgemeine Lösung der Differentialgleichung.

(2) Die im Beispiel (2) (Seite 309) für den harmonischen Oszillator gefundene Differentialgleichung $\ddot{x} = -\omega^2 x$ der Ordnung 2 hat die beiden Lösungen

$$x_1,\, x_2: \mathbb{R} \to \mathbb{R} \quad \text{mit} \quad x_1(t) = \sin \omega t \text{ und } x_2(t) = \cos \omega t\,,$$

was man sofort durch zweimaliges Ableiten feststellt.

Außerdem rechnet man leicht nach, dass mit ihnen auch jede Linearkombination

$$x(t) = c_1 x_1(t) + c_2 x_2(t) = c_1 \sin \omega t + c_2 \cos \omega t$$

eine Lösung der Differentialgleichung $\ddot{x} = -\omega^2 x$ ist. Aus dem schon erwähnten Existenz- und Eindeutigkeitssatz (Satz 10.1.4) folgt auch hier, dass dies tatsächlich die allgemeine Lösung der Differentialgleichung ist.

Erweitern wir mit $A = \sqrt{c_1^2 + c_2^2}$, so hat sie die Form

$$x(t) = A \left(\frac{c_1}{\sqrt{c_1^2 + c_2^2}} \sin \omega t + \frac{c_2}{\sqrt{c_1^2 + c_2^2}} \cos \omega t \right).$$

Da die Summe der Quadrate von $\dfrac{c_1}{\sqrt{c_1^2 + c_2^2}}$ und $\dfrac{c_2}{\sqrt{c_1^2 + c_2^2}}$ gleich 1 ist, können wir einen Winkel α einführen durch:

$$\sin \alpha = \frac{c_1}{\sqrt{c_1^2 + c_2^2}} \quad \text{und} \quad \cos \alpha = \frac{c_2}{\sqrt{c_1^2 + c_2^2}}.$$

Damit nimmt die Lösung folgendes Aussehen an:

$$x(t) = A(\sin \alpha \sin \omega t + \cos \alpha \cos \omega t) = A \cos (\omega t - \alpha).$$

Die Lösung beschreibt die *ungedämpfte Schwingung* des harmonischen Oszillators. Sie ist eine *harmonische Schwingung* mit der *Amplitude* (Schwingungshöhe) A, der *Kreisfrequenz* ω und einer *Phasenverschiebung* α (Abb. 10.3). Dabei ist ω die Anzahl der in 2π Sekunden ausgeführten Schwingungen und wegen der Phasenverschiebung ist die Auslenkung zur Zeit $t = 0$ gleich $A \cos(-\alpha) = A \cos \alpha$.

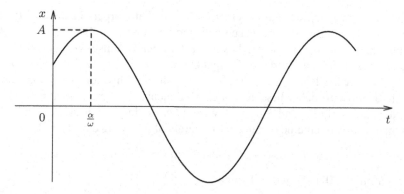

Abb. 10.3   In der Abbildung ist die Lösungskurve $x(t) = A \cos(\omega t - \alpha)$ der Differentialgleichung des harmonischen Oszillators skizziert. A ist die Amplitude, α die Phasenverschiebung.

Beschreibt eine gewöhnliche Differentialgleichung ein Naturgesetz, so kennzeichnet jede Lösung eine konkrete unter dieses Naturgesetz fallende Situation und ist unter den anderen möglichen Lösungen durch zusätzliche Bedingungen ausgezeichnet. In diesem Zusammenhang stellt sich das Problem, für eine Differentialgleichung diejenige Lösung zu bestimmen, die gewissen zusätzlichen Nebenbedingungen genügt.

Beispiele:

(1) Das Naturgesetz für den radioaktiven Zerfall wird durch die Differentialgleichung $\dot{y} = -ky$ beschrieben. Sie ist die Bestimmungsgleichung für eine gesuchte Funktion $y = y(t)$, die für eine radioaktive Substanz die Abhängigkeit der Stoffmenge y von der Zeit t beschreibt. Sei zu einem bestimmten Zeitpunkt t_0 die Stoffmenge Y einer bestimmten Substanz gegeben. Wir wollen wissen, welche Stoffmenge zu einem späteren Zeitpunkt t noch vorhanden ist oder zu einem früheren Zeitpunkt t vorhanden war. Dazu suchen wir diejenige Lösung y der Differentialgleichung, für die $y(t_0) = Y$ ist.

Die allgemeine Lösung von $\dot{y} = -ky$ ist $y(t) = ce^{-kt}$ mit $c \in \mathbb{R}$ (Seite 311). Die Lösung, die uns interessiert, muss die Nebenbedingung $y(t_0) = Y$ erfüllen:

$$y(t_0) = Y \iff ce^{-kt_0} = Y \iff c = Ye^{kt_0}.$$

Durch die Nebenbedingung ist hier also unter allen Lösungen der Differentialgleichung eine einzige Lösung, nämlich

$$y_0 \colon \mathbb{R} \to \mathbb{R} \quad \text{mit} \quad y_0(t) = Ye^{-k(t-t_0)}$$

ausgezeichnet. Diese liefert die Information, welche Stoffmenge von der uns zur Zeit t_0 vorliegenden Substanz zu einem beliebigen früheren Zeitpunkt $t < t_0$ vorhanden war und welche zu jedem späteren Zeitpunkt $t > t_0$ noch vorhanden sein wird. Da die Nebenbedingung den Wert der gesuchten Lösung zu einem *Anfangszeitpunkt* festlegt, bezeichnet man sie als eine *Anfangsbedingung*.

(2) Auch die Bewegung des am Federpendel hängenden Körpers in Beispiel (2) auf Seite 309 ist durch die Anfangsbedingungen bestimmt: Sie beginnt in dem Augenblick, in dem wir den in die Position a (auf der x-Achse) gezogenen Körper loslassen. Bezeichnen wir diesen Zeitpunkt mit $t_0 = 0$, so befindet sich K zur Zeit $t_0 = 0$ an der Stelle a und hat zur Zeit $t_0 = 0$ die Geschwindigkeit 0. Der Bewegungsablauf wird daher beschrieben durch diejenige Lösung x von $\ddot{x} = -\omega^2 x$, für die gilt: $x(0) = a$ und $\dot{x}(0) = 0$. Wir finden sie, indem wir die beiden Bedingungen in die allgemeine Lösung der Differentialgleichung einsetzen: Es ist

$$x(t) = c_1 \sin \omega t + c_2 \cos \omega t \quad \text{und} \quad \dot{x}(t) = c_1 \omega \cos \omega t - c_2 \omega \sin \omega t.$$

Wegen $\sin 0 = 0$ und $\cos 0 = 1$ folgt:

$$x(0) = a \iff c_2 = a \quad \text{und} \quad \dot{x}(0) = 0 \iff c_1 = 0.$$

Der Bewegungsablauf wird also beschrieben durch die Lösungsfunktion

$$x \colon \mathbb{R} \to \mathbb{R} \quad \text{mit} \quad x(t) = a \cos \omega t.$$

10.1.3 Definition *Eine Funktion* $f\colon \mathbb{D} \to \mathbb{R}$ *auf einem Gebiet* $\mathbb{D} \subset \mathbb{R}^{n+1}$ *definiere eine gewöhnliche Differentialgleichung der Ordnung* n *durch:*

$$y^{(n)} = f\bigl(x, y, y', \ldots, y^{(n-1)}\bigr).$$

Unter dem Anfangswertproblem

$$y^{(n)} = f\bigl(x, y, y', \ldots, y^{(n-1)}\bigr) \quad \text{mit} \quad (x_0, y_0, y_1, \ldots, y_{n-1})$$

versteht man die Aufgabe, eine Lösung $y_A\colon \mathbb{I} \to \mathbb{R}$ *der Differentialgleichung zu bestimmen, die der Anfangsbedingung*

$$y_A(x_0) = y_0, \; y'_A(x_0) = y_1, \; \ldots, \; y_A^{(n-1)}(x_0) = y_{n-1}$$

genügt. Diese schreibt vor, welche Werte die Lösung der Differentialgleichung und ihre Ableitungen an einer Anfangsstelle x_0 *haben sollen.*

Ob ein Anfangswertproblem eine eindeutig bestimmte Lösung $y_A\colon \mathbb{I} \to \mathbb{R}$ besitzt, hängt im Wesentlichen von der Funktion f ab. In dem folgenden Satz werden wir eine Bedingung angeben, welche die Existenz und Eindeutigkeit einer Lösung garantiert.

10.1.4 Satz (Existenz- und Eindeutigkeitssatz) *Sei* $f\colon \mathbb{D} \to \mathbb{R}$ *eine stetige Funktion der Variablen* $x, y, y', \ldots, y^{(n-1)}$ *auf dem Gebiet* $\mathbb{D} \subset \mathbb{R}^{n+1}$ *und sei* f *stetig partiell differenzierbar nach den Variablen* $y, y', \ldots, y^{(n-1)}$. *Dann hat das Anfangswertproblem*

$$y^{(n)} = f\bigl(x, y, y', \ldots, y^{(n-1)}\bigr) \quad \text{mit} \quad (x_0, y_0, y_1, \ldots, y_{n-1}) \in \mathbb{D}$$

genau eine Lösung.

10.2   Differentialgleichungen mit getrennten Variablen

Allgemein hat eine gewöhnliche Differentialgleichung erster Ordnung in expliziter Form die Gestalt $y' = F(x, y)$. Ein besonderer Typ von Differentialgleichungen ist dadurch gekennzeichnet, dass die Funktion F das Produkt einer nur von x und einer nur von y abhängigen Funktion ist, dass also in der Funktion F die Variablen x und y in *getrennten Faktoren* auftreten. Für solche Differentialgleichungen geben wir in diesem Abschnitt ein systematisches Lösungsverfahren an.

10.2.1 Definition *Sind* $f\colon \mathbb{I} \to \mathbb{R}$ *und* $g\colon \mathbb{J} \to \mathbb{R}$ *stetige Funktionen auf Intervallen* $\mathbb{I}$ *und* $\mathbb{J}$, *so heißt die durch* f *und* g *auf* $\mathbb{D} = \mathbb{I} \times \mathbb{J} \subset \mathbb{R}^2$ *definierte gewöhnliche Differentialgleichung erster Ordnung*

$$y' = f(x)g(y)$$

eine Differentialgleichung mit getrennten Variablen.

Beispiele: Zwei Beispiele von Differentialgleichungen mit getrennten Variablen sind:

(1) $y' = 2x(y^2 - y)$ mit $f(x) = 2x$ und $g(y) = y^2 - y$,

(2) $y' = \dfrac{x}{y^2 + 1}$ mit $f(x) = x$ und $g(y) = \dfrac{1}{y^2 + 1}$.

In beiden Beispielen haben die Funktionen f und g den Definitionsbereich $\mathbb{R}$. Daher ist der Definitionsbereich beider Differentialgleichungen die Ebene $\mathbb{D} = \mathbb{R} \times \mathbb{R} = \mathbb{R}^2$.

Wir bestimmen nun die Lösungen der Differentialgleichung $y' = f(x)g(y)$. Es wird sich dabei herausstellen, dass auf dem besonderen Typ dieser Differentialgleichungen ein einfaches, ihnen allen gemeinsames Lösungsverfahren beruht. Dieses besteht darin, die Differentialgleichung so umzuformen, dass auf der einen Seite der Gleichung nur y, auf der anderen nur x auftritt. Bei dieser Umformung werden wir durch $g(y)$ dividieren. Dazu müssen wir allerdings vorher die Nullstellen der Funktion g ausschließen. In einem ersten Schritt untersuchen wir daher g auf Nullstellen und bestimmen diese gegebenenfalls. Bevor wir nun das eigentliche Lösungsverfahren durchführen, stellen wir fest, dass jede Nullstelle $y_N \in \mathbb{J}$ von g eine Lösung der Differentialgleichung liefert, nämlich die konstante Funktion

$$y_N \colon \mathbb{I} \to \mathbb{R} \quad \text{mit} \quad y_N(x) = y_N \quad \text{für alle } x \in \mathbb{I}.$$

Dies gilt, da einerseits $g\big(y_N(x)\big) = g(y_N) = 0$ und andererseits $y'_N(x) = 0$ ist, weil y_N konstant ist.

Der Graph jeder solchen Lösung y_N ist die Parallele zur x-Achse durch den Punkt y_N (auf der y-Achse). Er zerlegt $\mathbb{D}$ in zwei zur x-Achse parallele Streifen (Abb. 10.4). Nehmen wir die endlich vielen Nullstellen von g (falls überhaupt solche existieren) aus $\mathbb{J}$ heraus, so zerfällt $\mathbb{J}$ in endlich viele Teilintervalle $\mathbb{J}_k$, in denen g keine Nullstelle mehr besitzt. Die durch diese Teilintervalle bestimmten zur x-Achse parallelen Streifen

$$\mathbb{D}_k = \mathbb{I} \times \mathbb{J}_k = \{\, (x, y) \mid x \in \mathbb{I},\ y \in \mathbb{J}_k \,\}$$

sind die Teilbereiche, in die $\mathbb{D}$ durch die Graphen der zu den Nullstellen gehörenden konstanten Lösungen zerlegt wird.

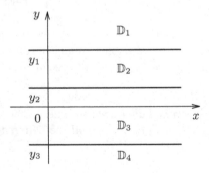

Abb. 10.4 Hier ist angenommen, dass die Funktion g die drei Nullstellen y_1, y_2, y_3 hat. Die zugehörigen Lösungskurven der Differentialgleichung $y' = f(x)g(y)$ sind die dicker gezeichneten Parallelen zur x-Achse. Sie zerlegen die Ebene in vier zur x-Achse parallele Streifen $\mathbb{D}_i$ ($i = 1, 2, 3, 4$), in denen jetzt $g(y) \neq 0$ ist.

Da $g(y) \neq 0$ für $y \in \mathbb{J}_k$ ist, dürfen wir die Differentialgleichung in jedem Bereich $\mathbb{D}_k$ durch $g(y)$ dividieren und erhalten:

$$y' = f(x)g(y) \iff \frac{y'}{g(y)} = f(x).$$

Wir integrieren diese Gleichung nach x und formen das Integral auf der linken Seite mit Hilfe der Substitution $y = y(x)$, $dy = y'\,dx$ um in ein Integral über y:

$$\frac{y'}{g(y)} = f(x) \iff \int \frac{y'}{g(y)}\,dx = \int f(x)\,dx \iff \int \frac{dy}{g(y)} = \int f(x)\,dx\,.$$

In dieser zur Differentialgleichung äquivalenten Gleichung stehen nun die Variablen x und y *getrennt* auf verschiedenen Seiten der Gleichung. Da f und g stetig sind, besitzen die Funktionen $\frac{1}{g}$ und f Stammfunktionen G und F. Diese unterscheiden sich nach Satz 8.1.1 nur um eine additive Konstante c. Wir erhalten also:

$$G(y) = F(x) + c \quad \text{mit } c \in \mathbb{R}\,.$$

Nach Voraussetzung ist $g(y) \neq 0$ für $y \in \mathbb{J}_k$ und daher $\frac{1}{g}$ eine in $\mathbb{J}_k$ positive oder negative Funktion. Dann ist G als ihre Stammfunktion nach Satz 6.3.7 auf $\mathbb{J}_k$ streng monoton und besitzt nach Folgerung 4.2.4 eine Umkehrfunktion. Das bedeutet: Die Gleichung $G(y) = F(x) + c$ kann eindeutig nach y aufgelöst werden. Diese Auflösung

$$G(y) = F(x) + c \iff y = y_c(x)$$

liefert mit den Funktionen $y_c \colon \mathbb{I} \to \mathbb{R}$ alle Lösungen von $y' = f(x)g(y)$, die zusammen mit den schon bestimmten konstanten Lösungsfunktionen die Lösungsmenge der Differentialgleichung bilden.

Ist ein Anfangswertproblem mit der Anfangsbedingung (x_0, y_0) zu lösen, so muss man nicht erst die allgemeine Lösung bestimmen, sondern kann die Anfangswerte direkt bei der Bestimmung der Integrale mit eingeben. Wir ersetzen dazu die Variablen x und y in den Integralen durch einen anderen Variablennamen u und bilden die bestimmten Integrale mit den Grenzen x_0 und x bzw. y_0 und y:

$$\int_{y_0}^{y} \frac{du}{g(u)} = \int_{x_0}^{x} f(u)\,du \iff G(y) - G(y_0) = F(x) - F(x_0)\,.$$

Durch Auflösen nach y finden wir aus dieser Gleichung direkt die Lösung y_A des Anfangswertproblems.

10.2.2 Satz *Sind* $f \colon \mathbb{I} \to \mathbb{R}$ *und* $g \colon \mathbb{J} \to \mathbb{R}$ *stetige Funktionen auf Intervallen* $\mathbb{I}$ *und* $\mathbb{J}$, *so hat das Anfangswertproblem*

$$y' = f(x)g(y) \quad \text{mit} \quad (x_0, y_0)$$

für jeden Punkt $(x_0, y_0) \in \mathbb{D} = \mathbb{I} \times \mathbb{J}$ *eine eindeutig bestimmte Lösung.*

Anschaulich bedeutet die Existenz- und Eindeutigkeitsaussage in Satz 10.2.2, dass jeder Punkt des Definitionsbereiches $\mathbb{D}$ der Differentialgleichung auf dem Graphen einer Lösungsfunktion liegt und sich die Graphen verschiedener Lösungsfunktionen in keinem Punkt von $\mathbb{D}$ schneiden. Insbesondere schneidet daher keine Lösungskurve, die durch Trennen der Variablen bestimmt wurde, eine der Parallelen zur x-Achse, die als Lösungskurven zu den Nullstellen von g gehören und den Definitionsbereich $\mathbb{D}$ in zur

x-Achse parallele Streifen zerlegen (Abb. 10.4). Der Graph jeder durch Trennen der Variablen bestimmten Lösung liegt also immer vollständig in einem dieser Streifen.

Beispiele:

(1) Bei einer bimolekularen Reaktion bilde sich aus jeweils einem Molekül einer Substanz A und einem Molekül einer Substanz B ein Molekül einer dritten Substanz X. Seien etwa a und b die Konzentrationen der Substanzen A und B zur Zeit $t = 0$. Die Konzentration x von X zur Zeit $t = 0$ ist 0. Mit wachsender Zeit t nimmt sie zu, bis die Reaktion schließlich beendet ist, wenn keine Moleküle der Substanzen A oder B mehr vorhanden sind. Die Konzentration x ist also eine monoton wachsende Funktion der Zeit. Die relative Zunahme der Konzentration von X bezüglich der Zeit, also die Ableitung $\dot{x}(t) = \frac{dx}{dt}$, ist die *Reaktionsgeschwindigkeit*. Experimentell beobachtet man, dass diese in jedem Zeitpunkt t proportional ist zu den Konzentrationen $a - x(t)$ und $b - x(t)$ der Substanzen A und B zum Zeitpunkt t. Bezeichnen wir den Proportionalitätsfaktor mit k, so gilt also:

$$\dot{x} = k(a - x)(b - x)\,.$$

Je nachdem, ob die Konzentrationen von A und B zur Zeit $t = 0$ verschieden oder gleich sind, müssen wir zwei Situationen unterscheiden, die zu unterschiedlichen Differentialgleichungen und damit zu unterschiedlichen Lösungen führen:

$$\dot{x} = k(a - x)(b - x) \quad \text{für } b \neq a \quad \text{und} \quad \dot{x} = k(a - x)^2 \quad \text{für } b = a\,.$$

Wir lösen das Anfangswertproblem für den Fall $b \neq a$. Ist etwa $a < b$, so endet die Reaktion, wenn keine Moleküle der Substanz A mehr vorhanden sind. In dem Zeitintervall, in welchem die Reaktion abläuft, ist also $(a - x)(b - x) \neq 0$. Wir dürfen daher die Differentialgleichung durch $(a - x)(b - x)$ dividieren und die Lösung durch Trennen der Variablen bestimmen.

$$\frac{dx}{dt} = k(a - x)(b - x) \iff \int \frac{dx}{(a - x)(b - x)} = \int k\,dt\,.$$

Um die Anfangsbedingung $x(0) = 0$ sofort mitzubenutzen, ersetzen wir in den Integralen die Variablennamen x und t durch den Buchstaben u und bilden die bestimmten Integrale:

$$\int_0^x \frac{du}{(a - u)(b - u)} = \int_0^t k\,du\,.$$

Durch Partialbruchzerlegung finden wir:

$$\frac{1}{(a - u)(b - u)} = \frac{1}{b - a}\left(\frac{1}{a - u} - \frac{1}{b - u}\right)\,.$$

Damit erhalten wir:

$$\frac{1}{b - a}\int_0^x \left(\frac{1}{a - u} - \frac{1}{b - u}\right)\,du = \int_0^t k\,du$$

$$\Longleftrightarrow \quad \frac{1}{b-a}\left[-\ln(a-u) + \ln(b-u)\right]\Big|_0^x = ku\Big|_0^t$$

$$\Longleftrightarrow \quad \frac{1}{b-a}\left(\ln\frac{b-x}{a-x} - \ln\frac{b}{a}\right) = kt \quad\Longleftrightarrow\quad \ln\frac{b-x}{a-x} = k(b-a)t + \ln\frac{b}{a}$$

$$\Longleftrightarrow \quad \frac{b-x}{a-x} - \frac{b}{a}e^{k(b-a)t} \quad\Longleftrightarrow\quad 1 + \frac{b-a}{a-x} = \frac{b}{a}e^{k(b-a)t}$$

$$\Longleftrightarrow \quad a - x = \frac{a(b-a)}{be^{k(b-a)t} - a} \quad\Longleftrightarrow\quad x(t) = ab\,\frac{e^{k(b-a)t} - 1}{be^{k(b-a)t} - a}\,.$$

Wegen $a < b$ endet die Reaktion, wenn alle Moleküle vom Typ A verbraucht sind. Dass dann die Konzentration der Substanz X gleich a ist, erkennen wir, wenn wir den Grenzwert der Lösungsfunktion für $t \to \infty$ bilden. Dabei wenden wir die Regel von de l'Hospital an:

$$\lim_{t\to\infty} x(t) = ab \lim_{t\to\infty} \frac{e^{k(b-a)t} - 1}{be^{k(b-a)t} - a} = ab \lim_{t\to\infty} \frac{k(b-a)e^{k(b-a)t}}{bk(b-a)e^{k(b-a)t}}$$

$$= ab \lim_{t\to\infty} \frac{1}{b} = a\,.$$

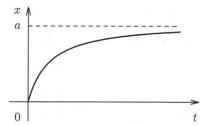

Abb. 10.5 Hier ist in Abhängigkeit von der Zeit t die Konzentration $x(t)$ einer Substanz X skizziert, die bei einer bimolekularen Reaktion vom Typ $A + B \to X$ entsteht. Dabei ist $x(0) = 0$ vorausgesetzt, und für die Konzentrationen a, b von A und B zur Zeit $t = 0$ ist $a < b$. Für zunehmende Zeit t strebt $x(t)$ gegen a.

Wenn die Konzentrationen von A und B gleich sind ($b = a$), dann liegt, wie anfangs festgestellt, das folgende Anfangswertproblem vor:

$$\dot{x} = k(a - x)^2 \quad \text{mit} \quad x(0) = 0\,.$$

Entsprechend wie vorher erhalten wir jetzt:

$$\int_0^x \frac{du}{(a-u)^2} = \int_0^t k\,du \quad\Longleftrightarrow\quad \frac{1}{a-u}\Big|_0^x = ku\Big|_0^t$$

$$\Longleftrightarrow \quad \frac{1}{a-x} - \frac{1}{a} = kt \quad\Longleftrightarrow\quad x(t) = a - \frac{a}{kat+1} = \frac{ka^2t}{kat+1}\,.$$

Wie im Falle $b \neq a$ gilt auch hier: $\quad \lim_{t\to\infty} x(t) = a$.

(2) Wir bestimmen die Lösungen der Differentialgleichung

$$y' = 2x(y^2 - y) \quad \text{mit} \quad f(x) = 2x \text{ und } g(y) = y^2 - y\,.$$

Die beiden Funktionen f, g sind auf ihrem Definitionsbereich $\mathbb{R}$ stetig. Der Definitionsbereich der Differentialgleichung ist daher die ganze Ebene $\mathbb{D} = \mathbb{R}^2$. Die

Nullstellen von $g(y) = y^2 - y = y(y-1)$ sind $y_0 = 0$ und $y_1 = 1$. Sie definieren die konstanten Lösungsfunktionen

$$y_0, \, y_1 \colon \mathbb{R} \to \mathbb{R} \quad \text{mit} \quad y_0(x) = 0 \quad \text{und} \quad y_1(x) = 1 \, .$$

Ihre Graphen sind die x-Achse selbst und die Parallele zur x-Achse durch $y_1 = 1$. Sie zerlegen die Ebene (wie in Abb. 10.4) in zur x-Achse parallele Streifen

$$\mathbb{D}_1 = \{\, (x,y) \mid y > 1 \,\}, \ \mathbb{D}_2 = \{\, (x,y) \mid 0 < y < 1 \,\}, \ \mathbb{D}_3 = \{\, (x,y) \mid y < 0 \,\}.$$

Durch Trennen der Variablen finden wir sämtliche anderen Lösungen. Der Graph jeder dieser Lösungen liegt in genau einem der drei Streifen $\mathbb{D}_1, \mathbb{D}_2, \mathbb{D}_3$:

$$y' = 2x(y^2 - y) \iff \int \frac{dy}{y(y-1)} = \int 2x \, dx$$

$$\iff \int \left(\frac{1}{y-1} - \frac{1}{y} \right) dy = \int 2x \, dx$$

$$\iff \ln|y-1| - \ln|y| = x^2 + c \iff \ln \left| \frac{y-1}{y} \right| = x^2 + c$$

$$\iff \left| \frac{y-1}{y} \right| = e^{x^2 + c} = e^c e^{x^2} \, .$$

In $\mathbb{D}_1$ ist $y > 1$ und in $\mathbb{D}_3$ ist $y < 0$. In beiden Bereichen gilt daher $\dfrac{y-1}{y} > 0$. In $\mathbb{D}_2$ ist $0 < y < 1$ und daher $\dfrac{y-1}{y} < 0$. Damit gilt

$$\frac{y-1}{y} = e^c e^{x^2} \text{ in } \mathbb{D}_1 \cup \mathbb{D}_3 \quad \text{und} \quad \frac{y-1}{y} = -e^c e^{x^2} \text{ in } \mathbb{D}_2 \, .$$

Dabei ist c eine in $\mathbb{R}$ frei wählbare Konstante. Durchläuft c alle reellen Zahlen, so nimmt e^c alle positiven und $-e^c$ alle negativen reellen Zahlen als Werte an. Wir führen k als neuen Namen für die Konstanten $\pm e^c$ ein und können damit die Gleichungen für die Lösungen in den drei Streifen einheitlich angeben durch

$$\frac{y-1}{y} = k e^{x^2} \quad \text{mit } k > 0 \text{ oder } k < 0 \, .$$

Für $k > 0$ definiert die Gleichung die Lösungen in $\mathbb{D}_1$ und $\mathbb{D}_3$, für $k < 0$ die Lösungen in $\mathbb{D}_2$. Die einheitliche Gleichung lösen wir nach y auf und erhalten:

$$y = \frac{1}{1 - k e^{x^2}} \, .$$

Dabei darf die Konstante k eine beliebige Zahl in $\mathbb{R} \setminus \{0\}$ sein. Da diese Darstellung für $k = 0$ gerade die besondere Lösung y_1 liefert, können wir bei der Angabe aller Lösungen nun auch $k = 0$ zulassen. Die Lösungen der Differentialgleichung sind dann genau alle Funktionen, die gegeben sind durch:

$$y(x) = \frac{1}{1 - k e^{x^2}} \text{ mit } k \in \mathbb{R} \quad \text{und} \quad y_0(x) = 0 \, .$$

In Abb. 10.6 auf der Seite 321 sind die Lösungskurven skizziert.

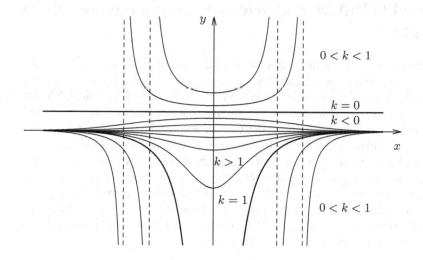

Abb. 10.6   Hier sind die Lösungskurven der Differentialgleichung $y' = 2x(y^2 - y)$ skizziert. Für $k < 0$ liegen sie ganz in dem Streifen zwischen der x-Achse $y = 0$ und der zu $k = 0$ gehörenden Lösungsgeraden $y = 1$. Für $0 < k < 1$ verlaufen sie über einem Intervall um 0 in dem Bereich $\mathbb{D}_1$ oberhalb der zu $k = 0$ gehörenden Geraden und springen dann über in das Gebiet $\mathbb{D}_3$ unterhalb der x-Achse. Für $k > 1$ verlaufen sie ganz unterhalb der x-Achse und haben ein Minimum auf der y-Achse. Dieses wandert für $k \to 1$ immer tiefer, bis schließlich die zu $k = 1$ gehörende Lösungskurve in $x = 0$ gar nicht mehr definiert ist.

★ Aufgaben

(1) Bestimmen Sie die allgemeine Lösung folgender Differentialgleichungen mit getrennten Variablen:

   (a) $y' = \dfrac{y}{1 + x^2}$,   (b) $y' = \dfrac{1 - 2x}{1 + \cos^2 y}$,   (c) $y' = -\dfrac{y^2 + 1}{x^2}$,

   (d) $y' = x^3 e^y$.

(2) Bringen Sie die folgenden Differentialgleichungen auf die Form $y' = f(x)g(y)$ und bestimmen Sie dann die allgemeine Lösung:

   (a) $x^2 - y\sqrt{8 + x^3} \cdot y' = 0$,   (b) $\dfrac{1 + x^2}{1 + y} y' = -2x \ln(1 + y)$,

   (c) $(x + 1)y' = x\sqrt{1 + y}$,   (d) $-2(xy^2 + x) + (x^2 y + y)y' = 0$,

   (e) $(y - x^2 y)y' + x + xy^2 = 0$.

(3) Lösen Sie das Anfangswertproblem:

   (a) $2xy - x + x^2 y' = 0$ mit $\left(\sqrt{2}, 1\right)$,

   (b) $(y - x^2 y)y' + x + xy^2 = 0$ mit $(0, 1)$.

10.3 Exakte Differentialgleichungen und integrierender Faktor

Der in Definition 6.6.10 eingeführte Begriff der exakten Differentialform gibt Anlass, einen Typ von gewöhnlichen Differentialgleichungen auszuzeichnen, die dementsprechend exakte Differentialgleichungen genannt werden. Um solche Differentialgleichungen zu lösen, werden wir zurück greifen auf die Methode zur Bestimmung der Stammfunktion einer exakten Differentialform oder (gleichbedeutend damit) dem Potential eines konservativen Vektorfeldes, die wir in Abschnitt 8.10 kennengelernt haben.

Manchmal kann eine Differentialgleichung, die zunächst nicht exakt ist, durch Multiplikation mit einer geeigneten Funktion (einem *integrierenden Faktor*) in eine exakte Differentialgleichung umgeformt werden, die dieselben Lösungen hat wie die ursprüngliche Differentialgleichung. Das Problem besteht darin, einen solchen integrierenden Faktor zu bestimmen. Wir werden eine Möglichkeit kennen lernen, wie man zumindest versuchen kann, einen integrierenden Faktor zu finden.

10.3.1 Definition *Sind f_1, $f_2\colon \mathbb{D} \to \mathbb{R}$ stetige Funktionen in einem Gebiet $\mathbb{D} \subset \mathbb{R}^2$ und ist die mit ihnen gebildete Differentialform $f_1(x,y)\,dx + f_2(x,y)\,dy$ exakt, so heißt die gewöhnliche Differentialgleichung erster Ordnung*

$$f_1(x,y) + f_2(x,y)y' = 0$$

eine exakte Differentialgleichung.

Beachten Sie: Den Zusammenhang zwischen Differentialgleichung und Differentialform kann man sich leicht merken: Ersetzt man auf der linken Seite der Differentialgleichung y' durch $\frac{dy}{dx}$ und multipliziert dann formal mit dx, so erhält man die Differentialform, die Aufschluss darüber gibt, ob die Differentialgleichung exakt ist. Um zu prüfen, ob eine Differentialgleichung der in 10.3.1 angegebenen Form exakt ist, können wir das Kriterium für die Konservativität eines Vektorfeldes (in Satz 6.6.18) nutzen.

10.3.2 Folgerung *Sind f_1, $f_2\colon \mathbb{D} \to \mathbb{R}$ stetig differenzierbar in dem einfach zusammenhängenden Gebiet $\mathbb{D} \subset \mathbb{R}^2$, so gilt:*

$$f_1(x,y) + f_2(x,y)\,y' = 0 \text{ ist exakt.} \iff \frac{\partial f_1}{\partial y}(x,y) = \frac{\partial f_2}{\partial x}(x,y).$$

Beispiele:

(1) Die Differentialgleichung $y^2 + 2xyy' = 0$ ist exakt, denn die beiden Funktionen f_1, $f_2\colon \mathbb{R}^2 \to \mathbb{R}$ mit

$$f_1(x,y) = y^2 \quad \text{und} \quad f_2(x,y) = 2xy$$

sind in $\mathbb{R}^2$ stetig differenzierbar, $\mathbb{R}^2$ ist einfach zusammenhängend, und es gilt:

$$\frac{\partial f_1}{\partial y}(x,y) = 2y = \frac{\partial f_2}{\partial x}(x,y).$$

(2) Die Differentialgleichung $(2xe^y + y) + (x^2e^y + x - 2y)y' = 0$ ist exakt, denn die Funktionen f_1, $f_2 \colon \mathbb{R}^2 \to \mathbb{R}$ mit

$$f_1(x,y) = 2xe^y + y \quad \text{und} \quad f_2(x,y) = x^2e^y + x - 2y$$

sind stetig differenzierbar, $\mathbb{R}^2$ ist einfach zusammenhängend, und es gilt:

$$\frac{\partial f_1}{\partial y}(x,y) = 2xe^y + 1 = \frac{\partial f_2}{\partial x}(x,y).$$

Eine exakte Differentialform $f_1(x,y)\, dx + f_2(x,y)\, dy$ besitzt definitionsgemäß eine Stammfunktion $F \colon \mathbb{D} \to \mathbb{R}$ mit den partiellen Ableitungen $\frac{\partial F}{\partial x} = f_1$ und $\frac{\partial F}{\partial y} = f_2$. In einer exakten Differentialgleichung $f_1(x,y) + f_2(x,y)y' = 0$ können wir also f_1 und f_2 als die partiellen Ableitungen einer solchen Stammfunktion F ansehen:

$$f_1(x,y) + f_2(x,y)y' = 0 \iff F_x(x,y) + F_y(x,y)y' = 0.$$

Die linke Seite dieser Gleichung erinnert an die nach der Kettenregel (Satz 6.8.1) gebildete Ableitung einer zusammengesetzten Funktion: Ist $y \colon \mathbb{I} \to \mathbb{R}$ eine differenzierbare Funktion und

$$\mathbf{x} \colon \mathbb{I} \to \mathbb{R}^2 \quad \text{mit} \quad \mathbf{x}(x) = \begin{pmatrix} x \\ y(x) \end{pmatrix} \text{ und } \mathbf{x}(I) \subset \mathbb{D}$$

eine Parameterdarstellung von Graph y, so gilt nach der Kettenregel:

$$\frac{d}{dx} F(\mathbf{x}(x)) = \frac{d}{dx} F(x,y(x)) = F_x(x,y(x)) + F_y(x,y(x))\, y'(x).$$

Das bedeutet: y erfüllt genau dann die Differentialgleichung, wenn gilt:

$$\frac{d}{dx} F(x,y(x)) = 0 \quad \text{oder äquivalent dazu} \quad F(x,y(x)) = c \text{ mit } c \in \mathbb{R}.$$

Das können wir schließlich auch wie folgt formulieren: Genau alle durch die Gleichung $F(x,y) = c$ $(c \in \mathbb{R})$ implizit definierten differenzierbaren Funktionen y_c sind die Lösungen der Differentialgleichung $f_1(x,y) + f_2(x,y)y' = 0$.

10.3.3 Satz *Seien f_1, $f_2 \colon \mathbb{D} \to \mathbb{R}$ in einem Gebiet $\mathbb{D} \subset \mathbb{R}^2$ definiert und sei die Differentialgleichung*

$$f_1(x,y) + f_2(x,y)y' = 0$$

exakt. Dann ist $f_1(x,y)\, dx + f_2(x,y)\, dy$ eine exakte Differentialform, besitzt also eine Stammfunktion $F \colon \mathbb{D} \to \mathbb{R}$. Die Lösungen der exakten Differentialgleichung sind genau alle implizit durch die Gleichung $F(x,y) = c$ $(c \in \mathbb{R})$ definierten differenzierbaren Funktionen $y_c \colon \mathbb{I} \to \mathbb{R}$. Lässt sich $F(x,y) = c$ nach y auflösen, ist also

$$F(x,y) = c \iff y = y_c(x),$$

so ist $y_c \colon \mathbb{I} \to \mathbb{R}$ die allgemeine Lösung der Differentialgleichung in expliziter Form.

Beispiele:

(1) Die Differentialgleichung $y^2 + 2xyy' = 0$ ist exakt in $\mathbb{D} = \mathbb{R}^2$. Das haben wir in Beispiel (1) auf Seite 322 bereits festgestellt. Eine Stammfunktion der Differentialform $y^2\,dx + 2xy\,dy$ bestimmt man leicht durch unbestimmte Integration (vgl. Abschnitt 8.10) und erhält $F(x, y) = xy^2$.

Die allgemeine Lösung ist damit implizit bestimmt durch die Gleichung

$$F(x, y) = c \iff xy^2 = c \quad (c \in \mathbb{R}).$$

Für $c = 0$ erhalten wir die konstante Funktion $y_0 \colon \mathbb{R} \to \mathbb{R}$ mit $y_0(x) = 0$ als eine Lösung. Ihr Graph ist die x-Achse und zerlegt $\mathbb{D} = \mathbb{R}^2$ in die obere und untere Halbebene

$$\mathbb{D}_1 = \{\,(x, y) \mid y > 0\,\} \quad \text{und} \quad \mathbb{D}_2 = \{\,(x, y) \mid y < 0\,\}.$$

In $\mathbb{D}_1$ und $\mathbb{D}_2$ lässt sich die Gleichung jeweils eindeutig auflösen:

$$xy^2 = c \iff y^2 = \frac{c}{x} \iff y = \pm\sqrt{\frac{c}{x}}.$$

Die allgemeine Lösung in expliziter Form ist somit gegeben durch

$$y(x) = \sqrt{\frac{c}{x}} \text{ in } \mathbb{D}_1 \quad \text{und} \quad y(x) = -\sqrt{\frac{c}{x}} \text{ in } \mathbb{D}_2.$$

(2) $(2xe^y + y) + (x^2 e^y + x - 2y)y' = 0$ ist eine exakte Differentialgleichung. Das haben wir in Beispiel (2) auf Seite 323 bereits festgestellt. Als Stammfunktion F erhält man wieder durch unbestimmte Integration $F(x, y) = x^2 e^y + xy - y^2$.

Die allgemeine Lösung der Differentialgleichung ist implizit definiert durch die Gleichung

$$F(x, y) = c \iff x^2 e^y + xy - y^2 = c \quad (c \in \mathbb{R}).$$

Sie lässt sich nicht in expliziter Form darstellen, weil die Gleichung nicht in geschlossener Form nach y aufgelöst werden kann.

Wenn eine wie in Definition 10.3.1 gegebene Differentialgleichung

$$f_1(x, y) + f_2(x, y)y' = 0$$

nicht exakt ist (die Bedingung in Folgerung 10.3.2 nicht erfüllt), so kann sie unter Umständen durch Multiplikation mit einer geeigneten Funktion $M \colon \mathbb{D} \to \mathbb{R}$ in eine exakte Differentialgleichung überführt werden. Das ist natürlich nur sinnvoll, wenn dann die beiden Gleichungen

$$f_1(x, y) + f_2(x, y)y' = 0 \quad \text{und} \quad M(x, y)f_1(x, y) + M(x, y)f_2(x, y)y' = 0$$

dieselben Lösungen haben, und dazu muss nur $M(x, y) \neq 0$ für alle $(x, y) \in \mathbb{D}$ gelten. Denn erfüllt eine Funktion y eine der beiden Differentialgleichungen, so erfüllt sie dann auch die andere, weil diese ja durch Multiplikation mit $M(x, y) \neq 0$ oder Division durch $M(x, y) \neq 0$ aus ihr hervorgeht.

10.3.4 Definition *Zwei Differentialgleichungen heißen äquivalent, wenn sie dieselben Lösungen haben. Geht eine Differentialgleichung $f_1(x, y) + f_2(x, y)y' = 0$ durch Multiplikation mit einer Funktion $M: \mathbb{D} \to \mathbb{R}$ in eine zu ihr äquivalente exakte Differentialgleichung*

$$M(x, y)f_1(x, y) + M(x, y)f_2(x, y)y' = 0$$

über, so heißt M ein integrierender Faktor oder ein Multiplikator der ursprünglichen Differentialgleichung.

Unter den Voraussetzungen, dass $\mathbb{D} \subset \mathbb{R}^2$ ein einfach zusammenhängendes Gebiet ist und f_1, $f_2: \mathbb{D} \to \mathbb{R}$ stetig differenzierbare Funktionen sind, ist eine Funktion $M: \mathbb{D} \to \mathbb{R}$ nach Folgerung 10.3.2 genau dann ein integrierender Faktor, wenn die Exaktheitsbedingung

$$\frac{\partial}{\partial y}\left(Mf_1\right) = \frac{\partial}{\partial x}\left(Mf_2\right)$$

gilt. Berechnen wir auf beiden Seiten die Ableitungen nach der Produktregel, so liefert diese Bedingung als Bestimmungsgleichung für M die *partielle Differentialgleichung*

$$\frac{\partial M}{\partial y}\, f_1 + M\, \frac{\partial f_1}{\partial y} = \frac{\partial M}{\partial x}\, f_2 + M\, \frac{\partial f_2}{\partial x} \iff f_2\, \frac{\partial M}{\partial x} - f_1\, \frac{\partial M}{\partial y} = \left(\frac{\partial f_1}{\partial y} - \frac{\partial f_2}{\partial x}\right) M\,.$$

Da im Allgemeinen das Bestimmen von Lösungen einer solchen partiellen Differentialgleichung nicht weniger schwierig ist als das Lösen der ursprünglich gegebenen gewöhnlichen Differentialgleichung, scheint es, als hätten wir nur das ursprüngliche Problem in ein ebenso unzugängliches neues Problem überführt. Tatsächlich genügt es aber, eine einzige Lösung dieser partiellen Differentialgleichung zu finden. In vielen Fällen gelingt das, wenn man sich von vornherein darauf beschränkt, als eine solche Lösung eine Funktion von sehr speziellem Typ zu suchen, zum Beispiel eine Funktion, die nur von x oder nur von y abhängt.

Ob es für eine Differentialgleichung einen in einer solchen Weise eingeschränkten integrierenden Faktor überhaupt gibt, kann man ihr nicht unbedingt immer von vornherein ansehen. Man kann aber leicht feststellen, ob es ihn gibt, und ihn dann gleichzeitig auch bestimmen, indem man einen entsprechenden Ansatz macht, für ihn die Bestimmungsgleichung aufstellt und prüft, ob diese „sinnvoll" ist; was unter sinnvoll zu verstehen ist, zeigt die anschließende konkrete Durchführung für Ansätze der oben genannten Formen. Bei jedem solchen Ansatz erhalten wir als Bestimmungsgleichung (wenn sie sinnvoll ist) immer eine gewöhnliche Differentialgleichung mit getrennten Variablen (statt der partiellen Differentialgleichung bei dem allgemeinen Ansatz). Diese können wir nach dem uns bekannten Verfahren der Variablentrennung dann leicht lösen.

Besondere Ansätze für einen integrierenden Faktor: In beiden Fällen zeigt erst die Bestimmungsgleichung, ob der jeweilige Ansatz für M tatsächlich einen integrierenden Faktor für die Differentialgleichung $f_1(x, y) + f_2(x, y)y' = 0$ liefert.

(1) Ansatz: $M = M(x)$. Wir untersuchen also, ob es einen integrierenden Faktor M gibt, der nur von x abhängt. Dann ist $\frac{\partial M}{\partial y} = 0$ und wir dürfen $\frac{\partial M}{\partial x} = M'$ setzen:

$$\frac{\partial}{\partial y}\,(Mf_1) = \frac{\partial}{\partial x}\,(Mf_2) \iff f_2 M' = \left(\frac{\partial f_1}{\partial y} - \frac{\partial f_2}{\partial x}\right) M$$

$$\iff \frac{M'}{M} = \frac{1}{f_2}\left(\frac{\partial f_1}{\partial y} - \frac{\partial f_2}{\partial x}\right) = f\,.$$

Mit M hängt auch der Quotient von M' und M nur von x ab. Da somit die linke Seite der Gleichung unabhängig von y ist, kann die Gleichung nur sinnvoll sein, wenn die rechte Seite f ebenfalls von y unabhängig ist. Ist das der Fall, so ist sie eine Differentialgleichung mit getrennten Variablen für die Funktion M von x (anschließend folgendes Beispiel (2)). Eine Lösung ist dann gegeben durch $M(x) = e^{F(x)}$, wobei F eine Stammfunktion von f ist.

(2) Ansatz: $M = M(y)$. Wir untersuchen also, ob es einen integrierenden Faktor M gibt, der nur von y abhängt. Jetzt ist $\frac{\partial M}{\partial x} = 0$, und mit $\frac{\partial M}{\partial y} = M'$ ergibt sich analog zu (1) als Bestimmungsgleichung für M:

$$\frac{M'}{M} = \frac{1}{f_1}\left(\frac{\partial f_2}{\partial x} - \frac{\partial f_1}{\partial y}\right) = g\,.$$

Ist g (auf der rechten Seite) unabhängig von x, so ist die Gleichung und damit der Ansatz sinnvoll. Wie in (1) ist die Gleichung dann eine Differentialgleichung mit getrennten Variablen (anschließend folgendes Beispiel (1)), und eine Lösung ist gegeben durch $M(y) = e^{G(y)}$, wobei G eine Stammfunktion von g ist.

Beispiele:

(1) Die Funktionen $f_1, f_2 \colon \mathbb{R}^2 \to \mathbb{R}$ mit

$$f_1(x,y) = 3x^2 + 2x\sin y \quad \text{und} \quad f_2(x,y) = x^3 + x^2(\sin y + \cos y)$$

sind stetig differenzierbar in dem einfach zusammenhängenden Gebiet $\mathbb{D} = \mathbb{R}^2$ und haben die partiellen Ableitungen

$$\frac{\partial f_1}{\partial y}\,(x,y) = 2x\cos y \quad \text{und} \quad \frac{\partial f_2}{\partial x}\,(x,y) = 3x^2 + 2x(\sin y + \cos y)\,.$$

Wegen $\frac{\partial f_1}{\partial y}\,(x,y) \neq \frac{\partial f_2}{\partial x}\,(x,y)$ ist die Differentialgleichung

$$(3x^2 + 2x\sin y) + x^2(x + \sin y + \cos y)y' = 0$$

nicht exakt. Da der Ausdruck

$$\frac{1}{f_1(x,y)}\left(\frac{\partial f_2}{\partial x}\,(x,y) - \frac{\partial f_1}{\partial y}\,(x,y)\right) = \frac{3x^2 + 2x\sin y}{3x^2 + 2x\sin y} = 1$$

nicht von x abhängt, gibt es einen integrierenden Faktor $M = M(y)$ und zwar $M(y) = e^y$. Durch Multiplikation mit e^y erhalten wir die exakte Differentialgleichung

$$e^y(3x^2 + 2x \sin y) + x^2 e^y(x + \sin y + \cos y)y' = 0\,.$$

Eine Stammfunktion F erhält man durch unbestimmte Integration:

$$F(x,y) = x^3 e^y + x^2 e^y \sin y = x^2(xe^y + \sin y)\,.$$

Die allgemeine Lösung der Differentialgleichung ist implizit bestimmt durch

$$x^2 e^y(x + \sin y) = c \quad (c \in \mathbb{R})\,.$$

(2) Die Differentialgleichung

$$y(2y + 2e^x + xe^x) + (2xy + xe^x)y' = 0$$

ist nicht exakt. Der Ausdruck

$$\frac{1}{f_2(x,y)}\left(\frac{\partial f_1}{\partial y}(x,y) - \frac{\partial f_2}{\partial x}(x,y)\right) = \frac{2y + e^x}{2xy + xe^x} = \frac{1}{x}$$

hängt nur von x ab und daher ist $M(x) = x$ ein integrierender Faktor. Also ist

$$xy(2y + 2e^x + xe^x) + x(2xy + xe^x)y' = 0$$

eine exakte Differentialgleichung. Ihre allgemeine Lösung ist implizit bestimmt durch die Gleichung

$$x^2 y(y + e^x) = c \quad (c \in \mathbb{R})\,.$$

★ **Aufgaben**

(1) Zeigen Sie, dass folgende Differentialgleichungen exakt sind, und bestimmen Sie dann ihre allgemeine Lösung:

(a) $(1 + x)e^{x+y} - 1 + xe^{x+y}y' = 0\,,$

(b) $(2\cos 3y \cos 2x) - (6\sin x \sin 3y \cos x)y' = 0\,.$

(2) Lösen Sie die Anfangswertprobleme:

(a) $(1 - xy)e^{-y(x-1)} - (x^2 - x)e^{-y(x-1)}y' = 0$ mit $(2, 0)\,,$

(b) $2xy - x + x^2 y' = 0$ mit $\left(\sqrt{2}, 1\right)\,.$

(3) Bestimmen Sie einen nur von x oder nur von y abhängigen integrierenden Faktor $M = M(x)$ oder $M = M(y)$ der Differentialgleichung und lösen Sie dann die nach Multiplikation mit M exakte Differentialgleichung:

(a) $2 + 2y(1 - \cosh x^2 y) + x(1 - \cosh x^2 y)y' = 0\,,$

(b) $(1 + x)e^y + 2y^2 e^x + (xe^y + 2ye^x)y' = 0$,

(c) $(ye^{xy} - y^2) + \left(xe^{xy} - \dfrac{1}{y} e^{xy} - xy \right) y' = 0$,

(d) $(2 + xy)e^{xy} + x^2 e^{xy} y' = 0$.

10.4   Lineare Differentialgleichungen

Eine Gleichung, bei der auf der einen Seite ein linearer Ausdruck in den $n + 1$ Variablen $y, y', \dots, y^{(n)}$ und auf der anderen Seite eine Funktion f steht, heißt eine lineare Differentialgleichung der Ordnung n. In den Naturwissenschaften spielen die linearen Differentialgleichungen eine wichtige Rolle. Sie treten zum Beispiel insbesondere bei der Untersuchung von Schwingungsvorgängen auf.

In diesem Abschnitt werden wir zunächst die wichtigsten Begriffe im Zusammenhang mit linearen Differentialgleichungen einführen und grundlegende Feststellungen treffen über die Struktur der Lösungsmenge. Dies wird gleichzeitig den Weg weisen, welche Schritte vorzunehmen sind, um die allgemeine Lösung einer linearen Differentialgleichung zu bestimmen. Mit dem Lösungsverfahren selbst beschäftigen wir uns noch nicht in diesem Abschnitt, sondern erst in den danach folgenden beiden Abschnitten.

10.4.1 Definition *Eine mit n stetigen Funktionen $a_k \colon \mathbb{I} \to \mathbb{R}$ und einer stetigen Funktion $f \colon \mathbb{I} \to \mathbb{R}$ gebildete gewöhnliche Differentialgleichung der Form*

$$y^{(n)} + a_{n-1}(x)y^{(n-1)} + \cdots + a_1(x)y' + a_0(x)y = f(x)$$

heißt eine lineare Differentialgleichung der Ordnung $n \geq 1$. Die als Faktoren bei den $y^{(k)}$ stehenden Funktionen a_k werden als ihre Koeffizienten und f wird als Störfunktion bezeichnet.
Ist die Störfunktion die Nullfunktion 0, so heißt die Differentialgleichung homogen, andernfalls inhomogen.
Ersetzt man in einer inhomogenen linearen Differentialgleichung die Störfunktion f durch die Nullfunktion 0, so erhält man die „zu der inhomogenen linearen Differentialgleichung gehörende homogene lineare Differentialgleichung".
Sind alle Koeffizienten a_k konstante Funktionen $(a_k(x) = a_k)$, so nennt man

$$y^{(n)} + a_{n-1}y^{(n-1)} + \cdots + a_1 y' + a_0 y = f(x)$$

mit $a_k \in \mathbb{R}$ für $k = 0, 1, \dots, n - 1$ eine lineare Differentialgleichung mit konstanten Koeffizienten.

10.4.2 Bemerkung Eine lineare Differentialgleichung der Ordnung n ist eine lineare Gleichung in den $n + 1$ Variablen $y, y', \dots, y^{(n)}$ mit reellen Funktionen $a_k \colon \mathbb{I} \to \mathbb{R}$ als Koeffizienten. Das erklärt die Bezeichnung *linear*.

Beispiele:

$$(1) \quad y' - \frac{1}{x}\,y = 0\,, \qquad (2) \quad y' - \frac{2x}{x^2+1}\,y = x^2\,, \qquad (3) \quad y'' + y' + 9y = 0\,.$$

(1) und (2) sind lineare Differentialgleichungen erster Ordnung mit nicht-konstanten Koeffizienten, (1) ist homogen und (2) inhomogen.
(3) ist ist eine homogene lineare Differentialgleichung zweiter Ordnung mit konstanten Koeffizienten.

In der allgemeinen Lösung einer gewöhnlichen Differentialgleichung der Ordnung n treten nach Definition 10.1.2 genau n frei wählbare Konstanten auf. Im Falle einer homogenen linearen Differentialgleichung hat die allgemeine Lösung ein besonders einfaches Aussehen: Sie ist eine Linearkombination von n linear unabhängigen Lösungsfunktionen, und die n Konstanten sind gerade die Koeffizienten dieser Linearkombination. Das ist die Aussage des folgenden Satzes über die Struktur der Lösungsmenge einer homogenen linearen Differentialgleichung.

10.4.3 Satz *Die Menge der Lösungen einer homogenen linearen Differentialgleichung der Ordnung n*

$$(H) \qquad y^{(n)} + a_{n-1}(x)y^{(n-1)} + \cdots + a_1(x)y' + a_0(x)y = 0$$

ist ein n-dimensionaler Unterraum des Funktionenraums $C^n(I)$ aller n-mal stetig differenzierbaren Funktionen $y\colon \mathbb{I} \to \mathbb{R}$. Um alle Lösungen anzugeben, genügt es daher, n linear unabhängige Lösungsfunktionen (also eine Basis) zu bestimmen:

$$y_1, \ldots, y_n \colon \mathbb{I} \to \mathbb{R}\,.$$

Die allgemeine Lösung der Differentialgleichung ist dann durch die Linearkombinationen

$$y = c_1 y_1 + \cdots + c_n y_n$$

mit $c_1, \ldots, c_n \in \mathbb{R}$ gegeben. Die Menge $\{y_1, \ldots, y_n\}$ heißt ein Fundamentalsystem.

Wir wollen jetzt untersuchen, welches Aussehen die allgemeine Lösung einer inhomogenen linearen Differentialgleichung

$$(I) \qquad y^{(n)} + a_{n-1}(x)y^{(n-1)} + \cdots + a_1(x)y' + a_0(x)y = f(x)$$

hat. Dazu setzen wir voraus, dass die zugehörige homogene lineare Differentialgleichung (H) die allgemeine Lösung $y_h = c_1 y_1 + \cdots + c_n y_n$ hat. Die folgende Überlegung zeigt, dass es genügt, eine einzige Lösung $y_0\colon \mathbb{I} \to \mathbb{R}$ von (I) zu kennen.
Da y_h Lösung von (H) und y_0 Lösung von (I) ist, gilt:

$$y_h^{(n)} + \cdots + a_1(x)y_h' + a_0(x)y_h = 0\,, \quad y_0^{(n)} + \cdots + a_1(x)y_0' + a_0(x)y_0 = f(x)\,.$$

Durch Addition beider Gleichungen erhalten wir:

$$(y_h + y_0)^{(n)} + \cdots + a_1(x)(y_h + y_0)' + a_0(x)(y_h + y_0) = f(x)\,.$$

Die Summe $y_h + y_0$ der *allgemeinen Lösung* y_h *von* (H) und der *einen Lösung* y_0 *von* (I) ist daher ebenfalls eine Lösung von (I).

Wir überzeugen uns nun davon, dass wir damit tatsächlich bereits sämtliche Lösungen von (I) gefunden haben. Dazu nehmen wir an, dass $y \colon \mathbb{I} \to \mathbb{R}$ eine weitere Lösung von (I) ist. Da y_0 ohnehin eine solche ist, gilt:

$$y^{(n)} + \cdots + a_1(x)y' + a_0(x)y = f(x)\,, \quad y_0^{(n)} + \cdots + a_1(x)y_0' + a_0(x)y_0 = f(x)\,.$$

Durch Subtraktion beider Gleichungen folgt:

$$(y - y_0)^{(n)} + \cdots + a_1(x)(y - y_0)' + a_0(x)(y - y_0) = f(x) - f(x) = 0\,.$$

Das bedeutet: Die Differenz $y - y_0$ der beiden Lösungen von (I) ist eine Lösung von (H). Jede Lösung von (I) ist also die Summe einer geeigneten Lösung von (H) und der bekannten Lösung y_0 von (I). Damit haben wir den folgenden Satz bewiesen:

10.4.4 Satz *Zur Bestimmung der allgemeinen Lösung einer inhomogenen linearen Differentialgleichung der Ordnung* n

$$y^{(n)} + a_{n-1}(x)y^{(n-1)} + \cdots + a_1(x)y' + a_0(x)y = f(x)$$

benötigt man nur die allgemeine Lösung $y_h = c_1y_1 + \cdots + c_ny_n$ *der zugehörigen homogenen linearen Differentialgleichung (H) und eine beliebige Lösung* y_0 *von (I) – man bezeichnet eine solche als partikuläre Lösung von (I). Die allgemeine Lösung der inhomogenen linearen Differentialgleichung (I) ist dann die Summe*

$$y = y_0 + y_h = y_0 + c_1y_1 + \cdots + c_ny_n\,.$$

Nach Satz 10.4.3 und Satz 10.4.4 ist das Bestimmen der allgemeinen Lösung einer linearen Differentialgleichung damit zurückgeführt auf die folgenden beiden Probleme:

(1) Bestimmung von n linear unabhängigen Lösungsfunktionen der homogenen linearen Differentialgleichung;

(2) Bestimmung einer partikulären Lösung y_0 der inhomogenen linearen Differentialgleichung.

Wir nehmen an, dass wir n Lösungen einer homogenen linearen Differentialgleichung der Ordnung n gefunden haben. Um mit ihnen die allgemeine Lösung angeben zu können, müssen wir natürlich erst feststellen, ob sie linear unabhängig sind. Eine bequeme Möglichkeit, die lineare Unabhängigkeit von Funktionen nachzuweisen, bietet der folgende Satz:

10.4.5 Satz *Sind die Funktionen* $y_1, \ldots, y_n \colon \mathbb{I} \to \mathbb{R}$ *auf dem Intervall* $\mathbb{I}$ $(n-1)$*-mal differenzierbar und hat die Determinante*

$$\det(y_1, \ldots, y_n) = \begin{vmatrix} y_1 & y_2 & \cdots & y_n \\ y_1' & y_2' & \cdots & y_n' \\ \vdots & \vdots & & \vdots \\ y_1^{(n-1)} & y_2^{(n-1)} & \cdots & y_n^{(n-1)} \end{vmatrix}$$

an wenigstens einer Stelle $x_0 \in \mathbb{I}$ *einen von* 0 *verschiedenen Wert, so sind* $y_1, \ldots, y_n$ *linear unabhängig.*

Beweis (für $n = 2$): Nach Definition 3.5.7 sind y_1, y_2 linear unabhängig, wenn gilt:

$$c_1 y_1 + c_2 y_2 = 0 \implies c_1 = c_2 = 0.$$

Seien also $c_1, c_2 \in \mathbb{R}$ und sei $c_1 y_1 + c_2 y_2 = 0$, d.h. $c_1 y_1(x) + c_2 y_2(x) = 0$ für alle $x \in \mathbb{I}$. Durch Differentiation erhalten wir als weitere Gleichung $c_1 y_1'(x) + c_2 y_2'(x) = 0$ für alle $x \in \mathbb{I}$. Setzen wir speziell $x = x_0$ ein, so bilden beide Gleichungen zusammen ein lineares Gleichungssystem für c_1, c_2:

$$y_1(x_0)c_1 + y_2(x_0)c_2 = 0\,,$$
$$y_1'(x_0)c_1 + y_2'(x_0)c_2 = 0\,.$$

Wegen $\det(y_1(x_0), y_2(x_0)) \neq 0$ liefert Folgerung 3.8.17 sofort $c_1 = c_2 = 0$. $\square$

10.4.6 Bemerkung $\det(y_1, \ldots, y_n)$ heißt die *Wronski-Determinante* von $y_1, \ldots, y_n$. Ihre Bedeutung liegt nicht nur darin, dass mit ihr leicht die lineare Unabhängigkeit von Funktionen geprüft werden kann, sondern es gilt auch: Sind $y_1, \ldots, y_n \colon \mathbb{I} \to \mathbb{R}$ linear unabhängige Lösungen einer homogenen linearen Differentialgleichung, so ist $\det(y_1(x), \ldots, y_n(x)) \neq 0$ für alle $x \in \mathbb{I}$. Von dieser Tatsache werden wir bei der Bestimmung einer partikulären Lösung in Abschnitt 10.6 Gebrauch machen.

Beispiele:

(1) $y_1, y_2 \colon \mathbb{R} \to \mathbb{R}$ mit $y_1(x) = e^{ax}$ und $y_2(x) = e^{bx}$ $(a \neq b)$ sind linear unabhängig, denn:

$$\det(y_1(x), y_2(x)) = \begin{vmatrix} e^{ax} & e^{bx} \\ a e^{ax} & b e^{bx} \end{vmatrix} = e^{ax} e^{bx}(b - a) \neq 0,$$

weil die Exponentialfunktion nie 0 und $a \neq b$ vorausgesetzt ist.

(2) $y_1, y_2 \colon \mathbb{R} \to \mathbb{R}$ mit $y_1(x) = e^{ax} \cos bx$ und $y_2(x) = e^{ax} \sin bx$ $(b \neq 0)$ sind linear unabhängig, denn:

$$\det(y_1(x), y_2(x)) = \begin{vmatrix} e^{ax} \cos bx & e^{ax} \sin bx \\ e^{ax}(a \cos bx - b \sin bx) & e^{ax}(a \sin bx + b \cos bx) \end{vmatrix}$$
$$= e^{2ax}(a \sin bx \cos bx + b \cos^2 bx - a \sin bx \cos bx + b \sin^2 bx)$$
$$= b e^{2ax}(\cos^2 bx + \sin^2 bx) = b e^{2ax} \neq 0\,,$$

weil immer $e^{2ax} \neq 0$ und nach Voraussetzung $b \neq 0$ ist.

(3) $y_1, y_2 \colon \mathbb{R} \to \mathbb{R}$ mit $y_1(x) = e^{ax}$ und $y_2(x) = xe^{ax}$ $(a \neq 0)$ sind linear unabhängig, denn:

$$\det\left(y_1(x), y_2(x)\right) = \begin{vmatrix} e^{ax} & xe^{ax} \\ ae^{ax} & (1+ax)e^{ax} \end{vmatrix} = e^{2ax}(1 + ax - ax) = e^{2ax} \neq 0\,.$$

★ **Aufgaben**

Wir haben drei Klassen von Differentialgleichungen erster Ordnung unterschieden, für die wir jeweils einheitliche Lösungsverfahren kennen oder in Abschnitt 10.5 noch kennen lernen werden. Diese sind: Differentialgleichungen mit getrennten Variablen, exakte Differentialgleichungen und lineare Differentialgleichungen.

Um eine Differentialgleichung zu lösen, muss man erst feststellen, zu welcher dieser Klassen sie gehört, um dann das entsprechende Lösungsverfahren benutzen zu können (es ist durchaus möglich, dass eine Differentialgleichung zu mehreren Klassen gehört). Häufig lässt sich die Feststellung erst nach einer geeigneten Umformung treffen. Bestimmen Sie alle der drei Klassen, zu denen die folgenden Differentialgleichungen gehören:

(a) $(y+1)\sin x - y' = 0\,,$ (b) $yy' - (y^2 + 1)e^x = 0\,,$

(c) $(1+x)y' + y - 1 = 0\,,$ (d) $y' = -\dfrac{\sin x + ye^x}{e^x + y}\,,$

(e) $x^2 y' + ye^{2/x} = 0\,,$ (f) $\dfrac{2xy}{(1+x^2)^2} - 1 - \dfrac{1}{1+x^2}\,y' = 0\,,$

(g) $\dfrac{2xy}{(1+x^2)^2} - \dfrac{1}{1+x^2}\,y' = 0\,.$

10.5 Lineare Differentialgleichungen erster Ordnung

Nach Satz 10.4.3 brauchen wir für die Angabe der allgemeinen Lösung der homogenen linearen Differentialgleichung erster Ordnung nur eine einzige Lösungsfunktion zu bestimmen. Wie wir anschließend gleich sehen werden, können wir eine solche direkt formelmäßig in Abhängigkeit von der Koeffizientenfunktion darstellen. Für die Angabe der allgemeinen Lösung der inhomogenen linearen Differentialgleichung erster Ordnung benötigen wir nach Satz 10.4.4 außer der Lösung der zugehörigen homogenen linearen Differentialgleichung noch eine partikuläre Lösung. Zu ihrer Bestimmung werden wir ein Verfahren benutzen, das unter dem Namen *Variation der Konstanten* bekannt ist. Mit seiner Hilfe wird es gelingen, auch die partikuläre Lösung formelmäßig in Abhängigkeit von der Koeffizientenfunktion und der Störfunktion anzugeben.

Die homogene lineare Differentialgleichung erster Ordnung ist zugleich auch eine Differentialgleichung mit getrennten Variablen:

$$y' + a(x)y = 0 \iff y' = -a(x)y\,.$$

Mit dem in Abschnitt 10.2 angegebenen Lösungsverfahren erhalten wir sofort die allgemeine Lösung, nämlich $y(x) = ce^{-A(x)}$, wobei A eine Stammfunktion von a ist.

10.5.1 Satz *Die allgemeine Lösung einer homogenen linearen Differentialgleichung erster Ordnung $y' + a(x)y = 0$ mit stetiger Koeffizientenfunktion a ist:*

$$y(x) = c\,y_1(x) = c\,e^{-A(x)} \quad \textit{mit} \quad A(x) = \int a(x)\,dx \quad \textit{und} \quad c \in \mathbb{R}.$$

10.5.2 Bemerkungen

(1) Um die Lösung einer Differentialgleichung mit Hilfe der Formel in Satz 10.5.1 anzugeben, muss die Differentialgleichung natürlich genau die in Satz 10.5.1 gewählte Gestalt haben: Der Koeffizient bei y' muss 1 sein, der Koeffizient bei y ist der bei y stehende Faktor *einschließlich des Vorzeichens*.

(2) Die Lösungsfunktion $y_1(x) = e^{-A(x)}$, die wir zur Angabe der allgemeinen Lösung y benutzen, ist eine spezielle Lösung der Differentialgleichung. Daher ist $A(x) = \int a(x)\,dx$ als eine spezielle Stammfunktion von a anzusehen und bei der Angabe des Integrals darf keine Integrationskonstante hinzugefügt werden.

Beispiele:

(1) Wir lösen die homogene lineare Differentialgleichung

$$y' - \frac{1}{x}\,y = 0 \iff y' + \left(-\frac{1}{x}\right)y = 0$$

auf dem Intervall $\mathbb{I} = (0, \infty)$. Wie die Umformung zeigt, ist hier $a(x) = -\frac{1}{x}$.

$$A(x) = \int a(x)\,dx = -\int \frac{dx}{x} = -\ln x \implies e^{-A(x)} = e^{\ln x} = x.$$

Die allgemeine Lösung ist dann:

$$y(x) = cx \quad \text{mit} \quad c \in \mathbb{R}.$$

(2) Zu lösen ist die Differentialgleichung $(x^2 + 1)y' + 2xy = 0$. Die Umformung zeigt, dass es sich um eine homogene lineare Differentialgleichung handelt:

$$(x^2 + 1)y' + 2xy = 0 \iff y' + \frac{2x}{x^2 + 1}\,y = 0.$$

$$a(x) = \frac{2x}{x^2 + 1} \implies A(x) = \int a(x)\,dx = \int \frac{2x}{x^2 + 1}\,dx = \ln(x^2 + 1)$$

$$\implies e^{-A(x)} = e^{-\ln(x^2+1)} = \frac{1}{e^{\ln(x^2+1)}} = \frac{1}{x^2 + 1}.$$

Die allgemeine Lösung ist:

$$y(x) = \frac{c}{x^2 + 1} \quad \text{mit} \quad c \in \mathbb{R}.$$

Um die allgemeine Lösung der inhomogenen linearen Differentialgleichung

$$y' + a(x)y = f(x)$$

anzugeben, benötigen wir eine partikuläre Lösung y_0 und die allgemeine Lösung der zugehörigen homogenen linearen Differentialgleichung $y' + a(x)y = 0$. Nach Satz 10.5.1 ist letztere bereits bestimmt durch

$$y(x) = c\,y_1(x) \quad \text{mit} \quad y_1(x) = e^{-A(x)} \quad \text{und} \quad A(x) = \int a(x)\,dx\,.$$

Es spielt natürlich überhaupt keine Rolle, auf welche Weise eine partikuläre Lösung gefunden wird, weil diese ja irgendeine beliebige Lösung der inhomogenen linearen Differentialgleichung sein darf. Andererseits ist es wünschenswert, ein Verfahren zur Verfügung zu haben, nach dem in jedem Fall eine partikuläre Lösung bestimmt werden kann. Ein solches Verfahren ist die *Variation der Konstanten*.

Variation der Konstanten: Die Idee ist, einen Ansatz für die partikuläre Lösung y_0 zu wählen, der formal wie die allgemeine Lösung $c\,y_1$ der zugehörigen homogenen Differentialgleichung aussieht, in dem aber c nicht mehr eine Konstante, sondern eine Funktion von x ist. Wir wählen also einen Ansatz

$$y_0(x) = c(x)y_1(x)$$

und bestimmen die Funktion c dann so, dass y_0 eine partikuläre Lösung ist. Ableiten des Ansatzes ergibt

$$y_0'(x) = c'(x)y_1(x) + c(x)y_1'(x)\,.$$

Setzen wir dies in die Differentialgleichung ein, so erhalten wir damit eine Bestimmungsgleichung für die noch unbekannte Funktion c:

$$\begin{aligned}
c'(x)y_1(x) + c(x)y_1'(x) + a(x)c(x)y_1(x) &= c'(x)y_1(x) + c(x)[y_1'(x) + a(x)y_1(x)] \\
&= f(x)\,.
\end{aligned}$$

Da y_1 eine Lösung der homogenen linearen Differentialgleichung ist, folgt weiter:

$$c'(x)y_1(x) = f(x) \quad \Longrightarrow \quad c'(x) = \frac{f(x)}{y_1(x)} \quad \Longrightarrow \quad c(x) = \int \frac{f(x)}{y_1(x)}\,dx\,.$$

Eine partikuläre Lösung y_0 von $y' + a(x)y = f(x)$ ist somit

$$y_0(x) = c(x)y_1(x) \quad \text{mit} \quad c(x) = \int \frac{f(x)}{y_1(x)}\,dx\,.$$

Mit der in Satz 10.5.1 angegebenen Lösung y_1 der zugehörigen homogenen Differentialgleichung $y' + a(x)y = 0$ erhalten wir daher für y_0 die Formel:

$$y_0(x) = e^{-A(x)} \int f(x)e^{A(x)}\,dx \quad \text{mit} \quad A(x) = \int a(x)\,dx\,.$$

Da die inhomogene lineare Differentialgleichung $y' + a(x)y = f(x)$ nach Satz 10.4.4 die allgemeine Lösung $y(x) = y_0(x) + c\,y_1(x)$ hat, gilt schließlich:

10.5.3 Satz *Die allgemeine Lösung der inhomogenen linearen Differentialgleichung erster Ordnung $y' + a(x)y = f(x)$ ist*

$$y(x) = e^{-A(x)} \left(c + \int f(x) e^{A(x)} \, dx \right) \quad \text{mit} \quad A(x) = \int a(x) \, dx \quad \text{und} \quad c \in \mathbb{R}.$$

10.5.4 Ergänzung Die Losung eines Anfangswertproblems für die inhomogene lineare Differentialgleichung mit der Anfangsbedingung (x_0, y_0) erhält man direkt, wenn man in der Lösung der Differentialgleichung die unbestimmten Integrale durch die bestimmten Integrale ersetzt:

$$y_0(x) = e^{-A(x)} \left(y_0 + \int_{x_0}^{x} f(t) e^{A(t)} \, dt \right) \quad \text{mit} \quad A(x) = \int_{x_0}^{x} a(t) \, dt.$$

Beispiel: Bei der inhomogenen linearen Differentialgleichung

$$y' - \frac{2x}{x^2 + 1} y = x^2 \quad \text{ist} \quad a(x) = -\frac{2x}{x^2 + 1} \quad \text{und} \quad f(x) = x^2.$$

Zur Bestimmung der allgemeinen Lösung kann man natürlich die Lösungsformel aus Satz 10.5.3 anwenden. Wir empfehlen jedoch, die Methode zur Herleitung dieser Formel an der gegebenen Differentialgleichung vorzunehmen, da dies erfahrungsgemäß weniger fehleranfällig ist.

Wegen

$$A(x) = \int a(x) \, dx = -\int \frac{2x}{x^2 + 1} \, dx = -\ln(x^2 + 1)$$

erhalten wir als allgemeine Lösung der homogenen linearen Differentialgleichung

$$y_h(x) = c \, e^{-A(x)} = c \, e^{\ln(x^2+1)} = c \, (x^2 + 1).$$

Zur Bestimmung einer partikulären Lösung y_0 der inhomogenen linearen Differentialgleichung machen wir den Ansatz

$$y_0(x) = C(x)(x^2 + 1).$$

Setzen wir dies und die Ableitung $y_0'(x) = C'(x)(x^2 + 1) + 2x \, C(x)$ in die Differentialgleichung ein, so ergibt sich

$$C'(x)(x^2 + 1) + 2x \, C(x) - \frac{2x}{x^2 + 1} C(x)(x^2 + 1) = C'(x)(x^2 + 1) = x^2.$$

Hieraus folgt

$$C(x) = \int \frac{x^2}{x^2 + 1} \, dx = \int \left(1 - \frac{1}{x^2 + 1} \right) dx = x - \arctan x.$$

Damit lautet die allgemeine Lösung dann:

$$y(x) = (x^2 + 1)(c + x - \arctan x) \quad \text{mit} \quad c \in \mathbb{R}.$$

★ **Aufgaben**

(1) Bestimmen Sie die allgemeine Lösung der Differentialgleichung:

(a) $y' - \left(1 + \dfrac{1}{x}\right) y = 0$,   (b) $y' + y = x^2$,   (c) $y' + \dfrac{y}{x} = \ln x$,

(d) $y' = 2xy + 1$,   (e) $y' - 3y = x e^x$.

(2) Lösen Sie das Anfangswertproblem: $y' + y \tan x + \cos x = 0$ mit $(0, 1)$.

10.6   Lineare Differentialgleichungen zweiter Ordnung

In diesem Abschnitt behandeln wir nur lineare Differentialgleichungen zweiter Ordnung mit konstanten Koeffizienten. Um ihre allgemeine Lösung zu bestimmen, haben wir nach den Sätzen 10.4.3 und 10.4.4 zwei Teilaufgaben zu erledigen:

(I) Bestimmung der allgemeinen Lösung der zugehörigen homogenen linearen Differentialgleichung $y'' + ay' + by = 0$,

(II) Bestimmung einer partikulären Lösung der inhomogenen linearen Differentialgleichung $y'' + ay' + by = f(x)$.

Nach Satz 10.4.3 läuft die Aufgabe (I) darauf hinaus, ein Fundamentalsystem der Differentialgleichung $y'' + ay' + by = 0$ zu bestimmen, d.h. zwei linear unabhängige Lösungsfunktionen y_1, y_2. Dafür werden wir ein Rezept angeben, das nur erfordert, eine quadratische Gleichung zu lösen.

Die Aufgabe (II) läuft darauf hinaus, ein Verfahren anzugeben, das für jede beliebige inhomogene lineare Differentialgleichung eine partikuläre Lösung liefert. Wir werden in diesem Abschnitt zwei Verfahren kennen lernen, die *Variation der Konstanten* und die *Methode der unbestimmten Koeffizienten* (auch *Ansatz vom Typ der rechten Seite* genannt). Das erste liefert immer eine partikuläre Lösung, das zweite nur unter einschränkenden Voraussetzungen an die Störfunktion.

Es sei bemerkt, dass die in diesem Abschnitt dargestellten Lösungsverfahren in derselben Weise für lineare Differentialgleichungen der Ordnung $n > 2$ mit konstanten Koeffizienten gelten. Dabei ist es zur Angabe der n linear unabhängigen Lösungsfunktionen der homogenen linearen Differentialgleichung dann nur erforderlich, eine algebraische Gleichung vom Grad n zu lösen.

(I) Die homogene lineare Differentialgleichung mit konstanten Koeffizienten

Wir betrachten also die Differentialgleichung

$$y'' + ay' + by = 0$$

mit beliebigen Koeffizienten $a, b \in \mathbb{R}$. Zur Bestimmung eines Fundamentalsystems machen wir einen so genannten Exponentialansatz

$$y(x) = e^{rx}.$$

Setzen wir diesen mit den Ableitungen $y'(x) = re^{rx}$ und $y''(x) = r^2 e^{rx}$ in die Differentialgleichung ein, so erhalten wir damit folgende Bestimmungsgleichung für r:

$$r^2 e^{rx} + are^{rx} + be^{rx} = 0 \iff (r^2 + ar + b)e^{rx} = 0 \iff r^2 + ar + b = 0\,.$$

Bei der Umformung haben wir im letzten Schritt ausgenutzt, dass wir durch e^{rx} dividieren dürfen, weil $e^{rx} \neq 0$ für $x \in \mathbb{R}$ ist. Wir fassen unsere Erkenntnisse zusammen:

10.6.1 Ergebnis und Definition *Die homogene lineare Differentialgleichung zweiter Ordnung mit konstanten Koeffizienten*

$$y'' + ay' + by = 0$$

hat genau dann die Exponentialfunktion e^{rx} als Lösung, wenn r eine Lösung der quadratischen Gleichung $r^2 + ar + b = 0$ ist. Diese heißt die charakteristische Gleichung der linearen Differentialgleichung. Man gewinnt sie aus der Differentialgleichung, indem man y'' durch r^2, y' durch $r^1 = r$ und $y = y^{(0)}$ durch $r^0 = 1$ ersetzt:

$$y'' + ay' + by = 0 \quad \longrightarrow \quad r^2 + ar + b = 0\,.$$

Als quadratische Gleichung hat die charakteristische Gleichung $r^2 + ar + b = 0$ zwei verschiedene reelle oder komplexe Lösungen $r_1 \neq r_2$ oder eine einzige reelle Lösung der Vielfachheit 2. Diesen drei Arten von Lösungen entspricht ein jeweils unterschiedliches Aussehen der allgemeinen Lösung der Differentialgleichung.

(1) Die charakteristische Gleichung $r^2 + ar + b = 0$ hat zwei verschiedene reelle Lösungen p und q. Die nach dem Ergebnis 10.6.1 zu ihnen gehörenden Lösungen der Differentialgleichung $y'' + ay' + by = 0$ sind:

$$y_1(x) = e^{px} \quad \text{und} \quad y_2(x) = e^{qx}\,.$$

Nach Beispiel (1) auf Seite 331 sind die beiden Funktionen linear unabhängig.

10.6.2 Folgerung *Sind p und q zwei verschiedene reelle Lösungen der charakteristischen Gleichung $r^2 + ar + b = 0$ der Differentialgleichung $y'' + ay' + by = 0$, so sind $y_1(x) = e^{px}$ und $y_2(x) = e^{qx}$ zwei linear unabhängige Lösungen der Differentialgleichung. Die allgemeine Lösung lautet dann:*

$$y(x) = c_1 e^{px} + c_2 e^{qx} \quad \text{mit} \quad c_1,\, c_2 \in \mathbb{R}\,.$$

Beispiel: $y'' + 2y' - 3y = 0$ hat die charakteristische Gleichung $r^2 + 2r - 3 = 0$. Sie ist äquivalent zu $(r + 1)^2 - 4 = 0$ und hat daher die zwei verschiedenen Lösungen $p = 1$ und $q = -3$. Die allgemeine Lösung der Differentialgleichung lautet somit:

$$y(x) = c_1 e^x + c_2 e^{-3x} \quad \text{mit} \quad c_1,\, c_2 \in \mathbb{R}\,.$$

(2) Hat die charakteristische Gleichung $r^2 + ar + b = 0$ komplexe Lösungen, so sind diese zwei zueinander konjugiert komplexe Zahlen $\alpha + \beta i$ und $\alpha - \beta i$. Nach dem Ergebnis 10.6.1 sind dann

$$Y_1(x) = e^{(\alpha + \beta i)x} \quad \text{und} \quad Y_2(x) = e^{(\alpha - \beta i)x}$$

zwei Lösungen der Differentialgleichung $y'' + ay' + by = 0$. Da nach Satz 10.4.3 mit ihnen auch jede Linearkombination eine Lösung ist, gewinnen wir aus ihnen wie folgt zwei reelle Lösungen:

$$y_1(x) = \frac{1}{2} Y_1(x) + \frac{1}{2} Y_2(x) = \frac{1}{2} e^{\alpha x} (e^{\beta x i} + e^{-\beta x i}) = e^{\alpha x} \cos \beta x \quad \text{und}$$

$$y_2(x) = \frac{1}{2i} Y_1(x) - \frac{1}{2i} Y_2(x) = \frac{1}{2i} e^{\alpha x} (e^{\beta x i} - e^{-\beta x i}) = e^{\alpha x} \sin \beta x \,.$$

Sie sind nach Beispiel (2) auf Seite 331 linear unabhängig.

10.6.3 Folgerung *Sind $\alpha \pm \beta i$ zwei komplexe Lösungen der charakteristischen Gleichung $r^2 + ar + b = 0$ von $y'' + ay' + by = 0$, so sind $y_1(x) = e^{\alpha x} \cos \beta x$ und $y_2(x) = e^{\alpha x} \sin \beta x$ zwei linear unabhängige Lösungen der Differentialgleichung. Dabei ist der Koeffizient bei x in der Exponentialfunktion $e^{\alpha x}$ der Realteil α von $\alpha \pm \beta i$ und der Koeffizient in den trigonometrischen Funktionen $\cos \beta x$ und $\sin \beta x$ der positive Imaginärteil β von $\alpha \pm \beta i$. Die allgemeine Lösung lautet:*

$$y(x) = c_1 e^{\alpha x} \cos \beta x + c_2 e^{\alpha x} \sin \beta x \quad \text{mit} \quad c_1, c_2 \in \mathbb{R} \,.$$

Beispiel: $y'' - 4y' + 7y = 0$ hat die charakteristische Gleichung $r^2 - 4r + 7 = 0$. Diese ist äquivalent zu $(r - 2)^2 = -3$ und besitzt daher zwei komplexe Lösungen, nämlich $r = 2 \pm \sqrt{3}\,i$. Durch $\alpha = 2 = \text{Re}\left(2 + \sqrt{3}\,i\right)$ und $\beta = \sqrt{3} = \text{Im}\left(2 + \sqrt{3}\,i\right)$ sind dann zwei linear unabhängige Lösungen $y_1(x) = e^{2x} \cos \sqrt{3}\,x$ und $y_2(x) = e^{2x} \sin \sqrt{3}\,x$ bestimmt. Die allgemeine Lösung der Differentialgleichung lautet:

$$y(x) = c_1 e^{2x} \cos \sqrt{3}\,x + c_2 e^{2x} \sin \sqrt{3}\,x \quad \text{mit} \quad c_1, c_2 \in \mathbb{R} \,.$$

(3) Hat die charakteristische Gleichung $r^2 + ar + b = 0$ nur die einzige Lösung p, so ist diese reell und hat die Vielfachheit 2. Es ist dann

$$r^2 + ar + b = (r - p)^2 = r^2 - 2pr + p^2 \,.$$

Durch Koeffizientenvergleich folgt daraus $a = -2p$ und $b = p^2$.

　　Zu der einzigen Lösung p gehört nach 10.6.1 nur die einzige Exponentialfunktion $y_1(x) = e^{px}$ als Lösung von $y'' + ay' + by = 0$. Der Ansatz $y = e^{rx}$ liefert hier also nur eine der für die Angabe der allgemeinen Lösung erforderlichen zwei Lösungen. In dieser Situation ist immer das Produkt dieser einen Lösung mit x eine weitere Lösung $y_2(x) = xe^{px}$. Dass $y_1(x) = e^{px}$ und $y_2(x) = xe^{px}$ linear unabhängig sind, wissen wir nach Beispiel (3) auf Seite 332. Zu überprüfen ist daher nur noch, ob y_2 die Differentialgleichung $y'' + ay' + by = 0$ erfüllt:

Mit $y_2(x) = xe^{px}$, $y_2'(x) = (1 + px)e^{px}$ und $y_2''(x) = (2p + p^2x)e^{px}$ gilt:

$$y_2''(x) + ay_2'(x) + by_2(x) = (2p + p^2x)e^{px} + a(1 + px)e^{px} + bxe^{px}$$
$$= [(p^2 + ap + b)x + (2p \mid a)]e^{px} = 0 \, .$$

Die letzte Gleichung folgt aus der Tatsache, dass p eine Lösung von $r^2 + ar + b = 0$ und, wie anfangs gezeigt, $2p + a = 0$ ist.

10.6.4 Folgerung *Hat die charakteristische Gleichung $r^2 + ar + b = 0$ der Differentialgleichung $y'' + ay' + by = 0$ die reelle Lösung p der Vielfachheit 2, dann sind $y_1(x) = e^{px}$ und $y_2(x) = xe^{px}$ zwei linear unabhängige Lösungen der Differentialgleichung. Die allgemeine Lösung lautet:*

$$y(x) = c_1 e^{px} + c_2 xe^{px} \quad mit \quad c_1, c_2 \in \mathbb{R} \, .$$

Beispiel: $y'' - 6y' + 9y = 0$ hat die charakteristische Gleichung $r^2 - 6r + 9 = 0$. Sie ist äquivalent zu $(r - 3)^2 = 0$ und hat daher die Lösung $p = 3$ der Vielfachheit 2. Daher sind $y_1(x) = e^{3x}$ und $y_2(x) = xe^{3x}$ zwei linear unabhängige Lösungen der Differentialgleichung. Die allgemeine Lösung lautet:

$$y(x) = c_1 e^{3x} + c_2 xe^{3x} \quad mit \quad c_1, c_2 \in \mathbb{R} \, .$$

Lineare Differentialgleichungen treten bei der Untersuchung von Schwingungsproblemen auf. Mit der Differentialgleichung für den harmonischen Oszillator haben wir bereits in Abschnitt 10.1 (Seite 310 und Seite 312) ein Beispiel dafür kennengelernt. Wir wollen dieses Beispiel noch einmal aufgreifen und jetzt die Differentialgleichung des *gedämpften harmonischen Oszillators* untersuchen.

Beispiel: Wir betrachten wieder den an einer Feder schwingenden Körper K und berücksichtigen jetzt auch den die Schwingung hemmenden Reibungswiderstand. Die experimentelle Beobachtung zeigt, dass dieser zu jedem Zeitpunkt t proportional ist zur Geschwindigkeit $\dot{x}(t)$. Bezeichnen wir den Proportionalitätsfaktor mit R, so lautet die Differentialgleichung für die gedämpfte Schwingung:

$$m\ddot{x} = -kx - R\dot{x} \, .$$

Dividieren wir durch m und setzen abkürzend $\omega^2 = \frac{k}{m}$ (wie schon in Beispiel (2) auf Seite 310) und $2\rho = \frac{R}{m}$, so geht die Differentialgleichung über in

$$\ddot{x} + 2\rho\dot{x} + \omega^2 x = 0 \, .$$

Die charakteristische Gleichung $r^2 + 2\rho r + \omega^2 = 0$ ist äquivalent zu der Gleichung $(r - \rho)^2 + \omega^2 - \rho^2 = 0$ und besitzt daher die Lösungen $r_{1,2} = -\rho \pm \sqrt{\rho^2 - \omega^2}$. Je nachdem, ob es sich um zwei reelle Lösungen, zwei komplexe Lösungen oder eine reelle Lösung der Vielfachheit 2 handelt, ergeben sich unterschiedliche Situationen.

(1) Ist $\rho^2 - \omega^2 > 0$, so gibt es zwei reelle Lösungen $-\rho + \sqrt{\rho^2 - \omega^2} < 0$ und $-\rho - \sqrt{\rho^2 - \omega^2} < 0$, die wir kurz mit $-p$ und $-q$ bezeichnen (weil sie negativ sind). Nach Folgerung 10.6.2 lautet die allgemeine Lösung dann:

$$x(t) = c_1 e^{-pt} + c_2 e^{-qt}.$$

Da $x(t)$ für $t \to \infty$ sehr schnell (*exponentiell*) gegen 0 strebt, gibt es in diesem Fall gar keine wirkliche Schwingung (Abb. 10.7). Man spricht von einer *stark gedämpften Schwingung*.

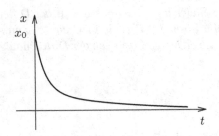

Abb. 10.7   Bewegungsablauf bei starker Dämpfung

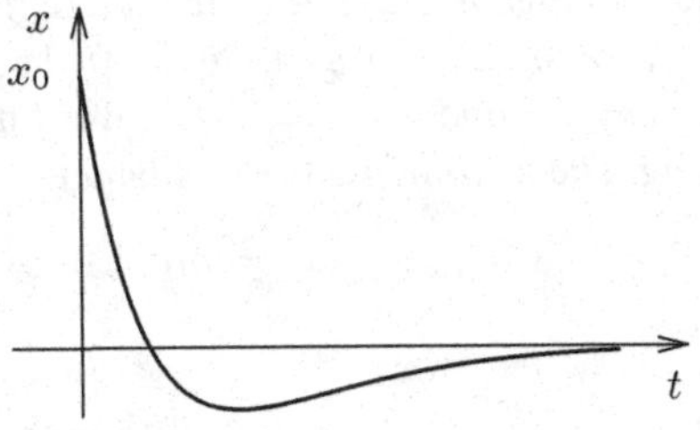

Abb. 10.8   Bewegungsablauf bei einer starken Dämpfung mit Durchgang durch die Nulllage

(2) Ist $\rho^2 - \omega^2 < 0$, so gibt es die zwei komplexen Lösungen $-\rho \pm \sqrt{\omega^2 - \rho^2}\, i$. Die allgemeine Lösung der Differentialgleichung lautet nach Folgerung 10.6.3:

$$x(t) = e^{-\rho t}\left(c_1 \cos \sqrt{\omega^2 - \rho^2}\, t + c_2 \sin \sqrt{\omega^2 - \rho^2}\, t\right).$$

Wie bei der ungedämpften Schwingung im Beispiel auf Seite 313 führen wir eine Phasenverschiebung α ein. Die Lösung erhält dann das folgende Aussehen:

$$x(t) = A e^{-\rho t} \cos\left(\sqrt{\omega^2 - \rho^2}\, t - \alpha\right).$$

In diesem Fall finden wirklich Schwingungen statt, wobei wegen des Faktors $e^{-\rho t}$ die Schwingungshöhe mit wachsender Zeit t abnimmt (Abb. 10.9). Man spricht daher von einer *schwach gedämpften Schwingung*.

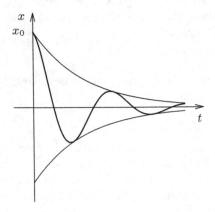

Abb. 10.9   Bewegungsablauf bei schwacher Dämpfung. Es finden wirklich Schwingungen statt, deren Amplituden allerdings exponentiell abnehmen.

(3) Ist $\rho^2 - \omega^2 = 0$, so ist $-\rho$ ein reelle Lösung der Vielfachheit 2. Die Lösung der Differentialgleichung lautet dann nach Folgerung 10.6.4:

$$x(t) = (c_1 + c_2 t)e^{-\rho t}.$$

Wie in (1) strebt die Lösung $x(t)$ für $t \to \infty$ sehr schnell (*exponentiell*) gegen 0, und der Körper führt keine wirkliche Schwingung aus. Man spricht von einer *aperiodischen Schwingung* (Abb. 10.8).

(II) Bestimmung einer partikulären Lösung einer inhomogenen linearen Differentialgleichung

Für die Bestimmung einer partikulären Lösung werden wir jetzt zwei Verfahren kennen lernen, *die Variation der Konstanten* und *die Methode der unbestimmten Koeffizienten* (oder auch *Ansatz vom Typ der rechten Seite* genannt).

Variation der Konstanten

Wir benötigen nur die allgemeine Lösung $y(x) = c_1 y_1(x) + c_2 y_2(x)$ der zugehörigen homogenen linearen Differentialgleichung $y'' + a(x)y' + b(x)y = 0$. Dabei spielt es keine Rolle, ob die Koeffizienten konstant sind oder nicht. Da wir bei konstanten Koeffizienten nach **(I)** die allgemeine Lösung der homogenen Differentialgleichung kennen, liefert diese Methode für jede inhomogene lineare Differentialgleichung mit konstanten Koeffizienten eine partikuläre Lösung.

Wir setzen voraus, dass y_1, y_2 zwei beliebige linear unabhängige Lösungen der homogenen linearen Differentialgleichung $y'' + a(x)y' + b(x)y = 0$ sind. Die allgemeine Lösung ist dann die Linearkombination $y(x) = c_1 y_1(x) + c_2 y_2(x)$ mit $c_1, c_2 \in \mathbb{R}$.

Die Idee ist, für eine partikuläre Lösung einen ebensolchen Ansatz als Linearkombination zu wählen, dabei aber die konstanten Koeffizienten c_1, c_2 zu ersetzen durch noch unbekannte Funktionen c_1, c_2 von x. Diese bestimmen wir dann so, dass der Ansatz

$$y_0(x) = c_1(x)y_1(x) + c_2(x)y_2(x)$$

eine partikuläre Lösung wird. Weiterhin fordern wir noch

(1) $$c_1'(x)y_1(x) + c_2'(x)y_2(x) = 0.$$

Diese Forderung sieht zunächst etwas unmotiviert aus, und es ist nicht klar, ob sie erfüllbar ist. Wir werden aber gleich sehen, dass sie sinnvoll gewählt ist. Für die Ableitungen von y_0 ergibt sich nun mit Hilfe der Produktregel und (1)

$$y_0'(x) = c_1(x)y_1'(x) + c_2(x)y_2'(x),$$
$$y_0''(x) = [c_1'(x)y_1'(x) + c_2'(x)y_2'(x)] + [c_1(x)y_1''(x) + c_2(x)y_2''(x)].$$

Nun setzen wir dies in die Differentialgleichung ein und erhalten als Bestimmungsgleichung für c_1, c_2:

$$[c_1'(x)y_1'(x) + c_2'(x)y_2'(x)] + [c_1(x)y_1''(x) + c_2(x)y_2''(x)]$$
$$+ a(x)[c_1(x)y_1'(x) + c_2(x)y_2'(x)]$$
$$+ b(x)[c_1(x)y_1(x) + c_2(x)y_2(x)] = f(x).$$

Sammeln wir hier die Summanden, die $c_1(x)$ bzw. $c_2(x)$ als Faktor besitzen, und klammern wir jeweils $c_1(x)$ und $c_2(x)$ aus, so erhalten wir die äquivalente Gleichung

$$c_1(x)[y_1''(x) + a(x)y_1'(x) + b(x)y_1(x)] + c_2(x)[y_2''(x) + a(x)y_2'(x) + b(x)y_2(x)]$$
$$+ [c_1'(x)y_1'(x) + c_2'(x)y_2'(x)] = f(x).$$

Da y_1 und y_2 Lösungen der homogenen linearen Differentialgleichung sind, haben die ersten beiden Summanden auf der linken Seite den Wert 0 und wir erhalten daher

(2) $$c_1'(x)y_1'(x) + c_2'(x)y_2'(x) = f(x).$$

Damit sind (1) und (2) Bestimmungsgleichungen für die Funktionen c_1' und c_2'. Sie bilden ein lineares Gleichungssystem mit der Koeffizientenmatrix

$$\begin{pmatrix} y_1(x) & y_2(x) \\ y_1'(x) & y_2'(x) \end{pmatrix}.$$

Deren Determinante ist gerade die Wronski-Determinante $\det(y_1(x), y_2(x))$. Da y_1 und y_2 linear unabhängige Lösungen der homogenen linearen Differentialgleichung sind, hat nach Bemerkung 10.4.6 die Wronski-Determinante an jeder Stelle $x \in \mathbb{I}$ einen von 0 verschiedenen Wert. Daher ist nach Folgerung 3.8.17 und Satz 3.8.14 das Gleichungssystem eindeutig lösbar. Mit den bekannten Methoden zur Lösung linearer Gleichungssysteme erhalten wir

$$c_1'(x) = -\frac{f(x)y_2(x)}{W(x)} \quad \text{und} \quad c_2'(x) = \frac{f(x)y_1(x)}{W(x)},$$

wobei $W(x) = \det(y_1(x), y_2(x))$ ist.

Durch Integration von c_1' und c_2' bestimmen wir Stammfunktionen c_1 und c_2, und mit diesen ist dann $y_0(x) = c_1(x)y_1(x) + c_2(x)y_2(x)$ eine partikuläre Lösung der inhomogenen linearen Differentialgleichung.

10.6.5 Satz *Die zu der inhomogenen linearen Differentialgleichung*

$$y'' + a(x)y' + b(x)y = f(x)$$

mit stetigen Funktionen a, b, $f \colon \mathbb{I} \to \mathbb{R}$ gehörende homogene lineare Differentialgleichung habe die beiden linear unabhängigen Lösungen y_1, $y_2 \colon \mathbb{I} \to \mathbb{R}$. Dann ist für $x \in I$

$$W(x) = \det(y_1(x), y_2(x)) = \begin{vmatrix} y_1(x) & y_2(x) \\ y_1'(x) & y_2'(x) \end{vmatrix} = y_1(x)y_2'(x) - y_1'(x)y_2(x) \neq 0,$$

und die inhomogene lineare Differentialgleichung hat eine partikuläre Lösung der Form

$$y_0(x) = c_1(x)y_1(x) + c_2(x)y_2(x),$$

wobei $c_1(x)$ und $c_2(x)$ bestimmt sind durch die Formeln

$$c_1(x) = -\int \frac{f(x)y_2(x)}{W(x)}\,dx \quad \text{und} \quad c_2(x) = \int \frac{f(x)y_1(x)}{W(x)}\,dx.$$

Die allgemeine Lösung lautet dann:

$$y(x) = y_0(x) + c_1 y_1(x) + c_2 y_2(x) \quad \text{mit} \quad c_1,\, c_2 \in \mathbb{R}.$$

Insbesondere liefert dieses Verfahren immer eine partikuläre Lösung, wenn die Differentialgleichung konstante Koeffizienten besitzt.

Beispiele:

(1) Zu lösen ist die inhomogene lineare Differentialgleichung $y'' + 4y = \dfrac{1}{\cos 2x}$.

Die zugehörige homogene lineare Differentialgleichung ist: $y'' + 4y = 0$. Ihre charakteristische Gleichung $r^2 + 4 = 0$ hat die Lösungen $r = \pm 2i$.

Nach Folgerung 10.6.3 erhalten wir damit für $y'' + 4y = 0$ die beiden linear unabhängigen Lösungen

$$y_1(x) = \cos 2x \quad \text{und} \quad y_2(x) = \sin 2x \,.$$

Mit ihnen berechnen wir die Wronski-Determinante:

$$W(x) = \begin{vmatrix} \cos 2x & \sin 2x \\ -2\sin 2x & 2\cos 2x \end{vmatrix} = 2\cos^2 2x + 2\sin^2 2x = 2 \,.$$

Damit folgt nach den Formeln in Satz 10.6.5:

$$c_1(x) = -\int \frac{\sin 2x}{2\cos 2x}\, dx = \frac{1}{4} \int \frac{-2\sin 2x}{\cos 2x}\, dx = \frac{1}{4} \ln|\cos 2x| \,,$$
$$c_2(x) = \int \frac{\cos 2x}{2\cos 2x}\, dx = \frac{1}{2} \int dx = \frac{1}{2}\, x \,.$$

Eine partikuläre Lösung ist also $y_0(x) = \frac{1}{4} \cos 2x \ln|\cos 2x| + \frac{1}{2} x \sin 2x$.

Die allgemeine Lösung der Differentialgleichung lautet somit:

$$y(x) = \frac{1}{4} \cos 2x \ln|\cos 2x| + \frac{1}{2} x \sin 2x + c_1 \cos 2x + c_2 \sin 2x \,.$$

(2) Zu lösen ist die inhomogene lineare Differentialgleichung $y'' + y' - 2y = 3e^x$.

Die zugehörige homogene lineare Differentialgleichung $y'' + y' - 2y = 0$ hat die charakteristische Gleichung $r^2 + r - 2 = 0$. Diese hat die beiden verschiedenen reellen Lösungen $p = 1$ und $q = -2$. Nach Folgerung 10.6.2 erhalten wir damit für $y'' + y' - 2y = 0$ die beiden linear unabhängigen Lösungen

$$y_1(x) = e^{-2x} \quad \text{und} \quad y_2(x) = e^x \,.$$

Wir berechnen die Wronski-Determinante:

$$W(x) = \begin{vmatrix} e^{-2x} & e^x \\ -2e^{-2x} & e^x \end{vmatrix} = e^{-x} - (-2e^{-x}) = 3e^{-x} \,.$$

Damit folgt nach den Formeln in Satz 10.6.5:

$$c_1(x) = -\int \frac{3e^x e^x}{3e^{-x}}\, dx = -\int e^{3x}\, dx = -\frac{1}{3}\, e^{3x} \,,$$
$$c_2(x) = \int \frac{3e^x e^{-2x}}{3e^{-x}}\, dx = \int dx = x \,.$$

Eine partikuläre Lösung ist also $y_0(x) = -\frac{1}{3} e^{3x} e^{-2x} + xe^x = \frac{1}{3}(3x-1)e^x$.

Die allgemeine Lösung der Differentialgleichung lautet somit:

$$y(x) = \frac{1}{3}(3x-1)e^x + c_1 e^{-2x} + c_2 e^x \quad \text{mit} \quad c_1, c_2 \in \mathbb{R}.$$

(3) Zu lösen ist das Anfangswertproblem $\quad y'' + y' - 2y = 3e^x$ mit $\left(0, \frac{2}{3}, \frac{5}{3}\right)$.

Zur Lösung des Anfangswertproblems bestimmt man zuerst die allgemeine Lösung y der Differentialgleichung und deren Ableitung y'. Da die Differentialgleichung mit der in Beispiel (2) übereinstimmt, erhalten wir:

$$y(x) = \frac{1}{3}(3x-1)e^x + c_1 e^{-2x} + c_2 e^x, \quad y'(x) = \frac{1}{3}(3x+2)e^x - 2c_1 e^{-2x} + c_2 e^x.$$

Wegen der Anfangsbedingung $\left(0, \frac{2}{3}, \frac{5}{3}\right)$ ist diejenige Lösung y der Differentialgleichung zu bestimmen, für die gilt: $y(0) = \frac{2}{3}$ und $y'(0) = \frac{5}{3}$. Diese beiden Bedingungen liefern ein lineares Gleichungssystem für c_1 und c_2:

$$y(0) = \tfrac{2}{3}: \qquad c_1 + c_2 = 1$$
$$y'(0) = \tfrac{5}{3}: \qquad -2c_1 + c_2 = 1$$

Hieraus folgt $c_1 = 0$ und $c_2 = 1$ und daher lautet die Lösung des Anfangswertproblems:

$$y(x) = \frac{1}{3}(3x-1)e^x + e^x = \frac{1}{3}(3x+2)e^x.$$

Wir lernen nun die zweite Methode zur Bestimmung einer partikulären Lösung der inhomogenen linearen Differentialgleichung kennen.

Methode der unbestimmten Koeffizienten (Ansatz vom Typ der rechten Seite)

Diese Methode lässt sich nur anwenden, wenn es sich um eine inhomogene lineare Differentialgleichung $y'' + ay' + by = f(x)$ mit konstanten Koeffizienten handelt und die Störfunktion f eine Funktion von sehr speziellem Typ ist, nämlich

(1) eine Exponentialfunktion $e^{\kappa x}$ mit $\kappa \in \mathbb{R}$,

(2) eine trigonometrische Funktion $\cos \lambda x$ oder $\sin \lambda x$ mit $\lambda \in \mathbb{R}$,

(3) ein Polynom $p(x) = \sum\limits_{k=0}^{n} a_k x^k$ mit $a_k \in \mathbb{R}$ für $k = 0, 1, \ldots, n$ oder

(4) das Produkt eines Polynoms, einer trigonometrischen Funktion und einer Exponentialfunktion: $\quad f(x) = p(x)e^{\kappa x} \cos \lambda x$ oder $f(x) = p(x)e^{\kappa x} \sin \lambda x$.

Ist in der Darstellungsform (4) $\kappa = 0$ (und daher $e^{\kappa x} = 1$) oder $\lambda = 0$ (und daher $\cos \lambda x = 1$) oder $p(x) = 1$, so handelt es sich um ein Produkt von nur jeweils zwei der unter (1), (2), (3) angegebenen Funktionen. Treten zwei der Möglichkeiten $\kappa = 0$, $\lambda = 0$, $p(x) = 1$ ein, so sind in der Darstellungsform (4) auch die unter (1), (2), (3) angegebenen Funktionen selbst erfasst.

Die Voraussetzung an f können wir daher mit der Darstellungsform (4) alleine formulieren: f muss gegeben sein als ein Produkt der Form

$$f(x) = p(x)e^{\kappa x}\cos\lambda x \quad \text{oder} \quad f(x) = p(x)e^{\kappa x}\sin\lambda x.$$

Trotz dieser Einschränkung an die Störfunktion f ist die Methode nicht uninteressant, da bei physikalischen Problemen, die auf solche linearen Differentialgleichungen zweiter Ordnung führen (z. B. bei Schwingungsproblemen), Störfunktionen oft dieses geforderte Aussehen haben.

Für die Beschreibung der Methode ist es praktisch, auch noch die beiden sich durch die Faktoren $\cos\lambda x$ und $\sin\lambda x$ unterscheidenden Vorschriften für f durch eine einzige Vorschrift zu ersetzen.

Dazu beachten wir zunächst, dass wegen $e^{\lambda x i} = \cos\lambda x + i\sin\lambda x$ die trigonometrischen Funktionen $\cos\lambda x$ und $\sin\lambda x$ der Real- und Imaginärteil der komplexen Exponentialfunktion $e^{\lambda x i}$ sind. Ihr Produkt mit einer Exponentialfunktion $e^{\kappa x}$ ist daher wegen

$$e^{(\kappa+\lambda i)x} = e^{\kappa x}e^{\lambda x i} = e^{\kappa x}(\cos\lambda x + i\sin\lambda x)$$

der Real- oder Imaginärteil von $e^{(\kappa+\lambda i)x}$:

$$\text{Re}\left(e^{(\kappa+\lambda i)x}\right) = e^{\kappa x}\cos\lambda x \quad \text{und} \quad \text{Im}\left(e^{(\kappa+\lambda i)x}\right) = e^{\kappa x}\sin\lambda x.$$

Tritt in der Störfunktion f einer inhomogenen linearen Differentialgleichung eine trigonometrische Funktion $\cos\lambda x$ oder $\sin\lambda x$ als Faktor auf, so ersetzen wir diesen Faktor durch die Exponentialfunktion $e^{\lambda x i}$, deren Real- oder Imaginärteil sie ist, und lösen die Differentialgleichung für die so ersetzte neue Störfunktion. Wir werden dann sehen, dass eine partikuläre Lösung der ursprünglichen Differentialgleichung entsprechend der Real- oder der Imaginärteil der partikulären Lösung dieser neuen Differentialgleichung ist. Das bedeutet, dass wir im folgenden für die Bestimmung einer partikulären Lösung voraussetzen dürfen, dass die Störfunktion gegeben ist als ein Produkt:

$$F(x) = p(x)e^{(\kappa+\lambda i)x}$$

mit einem Polynom p vom Grad n.

10.6.6 Bemerkung Ein Polynom vom Grad 0 ist eine konstante Zahl a_0 und umgekehrt ist ein konstanter Faktor bei der Exponentialfunktion als Polynom vom Grad 0 zu interpretieren. Das gilt auch, wenn kein Faktor sichtbar ist, wenn der konstante Faktor also 1 ist. Ist $\kappa = 0$, so tritt in $F(x)$ keine reelle Exponentialfunktion auf. Ist $\lambda = 0$, so tritt keine trigonometrische Funktion auf. Mit den verschiedenen Möglichkeiten für p, κ und λ sind also in der oben angegebenen Darstellung von F alle anfangs genannten Funktionen erfasst.

Beispiele: Die Störfunktion f sei gegeben durch:

(1) $e^{2x}\cos 3x$, (2) $e^{-x}\sin 2x$, (3) $xe^{2x}\sin x$, (4) $x^2\cos x$, (5) $3\sin x$.

Ersetzen wir die jeweils auftretende trigonometrische Funktion in der beschriebenen Weise durch die zugehörige komplexe Exponentialfunktion, so erhalten wir die neue Störfunktion F, die wir mit entsprechender Nummer kennzeichnen:

(1) $e^{(2+3i)x}$,   (2) $e^{(-1+2i)x}$,   (3) $xe^{(2+i)x}$,   (4) $x^2 e^{xi}$,   (5) $3e^{xi}$.

Tritt in der Störfunktion f eine trigonometrische Funktion auf, so ersetzen wir die Störfunktion in der angegebenen Weise durch F. Die Differentialgleichung geht dann über in eine neue Differentialgleichung mit der neuen Störfunktion F:

$$y'' + ay' + by = f(x) \quad \longrightarrow \quad y'' + ay' + by = F(x).$$

Dabei ist

$$f(x) = \operatorname{Re} F(x), \quad \text{wenn } \cos \lambda x \text{ als Faktor in } f(x) \text{ vorkommt,}$$
$$f(x) = \operatorname{Im} F(x), \quad \text{wenn } \sin \lambda x \text{ als Faktor in } f(x) \text{ vorkommt.}$$

Ist Y_0 eine partikuläre Lösung von $y'' + ay' + by = F(x)$, so ist $\operatorname{Re} Y_0$ bzw. $\operatorname{Im} Y_0$ dann eine partikuläre Lösung von $y'' + ay' + by = f(x)$. Das zeigt die folgende Überlegung.

Wie F ist auch eine partikuläre Lösung Y_0 der neuen Differentialgleichung eine komplexwertige Funktion. Sie lässt sich zerlegen in ihren Real- und ihren Imaginärteil: $Y_0(x) = \operatorname{Re} Y_0(x) + i\operatorname{Im} Y_0(x)$. In der Gleichung für die partikuläre Lösung Y_0

$$Y_0''(x) + aY_0'(x) + bY_0(x) = F(x)$$

stimmen dann auch die Realteile beider Seiten der Gleichung und die Imaginärteile beider Seiten der Gleichung überein, und diese Tatsache liefert die Behauptung.

Hat man die Störfunktion f in der gegebenen Differentialgleichung durch die neue Störfunktion F ersetzt, so kann man nun für die partikuläre Lösung Y_0 der neuen Differentialgleichung einen Ansatz angeben. Die Methode der unbestimmten Koeffizienten besteht darin, den Ansatz für Y_0 in folgender Weise zu wählen:

Zuerst schreibt man ein Produkt auf, das der Störfunktion F „nachgeahmt" ist (Ansatz vom Typ der rechten Seite) und dementsprechend folgendes Aussehen hat:

$$Y_0(x) = x^k q(x) e^{(\kappa + \lambda i)x} \quad \text{mit} \quad q(x) = A_n x^n + \cdots + A_1 x + A_0,$$

wobei $n = \operatorname{Grad} p$ ist. Der eine Faktor ist genau dieselbe Exponentialfunktion $e^{(\kappa + \lambda i)x}$, die auch in F auftritt, der andere Faktor ist ein Polynom q, das *denselben Grad* wie das in F auftretende Polynom p hat. Dabei sind die Koeffizienten dieses Polynoms zunächst noch *unbestimmte Konstanten* A_k (daher hat diese Methode ihren Namen).

Zu diesem Produkt muss unter Umständen eine Potenz x^k als weiterer Faktor hinzugefügt werden. Der Exponent k dieser Potenz ist die Vielfachheit, mit welcher der Koeffizient $\kappa + \lambda i$ (in der Exponentialfunktion) als Lösung der charakteristischen Gleichung auftritt. Um k zu bestimmen, geht man wie folgt vor:

Sind r_1 und r_2 die (möglicherweise auch gleichen) Lösungen der charakteristischen Gleichung, so prüft man, ob $\kappa + \lambda i$

(0) verschieden ist von r_1 und von r_2,

(1) übereinstimmt mit einer und verschieden ist zur anderen der beiden Lösungen r_1 und r_2 (das ist nur bei $r_1 \neq r_2$ möglich),

(2) übereinstimmt mit r_1 und mit r_2 (das ist nur bei $r_1 = r_2$ möglich).

Liegt die mit der Nummer k gekennzeichnete Situation vor, so ist der zu ergänzende Faktor die Potenz x^k, also gleich $x^0 = 1$ für $k = 0$ oder $x^1 = x$ für $k = 1$ oder x^2 für $k = 2$. Der Ansatz hat damit die folgende Form

$$Y_0(x) = \begin{cases} q(x)e^{(\kappa+\lambda i)x} & \text{für } \kappa + \lambda i \neq r_1 \text{ und } \kappa + \lambda i \neq r_2 \,, \\ xq(x)e^{(\kappa+\lambda i)x} & \text{für } \kappa + \lambda i = r_1 \text{ oder } \kappa + \lambda i = r_2 \text{ und } r_1 \neq r_2 \,, \\ x^2 q(x)e^{(\kappa+\lambda i)x} & \text{für } r_1 = \kappa + \lambda i = r_2 \,. \end{cases}$$

In diesem Ansatz sind nur noch die Koeffizienten des Polynoms q unbestimmt. Sie lassen sich eindeutig so berechnen, dass Y_0 dann die gesuchte partikuläre Lösung ist. Zu ihrer Berechnung werden Y_0 und die Ableitungen in die Differentialgleichung eingesetzt:

$$Y_0''(x) + a\,Y_0'(x) + b\,Y_0(x) = F(x).$$

In jedem Summanden auf der linken Seite und in $F(x)$ auf der rechten Seite der Gleichung tritt dieselbe Exponentialfunktion als Faktor auf und kann daher aus der Gleichung herausgekürzt werden (weil ihre Werte für alle $x \in \mathbb{R}$ von 0 verschieden sind). Man multipliziert nun die Klammern auf beiden Seiten der Gleichung aus, sortiert auf beiden Seiten nach gleichen Potenzen von x und klammert die Potenzen jeweils aus. Auf diese Weise erhält man eine Gleichung, deren beide Seiten Polynome in x sind. Diese können als Linearkombinationen von linear unabhängigen Potenzfunktionen (wegen der Eindeutigkeit solcher Linearkombinationen) nur einander gleich sein, wenn die Koeffizienten, die auf beiden Seiten bei gleichen Potenzfunktionen stehen, übereinstimmen. Durch diesen *Koeffizientenvergleich* erhält man eine Reihe von linearen Gleichungen, die zusammen ein lineares Gleichungssystem für die unbestimmten Koeffizienten des Polynoms im Ansatz Y_0 bilden.

Beispiele: Wir üben an folgenden Beispielen die Bildung von Ansätzen für Y_0:

(1) In $y'' + 2y' + 5y = F(x)$ sei F eine der Funktionen:

   (a) $3e^{(1+2i)x}$,   (b) $e^{(-1+2i)x}$,   (c) $xe^{(-1+2i)x}$,   (d) $(2x + 1)e^{(-1+2i)x}$.

Die zugehörige homogene Differentialgleichung hat die charakteristische Gleichung $r^2 + 2r + 5 = 0$. Ihre Lösungen sind zwei zueinander konjugiert komplexe Zahlen, nämlich $r_1 = -1 + 2i$ und $r_2 = -1 - 2i$. Der Ansatz für die partikuläre Lösung ist dann in Abhängigkeit von der jeweiligen Störfunktion wie folgt zu wählen:

   (a) $F(x) = 3e^{(1+2i)x}$:   Es ist $1 + 2i \neq r_1$ und $1 + 2i \neq r_2$. Das Polynom $p(x) = 3$ hat den Grad 0. Daher lautet der Ansatz: $Y_0(x) = A_0 e^{(1+2i)x}$.

   (b) $F(x) = e^{(-1+2i)x}$:   Es ist $-1 + 2i = r_1$ und $-1 + 2i \neq r_2$. Das Polynom $p(x) = 1$ (das hier nicht sichtbar auftritt) hat den Grad 0. Daher lautet der Ansatz: $Y_0(x) = A_0 x e^{(-1+2i)x}$.

   (c) $F(x) = xe^{(-1+2i)x}$:   Es ist $-1 + 2i = r_1$ und $-1 + 2i \neq r_2$. Das Polynom $P(x) = x$ hat den Grad 1. Der Ansatz ist: $Y_0(x) = x(A_1 x + A_0)e^{(-1+2i)x}$.

(d) $F(x) = (2x+1)e^{(-1+2i)x}$:   Wie in (c) ist $-1+2i = r_1$ und $-1+2i \neq r_2$ und das Polynom $p(x) = 2x + 1$ hat den Grad 1. Daher ist der Ansatz derselbe wie in (c): $Y_0(x) = x(A_1x + A_0)e^{(-1+2i)x}$.

Hinweis: Wie die Beispiele (c) und (d) zeigen, hängt das Polynom im Ansatz für Y_0 nicht von dem besonderen Aussehen des Polynoms in F ab, sondern nur von dem Grad dieses Polynoms. So ist zum Beispiel auch für die Differentialgleichung $y'' + 2y' + 5y = F(x)$ und jede der Störfunktionen

$$(x^2 + x - 3)e^{(-1+2i)x}, \quad (2x^2 + 5)e^{(-1+2i)x}, \quad (3x^2 - x)e^{(-1+2i)x}$$

der Ansatz für Y_0 immer derselbe, nämlich:

$$Y_0(x) = x(A_2x^2 + A_1x + A_0)e^{(-1+2i)x}.$$

(2) In $y'' + 4y' + 4y = F(x)$ sei F eine der Funktionen:

(a) e^{2x},   (b) x^2e^{2x},   (c) $3xe^{-2x}$,   (d) $5e^{-2x}$.

Die zugehörige homogene Differentialgleichung hat die charakteristische Gleichung $r^2 + 4r + 4 = 0$. Diese hat eine reelle Lösung der Vielfachheit 2, nämlich $r_1 = r_2 = -2$.

(a) $F(x) = e^{2x}$:   2 ist verschieden von $r_1 = r_2 = -2$. Das Polynom $p(x) = 1$ hat den Grad 0. Daher lautet der Ansatz: $Y_0(x) = A_0e^{2x}$.

(b) $F(x) = x^2e^{2x}$:   2 ist wie in (a) verschieden von $r_1 = r_2 = -2$. Das Polynom $p(x) = x^2$ hat aber hier den Grad 2. Daher lautet der Ansatz jetzt: $Y_0(x) = (A_2x^2 + A_1x + A_0)e^{2x}$.

(c) $F(x) = 3xe^{-2x}$: -2 ist eine 2-fache Lösung der charakteristischen Gleichung. Das Polynom $p(x) = 3x$ hat den Grad 1. Daher lautet der Ansatz: $Y_0(x) = x^2(A_1x + A_0)e^{-2x}$.

(d) $F(x) = 5e^{-2x}$: -2 ist eine 2-fache Lösung der charakteristischen Gleichung. Das Polynom $p(x) = 5$ hat den Grad 0. Daher lautet der Ansatz: $Y_0(x) = x^2A_0e^{-2x}$.

In dem folgenden Beispiel bestimmen wir eine partikuläre Lösung nach der Methode der unbestimmten Koeffizienten.

Beispiel: Wir betrachten gleichzeitig die beiden inhomogenen linearen Differentialgleichungen, die sich nur dadurch unterscheiden, dass in der Störfunktion einmal die Cosinusfunktion, das andere Mal die Sinusfunktion auftritt.

(1) $y'' - 2y' + 5y = e^x \cos 2x$ und   (2) $y'' - 2y' + 5y = e^x \sin 2x$.

Die zugehörige homogene lineare Differentialgleichung $y'' - 2y' + 5y = 0$ hat die charakteristische Gleichung $r^2 - 2r + 5 = 0$. Ihre Lösungen sind zwei zueinander konjugiert komplexe Zahlen, nämlich $r_1 = 1 + 2i$ und $r_2 = 1 - 2i$. Die allgemeine Lösung der homogenen Differentialgleichung ist:

$$y(x) = c_1 e^x \cos 2x + c_2 e^x \sin 2x \,.$$

Um partikuläre Lösungen der beiden inhomogenen linearen Differentialgleichungen zu bestimmen, ersetzen wir zuerst die Störfunktion durch die komplexe Exponentialfunktion, deren Real- oder Imaginärteil sie ist:

Beide Störfunktionen $f_1(x) = e^x \cos 2x$ und $f_2(x) = e^x \sin 2x$ sind zu ersetzen durch $F(x) = e^{(1+2i)x}$. Wir bestimmen zuerst eine partikuläre Lösung Y_0 der Differentialgleichung

$$y'' - 2y' + 5y = e^{(1+2i)x} \,.$$

Da $1 + 2i = r_1$ und $1 + 2i \neq r_2$ ist und das Polynom $p(x) = 1$ den Grad 0 hat, machen wir den Ansatz

$$Y_0(x) = A_0 x e^{(1+2i)x}$$

und setzen ihn und seine Ableitungen

$$Y_0'(x) = A_0[1 + (1 + 2i)x]e^{(1+2i)x} \,,$$
$$Y_0''(x) = A_0[2(1 + 2i) + (1 + 2i)^2 x]e^{(1+2i)x}$$

in die Differentialgleichung ein. Dabei klammern wir gleich den gemeinsamen Faktor $A_0 e^{(1+2i)x}$ aus:

$$Y_0''(x) - 2Y_0'(x) + 5Y_0(x) = e^{(1+2i)x}$$
$$\Longleftrightarrow A_0 \left(2(1 + 2i) + (1 + 2i)^2 x - 2[1 + (1 + 2i)x] + 5x\right) e^{(1+2i)x} = e^{(1+2i)x}$$
$$\Longleftrightarrow A_0 \left(2 + 4i + (-3 + 4i)x - 2 - (2 + 4i)x + 5x\right) = 1 \Longleftrightarrow 4iA_0 = 1 \,.$$

Hieraus folgt $A_0 = -\frac{1}{4} i$ und damit erhalten wir als partikuläre Lösung:

$$Y_0(x) = -\frac{1}{4} x i e^{(1+2i)x} = -\frac{1}{4} x e^x i(\cos 2x + i \sin 2x)$$
$$= -\frac{1}{4} x e^x (i \cos 2x - \sin 2x)$$
$$= \frac{1}{4} x e^x \sin 2x - \frac{i}{4} x e^x \cos 2x \,.$$

Hieraus erhalten wir partikuläre Lösungen der Differentialgleichungen (1) und (2):

$$Y_{0,1}(x) = \operatorname{Re} Y_0(x) = \frac{1}{4} x e^x \sin 2x \,,$$
$$Y_{0,2}(x) = \operatorname{Im} Y_0(x) = -\frac{1}{4} x e^x \cos 2x \,.$$

Wir geben schließlich noch die allgemeinen Lösungen der Differentialgleichungen an:

$$y(x) = \frac{1}{4} x e^x \sin 2x + c_1 e^x \cos 2x + c_2 e^x \sin 2x \,,$$
$$y(x) = -\frac{1}{4} x e^x \cos 2x + c_1 e^x \cos 2x + c_2 e^x \sin 2x \,.$$

Vergleich der beiden Methoden zur Bestimmung einer partikulären Lösung einer inhomogenen linearen Differentialgleichung

Die *Variation der Konstanten* ist eine Methode, die unabhängig vom Aussehen der Störfunktion f die Bestimmung einer partikulären Lösung ermöglicht, wenn die allgemeine Lösung der zugehörigen homogenen linearen Differentialgleichung bekannt ist und die Integrale in Satz 10.6.5 berechnet werden können. Allerdings sind dazu eben Integrationen durchzuführen.

Die *Methode der unbestimmten Koeffizienten* kann nur angewendet werden, wenn die lineare Differentialgleichung konstante Koeffizienten hat und die Störfunktion f von dem vorgeschriebenen speziellen Typ ist. Da diese Voraussetzungen in vielen physikalischen Problemen, die zu linearen Differentialgleichungen führen, erfüllt sind, ist der Anwendungsbereich der Methode dadurch nicht zu sehr eingeschränkt. Ihr Vorteil besteht vor allem darin, dass man nicht zu integrieren braucht, sondern nur Ableitungen bilden und ein lineares Gleichungssystem lösen muss.

Ein physikalisches Beispiel für eine inhomogene lineare Differentialgleichung und damit für das Auftreten einer Störfunktion liefert uns wieder der harmonische Oszillator.

Beispiel: Auf den schwingenden Körper K wirke zusätzlich eine äußere periodische Kraft, die durch eine Störfunktion $f(t) = f_0 \sin \omega_0 t$ repräsentiert werde. Für den ungedämpften bzw. gedämpften Fall lautet die Differentialgleichung dann:

$$m\ddot{x} + kx = f_0 \sin \omega_0 t \quad \text{bzw.} \quad m\ddot{x} + R\dot{x} + kx = f_0 \sin \omega_0 t .$$

Wir dividieren durch m. Mit den Bezeichnungen des Beispiels auf Seite 339 ist dann:

$$\ddot{x} + \omega^2 x = \frac{f_0}{m} \sin \omega_0 t \quad \text{bzw.} \quad \ddot{x} + 2\rho\dot{x} + \omega^2 x = \frac{f_0}{m} \sin \omega_0 t .$$

Wir diskutieren hier nur die Situation im ungedämpften Fall. Dabei müssen wir zwei Fälle unterscheiden: (a) $\omega \neq \omega_0$ und (b) $\omega = \omega_0$. In beiden ersetzen wir die Störfunktion durch die komplexe Exponentialfunktion $\frac{f_0}{m} e^{\omega_0 t i}$, deren Imaginärteil sie ist.

(a) Bei $\omega \neq \omega_0$ lautet der Ansatz für die partikuläre Lösung $X_0(t) = A_0 e^{\omega_0 t i}$. Wir setzen ihn und seine zweite Ableitung $\ddot{X}_0(t) = -A_0 \omega_0^2 e^{\omega_0 t i}$ in die Differentialgleichung ein:

$$-A_0 \omega_0^2 e^{\omega_0 t i} + A_0 \omega^2 e^{\omega_0 t i} = \frac{f_0}{m} e^{\omega_0 t i} \iff A_0 \left(-\omega_0^2 + \omega^2 \right) = \frac{f_0}{m}$$

$$\iff A_0 = \frac{f_0}{m(\omega^2 - \omega_0^2)} .$$

Mit diesem Wert für A_0 ist X_0 bestimmt. Der Imaginärteil von X_0 ist die partikuläre Lösung unserer Differentialgleichung:

$$x_0(t) = \operatorname{Im} X_0(t) = \frac{f_0}{m(\omega^2 - \omega_0^2)} \sin \omega_0 t .$$

Mit der allgemeinen Lösung $x_h(t) = A\cos(\omega t - \alpha)$ der homogenen Differentialgleichung (Seite 313) lautet die allgemeine Lösung der Differentialgleichung für die erzwungene ungedämpfte Schwingung:

$$x(t) = \frac{f_0}{m(\omega^2 - \omega_0^2)}\cos\omega_0 t + A\cos(\omega t - \alpha).$$

Sie ist eine Überlagerung von zwei Schwingungen mit unterschiedlichen Kreisfrequenzen ω und ω_0 und unterschiedlichen Amplituden.

(b) Bei $\omega = \omega_0$ lautet der Ansatz für die partikuläre Lösung: $X_0(t) = A_0 t e^{\omega t i}$. Die Ableitungen sind:

$$\dot{X}_0(t) = A_0(1 + \omega it)e^{\omega t i} \quad \text{und} \quad \ddot{X}_0(t) = A_0(2\omega i - \omega^2 t)e^{\omega t i}.$$

Wir setzen X_0 und $\ddot{X}_0$ in die Differentialgleichung ein:

$$A_0(2\omega i - \omega^2 t)e^{\omega t i} + \omega^2 A_0 t e^{\omega t i} = \frac{f_0}{m}e^{\omega t i}$$

$$\Longleftrightarrow \quad A_0(2\omega i - \omega^2 t + \omega^2 t) = \frac{f_0}{m} \quad \Longleftrightarrow \quad A_0 = \frac{f_0}{2m\omega i} = -\frac{f_0}{2m\omega}i.$$

Mit diesem Wert für A_0 ist X_0 bestimmt. Der Imaginärteil von X_0 ist die partikuläre Lösung unserer Differentialgleichung:

$$x_0(t) = \operatorname{Im} X_0(t) = -\frac{f_0}{2m\omega}t\cos\omega t,.$$

Damit lautet die allgemeine Lösung:

$$x(t) = A\cos(\omega t - \alpha) - \frac{f_0}{2m\omega}t\cos\omega t.$$

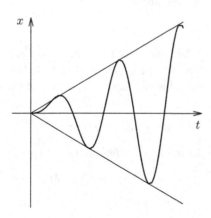

Abb. 10.10   In der Abbildung ist der Bewegungsablauf für eine erzwungene Schwingung skizziert, bei der die Eigenschwingung und die von außen wirkende erregende Schwingung dieselbe Frequenz haben, also in Resonanz sind. Mit zunehmender Zeit wächst die Amplitude der Schwingung gegen ∞. Es kommt zur Resonanzkatastrophe.

Auch hier liegt eine Überlagerung von zwei Schwingungen vor, die jetzt aber beide dieselbe Frequenz ω haben (man sagt, die erregende Schwingung und die

Eigenschwingung des Oszillators seien in *Resonanz*). Wegen des Faktors t bei dem zweiten Summanden wächst die Amplitude der Schwingung mit wachsender Zeit – *die Schwingung oszilliert* (Abb. 10.10).

★ **Aufgaben**

(1) Bestimmen Sie die allgemeine Lösung der homogenen linearen Differentialgleichung:

(a) $y'' + 4y' + 4y = 0$, (b) $y'' + 4y' + 7y = 0$, (c) $y'' + 4y' + y = 0$,

(d) $y'' + 6y' + 5y = 0$, (e) $y'' + 4y' = 0$, (f) $y'' + 4y = 0$,

(g) $y'' - 4y = 0$, (h) $y'' = 0$.

(2) Bestimmen Sie die allgemeine Lösung der Differentialgleichung. Beachten Sie dabei, dass Sie hier eine partikuläre Lösung nur nach der Methode der Variation der Konstanten finden können:

(a) $y'' - 8y' + 16y = \dfrac{1}{x}\, e^{4x}$, (b) $y'' + y = 3\sin x \cos x$.

(3) Stellen Sie den Ansatz (Methode der unbestimmten Koeffizienten) für eine partikuläre Lösung der Differentialgleichung auf:

(a) $y'' - 5y' + 4y = f(x)$ und $f(x)$ ist gegeben durch:

$$(x^2 + 1)e^{-x}, \quad xe^{-x}, \quad (3x - 1)e^{-x}, \quad -5e^{-x}, \quad x^2 e^x, \quad 3e^x,$$

$$(2x^2 + 5x)e^x, \quad 3e^x \cos 2x, \quad 3xe^x \sin 2x,$$

(b) $2y'' + 7y' = f(x)$ und $f(x)$ ist gegeben durch:

$$3x, \quad 2\cos x, \quad 3e^{-(7/2)x} \cos x.$$

(4) Bestimmen Sie eine partikuläre Lösung der inhomogenen linearen Differentialgleichung sowohl durch Variation der Konstanten als auch nach der Methode der unbestimmten Koeffizienten und überzeugen Sie sich davon, dass letztere weniger aufwändig als erstere ist:

(a) $y'' - 2y' + 5y = e^x \sin 2x$, (b) $y'' + 3y' = 6x + 8$.

(5) Bestimmen Sie die allgemeine Lösung der linearen Differentialgleichung:

(a) $y'' + 3y' = 18xe^{-3x}$, (b) $y'' + 9y' = (36x + 6)\sin 3x$,

(c) $y'' - 6y' + 9y = 18\cos 3x$, (d) $y'' - 6y' + 13y = xe^{3x}\sin x$.

Kapitel 11

Lineare Differentialgleichungssysteme

Bei einer gewöhnlichen Differentialgleichung $F(x, y, y', \ldots, y^{(n)}) = 0$ sind diejenigen Funktionen $y = y(x)$ gesucht, die zusammen mit ihren Ableitungen $y', \ldots, y^{(n)}$ die Gleichung erfüllen.

Eine viel allgemeinere Situation liegt bei gewöhnlichen Differentialgleichungssystemen vor. Sie haben die Gestalt

$$\mathbf{F}(x, \mathbf{y}, \mathbf{y}', \ldots, \mathbf{y}^{(r)}) = \mathbf{0}.$$

Hat dabei die vektorwertige Funktion $\mathbf{F}$ den Wertebereich $\mathbb{R}^m$, so können wir die Gleichung koordinatenweise aufschreiben und erhalten ein System von m Gleichungen

$$F_i(x, \mathbf{y}, \mathbf{y}', \ldots, \mathbf{y}^{(r)}) = 0 \quad \text{für } i = 1, \ldots, m.$$

In ihnen ist $\mathbf{y} = \mathbf{y}(x)$ eine gesuchte vektorwertige Funktion von x mit den Ableitungen $\mathbf{y}', \ldots, \mathbf{y}^{(r)}$. Ist $\mathbb{R}^n$ der Wertebereich von $\mathbf{y}$, so hat $\mathbf{y}$ n Koordinaten und wir können die Gleichungen als Differentialgleichungen für n unbekannte Funktionen, nämlich die Koordinatenfunktionen $y_1, \ldots, y_n$ von $\mathbf{y}$, auffassen. In den m Gleichungen treten im allgemeinen diese Funktionen $y_1, \ldots, y_n$ und ihre Ableitungen bis zur Ordnung r auf.

Unter den Differentialgleichungssystemen sind die linearen Differentialgleichungssysteme erster Ordnung, mit denen wir uns in diesem Kapitel befassen, von besonders einfacher Gestalt. Sie ähnelt derjenigen einer linearen Differentialgleichung erster Ordnung. In einer solchen muss man sich nur die Funktionen durch vektorwertige Funktionen und den Koeffizienten bei y durch eine Matrix ersetzt denken. In der Chemie treten lineare Differentialgleichungssysteme zum Beispiel in der Reaktionskinetik oder bei der Untersuchung von Molekülschwingungen auf. Zur Bestimmung der Lösungen eines linearen Differentialgleichungssystems mit konstanten Koeffizienten gehen wir ähnlich vor, wie bei der Lösung einer linearen Differentialgleichung zweiter Ordnung. Dem Lösen der charakteristischen Gleichung entspricht dabei hier das Lösen eines Eigenwertproblems für die Koeffizientenmatrix. Wir behandeln daher in Abschnitt 11.2 zuerst das Eigenwertproblem für Matrizen, bevor wir dann in Abschnitt 11.3 ein Verfahren für die Lösung homogener linearer Differentialgleichungssysteme kennen lernen.

11.1 Grundbegriffe

11.1.1 Definition *Sei* A *eine* n-*reihige quadratische Matrix mit Einträgen* $a_{ij} \in \mathbb{R}$ *und sei* b: $\mathbb{I} \to \mathbb{R}^n$ *eine vektorwertige Funktion auf einem Intervall* $\mathbb{I}$:

$$
A = \begin{pmatrix} a_{11} & \cdots & a_{1n} \\ \vdots & & \vdots \\ a_{n1} & \cdots & a_{nn} \end{pmatrix} \quad \text{und} \quad \mathbf{b}: \mathbb{I} \to \mathbb{R}^n \quad \text{mit} \quad \mathbf{b}(x) = \begin{pmatrix} b_1(x) \\ \vdots \\ b_n(x) \end{pmatrix}.
$$

Steht dann y *mit den Koordinaten* $y_1, \dots, y_n$ *für eine noch unbekannte vektorwertige Funktion von* x *und* y′ *für ihre Ableitung, so heißt*

$$
\mathbf{y}' = A\mathbf{y} + \mathbf{b}(x) \iff \begin{cases} y_1' = a_{11}y_1 + \cdots + a_{1n}y_n + b_1(x) \\ \vdots \\ y_n' = a_{n1}y_1 + \cdots + a_{nn}y_n + b_n(x) \end{cases}
$$

ein lineares Differentialgleichungssystem erster Ordnung für die n *unbekannten Funktionen* $y_1, \dots, y_n$ *(oder für die unbekannte vektorwertige Funktion* y*). Es heißt inhomogen, wenn* b: $\mathbb{I} \to \mathbb{R}^n$ *nicht die Nullfunktion auf* $\mathbb{I}$ *ist, und homogen, wenn* b = 0 *die Nullfunktion ist.*

Eine differenzierbare vektorwertige Funktion y: $\mathbb{I} \to \mathbb{R}^n$ *heißt eine Lösung des Differentialgleichungssystems, wenn gilt:*

$$
\mathbf{y}'(x) = A\mathbf{y}(x) + \mathbf{b}(x) \quad \text{für alle } x \in \mathbb{I}.
$$

Die Menge aller Lösungen heißt der Lösungsraum des Differentialgleichungssystems.

Beispiel: Wir betrachten eine chemische Reaktion, bei der eine chemische Substanz in zwei Stufen umgewandelt wird. Das bedeutet: Die Moleküle der Substanz vom Typ A_1 gehen zuerst in Moleküle vom Typ A_2 über und diese dann in Moleküle vom Typ A_3. Wir bezeichnen für $i = 1, 2, 3$ die Konzentration der Moleküle vom Typ A_i zur Zeit t mit $y_i(t)$. Die Ableitung $y_i'(t)$ beschreibt dann die Konzentrationsänderung von A_i zur Zeit t. Experimentell lässt sich beobachten:

(1) Die Konzentrationsänderung von A_1 ist zu jedem Zeitpunkt t proportional zur vorhandenen Konzentration:
$$
y_1' = -k_1 y_1 \, .
$$

   Hierbei ist $k_1 > 0$ der Proportionalitätsfaktor. Da $y_1(t) > 0$ ist und in Abhängigkeit von der Zeit monoton abnimmt, ist die Konzentrationsänderung $y_1'(t)$ negativ. Das wird in der Gleichung durch das Vorzeichen „−" auf der rechten Seite zum Ausdruck gebracht.

(2) Die Konzentrationsänderung von A_2 setzt sich aus zwei Anteilen zusammen, die sich wie folgt interpretieren lassen. Die Konzentration von A_2 nimmt in dem Maße zu, wie die von A_1 abnimmt. Gleichzeitig nimmt sie wegen der Umwandlung von A_2 in A_3 ab:
$$
y_2' = k_1 y_1 - k_2 y_2 \, .
$$

(3) Die Konzentration von A_3 nimmt in dem Maße zu, wie die von A_2 abnimmt. Ihre Änderung ist also proportional zu y_2:

$$y_3' = k_2 y_2.$$

Die Reaktion wird somit insgesamt beschrieben durch das System der drei Differentialgleichungen für die drei unbekannten Funktionen y_i, also durch das homogene lineare Differentialgleichungssystem erster Ordnung

$$
\begin{aligned}
y_1' &= -k_1 y_1 \\
y_2' &= k_1 y_1 - k_2 y_2 \\
y_3' &= k_2 y_2
\end{aligned}
\iff
\begin{pmatrix} y_1' \\ y_2' \\ y_3' \end{pmatrix}
=
\begin{pmatrix} -k_1 & 0 & 0 \\ k_1 & -k_2 & 0 \\ 0 & k_2 & 0 \end{pmatrix}
\begin{pmatrix} y_1 \\ y_2 \\ y_3 \end{pmatrix}.
$$

Dem Satz 10.4.3 über die Struktur der Lösungsmenge homogener linearer Differentialgleichungen entspricht der folgende Satz für homogene lineare Differentialgleichungssysteme. Ebenso entspricht dem Satz 10.4.4 ein Satz für inhomogene lineare Differentialgleichungssysteme und lässt sich auch hier eine partikuläre Lösung immer durch die Methode der *Variation der Konstanten* bestimmen. Wir werden uns im folgenden allerdings nur mit homogenen linearen Differentialgleichungssystemen beschäftigen.

11.1.2 Satz *Sei* A *eine* n-*reihige quadratische Matrix mit Einträgen aus* $\mathbb{R}$. *Die Menge aller Lösungen des homogenen linearen Differentialgleichungssystems* $\mathbf{y}' = \mathbf{A}\mathbf{y}$ *ist ein Vektorraum der Dimension* n. *Es genügt daher,* n *linear unabhängige Lösungsfunktionen* $\mathbf{y}_1, \ldots, \mathbf{y}_n \colon \mathbb{I} \to \mathbb{R}^n$ *(also eine Basis) zu bestimmen. Die Lösungen sind dann genau die Linearkombinationen*

$$\mathbf{y} = c_1 \mathbf{y}_1 + \cdots + c_n \mathbf{y}_n \quad \text{mit} \quad c_1, \ldots, c_n \in \mathbb{R}.$$

$\mathbf{y} \colon \mathbb{I} \to \mathbb{R}^n$ *heißt die allgemeine Lösung des Differentialgleichungssystems.*

Die konkrete Bestimmung von n linear unabhängigen Lösungsfunktionen führt auf ein Eigenwertproblem für Matrizen, das wir im folgenden Abschnitt behandeln.

11.2 Eigenwerte und Eigenräume von Matrizen

Nach Definition 3.7.7 ist das Produkt einer n-reihigen (reellen) quadratischen Matrix A mit einem Vektor $\mathbf{x} \in \mathbb{R}^n$ ein Vektor $\mathbf{y} = \mathbf{A}\mathbf{x} \in \mathbb{R}^n$. Daher kann A als eine Abbildung $\mathbf{A} \colon \mathbb{R}^n \to \mathbb{R}^n$ aufgefasst werden. Man bezeichnet sie als eine *lineare Abbildung*, weil sie wegen der Regeln (2) in Satz 3.7.8 vertauschbar ist mit der Addition und der Multiplikation mit Skalaren, also mit den beiden *linearen* Operationen im Vektorraum $\mathbb{R}^n$. Um spezielle Eigenschaften einer solchen linearen Abbildung $\mathbf{A} \colon \mathbb{R}^n \to \mathbb{R}^n$ herauszufinden, interessieren wir uns für Vektoren $\mathbf{v} \in \mathbb{R}^n$, die unter ihr in Vektoren gleicher oder entgegengesetzter Richtung überführt werden. Dass solche Vektoren Eigenschaften einer linearen Abbildung kennzeichnen können, zeigt das Beispiel einer Rotation

um eine Achse oder einer Drehstreckung, die sich aus einer Rotation und einer anschließenden Streckung zusammensetzt. Beide können durch 3-reihige quadratische Matrizen
beschrieben werden. Genau alle Vektoren auf der Achse gehen bei der Rotation und
bei der Drehstreckung in Vektoren über, die wieder auf der Achse liegen. Umgekehrt
ist in beiden Beispielen die Drehachse gekennzeichnet als die gemeinsame Gerade, auf
der alle diejenigen Vektoren liegen, die unter der Abbildung wenigstens ihre Richtung
beibehalten. Die Forderung, dass ein Vektor $\mathbf{v}$ unter A in einen Vektor gleicher oder entgegengesetzter Richtung, aber möglicherweise anderer Länge übergeht, bedeutet, dass
für $\mathbf{v}$ gelten muss: $A\mathbf{v} = \lambda\mathbf{v}$. Dabei ist $\lambda \in \mathbb{R}$ eine Zahl, die durch ihren Betrag angibt,
um welchen Faktor $\mathbf{v}$ gestreckt oder gestaucht wird, und deren Vorzeichen angibt, ob $A\mathbf{v}$
die gleiche oder die entgegengesetzte Richtung wie $\mathbf{v}$ hat. Wir zeichnen die Vektoren,
die dieser Bedingung genügen, durch einen besonderen Namen aus.

11.2.1 Definition *Sei A eine n-reihige quadratische Matrix mit Einträgen aus $\mathbb{R}$.*

*(1) Eine Zahl $\lambda \in \mathbb{R}$ heißt ein Eigenwert von A, wenn es einen Vektor $\mathbf{v} \neq \mathbf{0}$ in $\mathbb{R}^n$
gibt, so dass gilt: $A\mathbf{v} = \lambda\mathbf{v}$.*

*(2) Ist λ ein Eigenwert von A, so heißt jeder Vektor $\mathbf{v} \neq \mathbf{0}$ in $\mathbb{R}^n$, für den $A\mathbf{v} = \lambda\mathbf{v}$
ist, ein Eigenvektor von A zum Eigenwert λ.*

Beispiel: Für die Matrix $A = \begin{pmatrix} 1 & -1 \\ -1 & 1 \end{pmatrix}$ und den Vektor $\mathbf{v} = \begin{pmatrix} 1 \\ -1 \end{pmatrix}$ gilt:

$$A\mathbf{v} = \begin{pmatrix} 1 & -1 \\ -1 & 1 \end{pmatrix} \begin{pmatrix} 1 \\ -1 \end{pmatrix} = \begin{pmatrix} 2 \\ -2 \end{pmatrix} = 2 \begin{pmatrix} 1 \\ -1 \end{pmatrix} = 2\mathbf{v}\,.$$

Also ist $\mathbf{v}$ ein Eigenvektor der Matrix A zum Eigenwert $\lambda = 2$.

11.2.2 Bemerkung Wie das Produkt einer n-reihigen quadratischen Matrix A mit einem Vektor $\mathbf{x} \in \mathbb{R}^n$ (Definition 3.7.7) kann auch das Produkt mit einem Vektor aus
$\mathbb{C}^n$ definiert werden. Eine Matrix A definiert dann allgemeiner eine lineare Abbildung
$A\colon \mathbb{C}^n \to \mathbb{C}^n$. Das ermöglicht entsprechend folgende allgemeinere Definition der Begriffe *Eigenwert* und *Eigenvektor*:
Eine Zahl $\lambda \in \mathbb{C}$ heißt ein Eigenwert von A, wenn es einen Vektor $\mathbf{v} \neq \mathbf{0}$ in $\mathbb{C}^n$ gibt, so
dass $A\mathbf{v} = \lambda\mathbf{v}$ gilt. Ist λ ein Eigenwert von A, so heißt jeder Vektor $\mathbf{v} \neq \mathbf{0}$ in $\mathbb{C}^n$, für
den $A\mathbf{v} = \lambda\mathbf{v}$ ist, ein Eigenvektor von A zum Eigenwert λ.
Entsprechend Definition 11.2.1 begnügen wir uns im folgenden damit, reelle Eigenwerte
und -vektoren zu betrachten, weil dies für unsere Zwecke ausreicht.

Wir setzen voraus, dass λ ein Eigenwert von A ist, und interessieren uns für die Menge
aller Vektoren $\mathbf{v} \in \mathbb{R}^n$, für die $A\mathbf{v} = \lambda\mathbf{v}$ erfüllt ist. Da natürlich $A\mathbf{0} = \mathbf{0} = \lambda\mathbf{0}$
gilt, gehört auch der Nullvektor $\mathbf{0}$ zu dieser Menge, obwohl er nach Definition 11.2.1
kein Eigenvektor ist. Bis auf den Nullvektor sind die Vektoren dieser Menge genau die
Eigenvektoren von A zum Eigenwert λ:

Sind $\mathbf{v}_1, \mathbf{v}_2 \in \mathbb{R}^n$ zwei beliebige Vektoren, für die $A\mathbf{v}_1 = \lambda\mathbf{v}_1$ und $A\mathbf{v}_2 = \lambda\mathbf{v}_2$ gilt, und sind c_1, c_2 beliebige Skalare, so folgt für die mit ihnen gebildete Linearkombination wegen der Linearität von A (Regeln (2) in Satz 3.7.8):

$$A(c_1\mathbf{v}_1 + c_2\mathbf{v}_2) = c_1 A\mathbf{v}_1 + c_2 A\mathbf{v}_2 = c_1(\lambda\mathbf{v}_1) + c_2(\lambda\mathbf{v}_2) = \lambda(c_1\mathbf{v}_1 + c_2\mathbf{v}_2).$$

Für einen Eigenwert λ einer Matrix A ist also die Menge aller Vektoren $\mathbf{v} \in \mathbb{R}^n$, die der Gleichung $A\mathbf{v} = \lambda\mathbf{v}$ genügen, abgeschlossen bezüglich der Operationen *Addition* und *Multiplikation mit Skalaren* in $\mathbb{R}^n$. Nach Satz 3.5.2 und Definition 3.5.3 gilt daher:

11.2.3 Folgerung *Ist A eine n-reihige quadratische Matrix mit Einträgen aus $\mathbb{R}$, so ist für jeden Eigenwert $\lambda \in \mathbb{R}$ von A die Menge*

$$E(A, \lambda) = \{\, \mathbf{v} \in \mathbb{R}^n \mid A\mathbf{v} = \lambda\mathbf{v} \,\}$$

ein Untervektorraum von $\mathbb{R}^n$. Er heißt Eigenraum von A zum Eigenwert λ. Weiter gilt:

(1) $E(A, \lambda) \setminus \{\mathbf{0}\}$ ist die Menge aller Eigenvektoren von A zum Eigenwert λ.

(2) Für je zwei verschiedene Eigenwerte λ_1, λ_2 von A ist

$$E(A, \lambda_1) \cap E(A, \lambda_2) = \{\mathbf{0}\}.$$

11.2.4 Bemerkung Als Untervektorraum von $\mathbb{R}^n$ hat der Eigenraum $E(A, \lambda)$ ebenfalls endliche Dimension, kann also durch eine Basis beschrieben werden. Nimmt man aus $E(A, \lambda)$ den Nullvektor heraus, so erhält man die Menge aller Eigenvektoren von A zum Eigenwert λ. Der Einfachheit halber gibt man im Allgemeinen immer den Eigenraum $E(A, \lambda)$ an, weil man ihn eben mit Hilfe einer Basis kennzeichnen kann.

Die folgende Überlegung liefert uns ein Verfahren zur Bestimmung aller Eigenwerte einer gegebenen Matrix A und der zu ihnen gehörenden Eigenräume.

Bezeichnet E die n-reihige Einheitsmatrix (deren Einträge in der Hauptdiagonalen alle den Wert 1 haben und deren andere Einträge alle 0 sind), so ist $E\mathbf{v} = \mathbf{v}$ für jeden Vektor $\mathbf{v}$. Für $n = 3$ ist zum Beispiel:

$$E\mathbf{v} = \begin{pmatrix} 1 & 0 & 0 \\ 0 & 1 & 0 \\ 0 & 0 & 1 \end{pmatrix} \begin{pmatrix} v_1 \\ v_2 \\ v_3 \end{pmatrix} = \begin{pmatrix} v_1 \\ v_2 \\ v_3 \end{pmatrix} = \mathbf{v}.$$

Damit können wir die Gleichung, durch welche die Eigenwerte und Eigenvektoren definiert sind, wie folgt äquivalent umformen:

$$A\mathbf{v} = \lambda\mathbf{v} \iff A\mathbf{v} = \lambda(E\mathbf{v}) = (\lambda E)\mathbf{v} \iff A\mathbf{v} - (\lambda E)\mathbf{v} = \mathbf{0}$$
$$\iff (A - \lambda E)\mathbf{v} = \mathbf{0}.$$

Die Matrix $A - \lambda E$ erhält man, indem man in der Matrix A von jedem Eintrag a_{ii} in der Hauptdiagonalen λ subtrahiert, zum Beispiel für $n = 3$:

$$A - \lambda E = \begin{pmatrix} a_{11} - \lambda & a_{12} & a_{13} \\ a_{21} & a_{22} - \lambda & a_{23} \\ a_{31} & a_{32} & a_{33} - \lambda \end{pmatrix}.$$

Die Gleichung $(A - \lambda E)v = 0$ können wir als ein homogenes lineares Gleichungssystem mit der Koeffizientenmatrix $A - \lambda E$ auffassen. Die Frage nach den Eigenwerten λ von A und den zugehörigen Eigenvektoren lässt sich nun wie folgt formulieren:

Zu bestimmen sind alle diejenigen Zahlenwerte von λ, für die das homogene lineare Gleichungssystem $(A - \lambda E)v = 0$ Lösungen $v \neq 0$ besitzt. Da nach Folgerung 3.8.17 ein homogenes lineares Gleichungssystem genau dann von 0 verschiedene Lösungen besitzt, wenn die Determinante seiner Koeffizientenmatrix den Wert 0 hat, gilt:

$$\lambda \in \mathbb{R} \text{ ist ein Eigenwert von A} \iff \det(A - \lambda E) = 0 \,.$$

Um die Eigenwerte zu finden, müssen wir also alle reellen Lösungen der Gleichung $\det(A - \lambda E) = 0$ bestimmen. Für jeden auf diese Weise gefundenen Eigenwert λ ist nach Definition 11.2.1 jede Lösung $v \neq 0$ des homogenen linearen Gleichungssystems $(A - \lambda E)v = 0$ ein Eigenvektor zu λ. Der zu λ gehörende Eigenraum $E(A, \lambda)$ ist also genau der Lösungsraum des homogenen linearen Gleichungssystems. Wir fassen diese Erkenntnisse zusammen:

11.2.5 Folgerung *Sei A eine n-reihige quadratische Matrix.*

(1) Die Eigenwerte von A sind genau die Lösungen der Gleichung $\det(A - \lambda E) = 0$.

(2) Der Eigenraum $E(A, \lambda)$ der Matrix A zu einem Eigenwert λ ist der Lösungsraum des homogenen linearen Gleichungssystems $(A - \lambda E)v = 0$.

Die Determinante $\det(A - \lambda E)$ können wir mit Hilfe elementarer Umformungen und Entwicklungen nach Zeilen oder Spalten berechnen. Wir erhalten auf diese Weise ein Polynom vom Grad n in der Unbekannten λ:

$$\det(A - \lambda E) = (-1)^n \lambda^n + c_{n-1} \lambda^{n-1} + \cdots + c_1 \lambda + c_0 = P_A(\lambda) \,.$$

Die reellen Nullstellen dieses Polynoms sind die Eigenwerte.

11.2.6 Definition *Ist A eine n-reihige quadratische Matrix, so heißt die Bestimmungsgleichung $\det(A - \lambda E) = 0$ für die Eigenwerte von A die Säkulargleichung zu A und das Polynom*

$$P_A(\lambda) = \det(A - \lambda E) = (-1)^n \lambda^n + c_{n-1} \lambda^{n-1} + \cdots + c_1 \lambda + c_0$$

das charakteristische Polynom von A.

Die Bestimmung der Eigenwerte und Eigenvektoren einer Matrix A geschieht nach Folgerung 11.2.5 in zwei Schritten. Wir wollen das entsprechende Vorgehen als ein Rezept formulieren:

Rezept: Zunächst bildet man die Matrix $A - \lambda E$, indem man bei jedem Element a_{ii} in der Hauptdiagonalen von A die Unbekannte λ subtrahiert. Dann bestimmt man zuerst die Eigenwerte und danach zu jedem Eigenwert den zugehörigen Eigenraum.

(1) Um die Eigenwerte zu bestimmen, muss man $\det(A - \lambda E)$ mit den bekannten Methoden berechnen. Man erhält dann das charakteristische Polynom von A. Dessen Nullstellen sind die Eigenwerte.

(2) Jeden Eigenwert λ_k setzt man in die Matrix $A - \lambda E$ ein und bestimmt durch Anwendung des Gaußschen Verfahrens den Lösungsraum des linearen Gleichungssystems $(A - \lambda_k E)\mathbf{v} = \mathbf{0}$. Dieser ist der Eigenraum $E(A, \lambda_k)$ von A zum Eigenwert λ_k. Beachten Sie dabei: Wenn Sie $A - \lambda_k E$ nach dem Gaußschen Verfahren auf Zeilenstufenform bringen, entsteht immer *mindestens eine Nullzeile*.

Beispiel: Bestimmung der Eigenwerte und Eigenräume der Matrix

$$A = \begin{pmatrix} 2 & 1 & 1 \\ 2 & 3 & 4 \\ -1 & -1 & -2 \end{pmatrix}.$$

In $P_A(\lambda) = \det(A - aE)$ subtrahieren wir zuerst die zweite von der ersten Spalte und addieren dann die erste Zeile zur zweiten Zeile. Danach entwickeln wir nach der ersten Spalte und erhalten so eine Produktzerlegung von $P_A(\lambda)$:

$$P_A(\lambda) = \begin{vmatrix} 2-\lambda & 1 & 1 \\ 2 & 3-\lambda & 4 \\ -1 & -1 & -2-\lambda \end{vmatrix} = \begin{vmatrix} 1-\lambda & 1 & 1 \\ -1+\lambda & 3-\lambda & 4 \\ 0 & -1 & -2-\lambda \end{vmatrix}$$

$$= \begin{vmatrix} 1-\lambda & 1 & 1 \\ 0 & 4-\lambda & 5 \\ 0 & -1 & -2-\lambda \end{vmatrix} = (1-\lambda)\begin{vmatrix} 4-\lambda & 5 \\ -1 & -2-\lambda \end{vmatrix}$$

$$= (1-\lambda)[(4-\lambda)(-2-\lambda)+5] = (1-\lambda)[\lambda^2 - 2\lambda - 3]$$
$$= (1-\lambda)[(\lambda-1)^2 - 4].$$

Die Matrix A hat also die Eigenwerte $\lambda_1 = -1$, $\lambda_2 = 1$, $\lambda_3 = 3$.

Zur Bestimmung der Eigenräume schreiben wir nicht das lineare Gleichungssystem, sondern nur die Koeffizientenmatrix $A - \lambda_i E$ auf und nehmen die erforderlichen Umformungen an ihr vor.

Bestimmung von $E(A, -1)$: Wir bilden die Koeffizientenmatrix und überführen sie durch Anwendung des Gaußschen Verfahrens in eine Matrix von Zeilenstufenform (dabei deutet der Pfeil die Anwendung des Gaußschen Verfahrens an):

$$A - (-1)E = \begin{pmatrix} 3 & 1 & 1 \\ 2 & 4 & 4 \\ -1 & -1 & -1 \end{pmatrix} \longrightarrow \begin{pmatrix} 1 & 1 & 1 \\ 0 & 1 & 1 \\ 0 & 0 & 0 \end{pmatrix}.$$

Hieraus erhalten wir den Eigenraum

$$E(A, -1) = \left\{ c_1 \begin{pmatrix} 0 \\ -1 \\ 1 \end{pmatrix} \,\middle|\, c_1 \in \mathbb{R} \right\}.$$

Entsprechend gehen wir bei der Bestimmung der Eigenräume $E(A, 1)$ und $E(A; 3)$ vor.

$$A - 1E = \begin{pmatrix} 1 & 1 & 1 \\ 2 & 2 & 4 \\ -1 & -1 & -3 \end{pmatrix} \longrightarrow \begin{pmatrix} 1 & 1 & 1 \\ 0 & 0 & 1 \\ 0 & 0 & 0 \end{pmatrix}$$

$$\implies E(\mathsf{A}, 1) = \left\{ c_2 \begin{pmatrix} -1 \\ 1 \\ 0 \end{pmatrix} \,\middle|\, c_2 \in \mathbb{R} \right\}.$$

$$\mathsf{A} - 3\mathsf{E} = \begin{pmatrix} -1 & 1 & 1 \\ 2 & 0 & 4 \\ -1 & -1 & -5 \end{pmatrix} \longrightarrow \begin{pmatrix} -1 & 1 & 1 \\ 0 & 1 & 3 \\ 0 & 0 & 0 \end{pmatrix}$$

$$\implies E(\mathsf{A}, 3) = \left\{ c_3 \begin{pmatrix} -2 \\ -3 \\ 1 \end{pmatrix} \,\middle|\, c_3 \in \mathbb{R} \right\}.$$

Die 3-reihige Matrix A hat also 3 verschiedene reelle Eigenwerte, und der Eigenraum zu jedem dieser Eigenwerte ist ein Vektorraum der Dimension 1.

Die Eigenwerte einer Matrix müssen nicht immer verschiedene reelle Zahlen sein (wie in dem Beispiel gerade). Es können auch komplexe Zahlen als Nullstellen des charakteristischen Polynoms P_{A} auftreten, und die reellen oder komplexen Nullstellen können auch eine Vielfachheit > 1 besitzen. Allgemein gilt:

Da P_{A} für eine n-reihige Matrix ein Polynom in λ vom Grad n ist, hat P_{A} nach dem Fundamentalsatz der Algebra (Satz 2.1.12) n Nullstellen in $\mathbb{C}$, wenn man jede so oft zählt, wie ihre Vielfachheit es angibt. Bezeichnen wir die paarweise verschiedenen reellen oder komplexen Nullstellen mit $\lambda_1, \ldots, \lambda_m$ (natürlich ist dann $m \leq n$) und ihre Vielfachheiten mit $r_1, \ldots, r_m$, so ist dann also $\sum\limits_{k=1}^{m} r_k = n$.

Die 3-reihige Matrix A in dem letzten Beispiel hat $n = 3$ reelle Eigenwerte. Sie sind verschieden, haben also die Vielfachheit 1. Die Dimension des Eigenraums ist jedesmal gleich der Vielfachheit 1 dieses Eigenwertes. Im allgemeinen müssen die Vielfachheit eines Eigenwertes und die Dimension des zugehörigen Eigenraums nicht gleich sein, sondern kann der zu einem Eigenwert der Vielfachheit $r > 1$ gehörende Eigenraum eine Dimension $< r$ haben.

Hat eine n-reihige quadratische Matrix A nur reelle Eigenwerte und stimmt die Vielfachheit jedes Eigenwertes mit der Dimension des zugehörigen Eigenraums überein, so erhält man, wenn man für jeden Eigenraum eine Basis bestimmt, insgesamt n Vektoren. Welche Bedeutung das hat, zeigt der folgende Satz:

11.2.7 Satz *Die n-reihige quadratische Matrix A habe nur reelle Eigenwerte, etwa λ_k $(k = 1, \ldots, m)$. Für $k = 1, \ldots, m$ sei die Vielfachheit r_k von λ_k gleich der Dimension des Eigenraums $E(\mathsf{A}, \lambda_k)$ zum Eigenwert λ_k, also $\dim E(\mathsf{A}, \lambda_k) = r_k$. Dann gilt:*

Wählt man in jedem Eigenraum $E(\mathsf{A}, \lambda_k)$ eine Basis B_k, so ist die Vereinigungsmenge dieser Basen eine Basis B von $\mathbb{R}^n$. Diese heißt eine Basis von $\mathbb{R}^n$ aus Eigenvektoren von A oder kurz eine Eigenbasis von A.

Beispiel: Wie bereits festgestellt, gelten für die Eigenwerte im letzten Beispiel die Voraussetzungen des Satzes 11.2.7. Die Eigenbasis ist also die Menge der drei im Beispiel bestimmten Basisvektoren:

$$B = \left\{ \mathbf{v}_1 = \begin{pmatrix} 0 \\ -1 \\ 1 \end{pmatrix}, \ \mathbf{v}_2 = \begin{pmatrix} -1 \\ 1 \\ 0 \end{pmatrix}, \ \mathbf{v}_3 = \begin{pmatrix} -2 \\ -3 \\ 1 \end{pmatrix} \right\}.$$

Die in Satz 11.2.7 genannten Voraussetzungen für die Eigenwerte und Eigenräume einer Matrix A sind für eine wichtige Klasse von Matrizen erfüllt, nämlich für symmetrische Matrizen. Sie sind unter anderem deshalb interessant, weil in den Naturwissenschaften Tensoren (das sind Matrizen) oft symmetrisch sind und symmetrischen Tensoren eine besondere Bedeutung zukommt.

11.2.8 Satz *Ist* A *eine* n*-reihige symmetrische Matrix, so gilt:*

(1) Alle Eigenwerte von A *sind reell.*

(2) Die Vielfachheit r_k *jedes Eigenwertes* λ_k *von* A *ist gleich der Dimension des Eigenraums zum Eigenwert* λ_k.

(3) Eigenvektoren, die zu verschiedenen Eigenräumen gehören, sind orthogonal.

(4) In jedem Eigenraum kann eine Orthonormalbasis gewählt werden. Die Vereinigungsmenge dieser Basen der Eigenräume ist eine Orthonormalbasis von $\mathbb{R}^n$ *aus Eigenvektoren von* A.

11.2.9 Bemerkung Hat ein Eigenwert λ der symmetrischen Matrix A die Vielfachheit r, so findet man (wie in Satz 11.2.8 ausgesagt) bei der Bestimmung des Eigenraums $E(A, \lambda)$ zunächst r linear unabhängige Eigenvektoren. Diese bilden eine Basis von $E(A, \lambda)$. Aus ihr kann man dann nach dem Schmidtschen Orthonormalisierungsverfahren (Satz 3.6.9) eine *Orthonormalbasis* von $E(A, \lambda)$ konstruieren. In diesem Sinne ist die Feststellung in Satz 11.2.8, (4) zu verstehen, dass man in jedem Eigenraum eine Orthonormalbasis wählen kann.

Beispiel: $A = \begin{pmatrix} 0 & 1 & 1 \\ 1 & 0 & 1 \\ 1 & 1 & 0 \end{pmatrix}$ ist eine symmetrische Matrix.

Wir bestimmen die Eigenwerte von A:

$$P_A(\lambda) = \begin{vmatrix} -\lambda & 1 & 1 \\ 1 & -\lambda & 1 \\ 1 & 1 & -\lambda \end{vmatrix} = \begin{vmatrix} -\lambda & 0 & 1 \\ 1 & -\lambda - 1 & 1 \\ 1 & 1 + \lambda & -\lambda \end{vmatrix}$$

$$= \begin{vmatrix} -\lambda & 0 & 1 \\ 2 & 0 & 1 - \lambda \\ 1 & 1 + \lambda & -\lambda \end{vmatrix} = -(1 + \lambda) \begin{vmatrix} -\lambda & 1 \\ 2 & 1 - \lambda \end{vmatrix}$$

$$= -(1 + \lambda) \left[-\lambda(1 - \lambda) - 2 \right] = -(1 + \lambda)(\lambda^2 - \lambda - 2)$$

$$= -(\lambda + 1)^2 (\lambda - 2).$$

A hat also zwei verschiedene Eigenwerte, die beide reell sind. Der Eigenwert $\lambda_1 = -1$ hat die Vielfachheit 2, der Eigenwert $\lambda_2 = 2$ hat die Vielfachheit 1.

Bestimmung des Eigenraums zu $\lambda_1 = -1$:

$$\begin{pmatrix} 1 & 1 & 1 \\ 1 & 1 & 1 \\ 1 & 1 & 1 \end{pmatrix} \longrightarrow \begin{pmatrix} 1 & 1 & 1 \\ 0 & 0 & 0 \\ 0 & 0 & 0 \end{pmatrix}.$$

Damit erhalten wir die beiden linear unabhängigen Lösungen

$$\mathbf{v}_1 = \begin{pmatrix} -1 \\ 1 \\ 0 \end{pmatrix} \quad \text{und} \quad \mathbf{v}_2 = \begin{pmatrix} -1 \\ 0 \\ 1 \end{pmatrix}.$$

Sie bilden eine Basis des Eigenraums $E(A, -1)$, aus der wir nach dem Schmidtschen Orthonormalisierungsverfahren (Satz 3.6.9) eine Orthonormalbasis $\{\mathbf{b}_1, \mathbf{b}_2\}$ konstruieren können:

$$\mathbf{b}_1 = \frac{1}{\sqrt{2}} \begin{pmatrix} -1 \\ 1 \\ 0 \end{pmatrix} \quad \text{und} \quad \mathbf{b}_2 = \frac{1}{\sqrt{6}} \begin{pmatrix} -1 \\ -1 \\ 2 \end{pmatrix}.$$

Bestimmung des Eigenraums zu $\lambda_2 = 2$:

$$\begin{pmatrix} -2 & 1 & 1 \\ 1 & -2 & 1 \\ 1 & 1 & -2 \end{pmatrix} \longrightarrow \begin{pmatrix} 1 & 1 & -2 \\ 0 & 1 & -1 \\ 0 & 0 & 0 \end{pmatrix}.$$

Hieraus erhalten wir einen Eigenvektor $\mathbf{v}_3$ und durch Normierung den Vektor $\mathbf{b}_3$, der die Orthonormalbasis von $E(A, 2)$ bestimmt:

$$\mathbf{v}_3 = \begin{pmatrix} 1 \\ 1 \\ 1 \end{pmatrix} \quad \Longrightarrow \quad \mathbf{b}_3 = \frac{1}{\sqrt{3}} \begin{pmatrix} 1 \\ 1 \\ 1 \end{pmatrix}.$$

Eine Orthonormalbasis von $\mathbb{R}^3$, die aus Eigenvektoren der Matrix A besteht, ist dann

$$B = \left\{ \mathbf{b}_1 = \frac{1}{\sqrt{2}} \begin{pmatrix} -1 \\ 1 \\ 0 \end{pmatrix}, \ \mathbf{b}_2 = \frac{1}{\sqrt{6}} \begin{pmatrix} -1 \\ -1 \\ 2 \end{pmatrix}, \ \mathbf{b}_3 = \frac{1}{\sqrt{3}} \begin{pmatrix} 1 \\ 1 \\ 1 \end{pmatrix} \right\}$$

★ **Aufgaben**

(1) Eine lineare Abbildung $A \colon \mathbb{R}^3 \to \mathbb{R}^3$ ist gegeben durch die Matrix

$$A = \begin{pmatrix} 6 & 2 & 2 \\ 2 & 7 & 1 \\ 2 & 1 & 7 \end{pmatrix}.$$

Beachten Sie, dass A symmetrisch ist. Bestimmen Sie die Eigenwerte und Eigenräume von A. Zeigen Sie, dass die Basisvektoren der Eigenräume zusammen eine Orthonormalbasis B von $\mathbb{R}^3$ bilden.

(2) Bestimmen Sie die Eigenwerte und Eigenräume der Matrix (zur Kontrolle sind die Eigenwerte immer angegeben)

(a) $A = \begin{pmatrix} 5 & -6 & -6 \\ -1 & 4 & 2 \\ 3 & -6 & -4 \end{pmatrix}$ $(\lambda_1 = 1, \lambda_2 = \lambda_3 = 2)$,

(b) $A = \begin{pmatrix} 10 & 2 & 2 \\ 2 & 7 & 1 \\ 2 & 1 & 7 \end{pmatrix}$ $(\lambda_1 = \lambda_2 = 6, \lambda_3 = 12)$.

(3) Die Matrix $A = \begin{pmatrix} 2 & 1 & 3 \\ 1 & 2 & 3 \\ 3 & 3 & 20 \end{pmatrix}$ hat die Eigenwerte $\lambda_1 = 1, \lambda_2 = 2, \lambda_3 = 21$.

(a) Zeigen Sie, dass die normierten Basisvektoren v_1, v_2, v_3 (vgl. Seite 70) der drei Eigenräume eine Orthonormalbasis B von $\mathbb{R}^3$ bilden.

(b) Stellen Sie den Vektor $x = (2, 2, 3)^T$ als Linearkombination der orthogonalen Basisvektoren v_1, v_2, v_3 dar.

11.3   Lösungsverfahren für homogene lineare Differentialgleichungssysteme

Wir folgen derselben Idee wie bei linearen Differentialgleichungen mit konstanten Koeffizienten und untersuchen, ob mit Hilfe einer Exponentialfunktion $e^{\lambda x}$ Lösungen bestimmt werden können. Da eine Lösung des Differentialgleichungssystems eine vektorwertige Funktion sein muss, wählen wir als einen Lösungsansatz Funktionen der Form

$$y(x) = v e^{\lambda x}$$

mit noch unbestimmten $\lambda \in \mathbb{R}$ und $v \in \mathbb{R}^n$. Wir setzen $y(x) = v e^{\lambda x}$ und die Ableitung $y'(x) = \lambda v e^{\lambda x}$ in das Differentialgleichungssystem ein und erhalten nach Division durch $e^{\lambda x} \neq 0$ eine Bestimmungsgleichung für λ und v:

$$\lambda v e^{\lambda x} = A v e^{\lambda x} \iff A v = \lambda v \iff (A - \lambda E) v = 0.$$

11.3.1 Folgerung *Für eine n-reihige quadratische Matrix $A = (a_{ij})$ mit $a_{ij} \in \mathbb{R}$ hat das homogene lineare Differentialgleichungssystem $y' = Ay$ genau dann die vektorwertige Funktion $y(x) = v e^{\lambda x}$ mit $\lambda \in \mathbb{R}$ und $v \in \mathbb{R}^n$ als Lösung, wenn λ ein Eigenwert von A und v ein Eigenvektor von A zum Eigenwert λ ist.*

11.3.2 Bemerkungen Wir haben in Abschnitt 11.2 schon bemerkt, dass das charakteristische Polynom P_A einer Matrix A auch komplexe Nullstellen haben kann. Sind die Einträge von A alle reell, so ist dann mit jeder komplexen Zahl auch die zu ihr konjugiert komplexe Zahl eine Nullstelle. Weiter können natürlich reelle und komplexe Nullstellen auch eine Vielfachheit $r > 1$ besitzen.

(1) Ist $\lambda = \alpha + \beta i$ und damit auch die zu λ konjugiert komplexe Zahl $\bar{\lambda} = \alpha - \beta i$ eine Nullstelle von P_A, so können wir nach Bemerkung 11.2.2 beide als Eigenwerte auffassen. Im allgemeinen haben die zu λ und $\bar{\lambda}$ gehörenden (zueinander konjugiert komplexen) Eigenvektoren $\mathbf{v}$ und $\bar{\mathbf{v}}$ komplexe Zahlen als Koordinaten. Wie bei linearen Differentialgleichungen findet man dann als Linearkombinationen der komplexen Lösungen $\mathbf{v}e^{(\alpha+\beta i)x}$ und $\bar{\mathbf{v}}e^{(\alpha-\beta i)x}$ zwei reelle Lösungen

$$[(\mathrm{Re}\,\mathbf{v})\cos\beta x - (\mathrm{Im}\,\mathbf{v})\sin\beta x]e^{\alpha x} \quad \text{und} \quad [(\mathrm{Im}\,\mathbf{v})\cos\beta x + (\mathrm{Re}\,\mathbf{v})\sin\beta x]e^{\alpha x}.$$

(2) Ist λ ein (reeller) Eigenwert von A der Vielfachheit $r > 1$ und $\dim E(A, \lambda) = r$, so erhält man mit r Basisvektoren $\mathbf{v}_1, \ldots, \mathbf{v}_r$ von $E(A, \lambda)$ auch r linear unabhängige Lösungen $\mathbf{v}_1 e^{\lambda x}, \ldots, \mathbf{v}_r e^{\lambda x}$ des Differentialgleichungssystems.

11.3.3 Satz *Sei* A *eine* n-*reihige symmetrische Matrix und* B *eine Basis von* $\mathbb{R}^n$ *aus Eigenvektoren von* A. *Bildet man für jeden Eigenwert* λ *von* A *und jeden zu* λ *gehörenden Eigenvektor* $\mathbf{v} \in B$ *die vektorwertige Funktion* $\mathbf{v}e^{\lambda x}$, *so erhält man damit* n *linear unabhängige Lösungen des homogenen linearen Differentialgleichungssystems* $\mathbf{y}' = A\mathbf{y}$ *und kann mit ihnen die allgemeine Lösung angeben.*

Beispiele:

(1) In dem Beispiel auf Seite 359 haben wir die Eigenwerte und Eigenräume der Matrix A des folgenden linearen Differentialgleichungssystems bestimmt:

$$\mathbf{y}' = A\mathbf{y} \quad \text{mit} \quad A = \begin{pmatrix} 2 & 1 & 1 \\ 2 & 3 & 4 \\ -1 & -1 & -2 \end{pmatrix}.$$

A hat die Eigenwerte $\lambda_1 = -1$, $\lambda_2 = 1$ und $\lambda_3 = 3$ mit zugehörigen Eigenvektoren

$$\mathbf{v}_1 = \begin{pmatrix} 0 \\ -1 \\ 1 \end{pmatrix}, \quad \mathbf{v}_2 = \begin{pmatrix} -1 \\ 1 \\ 0 \end{pmatrix}, \quad \mathbf{v}_3 = \begin{pmatrix} -2 \\ -3 \\ 1 \end{pmatrix}.$$

Die allgemeine Lösung ist gegeben durch die Linearkombinationen

$$\mathbf{y}(x) = c_1 \begin{pmatrix} 0 \\ -1 \\ 1 \end{pmatrix} e^{-x} + c_2 \begin{pmatrix} -1 \\ 1 \\ 0 \end{pmatrix} e^{x} + c_3 \begin{pmatrix} -2 \\ -3 \\ 1 \end{pmatrix} e^{3x}.$$

Um sie anzugeben, braucht man also nur die Eigenvektoren mit der durch den zugehörigen Eigenwert bestimmten Exponentialfunktion und frei wählbaren Konstanten c_k zu multiplizieren und dann die Summe zu bilden.

(2) $\mathbf{y}' = A\mathbf{y}$ mit der symmetrischen Matrix $A = \begin{pmatrix} 0 & 1 & 1 \\ 1 & 0 & 1 \\ 1 & 1 & 0 \end{pmatrix}$.

Die Eigenwerte und die Eigenbasis von A haben wir in dem Beispiel auf den Seiten 361/362 bestimmt: Der Eigenwert $\lambda_1 = -1$ hat die Vielfachheit 2, und der Eigenwert $\lambda_2 = 2$ hat die Vielfachheit 1. Die Eigenvektoren sind gegeben durch

$$\mathbf{v}_1 = \begin{pmatrix} -1 \\ 1 \\ 0 \end{pmatrix}, \quad \mathbf{v}_2 = \begin{pmatrix} -1 \\ 0 \\ 1 \end{pmatrix}, \quad \mathbf{v}_3 - \begin{pmatrix} 1 \\ 1 \\ 1 \end{pmatrix}.$$

Dabei gehören $\mathbf{v}_1$ und $\mathbf{v}_2$ zum Eigenwert $\lambda_1 = -1$ und $\mathbf{v}_3$ zum Eigenwert $\lambda_2 = 2$. Die allgemeine Lösung des Differentialgleichungssystems ist daher:

$$\mathbf{y}(x) = \left(c_1 \begin{pmatrix} -1 \\ 1 \\ 0 \end{pmatrix} + c_2 \begin{pmatrix} -1 \\ 0 \\ 1 \end{pmatrix} \right) e^{-x} + c_3 \begin{pmatrix} 1 \\ 1 \\ 1 \end{pmatrix} e^{2x}.$$

(3) Wir greifen wieder das in dem Beispiel auf Seite 354 angegebene Problem aus der Reaktionskinetik auf und bestimmen seine Lösung. Zuerst bestimmen wir die Eigenwerte der Matrix A des linearen homogenen Differentialgleichungssystems. Die Matrix $A - \lambda E$ ist hier eine untere Dreiecksmatrix. Daher ist $\det(A - \lambda E)$ das Produkt der Hauptdiagonalelemente, also

$$\det(A - \lambda E) = \begin{vmatrix} -k_1 - \lambda & 0 & 0 \\ k_1 & -k_2 - \lambda & 0 \\ 0 & k_2 & -\lambda \end{vmatrix} = -\lambda \left(-k_1 - \lambda \right) \left(-k_2 - \lambda \right).$$

Die Eigenwerte sind somit: $\lambda_1 = 0$, $\lambda_2 = -k_1$, $\lambda_3 = -k_2$.

Bestimmung des Eigenraums zu $\lambda_1 = 0$:

$$\begin{pmatrix} -k_1 & 0 & 0 \\ k_1 & -k_2 & 0 \\ 0 & k_2 & 0 \end{pmatrix} \longrightarrow \begin{pmatrix} -k_1 & 0 & 0 \\ 0 & -k_2 & 0 \\ 0 & 0 & 0 \end{pmatrix}$$

$$\implies E(A, 0) = \left\{ c_1 \begin{pmatrix} 0 \\ 0 \\ 1 \end{pmatrix} \Big| c_1 \in \mathbb{R} \right\}.$$

Bestimmung des Eigenraums zu $\lambda_2 = -k_1$:

$$\begin{pmatrix} 0 & 0 & 0 \\ k_1 & k_1 - k_2 & 0 \\ 0 & k_2 & k_1 \end{pmatrix} \implies E(A, -k_1) = \left\{ c_2 \begin{pmatrix} k_1 - k_2 \\ -k_1 \\ k_2 \end{pmatrix} \Big| c_2 \in \mathbb{R} \right\}.$$

Bestimmung des Eigenraums zu $\lambda_3 = -k_2$:

$$\begin{pmatrix} k_2 - k_1 & 0 & 0 \\ k_1 & 0 & 0 \\ 0 & k_2 & k_2 \end{pmatrix} \implies E(A, -k_2) = \left\{ c_3 \begin{pmatrix} 0 \\ -1 \\ 1 \end{pmatrix} \Big| c_3 \in \mathbb{R} \right\}.$$

Wir sehen, dass im Fall $k_1 = k_2$ die Eigenwerte λ_2 und λ_3 gleich sind und daher dann $-k_1$ ein Eigenwert der Vielfachheit 2, aber $\dim E(A, -k_1) = 1$ ist. Wir setzen deshalb zunächst voraus, dass $k_1 \neq k_2$ gilt.

Die Lösung des Differentialgleichungssystems lautet damit:

$$\begin{pmatrix} y_1(t) \\ y_2(t) \\ y_3(t) \end{pmatrix} = c_1 \begin{pmatrix} 0 \\ 0 \\ 1 \end{pmatrix} + c_2 \begin{pmatrix} k_1 - k_2 \\ -k_1 \\ k_2 \end{pmatrix} e^{-k_1 t} + c_3 \begin{pmatrix} 0 \\ -1 \\ 1 \end{pmatrix} e^{-k_2 t}.$$

Analog zu Anfangswertproblemen bei gewöhnlichen Differentialgleichungen ist ein Anfangswertproblem für lineare Differentialgleichungssysteme gegeben durch ein solches System zusammen mit einer Anfangsbedingung. Diese besteht aus der Angabe eines Anfangswertes x_0 und des zugehörigen Anfangsvektors $\mathbf{y}_0$, kurz durch die Angabe des Paares $(x_0, \mathbf{y}_0)$.

11.3.4 Definition *Unter einer Lösung des Anfangswertproblems*

$$\mathbf{y}' = A\mathbf{y} \quad \text{mit der Anfangsbedingung } (x_0, \mathbf{y}_0)$$

versteht man eine Lösung $\mathbf{y}_A$ des Differentialgleichungssystems, die der Anfangsbedingung genügt: $\mathbf{y}_A(x_0) = \mathbf{y}_0$.

Rezept zur Lösung eines Anfangswertproblems: Wir bestimmen zuerst die allgemeine Lösung des Differentialgleichungssystems. In diese setzen wir die Anfangsbedingung ein. Es ergibt sich ein lineares Gleichungssystem für die in der allgemeinen Lösung auftretenden Koeffizienten c_k. Dieses besitzt eine eindeutige Lösung. Die gefundenen Werte für die Koeffizienten c_k setzen wir in die allgemeine Lösung $\mathbf{y}$ ein und erhalten damit die Lösung $\mathbf{y}_A$ des Anfangswertproblems.

Beispiel: Das Beispiel aus der Reaktionskinetik (Seite 354), für das wir im letzten Beispiel gerade das zugehörige Differentialgleichungssystem gelöst haben, ist ein typisches Anfangswertproblem. Zu Beginn der Reaktion, also zur Zeit $t = 0$, ist die Konzentration der Substanz vom Typ A_1 bekannt und etwa gleich m. Die übrigen Konzentrationen sind gleich 0, weil noch keine Moleküle vom Typ A_2 oder A_3 vorhanden sind. Die Anfangsbedingung lautet also: $y_1(0) = m$, $y_2(0) = y_3(0) = 0$. Setzen wir diese Werte in die allgemeine Lösung ein, so erhalten wir das lineare Gleichungssystem:

$$(k_1 - k_2)c_2 = m$$
$$-k_1 c_2 - c_3 = 0$$
$$c_1 + k_2 c_2 + c_3 = 0$$

Hieraus folgt: $c_1 = m$, $c_2 = \dfrac{m}{k_1 - k_2}$, $c_3 = -\dfrac{mk_1}{k_1 - k_2}$.

Die Lösungsfunktionen des Anfangswertproblems lauten somit:

$$y_1(t) = me^{-k_1 t},$$
$$y_2(t) = \frac{mk_1}{k_2 - k_1}\left(e^{-k_1 t} - e^{-k_2 t}\right),$$
$$y_3(t) = m + \frac{m}{k_2 - k_1}\left(k_1 e^{-k_2 t} - k_2 e^{-k_1 t}\right).$$

Eine kurze Diskussion der drei Funktionen zeigt:

- y_1 ist streng monoton fallend und konvex, $y_1(0) = m$, $y_1'(0) = -k_1 m < 0$ und $\lim_{t \to \infty} y_1(t) = 0$.

- y_2 hat genau ein Maximum an der Stelle $t = t_{\text{max}} = \dfrac{1}{k_1 - k_2} \ln \dfrac{k_1}{k_2}$. Weiter ist $y_2(0) = 0$, $y_2'(0) = mk_1 > 0$ und $\lim_{t \to \infty} y_2(t) = 0$. Außerdem hat y_2 genau einen Wendepunkt an der Stelle $t = 2t_{\text{max}}$.

- y_3 ist streng monoton wachsend, $y_3(0) = y_3'(0) = 0$ und $\lim_{t \to \infty} y_3(t) = m$. Weiterhin hat y_3 genau einen Wendepunkt an der Stelle $t = t_{\text{max}}$.

Schließlich rechnet man nach, dass $y_1(t) + y_2(t) + y_3(t) = m$ für alle $t \geq 0$ gilt, was aufgrund der Problemstellung auch so sein muss.

Im Fall $k_1 = k_2 = k$ erhält man die Lösung durch Grenzübergang $k_2 \to k_1$ in den obigen Formeln:

$$y_1(t) = me^{-kt}, \quad y_2(t) = mkte^{-kt}, \quad y_3(t) = m - m\left(1 + kt\right)e^{-kt}.$$

★ Aufgaben

(1) Bestimmen Sie die allgemeine Lösung des homogenen linearen Differentialgleichungssystems $\mathbf{y}' = A\mathbf{y}$ für

(a) $A = \begin{pmatrix} -2 & -1 & 2 \\ -1 & -2 & 2 \\ 2 & 2 & -1 \end{pmatrix}$,   (b) $A = \begin{pmatrix} -3 & -1 & 2 \\ -1 & -3 & -2 \\ 2 & -2 & 0 \end{pmatrix}$.

(2) Bestimmen Sie die allgemeine Lösung des homogenen linearen Differentialgleichungssystems erster Ordnung:

$$\begin{aligned} y_1' &= -2y_1 + 2y_2 - 3y_3 \\ y_2' &= 2y_1 + y_2 - 6y_3 \\ y_3' &= -y_1 - 2y_2 \end{aligned}$$

(3) Lösen Sie das Anfangswertproblem

$$\mathbf{y}' = \begin{pmatrix} 0 & 1 & 3 \\ -1 & 2 & 1 \\ 1 & -1 & 0 \end{pmatrix} \mathbf{y} \quad \text{mit} \quad \mathbf{y}(0) = \begin{pmatrix} 1 \\ 2 \\ 1 \end{pmatrix}.$$

Sachverzeichnis